“十三五”江苏省高等学校重点教材（编号：2020-2-167）

工业控制网络技术及应用

主　编　倪　伟
副主编　刘　斌　金德飞
参　编　王文杰　张　粤

机械工业出版社

本书将现场总线控制技术与工程应用相结合，先简单介绍了工业数据通信的基础知识；再从工程应用角度出发，以项目案例的形式介绍了CAN、PROFIBUS-DP/PA、工业以太网、PROFINET IO、AS-I 等总线的规范、技术特点、组态方法，以及经典 WinCC V7.3 及 TIA Portal WinCC V13 组态软件的特点、组态与应用，并分析与讲解了工业自动化控制网络的设计与实现；最后，本书以 SIEMENS S7-300 PLC 为对象，介绍了总线软冗余技术基础知识、冗余组件以及实现方法。

本书可作为高等学校和职业院校电气自动化、自动化、机电一体化、化工自动化等专业的教学用书，亦可作为从事自动化测控网络系统设计与应用的工程技术人员的参考书。

本书配有电子课件和习题答案，欢迎选用本书作教材的教师登录 www.cmpedu.com 注册下载，或发邮件至 jinacmp@163.com 索取。

图书在版编目（CIP）数据

工业控制网络技术及应用/倪伟主编. —北京：机械工业出版社，2021.12（2025.1 重印）

“十三五”江苏省高等学校重点教材

ISBN 978-7-111-69774-9

Ⅰ.①工… Ⅱ.①倪… Ⅲ.①工业控制计算机-计算机网络-高等学校-教材 Ⅳ.①TP273

中国版本图书馆 CIP 数据核字（2021）第 248360 号

机械工业出版社（北京市百万庄大街 22 号 邮政编码 100037）

策划编辑：吉 玲 责任编辑：吉 玲 韩 静

责任校对：陈 越 封面设计：张 静

责任印制：郜 敏

北京富资园科技发展有限公司印刷

2025 年 1 月第 1 版第 6 次印刷

184mm×260mm · 23 印张 · 584 千字

标准书号：ISBN 978-7-111-69774-9

定价：69.80 元

电话服务	网络服务
客服电话：010-88361066	机 工 官 网：www.cmpbook.com
010-88379833	机 工 官 博：weibo.com/cmp1952
010-68326294	金 书 网：www.golden-book.com
封底无防伪标均为盗版	机工教育服务网：www.cmpedu.com

学习资源一览表

序号	资源名称	所在章节	页码
1	序号 1　SJA1000 头文件与函数声明	4. 4. 3	73
2	序号 2　CP342-5 指示灯功能说明	5. 2. 3. 1	96
3	序号 3　CM1242-5 指示灯功能说明	5. 2. 3. 2	97
4	序号 4　基于 CPU314C-2DP 的主从通信	5. 4. 1. 1	110
5	序号 5　基于 CPU314C-2DP 的交叉通信	5. 4. 1. 4	117
6	序号 6　基于 CP342-5 的 DP 主从通信	5. 4. 2. 1	118
7	序号 7　基于 CM1243-5 的 DP 主从通信	5. 4. 3. 1	124
8	序号 8　基于 CM1242-5 的 DP 主从通信	5. 4. 4. 1	131
9	序号 9　基于 DP-PA 连接器的 PA 通信	5. 6. 1	145
10	序号 10　CP343-1 指示灯功能说明	6. 3. 1	164
11	序号 11　基于 CP343-1 的以太网通信	6. 4. 1	167
12	序号 12　IE/PB LINK PN IO 指示灯说明	7. 4. 2	197
13	序号 13　基于 CP343-1 的 Profinet-IO 通信	7. 5. 1. 1	197
14	序号 14　基于 S71200 的 Profinet-IO 通信	7. 5. 2. 1	207
15	序号 15　ABB 机器人系统输入输出	7. 5. 2. 3	213
16	序号 16　机器人程序及指令说明	7. 5. 2. 5	218
17	序号 17　基于 Profinet-IO 与 Profibus-DP 的混合总线编程	7. 6. 1	221
18	序号 18　CP343-2P 指示灯功能说明	8. 4. 1	241
19	序号 19　DP/AS-I LINK 指示灯功能说明	8. 5. 1	250
20	序号 20　基于 Web 管理页的 DP/AS-I LINK 参数设置	8. 5. 1	251
21	序号 21　基于 AS-I LINK 的 ASI 通信	8. 6. 2. 1	254
22	序号 22　基于 CP343-2P 的 ASI 通信	8. 6. 2. 2	259
23	序号 23　WinCC 变量组态	9. 3. 3	279
24	序号 24　WinCC 报警组态	9. 4. 3	286
25	序号 25　WinCC 变量归档与趋势	9. 5. 3	293
26	序号 26　WinCC 用户管理	9. 6. 3	300
27	序号 27　WinCC 画面组态	9. 7. 1	301
28	序号 28　WinCC 工具栏与菜单栏	9. 7. 1	306
29	序号 29　面板设计	9. 7. 2	311
30	序号 30　WinCC 报表组态	9. 8. 2	319
31	序号 31　WinCC 与 S7 1200 的通信	9. 9. 1	324
32	序号 32　博图 WinCC 与 S7 1200 的通信	9. 9. 2	328
33	序号 33　基于 WinCC 服务器与 TP1500 客户机的 OPC UA 通信	9. 9. 3. 1	332
34	序号 34　基于 TP1500 服务器与 WinCC 客户机的 OPC UA 通信	9. 9. 3. 2	337
35	序号 35　软冗余功能块 FC 100 故障代码	10. 3. 1	344
36	序号 36　软冗余功能块 FB 101 故障代码	10. 3. 2	347
37	序号 37　软冗余功能块 FC 102 故障代码	10. 3. 3	348
38	序号 38　隧道冗余控制	10. 4. 1	349

前　言

本书针对应用型本科教学的特点，以知识内容为主，以工程应用为导向，以工程案例为背景，融入工业控制网络技术的最新发展成果，以及工程伦理、工程师职业道德、科学工作规范、名人名言等思政元素，纸质与电子媒体相结合，是一本适合应用型本科学生学习的教材。

工业控制网络是近年来发展形成的自动控制领域的网络技术，是计算机网络、通信与自动控制技术结合的产物。随着自动控制、计算机、通信、网络等技术的发展，企业信息管理系统涵盖了从生产过程现场控制与监控到生产与经营管理的各层次，并拓展到了产品的仓储、销售、运输、溯源全过程，以实现企业管控一体化的应用需求。因此，企业信息管理系统对工业控制网络的开放性、对底层控制网络的功能及性能均提出了更高的要求。工业控制网络技术正是在这种形势下逐渐发展而形成的。

本书以西门子 S7-300 系列 PLC 为背景，首次将西门子 PROFIBUS、PROFINET IO、工业以太网、AS-I、WinCC 监控及冗余控制技术有机结合，阐释了可满足各种工程应用场合与要求的工业自动化网络设计的理论基础与实现方法。本书以关键知识点为主线，以微视频、FLASH 等为辅，以工程案例为背景，构建电子资源与教材相结合的立体化教材，实现与行业、企业、职业需求的“无缝对接”。同时，本书以 SIMATIC S7-300 系列 PLC 为样机，从工程应用视角将工业控制网络技术、机器视觉、机器人控制以及经典 WinCC、博途 WinCC 等知识融入教材，既体现了应用层次性、系统性，又确保了控制系统设计的完整性。全书从五个方面介绍工业控制网络技术的应用：

（1）工业控制网络的基础知识以及与网络通信相关的基础知识。

（2）PHILIPS 公司 CAN 总线通信网络的功能、组态与编程方法及应用案例。

（3）SIEMENS 公司 PROFIBUS-DP/PA、工业以太网、PROFINET IO、AS-I 等总线通信网络的功能、组态与编程方法及应用案例。

（4）SIEMENS 公司经典 WinCC 与博途 WinCC 的功能、组态和编程方法及应用案例。

（5）SIEMENS 公司 S7-300 系列 PLC 软冗余模块的工作原理、组态和编程方法及应用案例。

本书共 10 章，由淮阴工学院自动化学院倪伟教授组织编写与统稿，其中，第 1、2 章由刘斌编写，第 3 章由金德飞编写，第 4 章由王文杰编写，第 7 章由张粤编写，第 5、6、8~10 章由倪伟编写。

限于编者的水平，书中疏漏与不妥之处在所难免，敬请专家、同仁、读者批评指正。书中内容的编写参考了有关教材和文献，在此一并表示感谢！

编　者

目　录

第1章 绪论

教学目的：

本章主要介绍企业网络的层次结构及各层次的功能、工业数据通信、工业控制网络的结构与特点、现场总线等基本概念。学生通过学习，可以了解工业控制网络的结构与特点、目前常见的工业控制网络以及国内相关研究进展，培养学生的工程、安全、环保意识以及职业道德，激发学生推动技术创新的责任感。

1.1 工业控制系统与网络

1.1.1 工业控制网络

工业控制网络是指应用于工业控制系统的网络通信技术，它是随着工业控制系统的发展而产生与发展起来的，是计算机网络技术、通信技术、控制技术相结合的产物。

众所周知，控制室和现场仪表之间的信号传输经历了以4~20mA为代表的模拟信号传输、以内部数字信号和RS232、RS485为代表的数字通信传输、以控制网络(包括DCS、现场总线、工业以太网、工业无线网络)为代表的网络传输三个阶段。尤其是20世纪80年代产生的现场总线和互联网技术，对自动化控制系统的发展产生了深刻的影响。控制系统除交换传统的测量、控制数据外，已拓展到了设备管理、档案管理、故障诊断、生产管理等管理数据领域，覆盖了从企业的现场设备层到控制及管理的各层次，逐步形成了以工业控制网络为基础的企业综合自动化系统。

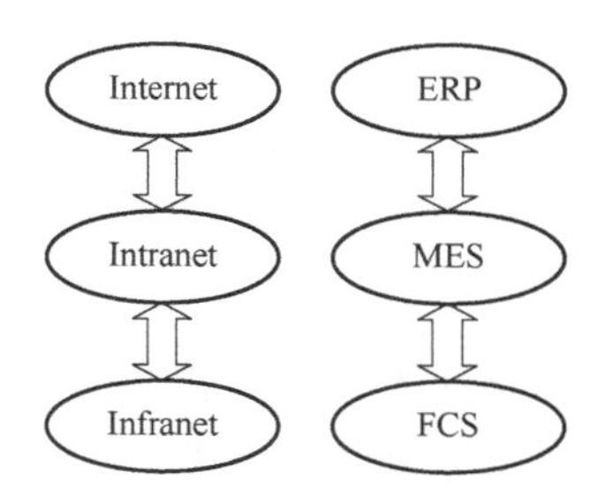

图1-1 企业综合自动化系统的层次结构

以现场总线和工业以太网为代表的工业控制网络已成为企业综合自动化系统的核心技术和核心部件，贯穿了整个企业综合自动化系统。其层次结构如图1-1所示。

1. 基于网络连接的分层结构

按网络连接结构，企业网络系统可分为底层控制网(Infranet)、企业内部网(Intranet)、互联网(Internet)三层。

Internet 是由全球范围内众多局域网连接而成的广域网，它已成为当今世界上最大的分布式计算机网络的集合，是当代信息社会的高速公路和重要的基础设施。它适合大范围的信息高速传输和资源共享，如文件传送、电子邮件、远程登录等。

Intranet 指企业内部网，它是一个基于因特网相同技术的计算机网络，通常建立在一个企业或组织的内部，为其成员提供信息共享和交互等服务，已成为企业各类管理子系统、成员、企业与客户间交换信息的重要平台。它有效地避免了 Internet 所固有的可靠性差、无整体设计、网络结构不清晰以及缺乏统一管理和维护等缺点，并采用网络防火墙、用户身份认证以及密钥管理等安全措施确保企业内部的商业机密免受非法入侵者的攻击。与 Internet 相比，Intranet 更安全、更可靠，更适合企业或组织机构加强信息管理与提高工作效率。

Infranet 的原意为下层网，由于控制网络位于企业网络的底层，因而 Infranet 已经成为控制网络、现场总线的代名词。它旨在将具有通信功能的控制设备连接起来，形成低成本、高可靠性的分布式控制系统网络。Internet 及 Intranet-Infranet 的有机结合，为企业实现管理控制一体化创造了良好条件。

2. 基于网络功能的分层结构

按网络功能结构，企业网络系统可分为企业资源规划（enterprise resource planning，ERP）层、制造执行系统（manufacturing execution system，MES）层以及现场总线控制系统（fieldbus control system，FCS）层三层，如图 1-2 所示。

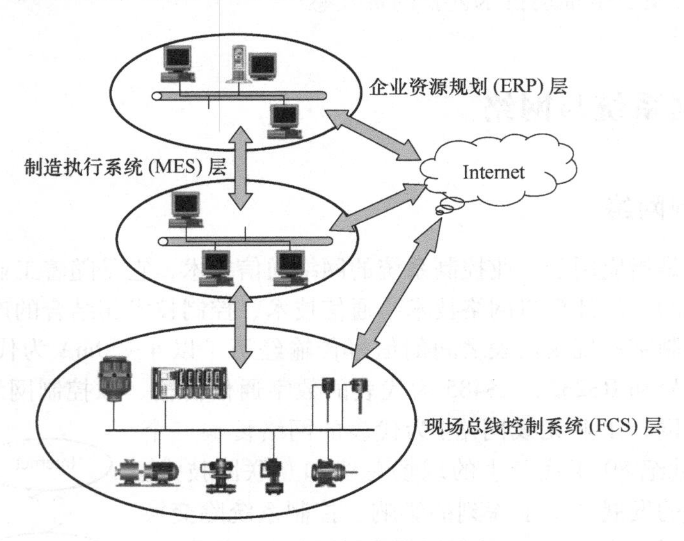

图 1-2　各功能层次的网络类型

早期的企业网络系统结构复杂、功能层次较多，从过程控制、监控、调度、计划、管理到经营决策等均会涉及。随着互联网的发展和以太网技术的普及，企业网络系统的结构层次趋于扁平化，功能层次也更为简洁。

最上层为企业资源规划（ERP）层，其主要目的是在分布式网络环境下构建一个安全的网络系统。它将来自于制造执行系统层的信息存储于管理层的关系数据库中，除用于企业管理层生产经营决策外，还可供远程用户通过互联网了解控制系统的运行状态以及现场设备的工况，对生产过程进行实时远程监控。

中间层为制造执行系统（MES）层，它由传统概念上的监控、计划、管理、调度等控制管理功能交错的部分组成。ERP 与 MES 功能层一般采用以太网技术构成数据网络，且网络节点多为各种计算机及外设。随着互联网技术的发展与普及，其也为 ERP 与 MES 层的网络集成与信息交互提供了理想的解决方案。

底层为控制网络所处的现场总线控制系统(FCS)层，所谓控制网络是指将多个分散在生产现场且具有数字通信能力的测量控制仪表作为网络节点，采用公开、规范的通信协议，以现场总线作为通信连接的纽带，将现场控制设备连接成可以相互沟通信息、共同完成自控任务的网络系统与控制系统，如图 1-3 所示。它的主要作用是为自动化系统传输数字信息，即生产装置运行参数的测量值、控制量、阀门的工作位置、开关状态、报警状态、设备的资源与维护信息、系统组态、参数修改、零点量程调校信息等。因此要求控制网络必须具有可靠性高、时延确定性好、容错性好、安全性高等特点。为满足上述特性，现场总线对 ISO/OSI 模型进行了简化，仅采用其中的物理层、数据链路层和应用层，有的现场总线在应用层之上自定义了第八层(用户层)，以实现特定用户信息的交换和传输。

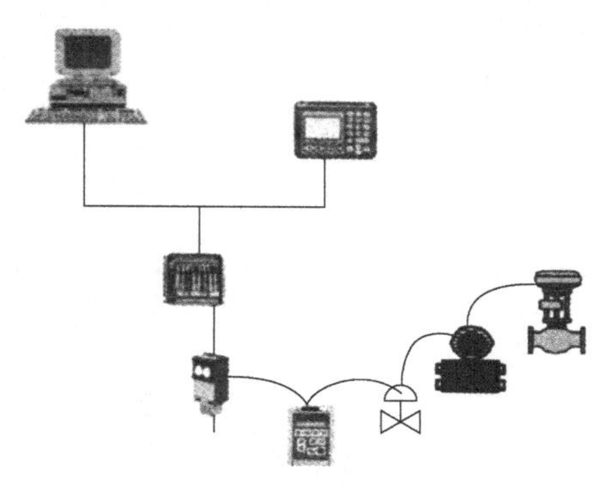

图 1-3　简单控制网络示意图

1.1.2　工业数据通信

数据通信是指在两点或多点之间以二进制形式进行信息交换的过程。而工业数据通信是指在工业生产过程中除计算机及其外围设备之外的各类工艺参数变送器和生产过程控制设备的各功能单元间、设备与设备间及设备与计算机间遵照通信协议，利用数据传输技术传递数据信息的过程。

在工业数据通信领域，按通信帧的长短可将数据传输总线分为传感器总线、设备总线和现场总线。传感器总线属于数据位级的总线，其通信帧的长度仅有几个或十几个数据位，如第 8 章所讨论的 AS-I(actuator sensor-interface)总线。设备总线属于字节级的总线，其通信帧的长度一般为几个或几十个字节，如第 4 章所讨论的 CAN(controller area network)总线。而现场总线则属于数据块级的总线，它所能传输的数据块长度可达几百个字节，当要传输的数据块超出限制时，可支持分组传输。但现场总线中传输与控制直接相关的数据帧的长度一般也仅有几个或几十个字节，如第 5 章所讨论的 PROFIBUS 总线属于典型的现场总线。

1.2　工业控制网络的结构与特点

1.2.1　工业控制网络的结构

工业控制网络的发展是随着控制系统的变革而发展起来的。控制系统经历了基地式气动仪表控制系统、电动单元组合式模拟仪表控制系统、集中式数字控制系统、集散控制系统、现场总线控制系统、工业以太网控制系统、工业无线通信控制系统等几个阶段。其中，基地式气动仪表控制系统和电动单元组合式模拟仪表控制系统只是驱动方式的改变，且仅能对单一回路进行控制，每个回路是一个独立的信息孤岛，各回路间不能相互交换信息，因此两者均不属于网络的范畴。

1. 集中式数字控制系统(CCS)

集中式数字控制系统(CCS)是20世纪60年代发展起来的并在七八十年代占主导地位的控制系统。它将计算机引入控制系统，采用单片机、PLC或微机作为控制器，其系统结构如图1-4a所示。

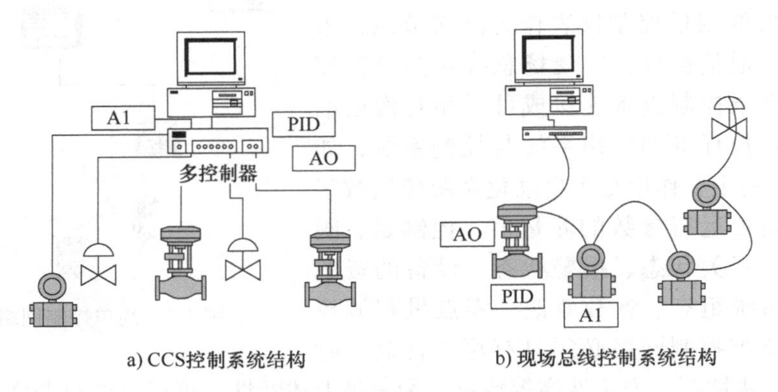

a) CCS控制系统结构　　b) 现场总线控制系统结构

图1-4　常用工业控制网络结构

在CCS中，数字计算机取代了传统的模拟仪表，且内部传输的是数字信号，从而克服了模拟仪表控制系统中模拟信号精度低的缺陷，提高了系统的抗干扰能力。集中式数字控制系统的优点是能够使用更为先进、更为复杂的控制算法进行协调控制，且易于根据生产过程实际情况进行控制、计算和判断。然而，CCS在集中控制的同时也集中了危险，且早期的计算机可靠性还较差，尤其是在系统任务繁重时，控制器的效率和可靠性会急剧下降，一旦计算机出现某种故障就会导致所有相关控制回路瘫痪、生产停产的严重局面，这是难以被企业所接受的。

2. 集散控制系统(DCS)

20世纪70年代，随着计算机可靠性的提高及其价格的大幅度下降，出现了数字调节器、可编程控制器(PLC)以及由多个计算机递阶构成的集中与分散相结合的集散控制系统(DCS)。它的特点是“集中管理，分散控制”，即危险分散、控制功能分散，而操作和管理集中。其中上位机实施集中监视与后台管理，若干下位机则分散在工业现场实现分布式控制，上下位机间通过控制网络实现信息交互。因此，这种分布式的控制系统体系结构有效地克服了集中式数字控制系统中对控制器处理能力和可靠性要求高的缺陷，充分体现了分散化和分层化的思想。

然而，DCS也有其明显的缺点：首先，其控制结构为多级主从关系，现场设备之间相互通信必须经过上位机，使得上位机负荷重、效率低，且上位机一旦发生故障，将导致整个系统崩溃；其次，现场仪表采用模拟、数字信号混合的方式，传输可靠性差，不易于数字化处理；再次，在DCS形成的过程中，由于受计算机系统早期存在的系统封闭的影响，不同制造商的DCS标准不统一、通信协议不开放，不同制造商的DCS之间难以实现网络互连和信息共享，使得组成更大范围信息共享的网络系统存在诸多困难。

3. 现场总线控制系统(FCS)

现场总线是20世纪80年代中期发展起来的一项技术，其目的是为了克服DCS的技术瓶颈，进一步满足工业现场的需要。按照国际电工委员会(IEC)SC65C/WG6(测量和控制系统数据通信工作组）的定义，现场总线（fieldbus）是一种应用于生产现场，在现场设备之间、现场设备与控制装置之间实行双向、串行、多节点数字通信的技术，如图 1-4b 所示。

FCS 实际上是从“RS485+企业协议”逐步发展而来的，专门用于过程自动化和制造自动化最底层的现场设备或现场仪表互连，是现场通信网络和控制系统的集成，经过 30 多年的发展，现场总线已成为当今自动化控制领域的主流技术。

FCS 的发展也存在瓶颈，国际上各著名自动化设备制造商基于各自的商业利益，均推出了各自的现场总线标准，致使现场总线标准难以统一。1984 年，国际电工委员会（IEC）就提出了现场总线国际标准草案，在经历了十多年的纷争后，1999 年 8 月形成了一个由 8 种类型组成的 IEC 61158 现场总线国际标准，即 TS61158、ControlNet、PROFIBUS、P-Net、FF-HSE、SwiftNet、WorldFIP 和 InterBus。为了进一步完善 IEC 61158 标准，IEC/SC65C 成立了 MT9 现场总线修订工作组，在原来 8 种类型现场总线的基础上增加了 FF-H1 和 PROFINET，于 2001 年 8 月制定出由 10 种类型现场总线组成的第三版现场总线标准，该标准在 2003 年 4 月成为正式国际标准。

FCS 的技术特点可以归纳为以下几个方面：

（1）全数字化

由于现场信号都保持着数字特性，现场控制设备间可实现全数字化通信，从而切实提高控制系统的可靠性。此外，这也为用于自动控制的现场总线网络与用于生产管理的局域网实现紧密衔接奠定了基础。

（2）开放性

现场总线不再是专有的协议，而是通过国际标准（如 IEC 61158）、地区标准、国家标准、行业标准发布的公开且开放的协议。任何遵守相同标准的其他设备或系统可以实现互连。

（3）互操作性与互用性

互操作性是指来自不同制造商、遵循相同协议的现场总线设备可以互相通信、统一组态；而互用性则意味着不同制造商的性能类似的设备可进行互换而实现互用。

（4）现场设备的智能化

现场总线仪表除了能实现基本功能之外，往往具有很强的数据处理、状态分析及故障自诊断功能，系统可以随时诊断设备的运行状态。

（5）系统架构的高度分散性

它可以把传统控制站的功能块分散地分配给现场仪表，构成一种全分布式控制系统的体系结构。

（6）仪表功能的多重化

数字、双向传输方式使得现场总线仪表可以摆脱传统仪表功能单一的制约，可在一个仪表中集成多种功能，做成多变量变送器，甚至做成集检测、运算、控制于一体的变送控制器。

4. 工业以太网控制系统

进入 21 世纪以来，以太网技术开始应用于工业自动化控制网络。工业以太网是在商用以太网（即 IEEE 802.3 标准）基础上发展而来的强大的区域和单元网络，它提供了一个无缝集成到新的多媒体世界的途径。工业以太网与商业以太网均符合 ISO/OSI 通信参考模型，针对工业控制实时性、高可靠性的要求，工业以太网在链路层、网络层增加了不同的功能模块，在物理层增加了电磁兼容性设计，解决了通信实时性、网络安全性、抗强电磁干扰等技术问题。此外，工业以太网的体系结构基本上采用了以太网的标准结构，在物理层和数据链路层均采用802.3标准，网络层和传输层则采用TCP/IP协议族，在高层协议，通常省略了会话层、表示层，而定义了应用层，如实时通信、用于系统组态的对象以及工程模型的应用协议。国际电工委员会(IEC)于2003年5月成立了SC6SC/WGI(实时以太网工作组)，2007年12月制定了IEC 61784-2“基于ISOEC8802.3的实时应用系统中工业通信网络行规”国际标准(第四版)，该标准吸收了包括浙江大学、中控集团等联合制定的EPA(ethernet for plant automation)在内的9种实时以太网技术，使IEC 61158中包含的现场总线(包括传统现场总线和实时以太网)类型由原来的11种扩展到了20种(包括9种实时以太网技术)，见表1-1。它标志着工业以太网技术成为与现场总线技术并列的工业自动化控制系统网络通信解决方案。

表1-1　协议类型

类型	说明	类型	说明
Type1	TS61158 现场总线	Type11	TCnet 实时以太网
Type2	CIP 现场总线	Type12	EtherCAT 实时以太网
Type3	PROFIBUS 现场总线	Type13	Ethernet Power Link 实时以太网
Type4	P-NET 现场总线	Type14	EPA 实时以太网
Type5	FF-HSE 高速以太网	Type15	Modbus-RTPS 实时以太网
Type6	SwiftNet(已撤销)	Type16	SERCOS-Ⅰ、Ⅱ现场总线
Type7	WorldFIP 现场总线	Type17	Vnet/IP 实时以太网
Type8	INTERBUS 现场总线	Type18	CC-Link 现场总线
Type9	FF-H1 现场总线	Type19	SERCOS-I1 实时以太网
Type10	PROFINET 实时以太网	Type20	HART 现场总线

由于以太网技术标准开放性好、应用广泛，使用透明、统一的通信协议，因此它极有可能成为工业控制领域唯一统一的通信标准。工业以太网为机器与机器之间的数据通信提供了统一的网络平台，是未来物联网的重要网络基础。

工业以太网的技术特点可以归纳为以下几个方面：

（1）全开放、全数字化

Ethernet是全开放、全数字化的网络，遵照网络协议不同制造商的设备可以方便地实现互连。

（2）软硬件成本低廉

由于以太网技术已经非常成熟，因此受到硬件开发与生产厂商的高度重视与广泛支持，有多种软件开发环境和硬件设备供用户选择，而且由于其应用广泛，硬件价格也相对低廉。

（3）通信速率高

目前以太网的通信速率为10Mbit/s、100Mbit/s、1Gbit/s，且技术已逐渐成熟并开始广泛应用，10Gbit/s，以太网正在研究中，以太网的通信速率比目前的现场总线快得多，可以满足对带宽有更高要求的需要。

（4）易于与 Internet 连接

以太网能实现工业控制网络与企业信息网络的无缝集成，形成企业级管控一体化的全开放网络，为实现远程监视与操作提供了基础条件。此外，由于工业控制网络采用以太网，从而避免了其发展游离于计算机网络技术的发展主流之外，实现了工业控制网络与信息网络技术的互相促进、共同发展，并保证技术上的可持续发展。

5. 工业无线通信控制系统

工业无线通信技术是最近几年迅速发展起来的新型控制网络技术，其核心技术包括时间同步、确定性调度、跳信道、路由和安全技术等。无线通信的诸多优势推动了无线通信技术在工业自动化领域的应用。无线通信技术超越地域和空间的限制，在某些远程化、移动对象等应用场合中以绝对的优势取代有线网络。特别是在某些复杂的工业应用场合，不宜或者无法架设有线网络，无线网络依靠其无法比拟的灵活性、可移动性和极强的可扩容性为其提出了理想的解决方案。

1.2.2 工业控制网络的特点

在网络集成式控制系统中，网络是控制系统运行的动脉，是通信的枢纽。工业控制网络直接面向生产过程控制，肩负着工业生产运行一线参数测量与控制信息的传输，具有通信的实时性、系统的开放性、可靠性、环境的适应性、安全性等特点。

1. 系统响应的实时性

工业控制系统的基本任务是实现测量控制，需要通过控制网络及时地传输现场过程信息和控制指令，而控制系统中有相当多的测控任务是有严格的时序和实时性要求的。若数据传输达不到实时性要求或因时间同步等问题影响了网络节点间的动作时序，就可能会导致灾难性的后果。因此要求控制网络具备数据传输的及时性和有效性，以及系统响应的实时性。而控制网络通信中的媒体访问控制机制、通信模式、网络管理方式等都会影响通信的实时性和有效性。

所谓实时性，是指控制系统能在较短且可以预测确定的时间内，完成过程参数的采集、数据处理、控制运算、反馈执行等操作，并且执行时序应满足过程控制对时间限制的要求。实时性表现在对内部和外部事件能及时地响应并做出相应的处理，不丢失信息、不延误操作。而这种对动作时间有实时要求的系统称为实时系统，它可分为硬实时和软实时两类：硬实时系统要求实时任务必须在规定的时限完成，否则会产生严重的后果；而软实时系统中的实时任务在超过了截止期后的一定时限内，系统仍可以执行处理。

2. 开放性

所谓开放性是指通信协议、标准公开，不同制造商的设备可互连为系统，并实现信息交换。作为开放系统的控制网络，应能与遵守相同标准的其他设备或系统相连。遵循相同通信协议的测控设备应具有互操作性与互用性。

3. 可靠性

工业控制网络通常都需要连续运行，它的任何中断和故障都可能造成企业停产，甚至引起设备和人身安全事故，导致经济损失，因此工业控制网络必须具有极高的可靠性，对过程信息和控制指令等关键数据实现“零”丢包率的传输。可靠性一般包含以下三个方面：

其一，可使用性好，网络自身不易发生故障，平均故障间隔时间长。提高网络传输质量的一个重要的技术是差错控制技术。

其二，容错能力强，网络系统不会因局部单元出现故障，而影响整个系统的正常工作。提高网络容错能力的一个常用措施是在网络中增加适当的冗余单元，以确保当某个单元发生故障时能由冗余单元接替其工作，故障单元修复后再进行切换。

其三，可维护性强，故障发生后能及时发现和及时处理，通过维修使网络及时恢复，如及时报警、输出锁定、工作模式切换等，同时具备极强的自诊断和故障定位能力，且能迅速排除故障。

4. 环境的适应性

控制网络应具有对现场恶劣环境的适应性。它明显区别于办公室环境的各种网络，其工作环境往往比较恶劣，如温湿度变化大、空气污浊、粉尘污染大、振动、电磁干扰大，并常伴有腐蚀性、有毒气体等，因此，不同工作环境对控制网络的环境适应性提出了不同的要求，如必须具有机械环境适应性、气候环境适应性、电磁环境适应性或电磁兼容性（electromagnetic compatibility，EMC），并满足耐腐蚀、防尘、防水、易燃易爆环境下能保证本质安全、支持总线供电等要求。

5. 安全性

工业自动化网络的安全性包括生产安全和信息安全两方面。当工业自动化网络应用于易燃易爆等危险区域时，必须确保应用于网络中的控制设备是本质安全的，利用安全栅技术，将提供给现场仪表的电能量限制在不能产生足以引爆的电火花、仪表表面温升的安全范围内。

信息安全则是工业控制网络中另一个非常重要的方面。在企业的生产及管理控制过程中，如果丢失信息或遭遇病毒攻击都有可能导致巨大的经济损失。因此，信息本身的保密性、完整性以及信息来源和去向的可靠性是整个工业控制网络系统必不可少的重要组成部分。

1.3 常见工业控制网络

1.3.1 现场总线

1. FF 现场总线

FF 现场总线基金会是由 WorldFIPNA（北美部分，不含欧洲）和 ISP Foundation 于 1994 年 6 月联合成立的，它是一个国际性组织，其目标是建立单一的、开放的、可互操作的现场总线国际标准。该组织给予了 IEC 现场总线标准起草工作组以强大的支持。它目前有 100 多家成员单位，包括了全世界主要的过程控制产品及系统的生产公司。1997 年 4 月该组织在我国成立了中国仪器仪表行业协会现场总线专业委员会（CFC），致力于此技术在中国的推广应用。

基金会现场总线采用国际标准化组织（ISO）的开放系统互连（OSI）的简化模型（1、2、7 层），即物理层、数据链路层、应用层，以及用户层。FF 分低速 H1 和高速 H2 两种通信速率：前者传输速率为 31.25kbit/s，通信距离可达 1900m，可支持总线供电和本质安全防爆环境；后者传输速率为 1Mbit/s 和 2.5Mbit/s，通信距离为 750m 和 500m，支持双绞线、同轴电缆、光纤和无线发射，协议符合 IEC 1158-2 标准。FF 的物理媒介的传输信号采用曼彻斯特编码。

2. LonWorks 现场总线

LonWorks 现场总线是美国 Echelon 公司于 1992 年推出的局部操作网络，最初主要用于楼宇自动化，但很快扩展到工业现场网络。LonWorks 技术为设计和实现可互操作的控制网络提供了一套完整、开放、成品化的解决途径。LonWorks 技术的核心是神经元芯片。该芯片内部嵌有三个微处理器：MAC 处理器完成介质访问控制；网络处理器完成 OSI 的 3~6 层网络协议；应用处理器完成用户现场控制应用。它们之间通过公用存储器传递数据。在控制单元中需要采集和控制功能，为此，神经元芯片特设置 11 个 I/O 口，它们可根据应用不同来灵活配置与外围设备的接口，如 RS232、并口、定时/计数、间隔处理、位 I/O 等。其支持双绞线、同轴电缆、光缆和红外线等多种传输介质，传输速率为 300bit/s~1.5Mbit/s，传输距离可达 2700m(78kbit/s)。

目前，LonWorks 技术已被广泛应用于航空/航天、农业控制、计算机/外围设备、诊断/监控、电子测量设备、测试设备、医疗卫生、军事/防卫、办公室设备系统、机器人、安全警卫、保密、运动/游艺、电话通信、运输设备等领域。其通用性表明，它不是针对某一个特殊领域的总线，而是具有可将不同领域的控制系统综合成一个以 LonWorks 为基础的更复杂系统的网络技术。

3. PROFIBUS 现场总线

PROFIBUS 是作为德国国家标准 DIN 19245 和欧洲标准 prEN 50170 的现场总线。按照不同的行业应用，主要有分布式外围设备(decentralized peripherals，DP)、现场信息规范(fieldbus message specification，FMS)和过程自动化(process automation，PA)三种通信行规。DP 用于分散外设间的高速传输，适合于加工自动化领域的应用；FMS 用于主站间的中速传输，适用于纺织、楼宇自动化、可编程控制器、低压开关等一般自动化领域；PA 则是用于过程自动化的总线类型，它遵从 IEC 1158-2 标准。PROFIBUS 协议遵循 ISO/OSI 参考模型，它采用了 OSI 模型的物理层、数据链路层，并由这两部分形成了其标准第一部分的子集。DP 隐去了 3~7 层，而增加了直接数据连接拟合作为用户接口；FMS 仅隐去第 3~6 层，采用了应用层，作为标准的第二部分；PA 型的标准目前尚处于制定过程之中，其传输技术遵从 IEC 1158-2 标准，可实现总线供电与本质安全防爆。其支持双绞线、光纤等传输介质，传输速率为 9.6kbit/s~12Mbit/s，最大传输距离在 12Mbit/s 时为 1km，最多可挂接 127 个站点。

PROFIBUS 支持主从系统、纯主站系统、多主多从混合系统等传输方式。主站具有对总线的控制权，可主动发送信息。对多主系统来说，主站间按总线地址升序的方式传递令牌，获得令牌的站点可在一定的时间内拥有总线控制权，按主从关系表轮询所有从站，实现点对点通信，也可以对所有站点广播(不要求应答)或有选择地向一组站点广播。

4. CAN 总线

CAN(controller area network)即控制器局域网络，最早由德国 BOSCH 公司于 1985 年推出，用于汽车内部测量与执行部件之间的数据通信。其总线规范于 1993 年成为国际标准(ISO 11898)，得到了 Motorola、Intel、Philips、Siemens、NEC 等公司的支持，已广泛应用于离散控制领域。CAN 协议遵循 ISO/OSI 参考模型，它采用了 OSI 的物理层、数据链路层和应用层。其信号传输介质为双绞线、同轴电缆、光缆，通信速率最高可达 1Mbit/s，直接传输距离最远可达 10km，可挂接设备最多可达 110 个。

CAN 的信号传输采用短帧结构，每一帧的有效字节数为 8 个，传输时间短，受干扰的概率低。当节点严重错误时，具有自动关闭输出的功能。CAN 支持多主方式工作，网络上任何节点均可在任意时刻主动向其他节点发送信息，支持点对点、一点对多点和全局广播方式接收/发送数据。它采用总线仲裁技术，当出现几个节点同时在网络上传输信息时，优先级高的节点可继续传输数据，而优先级低的节点则主动停止发送，从而避免总线冲突。

5. DeviceNet 现场总线

DeviceNet 是 20 世纪 90 年代中期发展起来的一种基于 CAN 技术的开放型、符合全球工业标准的低成本、高性能通信网络，最初由美国 Rockwell 公司开发应用。它用一根电缆将工业设备(如限位开关、光电传感器、阀组、电动机起动器、过程传感器、条形码读取器、变频驱动器、面板显示器和操作员接口)连接到网络，实现设备间的通信，从而消除了昂贵的硬接线成本，更重要的是它为系统提供了设备级诊断功能。

DeviceNet 的许多特性沿袭于 CAN，其主要特点是：短帧传输，每帧的最大数据为 8 个字节；无破坏性的逐位仲裁技术；网络最多可连接 64 个节点；数据传输波特率为 125kbit/s、250kbit/s、500kbit/s；提供点对点、多主或主/从通信方式；采用 CAN 的物理和数据链路层规约。

6. HART 总线

HART(highway addressable remote transducer)即可寻址远程传感器高速通道协议，它是兼容 4~20mA 模拟信号的数字通信标准，于 1986 年由艾默生旗下的洛斯蒙德推出，并于 1993 年成立了 HART 通信基金会。

HART 协议采用基于 Bell202 标准的 FSK 频移键控信号，在低频的 4~20mA 模拟信号上叠加幅度为 0.5mA 的音频数字信号进行双向数字通信，数据传输率为 1.2kbit/s。由于 FSK 信号的平均值为 0，它不会影响传送给控制系统模拟信号的大小，保证了与现有模拟系统的兼容性。在 HART 协议通信中主要的变量和控制信息由 4~20mA 传送，在需要的情况下，另外的测量、过程参数、设备组态、校准、诊断信息通过 HART 协议访问。

HART 支持点对点主从应答方式和多点广播方式。按主从应答方式工作时的数据更新速率为 2~3 次/s，按广播方式工作时的数据更新速率为 3~4 次/s。它还可支持两个通信主设备。总线可挂接设备数多达 15 个，最大传输距离为 3000m。HART 能利用总线供电，可满足本安防爆要求。

7. CC-Link 现场总线

CC-Link(control & communication link)即控制与通信链路系统，于 1996 年由三菱电机为主导的多家公司共同推出，是一种以设备层为主的开放式现场总线，其数据容量大，通信速率多级可选择，而且它是一个复合的、开放的、适应性强的网络系统，既能适应较高的管理层网络，也能适应较低的传感器层网络。在其系统中，可以将控制和信息数据同时以 10Mbit/s 高速传送至现场网络，具有性能卓越、使用简单、应用广泛、节省成本等优点。其不仅解决了工业现场配线复杂的问题，同时具有优异的抗噪性能和兼容性。2005 年 7 月，CC-Link 被中国国家标准委员会批准为中国国家标准指导性技术文件。

8. WorldFIP 现场总线

WorldFIP 是法国 FIP 公司于 1988 年最先推出的现场总线技术。它是欧洲标准 EN50170 的三个组成部分之一(volume3)，是在法国标准 FIP—C46—601/C46-607 的基础上采纳了 IEC 物理层国际标准(1158-2)发展起来的，由三个通信层组成。WorldFIP 的显著特点是为所有的工业和过程控制提供带有一个物理层的单一现场总线，且不需要任何网关或网桥，底层控制系统、制造系统和驱动系统都可直接连到控制一级的 WorldFIP 总线上，而高速和低速的衔接则是通过软件予以解决。WorldFIP 与 FFHSE 可以实现“透明连接”，并对 FF 的 H1 进行了技术拓展，如提高传输速率等。其典型传输速率为 1Mbit/s，最大节点数为 256、最大传输距离为 10km(使用中继器)。

WorldFIP 现场总线采用曼彻斯特编码方式并利用磁性变压器隔离，具有良好的抗电磁干扰能力。

9. INTERBUS 现场总线

INTERBUS 是德国 Phoenix 公司于 1984 年推出的早期的现场总线，用于连接传感器/执行器的信号到计算机控制站，是一种开放的串行总线系统，2000 年 2 月成为国际标准 IEC 61158。INTERBUS 采用国际标准化组织(ISO)的开放系统互连(OSI)的简化模型(1、2、7 层)，即物理层、数据链路层、应用层，具有强大的可靠性、可诊断性和易维护性。它采用全双工、集总帧型的数据环通信，具有低速度、高效率的特点，并严格保证了数据传输的同步性和周期性；该总线的实时性、抗干扰性和可维护性也非常出色。总线可挂接 254 个远程站点，最大传输距离可达 12.8km。INTERBUS 已广泛地应用于汽车、烟草、仓储、造纸、包装、食品等领域。

此外，较有影响的现场总线还有丹麦 Process-DataA/S 公司提出的 P-Net，该总线主要应用于农业、林业、水利、食品等行业。

1.3.2 工业以太网

1. HSE

HSE(high speed ethernet)是基金会现场总线 FF 于 2000 年发布的 Ethernet 规范，它是以太网协议 IEEE 802.3、TCP/IP 协议族与 FF H1 的结合体。FF 现场总线基金会明确将 HSE 定位于实现控制网络与 Internet 的集成。

HSE 在低四层直接采用以太网+TCP/IP，在应用层和用户层直接采用 FF H1 的应用层服务和功能块应用进程规范，并通过链接设备将 FF H1(31.25kbit/s)网络连接到 100Mbit/s 的 HSE 主干网，进而将信息传输到企业的 ERP 和管理系统。

链接设备具有网桥和网关的功能，其网桥功能能够用于连接多个 H1 总线网段，使不同 H1 网段上的 H1 设备之间能够进行对等通信而无须主机系统的干预。网关功能允许将 HSE 网络连接到其他的企业控制网络和信息网络，HSE 链接设备不需要为 H1 子系统作报文解释，而是将来自 H1 总线网段的报文数据集合起来并且将 Hl 地址转化为 IP 地址。

2. Modbus/TCP

Modbus/TCP 是法国施耐德公司于 1999 年公布的协议，它以一种非常简单的方式将 Modbus 帧嵌入到 TCP 帧中，使 Modbus 与以太网和 TCP/IP 相结合，即低四层直接采用以太网+TCP/IP、应用层以及 Modbus 协议报文，成为 Modbus/TCP。Modbus/TCP 是一种面向连接的方式，每一个呼叫都要求一个应答，此呼叫/应答的机制与 Modbus 的主/从机制相互配合，使交换式以太网具有很高的确定性。

施耐德公司已经为 Modbus 注册了 TCP 端口 502，如此即可将实时数据嵌入到网页中，通过在设备中嵌入 Web 服务器，基于 TCP/IP，用户即可通过 Web 浏览器查看企业网内部的设备运行情况，从而使用户界面更加友好。

3. PROFINET

PROFINET 是德国西门子公司于 2001 年发布的工业 Ethernet 规范。它将原有的 PROFIBUS

与互联网技术相结合，形成了 PROFINET 的网络方案，该规范主要包括三方面的内容：

1）基于组件对象模型（COM）的分布式自动化系统。

2）规定了 PROFINET 现场总线和标准以太网之间的开放、透明通信。

3）提供了一个独立于制造商，包括设备层和系统层的系统模型。

PROFINET 采用标准 TCP/IP+以太网作为连接介质，通过标准 TCP/IP+应用层的 RPC/DCOM 来完成节点间的通信和网络寻址。它的基础是组件技术，遵循相同原则创建的组件之间可以混合使用，简化了编程。在 PROFINET 中，每个设备都被看成一个具有 COM 接口的自动化设备，可通过调用 COM 接口来调用设备功能。PROFINET 可以同时挂接传统 PROFIBUS 系统和新型的智能现场设备。传统的 PROFIBUS 设备可通过代理设备连接到 PROFINET 网络，实现与 PROFINET 上的 COM 对象进行通信，并通过 OLE 自动化接口实现 COM 对象间的调用。

4. Ethernet/IP

Ethernet/IP 是美国罗克韦尔公司于 2000 年发布的适合工业环境应用的工业 Ethernet 规范，IP 代表 Industrial Protocol，以区别于普通的以太网。它是将传统的以太网应用于工业现场层的一种有效的方法，允许工业现场设备交换实时性强的数据。Ethernet/IP 模型由 IEEE 802.3 标准的物理层和数据链路层、以太网协议 TCP/IP、控制与信息协议（control and information protocol，CIP）三部分组成。CIP 是一个端到端的面向对象并提供了工业设备和高级设备之间的连接的协议，主要由对象模型、通用对象库、设备行规、电子数据表、信息管理等组成，能够保证网络上隐式（控制）的实时 I/O 信息和显式信息（包括用于组态、参数设置、诊断等）的有效传输。

其他的工业实时以太网有德国倍福（Beckhoff）公司的 EtherCAT、德国赫优讯（Hilscher）自动化系统有限公司的 SERCOS-Ⅱ、奥地利 B&R 公司的 Power Links、日本横河公司的 Vnet、日本东芝公司的 TCnet、丹麦的 PNETTCP 等。

1.3.3 工业无线通信

应用于工业控制网络的无线通信技术，可分为远程无线通信技术和短程无线通信技术，其中远程无线通信技术包括无线电台远传技术、GSM 远传技术、GPRS（CDMA）远传技术、3G/4G/5G 远传技术等，而短程无线通信技术包括 IEEE 802.11、IEEE 802.15、IEEE 802.15.4 等。其中，基于 IEEE 802.15.4 的短程无线通信技术受到了自动化领域的广泛关注，目前最常见的无线网络标准有 ZigBee、ISA100.11a、Wireless HART、WIA-PA/FA。

1. ZigBee 标准

ZigBee 是由 ZigBee 联盟于 2004 年正式推出的短距离无线通信技术标准，是一种近距离（10~75m）、低复杂度、低功耗（几 mW）、低数据传输率（10~250kbit/s）、低成本的双向无线通信技术，适合低速率、数据流量较小的应用场合，主要针对工业、家庭自动化、遥测遥控、汽车自动化、农业自动化和医疗护理等应用领域。ZigBee 协议主要由物理层、数据链路层、网络/安全层、应用框架及高层应用规范构成。其中物理层与数据链路层采用 IEEE 802.15.4 规范，网络/安全层与应用层由 ZigBee 联盟定义。

ZigBee 通过行规的形式对各种应用进行了标准化，目前主要有 ZigBee 2004、ZigBee 2006 和 ZigBee PRO 三个版本，它包括家庭自动化、楼宇自动化、工业自动化等行规。其中工业自动化行规是针对制造和过程控制系统制定的，其目的是对现有的工业控制系统进行扩展，通过 ZigBee 技术对工厂的关键设备进行监测，提高工业企业的资产管理水平，降低生产能耗。

ZigBee 规定了协调器、路由器、终端节点三种设备类型，其网络可以容纳 65536 个节点，并可根据不同的应用场合实施不同的安全加密算法，可靠性和安全性高。

2. ISA100. 11a 标准

ISA100 是美国仪器仪表、系统与自动化协会(ISA)提出的工业无线测控系统标准草案。2004 年 12 月，ISA 成立了工业无线标准 ISA100 委员会，启动了工业无线技术的标准化进程。2006 年，ISA100 委员会成立了新的 ISA100. 11a 工作组，力争推出一个面向过程控制应用的工业无线技术子标准，并于 2007 年 12 月推出了该标准的草案。

ISA100. 11a 是由 ISA100 无线工作组定义的标准，定位于周期性监测和过程控制的性能需求，用于向非关键性的监测、警报、预测控制、开环控制、闭环控制提供安全可靠的操作。ISA100. 11a 为低数据传输率的无线连通设备定义了 OSI 堆栈、系统管理、网关和安全规范，并支持有限能源消费要求，其中应用程序、安全与系统管理需求的功能是可升级的。

ISA100 规定了现场设备和网络支撑设备两种设备类型。它支持主要领域已建立的标准，如 HART、PROFIBUS、Modbus、FF 等协议，并提供了一些可选项使设备用于未指定领域。源自不同制造商的具有相同结构、功能且符合 ISA100. 11a 标准的设备之间可以实现互换。

3. Wireless HART 标准

2004 年，HART 通信基金会(HART Communication Foundation，HCF)宣布开始制定 Wireless HART(无线 HART)协议，作为 HART 现场通信协议第 7 版 HART 7. 0 的核心部分。2007 年 6 月 HCF 正式通过了无线 HART 的规范和通信协议。无线 HART 是基于 IEEE 802. 15. 4 的一种专门为过程自动化应用设计的无线网格型网络通信协议，它采用工作于 2. 4GHz ISM 射频频段，具有信道跳频、Mesh 网络拓扑鲁棒性和信息安全的低功耗无线通信规范。它旨在为过程测量和控制提供有足够确定性且具有可互操作性的无线通信标准，亦即不同制造商提供的无线 HART 仪表和设备，无须进行系统操作就能实现互换，即连即用。此外，无线 HART 向后兼容 HART 的核心技术，诸如 HART 的命令结构和设备描述语言 DDL，使得无线 HART 技术能够支持使用同种工具的无线和有线设备，并实现无线与有线 HART 仪表和设备间的无缝连接。

无线 HART 规定了无线 HART 现场设备、无线 HART 网关和无线 HART 网络管理器三种主要设备类型。它支持全部的过程监测和控制应用，并通过网格型网络、跳频技术和时钟同步通信等技术提高通信的可靠性，采用加密、校验、密码管理、认证等各种安全措施确保网络和数据的安全。

4. WIA-PA/FA 标准

WIA-PA(wireless networks for industrial automation-process automation，面向工业过程自动化的工业无线网络标准技术)标准是中国工业无线联盟针对过程自动化领域制定的 WIA 子标准，2011 年经国际电工委员会(IEC)工业过程测量、控制与自动化技术委员会 IEC/TC65 批准成为正式 IEC 国际标准，从而使 WIA-PA 国际标准成为现今工业过程自动化无线领域三大主流国际标准之一。

它是基于 IEEE 802. 15. 4 标准的用于工业过程测量、监视与控制的无线网络系统。WIA-PA 网络协议遵循 ISO/OSI 模型，但仅定义了数据链路层、网络层、应用层。WIA-PA 无线网络定义了主控计算机、网关设备、接入设备、现场设备、手持设备五种设备类型。

2017年6月经国际电工委员会(IEC)批准，由中国科学院机器人与智能制造创新研究院(筹)牵头研究制定的工业无线网络WIA-FA(wireless networks for industrial automation-factory automation，面向工厂自动化的工业无线网络标准技术)标准成为IEC正式国际标准，它是专门针对工厂自动化高实时、高可靠性要求而研发的一组工厂自动化无线数据传输的解决方案，是工厂自动化生产线实现在线可重构的重要使能技术，适用于工厂自动化对速度及可靠性要求较高的工业无线局域网络，可实现高速无线数据传输。面向工厂自动化的WIA-FA技术标准与面向过程自动化的WIA-PA技术标准共同构成了覆盖流程工业和离散制造业的工业物联网基础技术体系。

此外，由浙江大学、中控科技集团联合牵头的EPA标准工作组，也制定了Wireless EPA工业无线通信协议，它包括物理层、MAC层和网络层，其中物理层采用IEEE 802.15.4规范，MAC层和网络层由EPA标准工作组定义。Wireless EPA实现了EPA有线与无线网络的无缝连接，且支持自组网功能。

习　题

1-1　什么是控制网络、工业数据通信？

1-2　企业网络系统的层次结构按网络连接结构、功能结构可划分为哪几层？

1-3　工业控制系统的发展分为哪几个阶段？

1-4　与DCS相比，FCS有哪些特点？有哪些优越性？

1-5　控制系统对网络有哪些具体要求？

1-6　什么是系统实时性？简述影响系统实时性的因素。

1-7　什么是本质安全？

1-8　什么是现场总线？简述现场总线技术的特点。

1-9　工业以太网络有哪些特点？

第2章 数据通信基础

教学目的：

本章主要阐述广义通信系统模型、有效性指标、可靠性指标、数据编码与传输方式、通信线路工作方式与传输模式、差错控制等基本概念。通过本章的学习，学生重点掌握波特率、误码率、带宽与信道容量、数据编码、同步、双工通信等基础知识，以及差错检测与纠正的方法与实现机理、循环冗余校验（CRC）的工作原理及计算方法，为后续知识的学习奠定理论基础。

2.1 数据通信系统的基本组成

数据通信系统一般由数据信源、信宿、发送设备、接收设备、传输介质等几部分组成。由香农（C. E. Shannon）定义的广义通信系统模型如图 2-1 所示。

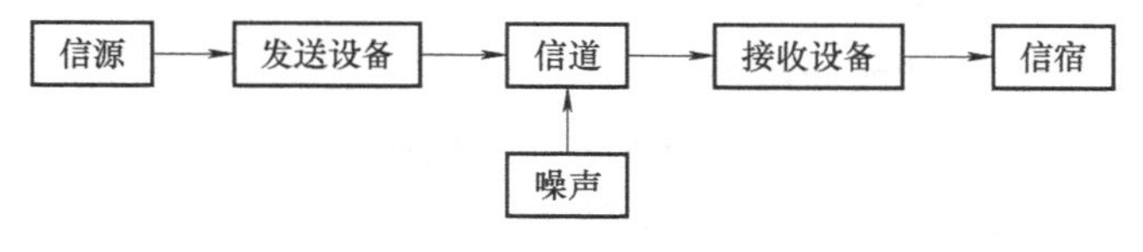

图 2-1 广义通信系统模型

数据通信是两点或多点之间借助某种传输介质以二进制形式进行信息交换的过程，它是计算机与通信技术结合的产物。将数据准确、及时地传送到正确的目的地是数据通信系统的基本任务。信源为待传输数据信息的产生者。发送设备将信息变换为适合于信道上传输的信号，而接收设备的作用则与之相反。信道指发送设备与接收设备之间用于传输信号的物理介质。经过传输，在接收设备处收到的信号在信宿处变换为信息。通信传输过程会受到噪声的干扰，而噪声往往会影响信道的传输质量，难以保证接收者正确地接收和理解所接收到的信号。当然，将所接收到的信号还原为接收者能理解的原始信息，必须遵循事先约定的相应协议。

2.1.1 信源与信宿

信源与信宿是信息的产生者和使用者。在数字通信系统中传输的信息是数据，而在工业自动化网络中，数据一般指与生产过程密切相关的数值、状态的表达，分为模拟数据、离散数据，如温度、压力、流量、液位四大热工参数即为典型的工业模拟数据，阀门的开启（数字1）与关闭（数字0）、生产过程处于非正常状态（数字1）与正常状态（数字0）即为工业离散数据。

2.1.2 发送与接收设备

发送设备、接收设备和传输介质是通信系统的硬件，其中，发送设备用于匹配信息源和传输介质，即将信息源产生的报文经编码变换为适合于传送的信号形式，送往传输介质；接收设备的基本功能则是接收来自发送设备的信息，并通过解调、译码、解密等，从携有干扰的信号中正确识别、恢复原始信号。

在工业数据通信系统中，发送与接收设备往往与数据源紧密连接为一个整体。许多测量控制设备既是发送设备，也是接收设备，它一方面将检测到的数据发送到通信系统，如温度变送器在将生产现场运行的温度测量值传送至监控计算机时，它作为发送设备；另一方面还接收系统内其他设备传送给它的信号，如温度变送器接收由监控计算机发送给它的调校指令与数值时则作为接收设备。

在工业数据通信系统中，典型的发送与接收设备有变送器与传感器、PLC、执行机构（调节阀门、电机、变频器、机器人）、网络通信设备（通信模块、中继器、网桥、网关）、监控计算机或工作站。

2.1.3 传输介质

传输介质是指从发送设备到接收设备之间信号传递所经过的媒介，是网络中连接收发双方的物理通路，是通信中实际传送信息的载体。

工业数据通信系统可以采用无线传输介质，如电磁波、红外线、激光等，也可以采用双绞线、电缆、电力线、光缆等有线传输介质。传输介质的特性对网络中的数据通信质量影响很大。传输介质的特性主要指：

1）物理特性：传输介质的物理结构。

2）传输特性：传输介质对数据传送所允许的传输速率、频率、容量以及调制技术等。

3）连通特性：点对点或点对多点的连接方式。

4）地理范围：传输介质的最大传输距离。

5）抗干扰性：传输介质防止电磁干扰等噪声对传输数据影响的能力。

6）性能价格比。

2.1.4 通信协议

为实现各通信实体之间可靠的数据交互，通信双方必须事先规定一套共同遵守的规约，亦即通信设备之间控制数据通信与理解通信数据意义的一组规则，称为通信协议。它定义了通信的内容、何时进行通信以及通信如何进行等，协议的关键要素是语法、语义和时序。

1. 语法

语法是指通信中数据的结构、格式及数据表达的顺序。如一个简单的协议可以定义数据的前8位或16位是发送设备的地址，相邻的8位或16位是接收设备的地址，后续为指令、帧长、数据等。

2. 语义

语义是指通信帧的位流中各部分的含义，收发双方依据语义来理解通信数据的意义。如该数据表示现场温度测量值，或温度是否异常，或设备自身的工作状态是否正常等。

3. 时序

时序包括两方面的特性：一是数据的发送时间；二是数据的发送速率。收发双方在通信前必须同步收发时钟，并协调数据处理的快慢速度。如果发送方以100Mbit/s的速率发送数据，而接收方仅能处理1Mbit/s速率的数据，则接收方将因负荷过重而导致大量数据丢失。

一个完整的通信协议所包含的内容十分丰富，它规定了用以控制信息通信的各方面的规则。在工业数据通信系统中，常用的通信协议主要包括RS232、RS485、TCP/IP等。

2.2 通信系统的性能指标

通信系统的性能指标是衡量通信系统好坏与否的标准，它包括信息传输的有效性、可靠性、适应性、经济性、标准性及维护性等。由于通信系统的任务是传递信息，就信息传输而言，其中起主导、决定作用的是传输信息的有效性和可靠性。

2.2.1 有效性指标

有效性是通信系统传输信息的数量上的表征，是指在给定信道和时间内传输信息的多少。数字通信系统中的有效性一般用信息传输速率、码元传输速率和频带利用率等来衡量。

1. 信息传输速率

信息传输速率亦称比特率，是指单位时间(s)内所传输数据的二进制位数，其单位为比特/秒(bit/s)。它是衡量数字通信系统有效性的指标之一。当信道一定时，信息传输的速率越高，有效性越好。在信息论中信息量的度量单位是“比特”(bit)。一个二进制码元所含的信息量为一个“比特”，有单个“1”或单个“0”两种状态。在N进制码元中，则每个码元的信息量为$\log_2 N$。

2. 码元传输速率

码元传输速率亦称波特率，是指单位时间(s)内所传输的码元数目，由于波特是指信号大小方向变化的一个波形，因此也可定义为单位时间(s)内传输信号的个数即信号波形的变化次数，其单位为波特(Baud)。信息传输速率和码元传输速率的关系为

$$S_b = S_B \log_2 N \tag{2-1}$$

式中，S_b是信息传输速率，单位为bit/s；S_B是码元传输速率，单位为Baud；N是进制数。比特率和波特率较易混淆，但两者又有区别。如果单比特信号(1位二进制)的传输速率为9600bit/s，则其波特率为9600Baud，它意味着每秒可传输9600个二进制脉冲。如果双比特信号(2位二进制即四进制)的传输速率为9600bit/s时，则其波特率仅有4800Baud。

3. 频带利用率

频带利用率是指单位频带内的传输速率，它是衡量数据传输系统有效性的重要指标。传输的速率越高，所占用的信道频带越宽。通常其计算式为

$$\eta = 传输速率/频带宽度 \tag{2-2}$$

式中，η是频带利用率，单位视传输速率而定。当传输速率为码元传输速率时，其单位为波特/赫兹(Baud/Hz)；当传输速率为信息传输速率时，其单位为比特/秒/赫兹(bit/s/Hz)。

4. 协议效率

协议效率是指所传输的数据包中的有效数据位与整个数据包长度的比值。它是衡量通信系统软件有效性的指标之一，协议效率越高，其通信有效性越好。

5. 通信效率

通信效率定义为数据帧的传输时间与发送报文的所有时间之比。其中数据帧的传输时间取决于数据帧的长度、传输的比特率，以及要传输数据的两个节点之间的距离。这里用于发送报文的所有时间包括竞用总线或等待令牌的排队时间、数据帧的传输时间，以及用于发送维护帧等的时间之和。通信效率为 1，就意味着所有时间都有效地用于传输数据帧。通信效率为 0，就意味着总线被报文的碰撞、冲突所充斥。

2.2.2 可靠性指标

可靠性是通信系统传输信息质量上的象征，是指接收信息的准确程度。衡量数字通信系统可靠性的重要指标是差错率，一般用误码率来衡量。而误码是指数字信号在信道传输过程中，由于信道本身有关参数的影响和噪声干扰，导致在接收端判决再生后的码元出现错误。误码率是指二进制码元在数据传输系统中被传错的概率，即

$$P_e = \lim_{N\to\infty}\frac{N_e}{N} \tag{2-3}$$

式中，P_e 是误码率；N_e 是传输出错的码元数；N 是传输的二进制码元总数，理论上 $N\to\infty$。实际使用中，N 应足够大，才能将 P_e 近似为误码率。

2.2.3 信道的频率特性

频率特性描述通信信道在不同频率的信号通过以后，其波形发生变化的特性。它分为幅频特性和相频特性：幅频特性指不同频率的信号通过信道后，其幅值受到不同衰减的特性；相频特性指不同频率的信号通过信道后，其相角发生不同程度改变的特性。理想信道的频率特性应该是对不同频率产生均匀的幅频特性和线性相频特性，而实际信道由于电阻、电感、电容等分布参数的存在，其频率特性并不理想，导致信号的各次谐波的幅值衰减和相角变化不尽相同。因此，通过信道后的波形会产生畸变，如果信号的频率在信道带宽范围内，则传输的信号基本上不失真，否则，信号的失真将较严重。

2.2.4 介质带宽

通信系统中所传输的数字信号可以分解成由无穷多个频率、幅度、相位各不相同的正弦波组成的信号。信号所含频率分量的集合称为频谱。频谱所占的频率宽度称为带宽。在被用来描述信道时，带宽是指能够有效通过该信道的信号的最大频率宽度。对于模拟信号而言，带宽以赫兹(Hz)为单位，如模拟语音电话的信号频带为 300~3400Hz，即带宽为 3100Hz。对于数字信号而言，带宽是指单位时间内链路能够通过的数据量，带宽一般直接以传输速率即比特率(bit/s)或波特率(Baud)描述，如 ISDN 的 B 信道带宽为 64kbit/s。

仅当发送端所发出的数字信号的所有频率分量均通过通信介质到达接收端，接收端才能再现该数字信号。实际上传输介质带宽是有限的，它只能传输某些频率范围内的信号，如光纤的带宽为几百 MHz~几十 THz(单模、多模)，同轴电缆为几十 MHz~1GHz(RG8、RG58、RG59、RG62 等)，双绞线为几 MHz~几十 MHz(22~26AWG，1~5 类)，无线电波为 3kHz~

3000GHz。一种介质只能传输频带范围在介质带宽范围内的信号。如果介质带宽小于信号的频带范围，信号将严重衰减并产生失真而导致接收端难以正确识别。

2.2.5　信道容量与信噪比

信道容量是指在某种传输介质中单位时间内可能传送的最大比特数，即该传输介质容许的最大数据传输速率。

在有噪声存在的情况下，由于传递出现差错的概率更大，因而会降低信道容量。而噪声大小一般由信噪比来衡量。信噪比(signal-to-noise ratio，SNR)计算公式为

$$SNR = 10\log_{10}\frac{S}{N} \tag{2-4}$$

式中，SNR是信噪比，单位为dB；S是信号功率，单位为W；N是噪声功率，单位为W。

1948年，贝尔实验室(原AT&T贝尔实验室，现朗讯贝尔实验室)的香农博士在《通信的数学原理》一文中提出了著名的香农定理，在噪声与信号独立的高斯白噪声信道中，信道容量的香农计算公式为

$$C = W\log_2\left(1+\frac{S}{N}\right) \tag{2-5}$$

式中，C是信道容量，单位为bit/s；W是信道带宽，单位为Hz；S/N是信噪比。由香农公式可见，在特定带宽W和特定信噪比S/N的信道中传输信息的速率是一定的，由信道容量公式还可得出以下结论：

1）提高信号S与噪声N功率之比，可以增加信道容量。

如果介质带宽W为3000Hz，当信噪比为10dB($S/N=10$)时，其信道容量为

$$C = 3000\log_2(1+10)\text{bit/s} = 10378\text{bit/s}$$

如果信噪比提高为20dB，即$S/N=100$时，则

$$C = 3000\log_2(1+100)\text{bit/s} = 19974\text{bit/s}$$

2）当信道中噪声功率N趋于0时，信道容量C可以趋于无穷大。

3）信道容量C一定时，带宽W与信噪比S/N之间可以互换，即减小带宽，同时提高信噪比，可以维持原来信道容量。

4）信噪比一定时，增加带宽W可以增大信道容量。但噪声为高斯白噪声时，由于噪声功率$N=Wn_0$(n_0是噪声的功率谱密度，单位为W/Hz)，随着带宽W增大，噪声功率N也会增大，导致信噪比下降，所以，增加带宽W并不能无限制地使信道容量增大，该极限容量为

$$C_{W=\infty} = 1.44\frac{S}{n_0} \tag{2-6}$$

2.3　数据编码

工业数据通信系统的任务是传送数据或指令等信息，此类数据通常以离散的二进制0、1序列的方式来表示，用0、1序列的不同组合来表达不同的信息内容。如2位二进制码的四种不同组合00、01、10、11可分别表示某电机处于停止、运行、故障、未投用四种不同的工作状态。七位二进制码的128种不同组合可用来表示扩展的二进制编码，如ASCII

码（美国信息交换标准代码）。此外，在工业数据通信系统中也常传输未经编码的二进制数据，如 A/D 转换的压力、温度等以及控制开关的 0 和 1 信号等。

2.3.1 数字数据编码

在设备之间传递数据就必须将数据按编码转换成适合于传输的物理信号。0、1 序列码元是传输数字的基本单位。在工业数据通信系统中所传输的大多为二元码，它的每一位即码元仅能在 1 或 0 两个状态中任取一个。所谓数字数据编码是指用高低电平的矩形脉冲信号来表达数据的 0、1 状态。

1. 单极性码

信号电平为单极性的编码，如图 2-2a 所示。如逻辑 1 为高电平、逻辑 0 为低电平的信号表达方式。

2. 双极性码

信号电平为正、负两种极性的编码，如图 2-2b 所示。如逻辑 1 为正电平、逻辑 0 为负电平的信号表达方式。

3. 归零码（RZ）

在每一位二进制信息传输之后均返回零电平的编码，如图 2-2 所示。如双极性归零码的逻辑 1 仅在该码元时间中的某段（如码元时间的一半）维持高电平，之后就恢复到零电平，其逻辑 0 仅在该码元时间的一半维持负电平，之后也恢复到零电平。

4. 非归零码（NRZ）

在整个码元时间内都维持有效电平的编码，如图 2-2 所示。

5. 差分码（differential code）

用每个周期起点电平的变化与否来代表逻辑“1”和“0”的编码，电平变化代表“1”、不变化代表“0”，此编码方式形成的编码称为传号差分码，反之为空号差分码，如图 2-3 所示。差分码按初始状态为高电平或低电平，有相位截然相反的两种波形。

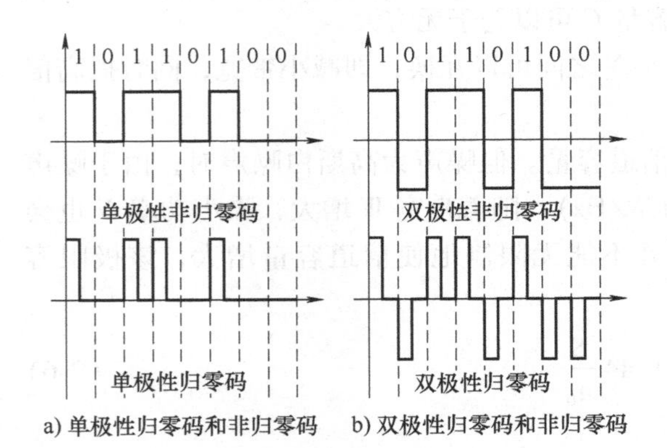

图 2-2 单双极性归零码和非归零码

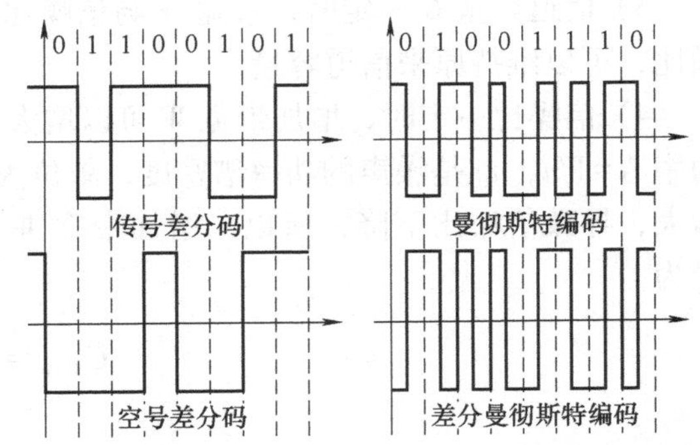

图 2-3 差分码、曼彻斯特编码和差分曼彻斯特编码

6. 曼彻斯特编码（Manchester encoding）

曼彻斯特编码是在工业数据通信中最常用的一种基带信号编码，如图 2-3 所示。它具有内在的时钟信息，从而能使网络上的每个节点保持时钟同步。在曼彻斯特编码中，时间被划分为等间隔的小段，其中每小段代表一个比特，每个比特时间又被分为前后两半，前半个时

间段所传信号是该时间段传送比特值的反码，后半个时间段传送的是比特值本身。亦即从高电平跳变到低电平表示 0，从低电平跳变到高电平表示 1。由此可见，在一个时间段内，其中间点总有一次信号电平的变化，在曼彻斯特编码中，位中间的跳变既作时钟信号即同步信号，又作数据信号。

7. 差分曼彻斯特编码(differential Manchester encoding)

差分曼彻斯特编码是曼彻斯特编码的一种变形，如图 2-3 所示。它既具有曼彻斯特编码在每个比特时间间隔中间信号一定会发生跳变的特点，同时也具有差分码用电平变化代表逻辑"1"、不变化代表逻辑"0"(传号差分码)，或者电平变化代表逻辑"0"、不变化代表逻辑"1"(空号差分码)的特点。它通过检查信号在每个周期起始处有无跳变来区分 0 和 1。

2.3.2　模拟数据编码

所谓模拟数据编码是指用模拟信号的不同幅度、不同频率、不同相位来表达数据的 0、1 状态。它有幅值键控(amplitude-shift keying，ASK)、频移键控(frequency-shift keying，FSK)和相移键控(phase-shift keying，PSK)三种编码方式。

在 ASK 中，载波信号的频率、相位不变，幅度随调制信号变化。设一个二进制数字信号在调制后波形的表达式为

$$U(t)=a_nA_m\sin(\omega t+\varphi) \tag{2-7}$$

式中，a_n 为二进制数字 0 或 1；A_m 是载波信号的幅度，单位为 V；ω 是载波信号的频率，单位为 Hz；φ 是载波信号的初始相位，单位为 rad。当 a_n 为 1 时，$U(t)$ 所描述的波形代表数字 1；当 a_n 为 0 时，$U(t)=0$ 就代表 0，如图 2-4a 所示。

在 FSK 中，载波信号的频率随着调制信号而变化，而载波信号的幅度、相位不变。如在二进制频移键控中，可定义信号 0 对应的载波频率大，信号 1 对应的载波频率小，调制后信号波形如图 2-4b 所示。基于现场总线的智能仪表中所使用的 HART 通信信号即采用此编码方式，其信号频率 1200Hz 表示 1、2200Hz 表示 0。

在 PSK 中，载波信号的相位随着调制信号而变化，而载波信号的幅度、频率不变。它分为绝对相位调制与相对相位调制两类，如在二进制相移键控中，前者采用固定相位 $\varphi=0°$ 和 $\varphi=180°$ 来分别表示 0 或 1；后者用载波在两位数字信号的交接处产生的相位偏移来表示载波所表示的数字信号。最简单的相对相位调制方法是：与前一个信号同相表示数字 0，相位偏移 180°表示数字 1。调制后信号的典型波形如图 2-4c 所示。

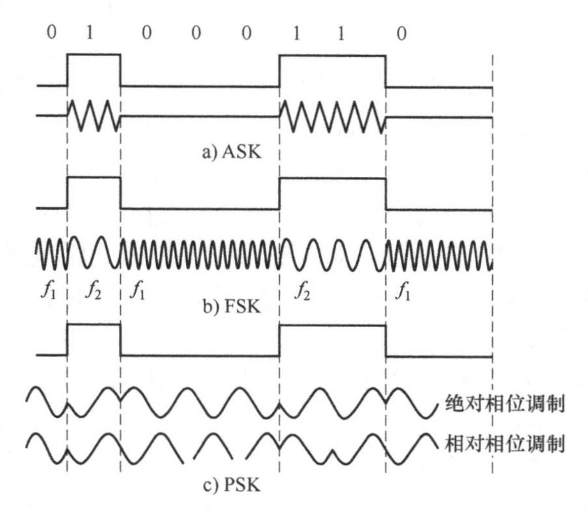

图 2-4　三种模拟数据编码调制后的波形

2.4　数据传输方式

数据传输方式是指数据代码的传输顺序和数据信号传输时的同步方式，有串行传输与并

行传输，同步传输与异步传输，位同步、字符同步与帧同步等几种。

2.4.1 串行传输与并行传输

1. 串行传输(serial transmission)

在串行传输中，数据流以串行方式逐位地在同一信道上传输。每次仅能发送一个数据位，每一位数据占据一个固定的时间长度。发送、接收双方必须约定数据字节的位传输次序以及两者的同步问题，亦即接收方必须知道所收到字节的首个数据位应该处于什么位置。串行传输即异步通信具有时钟同步简单、成本低、传输速度慢等特点，适用于如计算机与计算机、计算机与外设、多微处理器组成的分级分布式控制系统中的远距离通信。

2. 并行传输(parallel transmission)

并行传输是将数据以成组的方式在两条以上的并行通道上同时传输。它可以同时传输一组数据位，每个数据位使用独立的导线，如采用 8 根导线并行传输一个字节的 8 位数据，并通过“选通”线通知接收方接收该字节，接收方则对并行通道上所有导线的数据位信号进行并行取样。并行传输即同步通信具有时钟同步较复杂、成本高、传输速度快等特点，适用于计算机和外设之间的短距离通信，如 CPU、存储器模块和设备控制器之间的通信。

2.4.2 异步传输与同步传输

在数字数据通信中，发送端和接收端之间必须在时间上保持同步，才能保证数据接收的正确性和可靠性。因此，通信双方必须在通信协议中定义通信同步方式，并按照规定的同步方式进行数据传输。根据通信协议所定义的同步方式，数据传输可分为异步传输和同步传输两大类。

1. 异步传输(asynchronous transmission)

异步传输又称为起止式异步通信，它是计算机通信常用的同步方式。它以字符为传输单位，每个字符都要附加 1 位起始位和 1 位停止位，以标记一个字符的开始和结束，并以此实现数据传输同步，如图 2-5 所示。所谓异步传输是指字符与字符(一个字符结束到下一个字符开始)之间的时间间隔是可变的，并不需要严格地限制它们的时间关系。如在单个字符的异步方式传输中，在传输字符前设置一个启动用的起始位，对应于二进制值 0，以低电平表示，占用 1 位宽度，预告字符的信息代码即将开始；在信息代码和校验信号结束后，设置 1 个或多个停止位，对应于二进制值 1，以高电平表示，占用 1~2 位宽度，表示该字符已结束。在起始位和停止位之间，形成一个需传送的字符，其占用 5~8 位，具体取决于数据所采用的字符集，如电报码字符为 5 位、ASCII 码字符为 7 位、汉字码字符则为 8 位。起始位对该字符内的各数据位起同步的作用。此外，附加 1 位奇偶校验位，对该字符实施简单的差错控制。

在异步传输中，发送端与接收端除了采用相同的数据格式(字符的位宽、停止位、有无奇偶校验等)外，收发双方必须在时钟频率上保持一致，并且所有的时钟必须在一定误差范围内相吻合。典型的速率有 9600bit/s、19.2kbit/s、56kbit/s 等。

当从不传输数据的状态转到起始位状态时，在接收端将检测出极性状态的改变，并利用此改变启动定时机构实现同步。当接收端收到终止位时，就将定时机构复位，准备接收后续的数据。

异步传输的优点是简单、可靠，适用于面向字符的、低速的异步通信场合，如计算机

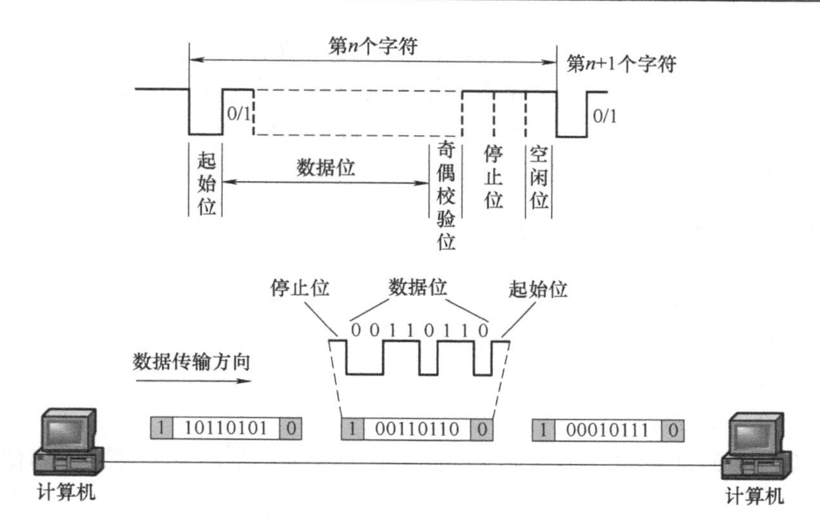

图 2-5　异步传输

与 Modem 之间的通信。它的缺点是通信开销大，每传输一个字符都要额外附加 2~3 位，通信效率比较低。

2. 同步传输(synchronous transmission)

同步传输是一种以数据块(或称帧，或称包)为传输单位的数据传输方式，该方式下数据块与数据块之间的时间间隔是固定的，必须严格地规定它们的时间关系。每个数据块包含多个字符的代码或多个独立的比特位，在块的头部和尾部都要附加一个预先规定的特殊的字符或比特序列，标记一个数据块的开始和结束。根据同步通信规程，同步传输又分为面向字符的同步传输和面向位流的同步传输。

(1) 面向字符的同步传输

在面向字符的同步传输中，字符集可用 ASCII 或 EBCDIC，数据块由字符组成，每个数据块的头部用一个或两个同步字符(SYN)来标记数据块的开始；尾部用另一个唯一的字符 ETX 来标记数据块的结束。典型的面向字符的同步通信规程是 IBM 公司的二进制同步通信规程(BISYNC)。

(2) 面向位流的同步传输

在面向位流的同步传输中，每个数据块的头部和尾部用一个或两个特殊的比特序列(如 01111110)来标记数据块的开始和结束，如图 2-6 所示。数据块将作为位流来处理，而不是作为字符流来处理。为了避免在数据流中出现标记块开始和结束的特殊位模式，通常采用位插入的方法，即发送端在发送数据流时，每当出现连续的五个 1 后便插入一个 0。接收端在接收数据流时，如果检测到连续五个 1 的序列，就要检查其后的一位数据，若该位是 0，则删除它；若该位是 1，则表示数据块的结束，转入结束处理。典型的面向位流的同步通信规程是高级数据链路控制(HDLC)规程和同步数据链路控制(SDLC)规程。

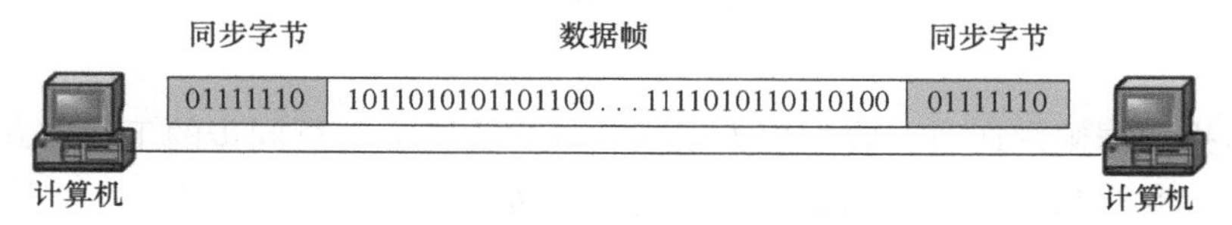

图 2-6　面向位流的同步传输

同步传输可用于单个电路板元件之间的数据传送，或者用于连接在30~40cm甚至更短距离的电缆数据通信。由于同步式比异步式传输效率高，适合高速传输的要求，因而在高速数据传输系统中具有一定的优势。对于更长距离的数据通信，同步传输的代价较高，因为它需要额外的一根导线来传输时钟信号，并且容易受到噪声的干扰。

2.4.3　位同步、字符同步与帧同步

在数据通信中，接收方为了能正确恢复位串序列并译码，必须能正确区分出信号中的每一位、每个字符、每个报文帧的起始与结束位置。与其相对应可将同步分为位同步、字符同步和帧同步三种。

1. 位同步(bit synchronous)

数据通信系统中最基本的、必不可少的同步是收发两端的时钟同步，亦即位同步，它是所有同步的基础。位同步要求每个数据位必须在收发两端保持同步。它分为外同步与自同步，其中外同步是指发送端在发送数据的同时发送同步时钟信号，接收方用同步信号来锁定自己的时钟脉冲频率；自同步是指发送端发送包含了同步信号的特殊数据编码信号，接收方从接收信号中提取同步信号来锁定自己的时钟脉冲频率，如曼彻斯特编码。

为了使数据传输系统具有最佳的抗干扰性能，保证数据准确地传递，要求位同步即系统的定时信号满足：

1）接收端的定时信号频率与发送端的定时信号频率相同。

2）定时信号与数据信号间保持固定的相位关系。

2. 字符同步(character or word synchronous)

在电报传输、计算机与其外设之间的通信中，通常以字符作为一个独立的整体进行发送，因而需要按字符同步。字符同步将字符组织成组后连续传送，每个字符内不设附加位，每组字符之前必须附加一个或多个同步字符(SYN)。接收端接收同步字符，并根据它来确定字符的起始位置。当不传送数据时，在线路上传送的是全1或0101…。在传输开始时用同步字符使收发双方进入同步。

3. 帧同步(frame synchronous)

数据帧是一种按事先约定将数据信息组织成组的形式。通信数据帧的一般结构如图2-7所示。它的前部是用于实现收发双方同步的一个独特的字符段或数据位的组合，称之为起始标志或帧头，其用于通知接收方有一个通信帧已经到达；中间是通信地址域、控制域、数据域和校验域；帧的尾部是帧结束标记，它和起始标志相似，是一个独特的位串组合，用于标志帧结束。

帧头 (起始标志)	地址域	控制域	数据域	校验域	帧尾 (结束标志)

图2-7　数据帧格式

帧同步是指数据帧发送时，收发双方以帧头帧尾为特征实行同步的工作方式，将数据帧作为一个整体，实行起止同步，如面向字符的同步传输以同步字符(SYN，16H)、面向比特的同步传输以特殊位序列(7EH，即01111110)来标识一个帧的开始。

2.5　通信系统的传输方式

通信系统的传输方式有单工、半双工、全双工及全/全双工四种。

2.5.1　单工通信

单工是指所传送的信息始终朝着一个方向，而不进行与此相反方向的传送，如图2-8a所示，设A为发送端，B为接收端，数据只能从A传送至B，而不能由B传送至A。如商业电台或电视广播，电台总是发射端，而用户总是接收端。单工通信线路一般采用二线制。

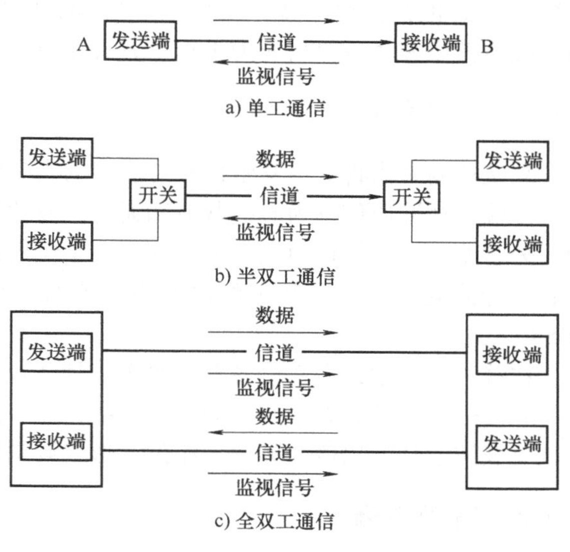

图2-8　传输方式

2.5.2　半双工通信

半双工通信是指信息流可在两个方向上传输，但同一时刻只限于一个方向传输，如图2-8b所示。信息可以从A传至B，或从B传至A，亦即通信双方都具有发送器和接收器。要实现双向通信必须切换信道方向。半双工通信采用二线制线路，当A站向B站发送信息时，A站将发送器连接至信道上，B站将接收器连接至信道上；而当B站向A站发送信息时，B站则要将接收器从信道上断开，并把发送器接入信道，A站也要相应地将发送器从信道上断开，而把接收器接入信道，如使用对讲开关控制发射机的双向无线电系统。这种在一条信道上进行转换，实现A→B与B→A两个方向通信的方式，称为半双工通信。工业数据通信中常采用半双工通信。

2.5.3　全双工通信

全双工通信是指通信系统能同时进行如图2-8c所示的双向通信。它相当于将两个相反方向的单工通信方式组合在一起，如标准的电话系统。此方式常用于计算机与计算机之间的通信。

2.5.4　全/全双工通信

全/全双工通信是指每个终端可同时发送和接收，且不必在相同的两个位置间进行，如A站可以发送到B站，并同时从C站接收。

2.6　信号传输模式

2.6.1　基带传输

基带传输是按照数字信号原有的波形（以脉冲形式）在信道上直接传输，它要求信道具有较宽的通频带。基带传输不需要调制、解调，信号按数据位流的基本形式进行传输，设备花费少，它是目前大部分计算机局域网(包括控制局域网)广泛应用的最基本的数据传输方式，适用于较小范围的数据传输。基带传输常采用非归零码(NRZ)、曼彻斯特编码和差分曼彻斯特编码等数字编码方法。

基带传输系统可采用双绞线或同轴电缆作为传输介质，也可采用光缆作为传输介质。与宽带网相比，基带网的传输介质比较便宜，可以达到较高的数据传输速率(一般为1~10Mbit/s)，但其传输距离一般不超过25km，因为若传输距离加长，传输质量会降低。基带网的线路工作方式一般只能为半双工方式或单工方式。

2.6.2 载波传输

载波传输是指将数字基带信号对连续的高频载波进行调制后传输的传输模式，适用于远距离传输。载波通信分为有线载波和无线载波两类，按复用方式又可进一步分为时分、频分和码分多路的信号传输模式，如地面微波中继通信、多路载波电话、太空卫星微波通信等都是载波传输的系统。最基本的调制方式有幅值键控(ASK)、频移键控(FSK)和相移键控(PSK)三种。

在载波传输中，发送设备首先要产生某个频率的信号作为基波来承载信息信号，此基波称为载波信号，基波频率则称为载波频率；而后按幅值键控、频移键控、相移键控等不同方式改变载波信号的幅值、频率、相位，形成调制信号后发送。

2.6.3 宽带传输

宽带是指比音频(4kHz)带宽还要宽的频带，它覆盖了大部分电磁波频谱的频带。所谓宽带传输是指基于频带传输技术将链路容量分解成两个或更多的信道，每个信道可以携带不同的信号的数据传输模式，如CATV(community antenna television)、ISDN(integrated services digital network，综合业务数字网，是通过单一线路发送数字语音呼叫和数据的一种电信标准)等。

基带传输通常用于传输数字信息，其数据传输速率为0~10Mbit/s，而宽带传输通常用于传输模拟信号，且一个宽带信道可以被划分为多个逻辑基带信道，可将声音、图像和数据信息的传输综合在一个物理信道中进行，其数据传输速率为0~400Mbit/s。

2.6.4 异步传输模式

异步传输模式(asynchronous transfer mode，ATM)是国际电信联盟ITU-T制定的标准，于1988年正式命名为ATM技术，并推荐其为宽带综合业务数据网B-ISDN(高速传输数字化的声音、视频和多媒体信息服务)的信息传输模式。它采用基于信元的异步传输模式和虚电路结构，是一种快速分组交换技术。它支持多媒体通信，包括数据、语音和视频信号，按需分配频带，具有低延迟特性，速率可达155Mbit/s~2.4Gbit/s，也有25Mbit/s和50Mbit/s的ATM技术。

ATM信元是固定长度的数据单元，分为信头和有效信息域两部分。数据单元长度为53B：信头为5B，主要完成寻址的功能；其余48B为有效信息域，用于装载来自不同用户、不同业务的信息，如话音、数据、图像等。有效信息域采用透明传输，不执行差错控制。数据流采用异步时分多路复用。

ATM 技术具有如下特点：

1）ATM 是面向连接的传输方式。

2）ATM 采用固定长度的短信元作为数据传输的单位，有利于高速交换，以保证业务传输中的较小时延和抖动。

3）信头的功能十分有限，其主要功能是用来根据虚电路标志识别虚连接和检查信元头中的差错，防止错误路由导致的信元丢失或误插。

4）ATM 采用统计时分复用的方式进行数据传输。

5）不提供逐段链路的差错控制和流量控制，能支持不同速率的各种业务。

6）传输误码率低，且容量很大。

2.7　差错控制

在计算机通信中，为了提高通信系统的传输质量而提出的有效地检测错误，并进行纠正的方法称为差错检测和校正，简称差错控制。差错控制的主要目的是减少通信中的传输错误，目前还不可能做到检测和校正所有的错误。

2.7.1　差错检测

差错检测是指接收端通过包含在数据报文分组中的冗余信息判别差错的一种方法。但它并不能识别分组中哪些位出现了错误，也不能纠正传输中的差错，仅能识别分组中是否存在错误。差错检测原理简单、易实现、编码与解码速度快，目前已得到广泛应用。差错检测最常用的方法如下：

1. 冗余

冗余是对每个字符都传输两次。如果连续两次没有收到相同的字符，就意味着发生了一个传输错误。

2. 回传

回传被用于操作人员手工从键盘输入数据的通信系统中。将接收端收到的每一个字符都回传给操作人员，由操作人员来确认字符是否被正确输入。如果在回传字符期间出现了传输错误，则需进行重复传输。

3. 精确计数编码

利用精确计数编码时，在每个字符中的 1 的数量是相同的。接收端计算一个字符中 1 的个数，如果其总数不等于预先设定的值，就表明发生了一个错误。

4. 奇偶校验

在奇偶校验中，一个独立位（奇偶校验位）被附加在每个字符上，以使得每个字符中 1 的总数不是奇数（奇校验）就是偶数（偶校验）。奇偶校验应用简单，但有可能漏掉大量的错误。

5. 求校验和

在发送端和接收端都对传输的数据进行求和操作，在发送端将校验和附加在数据信息之后。如果接收端的校验和与发送端的校验和不一致，就表明发生了错误。该校验方法能检测出 95%的错误，但与奇偶校验方法相比，增加了计算量。

6. 循环冗余校验

循环冗余校验(cyclic redundancy check，CRC)对传输序列进行一次除法操作，将除法操作的余数附加在传输信息之后。在接收端，按照相同的除法过程进行计算，如果计算结果不是零，就表明发生了一个错误。CRC 错误检查方法能够检测出大约 99.95%的错误，但计算量大。

2.7.2 差错纠正

差错纠正是指接收端通过包含在数据报文分组中的冗余信息判别差错并自动纠正错误的一种方法。它在功能上优于差错检测，但实现复杂、成本高。差错纠正最常用的两种方法如下：

1. 自动重传(ARQ)

当检测到一个错误时，接收端自动地请求发送端重新传输此信息，此方法经常被称作自动重传(ARQ)。ARQ 技术很简单，但可能会因确认和重发造成通信障碍。数据通信系统中的自动重传机制如图 2-9 所示。

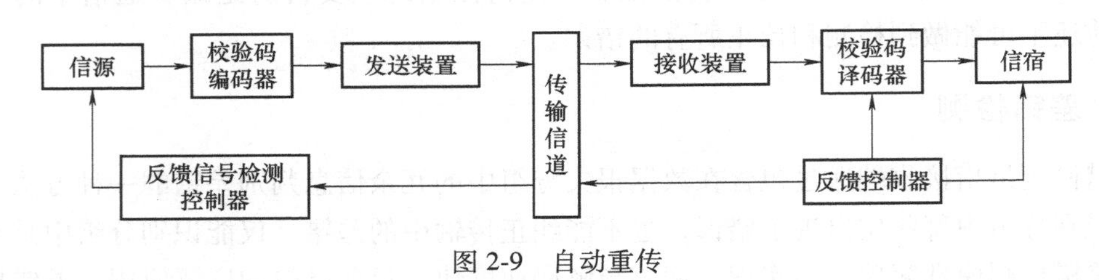

图 2-9　自动重传

自动重传的纠错方法有停止等待方式和连续工作方式两种。

(1) 停止等待方式

发送方在发送完一个数据帧后，即等待接收方的应答帧。待接收到正确接收应答帧之后，发送方即可发送下一帧数据。停止等待 ARQ 协议简单，但系统通信效率低。

(2) 连续工作方式

连续工作方式(连续 ARQ 协议)有拉回方式与选择重发方式两种。拉回方式中发送方可以连续地向接收方发送数据帧，接收方对接收的数据帧进行校验，而后向发送方发回应答帧。如果发送方在连续发送了编号为 0~5 的数据帧后，从应答帧得知 2 号数据帧传输错误，那么发送方将停止当前数据帧的发送，重发 2、3、4、5 号数据。拉回状态结束后，再接着发送 6 号数据帧。选择重发方式与拉回方式的不同之处在于：如果在发送完编号为 5 的数据帧时，接收到编号为 2 的数据帧传输出错的应答帧，那么发送方在发送完编号为 5 的数据帧后，仅重发出错的 2 号数据。选择重发完成后，接着发送编号为 6 的数据帧。显然，选择重发方式的效率将高于拉回方式。

2. 前向差错纠正(FEC)

FEC 技术在接收端检测和纠正差错，而无须反向请求重新发送，如图 2-10 所示。利用 FEC 技术将一些冗余位附加于通信序列中，附加位则按照某种方式进行编码，此方式允许每条信息在检测到有限错误时自行纠错。由于 FEC 方法增加了额外位，从而增加了通信开支。因此 FEC 常应用于重传开销巨大或者不可能重传的场合。

以最简单的 FEC 为例，每个数据位发三次即(3，1)重复码，经存在噪声的信道传输后，

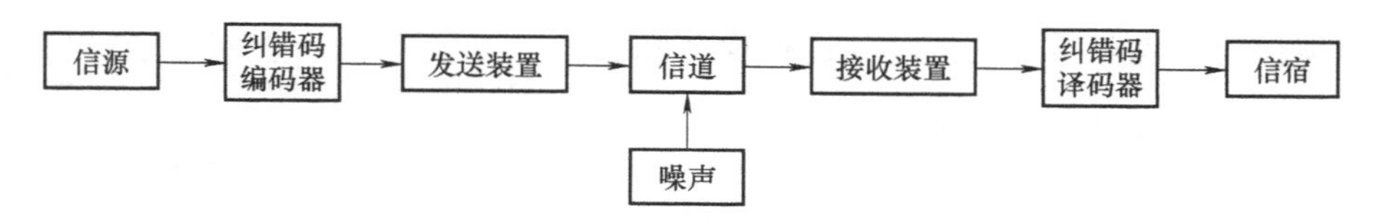

图 2-10 前向纠错

接收方可能会接收到 000~111 八种组合，设 FEC 允许三位中的任意一位发生错误，则发生错误时通过“多数投票”来纠错。由此可见，可被纠正的差错数量和丢失比特的最大值是由 FEC 的编码方式决定的。

2.7.3 CRC 检错码的工作原理

CRC(cyclic redundancy code)检错码方法是将要发送的数据位序列作为一个多项式 $f(x)$ 的系数，在发送方用收发双方预先约定的生成多项式 $G(x)$ 去除，并将所得的余数多项式附加到数据多项式之后发送到接收端。接收方用同样的生成多项式 $G(x)$ 去除接收数据多项式 $f'(x)$，如果计算余数多项式与接收余数多项式相同，则表示传输无差错，反之，则表示传输出错，由发送方重发数据，直至正确为止。

CRC 生成多项式 $G(x)$ 由协议规定，目前已有多种生成多项式列入国际标准，例如：

1）CRC-12： $G(x)=x^{12}+x^{11}+x^3+x^2+x+1$

2）CRC-16： $G(x)=x^{16}+x^{15}+x^2+1$

3）CRC-CCITT： $G(x)=x^{16}+x^{12}+x^5+1$

4）CRC-32： $G(x)=x^{32}+x^{26}+x^{23}+x^{22}+x^{16}+x^{12}+x^{11}+x^{10}+x^8+x^7+x^5+x^4+x^2+x+1$

CRC 检错码的工作原理可描述如下：

1）发送端，将发送数据多项式 $f(x)*x^k$，其中 k 为生成多项式的最高幂值，如 CRC-12 的最高幂值为 12，则发送 $f(x)*x^{12}$。就二进制乘法而言，$f(x)*x^{12}$ 的意义是将发送数据位序列左移 12 位。

2）将 $f(x)*x^k$ 除以生成多项式 $G(x)$，得

$$\frac{f(x)*x^k}{G(x)}=Q(x)+\frac{R(x)}{G(x)}$$

式中，$R(x)$ 为余数多项式。

3）将 $f(x)*x^k+R(x)$ 作为整体从发送端通过通信信道传送到接收端。

4）接收端，对接收数据多项式 $f'(x)$ 采用同样的运算，即

$$\frac{f'(x)*x^k}{G(x)}=Q(x)+\frac{R'(x)}{G(x)}$$

计算余数多项式。

5）接收端根据计算余数多项式 $R'(x)$ 是否等于接收余数多项式 $R(x)$ 来判断是否出现传输错误。实际的 CRC 检错码生成是采用二进制模 2 算法，即减法不借位，加法不进位，相当于按位异或操作。

例 2-1 设传输数据比特序列为 110011，生成多项式为 $G(x)=x^4+x^3+1$，即比特序列为 11001，试计算发送数据序列。

解： ① 110011 对应的数据多项式为 $f(x)=x^5+x^4+x+1$。

② 将发送数据比特序列乘以 2^4，则产生的乘积应为 1100110000。

③ 将乘积与生成多项式比特序列进行模 2 除法运算（图 2-11），余数多项式则为 $R(x)=\dfrac{f(x)*x^4}{G(x)}=x^3+1$。

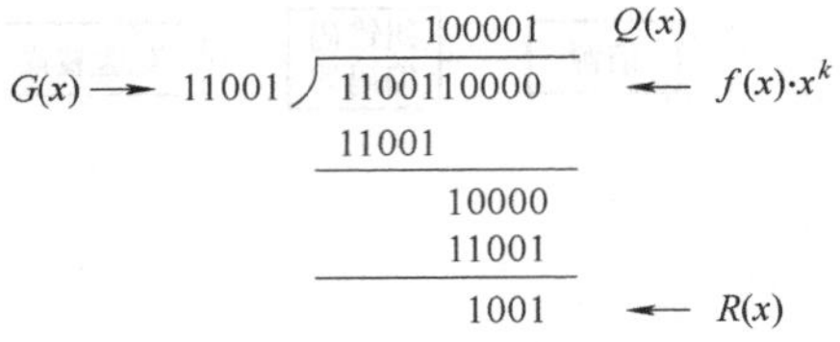

④ 余数比特序列为 1001。

⑤ 附加余数比特序列的发送数据序列为 1100111001。

```
                     100001        Q(x)
G(x) ──→ 11001 ⟌ 1100110000   ←── f(x)·x^k
                 11001
                 ──────────
                      10000
                      11001
                 ──────────
                       1001   ←── R(x)
```

图 2-11　模 2 算法

习　题

2-1　试简要说明广义通信系统模型及各部分的功能。

2-2　试简要说明比特率、波特率、频带利用率、协议效率、通信效率、误码率的概念。

2-3　某一数字信号的码元速率为 12000Baud，如果采用四进制或二进制数字信号进行传输，试计算其比特率。

2-4　假设频带宽度为 1024kHz 的信道，可传输 2048kbit/s 的比特率，试问其传输效率或频带利用率为多少？

2-5　分配的带宽扩大二倍、三倍时对通信信道的信息容量有何影响？

2-6　已知数据传送的信噪比为 10，频带宽度为 3kHz，试计算：

（1）无噪声信道上理论极限传输能力；

（2）噪声信道上理论极限传输能力；

（3）双绞线噪声信道实际传输能力。

2-7　什么是模拟数据编码、数字数据编码？

2-8　什么是曼彻斯特编码？试用曼彻斯特编码、空号曼彻斯特编码绘出数据 011010111 的波形。

2-9　什么是数据传输方式？它分为哪几种？

2-10　信号的传输模式大致分为几种？并简要说明各自的含义。

2-11　什么是通信线路的工作方式？各自的含义是什么？

2-12　什么是差错检测、差错纠正？各有哪些实现方法？

2-13　简述 CRC 检错码的工作原理。设发送数据序列为 11001001，生成多项式为 11001，试计算余数多项式及发送数据序列。

第 3 章

计算机网络基础

教学目的：

本章主要介绍计算机网络的拓扑结构、常用的传输介质、介质访问控制方式、网络互联、网络互联设备等基础知识。通过学习，学生须掌握环形拓扑、星形拓扑、总线拓扑、树形拓扑各自的优缺点，CSMA/CD、令牌环、令牌总线的工作原理，开放系统互连(open system interconnection，OSI)参考模型及各层功能定义、网络互联设备的作用与适用范围，为后续知识的学习奠定理论基础。

3.1 计算机网络

计算机网络是指将地理位置不同的具有独立功能的多台计算机及其外设，通过通信线路连接起来，在网络操作系统、网络管理软件及网络通信协议的管理和协调下，实现资源共享和信息传递的计算机系统。

自 20 世纪 60 年代初期的第一代计算机网络(典型代表是美国飞机订票系统)诞生以来，经历了形成(20 世纪 60 年代中期至 70 年代的第二代计算机网络，典型代表是 ARPANET)、互联互通(20 世纪 70 年代末至 90 年代的第三代计算机网络，具有统一的网络体系结构且遵循国际标准的开放式和标准化的网络)、高速网络技术(20 世纪 90 年代至今的第四代计算机网络)等发展阶段，它已成为当代信息社会的重要基础设施，成为沟通世界的信息高速公路，对社会发展乃至人类生活方式均产生了重要影响。

计算机网络的种类繁多，分类方法各异。按地域范围可分为局域网、城域网和广域网。

局域网(local area network，LAN)的距离只限于几十米到 25km，一般在 10km 以内。它一般位于一个建筑物或一个单位内，用于连接单位内部的计算机资源。它具有连接范围窄、用户数少、配置容易、传输速率高等特点，目前局域网最快的速率已达 10Gbit/s，并且它有多样化的通信介质，如同轴电缆、光缆、双绞线、电话线等。IEEE 的 802 标准委员会定义了以太网(Ethernet)、令牌环网(token ring)、光纤分布式接口网络(FDDI)、异步传输模式网(ATM)以及最新的无线局域网(WLAN)等主要的 LAN。

城域网(metropolitan area network，MAN)是指位于同一个城市且不属同一地理小区范围内的计算机互联。它实际上是一种大型局域网，通常采用与局域网相同的技术。其传输速率在 10Mbit/s 以上，距离通常为 5~50km。与 LAN 相比扩展的距离更长，连接的计算机数量更多。在一个大型城市或都市地区，一个 MAN 通常连接多个 LAN，如连接政府机构的 LAN、医院的 LAN、电信的 LAN、公司企业的 LAN 等。

广域网(wide area network，WAN)又称为远程网，所覆盖的范围比城域网(MAN)更广，它一般是在不同城市之间的 LAN 或者 MAN 网络互联，地理范围可从几十千米到几万千米。其传输线造价很高。由于传输距离较远，考虑到信道上的传输衰减，其传输速度不能太高，通常为 9.6kbit/s~45Mbit/s，如 CHINANET。

3.2 网络拓扑

网络的拓扑结构是指网络中节点的互连形式。控制网络中常见的拓扑结构有环形、星形、总线型、树形。

3.2.1 环形拓扑

如图 3-1 所示为环形拓扑的连接示意图。在环形拓扑中，通过网络节点的点对点链路连接，构成一个封闭的环路。信号在环路上从一个设备到另一个设备单向传输，直到信号传输到目的地为止。每个设备只与逻辑或空间上跟它相连的设备连接。每个设备中都有一个中继器，中继器接收前一个节点发来的数据，然后按原来的速度一位一位地从另一条链路发送出去。

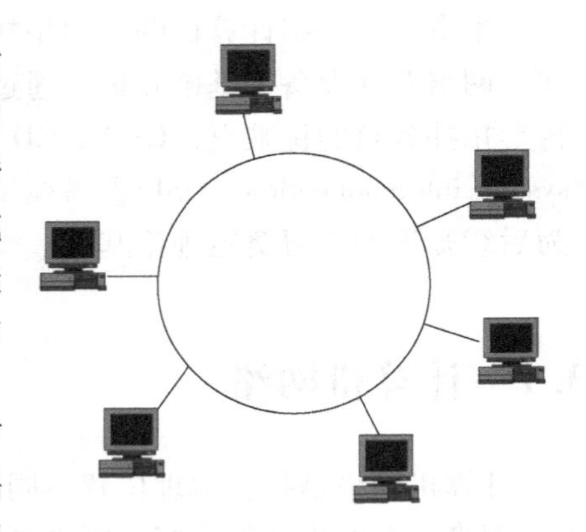

图 3-1 环形拓扑的连接示意图

由于有多个设备共享环路，故需由某种访问控制方式来确定每个站何时能向环路插入本节点要发送的数据报文。它们一般采用分布控制，每个节点都应有存取逻辑和收发控制逻辑。

环形拓扑的网络连接设备只是简单的中继器，而节点需提供拆帧和存取控制逻辑。环形网络的中继器之间可使用高速链路(如光纤)，因此环形拓扑网络与其他拓扑网络相比，可提供更大的吞吐量，适用于工业环境。在环形拓扑网络中，增加或删除一个设备只需改变两根连线。

信号只能单向传输是环形拓扑的一个缺陷。另外，在环路中一个设备的故障会导致整个网络瘫痪，因而在一些重要的应用场合需要采用双环。

3.2.2 星形拓扑

在星形拓扑中，每个节点通过点对点连接到中央节点，任何两节点之间通信都通过中央节点进行。一个节点要传送数据时，首先向中央节点发出请求，要求与目的站建立连接。连接建立后，该节点才能向目的节点发送数据。这种拓扑采用集中式通信控制策略，所有通信均由中央节点控制，中央节点必须建立和维持许多并行数据通路，因此中央节点的结构显得非常复杂，而每个节点的通信处理负担很小，只需满足点对点的链路连接要求，结构简单。

图 3-2 为星形拓扑的连接示意图。将几台计算机通过 Hub 相互连接，其方式就是典型的星形拓扑结构。在星形拓扑连接中，一条线路受损，不会影响其他线路的正常工作。

3.2.3　总线拓扑

在总线型拓扑中，由一条主干电缆作为传输介质，各网络节点通过分支与总线相连。图 3-3 为总线拓扑的连接示意图。

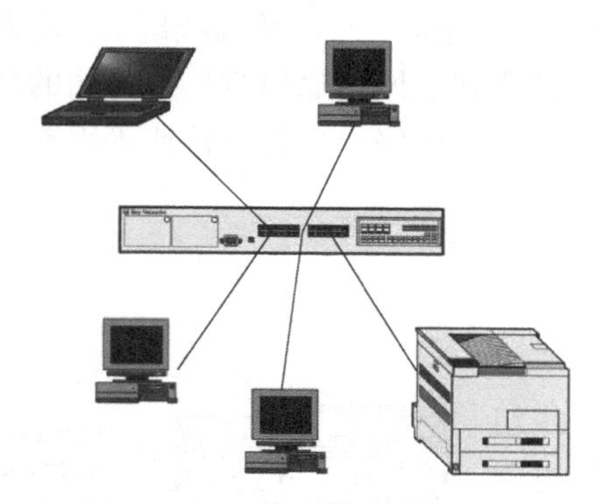

图 3-2　星形拓扑的连接示意图

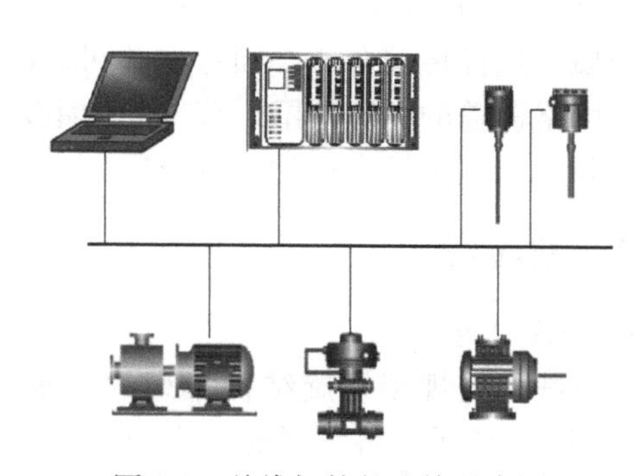

图 3-3　总线拓扑的连接示意图

总线上一个节点发送数据，所有其他节点都能接收。由于所有节点共享一条传输链路，某一时刻只允许一个节点发信息，因此需要由某种介质存取访问控制方式来确定总线的下一个占有者，亦即下一个可以向总线发送报文的节点。经过地址识别，将报文发送到目的节点。总线拓扑上可以发送广播报文，使多个节点能同时接收。报文也可以在总线上分组发送。

总线拓扑是工业自动化网络中应用最为广泛的一种网络拓扑形式，它易于安装，比星形、树形和环形拓扑更节约电缆。随着信号在网段上传输距离的增加，信号会逐渐变弱。将一个设备连接到总线时的分支也会引起信号反射，从而降低信号的传输质量，因此在给定长度的电缆上，对可连接的设备数量、空间分布（如总线长度、分支个数、分支集线器长度）等都要进行限制。

3.2.4　树形拓扑

树形拓扑的传输介质是不封闭的分支电缆。可以认为它是星形拓扑的扩展形式，如图 3-4 所示为树形拓扑的连接示意图。树形拓扑和总线拓扑类似，一个站发送数据，其他站都能接收。因此树形拓扑也可完成多点广播式通信。

树形拓扑是适应性很强的一种拓扑，适用范围很宽，对网络设备的数量、传输速率和数据类型等没有太多限制，可达到很高的带宽。如果将多个总线型或星形网连在一起，连接到一个大型机或环形网上，即形成树

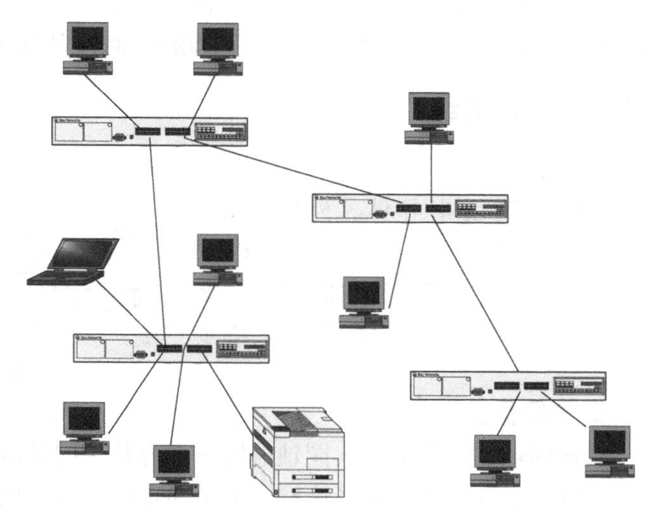

图 3-4　树形拓扑的连接示意图

形拓扑结构。树形拓扑结构非常适合于分主次、分等级的层次型管理系统。

3.3 网络传输介质

网络中常用的传输介质有电话线、双绞线、同轴电缆、光缆(光导纤维线缆)以及无线传输介质。选择传输介质必须考虑其网络拓扑、网络连接方式、网络通信量，要传输的数据类型、网络覆盖的地理范围、节点间的距离、传输介质与相关网络设备的性价比等因素，应根据实际需求，选择合适的传输介质。

3.3.1 双绞线

1. 物理特性

双绞线由按规则螺旋结构排列的2根或4根绝缘线组成，如图3-5所示。各线对螺旋排列的目的是为了抑制电磁干扰，提高传输质量。它适用于传输模拟信号和数字信号。

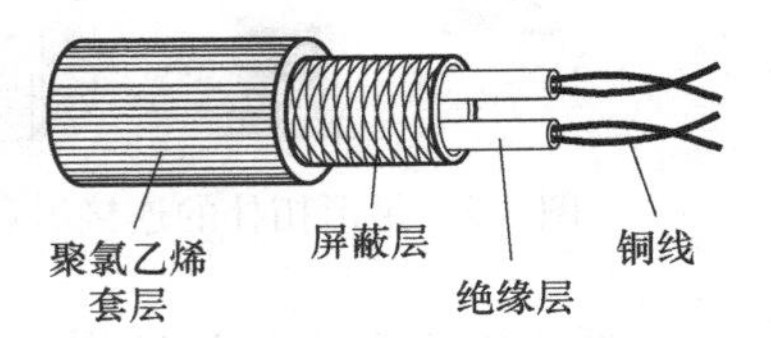

图3-5 双绞线结构示意图

2. 传输特性

双绞线最普遍的应用是语音信号的模拟传输。一条全双工音频通道的标准带宽是300~3400Hz。在一条双绞线上使用频分多路复用(FDM)技术可以进行多个音频通道的多路复用。每个通道占用4kHz带宽，并在相邻通道之间保留适当的隔离频带，双绞线使用的带宽可达268kHz，可以复用24条音频通道的传输。

3. 连通性

双绞线可用于点对点连接，也可用于多点连接。

4. 地理范围

双绞线用作远程中继线时，最大距离可达15km；用于10Mbit/s局域网时，与集线器的最大距离为100m。

5. 抗干扰性

双绞线的抗干扰性取决于相邻线对的扭曲长度及适当的屏蔽。在低频传输时，其抗干扰能力相当于同轴电缆；在频率为10~100kHz时，其抗干扰能力低于同轴电缆。

3.3.2 同轴电缆

1. 物理特性

同轴电缆由半导体、外屏蔽层、绝缘层及外部保护层组成，其结构如图3-6所示。它的特性参数由内、外导体及绝缘层的电气参数和机械尺寸决定。

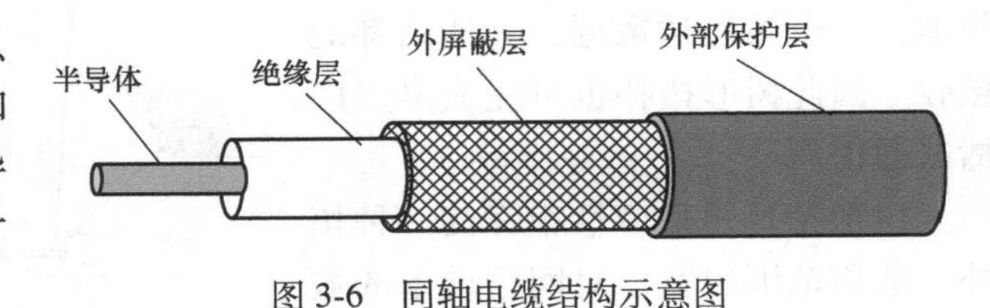

图3-6 同轴电缆结构示意图

2. 传输特性

根据同轴电缆的带宽，同轴电缆可分为基带同轴电缆和宽带同轴电缆两类。基带同轴电缆一般仅用于数字数据信号传输；宽带同轴电缆可以使用频分多路复用方法，将一条宽带同轴电缆的频带划分成多条通信信道，以支持多路传输。

描述同轴电缆的另一个电气参数是它的特征阻抗。特征阻抗的大小与内、外导体的几何尺寸、绝缘层介质常数相关。网络中常用的同轴电缆的特征阻抗为50Ω，以太网用同轴电缆，用于基带传输，速率为10Mbit/s。

另一类为公用天线电视电缆，特征阻抗为75Ω。它既可传输模拟信号，也可传输数字信号。当用于模拟信号传输时，其带宽可达400MHz。也可采用频分多路复用技术，将公用天线电视电缆的带宽分成多个通道，每个通道既可传输模拟信号，也可传输数字信号。

3. 连通性

同轴电缆支持点对点连接，也支持多点连接。基带同轴电缆可支持数百台设备的连接；宽带同轴电缆可支持数千台设备的连接。

4. 地理范围

基带同轴电缆的最大距离限制在几千米范围内；而宽带同轴电缆的最大距离可达几十千米。

5. 抗干扰性

同轴电缆的结构使得它的抗干扰能力较强。

3.3.3　光缆

1. 物理特性

光缆即光导纤维组成的线缆，其结构如图3-7a所示。光纤是直径为50~100μm的能传导光波的柔软介质，它分为玻璃材质和塑料材质两类。将折射率较高的单根光纤用折射率较低的材质包裹起来，即可构成一条光纤通道。

2. 传输特性

光纤通过内部的全反射来传输一束经过编码的光信号，其传输过程如图3-7b所示。当光波信号以小角度进入光纤，由于光纤的折射系数高于包层的折射系数，光波信号将在光纤与包层界面上形成全反射，并沿光纤轴向前传播。典型的光纤传输系统结构如图3-8所示。光纤发送端采用两种光源：发光二极管(LED)和注入型激光二极管。在接收端将光信号转换成电信号时使用光电二极管检波器。光纤传输速率可达几千Mbit/s。目前已投入使用的光纤在几千米范围内速率达到几百Mbit/s。

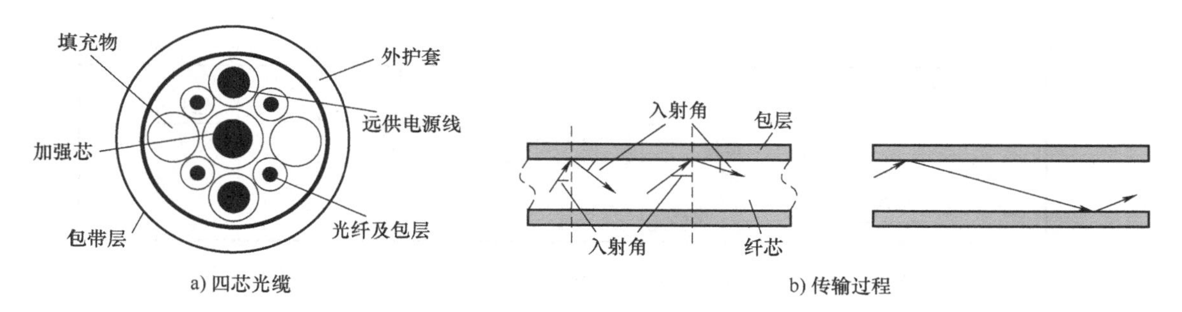

图3-7　光缆结构及传输示意图

光纤传输分为单模与多模两类。所谓单模光纤是指光纤的光信号仅与光纤轴成单个可分辨角度的单光纤传输；而多模光纤的光信号与光纤轴成多个可分辨角度的多光纤传输。单模光纤性能优于多模光纤。

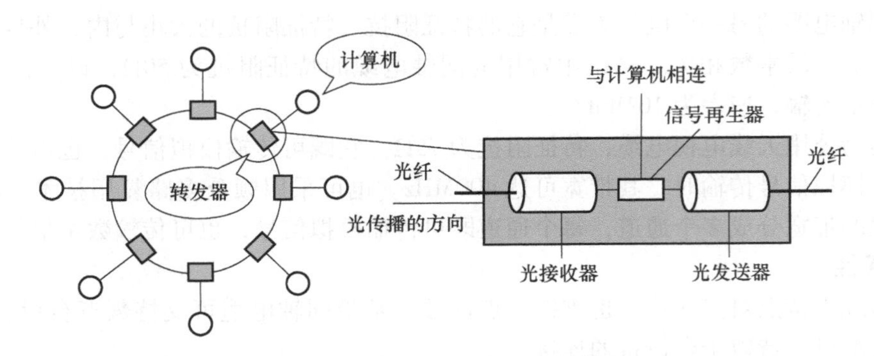

图 3-8　典型的光纤传输系统结构

3. 连通性

光纤支持点对点连接，在某些特殊系统也采用多点连接。

4. 地理范围

光纤信号衰减极小，它可以在 6~8km 距离内不使用中继器实现高速率数据传输。

5. 抗干扰性

光纤不受外界电磁干扰与噪声的影响，能在长距离、高速率传输中保持低误码率。双绞线典型的误码率在 10^{-5}~10^{-6}之间，基带同轴电缆为 10^{-7}，宽带同轴电缆为 10^{-9}，而光纤误码率可以低于 10^{-10}，且光纤传输的安全性与保密性强。

3.3.4　无线传输介质

无线传输介质是指利用各种波长的电磁波充当传输媒体的传输介质，主要有无线电波、微波、红外光、激光及其他可见光，相应的电磁波频谱、应用领域以及国际通信组织（ITU）对通信波段的命名如图 3-9 所示。

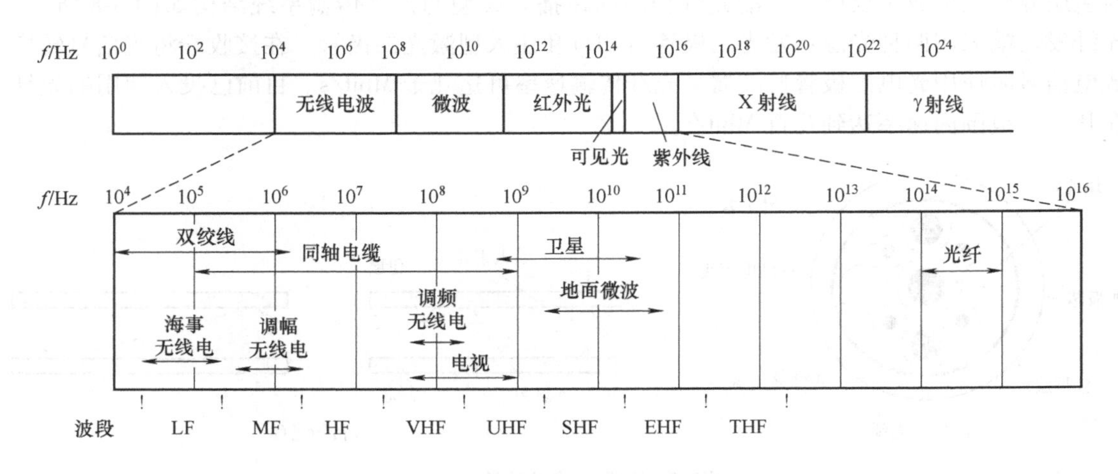

图 3-9　无线通信频段

由于无线电波、微波、红外光与激光通信信道无须敷设电缆，且不会受环境的限制，适合在地理上或安装上有特殊要求或频繁移动的设备。近年来，WiFi（IEEE 802. 11 协议）、蓝牙、ZigBee/802. 15. 4 协议等短距离无线通信技术也得到了快速发展和广泛应用。

1. 无线电波

无线电波是指在自由空间(包括空气和真空)传播的射频频段的电磁波。它有直线传播即沿地面向四周传播以及大气层中电离层反射传播两种传播方式。无线电技术是通过无线电波传播声音或其他信号的技术，其工作原理是：发送端通过调制将信息加载于无线电波之上，当电波通过空间传播到达接收端时，由电波引起的电磁场变化又会在导体中产生电流，通过解调将信息从电流变化中提取出来，从而实现信息的传递。

2. 微波

微波属于一种视距传输，它沿直线传播，不能绕射，其工作频率为 $10^9 \sim 10^{10}$ Hz。微波通信可传输电话、电报、图像、数据等信息。它有地面微波接力通信、卫星通信、对流层散射通信三种工作方式，已广泛用于长途电话通信、监察电话、电视传播等。其主要特点是：

① 微波波段频率高，其频段范围宽，通信信道的容量大。

② 微波传输质量及可靠性较高。

③ 微波沿直线传播，相邻站之间不能有障碍物阻挡。

④ 微波通信与电缆通信相比，其隐蔽性和保密性较差。

⑤ 微波的传播会受恶劣气候的影响。

3. 红外光

红外光是工作频率在 $10^{11} \sim 10^{14}$ Hz 之间的电磁波，通过发送或接收电信号调制的非相干红外光即可形成通信链路。只要收发机处于有效视线内，即可准确地进行通信，方向性很强，几乎不受干扰，保密性强。红外通信属于方向性极强的直线传播，发送端与接收端之间不能有障碍物阻挡。无导向的红外光被广泛用于短距离通信。

4. 激光

激光的工作频率为 $10^{14} \sim 10^{15}$ Hz，用调制解调的相干激光实现激光通信。激光通信属于方向性极强的直线传播，发送端与接收端之间不能有障碍物阻挡。

3.4 介质访问控制方式

为解决在同一时间多个设备同时发起通信而出现的争用传输介质的现象，需要采取某种介质访问控制方式，协调各设备访问介质的顺序。用于解决介质争用冲突的办法称之为竞用技术。

传输介质的利用率一方面取决于通信帧的长度和传播时间，如果帧越长，而所需传播时间越短，则介质利用率越高；另一方面，介质利用率也取决于介质的访问控制方式。

通信中对介质的访问可以是随机的，即网络各节点可在任何时刻随意地访问介质；也可以是受控的，即采用一定的算法调整各节点访问介质的顺序和时间。在计算机网络中，普遍采用载波侦听多路访问/冲突检测的随机访问方式来竞用总线。而在控制网络中往往会采用主从式、令牌总线、令牌环、并行时间、多路存取等受控的介质访问控制方式。

3.4.1 载波侦听多路访问/冲突检测

采用载波侦听多路访问/冲突检测(CSMA/CD)的介质访问控制方式时，网络上的任何节点都没有预定的通信时间，节点随机向网络发起通信。当遇到多个节点同时发起通信时，信号会在传输线上相互混淆而遭破坏，即“冲突”。为尽量避免由于竞争引起的冲突，每个工作站在发送信息之前，都要侦听传输线上是否有信息在发送，亦即“载波侦听”。

载波侦听的控制方式是“先听再讲”。一个节点要发送，首先需要侦听总线，以决定介质上是否存在正在发送信号的其他节点。如果介质处于空闲，则可以发送；如果介质忙，则要等待一定时间间隔后重试。

它有三种 CSMA 坚持退避算法：

第一种为非坚持 CSMA。假如介质是空闲的，则发送；假如介质是忙的，则等待一段随机时间，重复第一步。

第二种为 1 坚持 CSMA。假如介质是空闲的，则发送；假如介质是忙的，则继续侦听，直到介质空闲，立即发送；假如冲突发生，则等待一段随机时间，重复第一步。

第三种为 P 坚持 CSMA。假如介质空闲，则以 P 的概率发送，或以 1-P 的概率延迟一个时间单位后再听，这个时间单位等于最大的传播延迟；假如介质是忙的，则继续侦听直到介质空闲，重复第一步。

由于传输线上不可避免地存在传输延迟，有可能多个站同时侦听到线上空闲，并开始发送，从而导致冲突。故每个节点在开始发送信息之后，还要继续侦听线路，判定是否有其他节点正与本节点同时向传输介质发送，一旦发现，便中止当前发送，亦即“冲突检测”。

CSMA/CD 已广泛应用于计算机局域网中。每个站点在发送通信帧的同时还有检测冲突的能力，即所谓“边讲边听”。一旦检测到冲突，就立即停止发送，并向总线发出故障信号，通知总线各站冲突已经发生，使信道不再传送已损坏的帧。

3.4.2 介质访问控制的令牌方式

CSMA 的访问产生冲突的原因是由于各节点发起通信是随机的。为了解决冲突，可对通信发起方进行控制，如令牌访问方式。此法按一定顺序在各站点间传递令牌，获得令牌的节点才有发起通信的权力，从而避免了几个节点同时发起通信而产生的冲突。令牌访问原理既可用于环形网，构成令牌环形网络；也可用于总线网，构成令牌总线网络。

1. 令牌环

令牌环是环形局域网采用的一种访问控制方式。令牌在网络环路上不断地传送，只有拥有此令牌的站点，才有权向环路发送报文，而其他站点仅允许接收报文。一个节点发送完毕后，便将令牌传递给网上的下一个站点，下一个站点如果没有报文发送，便立即将令牌顺序传给它的下一个站点，周而复始。环路上每个节点都可获得发送报文的机会，而任何时刻只会有一个节点利用环路传送报文，因而在环路上保证不会发生访问冲突。

令牌环中令牌传递的工作原理如图 3-10 所示。图中每个网络节点都有一个入口和一个出口，分别与环形信道相连。在通信接口中用缓冲器进行存储转发数据。传输的帧格式如图 3-11 所示，其中状态位用于指示此帧发出后是否为目的站所接收。

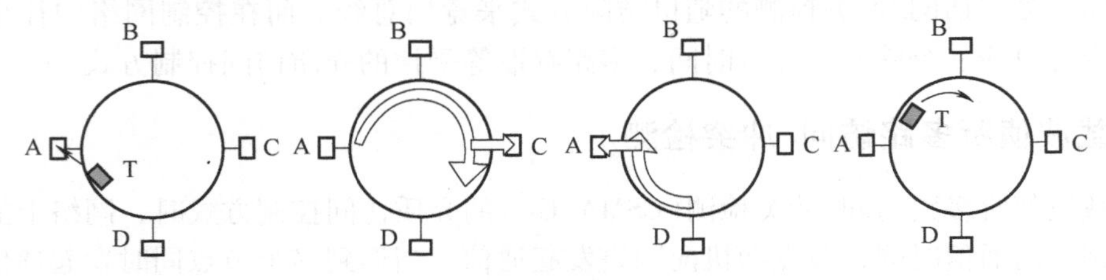

图 3-10 环形网示意图

起始标志	目的地址	源地址	数据信息	校验和	状态	结束标志

图 3-11　帧格式

若 A 站要发送数据给 C 站，则 A 站将目的地址和要发送的数据交给本站的通信处理器组织成帧。一旦 A 站获得令牌，就发出该帧。B 站从其入口收到此帧后，查看目的地址与本站地址不符，便将原帧依次转发给 C 站。C 站在查看目的地址时，得知此帧是给本站的，便进行校验和查错。若传输帧无错误，便接收数据并修改相应状态位，表示此帧已被正确接收。而后 C 站再将修改了状态位的原帧沿 D 站送回 A 站。A 站从返回的帧状态位得知发送成功，便从环上删除此帧，同时释放令牌，将其转交给 B 站，从而完成一次站间通信。

采用令牌环方式的局域网，网上每一个站点都知道信息的来去动向，保证了通信传输的确定性。由于能限制各节点的令牌持有时间，所以适合实时系统的使用，令牌环方式对轻、重负载不敏感，但单环环路出现故障将使整个环路通信瘫痪，因而可靠性比较差。

2. 令牌总线

令牌总线方式采用总线拓扑，网上各节点按预定顺序形成一个逻辑环。每个节点在逻辑环中均有一个指定的逻辑位置，末站的后站就是首站，即首尾相连。总线上各站的物理位置与逻辑位置无关。

与令牌环方式类似，令牌总线也采用令牌的控制帧来调整对总线的访问控制权。获得令牌的站点在一段规定时间内享有介质的控制权，可以发送一帧或多帧报文。当该节点完成发送或授权时间已到时，它将释放令牌并将其传递到逻辑环中的下一站，使下一站得到发送权。传输过程由交替进行的数据传输阶段和令牌传送阶段组成。令牌总线上的站点也可以退出逻辑环而成为非活动站点。

令牌总线在物理上是一个总线网，在逻辑上却是一个令牌环网，如图 3-12 所示。其中，P 指向前导站，S 指向后继站，7 个站中 C 站存在故障而 G 站未工作，则剩下的 5 个站在逻辑上组成了一个令牌环网，令牌则按照 A→D→B→E→F→A→⋯的顺序传递，只有获得令牌的站点才能发送通信帧。

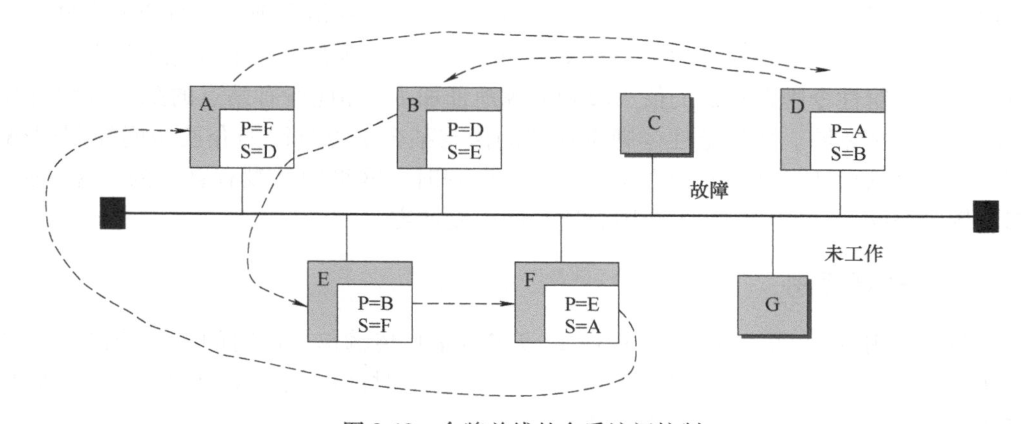

图 3-12　令牌总线的介质访问控制

正常运行时，获得令牌的站点有报文要发送，则发送报文，随后，将令牌传送至下一站。从逻辑上看，令牌按地址顺序传送至下一站；从实现过程来看，当对总线上所有站点广播带有目的地址的令牌帧时，与帧中目的地址一致的站点接收令牌。

由于站点接收到令牌的过程是顺序依次进行的，因此所有站点都有公平的访问权。为使站点获得令牌的等待时间是确定的，这就需要限定每个站发送帧的最大长度。如果所有站都有报文要发送，最极端情况下，等待取得令牌和发送报文的时间应该等于全部令牌传送时间和报文发送时间的总和；如果只有一个站有报文要发送，则等待时间只是全部令牌传递时间的总和，而平均等待时间是它的一半，实际等待时间应在这个区间范围内。

就控制网络而言，访问等待时间是一个重要参数，可以根据需求选定站点数及最大的报文长度，从而保证在限定的时间内获得令牌。对令牌总线的访问控制还可提供不同的服务级别，即不同的优先级。

为了确保令牌总线正常运行，令牌总线的介质访问控制应具备以下几项功能：

（1）令牌传递算法

它是指先前发完帧的站点在将令牌传递给后继站后，应侦听总线上的信号，以确认后继站获得了令牌。

（2）逻辑环的初始化

它是指网络在启动时或由于其他原因，在运行中所有站点活动的时间如果超过规定的时间，则系统启动逻辑环初始化争用进程，从而使一个站点获得令牌，其余站点则按站点插入算法加入。

（3）站点插入算法

在逻辑环中，当同时有几个站点要插入时，采用带有响应窗口的争用处理算法周期性地处理新站点的插入请求。

（4）站点退出算法

一个工作站应能将其自身从逻辑环中退出，并将其前导站和后继站连接起来。

（5）令牌恢复算法

网络应能发现差错，丢失令牌应能恢复，在多重令牌情况下应能识别处理。

（6）实令牌与虚令牌

实令牌是指在网络传输中独立存在且专门充当令牌的数据帧，如令牌总线与令牌环中的令牌。虚令牌是指将令牌隐含在数据帧中且并不独立存在。网络管理者为每个节点分配一个唯一的地址。每个站点监视收到的每个报文帧的源地址，并为接收到的源地址设置一个隐性令牌寄存器，让隐性令牌寄存器的值为收到的源地址加 1，如此所有站点的隐性令牌寄存器在任一时刻的值都相同。如果隐性令牌寄存器的值与某个站点自己的介质访问控制（MAC）地址相等，则该站点即可立即发送数据。采用虚令牌时，网络中并没有真正的令牌帧传递，但能起到像实令牌一样的作用，不会因介质访问引发冲突。

3.4.3 时分多路复用

时分多路复用（time division multiplexing，TDM）是将传输信号的时间进行分割，使不同的节点在不同时间内传送，即将整个传输时间分为许多时间间隔（称为时间片、时隙等），每个时间片被一个节点占用，如图 3-13 所示。

图 3-13 中节点以信号源表示，信号源 1～6 分别按 1、2、3、4、5、6 的顺序占用总线。如果事先可以预计每个节点占用总线的时间、需要的通信时间或要传送的报文字节数量，则可以准确估算出每个节点两次占用总线之间的循环周期。

时分多路复用又分为同步时分多路复用和异步时分多路复用两种。

图 3-13 时分多路复用原理

1）同步时分多路复用采用固定时间片分配方式，即将传输信号的时间等长度划分成多个时间片，并将每个时间片以固定的方式分配给各节点，而与每个节点的通信数据量无关。获得时间片的节点即可发送数据，如果该节点没有数据发送，则传输介质在该时间片内是空闲的。此平均分配策略不能有效利用链路的全部容量，有可能造成通信资源的浪费。

2）异步时分多路复用亦被称为统计时分多路复用或智能时分多路复用，它能根据给定时刻可能进行发送的节点数目的统计结果动态地决定时间片的分配，以避免每个时间段中出现空闲时间片。

异步时分多路复用也可采用变长时间片的方法来实现数据通信。在控制网络中，各节点数据信号的传输速率一般相同，可以将较长的时间分配给数据传输量大的节点，而将较短的时间分配给数据传输量小的节点，以避免浪费。

3.5 网络互联

3.5.1 网络互联的基本概念

网络互联是将分布在不同地理位置的网络、网络设备连接起来，构成更大规模的网络系统，以实现网络的数据资源共享。相互连接的网络可以是同种类型的网络，也可以是运行不同网络协议的异型系统。网络互联是计算机网络和通信技术迅速发展的结果，也是网络系统应用范围不断扩大的自然要求。网络互联要求不改变原有子网内的网络协议、通信速率、软硬件配置等，通过网络互联技术使原先不能相互通信和共享资源的网络间有条件实现相互通信和信息共享。此外还要求将因连接对原有网络的影响减至最小。

在相互连接的网络中，每个子网成为网络的一个组成部分，每个子网的网络资源都应该成为整个网络的共享资源，可以为网络上任何一个节点所用。同时，又应屏蔽各子网在网络协议、服务类型、网络管理等方面的差异。网络互联技术能实现更大规模、更大范围的网络连接，使网络、网络设备、网络资源、网络服务成为一个整体。

3.5.2 网络互联规范

网络互联必须遵循一定的规范，随着计算机和计算机网络的发展及其应用对局域网互联的需求，IEEE 于 1980 年 2 月成立了局域网标准委员会（IEEE 802 委员会），制定了开放系统互连（OSI）模型的物理层、数据链路层标准。IEEE 已经发布了 IEEE 802.1～IEEE 802.11 标准，其主要文件所涉及的内容如图 3-14 所示。其中 IEEE 802.1～IEEE 802.6 已经成为国际标准化组织（ISO）的国际标准 ISO 8802-1～ISO 8802-6。

图 3-14　IEEE 802 标准

3.5.3　开放系统互连参考模型

1. 开放系统互连参考模型的定义

为实现不同制造商生产的设备之间的互连与数据交换，国际标准化组织 ISO/TC97 于 1978 年建立了“开放系统互连”技术分委会，起草了开放系统互连(OSI)参考模型的建议草案，并于 1983 年成为正式的国际标准 ISO7498，1986 年又对该标准进行了进一步的完善和补充，形成了为实现开放系统互连所建立的分层模型，简称 OSI 参考模型。它为异种计算机互连提供了一个共同基础和标准框架，解决了异种网络互联的一致性和兼容性问题。

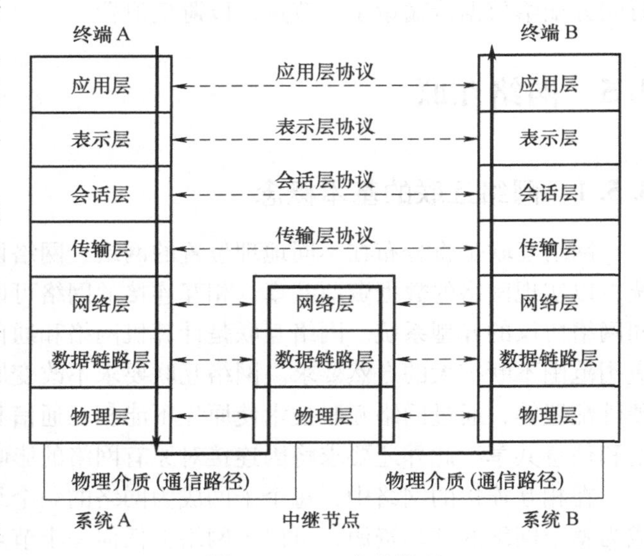

图 3-15　OSI 参考模型

OSI 参考模型提供了概念性和功能性结构，并将开放系统的通信功能划分为七个层次，从连接物理介质的层次向上依次称之为物理层、数据链路层、网络层、传输层、会话层、表示层和应用层(图 3-15)。各层的协议细节由各层独立进行定义。如果有新技术或新业务引入，仅需修改因功能扩充、变更所涉及层的协议，而无须修改全部协议。OSI 参考模型分层的原则是将相似的功能集中在同一层内，功能差别较大时分层处理，每层仅对相邻的上下层定义接口。

2. 开放系统互连参考模型的功能划分

OSI 参考模型每一层的功能是独立的，相邻的两层之间，下层为上层提供服务，上层使用下层提供的服务，而与其他层的具体情况无关。两个开放系统中的同等层之间的通信规则约定称之为通信协议。

(1) 物理层

物理层是设备间的物理接口，数据流通过它从一个设备传送到另一个设备。它提供用于建立、保持和断开物理连接的机械、电气、功能和过程特性。简言之，物理层提供数据流在物理介质上的传输手段，实现节点间的同步，最常用的协议是 RS232C。

（2）数据链路层

数据链路层的主要功能是在物理层提供的比特流访问的基础上，用以建立、维持和拆除相邻节点间的数据链路，通过校验、确认和反馈重传等机制对高层协议屏蔽传输介质的物理特性，以实现两节点间的无差错传输，为上层提供无差错的信道服务。

（3）网络层

网络层是在数据链路层提供的两个节点间传输数据帧的基础上，将原节点发出的数据分组送到目的节点，以提供传输层最基本的端到端的数据传输服务（虚电路或数据报）。网络层具有寻址和路由选择、流量控制、传输确认、差错控制及故障恢复等主要功能。

（4）传输层

传输层亦称端到端协议，它的主要功能是在网内两个实体间建立端到端的通信信道，用以传输信息和报文，为会话层提供可靠、透明的传输服务，在不同节点间提供可靠、透明的数据传送，进行点到点错误恢复和流控制。另外，它通过采用复用、分段和组合、连接和分离、分流和合流等技术措施，提高吞吐量和服务质量。

（5）会话层

会话层的主要功能是提供一种有效的手段来协调、同步表示层内实体组织间的对话。会话层一方面要实现接收处理和发送处理的逐次交替变换；另一方面要在单方向传送大量数据的情况下，给数据打上标记。如果出现通信意外，可以由标记处重传，比如可以将长文件分页标记，逐页发送。

（6）表示层

表示层的主要功能是将应用层提供的信息内容进行转换，并用能够共同理解的语言学方法描述，提供字符代码转换、数据格式化、数据加密等服务。表示层仅对应用层的信息内容进行形式变换，而不改变其内容本身。

（7）应用层

应用层是 OSI 参考模型的最高层。其功能是实现各种应用进程之间的信息交换，提供通信、虚拟终端、文件传送、网络设备管理等服务。

3.6　网络互联设备

网络互联设备是指具有协议转换和地址映射功能的设备，如中继器、网桥、路由器和网关。

3.6.1　中继器

中继器又称重发器，是网络物理层的一种介质连接设备。由于网络节点间存在一定的传输距离，网络中携带信息的信号在通过一个固定长度的距离后，因衰减或噪声干扰而影响数据的完整性，影响接收节点正确地接收和辨识。中继器通过对传输介质中微弱的数据位信号进行整形放大、重新复制，以保持与原信号相同，并将新生成的复制信号转发至下一网段或其他介质段，从而延伸网段的长度。它工作在网络的物理层，只放大信号，不能隔离不同网段之间不必要的网络数据流量，适用于使用相同介质访问控制方法及相同数据传输速率的局域网中。

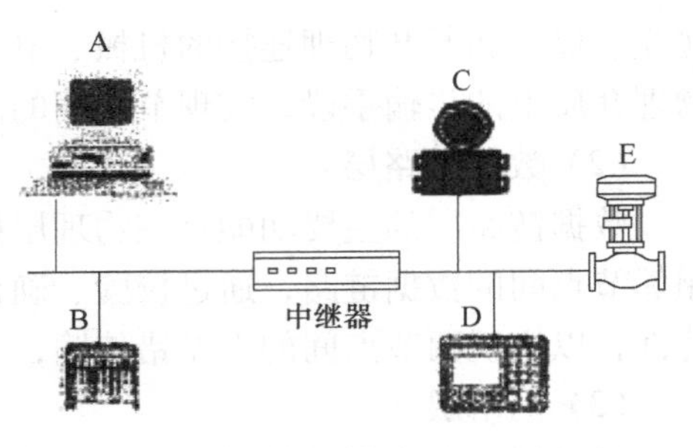

图 3-16　采用中继器延长网段

中继器仅在网络的物理层起作用，它不以任何方式改变网络的功能。在图 3-16 中通过中继器连接在一起的两个网段实际上是一个网段。如果节点 A 发送一个帧给节点 B，则所有节点（包括 C 和 D）都将有条件接收到这个帧。中继器并不能阻止发往节点 B 的帧到达节点 C 和 D，但有了中继器，节点 C 和 D 所接收到的帧将更加可靠。

中继器不同于放大器，放大器的特点是对输入信号进行实时实形地放大，其中也包括了输入信号中的所有失真，亦即放大器不能分辨真实的信号和噪声。而中继器则不同，它并不是放大信号，而是重新生成它。当接收到一个微弱或损坏的信号时，它将按照信号的原始长度逐位复制信号。因而中继器是一个再生器，而不是一个放大器。

3.6.2　网桥

网桥又称桥接器，是链路层实现局域网互联的存储转发设备，它适用于网络层（含网络层）以上各层的通信协议及逻辑链路控制协议相一致的，使用不同介质访问控制协议、不同数据传输速率、不同传输介质的局域网中，如图 3-17 所示。网桥两端的协议和地址空间保持一致。

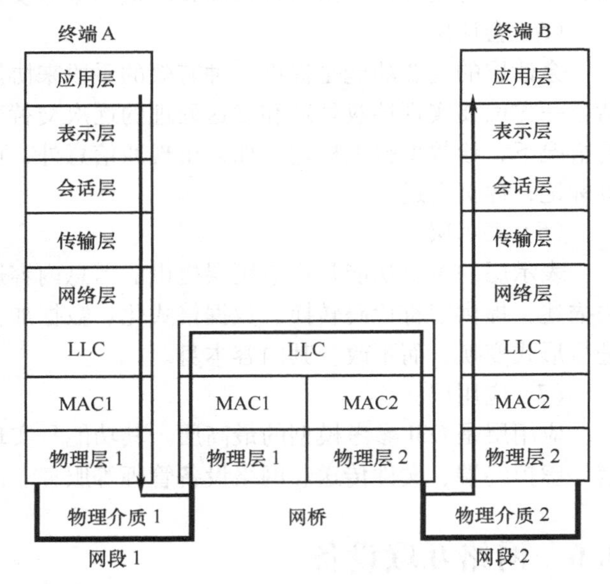

图 3-17　网桥协议结构

网桥同时作用于物理层和数据链路层。它们既用于网段间的连接，也可在两个相同类型网段间中继数据帧。网桥可以访问所有连接节点的物理地址，有选择性地过滤通过它的报文。当某个网段生成的报文要传输至另一个网段时，网桥被唤醒，转发信号；而当报文在自身的网段中传输时，网桥则处于休眠状态。当一个帧到达网桥时，网桥不仅重新生成信号，而且检查数据包的目的 MAC 地址，并将此地址与包含所有节点的地址表相比较，如果发现存在匹配的地址，网桥首先确定该节点所属网段，然后将新生成的原信号复制件转送至该网段。如图 3-18 所示，节点 A 和节点 B 处于同一网段，当节点 A 传送到节点 B 的帧到达网桥时，此帧仅能在本中继网段内中继，由站点 B 接收。当节点 A 需将帧发送到节点 F 时，网桥则允许此帧跨越并中继至节点 F 所属网段，由站点 F 接收。

网桥与中继器相比，除广播通信外，网桥能够实施不同网段之间的通信隔离，仅对包含目的 MAC 地址的网段进行帧中继，亦即网桥起到了帧过滤的作用，既可以控制网络拥塞，又可以隔离存在问题的链路。但网桥在任何情况下都不修改帧的结构或内容，因此仅可以将网桥应用于使用相同协议的网段之间。中继器不处理报文，它不能理解报文，仅能简单地复制报文。

3.6.3 路由器

路由器是在具有独立地址空间、数据传输速率和传输介质的网段间存储、转发信号的设备。它位于OSI的第三层即网络层，适用于连接多个网络高层协议(网络层之上各层的通信协议)相同的、逻辑上分开的独立子网，如图3-19所示。它主要完成数据在网络中的寻址、路由选择、数据编排格式重组。它与网桥的重要区别在于路由器了解整个网络、网络拓扑及状态，从而可选择最有效的路径进行数据发送。

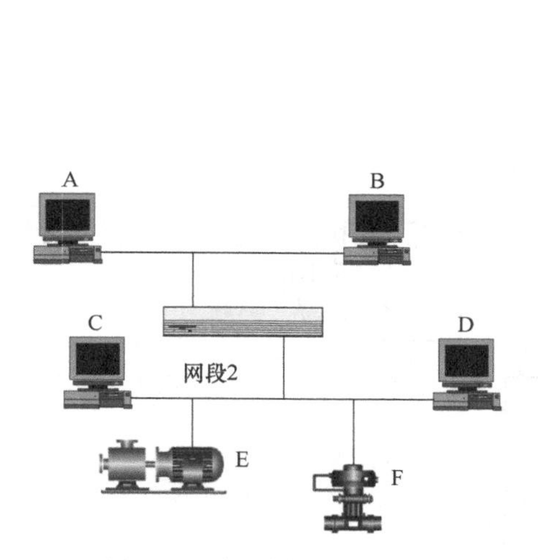

图3-18 由网桥连接的网段

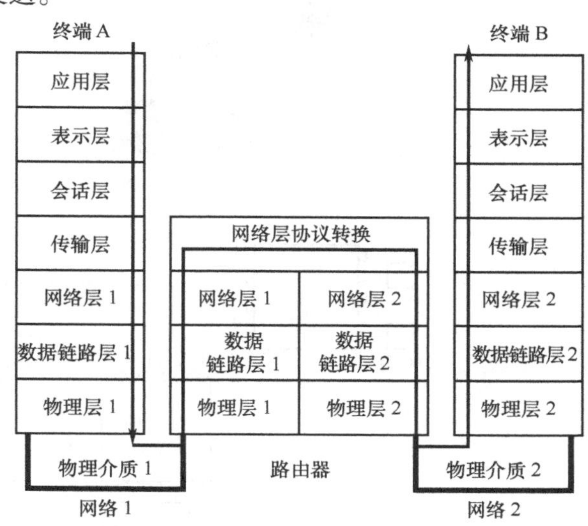

图3-19 路由器协议结构

路由器可以在多个互联设备之间中继数据帧。它们对来自某个网络的数据帧确定传输路径，发送到互联网络中任何可能的目的网络中。图3-20显示了一个由5个网络组成的互联网络。当网络节点发送一个数据帧到邻近网络时，数据帧将会首先被传送到与其直接相连的路由器中，并经此路由器将它转发到目的网络中。如果发送和接收网络间没有直接相连的路由器，则此帧将由发送端的路由器经与它相连的网络转发至通向最终目的地路径的下一个路由器，以此类推，最终到达目的地。

路由器可以连接2个甚至多个物理网络，因此，每个路由器应分配2个或多个IP地址。但路由器每个端口的IP地址必须与相连子网的IP地址具有相同的子网地址。

例3-1 建立图3-21所示交换机3的路由表。

根据图3-21所示，交换机3出口2~4分别与交换机1、2、4相连，内网挂接C、D节点。由此构建交换机3的路由表如图3-22a所示。按相同端口归类后的简化路由表如图3-22b、c所示。当节点C发送数据至节点H时，由路由表可知，节点H的目的地[2，3]处于交换机2所在网段，则数据帧将从端口3送出至交换机2，由节点H接收。

3.6.4 网关

网关又称网间协议转换器，它位于OSI参考模型的高层(网络层以上各层)，是将两个

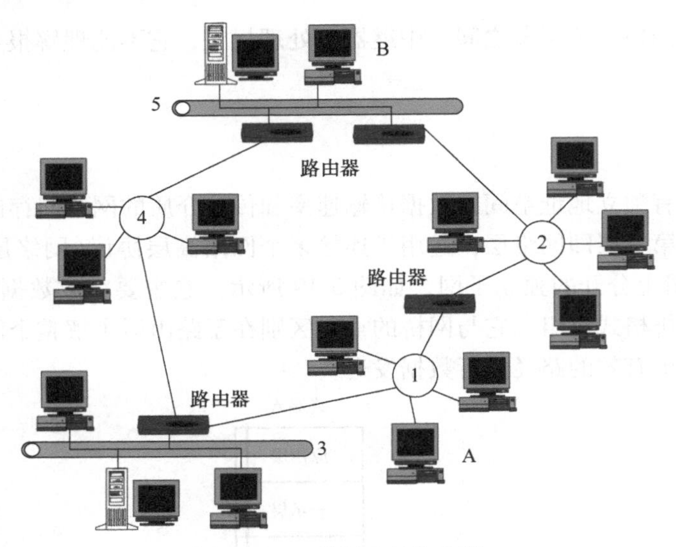

图 3-20　互联网中的路由器

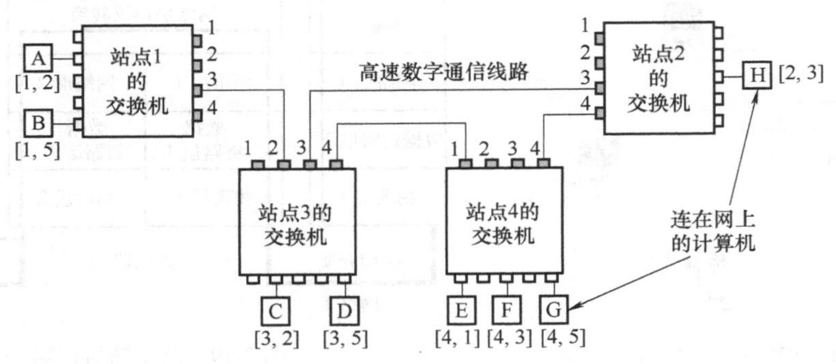

图 3-21　拓扑结构

目的地	出口	下一站
[1, 2]	端口2	交换机1
[1, 5]	端口2	交换机1
[2, 3]	端口3	交换机2
[3, 2]	计算机C	—
[3, 5]	计算机D	—
[4, 1]	端口4	交换机4
[4, 3]	端口4	交换机4
[4, 5]	端口4	交换机4

a) 交换机 3 路由表

目的地	出口	下一站
[1, x]	端口2	交换机1
[2, x]	端口3	交换机2
[3, x]	本地计算机	—
[4, x]	端口4	交换机4

b) 简化路由表 1

目的地	下一站
1	1
2	2
3	—
4	4

c) 简化路由表 2

图 3-22　路由表

使用不同协议的网段连接在一起的网络连接设备，为网络互联双方的高层提供协议转换服务，且兼具路由器、网桥、中继器的特性，支持信号转换、协议转换、阻抗匹配、波特率转换、故障隔离等功能。它适用于不同通信协议的网络之间或异构网络之间的互联。在互联设备中，由于协议转换的复杂性，一般只能进行一对一的转换，或是少数几种特定应用协议的转换。

一个普通的网关可用于连接两个不同的总线或网络，由网关进行协议转换，提供更高层次的接口。网关允许在具有不同协议和报文组的两个网络之间传输数据。在报文从一个网段传输至另一个网段时，网关需要完成报文的接收、翻译与发送。

网关与路由器相比，网关能在不同协议间传输数据，而路由器是在不同网络间传输数据，相当于传统的 IP 网关。在工业自动化网络中，网关最显著的应用就是将一个现场设备的信号送往另一类不同协议或更高一层的网络，如将 ASI 网段的数据通过 DP/ASI LINK 网关送往 PROFIBUS DP 网段。

习　题

3-1　试简要说明计算机网络的基本概念，按地域分类可分为哪几类？

3-2　试简要说明网络拓扑的定义以及网络拓扑有哪几种形式？

3-3　试简要说明 CSMA/CD 的含义及退避算法。

3-4　介质访问控制令牌方式有哪几种形式？并简要说明它们的工作原理。

3-5　什么是时分多路复用？它分为哪几种形式？

3-6　什么是 OSI 参考模型？它分为哪几层？并简要说明各层的功能。

3-7　常用的网络互联设备有哪几种？简要说明它们各自的功能及适用的范围。

第4章 CAN总线

教学目的：

本章以基于SJA1000芯片的一主二从CAN网络通信实现为例，阐述CAN总线的特点、帧类型以及SJA1000 CAN总线控制器的组成、寄存器的设置、初始化流程、接收发送流程、通信协议等概念，并从任务入手，基于BasicCAN模式介绍了SJA1000交互接口的C51程序设计，以及主从节点软硬件的实现、串口通信程序的设计，循序渐进，使学生掌握基于SJA1000 CAN总线的软硬件设计方法、远程帧与数据帧的应用，培养学生的工程、安全意识以及团队协作、乐业敬业的工作作风，精益、创新的“工匠精神”以及运用CAN总线解决实际工业问题的能力。

4.1 CAN总线基础

CAN(controller area network)是控制器局域网的简称，是德国Bosch公司于1986年为解决现代汽车中各种控制器、执行机构、监测仪器、传感器之间的数据交换问题而开发的一种串行数据通信总线。随着CAN在各种领域的应用和推广，对其通信协议的标准化也提出了要求，因此，1991年9月飞利浦半导体公司制定并发布了CAN技术规范CAN2.0(CAN2.0A为标准格式，CAN2.0B为扩展格式)。1993年CAN成为ISO 11898(高速应用)和ISO 11519(低速应用)。

4.1.1 CAN总线特点

CAN总线具有以下特点：

1）节点不分主从，任一节点均可在任意时刻主动与网络上其他节点进行通信。

2）节点信息具有优先级，可满足不同级别的实时要求，高优先级的数据可在134μs内得到传输。

3）采用非破坏性总线仲裁技术，当多个节点同时向总线发送信息时，优先级较低的节点会主动退出发送，而最高优先级的节点可不受影响地继续传输数据，从而大大节省了总线冲突的仲裁时间。即使是在网络负载很重的情况下也不会出现网络瘫痪情况。

4）通过报文滤波即可实现点对点、一点对多点及全局广播等几种方式传送接收数据，而无须专门的“调度”。

5）CAN 上的节点数主要决定于总线驱动电路，目前可达 110 个。

6）采用短帧结构，传输时间短，受干扰概率低，具有较好的检错效果。

7）CAN 节点设有错误检测、标定和自检等强有力的措施，检测错误的措施包括位错误检测、循环冗余校验、位填充、报文格式检查和应答错误检测，保证了很低的数据出错率。

8）直接通信距离最远可达 10km（速率 5kbit/s 以下），通信速率最高可达 1Mbit/s（此时距离最长 40m）。

9）CAN 的通信介质可为双绞线、同轴电缆或光纤，选择灵活。

10）CAN 节点在错误严重的情况下具有自动关闭输出的功能。

4.1.2　通信参考模型

CAN 遵循 OSI 模型，按照 OSI 标准模型，CAN 结构划分为数据链路层和物理层两层，其中，数据链路层又包括逻辑链路控制（logical link control，LLC）子层和介质访问控制（medium access control，MAC）子层。CAN 通信模型分层结构与功能如图 4-1 所示。

数据链路层	逻辑链路控制(LLC)子层 接收滤波 超载通知 恢复管理
	介质访问控制 (MAC) 子层 数据封装与拆装 帧编码 (填充或解除填充) 介质访问管理 错误检测 出错标定 应答 串行化或解除串行化
物理层	位编码或解码 位定时 同步 (驱动器、接收器特性)

图 4-1　CAN 通信模型分层结构与功能

1. LLC 子层的功能

LLC 子层主要为数据传输和远程数据请求提供服务，确认由 LLC 子层接收的报文已被实际接收，并为恢复管理和超载通知提供信息。

2. MAC 子层的功能

MAC 子层主要规定传输规则，即控制帧结构、执行仲裁、错误检测、出错标定和故障界定。MAC 子层要为开始一次新的发送确定总线是否开放或是否马上开始接收。

3. 物理层的功能

物理层规定了节点的全部电气特性。在一个网络内，要实现不同节点间的数据传输，所有节点的物理层必须相同。

（1）总线电平

CAN 总线上是差分信号，一个差分信号是用一个数值来表示两个物理量之间的差异，如图 4-2 所示。其中，逻辑 0—显性—CAN_H 对应是 3.5V，CAN_L 对应是 1.5V；逻辑 1—隐性—CAN_H 对应是 2.5V，CAN_L 对应是 2.5V。

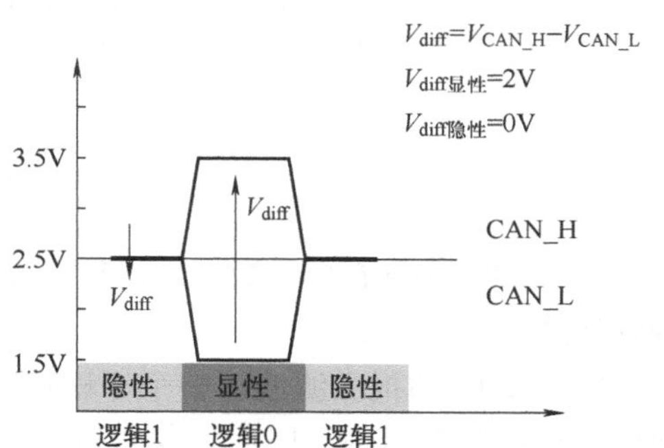

图 4-2　CAN 总线电平信号

（2）总线编码

CAN 总线采用 NRZ（单极性不归零码）编码，如图 4-3 所示。它与曼彻斯特码相比具有更好的电磁兼容性(EMC)。当发送器检测到位流出现连续 5 个相同极性的位后即插入一个填充位，接收器则会删除此填充位，而在固定的位场中不使用位填充。

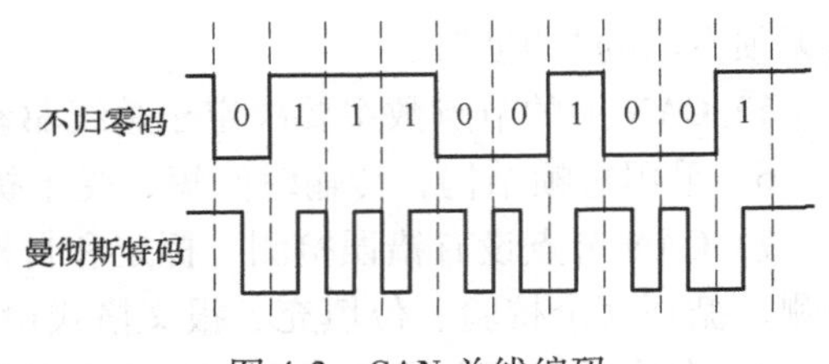

图 4-3　CAN 总线编码

(3) 总线速率与传输距离的关系

CAN 总线上任意两个节点间的最大传输距离与位速率对应关系见表 4-1。

CAN 技术规范 2.0B 定义了数据链路层中的 MAC 子层和 LLC 子层的一部分，并描述了与 CAN 有关的外层。物理层定义了信号怎样发送，因而涉及位定时、位编码和同步描述。在这部分技术规范中，未定义物理层中的驱动器、接收器特性，以便允许用户根据具体应用，对发送介质和信号电平进行优化。MAC 子层是 CAN 协议的核心，它规定了报文帧的编码、封装、仲裁、应答、错误检测与标定。MAC 子层又称为故障界定的一个管理实体监控，它具有识别永久性故障或短暂扰动的自检机制。LLC 子层的主要功能是报文滤波、超载通知和恢复管理。

表 4-1　最大传输距离与位速率对应关系

位速率/(kbit/s)	1000	500	250	125	100	50	20	10	5
最大传输距离/m	40	130	270	530	620	1300	3300	6700	10000

4.1.3　CAN 帧类型与结构

报文帧有数据帧、远程帧(无数据场)、出错帧及超载帧四种类型，其中，数据帧携带数据由发送器至接收器；远程帧用于请求发送具有相同标识符的数据帧；出错帧由检测出总线错误的任何单元发送；超载帧用于提供当前和后续数据帧或远程帧之间的附加延迟。数据帧和远程帧借助帧间空间与当前帧分开。

1. 数据帧

数据帧由帧起始、仲裁场、控制场、数据场、CRC 场(循环冗余码场)、ACK 场(应答场)及帧结束 7 部分组成，CAN2.0A 数据帧组成如图 4-4 所示。

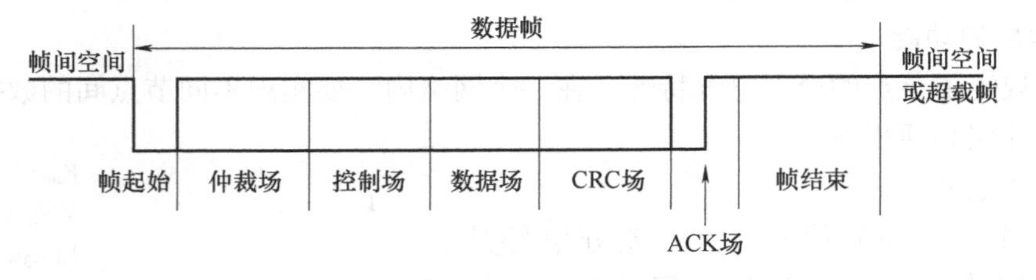

图 4-4　CAN2.0A 数据帧组成

CAN2.0B 中存在标准数据帧(11 位标识符，图 4-5)和扩展数据帧(29 位标识符，图 4-6)两种帧格式。

CAN2.0B 的报文滤波以整个标识符为基准。屏蔽寄存器可用于选择一组标识符，以便映像至接收缓存器中，屏蔽寄存器每一位均可编程。它的长度可以是整个标识符，也可以是其中的一部分。

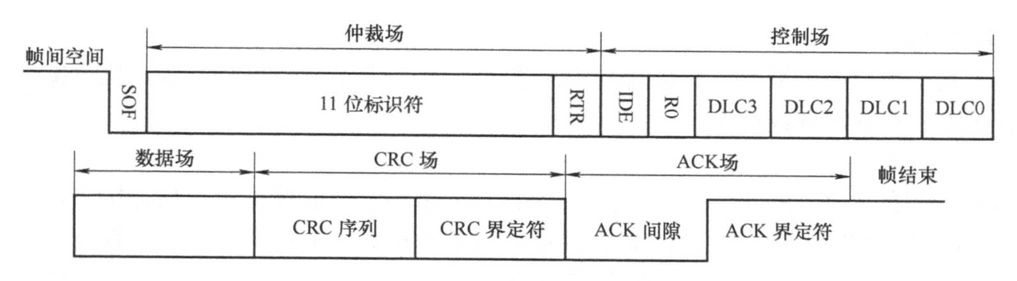

图 4-5　标准数据帧格式

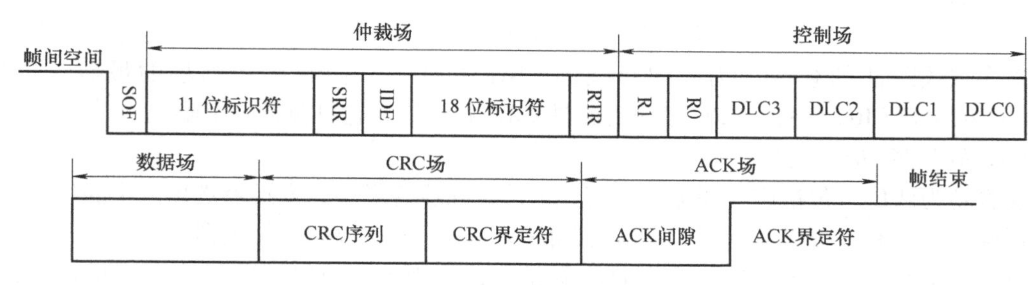

图 4-6　扩展数据帧格式

（1）帧起始(SOF)

SOF 标志数据帧和远程帧的起始，它仅由一个显位构成。只有在总线处于空闲状态时，才允许节点开始发送数据。所有节点都必须与首先发送的节点的帧起始前沿相同步。

（2）仲裁场

仲裁场由标识符和远程发送请求(RTR)组成。对于 CAN2.0A 标准，标识符的长度为 11 位，并按高位到低位的顺序发送，最低位为 ID.0。其中最高 7 位(ID.10~ID.4)不能全为隐位。

RTR 位在数据帧中必须是显位，而在远程帧中必须为隐位。

对于 CAN2.0B，标准格式和扩展格式的仲裁场格式不同。在标准格式中，仲裁场由 11 位标识符和远程发送请求(RTR)位组成，标识符位为 ID.28~ID.18；而在扩展格式中，仲裁场由 29 位标识符和替代远程请求(SRR)位、识别符扩展(IDE)位和远程发送请求(RTR)位组成，标识符位为 ID.28~ID.0，分基本 ID(ID.28~ID.18)和扩展 ID(ID.17~ID.0)。

为区别标准格式和扩展格式，将 CAN2.0B 标准中的 r1 改记为 IDE 位。在扩展格式中，先发送基本 ID，其后是 SRR 位和 IDE 位，扩展 ID 在 SRR 位后发送。

SRR 位为隐位，在扩展格式中，它在标准格式的 RTR 位上被发送，并替代标准格式中的 RTR 位，从而解决了因扩展格式的基本 ID 与标准格式的 ID 相同而导致的仲裁冲突问题。且由于标准数据帧中的 RTR 为显位，而扩展数据帧中 SRR 为隐位，所以原有的相同基本 ID 的标准数据帧优先级高于扩展数据帧。

IDE 位对于扩展格式属于仲裁场，对于标准格式属于控制场。IDE 在标准格式中以显性电平发送，而在扩展格式中为隐性电平。

（3）控制场

控制场由 6 位组成，包括数据长度码和两个保留位，保留位必须发送显位，但接收器可接收显位与隐位的任何组合。

数据长度码 LLC 指出数据场的字节数目。数据长度码为 4 位，并按 8421 码进行编码，数据字节允许使用的数值为 0~8，不能使用其他数值。

(4) 数据场

数据场由数据帧中被发送的数据组成，它包括0~8个字节，每个字节8位，按最高有效位到低有效位的原则进行发送。

(5) CRC场

CRC场包括CRC序列、CRC界定符。由循环冗余码求得的帧检查序列适用于位数低于127位(BCD码)的帧。为实现CRC计算，被除的多项式系数由包括帧起始、仲裁场、控制场、数据场(假如有)在内的无填充的位流给出，其15个最低位的系数为0，此多项式被发生器产生的下列多项式除(系统为模2运算)。

$$X^{15}+X^{14}+X^{10}+X^{8}+X^{7}+X^{4}+X^{3}+1$$

该多项式除法的余数即为发向总线的CRC序列。发送/接收数据场的最后一位后，CRC-RG包含有CRC序列。CRC序列后面是CRC界定符，它只包括一个隐位。

(6) ACK场(应答场)

应答场为两位，包括应答间隙和应答界定符。在应答场中，发送器送出两个隐位。当接收器正确接收到有效报文后，即会在应答间隙发送一个显位以通知发送器。

应答界定符是应答场的第二位，且必须是隐位。因此，应答间隙被两个隐位包围，即CRC界定符和应答界定符。

(7) 帧结束

每个数据帧和远程帧均以7个连续的隐位这一标志序列进行界定。

2. 远程帧

作为接收器的节点，可以通过向相应的数据源节点发送一个远程帧，以激活数据源节点，将数据发送给接收器节点。远程帧由帧起始、仲裁场、控制场、CRC场、ACK场(应答场)和帧结束6个不同的位场组成，如图4-7所示。与数据帧相反，远程帧的RTR位是隐位。它没有数据场，其数据长度码是没有意义的，它可以是0~8范围内的任何数值。

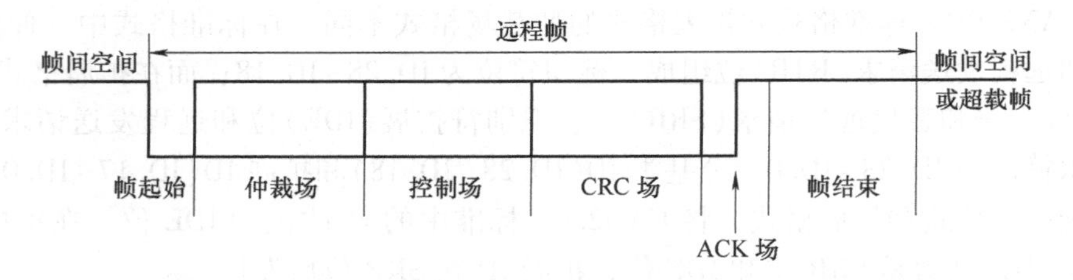

图4-7　远程帧的组成

3. 出错帧

出错帧由两个不同的场组成，如图4-8所示，其中，第一个场由来自各节点的错误标志叠加所得，第二个场是出错界定符。

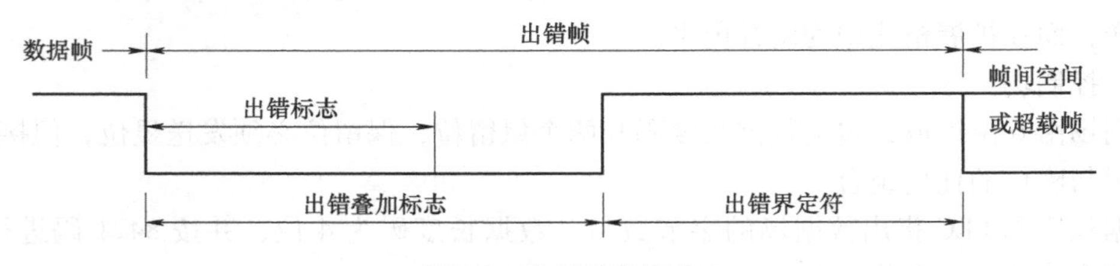

图4-8　出错帧的组成

错误标志有主动错误标志(active error flag)、被动错误标志(passive error flag)两种形式，前者由6个连续的显位组成，后者则由6个连续的隐位组成，且可被来自其他节点的显位改写。

4. 超载帧

超载帧由超载标志和超载界定符两个位场组成，如图4-9所示。CAN2.0A指明了两种导致发送超载标志的超载条件：一个是接收器因内部条件要求延迟下一个数据帧或远程帧；另一个是在间歇场检测到显位。由前一个超载条件引起的超载起点，仅允许在期望间歇场的第一位时间开始，而由后一个超载条件引起的超载帧在检测到显位的后位开始。在大多数情况下，为延迟下一个数据帧或远程帧，两种超载帧均可产生。

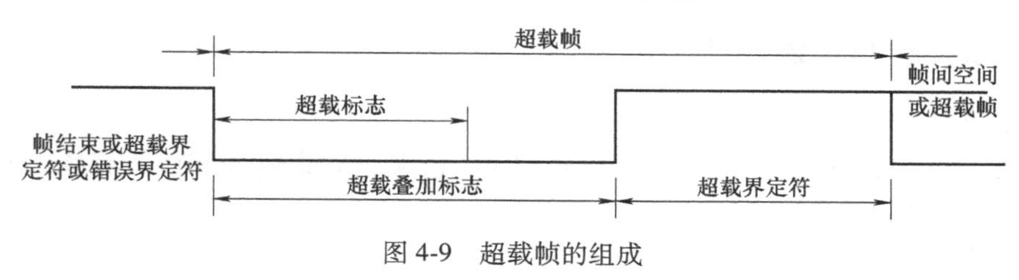

图4-9　超载帧的组成

超载标志由6个显位组成。其余全部形式对应于主动错误标志形式。超载标志形式破坏了间歇场的固定格式，因而，所有其他节点都将检测到一个超载条件，并且由它们开始发送超载标志。如果在间歇场的第3位检测到显位，则该显位将被理解为帧起始。

超载界定符由8个隐位组成。超载界定符与出错界定符具有相同的形式。节点在发送超载标志后，即开始监视总线，直到检测到一个从显位到隐位的跳变，表明总线上的所有节点均已完成超载标志的发送，并且所有节点一致地开始发送剩余的7个隐位。

5. 帧间空间

不管前一帧是何种类型的帧(数据帧、远程帧、出错帧或超载帧)，数据帧和远程帧与前一帧间均以称为帧间空间的位场进行分隔。而在出错帧和超载帧前则不需要帧间空间，多个超载帧之间也不需要帧间空间进行分隔。

帧间空间包括间隙场和总线空闲场，如果“错误被动”节点是前一报文的发送器，则其帧间空间还包括暂停发送的位场，如图4-10a所示。作为非“错误被动”的前一报文发送器节点或作为报文接收器的节点，其帧间空间如图4-10b所示。

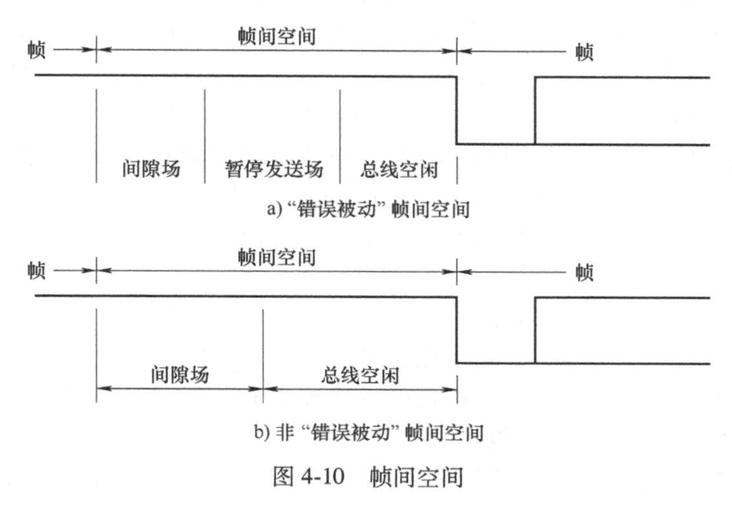

a)“错误被动”帧间空间

b)非“错误被动”帧间空间

图4-10　帧间空间

间隙场由 3 个隐位组成。间歇期间，不允许启动发送数据帧或远程帧，它仅能标注超载条件。

总线空闲周期可为任意长度。此时，总线是开放的，任何需要发送的节点均可访问总线。在其他报文发送期间，暂时被挂起的待发报文在间隙场后第一位开始发送。此时，总线上的显位被理解为帧起始。

暂停发送场是指错误被动节点发送报文后，在开始下一次报文发送或总线空闲之前，它在间隙场后发送 8 个隐位。如果此时另一节点开始发送报文(由其他节点引起)，则本节点将变为报文接收器。

4.1.4 错误类型与错误界定

1. 错误类型

在 CAN 总线中存在位错误、填充错误、CRC 错误、形式错误和应答错误五种错误类型(它们并不互相排斥)。

(1) 位错误

节点在发送位数据的同时也对总线进行监视。如果所发送的位值与所监视的位值不相符合，则在该位将检测到一个位错误。例外情况是，在仲裁场的填充位流期间或应答间隙发送隐位而检测到显位时，不视为位错误。节点在发送“被动错误标志”期间检测到显位时，同样不视为位错误。

(2) 填充错误

在使用位填充方法进行编码的信息中，若出现第 6 个连续相同的位电平时，将检测到一个填充错误。

(3) CRC 错误

CRC 序列包括发送器的 CRC 计算结果。接收器与发送器采用相同的方法计算 CRC，如果计算结果与接收到的 CRC 序列不同，则检测到一个 CRC 错误。

(4) 形式错误

当固定形式的位场中出现一个或多个非法位时，则检测到一个形式错误。

(5) 应答错误

在应答间隙，发送器若未检测到显位，则它将检测到一个应答错误。

检测到出错条件的节点通过发送错误标志进行标定。当任何节点检出位错误、填充错误、形式错误或应答错误时，由该节点在下一位开始发送错误标志；当检测到 CRC 错误时，错误标志在应答界定符后面的一位开始发送，除非其他出错条件的错误标志已经开始发送。

在 CAN 总线中有错误主动、错误被动和总线关闭三种故障状态。错误主动节点可正常参与总线通信，并且当检测到错误时，发送一个主动错误标志。当错误被动节点检测到错误时，只能发送被动错误标志。总线关闭状态不允许节点对总线有任何影响(如输出驱动器关闭)。

2. 错误界定

为了界定故障，在每个总线节点中均设有发送出错计数和接收出错计数，并按照下列规则进行计数(在给定报文传送期间，可应用其中一个以上的规则)。

1）当接收器检测到一个错误时，接收出错计数加 1。在发送主动错误标志或超载标志期间检测到位错误时，接收出错计数不加 1。

2）接收器在发送错误标志后的第一位检出一个显位时，接收出错计数加 8。

3）发送器发送一个错误标志时，发送出错计数加 8。其中有两个例外情况：一是如果发送器为“被动错误”，并检测到一个应答错误或未检测到显位应答，且在发送其被动错误标志时，未检测到显位；二是由于仲裁期间发生的填充错误，发送器发送一个隐位错误标志，但却检测到显位。在以上两种例外情况下，发送器出错计数值不变。

4）发送器发送一个主动错误标志或超载标志时，它检测到位错误，则发送出错计数加 8。

5）接收器发送一个主动错误标志或超载标志时，它检测到位错误，则接收出错计数加 8。

6）在发送主动错误标志、被动错误标志或超载标志后，任何节点最多允许 7 个连续的显位。在检测到第 14 个连续的显位后(主动错误标志或超载标志)或第 8 个连续的显位后(被动错误标志)，每个发送器的发送出错计数都加 8，并且每个接收器的接收出错计数也加 8。

7）报文成功发送后(得到应答且直到帧结束未出现错误)，则发送出错计数减 1，除非已为 0。

8）报文成功接收后(直到应答间隙无错误接收，且成功地发送了应答位)，如果接收出错计数值处于 1~127 之间，则接收出错计数减 1，除非已为 0。若计数值>127，则它将设置介于 119~127 之间的某个数值。

9）当节点发送出错计数值或接收出错计数值≥128 时，则节点进入错误被动状态。让节点成为错误被动的错误条件是节点发送一个主动错误标志。

10）当节点发送出错计数值≥256 时，则节点进入总线关闭状态。

11）当节点发送出错计数值和接收出错计数值均≤127 时，错误被动节点再次变为错误主动节点。

12）在总线监视到 128 次出现 11 个连续的隐位后，总线关闭节点将变为错误主动节点，且两个出错计数值也被设置为 0。当出错计数值>96 时，说明总线被严重干扰。

若系统启动期间仅有一个节点在线，此节点发出报文后将得不到应答，检出错误并重复该报文。它可以变为错误被动，但不会因此关闭总线。

4.1.5　位定时与同步

1. 正常位速率

正常位速率为理想的发送器在没有重新同步的情况下每秒发送的位数。

2. 正常位时间

正常位时间即正常位速率的倒数。它分为同步段(SYNC-SEG)、传播段(PROP-SEG)、相位缓冲段 1(PHASE-SEG1)和相位缓冲段 2(PHASE-SEG2)等互不重叠的时间段，如图 4-11 所示。

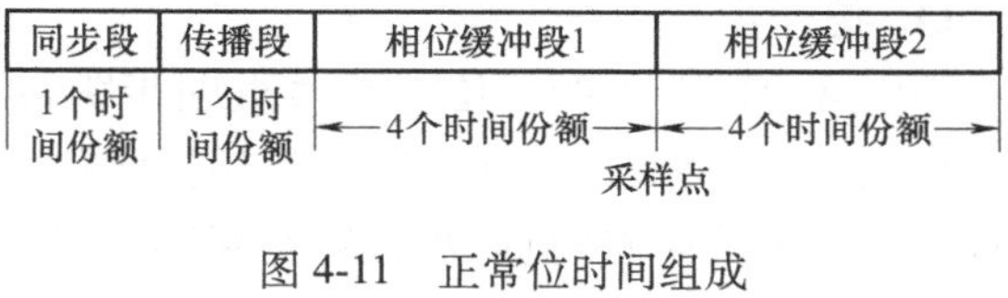

同步段	传播段	相位缓冲段1	相位缓冲段2
1个时间份额	1个时间份额	←4个时间份额→	←4个时间份额→

采样点

图 4-11　正常位时间组成

3. 同步段

同步段用于同步总线上的各个节点，此段内需要有一个跳变沿。

4. 传播段

传播段用于补偿网络内的传输延迟时间，它是总线上输入比较器延时和输出驱动器延时总和的两倍。

5. 相位缓冲段和采样点

相位缓冲段由相位缓冲段1和相位缓冲段2组成，它用于补偿边沿的相位误差，通过同步，相位缓冲段可被延长或缩短。采样点位于相位缓冲段1的终点，在此点上，读取总线位电平并作为位数值。

6. 信息处理时间

信息处理时间是以一个采样点作为起始的时间段。

7. 时间份额

时间份额是由振荡器周期派生出的一个固定时间单元。存在一个可编程的预置比例因子，其整体数值范围为1~32，以最小时间份额为起点，时间份额为

$$时间份额=m×最小时间份额$$

式中，m是预置比例因子。

正常位时间中，SYNC-SEG为1个时间份额，PROP-SEG、PHASE-SEG1均可编程为1~8个时间份额，PHASE-SEG2为PHASE-SEG1和信息处理时间两者的最大值，其中，信息处理时间长度≤2个时间份额。一个位时间总的时间份额值必须设置在8~25范围内。

8. 硬同步

硬同步一般用于帧的开始，即总线上各节点的内部位时间的起始位置。SYNC-SEG是由来自总线的一个报文帧的帧起始的前沿决定的，亦即在总线空闲期间，出现一个“隐性”到一个“显性”的跳变沿时，则执行硬同步。

9. 重同步跳转宽度

由于重同步，PHASE-SEG1可被延长或PHASE-SEG2可被缩短。两个相位缓冲段的延长或缩短的总和上限由重同步跳转宽度给定。重同步跳转宽度可编程为1~4时间份额。

时钟信息可由一位数值到另一位数值的跳转获得。由于总线上出现连续相同的位数的最大值是确定的，在帧期间可利用跳变沿重新将总线节点同步于位流。可被用于重同步的两次跳变之间的最大长度为29个位时间。

10. 沿相位误差

沿相位误差由相对于SYNC-SEG的沿的位置给出，以时间份额度量。相位误差定义如下：

若沿处于SYNC-SEG之内，则$e=0$；

若沿处于采样点之前，则$e>0$；

若沿处于前一位的采样点之后，则$e<0$。

11. 重同步

当引起重同步沿的相位误差≤重同步跳转宽度的编程值时，重同步的作用与硬同步相同。当相位误差>重同步跳转宽度且相位误差为正时，则PHASE-SEG1延长总数为重同步跳转宽度。当相位误差>重同步跳转宽度且相位误差为负时，则PHASE-SEG2缩短总数为重同步跳转宽度。

12. 同步规则

硬同步和重同步是同步的两种形式，它们遵循下列规则：

① 在一个位时间内仅允许一个同步。

② 当跳变沿前第一个采样点数值与沿后总线数值不同时，沿后立即启动同步。

③ 在总线空闲期间，若存在一个隐位至显位的跳变沿时，则执行一次硬同步。

④ 符合规则①和②的从隐位至显位的跳变沿都将被用于重同步。例外情况是当发送显位的节点不执行重新同步而导致隐位至显位的跳变沿，且此沿具有正的相位误差，则不能作为重新同步使用。

4.2 SJA1000 CAN 通信控制器

4.2.1 概述

SJA1000 是一种独立控制器，用于移动目标和一般工业环境中的区域网络控制。它是 Philips 公司于 1997 年推出的 PCA82C200 CAN 控制器(BasicCAN)的替代产品，支持 CAN2.0 协议，功能框图如图 4-12 所示，引脚功能见表 4-2。

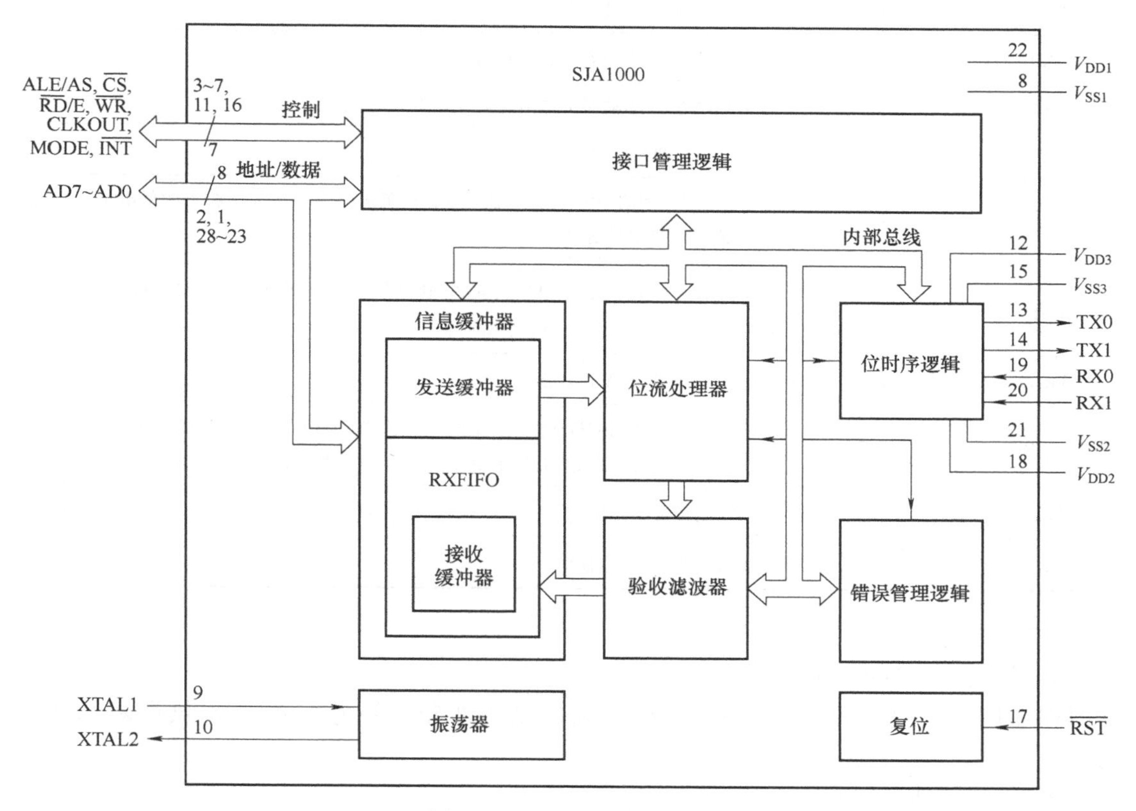

图 4-12　SJA1000 功能框图

表 4-2　引脚功能说明

符号	引脚	说明
AD7-AD0	2，1，28～23	多路地址/数据总线
ALE/AS	3	ALE 输入信号(Intel 模式)，AS 输入信号(Motorola 模式)
$\overline{CS}$	4	片选输入，低电平允许访问 SJA1000

（续）

符号	引脚	说明
$\overline{RD}$/E	5	微控制器的读信号(Intel 模式)或 E 使能信号(Motorola 模式)
$\overline{WR}$	6	微控制器的写信号(Intel 模式)或读-写信号(Motorola 模式)
CLKOUT	7	SJA1000 产生的提供给其他微控制器的时钟输出信号。时钟信号来源于内部振荡器且通过编程驱动；时钟控制寄存器的时钟关闭位可禁止该引脚
V_{SS1}	8	逻辑地
XTAL1	9	振荡放大器输入电路。外部振荡信号由此输入
XTAL2	10	振荡放大器输出电路。使用外部振荡器信号时此引脚需开路
MODE	11	模式选择输入，1=Intel 模式，0=Motorola 模式
V_{DD3}	12	输出驱动的 5V 电压源
TX0	13	从 CAN 输出驱动器 0 输出到物理线路上
TX1	14	从 CAN 输出驱动器 1 输出到物理线路上
V_{SS3}	15	输出驱动器的接地端
$\overline{INT}$	16	中断输出，用于中断微控制器，置位时低电平有效。此引脚上的低电平可以把 IC 从睡眠模式中激活
$\overline{RST}$	17	复位输入，用于复位 CAN 接口(低电平有效)；将$\overline{RST}$引脚通过电容与 V_{SS}、电阻与 V_{DD} 相连即可实现自动上电复位
V_{DD2}	18	输入比较器的 5V 电压源
RX0、RX1	19，20	从物理总线到 SJA1000 输入比较器的输入端。如果 RX1 比 RX0 的电平高，则为显性电平，将会唤醒 SJA1000 的睡眠模式，反之为隐性电平
V_{SS2}	21	输入比较器的接地端
V_{DD1}	22	逻辑电路的 5V 电压源

1. 芯片组成

(1) 接口管理逻辑(IML)

IML 用于接收主 CPU 的命令，分配控制信息缓冲器，并为主 CPU 提供中断和状态信息。

(2) 发送缓冲器(TXB)

TXB 是 CPU 和位流处理器(BSP)之间的接口，能够存储发送到 CAN 网络上的完整信息。TXB 长 13B，由 CPU 写入、BSP 读出。

(3) 接收缓冲器(RXB)

RXB 是验收滤波器(ACF)和 CPU 之间的接口，用来存储从 CAN 总线上接收的信息。接收缓冲器(RXB，13B)作为接收 FIFO(RXFIFO，64B)的一个窗口，可被 CPU 访问。

(4) 验收滤波器(ACF)

将接收报文中的标识符与验收滤波器(ACF)的内容相比较以判断是否接收该报文。在纯粹的接收测试中，所有的信息都保存在 RXFIFO 中。

（5）位流处理器（BSP）

BSP 用于控制发送器、RXFIFO 及 CAN 总线之间的数据流，同时也执行错误检测、仲裁、位填充及 CAN 总线错误处理功能。

（6）位时序逻辑（BTL）

BTL 用于监视 CAN 总线并处理与总线相关的位时序，有硬同步与软同步之分。

（7）错误管理逻辑（EML）

EML 负责 CAN 协议传输错误的界定。它接收 BSP 的出错报告，通知 BSP 和 IML 进行错误统计。

2. SJA1000 的工作模式

（1）BasicCAN 模式

该模式与 PCA82C200 兼容，它是默认的操作模式，因此用 PCA82C200 开发的已有硬件和软件，可以直接在 SJA1000 上使用而不用作任何修改。

（2）PeliCAN 模式

它能够处理所有 CAN2. 0B 规范的帧类型，并提供一些增强功能，使 SJA1000 能应用于更宽的领域。其工作模式可通过时钟分频寄存器中的 CAN 模式位进行选择，复位时默认模式为 BasicCAN 模式。

3. BasicCAN 模式地址分配

SJA1000 是一种 I/O 设备基于内存编址的微控制器，它的地址区由控制段和信息缓冲区组成，见表 4-3。其中，微控制器与 SJA1000 之间的行为状态、控制和命令信号的交换均在控制段中完成。控制段在初始化载入时可配置验收代码、验收屏蔽、总线定时寄存器 0 和 1 以及输出控制等通信参数，CAN 总线上的通信则由微控制器通过控制段予以控制。初始载入后，通信参数寄存器的内容就不能改变，仅当控制寄存器的复位请求位被置高时，才可访问通信参数寄存器。

被发送的报文必须写入发送缓冲器并经位流处理器发送至 CAN 总线上。SJA1000 的发送缓冲器能够存储一个完整的报文（标准或扩展）。当微控制器初始化发送时，接口管理逻辑将通知 CAN 核心模块从发送缓冲器读 CAN 报文。

当接收到一个报文时，CAN 核心模块将串行位流转换成用于验收滤波器的并行数据。通过此滤波器，SJA1000 能确定微控制器应接收哪些报文。所有接收到的报文由验收滤波器验收并存储于接收 FIFO。微控制器可从接收缓冲器读取报文，并释放空间以备下次使用。存储报文的数量由工作模式决定，最多能存储 32 个报文。

表 4-3　BasicCAN 模式地址分配

CAN 地址	段	工作模式		复位模式	
		读	写	读	写
0	控制	控制	控制	控制	控制
1		（FFH）	命令	（FFH）	命令
2		状态	—	状态	—
3		（FFH）	—	中断	—
4		（FFH）	—	验收代码	验收代码
5		（FFH）	—	验收屏蔽	验收屏蔽

（续）

CAN地址	段	工作模式		复位模式	
		读	写	读	写
6	控制	（FFH）	—	总线定时 0	总线定时 0
7		（FFH）	—	总线定时 1	总线定时 1
8		（FFH）	—	输出控制	输出控制
9		测试	测试	测试	测试
10	发送缓冲器	标识符（ID10～ID3）	标识符（ID10～ID3）	（FFH）	—
11		标识符（ID2～ID0）RTR 和 DLC	标识符（ID2～ID0）RTR 和 DLC	（FFH）	—
12		数据字节 1	数据字节 1	（FFH）	—
13		数据字节 2	数据字节 2	（FFH）	—
14		数据字节 3	数据字节 3	（FFH）	—
15		数据字节 4	数据字节 4	（FFH）	—
16		数据字节 5	数据字节 5	（FFH）	—
17		数据字节 6	数据字节 6	（FFH）	—
18		数据字节 7	数据字节 7	（FFH）	—
19		数据字节 8	数据字节 8	（FFH）	—
20	接收缓冲器	标识符（ID10～ID3）	标识符（ID10～ID3）	标识符（ID10～ID3）	标识符（ID10～ID3）
21		标识符（ID2～ID0）RTR 和 DLC	标识符（ID2～ID0）RTR 和 DLC	标识符（ID2～ID0）RTR 和 DLC	标识符（ID2～ID0）RTR 和 DLC
22		数据字节 1	数据字节 1	数据字节 1	数据字节 1
23		数据字节 2	数据字节 2	数据字节 2	数据字节 2
24		数据字节 3	数据字节 3	数据字节 3	数据字节 3
25		数据字节 4	数据字节 4	数据字节 4	数据字节 4
26		数据字节 5	数据字节 5	数据字节 5	数据字节 5
27		数据字节 6	数据字节 6	数据字节 6	数据字节 6
28		数据字节 7	数据字节 7	数据字节 7	数据字节 7
29		数据字节 8	数据字节 8	数据字节 8	数据字节 8
30		（FFH）	—	（FFH）	—
31		时钟分频器	时钟分频器	时钟分频器	时钟分频器

注：CAN 地址 32 是和 CAN 地址 0 连续的。

4.2.2 寄存器

1. 控制寄存器（CR）

控制寄存器的内容用于改变 CAN 控制器的行为，控制位可以被微控制器设置或复位，微控制器可以对控制寄存器进行读/写操作。CR 位配置见表 4-4。

表 4-4 CR 位配置(CAN 地址 0)

位	符号	名称	功能值与说明
CR. 7	—		备用
CR. 6	—		备用
CR. 5	—		备用
CR. 4	OIE	溢出中断使能	1：允许；0：禁止
CR. 3	EIE	错误中断使能	1：允许；0：禁止
CR. 2	TIE	发送中断使能	1：允许；0：禁止
CR. 1	RIE	接收中断使能	1：允许；0：禁止
CR. 0	RR	复位请求	1：复位；0：正常

2. 命令寄存器(CMR)

命令位初始化 SJA1000 传输层上的动作，命令寄存器对微控制器来说是只写存储器，如果对其执行读操作，将返回“1111 1111”。CMR 位配置见表 4-5。

表 4-5 CMR 位配置(CAN 地址 1)

位	符号	名称	功能值与说明
CMR. 7	—		备用
CMR. 6	—		备用
CMR. 5	—		备用
CMR. 4	GTS	休眠模式	1：休眠模式；0：正常模式
CMR. 3	CDO	清除溢出标志	1：清除；0：无作用
CMR. 2	RRB	释放接收缓冲区	1：释放；0：无作用
CMR. 1	AT	中止发送	1：中止；0：无作用
CMR. 0	TR	发送请求	1：发送；0：无作用

3. 状态寄存器(SR)

状态寄存器是只读存储器，其内容反映了 SJA1000 的工作状态，SR 位配置见表 4-6。

表 4-6 SR 位配置(CAN 地址 2)

位	符号	名称	功能值与说明
SR. 7	BS	总线状态	1：离线；0：在线
SR. 6	ES	出错状态	1：出错；0：正常
SR. 5	TS	发送状态	1：发送；0：空闲
SR. 4	RS	接收状态	1：接收；0：空闲
SR. 3	TCS	发送完成状态	1：发送成功；0：进行中

（续）

位	符号	名称	功能值与说明
SR. 2	TBS	发送缓冲区状态	1：允许访问；0：禁止访问
SR. 1	DOS	数据溢出状态	1：溢出；0：正常
SR. 0	RBS	接收缓冲区状态	1：非空；0：空

4. 中断寄存器(IR)

中断寄存器是只读存储器，它用于识别中断源。当寄存器的一位或多位被置位时，将激活$\overline{\text{INT}}$(低电平有效)引脚。寄存器一旦由微控制器读取，所有位将复位。IR 位配置见表 4-7。

表 4-7　IR 位配置(CAN 地址 3)

位	符号	名称	功能值
IR. 7	—		备用
IR. 6	—		备用
IR. 5	—		备用
IR. 4	WUI	唤醒中断	1：唤醒中断；0：复位
IR. 3	DOI	数据溢出中断	1：溢出中断；0：复位
IR. 2	EI	错误中断	1：出错中断；0：复位
IR. 1	TI	发送中断	1：发送中断；0：复位
IR. 0	RI	接收中断	1：接收中断；0：复位

5. 验收码寄存器(ACR)

如果一条信息通过了验收滤波器的测试，即验收代码位(AC. 7～AC. 0)和信息标识符的高 8 位(ID. 10～ID. 3)相等，且与验收屏蔽位(AM. 7～AM. 0)的相应位相或为 1，亦即满足$[(\text{ID. }10\sim\text{ID. }3)=(\text{AC. }7\sim\text{AC. }0)]\vee(\text{AM. }7\sim\text{AM. }0)=11111111\text{B}$ 方程，且接收缓冲器有存储空间，则标识符和数据将被分别顺序写入 RXFIFO。当信息被正确地接收后，接收缓冲器状态位置为高；若接收中断允许位为高，则接收中断被置位。ACR 位配置见表 4-8。

表 4-8　ACR 位配置(CAN 地址 4)

BIT7	BIT6	BIT5	BIT4	BIT3	BIT2	BIT1	BIT0
AC. 7	AC. 6	AC. 5	AC. 4	AC. 3	AC. 2	AC. 1	AC. 0

6. 验收屏蔽寄存器(AMR)

验收屏蔽码用来决定验收码是否应与 CAN 标识符相匹配，若无须匹配，则验收屏蔽寄存器相应位置高，反之置低。它与验收码寄存器结合使用。AMR 位配置见表 4-9。

表 4-9　AMR 位配置(CAN 地址 5)

BIT7	BIT6	BIT5	BIT4	BIT3	BIT2	BIT1	BIT0
AM. 7	AM. 6	AM. 5	AM. 4	AM. 3	AM. 2	AM. 1	AM. 0

7. 总线定时寄存器 0(BTR0)

总线定时寄存器 0 定义了波特率预分频器(BRP)和同步跳转宽度(SJW)的数值。BTR0 位配置见表 4-10。

表 4-10　BTR0 位配置(CAN 地址 6)

BIT7	BIT6	BIT5	BIT4	BIT3	BIT2	BIT1	BIT0
SJW. 1	SJW. 0	BRP. 5	BRP. 4	BRP. 3	BRP. 2	BRP. 1	BRP. 0

系统时钟：

$$t_{SCL}=2t_{CLK}(32BRP.5+16BRP.4+8BRP.3+4BRP.2+2BRP.1+BRP.0+1)$$

式中，t_{CLK}是晶振振荡周期，单位为 μs。

8. 总线定时寄存器 1(BTR1)

总线定时寄存器 1 定义了位周期的长度、采样点的位置和每个采样点获取采样的数目，当 SAM=1 时三倍采样，否则单倍采样。BTR1 位配置见表 4-11。

表 4-11　BTR1 位配置(CAN 地址 7)

BIT7	BIT6	BIT5	BIT4	BIT3	BIT2	BIT1	BIT0
SAM	TSEG2. 2	TSEG2. 1	TSEG2. 0	TSEG1. 3	TSEG1. 2	TSEG1. 1	TSEG1. 0

表 4-11 中的 TSEG1 和 TSEG2 决定了每一位的时钟数目和采样点的位置，位周期为 t_{SYN}、t_{TSEG1}、t_{TSEG2}三者之和，如图 4-13 所示。

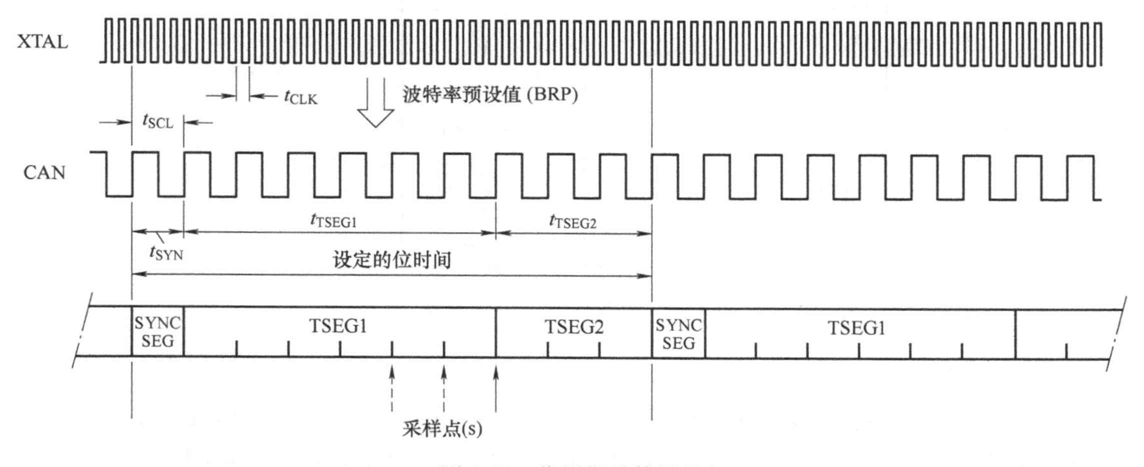

图 4-13　位周期总体结构

$$t_{TSEG1}=t_{SCL}(8TSEG1.3+4TSEG1.2+2TSEG1.1+TSEG1.0+1)$$

$$t_{TSEG2}=t_{SCL}(4TSEG2.2+2TSEG2.1+TSEG2.0+1)$$

$$位传输速率=\frac{1}{t_{SYN}+t_{TSEG1}+t_{TSEG2}}=\frac{1}{t_{SCL}+t_{TSEG1}+t_{TSEG2}}$$

9. 输出控制寄存器(OCR)

输出控制寄存器用于配置不同的输出驱动。在复位模式中此寄存器可被 CPU 读/写访问。OCR 位配置见表 4-12。

表 4-12 OCR 位配置(CAN 地址 8)

BIT7	BIT6	BIT5	BIT4	BIT3	BIT2	BIT1	BIT0
OCTP1	OCTN1	OCPOL1	OCTP0	OCTN0	OCPOL0	OCMODE1	OCMODE0

当 SJA1000 在睡眠模式中时，TX0 和 TX1 引脚根据输出控制寄存器的内容输出隐性的电平。在复位状态(复位请求=1)或外部复位引脚$\overline{RST}$被拉低时，输出 TX0 和 TX1 悬空。由输出控制寄存器的 OCMODE1、OCMODE0 位确定的输出模式见表 4-13。CAN 发送器配置如图 4-14 所示。

表 4-13 OCMODE 位配置

OCMODE1	OCMODE0	说明
0	0	双相输出模式
0	1	测试输出模式
1	0	正常输出模式
1	1	时钟输出模式

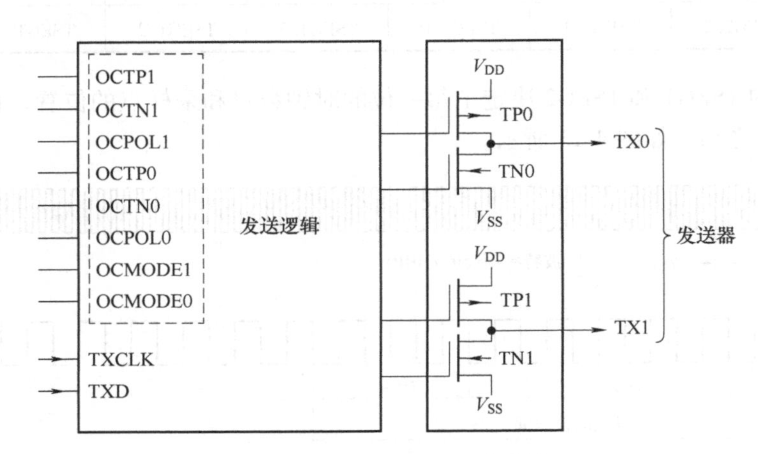

图 4-14 可配置的 CAN 发送器

(1) 正常输出模式

正常模式中位序列 TXD 通过 TX0 和 TX1 发送，TX0 和 TX1 的电平则取决于 OCTPX、OCTNX 编程的驱动特性(悬空、上拉、下拉、推挽)以及 OCPOLX 编程的输出极性。

(2) 时钟输出模式

时钟输出模式如图 4-15 所示，此模式 TX0 引脚和正常输出模式相同，但 TX1 上的数据流则由发送时钟(TXCLK)代替。发送时钟的上升沿标志着一位的开始。时钟脉冲宽度为 $1\times t_{SCL}$。

(3) 双相输出模式

双相输出模式如图 4-16 所示，相对于正常输出模式，位代表着时间的变化和触发。如果总线控制器通过发送器与总线实现电气隔离，则位流不允许包含直流成分。在隐性位无效(悬空)期间，显性位交替使用 TX0 或 TX1 发送，例如，第一位在 TX0 上发送，第二位在 TX1 上发送，第三位在 TX0 上发送，如此循环往复。

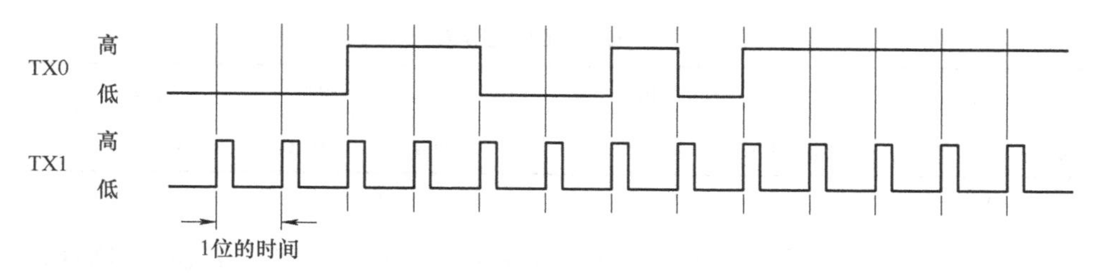

图 4-15　时钟输出模式

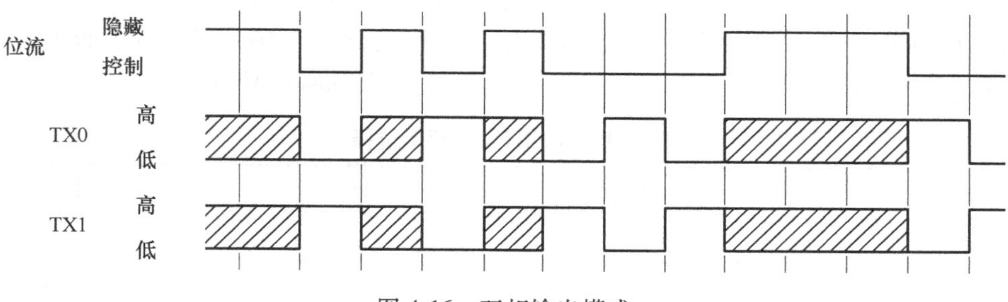

图 4-16　双相输出模式

输出控制寄存器的位和输出引脚 TX0 和 TX1 的关系见表 4-14。

表 4-14　输出控制寄存器的位和输出引脚 TX0 和 TX1 的关系

驱动	TXD	OCTPX	OCTNX	OCPOLX	TPX①	TNX②	TXX③
悬空	×	0	0	×	关	关	悬空
下拉	0	0	1	0	关	开	低
	1	0	1	0	关	关	悬空
	0	0	1	1	关	关	悬空
	1	0	1	1	关	开	低
上拉	0	1	0	0	关	关	悬空
	1	1	0	0	开	关	高
	0	1	0	1	开	关	高
	1	1	0	1	关	关	悬空
推挽	0	1	1	0	关	开	低
	1	1	1	0	开	关	高
	0	1	1	1	开	关	高
	1	1	1	1	关	开	低

① TPX 是片内输出发送器 X(0 或 1)，连接 V_{DD}。

② TNX 是片内输出发送器 X(0 或 1)，连接 V_{SS}。

③ TXX 是引脚 TX0 或 TX1 上的串行输出电平，当 TXD=0 时，CAN 总线上的输出电平为显性，反之为隐性。

10. 时钟分频寄存器(CDR)

时钟分频寄存器控制 CLKOUT 的输出与频率、TX1 上的专用接收中断脉冲、比较通道、CAN 模式的选择等。硬件复位后，寄存器的默认状态为 Motorola 模式(12 分频)和 Intel 模式(2 分频)。CDR 位配置见表 4-15，对应的 CLKOUT 频率见表 4-16。

表 4-15　CDR 位配置

BIT7	BIT6	BIT5	BIT4	BIT3	BIT2	BIT1	BIT0
CAN 模式	CBP	RXINTEN	0①	CLKOUT OFF	CD. 2	CD. 1	CD. 0

① 此位不能被写，读总为 0。

其中，置位 CLKOUT OFF，禁止 SJA1000 的外部 CLKOUT 输出；置位 RXINTEN，允许 TX1 输出作为专用接收中断输出，亦即当成功接收一条信息且通过验收滤波器后，将在 TX1 引脚输出脉宽为一个位长的接收中断脉冲；置位 CBP，将中止 CAN 输入比较器(仅复位模式)，此时仅有 RX0 被激活，未使用的 RX1 输入应连接到一个确定的电平(如 V_{SS})；置位 CAN 模式，控制器将工作于 PeliCAN 模式，反之，工作于 BasicCAN 模式。

表 4-16　CLKOUT 频率选择

CD. 2	CD. 1	CD. 0	时钟频率
0	0	0	$f_{OSC}/2$
0	0	1	$f_{OSC}/4$
0	1	0	$f_{OSC}/6$
0	1	1	$f_{OSC}/8$
1	0	0	$f_{OSC}/10$
1	0	1	$f_{OSC}/12$
1	1	0	$f_{OSC}/14$
1	1	1	f_{OSC}

注：f_{OSC}是外部振荡器(XTAL)频率。

11. 发送缓冲区

由表 4-3 可知，BasicCAN 模式下发送缓冲区由描述符区和数据区组成，描述符区第二字节包含了如远程或数据帧、数据长度等相应的帧信息，描述符各位定义见表 4-17。其数据区最长为 8 个数据字节，CAN 地址为 10~19；PeliCAN 模式下描述符区的第一个字节是帧信息字节，它包含帧格式(SFF 标准帧或 EFF 扩展帧)、远程或数据帧、数据长度等。其中 SFF 有两个字节标识符(见表 4-18)，EFF 有四个字节标识符(见表 4-19)，数据区最长为 8 个数据字节，CAN 地址为 16~26(SFF)、16~28(EFF)。

表 4-17　BasicCAN 模式发送缓冲区描述符位定义

CAN ADDRESS	区	名称	位							
			BIT7	BIT6	BIT5	BIT4	BIT3	BIT2	BIT1	BIT0
10	描述符	标识符 1	ID. 10	ID. 9	ID. 8	ID. 7	ID. 6	ID. 5	ID. 4	ID. 3
11		标识符 2	ID. 2	ID. 1	ID. 0	RTR	DLC. 3	DLC. 2	DLC. 1	DLC. 0

注：1. 标识符由 11 位 ID. 10~ID. 0 组成，且数值越低优先权越高，其中 ID. 10 为最高位。

2. 远程发送请求(RTR)位：该位置高则发送远程帧，亦即无数据字节。

3. 数据长度(DLC)

$$数据字节数=8DLC.3+4DLC.2+2DLC.1+DLC.0$$

4. 传送的数据字节数由数据长度码决定，发送的首位是地址 12 单元的最高位。

表 4-18　PeliCAN 模式 SFF 发送缓冲区描述符位定义

CAN ADDRESS	区	名称	位							
			BIT7	BIT6	BIT5	BIT4	BIT3	BIT2	BIT1	BIT0
16	描述符	帧信息	FF	RTR	×	×	DLC. 3	DLC. 2	DLC. 1	DLC. 0
17		标识符 1	ID. 28	ID. 27	ID. 26	ID. 25	ID. 24	ID. 23	ID. 22	ID. 21
18		标识符 2	ID. 20	ID. 19	ID. 18	×	×	×	×	×

注：FF 置位，EFF 扩展帧，反之，SFF 标准帧。

表 4-19　PeliCAN 模式 EFF 发送缓冲区描述符位定义

CAN ADDRESS	区	名称	位							
			BIT7	BIT6	BIT5	BIT4	BIT3	BIT2	BIT1	BIT0
16	描述符	帧信息	FF	RTR	×	×	DLC. 3	DLC. 2	DLC. 1	DLC. 0
17		标识符 1	ID. 28	ID. 27	ID. 26	ID. 25	ID. 24	ID. 23	ID. 22	ID. 21
18		标识符 2	ID. 20	ID. 19	ID. 18	ID. 17	ID. 16	ID. 15	ID. 14	ID. 13
19		标识符 3	ID. 12	ID. 11	ID. 10	ID. 9	ID. 8	ID. 7	ID. 6	ID. 5
20		标识符 4	ID. 4	ID. 3	ID. 2	ID. 1	ID. 0	×	×	×

12. 接收缓冲区

接收缓冲区的全部列表和发送缓冲区类似，BasicCAN 模式下 CAN 地址为 20～29。PeliCAN 模式下 CAN 地址为 16～28，且 RXFIFO 有 64B 的信息空间，其存储的信息数取决于各信息的长度。如果 RXFIFO 中没有足够的空间来存储新信息，CAN 控制器将产生数据溢出。数据溢出时，已部分写入 RXFIFO 的当前信息将被删除，此时将通过状态位或数据溢出中断(中断允许时)通知微控制器。

4.2.3　微控制器接口

SJA1000 的寄存器和引脚配置使它可以使用各类集成或分立的 CAN 收发器。由于有不同的微控制器接口，可支持不同的微控制器应用。SJA1000 支持与微控制器系列 80C51 和 68xx 直接互连，如图 4-17 所示。

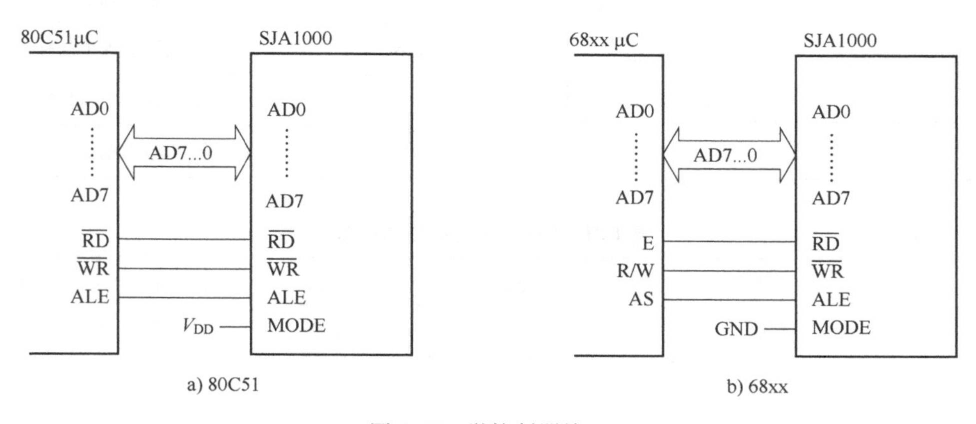

图 4-17　微控制器接口

4.3 CAN 控制器接口

4.3.1 PCA82C250/251 特性

PCA82C250/251 是 CAN 协议控制器和物理传输线路之间的接口，它最初是为汽车高速通信(最高达 1Mbit/s)应用而设计的。两者提供对总线的差动发送和接收功能，可在额定电源电压 12V(82C250)和 24V(82C251)的 CAN 总线系统中应用，且引脚和功能兼容，可在同一网络中互相通信。其主要特性如下：

1）完全兼容 ISO 11898 标准。

2）高速率(最高达 1Mbit/s)。

3）具有抗汽车环境中的瞬间干扰，保护总线能力。

4）降低射频干扰(RFI)的斜率控制。

5）差分接收器，抗宽范围的共模干扰，抗电磁干扰(EMI)。

6）热保护。

7）电源和地之间的短路保护。

8）低电流待机模式。

9）未上电的节点对总线无影响。

10）可连接 110 个节点。

82C250/251 的功能框图及引脚说明见表 4-20，82C250 基本性能参数见表 4-21。

表 4-20　82C250/251 功能框图及引脚说明

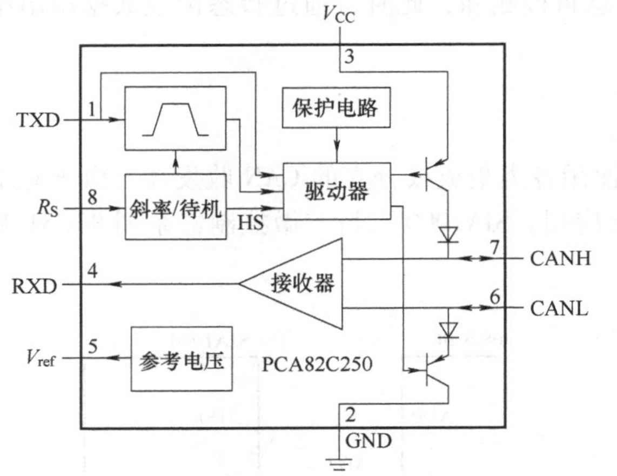

符号	引脚	功能描述
TXD	1	发送数据输入
GND	2	地
V_{CC}	3	电源电压
RXD	4	接收数据输出
V_{ref}	5	参考电压输出
CANL	6	低电平 CAN 电压输入/输出
CANH	7	高电平 CAN 电压输入/输出
R_S	8	斜率电阻输入

表 4-21　82C250 基本性能参数

符号	参数	条件	最小值	最大值	单位
V_{CC}	电压		-0.3	9.0	V
I_{CC}	电流	待机模式	—	170	μA
$1/t_{bit}$	最大发送速度	非归零码(NRZ)	1	—	Mbaud

（续）

符号	参数	条件	最小值	最大值	单位
V_{can}	CANH、CANL 输入/输出电压		-8	18	V
V_{diff}	差动总线电压		1.5	3.0	V
t_{pd}	传输延迟时间	高速模式	—	50	ns
T_{amb}	工作环境温度		-40	125	℃

82C250/251 驱动电路内部具有限流电阻，可防止发送输出级对电源、地或负载短路。虽然短路将导致功耗增加，但此特性可阻止发送器输出级的损坏。

若结温超过大约 160℃时，两个发送器输出端的极限电流将减小。由于发送器是主要的功耗部件，电流减小将导致功耗降低，从而限制芯片的温升。器件的其他部分将继续工作。当总线短路时，热保护十分重要。82C250 采用双线差分驱动，有助于抑制在汽车环境下的电气瞬变现象。

4.3.2　工作模式

82C250/251 有高速、待机、斜率控制三种不同的工作模式，可通过引脚 8（R_S）进行选择，具体见表 4-22。

表 4-22　工作模式选择

R_S 引脚上的强制条件	模式	R_S 引脚上的电压或电流
$V_{R_S}>0.75V_{CC}$	待机	$-10\mu A<I_{R_S}<10\mu A$
$10\mu A<-I_{R_S}<200\mu A$	斜率控制	$0.3V_{CC}<V_{R_S}<0.6V_{CC}$
$V_{R_S}<0.3V_{CC}$	高速	$-I_{R_S}<500\mu A$

在高速工作模式下（引脚 8 接地），发送器输出级晶体管将以尽可能快的速度打开、关闭。在此模式下，不采取任何措施限制上升和下降斜率，且应使用屏蔽电缆以避免射频干扰（RFI）。

对于速度较低或长度较短的总线，可使用非屏蔽双绞线或平行线。为降低射频干扰（RFI），应限制上升和下降斜率。上升和下降斜率则可通过引脚 8 连接至地的电阻进行控制。斜率与引脚 8 的输出电流成正比。

若引脚 8 接高电平，则电路进入低电流待机模式。在此模式下，发送器被关闭，而接收器转至低电流。若在总线上检测到显性位（差动总线电压>0.9V），RXD 将变为低电平。微控制器应通过引脚 8 将收发器切换至正常工作状态，以对此信号作出响应。由于在待机方式下，接收器是慢速的，因此，第一个报文将被丢失。82C250/251 的真值表见表 4-23。

利用 82C250/251 可方便地在 CAN 控制器与收发器之间建立光电隔离，以实现总线上各节点间的电气隔离，双绞线并不是 CAN 总线的唯一传输介质。利用光电转换接口器件及星形光纤耦合器可建立光纤介质的 CAN 总线通信系统，此时，光纤中有光表示显位，无光表示隐位。

表 4-23　82C250/251 真值表

电源	TXD	CANH	CANL	总线状态	RXD
4.5~5.5V	0	高电平	低电平	显性	0
4.5~5.5V	1 或悬空	悬空	悬空	隐性	1
<2V(未加电)	×	悬空	悬空	隐性	×
$2V<V_{CC}<4.5V$	$>0.75V_{CC}$	悬空	悬空	隐性	×
$2V<V_{CC}<4.5V$	×	若 $V_{R_S}>0.75V$ 则悬空	若 $V_{R_S}>0.75V$ 则悬空	隐性	×

利用 CAN 控制器的相位输出方式，通过设计适当的接口电路，也不难实现电源线与 CAN 通信线的复用。此外，CAN 协议中卓越的错误检出及自动重发功能为建立高效的基于电力线载波或无线电介质(此类介质往往存在较强的干扰)的 CAN 通信系统提供了方便。

4.3.3　应用电路

对于 CAN 控制器及带有 CAN 总线接口的器件，82C250 并不是必须使用的器件，因为多数 CAN 控制器均具有配置灵活的收发接口，并允许总线故障，只是驱动能力一般只允许 20~30 个节点连接在一条总线上。而 82C250 支持多达 110 个节点，并能以 1Mbit/s 的速率工作于恶劣电气环境下。

PCA82C250/251 收发器的典型应用电路如图 4-18 所示。CAN 控制器 SJA1000 的串行数据输出线(TX0)和串行数据输入线(RX0)分别通过光电隔离电路连接到收发器 82C250/251，RX1 则需通过 V_{ref} 输出或电阻电压分配器将其偏置到一个相应的电压电平。82C250/251 则通过有差动发送和接收功能的两个总线终端 CANH(连接到源输出级)和 CANL(连接到下拉输出级)连接至总线，输入 R_S 用于模式控制，参考电压输出 V_{ref} 为 $0.5V_{CC}$，其中，V_{CC} 是 82C250 的额定电源电压，图中为 5V。

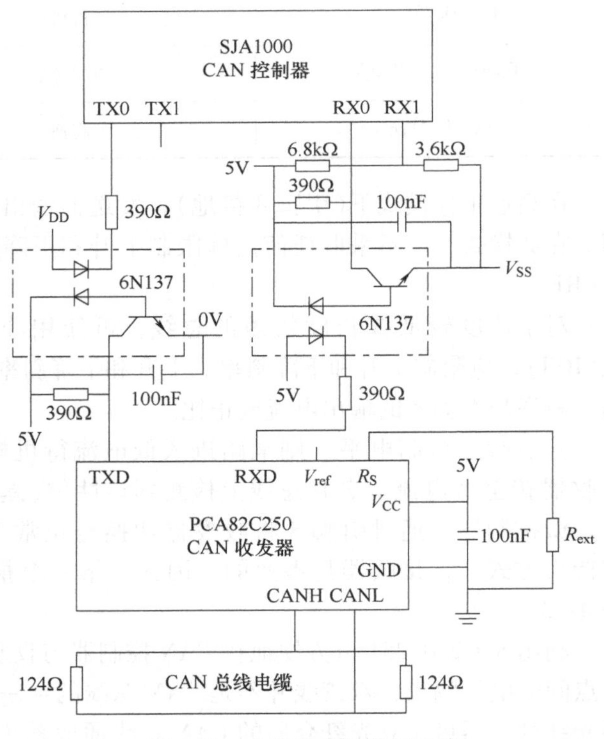

图 4-18　收发器典型应用电路

CAN 控制器输出一个串行的发送数据流到收发器的 TXD 引脚。内部的上拉功能将 TXD 输入设置成逻辑高电平，亦即总线输出驱动器默认是被动的。在隐性状态中，CANH 和 CANL 通过典型内部阻抗为 17kΩ 的接收器输入网络，并偏置到 2.5V。如果 TXD 是逻辑低电平，总线的输出级将被激活，在总线上产生一个显性的信号电平，此时，CANH 的额定电压为 3.5V，CANL 为 1.5V。

如果没有一个总线节点传输一个显位，总线则处于隐性状态，即网络中所有 TXD 输入是逻辑高电平。如果一个或更多的总线节点传输一个显位，即至少一个 TXD 输入是逻辑低电平，则总线从隐性状态进入显性状态。

接收器的比较器将差动的总线信号转换成逻辑信号电平，并在 RXD 输出。接收到的串行数据流传送到 CAN 控制器进行译码。接收器的比较器总是活动的，亦即当总线节点传输报文时，它同时也监控总线。

4.4　CAN 总线应用案例

4.4.1　设计要求

基于 SJA1000 芯片构建一主二从 CAN 总线网络，实现数据交互。具体要求：主节点向从节点 1 或 2 发出远程帧，从节点 1 或 2 接收到相应远程帧后返回 1B 数据；主节点向从节点 1 或 2 发出数据帧(携带 1B 的命令代码)，从节点 1 或 2 则按照要求执行相应的动作。为了方便调试，主节点通过串口调试软件发送命令。

> 用专业知识教育人是不够的。通过专业教育，他可以成为一种有用的机器，但是不能成为一个和谐发展的人。要使学员对价值有所理解并且产生热烈的感情，那是最基本的。他必须获得对美和道德上的善有鲜明的辨别力。否则，他连同他的专业知识就更像一只受过很好的训练的狗，而不像一个和谐发展的人。
>
> ——爱因斯坦

4.4.2　网络组态

1. 单片机与 SJA1000 接口

一主二从 CAN 网络拓扑如图 4-19 所示。

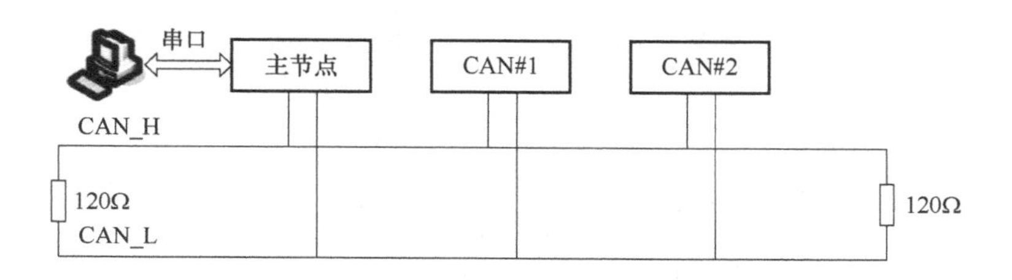

图 4-19　拓扑结构

从节点单片机与 SJA1000 接口如图 4-20 所示，微控制器地址/数据总线、$\overline{RD}$、$\overline{WR}$、ALE 分别与 SJA1000 地址/数据总线、$\overline{RD}$、$\overline{WR}$、ALE 直接互连，SJA1000 的片选信号$\overline{CS}$由地址译码器控制，设基址为 0x6000。两者复位信号由外部复位电路产生。由于微控制器接口为 Intel 模式，故 Mode 引脚接 V_{CC}。集成收发器选用 PCA82C250。主节点与从节点的区别是增加了与 PC 通信的 RS232 接口。

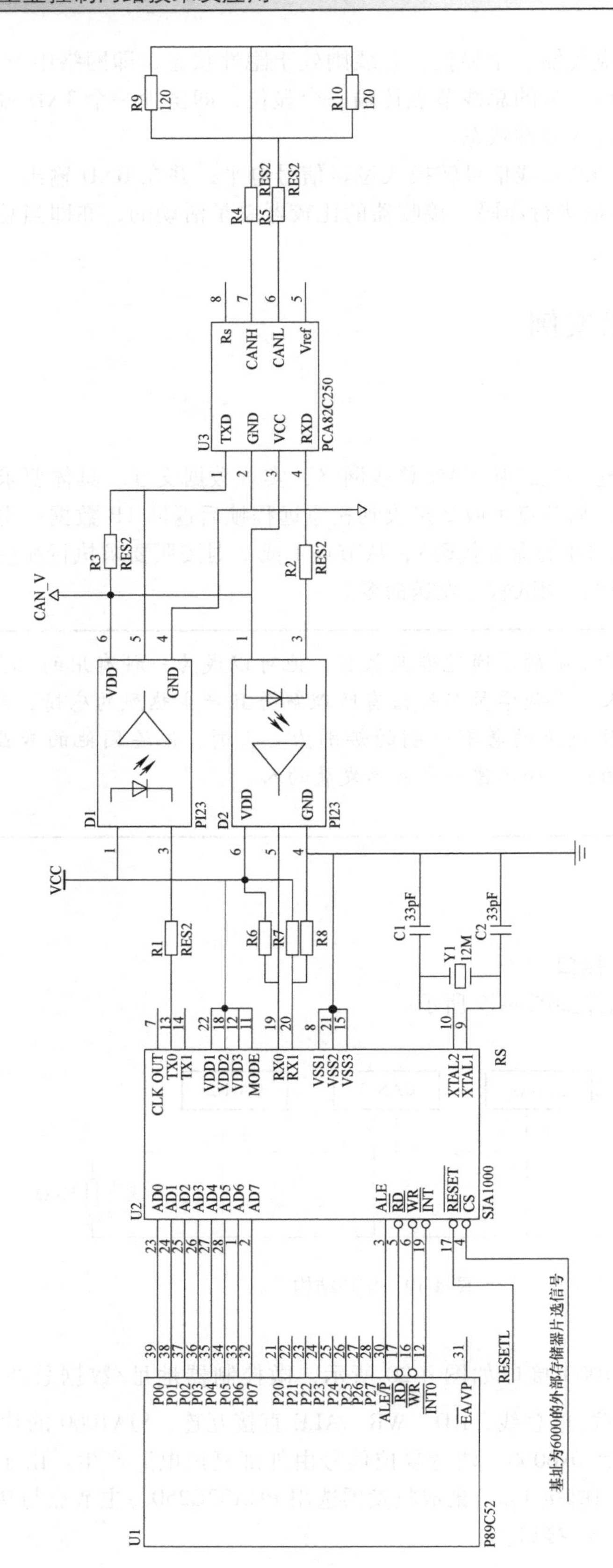

图 4-20　单片机与SJA1000接口

2. 通信协议

通信协议包括简单的 CAN 测试通信协议和串口通信协议。

(1) CAN 测试通信协议

数据帧协议：采用主节点发送命令帧，从节点接收命令并按要求执行相应的动作，亦即本例使用数据帧执行带参数字节的命令。数据帧格式 ID(11 位)+RTR(1 位)+DLC(4 位)+CMD(8 位)+CDATA0(8 位)+…+CDATA6(8 位)。其中 RTR 位置 0；CMD 为命令代码，如 0x01 执行动作 1，0x02 执行动作 2，0x03 读数据，0x04 写数据；CDATA 为命令参数，本案例未使用。

远程帧协议：采用主节点发送远程帧，从节点通过判断远程帧中 DLC 的值发送相应的数据帧，亦即本例使用远程帧执行不带参数字节的命令。远程帧格式 ID(11 位)+RTR(1 位)+DLC(4 位)。其中 RTR 位置 1；DLC 为 0x00 时读测量值 1，为 0x01 时读测量值 2。

(2) 串口通信协议

完全遵循 CAN 通信协议的帧格式，本例仅起远程帧、数据帧的转发功能。

4.4.3 CAN 从节点单片机程序

单片机晶振采用 11.0592MHz，为简化设计，各节点描述符设置见表 4-24。

表 4-24 各节点描述符设置

节点名称	接收描述符 ID	功能	验收码、屏蔽码寄存器
节点 1	10101010xxx	单播	ACR = 0xaa、AMR = 0x00
节点 2	10101011xxx	单播	ACR = 0xab、AMR = 0x00
主节点	1010101xxxx		ACR = 0xaa、AMR = 0x01

1. 主程序 Main

序号 1 SJA1000 头文件与函数声明

```
#include<AT89X52.H>
#include<intrins.h>
#include<string.h>
#include<sja1000.h>
#define  uchar  unsigned char
#define  ulong  unsigned long
#define  uint  unsigned int
static uchar  data      BandRateBuf;  //设置总线波特率值缓冲区
uchar  Config_SJA(void);              //配置 SJA1000
void  CanRcv_Prg(void);               //CAN 总线数据接收后处理
void  CanSend_Prg(void);              //CAN 发送数据
void  CanErr_Prg(void);               //发现错误后处理
void  CanDtOver_Prg(void);            //超载处理
void  CanWui_Prg(void);               //唤醒中断处理
void  TimeOut_Start(uint time)        //1ms 定时器
static uint   data    Tcounter;       //基准时间计数器
static bit  T0IR;
```

```
static  uchar  bdata    CanBusFlag=0;//CAN 标志
sbit    CanRcvIR=CanBusFlag^0;         //接收中断标志
sbit    CanSendIR=CanBusFlag^1;        //发送中断标志
sbit    CanErrIR=CanBusFlag^2;         //CAN 总线错误中断标志
sbit    CanDtOverIR=CanBusFlag^3;      //CAN 总线超载中断标志
sbit    CanWuiIR=CanBusFlag^4;         //CAN 总线唤醒中断标志
void main(void)
{
   uchar status;                       //状态字
   EA=0
   status=Config_SJA();                //配置 SJA1000
   if(status!=0)
     ………;                            //配置 SJA1000 出现错误
   IT0=1;
   EX0=1;
   EA=1;
   TimeOut_Start(20);                  //20×50μs=1ms,定时周期 1ms
   while(1)
   {
     if(_testbit_(T0IR))               //1ms 时间到
     {
       ………;                          //其他处理
       TimeOut_Start(20);              //20×50μs=1ms,定时周期 1ms
     }
     if(_testbit_(CanRcvIR))  CanRcv_Prg();        //接收中断标志
     if(_testbit_(CanSendIR))  CanSend_Prg();      //发送中断标志
     if(_testbit_(CanErrIR))  CanErr_Prg();        //错误中断标志
     if(_testbit_(CanDtOverIR))CanDtOver_Prg();    //超载中断标志
     if(_testbit_(CanWuiIR))  CanWui_Prg();        //唤醒中断标志
   }
}
```

2. 初始化 SJA1000

设上电后独立 CAN 控制器在引脚 17 获得一个复位脉冲(低电平)，使它进入复位模式。在设置 SJA1000 寄存器前，主控制器通过读复位模式/请求标志以检查 SJA1000 是否已处于复位模式，因为仅在复位模式下可配置与通信相关的寄存器。

在复位模式下，主控制器必须配置 SJA1000 控制段的寄存器，SJA1000 初始化流程如下：

1）配置模式寄存器(仅在 PeliCAN 模式有效)，选择：①验收滤波器模式(单或双验收滤波器)；②自我测试模式；③仅听模式等。

2）配置时钟分频寄存器，选择：①BasicCAN 或 PeliCAN 模式；②CLKOUT 使能；

③CAN 输入比较器是否需要旁路；④TX1 输出是否用作专门的接收中断输出。

3）配置验收代码和验收屏蔽寄存器。

4）配置总线定时寄存器：①定义总线的位速率；②定义位周期位采样点；③定义在一个位周期里采样的数目。

5）配置输出控制寄存器：①定义 CAN 总线输出引脚 TX0 和 TX1 的输出模式(正常输出模式、时钟输出模式、双相位输出模式或测试输出模式)；②定义 TX0 和 TX1 输出引脚配置(悬空、下拉、上拉或推挽以及极性)。

```
uchar  Config_SJA(void)
{
    uchar data status=0;
    BandRateBuf=ByteRate_1000k;
    BCAN_ENTER_RETMODEL();                        //进入复位模式
    if(BCAN_CREATE_COMMUNATION())
    {
        status=CAN_INTERFACE_ERR;
        return(status);
    }
    if(BCAN_SET_OBJECT(0xaa,0x00))                //设置 ACR、AMR
    {
        status=CAN_INITOBJECT_ERR;
        return(status);
    }
    if(BCAN_SET_BANDRATE(BandRateBuf))  //系统默认波特率 1000kbit/s
    {
        status=CAN_INITBTR_ERR;
        return(status);
    }
    if(BCAN_SET_OUTCLK(0xaa,0x48))                //TX0 上拉、TX1 下拉、正常
                                                  //输出模式
    {
        status=CAN_INITOUTCTL_ERR;
        return(status);
    }
    if(BCAN_QUIT_RETMODEL())                      //退出复位模式
    {
        status=CAN_QUITRESET_ERR;
        return(status);
    }
    SJA_BCANAdr=REG_CONTROL;
```

```
    *SJA_BCANAdr=0x1E;                        //使能超载、出错、接收、发送中断
    return  status;
}
```

3. 外部中断服务子程序

```
void  ex0_Val(void)  interrupt  0  using  1
{
    SJA_BCANAdr=REG_INTERRUPT;
    CanBusFlag=* SJA_BCANAdr;                //保存 SJA1000 中断标志
}
```

4. 定时器 0 中断服务子程序

```
void  T0_Val(void)  interrupt  1  using  2
{
    Tcounter--;
    if(Tcounter==0)
    {
        T0IR  =1;                             //时间定时到,置位标志
        TR0  =0;
    }
}
```

5. 1ms 定时器

```
void  TimeOut_Start(uint_time)
{
    Tcounter=_time;
    TMOD|=0x02;                               //T0 初值自动重装
    TH0  =Base_50us;                          //设置定时初值
    TL0  =Base_50us;
    T0IR=0;                                   //清除中断 T0 标志
    TR0  =1;                                  //计时开始
}
```

6. CAN 总线数据接收函数

```
void  CanRcv_Prg(void)
{
    uchar  data CanRecvBuf[10],status;
    if(BCAN_DATA_RECEIVE(CanRecvBuf))         //接收数据
      ………;                                   //错误处理
    else
    {
```

```
        if(BCAN_CMD_PRG(0x04))                    //释放 CAN 接收缓冲区
        ………;                                     //错误处理
        if((CanRecvBuf[1]&0x10)!=0)
        {
        switch(CanRecvBuf[1]&0x0f){               //远程帧处理
        case  0:                                  //模拟读 1B 测量值 1
            CanRecvBuf[1]=(CanRecvBuf[1]&0xe0)|0x04;
            CanRecvBuf[2]=0x03;
            CanRecvBuf[3]=0x01;                   //测量值 1 标志
            CanRecvBuf[4]=0xC1;
            BCAN_DATA_WRITE(CanRecvBuf);          //将数据发送至 CAN 总线
            BCAN_CMD_PRG(TR_CMD);                 //发送
            break;
        case  1:                                  //模拟读 1B 测量值 2
            CanRecvBuf[1]=(CanRecvBuf[1]&0xe0)|0x04;
            CanRecvBuf[2]=0x03;
            CanRecvBuf[3]=0x02;                   //测量值 2 标志
            CanRecvBuf[4]=0xC2;
            BCAN_DATA_WRITE(CanRecvBuf);          //将数据发送至 CAN 总线
            BCAN_CMD_PRG(TR_CMD);                 //发送
            break;
        default:
            break;
    }
}
else
{
        switch(CanRecvBuf[2]){
        case 0x01:
            ………;                                 //执行动作 1
            break;
        case 0x02:
            ………;                                 //执行动作 2
            break;
        default:
            break;
            }
        }
    }
}
```

4.4.4 CAN主节点单片机程序

主节点程序中初始化SJA1000程序、外部中断服务程序、定时器0中断服务程序、1ms定时器以及包含的头文件、声明变量与从节点相同。其余程序及声明变量如下:

1. 主程序

```
#define    RCV_IDH      0            //接收描述符 ID 的高 8 位
#define    RCV_IDL      1            //接收 ID 的低 3 位+RTR 位+DLC(4 位)
#define    RCV_DATA      2           //接收数据
uchar  data  Rcv_Status=0;           //接收状态字节
uchar  data  Rcv_Point=0;            //串口接收计数
uchar  data  Send_Point=0;           //串口发送计数
uchar  idata  UartRcvBuf[10];        //接收数据缓冲区
uchar  idata  UartSendBuf[10];       //发送数据缓冲区
void   InitUart(void)                //初始化串口函数
void   UartRcv_Prg(void)             //串口接收到数据处理函数
bit    UartRcvGood;
void main(void)
{
   uchar status;                     //状态字
   EA=0
   status=Config_SJA();              //配置 SJA1000
   if(status!=0)
      …………;                        //配置 SJA1000 出现错误
   InitUart();
   IT0=1;
   EX0=1;
   PX0=1;
   EA=1;
   TimeOut_Start(20);                //20×50μs=1ms,定时周期 1ms
   while(1)
   {
      if(_testbit_(T0IR))            //1ms 时间到
      {
         ………;                       //其他处理
         TimeOut_Start(20);          //20×50μs=1ms,定时周期 1ms
      }
      if(_testbit_(CanRcvIR))  CanRcv_Prg();        //接收中断标志
      if(_testbit_(CanSendIR))CanSend_Prg();        //发送中断标志
      if(_testbit_(CanErrIR))  CanErr_Prg();        //错误中断标志
```

```
        if(_testbit_(CanDtOverIR))CanDtOver_Prg();  //超载中断标志
        if(_testbit_(CanWuiIR))  CanWui_Prg();      //唤醒中断标志
        if(_testbit_(UartRcvGood))UartRcv_Prg();    //串口接收成功
                                                    //标志
    }
}
```

2. 初始化串口函数

```
void  InitUart(void)
{
  SCON=  0x50;                    //串口工作方式1
  TMOD |=  0x20;                  //T1 初值自动重装
  TH1   =  0xfd;                  //波特率 9600bit/s,晶振 11.0592MHz
  TL1   =  0xfd;
  TR1   =  1;                     //开始计数
}
```

3. 串口中断服务子程序

```
void  Uart_Val(void)  interrupt 4   using 3
{
    uchar   TempData;                               //临时变量
    if(_testbit_(RI))
    {
        TempData=SBUF;
        switch(Rcv_Status){
        case RCV_IDH:
            UartRcvBuf[0]=TempData;
            Rcv_Status++;
            break;
        case RCV_IDL:
            UartRcvBuf[1]=TempData;
            if((UartRcvBuf[1]&0x10)!=0)             //远程帧
            {
                Rcv_Status=0;
                UartRcvGood=1;
            }
            else                                    //数据帧
            {
                Rcv_Point=2;                        //设置数据接收指针
                Rcv_Status++;
```

```
            }
            break;
        case RCV_DATA:
            UartRcvBuf[Rcv_Point]=TempData;
            Rcv_Point++;
            if((Rcv_Point-2)= =(UartRcvBuf[1]&0x0f))
            {
                Rcv_Point=0;
                Rcv_Status=0;
                UartRcvGood=1;
            }
            break;
        default:
            break;
        }
    }
    if(_testbit_(TI))
    {
        Send_Point++;
        if(Send_Point<((UartSendBuf[1]&0x0f)+2))  //未发送完毕,继
                                                    //续发送
            SBUF=UartSendBuf[Send_Point];
        else
        {
            Send_Point=0;
        }
    }
}
```


4. 串口接收成功转发函数

```
void    UartRcv_Prg(void)                    //串口接收到数据处理
{
    BCAN_DATA_WRITE(UartRcvBuf);             //将数据转发至CAN总线
    BCAN_CMD_PRG(TR_CMD);
}
```

5. CAN 总线数据接收转发函数

```
void    CanRcv_Prg(void)
{
    if(Send_Point!=0)
```

```
        ………;                                  //串口忙处理
    else
    {
      if(BCAN_DATA_RECEIVE(UartSendBuf))      //从 CAN 接收缓冲区读数据
          ………;                              //错误处理
      else
      {
          if(BCAN_CMD_PRG(0x04))              //释放 CAN 接收缓冲区
              ………;                          //错误处理
          SBUF=UartSendBuf[Send_Point];       //将数据转发至串口
      }
    }
}
```


习　　题

4-1　简述 CAN 总线的性能特点。

4-2　什么是总线仲裁？简述 CAN 总线位仲裁的方法。

4-3　CAN 总线两种逻辑状态是什么？与“0”和“1”的关系是怎样的？

4-4　CAN 总线报文有哪几种不同类型的帧以及各自的结构特点？

4-5　CAN 总线错误有哪些类型？如何界定？

4-6　CAN 总线有哪两种不同的过滤模式？

4-7　什么是 CAN 的同步规则？

4-8　CAN 控制器 SJA1000 有哪两种工作模式？并简要说明各自的特点。

4-9　CAN 总线的发送器和接收器均使用独立 CAN 控制器 SJA1000，采用 CAN2.0A 技术规范，发送器发送的 4 个报文的 ID 分别为：(1)11001100001；(2)11001101001；(3)11001000001；(4)11001001001。欲使接收器只接收报文(1)、(3)，应如何设置接收器 SJA1000 的 ACR 和 AMR？

4-10　如何基于 SJA1000 实现组播或广播通信？

第5章 PROFIBUS总线

教学目的：

本章5.1~5.4节以物品装箱生产线控制、一主二从多级带式输送机顺序起停控制为例，从任务分析入手，循序渐进，阐述PROFIBUS的基础知识，PROFIBUS-DP的功能特点、工作过程及主从与交叉通信的概念，CPU314C-2DP/CP342-5/CM1234-5通信模块DP接口的组态方法、数据交互方式、通信程序的实现，以及常用通信指令SFC14/SFC15、DP_SEND/DP_RECV的应用。5.5~5.6节以四大热工参数的测量以及电动调节阀的控制为例，阐述PROFIBUS PA特点、DP/PA通信设备、网络拓扑结构、供电方式、设备参数等概念，以及基于DP/PA LINK模块的PA总线配置、仪器仪表传感器的网络组态方法、数据交互接口的设计以及通信程序的实现。通过本章的学习，学生掌握基于CPU314C-2DP/CP342-5/CM1234-5的DP总线以及PA总线的组态方法、数据交互和通信方式，培养学生的工程、安全意识以及团队协作、乐业敬业的工作作风，精益、创新的“工匠精神”以及运用DP、PA总线解决工业控制问题的能力。

5.1 PROFIBUS基础

5.1.1 PROFIBUS的组成

PROFIBUS是process fieldbus的缩写，是面向工厂自动化(H2)、流程自动化(H1)的一种国际性的现场总线标准，它以其独特的技术特点、严格的认证规范、开放的标准、众多厂商的支持和不断发展的应用行规，已被纳入现场总线的国际标准IEC 61158和欧洲标准EN 50170，并于2001年被定为我国的国家标准。它是一种具有广泛应用范围的、开放的数字通信系统，适合于快速、时间要求严格和可靠性要求高的各种通信任务。PROFIBUS网络通信的本质是RS485串口通信，按照不同的行业应用，主要有分布式外围设备(decentralized peripherals，DP)、现场总线信息规范(fieldbus message specification，FMS)和过程自动化(process automation，PA)三种通信行规，其层次结构如图5-1所示。随着现场总线的应用领域不断扩大，PROFIBUS技术也在不断地发生着变化，例如FMS行规目前已经不再使用，而DP和PA的应用则越来越多，另外用于运动控制的总线驱动技术PROFI-drive和故障安全通信技术 PROFI-safe 等新的行规也将会随着应用而逐渐普及。

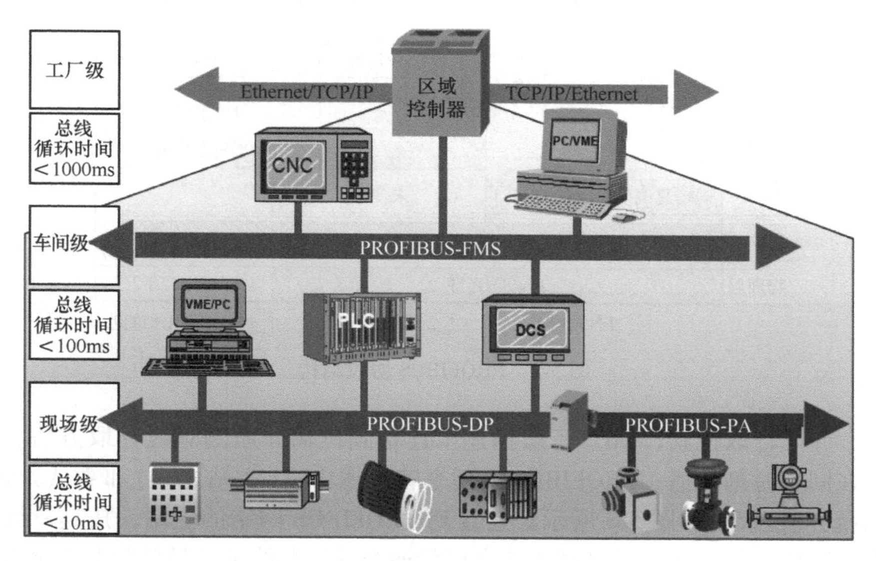

图 5-1 PROFIBUS 现场总线

PROFIBUS-DP(H2)是专为自动控制系统和设备级分散 I/O 之间的通信设计的，是一种经过优化的高速通信连接，符合 IEC 61158-2/EN 61158-2 标准，主要面向制造业自动化系统中单元级和现场级通信。它使用 OSI 的第 1 层、第 2 层和用户接口层，采用令牌总线方式(主站之间)和主从方式(主从站之间)的混合访问协议。一般构成单主站系统，并通过一对双绞线或光缆进行联网，可实现 9.6kbit/s~12Mbit/s 的数据传输速率。

PROFIBUS-FMS 定义了主站与主站之间的通信模型，主要解决自动化系统中系统级和车间级的过程数据交换，完成中等速度的循环和非循环通信任务，一般构成实时多主网络系统。

PROFIBUS-PA(H1)是用于过程自动化系统中的单元级和现场级通信。它可将 PROFIBUS-DP 通信协议与 MBP(曼彻斯特总线供电)传输技术相连接，以满足 IEC 61158-2 标准的要求。PROFIBUS-PA 网络基于屏蔽双绞线进行本质安全设计，由总线提供电源，因此适合在危险防爆 0 区和 1 区中使用，数据传输速率为 31.25kbit/s。使用 DP/PA 耦合器或 DP/PA 连接器，PA 设备能很方便地集成到 DP 网络。

5.1.2 PROFIBUS 协议结构

PROFIBUS 的协议结构根据 ISO 7498 国际标准以开放系统互连(OSI)为参考模型，如图 5-2 所示。

第一层是物理层，定义了总线传输介质、物理连接的类型和电气特性。PROFIBUS-DP/FMS 总线符合 EIA RS485 标准，其传输程序以半双工、异步、无间隙同步为基础，一般采用 9 针 SUB-D 型接口，传输介质采用屏蔽双绞线或光纤。PROFIBUS PA 采用符合 IEC 1158-2标准的传输技术，数据传输使用非直流传输的位同步、曼彻斯特编码协议，传输介质采用屏蔽或非屏蔽双芯电缆。

第二层是数据链路层，定义了总线的介质存取控制(MAC)和现场总线链路控制(FLC)

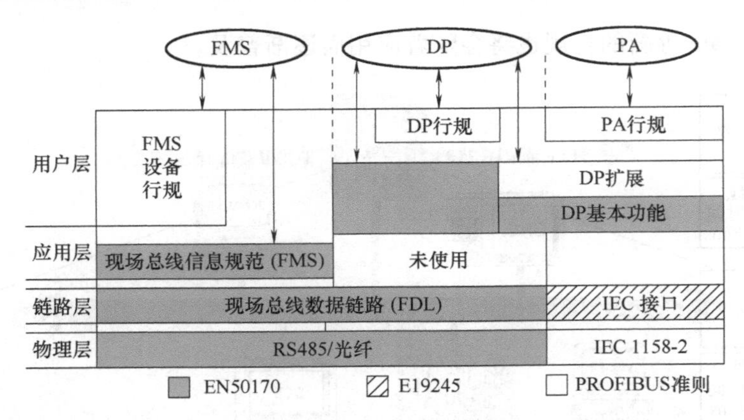

图 5-2　PROFIBUS 协议结构

协议。其中，介质存取控制(MAC)子层描述了连接到传输介质的总线存取方法。由于不能使所有设备在同一时刻传播，PROFIBUS 采用令牌总线方式(主站之间)和主从方式(主从站之间)的混合访问协议，如图 5-3 所示。连接到 PROFIBUS 网络的主站，按其总线地址的升序组成逻辑令牌环，除总线地址最高的节点仅传递令牌给总线地址最低的节点之外，令牌则按序在主站间传递，当某主站获得令牌后即享有总线控制权，在一定的时间内可依据主从关系表轮询所有从站，也可与主主关系表中的主站进行通信；现场总线链路控制(FLC)子层规定了对低层接口(lower layer interface，LLI)有效的第二层服务，提供服务访问点的管理与 LLI 相关的缓冲器。

第七层是应用层，定义了应用功能，它由低层接口(LLI)和现场总线信息规范(FMS)子层组成。其中，LLI 将 FMS 的服务映射到第二层(FLC)的服务，并在建立连接期间用于描述一个逻辑连接通道的所有重要参数，如选择不同的连接类型(主/主或主/从)、数据交换(循环或非循环)；FMS 将用于通信管理的应用服务和用户数据(变量、域、程序、事件通告)的分组，借此访问一个应用过程的通信对象，FMS 主要用于协议数据单元的编码和译码。

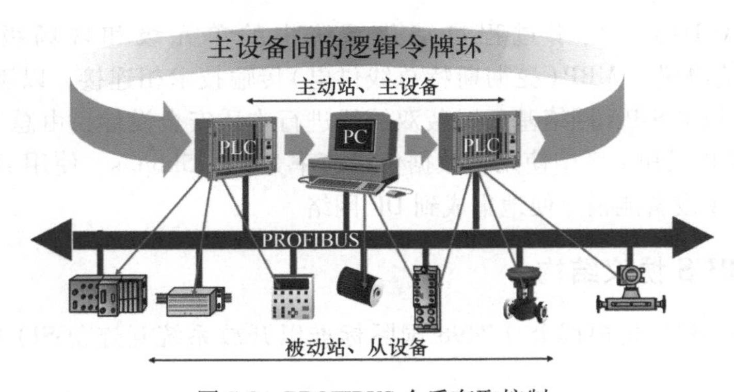

图 5-3　PROFIBUS 介质存取控制

PROFIBUS-DP 使用了第一、二层和用户接口，第三～七层未加描述，这种流体结构确保了数据传输的快速和有效，直接数据链路映像(direct data link mapper，DDLM)提供了易于进入第二层的服务用户接口，该用户接口规定了用户与系统以及不同设备可调用的应用功能，并详细说明了各种不同 PROFIBUS-DP 设备的设备行为，还提供了 RS485 传输技术或光纤。

PROFIBUS-FMS 第一、二和七层均加以定义，应用层包括现场总线信息规范(FMS)和低层接口(LLI)。FMS 包括应用协议并向用户提供可广泛选用的强有力的通信服务，LLI 协调不同的通信关系并向 FMS 提供不依赖设备的访问第二层。第二层现场总线数据链路(FDL)可完成总线访问控制和数据的可靠性，并为 PROFIBUS-FMS 提供 RS485 传输技术或光纤。

PROFIBUS-PA 数据传输采用扩展的 PROFIBUS-DP 协议，并使用了描述现场设备行为的行规，根据 IEC 1158-2 标准，此传输技术可确保其本质安全性并使现场设备通过总线供电。使用分段式 DP/PA 耦合器或 DP/PA 连接器，PA 设备能很方便地集成到 DP 网络。

5.1.3 网络组件

1. RS485 中继器

RS485 中继器用于放大总线上的数据信号(振幅、边沿斜率和信号带宽)并连接使用 RS485 技术的两个 PROFIBUS 或 MPI 总线段，最多支持 32 个节点，允许的传输速率为 9.6kbit/s~12Mbit/s，如图 5-4 所示。当总线上连接的节点超过 32 个(包括中继器在内最多 127 个节点)或总线段的最大电缆长度超限或重新生成振幅和时间信号时，则需要 RS485 中继器。

图 5-4 RS485 中继器

诊断中继器不仅具有中继器的功能，并能对 PROFIBUS 网络进行诊断和故障定位，可以测量出网络故障发生的时间以及故障点，有助于快速定位网络故障。它可诊断 PROFIBUS 总线中 A 线或 B 线断路、A 线或 B 线与屏蔽层之间短路、终端电阻缺失、无效的级联深度、在一个网段中出现一个或者更多的测量电路、在一个网段中出现的节点过多、节点离中继器距离超出通信范围、报文出错等错误。

2. 光纤链路模块

光纤链路模块(optical link module，OLM)是用于光缆 PROFIBUS 现场总线的一种转换设备，通过 OLM 可以将 PROFIBUS 总线的电气接口(RS485)与光纤接口互相转换，如图 5-5 所示。借助 PROFIBUS OLM 和光纤总线终端(OBT)可以构建一个与距离无关、传输速率最大至 12Mbit/s 的光纤网络。其适用于高电磁负荷、具有电缆及光缆 PROFIBUS 区段的混合网络或距离较长的网络，如公路隧道、交通管制系统等。

图 5-5 光纤链路模块(OLM)

3. 光纤总线终端

光纤总线终端(optical bus terminal，OBT)用于将不带有集成光学接口的 PROFIBUS 设备连接至光缆 PROFIBUS 上，如图 5-6 所示。

图 5-6 光纤总线终端(OBT)

4. DP/DP 耦合器

DP/DP 耦合器是用于连接两个通信速率、站地址不同的 PROFIBUS-DP 主站网络，以实现两个主站网络之间数据通信的模块，如图 5-7 所示。它最多可以建立 16 个 I/O 数据交换区，数据交换区最高可以达 244B 输入和 244B 输出。两个网络之间实现电气隔离，一个网段故障不影响另一个网段的运行，且支持 DPV1 全模式诊断。

5. 路由器

路由用于跨子网边界访问设备。作为两个网络之间的路由器的控制器具有此功能，如使用集成 DP 和 PN 接口的 S7-300 CPU 可以连接两个 PROFIBUS 和 PROFINET 子网。

图 5-7　DP/DP 耦合器

6. 网关

网关用于将两个网络相互连接，其应用组态示例如图 5-8 所示。如使用耦合器连接两个 PROFIBUS 网络、使用连接器连接不同的网络、使用带有相应 CPU 或 CP 的控制器连接不同的网络，具体见表 5-1。

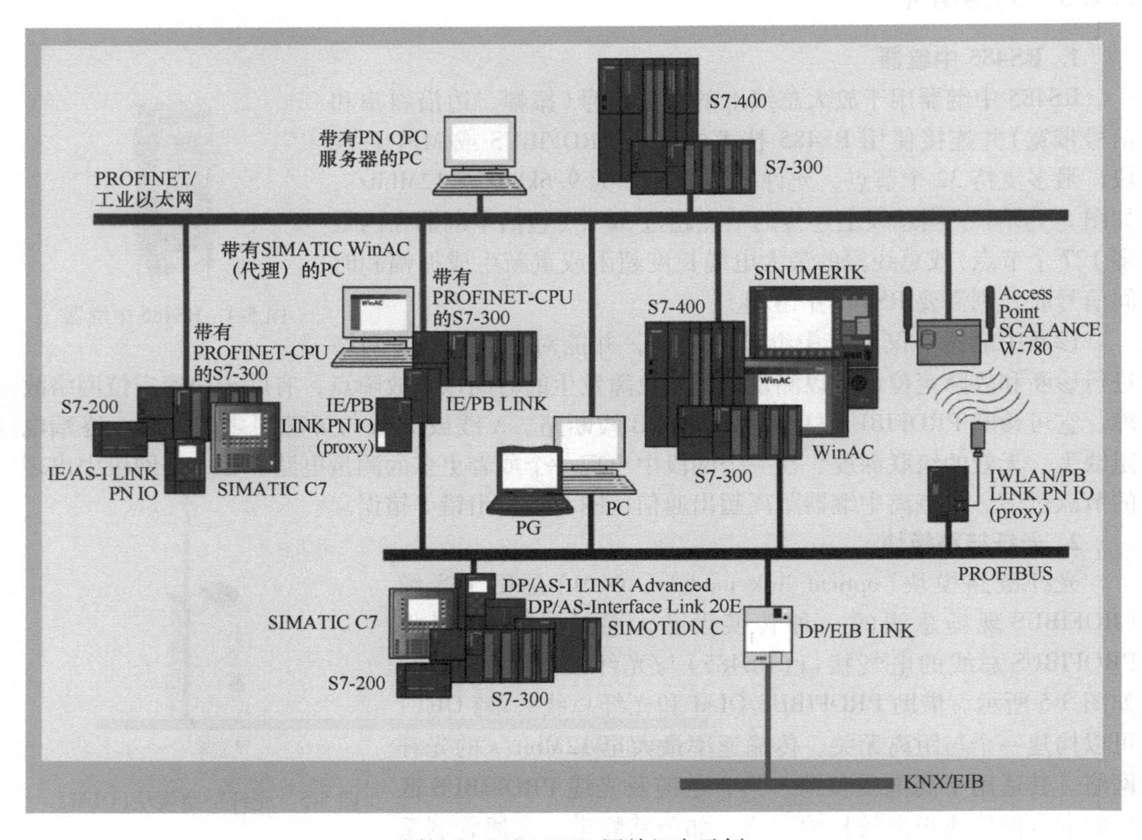

图 5-8　PROFIBUS 网关组态示例

表 5-1　PROFIBUS 网关设备

网络 1	网络 2	耦合器/连接器
PROFIBUS	PROFIBUS	DP/DP 耦合器
PROFIBUS-DP	PROFIBUS PA	DP/PA 耦合器、连接器
PROFIBUS	工业以太网/PROFINET	IE/PB LINK、IE/PB LINK PN IO
PROFIBUS	工业无线 LAN	IWLAN/PB LINK PN IO
PROFIBUS	AS-I 接口	DP/AS-I LINK
PROFIBUS	EIB/KONNEX	DP/EIB LINK

5.1.4　PROFIBUS 网络拓扑规则

PROFIBUS 网络拓扑规则如下：

1）PROFIBUS 总线符合 EIA RS485 标准，一般采用 9 针 SUB-D 型接口，各引脚功能见表 5-2。PROFIBUS RS485 的传输程序是以半双工、异步、无间隙同步为基础的。传输介质可以是屏蔽双绞线或光纤。

表 5-2　引脚功能定义

外形图片	引脚号	信号名称	说明
	1	SHIELD	屏蔽或功能地
	2	M_{24}	-24V 输出电压地(辅助电源)
	3	RXD/TXD-P	接收和发送数据—正 B 线(红色)
	4	CNTR-P	方向控制信号 P
	5	DGND	数据基准电位(地)
	6	VP	供电电压—正
	7	P_{24}	+24V 输出电压(辅助电源)
	8	RXD/TXD-N	接收和发送数据—负 A 线(绿色)
	9	CNTR-N	方向控制信号 N

2）PROFIBUS 网络理论上最多可连接包括主站、从站以及中继设备等 127 个物理站点，一般情况下，0 默认为 PG 的地址，1～2 为主站地址，126 为软件设置地址时从站的默认地址，127 为广播地址，因此 DP 从站最多可连接 124 个，站号设置范围一般为 3～125。当使用 STEP7 软件进行 PROFIBUS 网络组态时，原则上按照从小到大的顺序连续设置从站地址。

3）每个物理网段最多拥有 32 个物理站点设备，物理网段两终端均需设置终端电阻并置于“On”位置，网络中间站点终端电阻应置于“Off”位置，且应将位于网络终端的 DP 电缆连接至总线连接器“In”接口上，如图 5-9 所示。

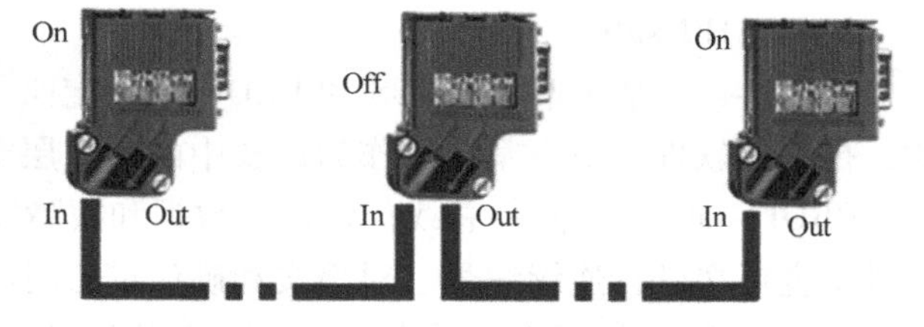

图 5-9　终端电阻设置与 DP 电缆连接

如果网段的设备数或者通信距离超限，则需增加 RS485 中继器、DP/DP 耦合器进行网络拓展，中继器最多可级联 9 个。

4）网络的通信波特率为 9.6kbit/s～12Mbit/s，通信波特率与网段通信距离间的对应关系见表 5-3。PROFIBUS 标准中 DP/FMS A、B 型电缆的相关特性见表 5-4。

表 5-3　波特率与网段内 A、B 型电缆长度的对应关系

波特率	9.6～93.75kbit/s	187.5kbit/s	500kbit/s	1.5Mbit/s	3～12Mbit/s
A 型电缆长度/m	1200	1000	400	200	100
B 型电缆长度/m	1200	600	200	70	—

5）如果网络中涉及分支电缆，则分支电缆的长度应当严格遵守 PROFIBUS 的协议规定，如波特率为 1.5Mbit/s 时，网段中分支电缆总长度不得超过 6.6m（表 5-5），波特率大于 1.5Mbit/s 时不能存在分支电缆。

表 5-4　PROFIBUS-DP/FMS A、B 型电缆的特性

电缆类型	A 型	B 型
浪涌阻抗/Ω	135~165(3~20MHz)	100~130(>100kHz)
电缆电容/(pF/m)	<30	<60
电缆截面积/(mm^2)	>0.34(AWG22)	>0.22(AWG24)
回路电阻/(Ω/km)	<110	—

表 5-5　波特率与分支电缆长度的对应关系

波特率/(kbit/s)	9.6	97.75	187.5	500	1500
分支电缆长度/m	500	100	33	20	6.6

6）网络支持多主站，但在同一网络中，主站不宜超过 3 个。

5.1.5　其他通信服务

1. PROFI-drive

PROFI-drive 是基于 PROFIBUS 和 PROFINET 两种通信方式的控制系统与驱动器之间的功能接口，符合 IEC 61800-7 和我国推荐性国家标准 GB/T 25740—2013。它主要由控制器（包括 PROFIBUS 一类主站与 PROFINET I/O 控制器）、监控器（包括 PROFIBUS 二类主站与 PROFINET I/O 管理器）、执行器（包括 PROFIBUS 从站与 PROFINET I/O 装置）三部分组成。PROFI-drive 驱动器配置文件为电气驱动装置（如变频器、伺服控制器）定义了设备特性和访问驱动器数据的步骤。

2. PROFI-safe

PROFI-safe 基于 PROFIBUS 和 PROFINET 定义了面向安全设备进行故障安全通信的方式，是一种软件解决方案，可作为设备中的附加层实施。

PROFI-safe 基于同一总线传输标准数据和故障安全数据，而不需要额外的硬件组件。通过对安全报文进行连续编号、对报文和确认进行时间监视、在收发器之间进行密码标识、提高附加数据安全性（循环冗余校验）等措施以确保故障安全传输的数据完整性。它适用于高达 SIL3（符合 IEC 61508 标准的安全集成等级）或类别 4（符合 EN 954-1 标准）的应用场合，如使用冲压设备和机械手的汽车外壳加工、化工、传送乘客的空中索道等，它是唯一能够满足制造业和过程工业自动化故障安全通信要求的现场总线技术。

3. S7 通信服务

S7 通信是 S7 系列 PLC 基于 MPI、PROFIBUS、PROFINET、工业以太网的一种优化的通信协议，主要用于 S7-400/400、S7-300/400 PLC 之间主—主通信，以及 S7 PLC 与 SIMATIC HMI 通信。

所有 SIMATIC S7 控制器都集成了 S7 通信服务，并根据客户端—服务器模型在自动化设备之间进行数据传送，客户端请求的数据由服务器提供。它使用通信系统功能块（S7-400 控制器：SFB）和功能块（S7-300 控制器：FB）为组态的 S7 连接提供数据交换功能，每次调用能传输最多 64KB 的数据块。其功能块包括三类：BSEND(SFB12/FB12)和 BRCV(SFB13/FB13)，发送数据后需对方确认；USEND(SFB8/FB8)和 URCV(SFB9/FB9)，发送数据后无须对方确认；GET(SFB14/FB14)和 PUT(SFB15/FB15)，单边编程访问服务器数据并得到对方确认。

S7-300 PLC 通过 CP 可以与 S7-300 PLC(通过 CP)或 S7-400 PLC 建立双边 S7 通信，通过发送"BSEND"或"USEND"/"BRCV"或"URCV"接收功能块相互访问对方数据。而在单边 S7 通信中，S7-300 PLC 仅能作为通信服务器，S7-400 PLC 则通过调用"PUT""GET"命令访问服务器数据。

4. FDL 通信服务

FDL 是 PROFIBUS 的第二层——现场总线数据链路层(fieldbus data layer)的缩写，它向上提供 SDA(send data with acknowledge，发送需确认的数据)、SRD(发送并请求回答的数据)、SDN(send data with no acknowledge，发送不要求确认的数据)和 CSRD(周期性地发送并请求回答的数据)四种服务。但 PROFIBUS-DP 仅限于 SDA、SDN 服务，可与支持依据 SDA、SDN 功能发送和接收数据的任何通信伙伴(如 SIMATIC S5 或 PC)进行通信，FDL 服务允许发送和接收最大 240B 的数据。

FDL 基于 SEND/RECEIVE 协议实现 PROFIBUS 主站和主站之间的通信。它与 PROFIBUS-DP 不同，PROFIBUS FDL 的每一个通信站点均具有令牌功能，通信以令牌环的方式进行数据交换，每一个 FDL 站点都可以和多个站点建立通信连接，连接数受限于 CPU 或 CP 可用的连接资源数。

在 SIMATIC S7 系统中，主站和主站的 FDL 通信是通过调用发送 FC5 AG_SEND 和接收 FC6 AG_RECV 功能实现的，如图 5-10 所示。FDL 可以实现 SDA、SDN、自由第二层、多点通信、广播通信。

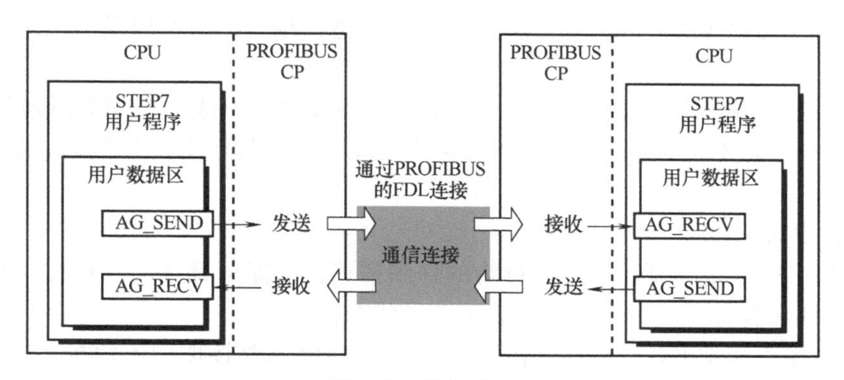

图 5-10 数据交互

5.2 PROFIBUS-DP

5.2.1 概述

1. PROFIBUS-DP

PROFIBUS-DP 是专为自动控制系统和设备级分散 I/O 之间的通信设计的，是一种经过优化的高速通信连接，符合 IEC 61158-2/EN 61158-2 标准，主要面向制造业自动化系统中单元级和现场级通信，如图 5-11 所示。

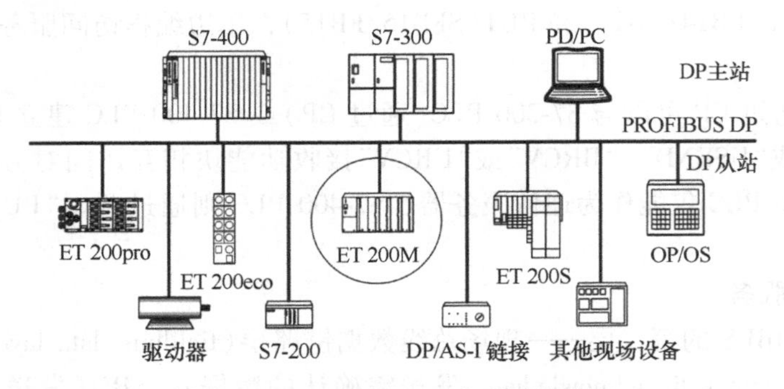

图 5-11 PROFIBUS-DP 典型网络结构

其功能特点如下：

（1）传输技术

它采用 RS485 双绞线或光纤，波特率为 9.6kbit/s～12Mbit/s。

（2）总线存取技术

主站之间采用令牌传递(按地址的升序格式)，主站与从站间为主—从传送；支持单主或多主系统；总线上最多站点数(主—从设备)为 126。PROFIBUS 的理论地址范围：0～127，其中 127 为广播地址。最多可用 32 个主站，总的站数可达 127 个(多主)。

（3）设备类型

一类 DP 主站(DPM1)是中央控制器，可循环地与 DP 从站交换用户数据，如 PLC、PC、支持主站功能的通信处理器、IE/PB 链路模块、ET 200S/ET 200X 的主站模块。

二类 DP 主站(DPM2)是负责对一类主站和从站进行编程、组态以及对网络进行诊断的设备。

DP 从站是进行输入和输出信息采集和发送的外围设备，一般指 ET200 系列分布式 I/O、支持 DP 接口的传动装置、支持从站功能的通信处理器以及其他支持 DP 接口的输入、输出或智能设备。

（4）运行模式

PROFIBUS-DP 规范包括了对系统行为的详细描述，以保证设备的互换性，系统行为主要取决于 DPM1 的操作状态，它主要有以下三种状态：

① 运行：输入和输出数据的循环传送。DPM1 由 DP 从站读取输入信息并向 DP 从站写入输出信息。

② 清除：DPM1 读取 DP 从站的输入信息并使输出信息保持为故障—安全状态。

③ 停止：只能进行主—主数据传送，DPM1 和 DP 从站之间没有数据传送。DPM1 设备在一个预先设定的时间间隔内以有选择的广播方式，将其状态发送到每一个 DP 从站。如果在数据传送阶段发生错误，系统将做出反应。

（5）功能

功能包括：DPM1 主站与从站间采用循环数据传送，每个 DP 从站输入和输出数据总长<246B；各 DP 从站的动态激活和撤销以及输入同步(锁定模式)或输出同步(同步模式)；通过总线为 DP 主站(DPM1)进行配置或为 DP 从站赋予地址；DP 从站的组态检查。

（6）通信

PROFIBUS-DP 通信包括点对点（用户数据传送）或广播（控制指令）；循环主—从用户数据传送和非循环主—主数据传送。用户数据在 DPM1 的有关 DP 从站之间的传输由 DPM1 按照确定的递归顺序自动执行，其数据传送分为参数设定、组态配置、数据交换三个阶段。

（7）诊断功能

PROFIBUS-DP 诊断功能是对故障进行快速定位，其诊断信息由主站负责收集，它由本站诊断、模块诊断、通道诊断三类组成。

① 本站诊断：诊断信息表示本站设备的一般操作状态（如温度过高、电压过低）。

② 模块诊断：诊断信息表示一个站点的某具体 I/O 模块出现故障（如模拟量输出模块）。

③ 通道诊断：诊断信息表示一个单独的 I/O 位的故障（如输出通道 7 短路）。

（8）可靠性和保护机制

所有信息的传输按海明距离 HD=4 进行。对 DP 从站的输出进行存取保护，DP 主站内置监控定时器监视与从站的数据传送，每个从站均有独立的监控定时器。在规定的监控时间间隔内，如果没有执行用户数据传输，将导致监控定时器超时，通知用户程序处理。如果参数"Auto_Clear"为 1，DPM1 将退出运行模式，并将所有相关从站的输出切换到故障安全状态，然后进入清除状态。

DP 从站内置的看门狗定时器检测与主站的数据传输，如果在设定的时间内没有完成数据通信，从站自动将输出切换到故障安全状态。

2. DP 的工作过程

PROFIBUS-DP 主从站工作过程如图 5-12 所示，它分为参数化、组态、数据交换三个阶段。上电或复位后，主站从组态工具（2 类主站）接收其参数配置，包括参数化/组态数据，以及它所控制和关联的从站地址。从站则从 2 类主站接收 Set_Slave_Address（设置从站地址）报文，改变其从站地址。此后主站和它的从站即可按地址号从小到大的顺序进行通信。

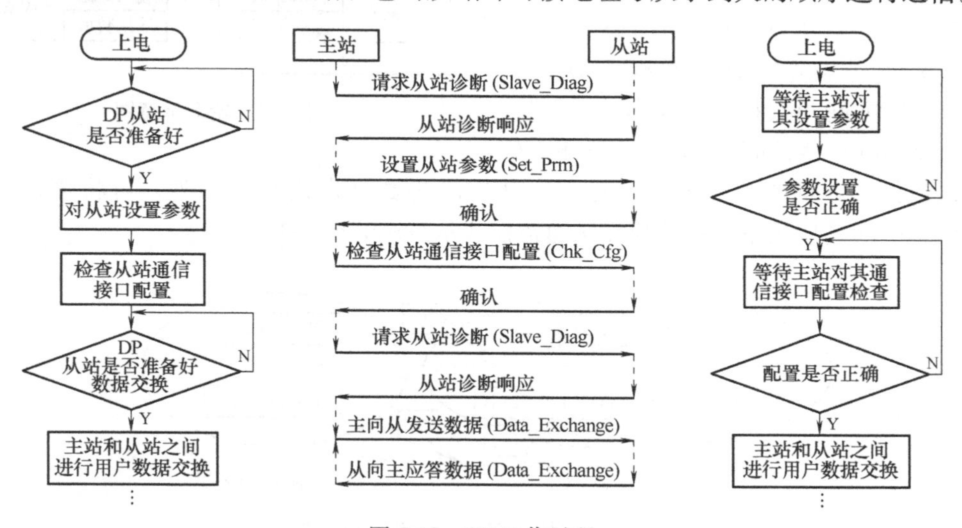

图 5-12　DP 工作过程

（1）参数化

主站首先使用 Slave_Diag 判断 DP 从站是否在总线上。如果从站在总线上，则主站通过请求从站的诊断数据来检查 DP 从站的准备情况。如果 DP 从站应答已准备好接收参数，则主站使用 Set_Prm 发送包括从站状态参数、看门狗定时器参数、从站制造商标识符、从站分组、主站地址及用户自定义的从站应用参数等在内的初始化赋值参数给从站。

(2) 组态

参数化成功完成后，主站使用 Chk_Cfg 请求从站检查通信接口配置，即判断从站中实际存在的 I/O 区域长度及数据一致性要求是否与主站设定的相一致。在正常情况下，DP 从站将给予确认。在得到从站确认应答后，主站使用 Slave_Diag 再次请求从站的诊断数据以查明从站是否准备好进行用户数据交换。

(3) 数据交换

在参数化和组态成功完成后，DP 从站改变其状态进入用户数据交换阶段，主站和从站间通过 Data_Exchange 即开始正常的周期性数据交换。在此阶段，能更改从站的参数，而不必中断数据传输。

如果期间有意外发生，从站看门狗时间溢出，则从站将自动返回到等待参数阶段，并将输出设置到安全状态(根据是否设置安全状态而定)。主站则通过诊断报文立即得到消息，并重新对从站进行参数化和组态。

3. PROFIBUS-DP 通信模式

在 PROFIBUS 中通过主站—从站访问方法和令牌传递实现总线访问。PROFIBUS-DP 通信分为主从(master-slave，MS)模式与交叉(direct data exchange，DX)模式(又称直接数据交换)两类。其中，MS 通信模式是指享有总线控制权的主站(令牌所有者)根据轮询示意图(图 5-13)依次轮询其从站的通信模式，轮询结束则释放其令牌，并将令牌传递至下一个主站。DX 通信模式是指 PROFIBUS-DP 节点可“监听”总线上 DP 从站返回其 DP 主站的数据。此机制允许“监听站”(接收站)直接访问远程 DP 从站已修改的输入数据，亦即当主站轮询从站时，从站除将数据发送给主站外，可将数据发送给 STEP7 组态中的其他从站。主从与交叉通信模式示意图如图 5-14 所示。

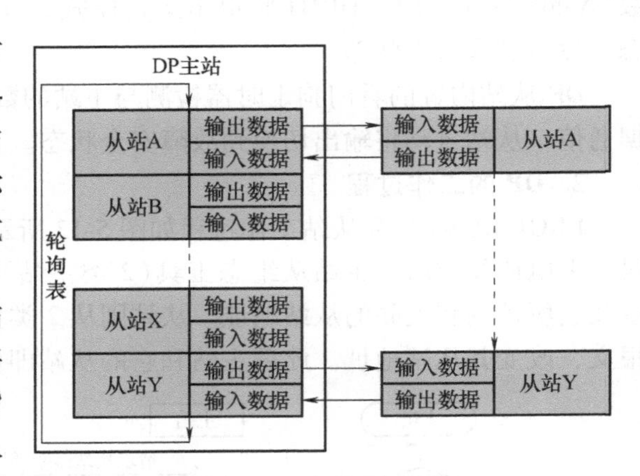

图 5-13　轮询示意图

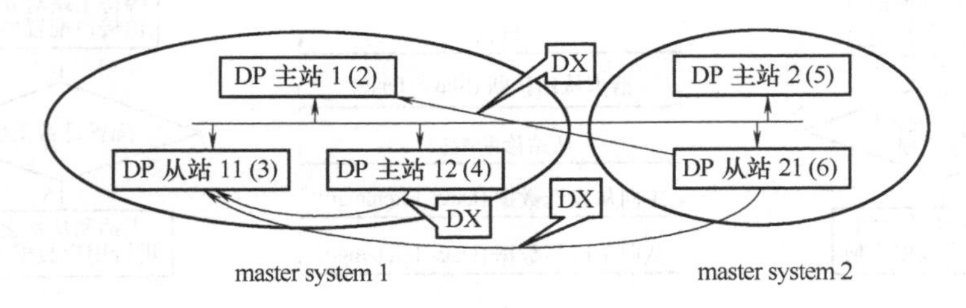

图 5-14　主从与交叉通信模式示意图

基于 PROFIBUS-DP 协议的从站与从站间的 DX 通信，首先，从站必须要有数据发送给主站，亦即从站有输出区与主站输入区相对应；其次，从站是智能从站，如 S7-300 站、S7-400 站以及内置 CPU 的 ET200S 和 ET200M 站等。

5.2.2 集成 DP 接口的 CPU

1. 集成 DP 接口技术参数

在 S7-300、S7-400 中部分 CPU 集成了 DP 接口，如 CPU313C-2DP、CPU314C-2DP、CPU314C-2PN/DP、CPU314-2DP、CPU314-2PN/DP、CPU317-2DP、CPU317-2PN/DP、CPU412-1DP、CPU412-2DP、CPU414-2DP、CPU414-3DP、CPU416-2DP、CPU416-3DP、CPU417-4DP 等，部分 S7-300 CPU 集成 DP 接口的技术参数见表 5-6。

表 5-6 S7-300 CPU 集成 DP 接口的技术参数

CPU 型号 订货号	CPU314C-2DP 6ES7314-6CF02-0AB0		CPU314C-2DP 6ES7314-6CH04-0AB0		CPU314-2DP 6ES7314-2AH14-0AB0		CPU317-2DP 6ES7317-2AK14-0AB0	
			CPU314C-2PN/DP 6ES7314-6EH04-0AB0		CPU314-2PN/DP 6ES7314-2EH14-0AB0		CPU317-2PN/DP 6ES7317-2EK14-0AB0	
设备类型	主站	从站	主站	从站	主站	从站	主站	从站
波特率/(kbit/s)	9.6~1200							
最大 DP 从站数	32	—	124	—	124	—	124	—
集成 DP 接口数	1		1		1		2(DP)，1(PN/DP)	
最大输入地址范围/KB	1	—	2	—	2	—	8	—
最大输出地址范围/KB	1	—	2	—	2	—	8	—
最大可用主站 DP 输入数据区/DP 从站/B	244	—	244	—	244	—	244	—
最大可用主站 DP 输出数据区/DP 从站/B	244	—	244	—	244	—	244	—
启用/禁用 DP 从站数	8	—	8	—	8	—	8	—
从站的最大输入字节/B	—	244	—	244	—	244	—	244
从站的最大输出字节/B	—	244	—	244	—	244	—	244
从站最大地址范围/B	—	32	—	32	—	32	—	32
从站每个地址范围/B 最大用户数据量	—	32	—	32	—	32	—	32
DP 诊断数据/(B/从站)	240	—	240	—	240	—	240	—
交叉通信	不支持	支持	支持					
SYNC/FREEZE	主站支持、从站不支持							
S7 基本通信服务	不支持		主站支持(仅限智能块)、从站不支持					
S7 通信服务	不支持		支持(仅服务器)					
PG/OP 通信服务	支持							

2. CPU314C-2DP 模块

(1) 模块面板

CPU314C-2DP 是 S7-300 CPU 模块，其内置的 DP 接口参数见表 5-7。它的前面板设置了①工作和通信状态指示灯、②SIMATIC MMC 卡插槽、③集成 24 点 DI 输入+16 点 DO 输出+5 通道 A/D 输入+2 通道 D/A 输出+4 通道高速计数器+1 通道轴定位模块、④电源和功能地的连接器、⑤9 针 D 型 DP 母连接器、⑥9 针 D 型 MPI 母连接器、⑦模式选择器，其面板、工作和通信状态指示灯见表 5-7。

表 5-7　面板与状态指示灯

面板	LED 名称	颜色	含义
	SF	红色	硬件故障或软件错误
	BF	红色	总线故障
	MAINT	黄色	要求维护(无功能)
	DC 5V	绿色	CPU 和 S7-300 总线 5V 电源正常
	FRCE	黄色	LED 点亮：强制作业激活；LED 闪烁：节点测试
	RUN	绿色	RUN 模式，启动期间 LED 以 2Hz 闪烁；STOP 模式 LED 以 0.5Hz 闪烁
	STOP	黄色	CPU 为 STOP、HOLD 或启动模式。请求存储器复位时 LED 以 0.5Hz 闪烁；复位期间 LED 以 2Hz 闪烁

(2) 数据交互

S7-300 CPU 集成的 DP 接口通过传送存储器传输用户数据，作为智能 DP 从站运行的 CPU 为 PROFIBUS-DP 提供了传送存储器。用户数据始终通过该传送存储器在智能 DP 从站 CPU 和 DP 主站之间交换，DP 主站无法直接访问此 I/O，即 DP 主站将其数据写入传送存储器地址范围，智能 DP 从站 CPU 将在用户程序中控制传送存储器和其分布式 I/O 之间进行数据交换，反之亦然，如图 5-15 所示。

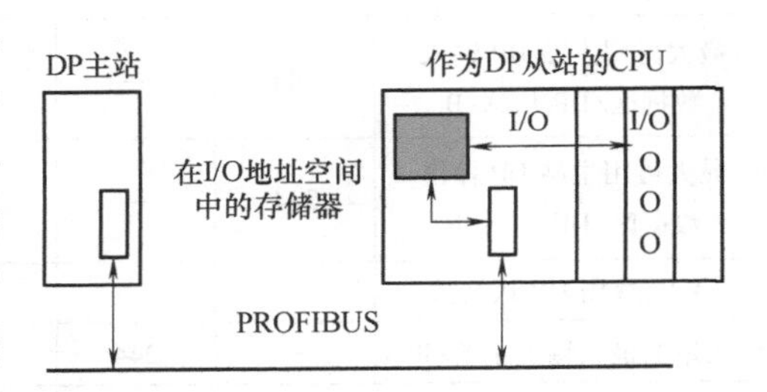

图 5-15　集成 DP 接口数据交互

在 STEP7 中，最多可组态 32 个地址范围，具体见表 5-8，表中的 I 和 O 区域并不是实际硬件组态中的 I/O 模块硬件地址，但其占用 I/O 空间的地址，因此，传送存储器组态时应避免重复使用硬件组态中已使用的 I/O 地址，且原则上应分配连续的 I/O 地址空间。每个地址范围的最大长度为 32B(字节)，最多可组态 244 个输入字节和 244 个输出字节。

表 5-8　传送存储器的地址范围组态示例

地址范围	类型	主站地址	类型	从站地址	长度	单位	一致性
1	I	50	O	30	2	字节	单位
2	O	60	I	40	10	字	总长
⋮							
32							
说明	主站 CPU 地址范围		从站 CPU 地址范围		主从站必须一致		

S7-300 CPU 集成的 DP 接口最多可带 124 个从站，如果某一个从站掉电或损坏，将产生不同的中断，并调用不同的 OB 组织块，如果在软件组态中没有创建此类组织块，为了保护设备和人身安全，CPU 会停止运行。若忽略此类故障并允许 CPU 继续运行，可在各站 S7-300 软件组态中插入空的 OB82、OB86、OB122。

5.2.3　DP 通信模块

5.2.3.1　S7-300/400 DP 通信模块

1. CP 通信模块技术参数

S7-300/400 CPU 通过 CP342-5、CP443-5 通信模块接入 PROFIBUS-DP 总线，其接口参数见表 5-9。

表 5-9　CP342-5、CP443-5 接口参数

CPU 型号 订货号	CP342-5 6GK7342-5DA01-0XE0		CP342-5 6GK7342-5DA03-0XE0		CP443-5 6GK7443-5DX04-0XE0	
DP 设备类型	主站	从站	主站	从站	主站	从站
波特率/(kbit/s)	9.6~1500					
最大 DP 从站数	64	—	124	—	125	—
最大模块插槽数	—	32	—	1024	—	—
DP 最大输入数据区总数	240B	86B	2160B	240B	4KB	240B
DP 最大输出数据区总数	240B	86B	2160B	240B	4KB	240B
最大可用主站 DP 输入数据区/DP 从站/B	240	—	244	—	244	—
最大可用主站 DP 输出数据区/DP 从站/B	240	—	244	—	244	—
DP 诊断数据/从站/B	240	—	240	—	240	—
SYNC/FREEZE	支持	不支持	支持			
可操作的 FDL 连接总数	最多 16 个		最多 16 个		最多 32 个	
可操作的 S7 连接数	最多 16 个		最多 16 个		最多 48 个	
可操作的 HMI 连接数			最多 16 个			
可操作连接的总数	最多 28 个 （有 DP） 最多 32 个 （无 DP）		最多 44 个 （有 DP） 最多 48 个 （无 DP）		最多 54 个 （有 DP） 最多 59 个 （无 DP）	

2. CP342-5 模块

（1）模块面板

CP342-5 是 S7-300 系列的 PROFIBUS 通信模块，其 DP 接口参数见表 5-9。它前面板设置了①9 针 D 型母连接器、②工作和通信状态指示灯、③模式选择器、④电源和功能地的连接器，如图 5-16 所示，其工作和通信状态指示说明请参阅【天工讲堂配套资源】。

(2) 数据交互

由表 5-9 可知，CP342-5 可根据需求配置成 DP 主站或 DP 从站，但仅能在 S7-300 中央机架上使用。CP342-5 与从站的 Input/Output 数据区(虚拟通信区而非实际 I/O 区)的通信过程是自动进行的，而 CPU 与 CP342-5 之间的数据交换则必须通过用户程序调用库函数 FC1(DP_SEND)和 FC2(DP_RECV)来完成，如图 5-17 所示。

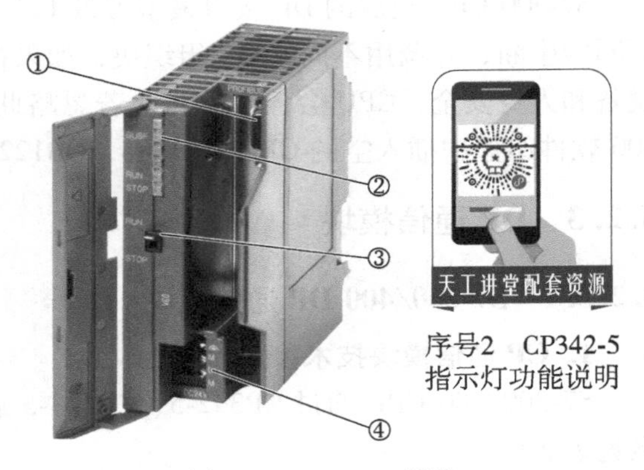

图 5-16 CP342-5 模块

当主站读输入模块数据时，CP342-5 根据轮询示意图(图 5-13)依次由从站的 Input 数据区读入输入数据，并存储于自己的数据寄存器中，而后由 CPU 从 CP342-5 数据寄存器中一次性读入相应的数据；处理输出数据时，CPU 先将数据一次性传输至 CP342-5 数据寄存器，而后由 CP342-5 将数据寄存器中的相应数据根据轮询示意图依次写入从站的 Output 数据区。

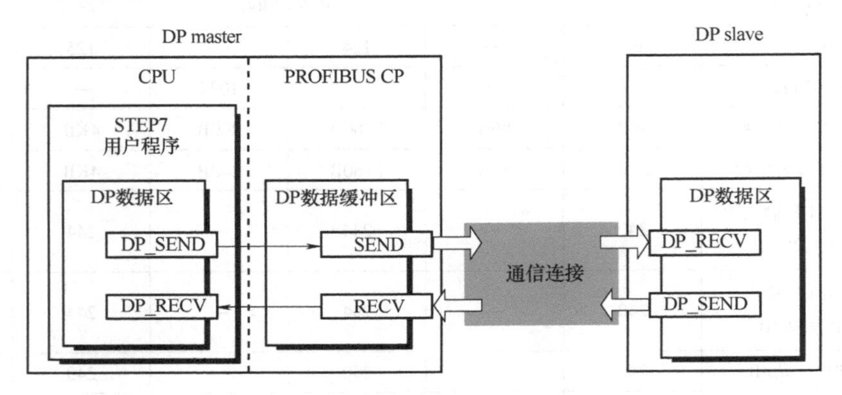

图 5-17 数据交互

5.2.3.2 S7-1200 DP 模块

1. CM 模块技术参数

S7-1200 系列 PLC 可通过 CM1242-5、CM1243-5 通信模块连接到 PROFIBUS-DP 网络。其中，CM1242-5 仅用作从站，可与配备 CM1243-5 的 S7-1200、S7-300/400 DP 主站模块、分布式 I/O ET200、IE/PB Link PN I/O 等 DP V0/V1 主站进行周期性数据通信；CM1243-5 仅用作 DPM1 类主站，可与分布式 I/O ET200、配备 CM1242-5 的 S7-1200、集成 PROFIBUS 接口的 S7-300/400 CPU、配备 CP342-5 的 S7-300/400 等 DP V0/V1 从站进行周期性、非周期性数据通信。周期性数据通信由 CPU 的操作系统进行处理，它不需要指令或软件块，可在 CPU 的过程映像寄存器中直接读取或写入 I/O 数据。非周期性数据通信则通过“RALRM”指令接收 DP 从站的中断，通过“RDREC”和“WRREC”指令传送组态、诊断或 I/O 数据。接口参数见表 5-10。

2. 模块面板

CM1242-5、CM1243-5 是 S7-1200 系列 PLC 的 PROFIBUS 通信模块，如图 5-18、图 5-19

所示，其 DP 接口参数见表 5-10。

表 5-10　CM1242-5、CM1243-5 接口参数

CPU 型号	CM1242-5	CM1243-5	
DP 设备类型	从站	主站(CPU 固件 V3)	主站(CPU 固件 V2)
波特率/(kbit/s)	9.6~1200		
最大 DP 从站数	—	32①	16①
最大模块插槽数	32	256	
每个 S7-1200 站最大 CM 模块数	3	3	1
DP 最大输入数据区总数/B	240	512	
DP 最大输出数据区总数/B	240	512	
最大可用主站 DP 输入数据区/DP 从站/B	—	244	
最大可用主站 DP 输出数据区/DP 从站/B	—	244	
DP 诊断数据/从站/B	—	244	
SYNC/FREEZE	不支持	不支持	
可操作的 S7 连接数		最多 8 个	
—PUT/GET 服务组态的连接		6	
—PG/OP 连接		3	

① 最大 DP 从站数包括插入 DP 主站的 CM1242-5 从站模块以及连接至 DP 主站的 PROFINET I/O 设备数。

模块前面板后部配置了 9 针 D 型母连接器、工作和通信状态指示灯、外部 24V 电源连接器(仅 CM1243-5 模块，CM1242-5 由背板总线供电)，并可选择通过光总线终端(OBT)或光链接模块(OLM)连接到光纤 PROFIBUS 网络。

模块指示灯由面板后部的 RUN/STOP、ERROR 及前面板 DIAG 的指示灯组成，其工作和通信状态指示说明请参阅【天工讲堂配套资源】。

图 5-18　CM1242-5 模块

图 5-19　CM1243-5 模块

序号 3　CM1242-5
指示灯功能说明

5.2.4　分布式 I/O

S7 系统中根据 DP 从站的配置和用途，将从站分为模块型、智能型两类。其中，模块型从站是指 I/O 区域由 STEP7 的 HW Config 组态而成，如分布式 I/O ET200S、ET200M；智能型从站是指由集成 DP 接口的 CPU 如 CPU314C-2DP 或 CP 通信处理器如 CP342-5 等组态而成的从站。

1. ET200S 系列分布式 I/O

ET200S 分布式 I/O 系统是具有 IP20 防护等级的离散型模块化、高度灵活的 DP 从站，用于连接中央控制器或现场总线上的过程信号。ET200S 支持 PROFIBUS-DP（IM151-1 或 IM151-1 COMPACT 接口模块）和 PROFINET I/O（IM151-3 接口模块）现场总线。根据不同的接口模块，每个 ET200S 最多可以由 63 个模块组成。由于可以集成电机起动器（最高 7.5kW 三相负载），从而可以满足任何机器的要求，组态示例如图 5-20 所示，其接口模块 IM151-X 上设置的 PROFIBUS 地址必须与 STEP7 的 HW Config 组态 DP 一致。

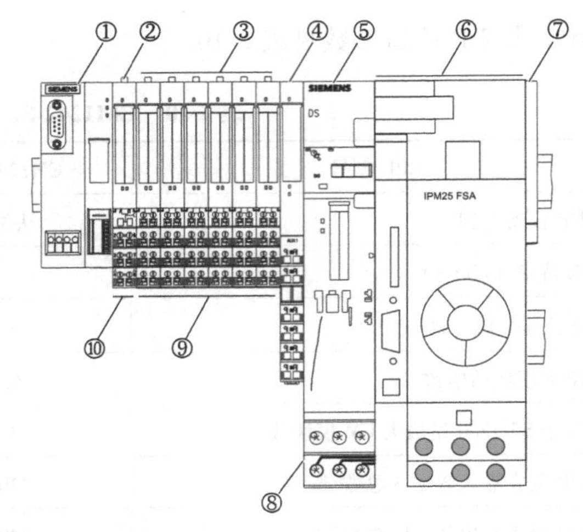

①ET200S 接口模块 IM151-1　②用于电子模块的电源管理模块（PM-E）　③电子模块　④用于电机起动器的电源管理模块（PM-D）　⑤直接起动器　⑥变频器　⑦终端模块　⑧电源总线　⑨用于电子模块的端子模块（TM-E）　⑩用于电源模块的端子模块（TM-P）

图 5-20　ET200S 组态示例

2. ET200M 分布式 I/O

ET200M 分布式 I/O 设备是具有 IP20 防护等级的模块化 DP 从站。它支持 PROFIBUS-DP（IM153-1 或 IM153-2 接口模块）和 PROFINET I/O（IM153-4 接口模块）现场总线。ET200M 具有 S7-300 自动化系统的组态技术，每个 ET200M 除 IM153-2BAx2 和 IM153-4AA0x 接口模块最多可以由 12 个 S7-300 信号模块、功能模块或通信处理器组成之外，其余均为 8 个，组态示例如图 5-21 所示，其接口模块 IM153-x 上设置的 PROFIBUS 地址必须与 STEP7 的 HW Config 组态 DP 一致。

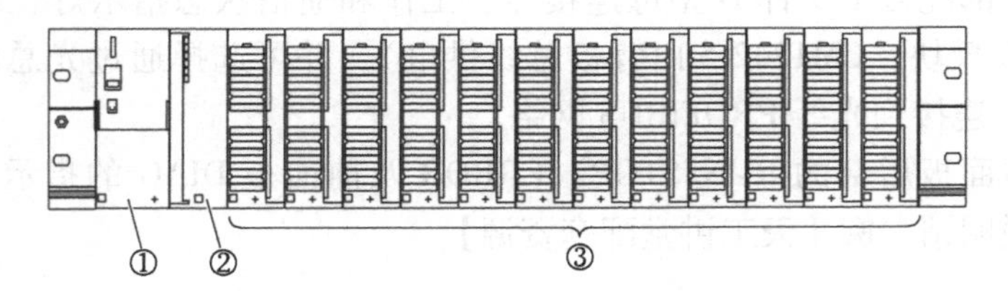

①电源模块 PS307　②接口模块 IM153-x　③SM/FM/CP I/O 模块

图 5-21　ET200M 组态示例

5.3　PROFIBUS-DP 通信常用函数

5.3.1　集成 DP 接口数据交互函数

当 DP 接口配置的交互数据长度超过 4B 且 Consistency 为“ALL”时，必须调用 SFC 指令进行 DP 接口数据的读/写，反之，可使用多个 MOVE 指令进行数据交互。SFC 指令可访问输入/输出映像寄存器、存储器、数据块、本地数据。

1. SFC14“DPRD_DAT”

该指令可读取一个 DP 从站的连续输入数据区域。如果 DP 从站有若干个连续的数据输入模块，则对每个要读取的输入模块应分别调用 SFC14。它与 SFC15 成对使用，两者缺一不可。SFC14 输入/输出参数见表 5-11。

表 5-11　SFC14 参数说明

参数	输入/输出类型	类型	存储区域	说明
LADDR	INPUT	WORD	I、Q、M、D、L	DP 接口配置中 Input 区域的首地址(十六进制)
RET_VAL	OUTPUT	INT	I、Q、M、D、L	返回值
RECORD	OUTPUT	ANY	I、Q、M、D、L	指定存放接收数据的存储区首地址，并以“BYTE”为长度单位

注：RET_VAL=W#16#0000 表示指令执行成功。

2. SFC15“DPWR_DAT”

该指令可从 S7 CPU 向 DP 从站传送连续的输出数据。如果 DP 从站有若干个连续的数据输出模块，则对每个要写入的输出模块应分别调用 SFC15。SFC15 输入/输出参数见表 5-12。

表 5-12　SFC15 参数说明

参数	输入/输出类型	类型	存储区域	说明
LADDR	INPUT	WORD	I、Q、M、D、L	DP 接口配置中 Output 区域的首地址(十六进制)
RECORD	OUTPUT	ANY	I、Q、M、D、L	指定存放发送数据的存储区首地址，并以“BYTE”为长度单位
RET_VAL	OUTPUT	INT	I、Q、M、D、L	返回值

注：RET_VAL=W#16#0000 表示指令执行成功。

例 5-1　DP 主站与智能从站均为 CPU314C-2DP，智能从站各定义 8B 长的输入、输出数据区，主从站发送/接收首地址见表 5-13，试用 SFC14 和 SFC15 完成数据交互。

表 5-13　主从站发送/接收首地址

序号	主站侧	智能从站侧	数据长度/B
1	发送区首地址 O50	接收区首地址 I60	8
2	接收区首地址 I50	发送区首地址 O60	8

(1) 智能从站侧 OB1

```
CALL  SFC14
  LADDR:=W#16#3C                    //从站接收区首地址(十进制数 60)
  RET_VAL:=MW10
  RECORD:=P#DB1.DBX0.0 BYTE 8       //接收数据存储于 DB1 数据块
CALL  SFC15
  LADDR:=W#16#3C                    //从站发送区首地址(十进制数 60)
  RECORD:=P#DB2.DBX0.0 BYTE 8       //输出 DB2 块中的前 8B 数据
  RET_VAL:=MW12
```

(2) 主站侧 OB1

```
CALL  SFC14
   LADDR:=W#16#32                  //主站接收区首地址(十进制数 50)
   RET_VAL:=MW10
   RECORD:=P#DB1.DBX0.0 BYTE 8     //接收数据存储于 DB1 数据块
CALL  SFC15
   LADDR:=W#16#32                  //主站发送区首地址(十进制数 50)
   RECORD:=P#DB2.DBX0.0 BYTE 8     //输出 DB2 块中的前 8B 数据
   RET_VAL:=MW12
```

3. SFC11“DPSYC_FR”

该指令可同步一组或多组 DP 从站。利用 SFC11“DPSYC_FR”，可实现一组 DP 从站将主站发来的数据同步输出(同步(SYNC)输出并冻结 DP 从站的输出状态)，或获取一组从站同一时刻输入的数据(冻结(FREEZE)DP 从站并从已冻结输入或锁定的 DP 从站中读取输入状态)。所涉及的从站在网络组态期间必须使用 STEP7 将其分配给 SYNC/FREEZE 组，一个主站系统最多可建立 8 个组。SFC11 输入/输出参数见表 5-14。

表 5-14　SFC11 参数说明

参数	输入/输出类型	类型	存储区域	说明
REQ	INPUT	BOOL	I、Q、M、D、L	1：触发 SYNC/FREEZE 作业
LADDR	INPUT	WORD	I、Q、M、D、L	DP 主站的逻辑地址
GROUP	INPUT	BYTE	I、Q、M、D、L	组选择：位 x=0 未选择组；位 x=1 选择组，位 0~7 对应组 1~8，值 B#16#0 无效
MODE	INPUT	BYTE	I、Q、M、D、L	作业标识符①
RET_VAL	OUTPUT	INT	I、Q、M、D、L	返回值
BUSY	OUTPUT	BOOL	I、Q、M、D、L	1：触发的 SYNC/FREEZE 作业尚未完成

① 模式控制字节可能的组合为：B#16#04(UNFREEZE)、B#16#08(FREEZE)、B#16#10(UNSYNC)、B#16#20(SYNC)、B#16#14(UNSYNC，UNFREEZE)、B#16#18(UNSYNC，FREEZE)、B#16#24(SYNC，UNFREEZE)、B#16#28(SYNC，FREEZE)。

SFC11“DPSYC_FR”是异步 SFC，亦即它的执行涉及多个 SFC 调用。如果已触发一个 SYNC/FREEZE 作业，且在其未完成之前再次调用了 SFC11，则 SFC 的响应取决于新调用是否针对同一个作业。如果输入参数 LADDR、GROUP 和 MODE 均匹配，则 SFC 调用将被视为后续调用。

在给定时间内只能发起一个 SYNC/UNSYNC 请求或一个 FREEZE/UNFREEZE 请求。

例 5-2　主站为 CPU314C-2DP，其 DP 站地址为 2，逻辑地址设置为 1023，连接 3 个 ET200M 从站，均配置 16DI、16DO、4 通道 8 位 A/D、2 通道 8 位 D/A，其 DP 从站地址分别设置为 5、6、7，如图 5-22 所示。要求当主站 I0.0、I0.1 出现上升沿时分别触发 1 号分组同步、2 号分组锁定操作。

双击“DP master system”，在弹出的属性对话框中选择“Group Properties”选项卡，根据要求定义同步或锁定组，图 5-23 中，组 1 为同步组、组 2 为锁定组，组 3~8 同属同步和锁定组。

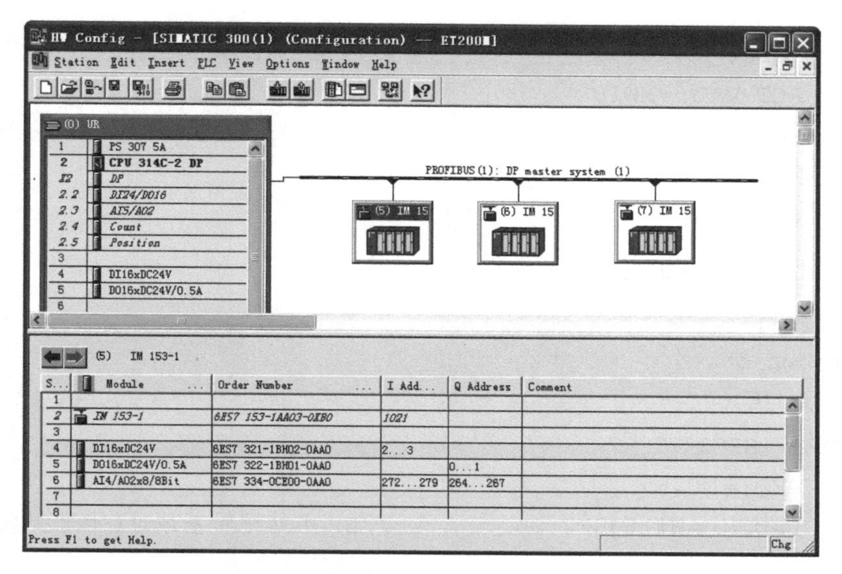

图 5-22 远程 IO

在图 5-23 所示的属性对话框中选择“Group assignment”选项卡，分别为 DP 从站进行分组设置，如图 5-24 所示。其中，5 号站属于 1 号分组，6 号站属于 2 号分组，7 号站属于 1 和 2 号分组。

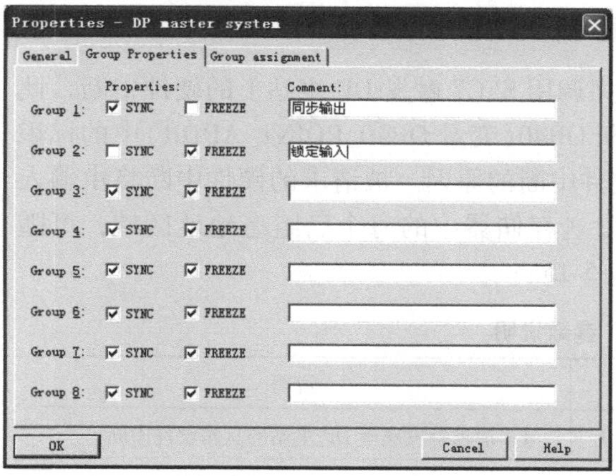

101

图 5-23 设置组属性

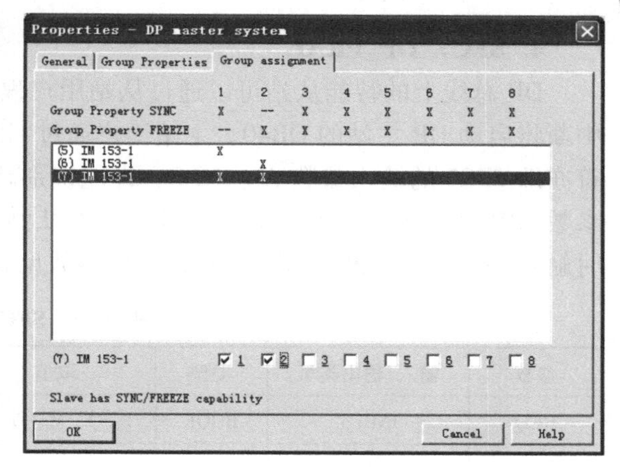

图 5-24 从站分组

（1）I0.0 上升沿触发同步

```
      A   I0.0
      FP   M0.1
      =    M0.2
  S01:CALL   SFC11
           REQ:=M0.2
           LADDR:=W#16#3FF              //DP 主站逻辑基地址(十进制数 1023)
           GROUP:=B#16#1                //选择 1 号分组
```

```
          MODE:=B#16#20                    //选择 SYNC 同步操作
          RET_VAL:=MW10
          BUSY:=M0.3
      A  M0.3
      JC  S01
```

（2）I0.1 上升沿触发锁定

```
      A  I0.1
      FP  M0.4
      =  M0.5
 S02:CALL  SFC11
          REQ:=M0.5
          LADDR:=W#16#3FF                  //DP 主站逻辑基地址(十进制数 1023)
          GROUP:=B#16#2                    //选择 2 号分组
          MODE:=B#16#8                     //选择 FREEZE 锁定操作
          RET_VAL:=MW12
          BUSY:=M0.6
      A  M0.6
      JC  S02
```


4. SFC7“DP_PRAL”

DP 总线上的智能从站可以通过从站用户程序调用 SFC7 触发 DP 主站上的硬件中断，此中断将启动 DP 主站的 OB40。主站用户通过判断 OB40（变量 OB40_POINT_ADDR）中的标识符亦即 SFC7 的输入参数 AL_INFO，即能识别硬件中断的原因。被请求的硬件中断将由输入参数 IOID 和 LADDR 唯一确定。对于智能从站发送存储器中的每个已组态地址区域，可随时触发一个硬件中断。SFC7 输入/输出参数见表 5-15。

表 5-15　SFC7 参数说明

参数	输入/输出类型	类型	取值	说明
REQ	INPUT	BOOL	I、Q、M、D、L	1：请求触发属于 DP 主站的从站硬件中断
IOID	INPUT	BYTE	I、Q、M、D、L	DP 从站发送存储器地址区的标识符： B#16#54＝外设输入（PI） B#16#55＝外设输出（PQ） 属于混合模块的区域，则必须指定较小地址的区域标识符。如果两个地址相同，则指定 B#16#54
LADDR	INPUT	WORD	I、Q、M、D、L	DP 从站发送存储器地址的起始地址，如果属于混合模块，则指定两个地址中的较低地址
AL_INFO	INPUT	DWORD	I、Q、M、D、L	中断 ID，提供给 DP 主站上将要启动的 OB40（变量 OB40_POINT_ADDR）
RET_VAL	OUTPUT	INT	I、Q、M、D、L	返回值
BUSY	OUTPUT	BOOL	I、Q、M、D、L	1：触发的硬件中断尚未得到 DP 主站的确认

例 5-3　DP 主站与智能从站均为 CPU314C-2DP，智能从站起始地址为 100 的输出模块触发一个硬件中断。

（1）从站侧 OB1

```
L  W#16#ABCD                    //触发中断 ID
T  MW10                         //保存触发中断 ID
CALL  SFC7
  REQ:=M0.0
  IOID:=W#16#55                 //输出模块
  LADDR:=W#16#64                //模块地址(十进制数 100)
  AL_INFO:=MW10
  RET_VAL:=MW12
  BUSY:=M0.1
```

（2）主站侧 OB40

```
L  #OB40_MDL_ADDR               //触发中断的模块基地址
T  MW10
L  #OB40_POINT_ADDR             //智能从站触发硬件中断的 ID,即
                                //W#16#ABCD
T  MD12
```


5. SFC13“DPNRM_DG”

该指令可读取 DP 从站的诊断数据(从站诊断)，其诊断数据的结构及站状态见表 5-16、表 5-17。

表 5-16　诊断数据的结构

字节 0	站状态 1
字节 1	站状态 2
字节 2	站状态 3
字节 3	DP 主站的 PROFIBUS 地址
字节 4	制造商标识符(高字节)
字节 5	制造商标识符(低字节)
字节 6…	附加的与从站有关的更多诊断数据

表 5-17　站状态说明

位	站状态 1	站状态 2	站状态 3
0	无法访问 DP 从站	DP 从站必须重新参数化	该位总为 0
1	DP 从站未准备好	从站处于启动阶段	该位总为 0
2	组态与设置不一致	如果 DP 从站可用，Bit=1	该位总为 0
3	外部诊断可用	已为 DP 从站启用响应监视	该位总为 0

（续）

位	站状态 1	站状态 2	站状态 3
4	DP 从站不支持请求的功能	收到 FREEZE 控制命令	该位总为 0
5	主站不能解释从站的响应	收到 SYNC 控制命令	该位总为 0
6	从站类型与组态不一致	该位总为 0	该位总为 0
7	DP 从站有不同的主站组态	DP 从站未激活	特定于通道的诊断消息数超过诊断帧中可容纳的消息

调用 SFC13 可读取 DP 从站中格式符合“EN 50 170 Volume 2，PROFIBUS”的当前诊断数据。在经过无差错数据传送之后，将已读取的数据输入到由 RECORD 指定的目标区域，同时 RET_VAL 返回实际读取的数据长度。SFC13 输入/输出参数见表 5-18。

表 5-18　SFC13 参数说明

参数	输入/输出类型	类型	取值	说明
REQ	INPUT	BOOL	I、Q、M、D、L	1：读请求
LADDR	INPUT	WORD	I、Q、M、D、L	已组态 DP 从站的诊断地址（十六进制），如诊断地址 1022，可表示为 LADDR：=W#16#3FE
RET_VAL	OUTPUT	INT	I、Q、M、D、L	返回值
RECORD	OUTPUT	ANY	I、Q、M、D、L	已读取诊断数据的目标区域（6~240B）
BUSY	OUTPUT	BOOL	I、Q、M、D、L	1：读取作业尚未完成

要读取的数据记录的最小长度或目标区域为 6B，最大长度为 240B。如果 DP 从站提供的诊断数据长度超出 240B（标准从站可提供最大值为 244B 的诊断数据），则前 240B 将被传送至目标区域，并置位溢出位。如果 DP 从站提供的诊断数据的字节数大于指定的目标区域，则此诊断数据将被拒绝，同时由 RET_VAL 返回相应的故障代码。

例 5-4　设从站 ET200M 的诊断地址为 1022，当该从站发生故障时，试用 SFC13 获取其诊断数据。

如果 S7 CPU 的操作系统检测到扩展机架故障、DP 主站系统和 DP 从站的故障，将产生机架故障中断，无论是故障的产生（B#16#39）和消失（B#16#38），均将调用组织块 OB86。变量 OB86_FLT_ID 为故障代码（如 DP 从站故障代码为 B#16#C4），OB86_MDL_ADDR 为 DP 主站的逻辑基准地址，OB86_Z23 为受影响的 DP 从站地址，它由 32 位组成，其中，位 0~7 表示 DP 从站号，位 8~15 表示 DP 主站系统 ID，位 16~30 表示 S7 DP 从站的逻辑基准地址或标准 DP 从站的诊断地址，位 31 表示 I/O 标识符。

主站 OB86 程序：

```
L  #OB86_EV_CLASS
L  B#16#39
==I
JC  S01                            //机架故障事件则跳转至 S01
BEU
```

```
S01:L  #OB86_FLT_ID
   L  B#16#C4                              //从站故障代码
   ==I
   JC  S02                                 //从站故障事件则调用 SFC13
   BEU
S02:CALL  SFC13
     REQ:=TRUE
     LADDR:=W#16#3FE
     RET_VAL:=MW10
     RECORD:=P#DB1.DBX0.0 BYTE 64          //读取 64B 的诊断数据存储于 DB1
     BUSY:=M0.1
   A  M0.1
   JC  S02                                 //等待 SFC13 执行结束
   BEU
```

5.3.2　CP342-5 模块数据交互函数

CP342-5 作为 DP 主站和从站与 CPU 集成 DP 接口略有不同，它对应的通信接口区域不是 I 区和 Q 区，而是虚拟通信区，需要调用 FC1 和 FC2 建立接口区。

1. DP_SEND(FC1)

主站侧：DP_SEND 将 CPU 指定的 DP 发送区数据传递至 PROFIBUS CP 模块缓冲区，用于发送至分布式 I/O，其输入/输出参数见表 5-19。

从站侧：DP_SEND 将 CPU 指定的 DP 发送区数据传递至 PROFIBUS CP 模块缓冲区，用于发送至主站。

表 5-19　DP_SEND 参数说明

参数	输入/输出类型	类型	取值	说明
CPLADDR	INPUT	WORD		硬件配置中 CP 模块的逻辑起始地址
SEND	INPUT	ANY		指定发送数据区的地址与长度，其中主站 1~240B；从站 1~86B
DONE	OUTPUT	BOOL	0：—；1：任务完成	任务完成代码
ERROR	OUTPUT	BOOL	0：—；1：错误	错误代码
STATUS	OUTPUT	WORD		状态代码

注：(DONE、ERROR、STATUS)=(1、0、0000_H)表示指令执行成功。

2. DP_RECV(FC2)

主站侧：DP_RECV 接收分布式 I/O 过程数据以及状态数据并存储于 CPU 指定的 DP 输入区，其输入/输出参数见表 5-20，DP 接口状态见表 5-21。

从站侧：DP_RECV 接收由主站传递至 PROFIBUS CP 模块缓冲区的 DP 数据并存储于 CPU 指定的 DP 数据区。

表 5-20 DP_RECV 参数说明

参数	输入/输出类型	类型	取值	说明
CPLADDR	INPUT	WORD		硬件配置中 CP 模块的逻辑起始地址
RECV	INPUT	ANY		指定接收数据区的地址与长度，其中主站 1~240B；从站 1~86B
NDR	OUTPUT	BOOL	0：—；1：任务完成	任务完成代码
ERROR	OUTPUT	BOOL	0：—；1：错误	错误代码
STATUS	OUTPUT	WORD		状态代码
DPSTATUS	OUTPUT	BYTE		DP 状态代码

注：(NDR、ERROR、STATUS) = (1、0、0000_H)表示指令执行成功。

表 5-21 DP 接口状态说明

位号	DP 主站模式	DP 从站模式
0	0：DP 主站模式	1：DP 从站模式
1	0：所有从站处于发送阶段；1：站列表有效	1：尚未完成组态或参数分配
2	0：不存在新的诊断数据；1：诊断数据有效	1：DP 主站处于清除状态
3	1：激活循环同步	1：监控时间内从站未接收到主站 1 帧数据，位 1 同步置 1
4	DP 主站状态(5，4)	1：输入数据溢出
5	00：运行；01：清除；10：停止；11：离线	未使用
6	1：接收数据溢出	未使用
7	未使用	未使用

例 5-5 DP 主站与智能从站 CPU、DP 通信模块均分别选择 CPU313C、CP342-5，且 CP 模块逻辑基地址为 288，交互数据存储区域、数据长度见表 5-22，试编程实现主从站间的数据交互。

表 5-22 交互数据存储区域、数据长度

序号	主站侧	智能从站侧	数据长度/B
1	发送区 MB10~MB15	接收区 DB1. DBB0~DB1. DBB5	6
2	接收区 MB100~MB105	发送区 DB1. DBB6~DB1. DBB11	6

(1) 主站侧接收程序

```
CALL  FC2
  CPLADDR:=W#16#120          //CP 模块逻辑地址(十进制数 288)
  RECV:=P#M100.0 BYTE 6      //读取从站 6B 数据存储于主站 MB100~MB105
  NDR:=M0.0
```

```
  ERROR:=M0.1
  STATUS:=MW2
  DPSTATUS:=MB4
```

（2）主站侧发送程序

```
CALL  FC1
  CPLADDR:=W#16#120              //CP 模块逻辑地址(十进制数 288)
  SEND:=P#M10.0 BYTE 6           //将主站 MB10~MB15 数据写入从站
  DONE:=M0.2
  ERROR:=M0.3
  STATUS:=MW6
```

（3）从站侧接收程序

```
CALL  FC2
  CPLADDR:=W#16#120              //CP 模块逻辑地址(十进制数 288)
  RECV:=P#DB1.DBX0.0 BYTE 6 //读取主站 6B 数据存储于从站 DB1.DBB0~DBB5
  NDR:=M0.0
  ERROR:=M0.1
  STATUS:=MW2
  DPSTATUS:=MB4
```

（4）从站侧发送程序

```
CALL  FC1
  CPLADDR:=W#16#120              //CP 模块逻辑地址(十进制数 288)
  SEND:=P#DB1.DBX6.0 BYTE 6  //将从站 DB1.DBB6~11 数据写入主站
  DONE:=M0.2
  ERROR:=M0.3
  STATUS:=MW6
```

3. DP_DIAG（FC3）

DP_DIAG 用于请求诊断数据，其输入/输出参数见表 5-23。它仅适用于 DP 主站模式。

表 5-23　DP_DIAG 参数说明

参数	输入/输出类型	类型	取值	说明
CPLADDR	INPUT	WORD		硬件配置中 CP 模块的逻辑起始地址
DTYPE	INPUT	BYTE	0~10	诊断类型，见表 5-24
STATION	INPUT	BYTE		DP 从站地址
DIAG	INPUT	ANY	长度 1~240B	指定存储数据区的地址与长度
NDR	OUTPUT	BOOL	0：—；1：任务完成	任务完成代码

（续）

参数	输入/输出类型	类型	取值	说明
ERROR	OUTPUT	BOOL	0：—；1：错误	错误代码
STATUS	OUTPUT	WORD		状态代码
DIAGLNG	OUTPUT	BYTE		接收的诊断数据长度

注：（NDR、ERROR、STATUS）=（1、0、0000_H）表示指令执行成功。

表 5-24　DTYPE 类型说明

DTYPE	说明	DTYPE	说明
0	读 DP 站列表	5	读 CPU 停止时的 DP 状态
1	读 DP 诊断列表	6	读 CP 停止时的 DP 状态
2	读 DP 当前诊断	7	非循环读输入数据
3	读 DP 历史诊断	8	非循环读输出数据
4	读 DP 状态	10	读 DP 从站当前状态

当 DTYPE=0/1 时，所有出错的从站/存在新诊断数据的从站将被读入由 DIAG 指定的存储区，每一位对应一个站的工作状态，对应关系见表 5-25。当站状态相应位置 1，即表示此站点为故障站点（DTYPE = 0）/存在新诊断数据的站点（DTYPE = 1）。表 5-25 中，当 DTYPE=0 时，表明 4 号 DP 从站为故障站点。

表 5-25　DIAG 区位信号与站、诊断列表的对应关系

字节号	0								…	15							
位号	7	6	5	4	3	2	1	0	…	7	6	5	4	3	2	1	0
站状态	0	0	0	0	1	0	0	0	…	0	0	0	0	0	0	0	0
站地址	0	1	2	3	4	5	6	7	…	120	121	122	123	124	125	126	127

例 5-6　设 DP 主站 CPU、DP 通信模块选择 CPU313C、CP342-5，且主站 CP 模块逻辑基地址为 288，试编程获取从站列表。

```
CALL  FC3
  CPLADDR:=W#16#0120              //CP 模块逻辑地址(十进制数 288)
  DTYPE:=B#16#0
  STATION:=B#16#3                 //在该指令中此地址无效
  DIAG:=P#DB1.DBX0.0 BYTE 16      //站列表存储于 DB1 的首 16B 中
  NDR:=M0.0
  ERROR:=M0.1
  STATUS:=MW2
  DIAGLNG:=MB4
```

4. DP_CTRL（FC4）

DP_CTRL 用于传送控制任务至 PROFIBUS CP 模块，其输入/输出参数见表 5-26，其中控制参数CONTROL由任务类型CTYPE（单字节）、参数域两部分组成，任务类型、命令模式分别见表5-27、表5-28。它仅适用于DP主站模式。

表5-26　DP_CTRL参数说明

参数	输入/输出类型	类型	取值	说明
CPLADDR	INPUT	WORD		硬件配置中CP模块的逻辑起始地址
CONTROL	INPUT	ANY	长度1~240	指定控制任务域的存储地址与长度
DONE	OUTPUT	BOOL	0：—；1：任务完成	任务完成代码
ERROR	OUTPUT	BOOL	0：—；1：错误	错误代码
STATUS	OUTPUT	WORD		状态代码

表5-27　DP_CTRL任务类型

CTYPE	任务	参数域名称及字节序列
0	触发单次全局控制SYNC、UNSYNC、FREEZE、UNFREEZE、CLEAR	第一字节：命令模式，位x=0未激活；位x=1激活，见表5-28 第二字节：组选择，位x=0未选择组；位x=1选择组，位0~7对应组1~8
1	触发循环全局控制SYNC、FREEZE、CLEAR、UNSYNC、UNFREEZE、UNCLEAR	第一字节：命令模式 第二字节：组选择 第三字节：自动清除
3	删除特定或所有从站历史DP诊断数据	单字节：从站地址0~126；所有从站127
4	设置当前DP模式	单字节：00H—运行；01H—清除；02H—停止；03H—离线
5	为CPU停止运行的站点设置DP模式	单字节：00H—运行；01H—清除；02H—停止；03H—离线；默认为清除模式
6	为CP停止运行的站点设置DP模式	单字节：02H—停止；03H—离线；默认为离线模式
7	触发2类DP主站循环读从站输入数据	单字节：从站地址0~126
8	触发2类DP主站循环读从站输出数据	单字节：从站地址0~126
9	终止2类DP主站循环读从站输入/输出数据	单字节：从站地址0~126
10	终止2类DP主站循环读从站输入/输出数据，启动1类DP主站传送	单字节：从站地址0~126

表5-28　命令模式

位号	7	6	5	4	3	2	1	0
MODE	未使用	未使用	SYNC	UNSYNC	FREEZE	UNFREEZE	CLEAR	未使用

例5-7　设DP主站CPU、DP通信模块选择CPU313C、CP342-5，且主站CP模块逻辑基地址为288，试编程控制2号分组从站同步输出。

```
CALL  FC4
  CPLADDR:=W#16#0120                       //CP 模块逻辑地址(十进制数 288)
  CONTROL:=P#DB1.DBX0.0 BYTE 3             //DBB0=00H、DBB1=20H、DBB2=02H
  DONE:=M0.0
  ERROR:=M0.1
  STATUS:=MW2
```

5.4 PROFIBUS-DP 应用案例

序号 4　基于 CPU314C-2DP 的主从通信

5.4.1 CPU314C-2DP 模块 DP 应用

5.4.1.1 设计要求

基于 PROFIBUS-DP 一主二从网络实现物品包装控制。具体要求：当主站按下起动按钮，从站 2 控制传送带 A 运行，将空包装纸箱移至 SQ1，传送带 A 停止运行，此时，从站 1 控制传送带 C 运行，将物品装入包装箱(物品由光电开关进行检测)。当包装满 20 个物品时，则停止传送带 C 运行，同时，从站 2 控制传送带 B、A 运行，将包装箱移出，直至新的空包装箱移至 SQ1，传送带 B、A 停止运行，起动新的装箱流程，周而复始。当主站按下停止按钮，系统停止运行。

> 科学家受公众的委托，有责任为增长知识而努力，有责任用知识为公众谋福利。科学绝不是一种自私自利的享受，有幸能致力于科学研究的人，首先应该拿自己的学识为人民服务。
>
> ——马克思

5.4.1.2 网络组态

1. 主从站 I/O 分配

主从站 I/O 分配表见表 5-29～表 5-31。

表 5-29　主站 I/O 分配表

地址	元件	说明
I124.0	SB1	起动按钮
I124.1	SB2	停止按钮
Q124.0	HL1	M1：物料传输电动机 C 运行信号
Q124.1	HL2	M2：包装箱传送带 A 运行信号
Q124.2	HL3	M3：包装箱传送带 B 运行信号
Q124.3	HL4	系统运行指示

2. 主从站硬件配置

新建项目“example_cpu314cMS”，并右击项目名插入三个 S7-300 站点。为便于辨识，分别将其站点名更改为 master（主站）、slave1（从站 1）、slave2（从站 2），如图 5-25 所示。

表 5-30　从站 1 I/O 分配表

地址	元件	说明
I124.0		物料检测光电开关
I124.1		M1 电动机过载
Q124.0	KM1	M1：物料传送带 C 驱动电动机

表 5-31　从站 2 I/O 分配表

地址	元件	说明
I124.0		包装箱检测光电开关
I124.1		M2 电动机过载
I124.2		M3 电动机过载
Q124.0	KM2	M2：包装箱传送带 A 驱动电动机
Q124.1	KM3	M3：包装箱传送带 B 驱动电动机

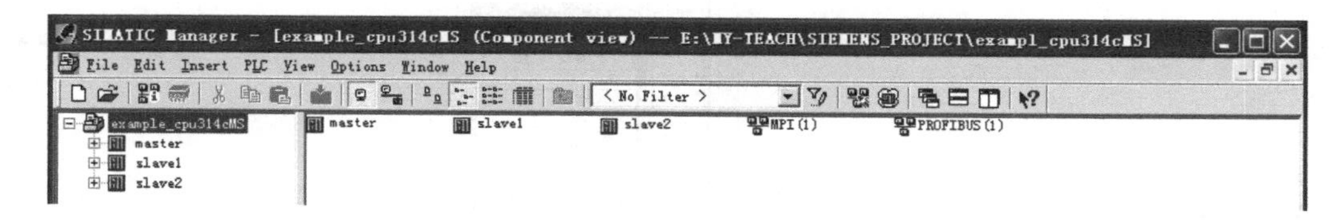

图 5-25　CPU314C-2DP 一主二从项目

分别选择 master、slave1、slave2 并双击相应站点的 Hardware，如图 5-26 所示，分别完成主从站的硬件配置，其模块数目、位置、订货号应与实物保持一致。配置完毕后单击按钮保存并编译。

(0)　UR

S...	Module	Order number	F...	M...	I address	Q address	Comment
1	PS 307 5A	6ES7 307-1EA00-0AA0					
2	CPU 314C-2 DP	6ES7 314-6CH04-0AB0	V3.3	2			
X2	DP				2047*		
2.2	DI24/DO16				124...126	124...125	
2.3	AI5/AO2				752...761	752...755	
2.4	Count				768...783	768...783	
2.5	Position				784...799	784...799	

图 5-26　PLC 硬件配置

3. 网络组态

在主站硬件配置界面中双击 CPU314C-2DP 模块中集成的 DP（CPU314C-2DP 系统默认为主站）并单击“General”选项卡的“Properties”按钮，在弹出的属性界面“Parameters”选项卡中单击“New”按钮，新建一个 PROFIBUS-DP 网络，如图 5-27 所示。并在“Network Settings”选项卡中选择通信速率（默认“1.5Mbps”），如图 5-28 所示。主站建立完成后的界面如图 5-29 所示。

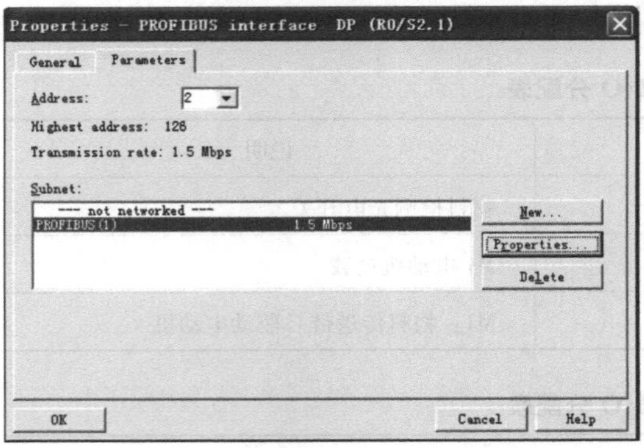

图 5-27　新建 PROFIBUS-DP 网络

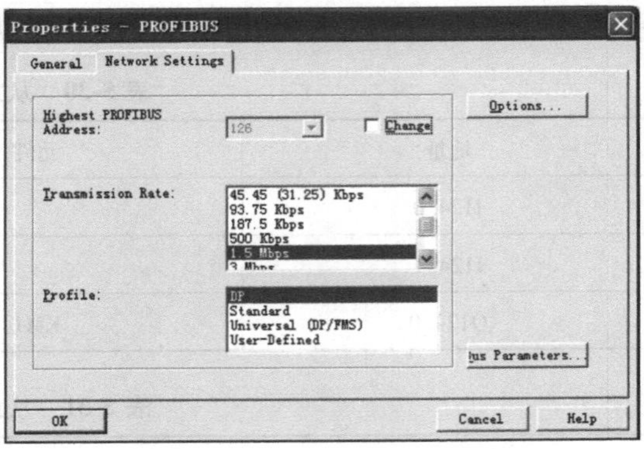

图 5-28　通信参数设置

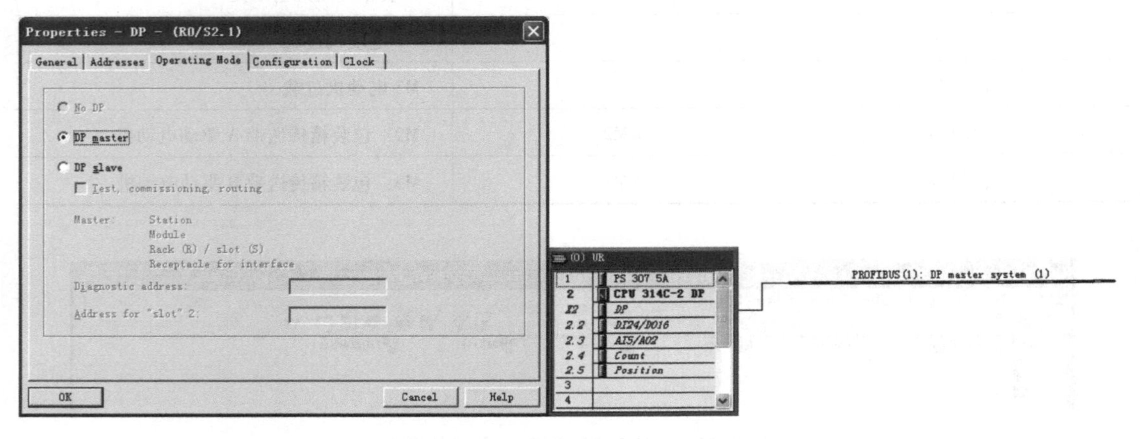

图 5-29　DP master 主站系统

同理，选择从站硬件配置界面，双击 CPU314C-2DP 模块中集成的 DP，在弹出的“Properties”对话框中，在“Operating Mode”选项卡中将其设置为“DP slave”，如图 5-30 所示。

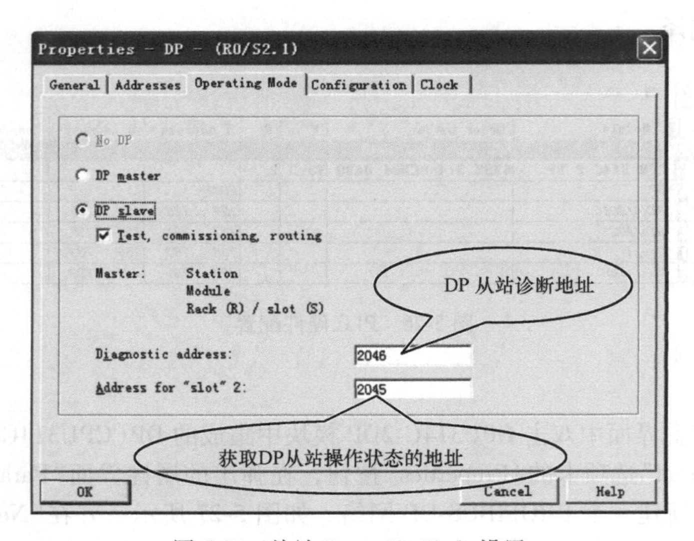

图 5-30　从站 Operating Mode 设置

单击如图 5-30 所示界面“General”选项卡的“Properties”按钮，在弹出的属性界面“Parameters”选项卡中分别将 slave1、slave2 接入主站系统创建的网络，并设置 DP 地址为 3、4。

4. 构建主从关系

选择硬件配置界面右侧的“PROFIBUS DP”组件“Configured Stations”文件夹中的“CPU 31x”，并按下鼠标左键将其拖放至 DP master system，待指针出现“+”时松开鼠标左键，即弹出如图 5-31 所示的“DP slave properties”对话框，选择“slave1”从站，并单击“Connect”按钮，建立 master 与 slave1 的主从关系。同理，建立 master 与 slave2 的主从关系，如图 5-32 所示。

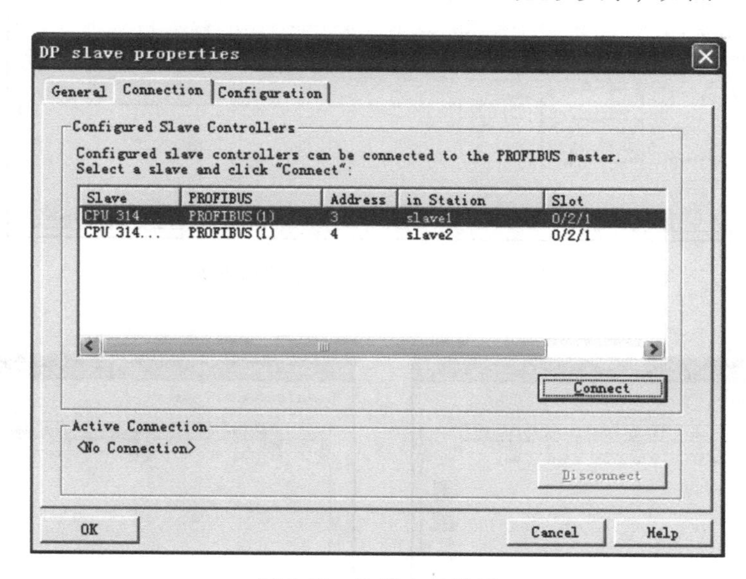

图 5-31　构建主从关系

5. 通信接口配置

在如图 5-32 所示界面中双击 slave1 从站（DP 地址 = 3），在弹出的“DP slave properties”对话框中选择“Configuration”选项卡并单击“New”按钮，即弹出如图 5-33 所示的主站与 1#从站通信接口组态界面，分别为 1#从站配置数据长度为 2B 的输入（INPUT）与输出（OUTPUT），其地址可使用从站输入/输出映像存储器（I、Q）未使用的区域，接口配置如图 5-34 所示。同理，为 2#从站配置数据长度为 2B 的输入（INPUT）与输出（OUTPUT），接口配置如图 5-35 所示。配置完毕后保存并编译。

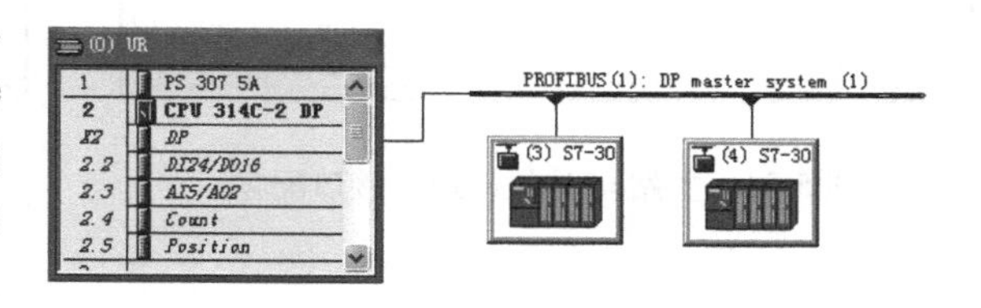

图 5-32　主从网络

5.4.1.3　软件组态

1. 主站程序

（1）基于 MOVE 指令的 OB1 设计

依据 DP 接口组态，按接收、处理、发送流程设计 OB1 程序，如图 5-36 所示，将接收到的电动机运行信息赋予状态指示灯 Q124.0～Q124.2，同时将起停信号、电动机运行信息分送 slave1、slave2。

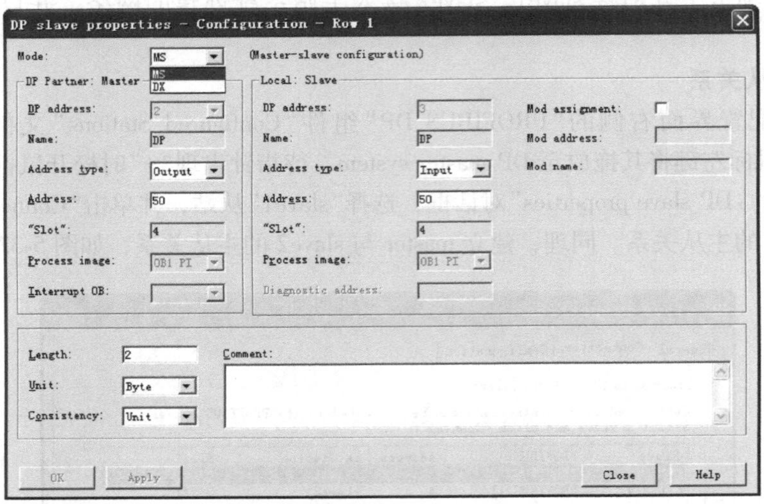

图 5-33　主站与 1#从站通信接口组态

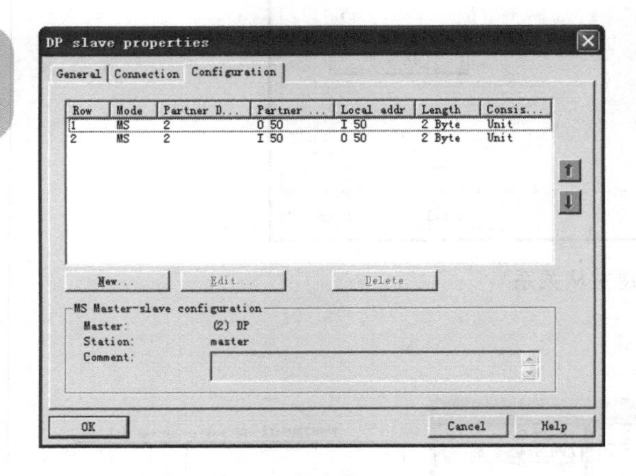

图 5-34　主站与 1#从站通信接口配置

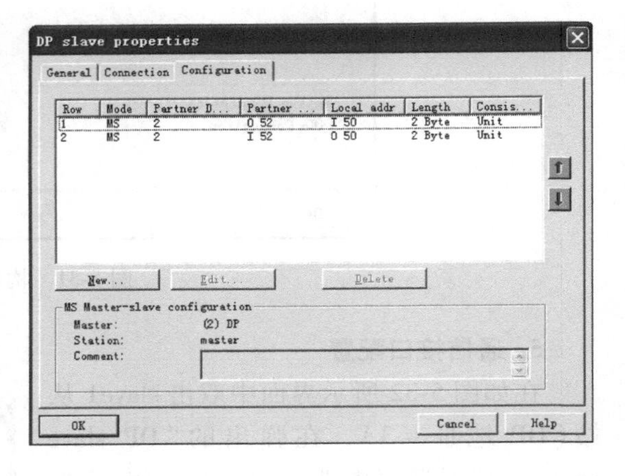

图 5-35　主站与 2#从站通信接口配置

（2）基于 SFC14、15 的 OB1 设计

首先从“Libraries”→“Standard Library”→“System Function Blocks”库函数选择列表中选择 SFC14“DPRD_DAT”、SFC15“DPWR_DAT”、SFC13“DPNRM_DG”等功能，并规定将接收到的 1#从站、2#从站数据分别存储于 MW50、MW52；需发送至 1#从站、2#从站的数据分别存储于 MW80、MW82，其余同(1)。接收与处理、装配与发送程序分别如图 5-37、图 5-38 所示。

2. 1#从站 OB1 程序

依据 DP 接口组态，按接收、处理、发送流程设计 OB1 程序。通过加计数器实现对包装箱内物品的统计，并将传送带 C 电动机运行信息 M2.0 以及纸箱满信号 M2.1 发送至主站。限于篇幅，仅给出基于 MOVE 指令的 OB1 程序，如图 5-39 所示。

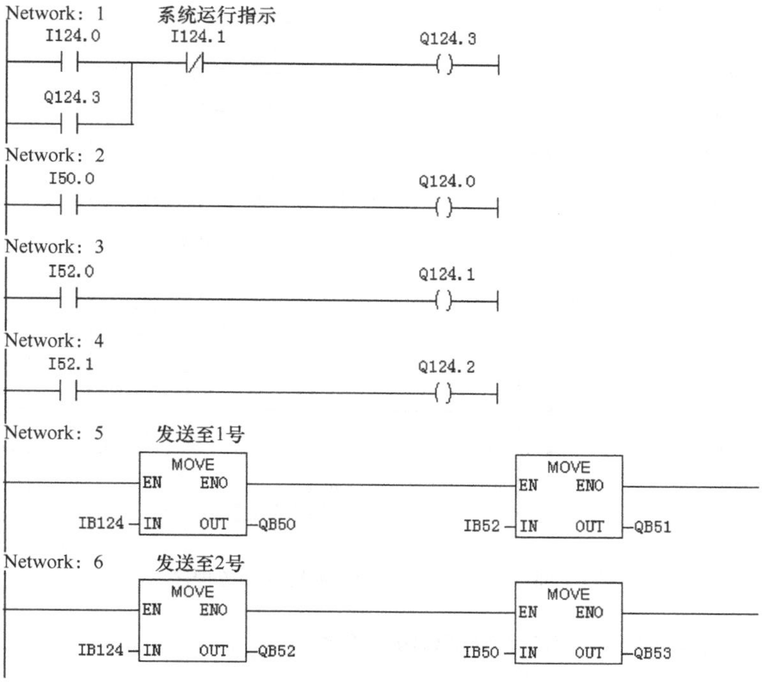

Network：1 系统运行指示
I124.0
I124.1
Q124.3
Q124.3
Network：2
I50.0
Q124.0
Network：3
I52.0
Q124.1
Network：4
I52.1
Q124.2
Network：5 发送至1号
MOVE
EN ENO
IB124 IN OUT QB50
MOVE
EN ENO
IB52 IN OUT QB51
Network：6 发送至2号
MOVE
EN ENO
IB124 IN OUT QB52
MOVE
EN ENO
IB50 IN OUT QB53

图 5-36 基于 MOVE 指令的 OB1 程序

Network：1 系统运行指示
I124.0
I124.1
Q124.3
Q124.3
Network：2 接收1、2号从站数据
SFC14
Read Consistent
Data of a Standard
DP Slave
"DPRD_DAT"
EN ENO
W#16#32 LADDR RET_VAL MW10
P#M 50.0
RECORD BYTE 2
SFC14
Read Consistent
Data of a Standard
DP Slave
"DPRD_DAT"
EN ENO
W#16#34 LADDR RET_VAL MW12
P#M 52.0
RECORD BYTE 2
Network：3
M50.0
Q124.0
Network：4
M52.0
Q124.1
Network：5
M52.1
Q124.2

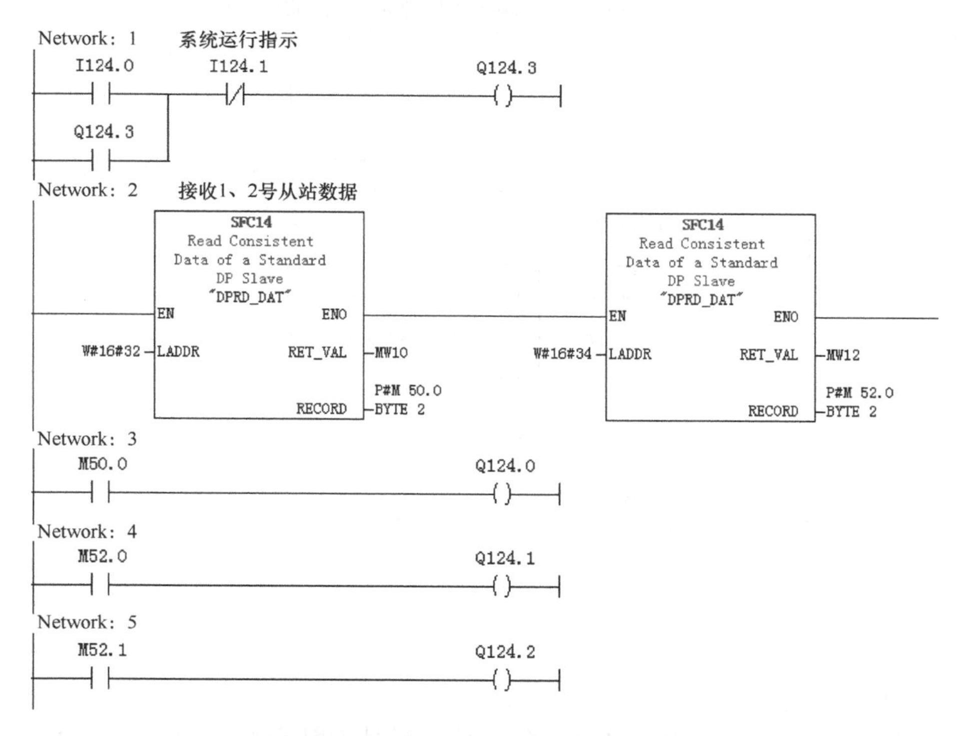

图 5-37 基于 SFC 指令的接收与处理程序

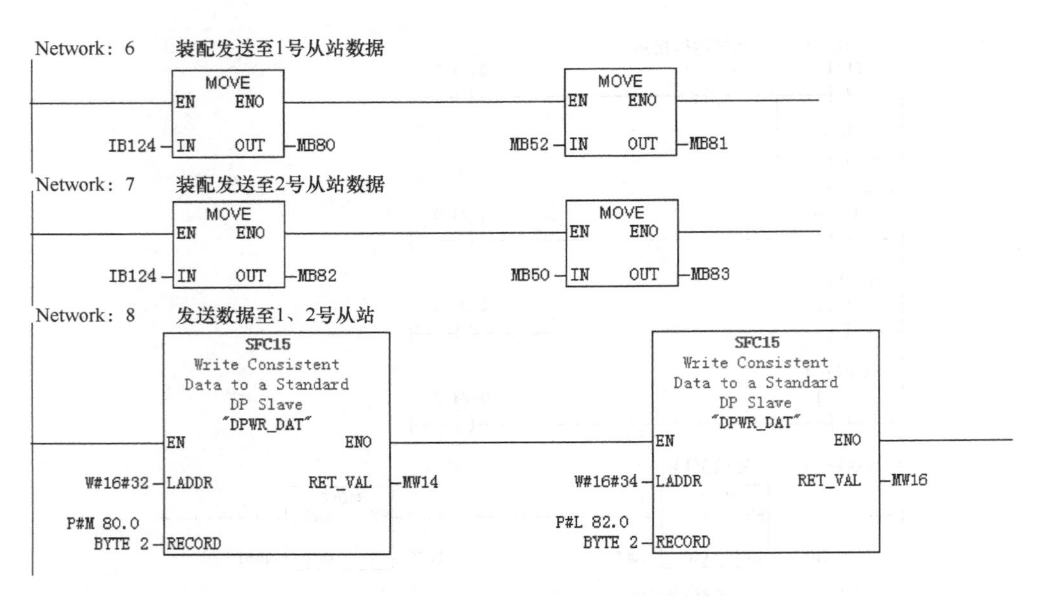

图 5-38 基于 SFC 指令的装配与发送程序

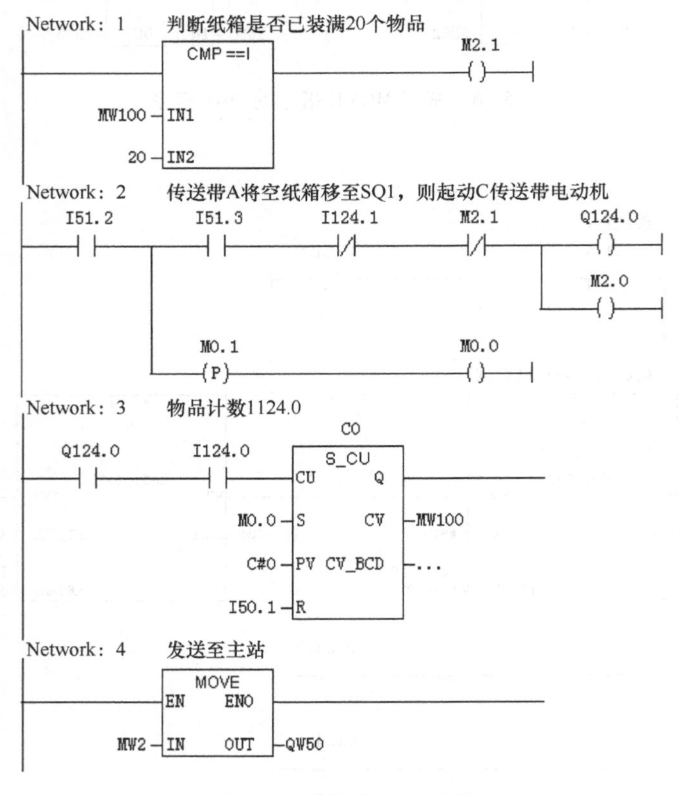

图 5-39 1#从站 OB1 程序

3. 2#从站 OB1 程序

依据 DP 接口组态，按接收、处理、发送流程设计 OB1 程序。通过判断纸箱满信号 I51.1 实现传送带 A、B 电动机的重复驱动，并将传送带 A、B 电动机运行信息 M2.0、M2.1

以及纸箱到位信号 M2.2 和系统运行信号 M2.3 发送至主站。限于篇幅，仅给出基于 MOVE 指令的 OB1 程序，如图 5-40 所示。

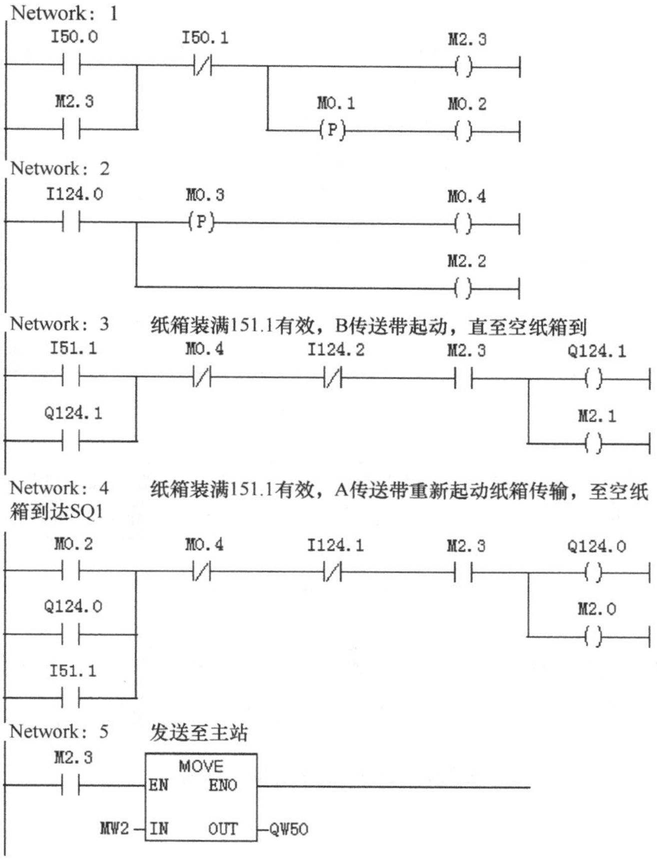

Network：1
I50.0　I50.1　M2.3
M2.3　M0.1 (P)　M0.2

Network：2
I124.0　M0.3 (P)　M0.4
M2.2

Network：3　纸箱装满I51.1有效，B传送带起动，直至空纸箱到
I51.1　M0.4　I124.2　M2.3　Q124.1
Q124.1　M2.1

Network：4　纸箱装满I51.1有效，A传送带重新起动纸箱传输，至空纸箱到达SQ1
M0.2　M0.4　I124.1　M2.3　Q124.0
Q124.0　M2.0
I51.1

Network：5　发送至主站
M2.3　MOVE　EN　ENO
MW2　IN　OUT　QW50

图 5-40　2#从站 OB1 程序

5.4.1.4　交叉通信的实现

1. 交叉通信接口配置

在图 5-34 所示的主站与 1#从站通信接口配置界面，为 1#从站配置数据长度为 1B 的交叉通信接口，其数据发布方选择 2#从站(DP 地址 4)且设置数据单元为 IB52(与 2#从站主从接口发送字节 QB50 相对应)，接收方设置数据单元为 IB60，接口配置如图 5-41、图 5-42 所示。同理，为 2#从站配置数据长度为 1B 的交叉通信接口，其数据发布方选择 1#从站(DP 地址 3)且设置数据单元为 IB50(与 1#从站主从接口发送字节 QB50 相对应)，接收方设置数据单元为 IB60，接口配置如图 5-43 所示。配置完毕后保存并编译。

序号 5　基于 CPU314C-2DP 的交叉通信

2. 软件组态

主从站程序基本保持不变，仅需分别删除主站 OB1 程序中 Network5、Network6 的第二个 MOVE 指令；1#从站 OB1 程序中的 I51.2、I51.3 修改为 I60.2、I60.3；2#从站 OB1 程序中的 I51.1 修改为 I60.1。

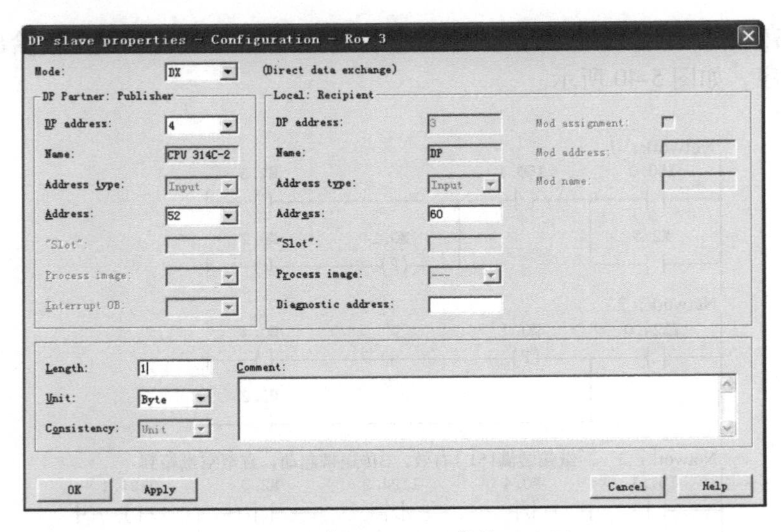

图 5-41　1#从站交叉通信接口配置

Row	Mode	Partner D...	Partner ...	Local addr	Length	Consis...
1	MS	2	O 50	I 50	2 Byte	Unit
2	MS	2	I 50	O 50	2 Byte	Unit
3	DX	4	I 52	I 60	1 Byte	Unit

图 5-42　1#从站通信接口配置

Row	Mode	Partner D...	Partner ...	Local addr	Length	Consis...
1	MS	2	O 52	I 50	2 Byte	Unit
2	MS	2	I 52	O 50	2 Byte	Unit
3	DX	3	I 50	I 60	1 Byte	Unit

图 5-43　2#从站通信接口配置

5.4.2　CP342-5 模块 DP 应用

序号 6　基于 CP342-5 的 DP 主从通信

5.4.2.1　设计要求

基于 PROFIBUS-DP 一主二从网络实现 2 组三级带式输送机的顺序起动、逆序停止。具体要求：当主站按下起动按钮，从站 1 控制 1 组带式输送机 M1、M2、M3 顺序间隔起动，从站 1 电动机 M3 起动完成后，控制从站 2 的 2 组带式输送机 M1、M2、M3 顺序间隔起动；当主站按下停止按钮，从站 2 带式输送机 M3、M2、M1 顺序间隔停止，待从站 2 电动机 M1 停止运行后，控制从站 1 带式输送机 M3、M2、M1 顺序间隔停止。

> 可以想象到，如果镭落在恶人的手中，它就会变成非常危险的东西。这里可能会产生这样一个问题：知晓了大自然的奥秘是否有益于人类，从新发现中得到的是裨益呢，还是它将有害于人类。诺贝尔的发明就是一个典型的事例。烈性炸药可以使人们创造奇迹，然而它在那些把人民推向战争的罪魁们的手中就成了可怕的破坏手段。我是信仰诺贝尔的人们当中的一个，我相信，人类从新的发现中获得的将是更美好的东西，而不是危害。
>
> ——居里

5.4.2.2　网络组态

1. 主从站 I/O 分配

主从站 I/O 分配表见表 5-32～表 5-34。

表 5-32　主站 I/O 分配表

地址	元件	说明
I0.0	SB1	起动按钮
I0.1	SB2	停止按钮
Q4.0	HL1	从站 1 电动机 1 运行信号
Q4.1	HL2	从站 1 电动机 2 运行信号
Q4.2	HL3	从站 1 电动机 3 运行信号
Q4.3	HL4	从站 2 电动机 1 运行信号
Q4.4	HL5	从站 2 电动机 2 运行信号
Q4.5	HL6	从站 2 电动机 3 运行信号

表 5-33　从站 1 I/O 分配表

地址	元件	说明
Q4.0	KM1	M1：驱动电动机 1
Q4.1	KM2	M2：驱动电动机 2
Q4.2	KM3	M3：驱动电动机 3

表 5-34　从站 2 I/O 分配表

地址	元件	说明
Q4.0	KM1	M1：驱动电动机 1
Q4.1	KM2	M2：驱动电动机 2
Q4.2	KM3	M3：驱动电动机 3

2. 主从站的硬件配置

新建项目“example_cp342”，并右击项目名插入三个 S7-300 站点。为便于辨识，分别将其站点名更改为 master（主站）、slave1（从站 1）、slave2（从站 2），如图 5-44 所示。

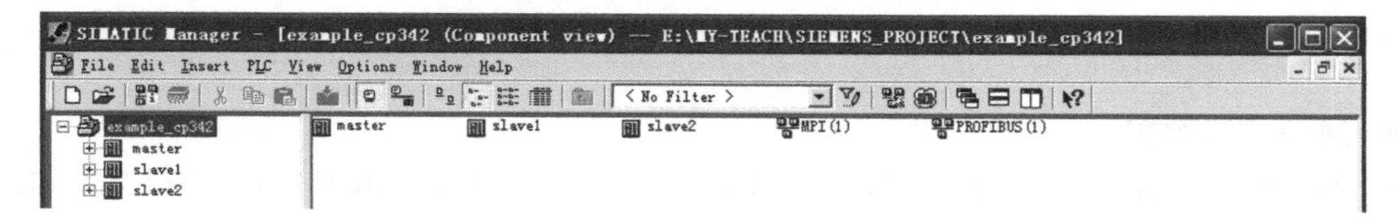

图 5-44　一主二从项目

分别选择 master、slave1、slave2 并双击相应站点的 Hardware，如图 5-45 所示，分别完成主从站的硬件配置，其模块数目、位置、订货号应与实物保持一致。配置完毕后单击按钮保存并编译。

3. 网络组态

与集成 DP 接口配置类似，配置主从站。双击主站 CP342-5 模块，将 Operating Mode 设置为 DP master，DP 地址设置为 2。同理，设置从站 CP342-5 模块的 Operating Mode 为 DP slave，并分别将 slave1、slave2 接入主机系统创建的网络，DP 地址分别设置为 3、4。

(0)　UR

S...	Module	Order number	Firmware	MPI...	I address	Q address	Comment
1	PS 307 5A	6ES7 307-1EA00-0AA0					
2	CPU 313C	6ES7 313-5BG04-0AB0	V3.3	2			
2.2	DI24/DO16				124...126	124...125	
2.3	AI5/AO2				752...761	752...755	
2.4	Count				768...783	768...783	
3							
4	DI16xDC24V	6ES7 321-1BH00-0AA0			0...1		
5	DO16xDC24V/0.5A	6ES7 322-8BH01-0AB0				4...5	
6	CP 342-5	6GK7 342-5DA02-0XE0	V5.0	3	288...303	288...303	
7							

图 5-45　PLC 硬件配置

4. 构建主从关系

如图 5-46 所示，选择“PROFIBUS DP”组件“Configured Stations”文件夹中的“S7-300 CP342-5 DP”(订货序列号 6GK7 342-5DA02-0XE0、固件版本 V5.0)，并按下鼠标左键将其拖放至 DP master system，待指针出现“+”时松开鼠标左键，即弹出如图 5-47 所示的 DP slave 属性界面。选择 slave1 从站且单击“Connect”按钮，建立 master 与 slave1 的主从关系；同理，建立 master 与 slave2 的主从关系。

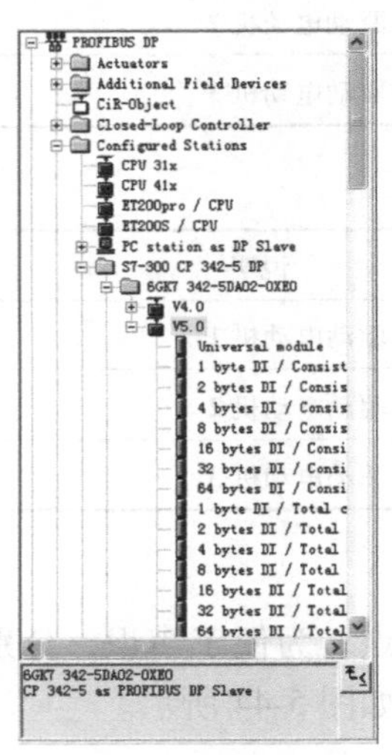

图 5-46　PROFIBUS DP 组件树

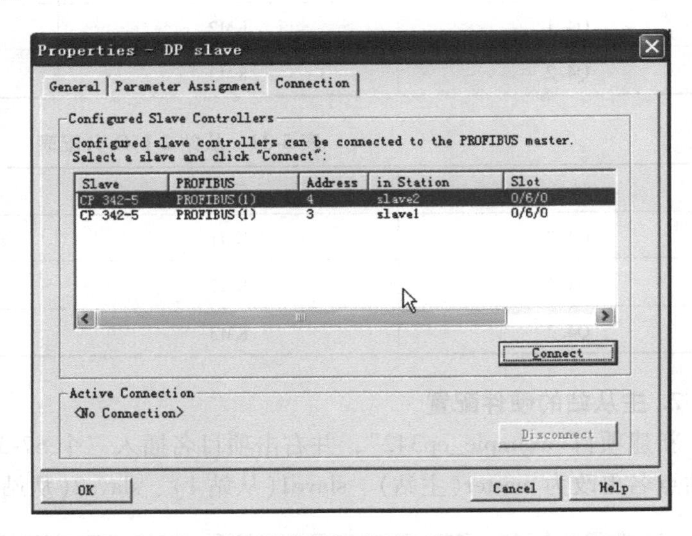

图 5-47　构建主从关系

5. 通信接口配置

在硬件组态界面中分别选择 slave1、slave2 从站，从“PROFIBUS DP”组件“Configured Stations”文件夹中的“S7-300 CP342-5 DP”(订货序列号 6GK7 342-5DA02-0XE0、固件版本 V5.0)下选择相应的通信接口，如为 slave1 配置数据长度为 4B 的输入(INPUT)与输出(OUTPUT)；slave2 配置数据长度为 2B 的输入(INPUT)与输出(OUTPUT)，如图 5-48 所示。配置完毕后保存并编译。

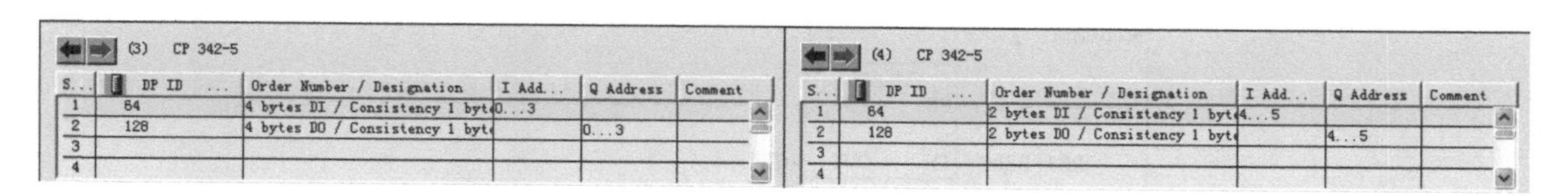

(3) CP 342-5

S...	DP ID	...	Order Number / Designation	I Add...	Q Address	Comment
1	64		4 bytes DI / Consistency 1 byt	0...3		
2	128		4 bytes DO / Consistency 1 byt		0...3	
3						
4						

(4) CP 342-5

S...	DP ID	...	Order Number / Designation	I Add...	Q Address	Comment
1	64		2 bytes DI / Consistency 1 byt	4...5		
2	128		2 bytes DO / Consistency 1 byt		4...5	
3						
4						

图 5-48　主从接口配置

5.4.2.3　软件组态

1. 主站程序

（1）创建数据块 DB1

依据 DP 接口组态，创建如图 5-49 所示的数据块 DB1。其中 DB1. DBB0 ~ DB1. DBB5 为发送存储区，DB1. DBB6 ~ DB1. DBB11 为接收存储区。

DB1 -- example_cp342\master\CPU 313C

Address	Name	Type	Initial value	Comment
0.0		STRUCT		
+0.0	send_slave1_byte1	BYTE	B#16#0	
+1.0	send_slave1_byte2	BYTE	B#16#0	
+2.0	send_slave1_byte3	BYTE	B#16#0	
+3.0	send_slave1_byte4	BYTE	B#16#0	
+4.0	send_slave2_byte1	BYTE	B#16#0	
+5.0	send_slave2_byte2	BYTE	B#16#0	
+6.0	recv_slave1_byte1	BYTE	B#16#0	
+7.0	recv_slave1_byte2	BYTE	B#16#0	
+8.0	recv_slave1_byte3	BYTE	B#16#0	
+9.0	recv_slave1_byte4	BYTE	B#16#0	
+10.0	recv_slave2_byte1	BYTE	B#16#0	
+11.0	recv_slave2_byte2	BYTE	B#16#0	
=12.0		END_STRUCT		

图 5-49　DB1 数据块定义

（2）OB1 程序

首先从“Libraries”→“SIMATIC_NET_CP”→“CP 300”列表中选择 FC1“DP_SEND”、FC2“DP_RECV”、FC3“DP_DIAG”等功能，并按接收与处理(图 5-50)、装配与发送(图 5-51)设计 OB1 程序，将接收到的电动机运行信息赋予状态指示灯 Q4. 0 ~ Q4. 5，同时将起停信号、电动机运行信息分送 slave1、slave2。

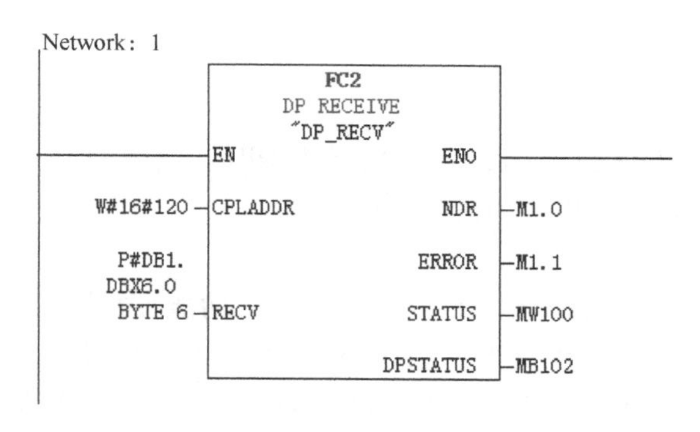

图 5-50　DP 主站接收与处理程序

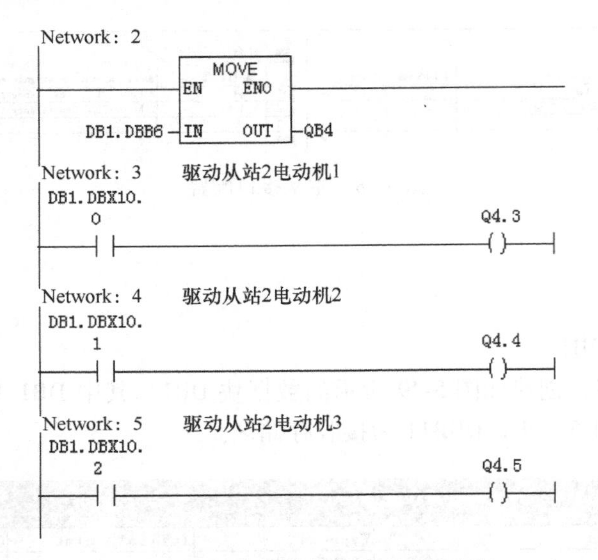

图 5-50　DP 主站接收与处理程序(续)

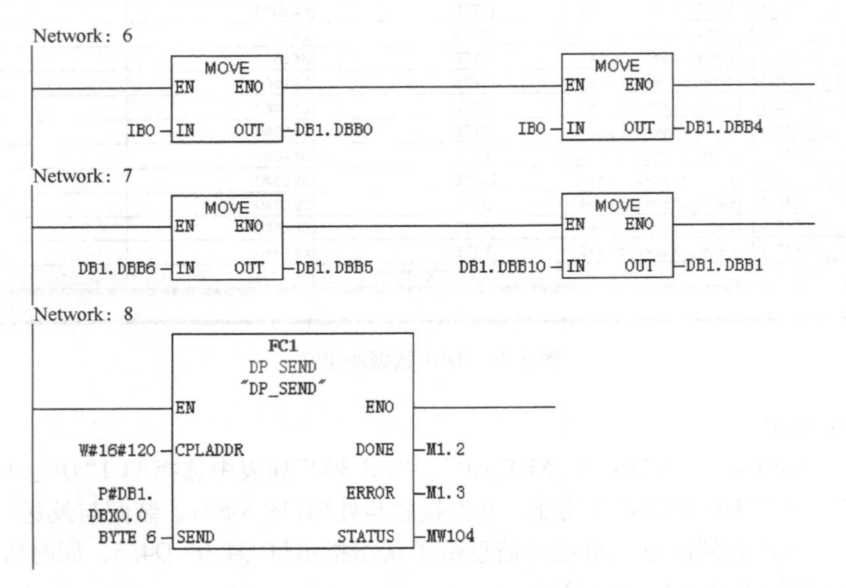

图 5-51　DP 主站装配与发送程序

2. 1[#]从站

(1) 创建数据块 DB1

依据 DP 接口组态，与主站类似，创建数据块 DB1。其中 DB1. DBB0 ~ DB1. DBB3 为发送存储区，DB1. DBB4 ~ DB1. DBB7 为接收存储区。

(2) OB1 程序

同理，选择插入 FC1“DP_SEND”、FC2“DP_RECV”功能，并按接收与处理(图 5-52)、装配与发送(图 5-53)设计 OB1 程序。当主站按下起动按钮 I0. 0 时，从站 DB1. DBX4. 0 闭合，Q4. 0 通电自锁(M1 起动)，5s 后 Q4. 1 通电(M2 起动)，10s 后 Q4. 2 通电(M3 起动)。当主站按下停止按钮 I0. 1 且从站 2 M1 电动机停止运行 5s 后，本站电动机依序间隔 5s 停止。

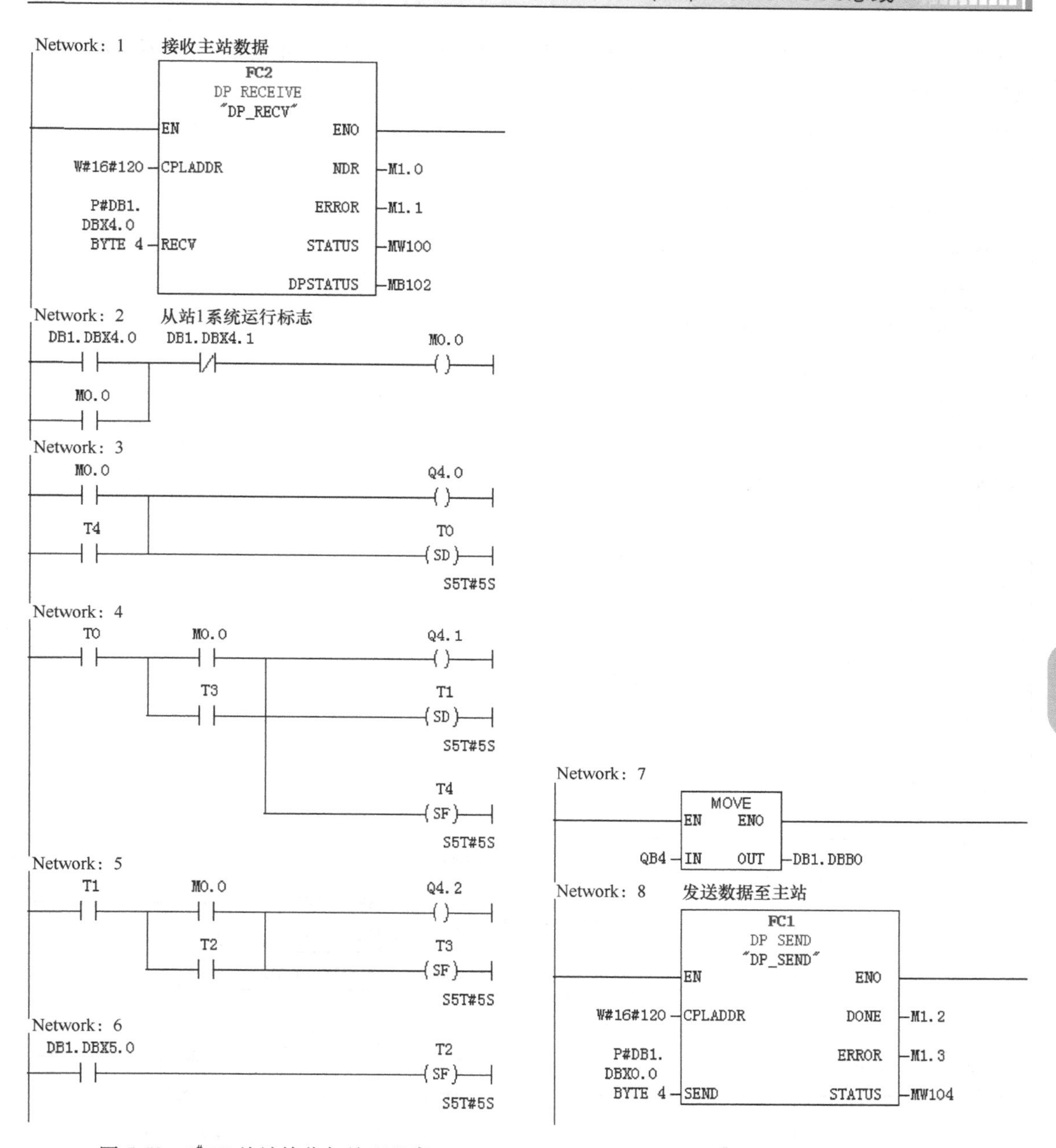

图 5-52 1#DP 从站接收与处理程序

图 5-53 1#DP 从站装配与发送程序

3. 2#从站

(1) 创建数据块 DB1

依据 DP 接口组态，与主站类似，创建数据块 DB1。其中 DB1. DBB0 ~ DB1. DBB1 为发送存储区，DB1. DBB2 ~ DB1. DBB3 为接收存储区。

(2) OB1 程序

同理，选择插入 FC1“DP_SEND”、FC2“DP_RECV”功能，并按接收与处理(图 5-54)、装配与发送(图 5-55)设计 OB1 程序。当从站 1 M3 电动机运行后，从站 DB1. DBX3. 2 闭合，5s 后 Q4. 0 通电自锁(M1 起动)，10s 后 Q4. 1 通电(M2 起动)，15s 后 Q4. 2 通电(M3 起动)。

当主站按下停止按钮 I0.1 时，DB1.DBX2.1 有效，M3 电动机停止运行，5s 后 Q4.1 断电（M2 停止），10s 后 Q4.0 断电（M1 停止）。

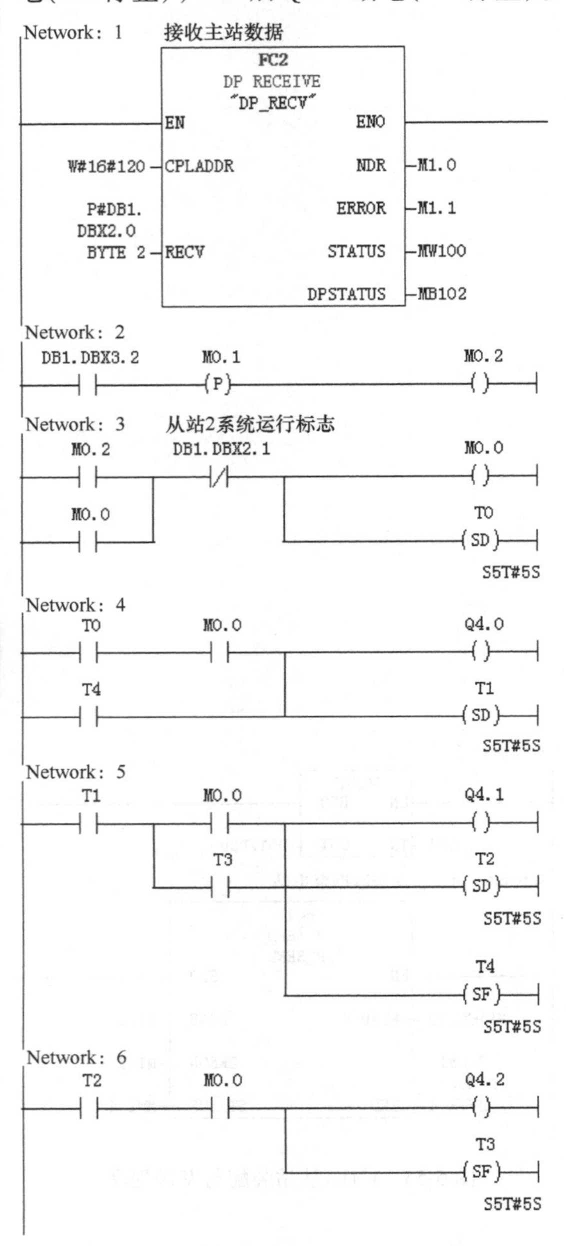

图 5-54 2#DP 从站接收与处理程序

Network: 7
MOVE
EN ENO
QB4 IN OUT DB1.DBB0
Network: 8 发送数据至主站
FC1
DP SEND
"DP_SEND"
EN ENO
W#16#120 CPLADDR DONE M1.2
P#DB1.
DBX0.0
BYTE 2 SEND
ERROR M1.3
STATUS MW104

图 5-55 2#DP 从站装配与发送程序

5.4.3 CM1243-5 模块 DP 应用

5.4.3.1 设计要求

以 CPU314C-2DP 模块 DP 应用示例为例，主站修改为配置 CM1243-5 模块的 CPU1214C DC/DC/DC，从站配置维持不变。示例采用 TIA V13 组态软

序号 7 基于 CM1243-5 的 DP 主从通信

件进行主从站设计。

> 工程伦理是指工程决策、设计和实施等活动过程中关于工程与社会、工程与人、工程与环境等之间合乎一定社会伦理价值的思考和处理。作为一个工程技术人员，仅仅具有科技知识和能力是远远不够的，他应该也必须与人类的价值联系起来，应该也必须同时作为一个人文主义者和一个道德者参与工程实践。

5.4.3.2　网络组态

主站 I/O 分配见表 5-35，从站 I/O 分配见表 5-30、表 5-31。

表 5-35　主站 I/O 分配表

地址	元件	说明
I0.0	SB1	起动按钮
I0.1	SB2	停止按钮
Q0.0	HL1	M1：物料传输电动机 C 运行信号
Q0.1	HL2	M2：包装箱传送带 A 运行信号
Q0.2	HL3	M3：包装箱传送带 B 运行信号
Q0.3	HL4	系统运行指示

1. 主站硬件与网络组态

创建项目“example_S71200_DP_MASTER”，如图 5-56 所示。单击“创建”按钮，在弹出的界面(图 5-57)中单击组态设备选项，即弹出如图 5-58 所示的控制器、HMI、PC 组态窗口。

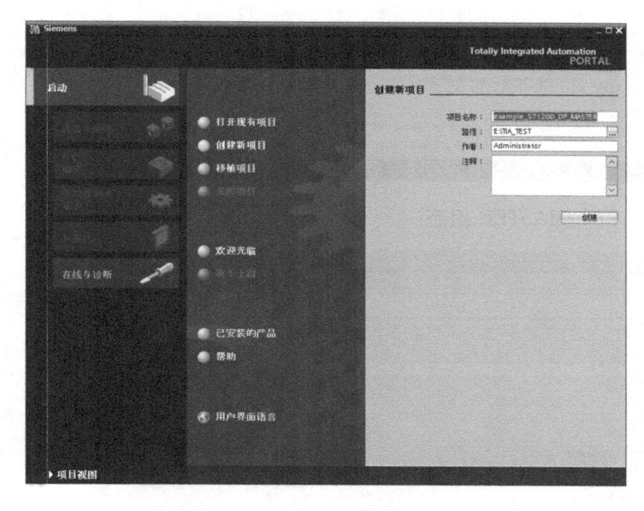

图 5-56　新建项目

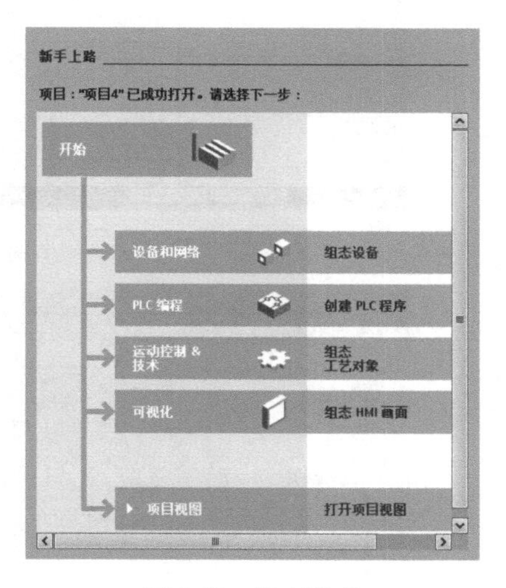

图 5-57　组态设备

选择“CPU1214C DC/DC/DC”控制器，并命名为“PLC_MASTER”，单击“添加”按钮，弹出如图 5-59 所示的组态窗口。选择控制器以太网接口，创建以太网 PN/IE_1，并设置 IP 地址、子网掩码，如图 5-60 所示。

选择图 5-59 右侧的“硬件目录”控制器→“SIMATIC S7-1200”→“通信模块”→

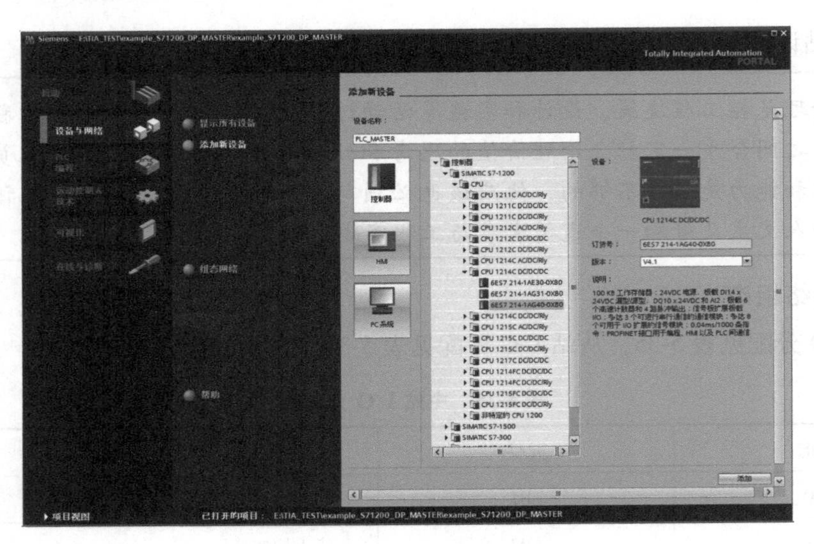

图 5-58　选择设备

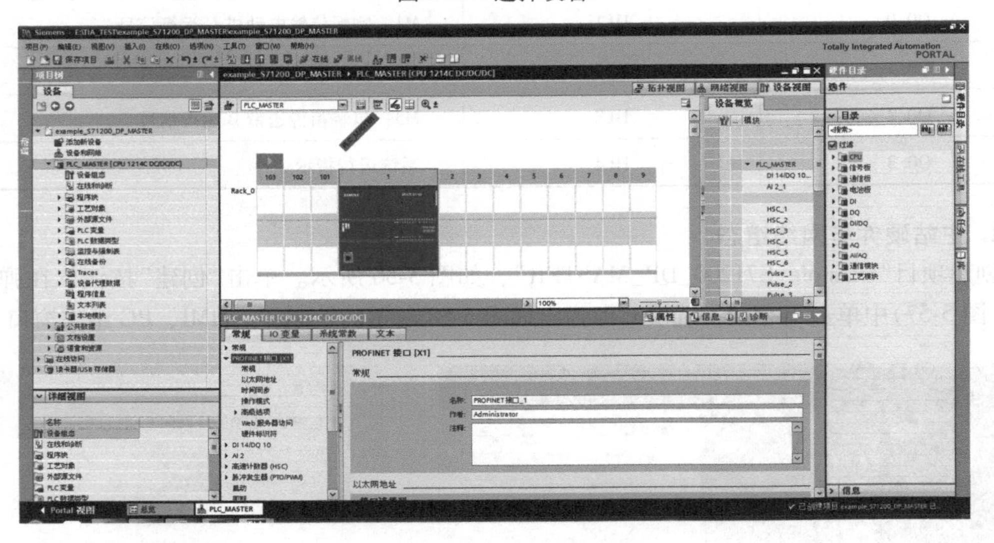

图 5-59　PLC_MASTER 组态

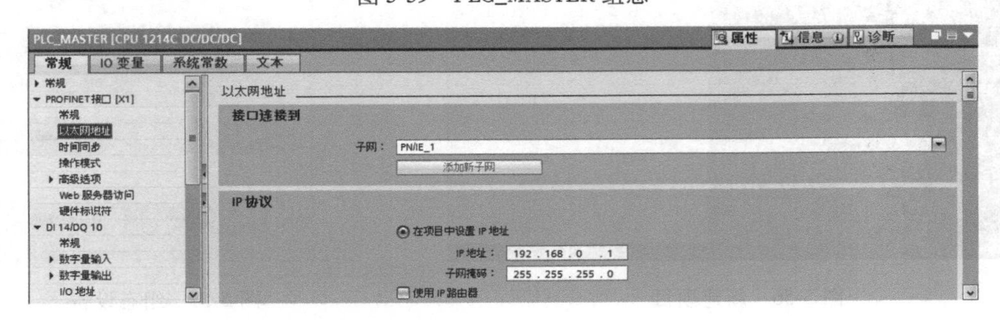

图 5-60　CPU1214C 以太网接口设置

“PROFIBUS”→“CM1243-5”（6GK7 243-5DX30-0XE0），并将其拖放至“设备视图”中的 101 槽位。选择 CM1243-5 的属性框，添加“PROFIBUS_1”新子网，并设置其 DP 地址为“2”，组态完成的 CM1243-5 的 DP 接口如图 5-61 所示。

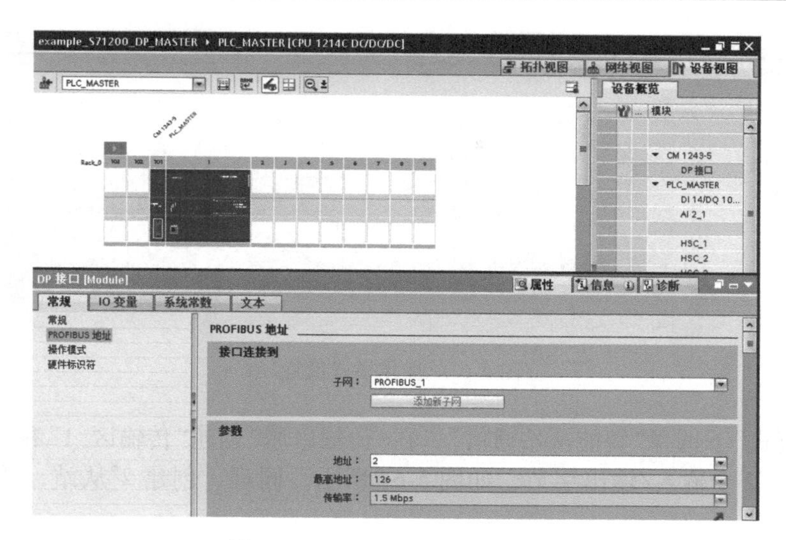

图 5-61　CM1243-5 DP 接口设置

2. 从站硬件与网络组态

单击图5-59左侧“项目树”→“设备”→“添加新设备”，在弹出的界面中选择”控制器”→“SIMATIC S7-300”→“CPU”→“CPU314C-2DP”(6ES7 314-6CH04-0AB0)，设置从站名称为“PLC_SLAVE1”，并单击“确定”按钮。

单击图5-62设备视图中的PLC，选择“属性”→“常规”选项卡→“DP接口”→“PROFIBUS地址”，设置从站DP地址为“3”且将此接口接入PROFIBUS_1 DP网络。操作模式选择为DP从站，并将DP主站选择为“PLC_MASTER. CM 1243-5. DP 接口”，如图5-63所示。

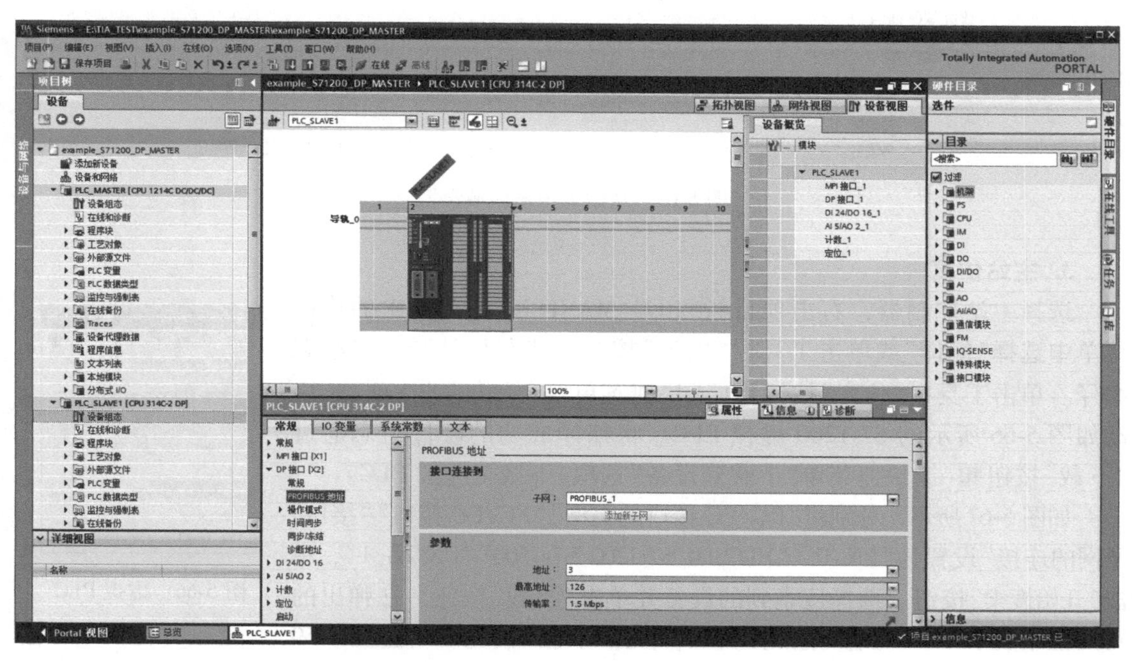

图 5-62　CPU314C-2DP 接口设置

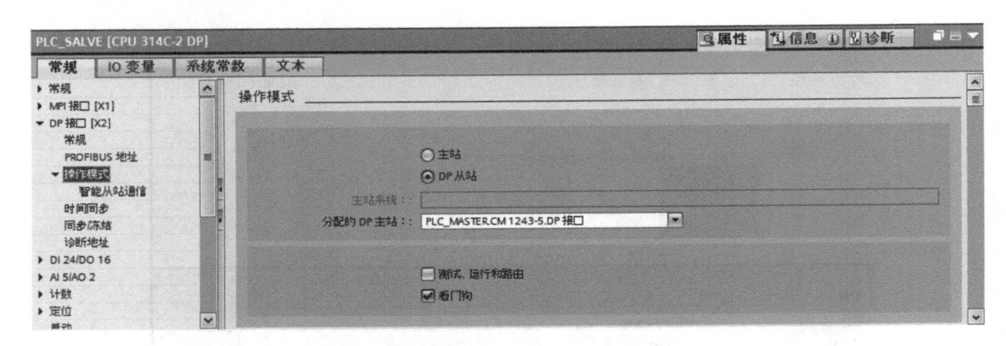

图 5-63　操作模式设置

在“操作模式”下选择“智能从站通信”，在“传输区域”创建“传输区_1”和“传输区_2”两个区域，各设置 2 个输入/输出字节，如图 5-64 所示。同理，创建 2#从站，并按图 5-65 组态传输区域。

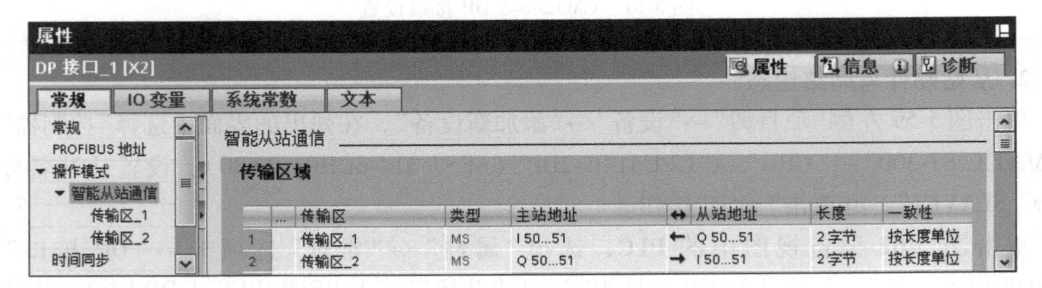

图 5-64　从站 1 传输区域设置

智能从站通信

传输区域

	...	传输区	类型	主站地址	↔	从站地址	长度	一致性
1		传输区_1	MS	I 52...53	←	Q 50...51	2 字节	按长度单位
2		传输区_2	MS	Q 52...53	→	I 50...51	2 字节	按长度单位

图 5-65　从站 2 传输区域设置

3. 主站仿真

选择主站控制器，右击项目树“PLC_MASTER”，在弹出的快捷菜单中选择“编译”或单击工具栏“编译”按钮进行硬件与网络组态编译。单击工具栏“仿真”按钮（或快捷菜单“开始仿真”选项），启动如图 5-66 所示的 S7-1200 虚拟 PLC。将编译成功的硬件组态通过“下载”按钮（或快捷菜单“下载到设备”选项）下载至虚拟 PLC。

图 5-66　虚拟 PLC

如图 5-67 所示，分别将“PG/PC 接口的类型”“PG/PC 接口”“接口/子网的连接”设置为“PN/IE”“PLCSIM S7-1200/S7-1500”“PN/IE_1”，单击“开始搜索”按钮，选择搜索到的设备并单击“下载”按钮。在弹出的对话框中（图 5-68）勾选“全部覆盖”并单击“下载”按钮。勾选图 5-69 中的“全部启动”复选框，即完成虚拟 PLC 的硬件配置及网络组态，如图 5-70 所示。

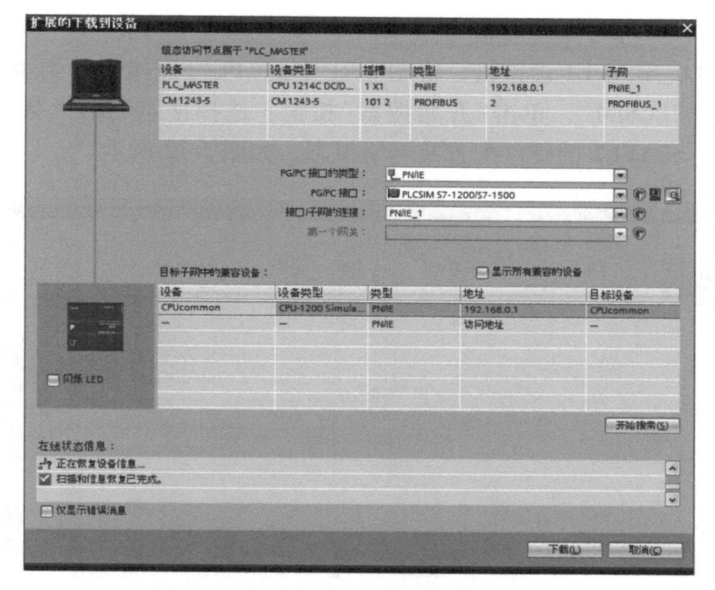

图 5-67　下载 PLC 组态

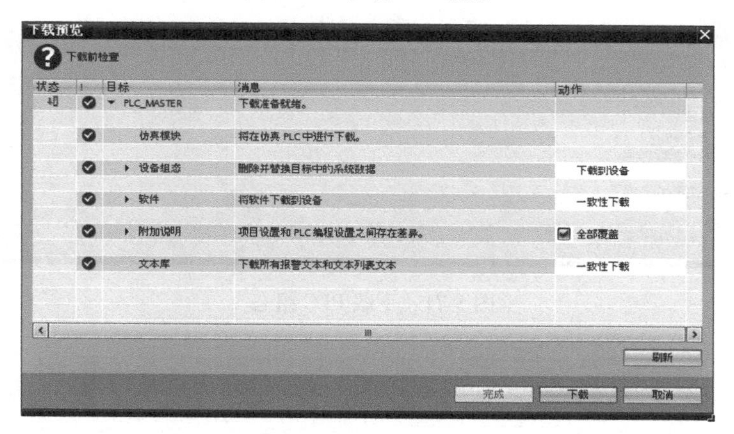

图 5-68　覆盖下载

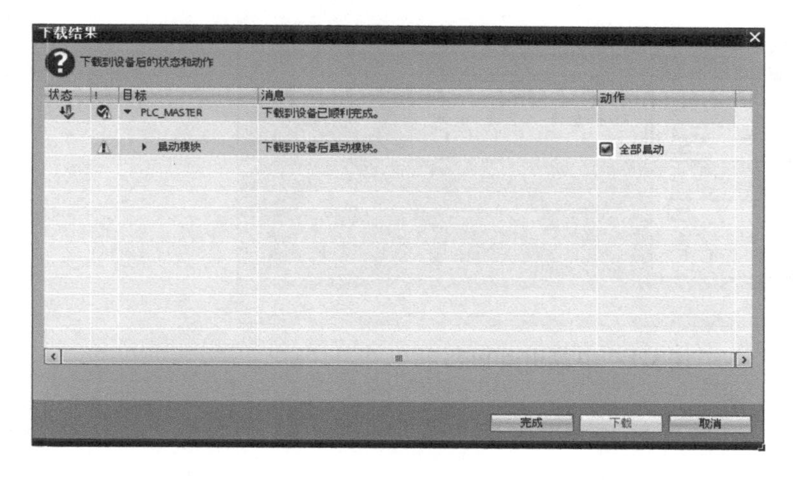

图 5-69　启动模块

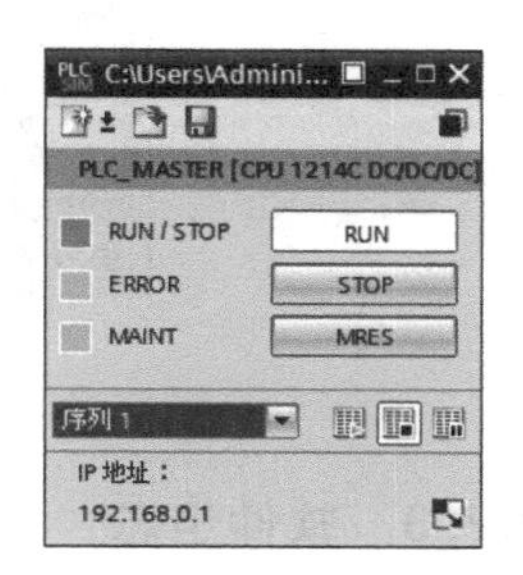

图 5-70　主站虚拟 PLC 运行

4. 从站仿真

同理，启动 PLC_SLAVE1 虚拟机，将图 5-71 中的“PG/PC 接口的类型”“PG/PC 接口”分别设置为“MPI”“PLCSIM”，单击“开始搜索”按钮，选择搜索到的设备并单击“下载”按钮，完成虚拟 PLC_SLAVE1 的硬件配置及网络组态，如图 5-72 所示。

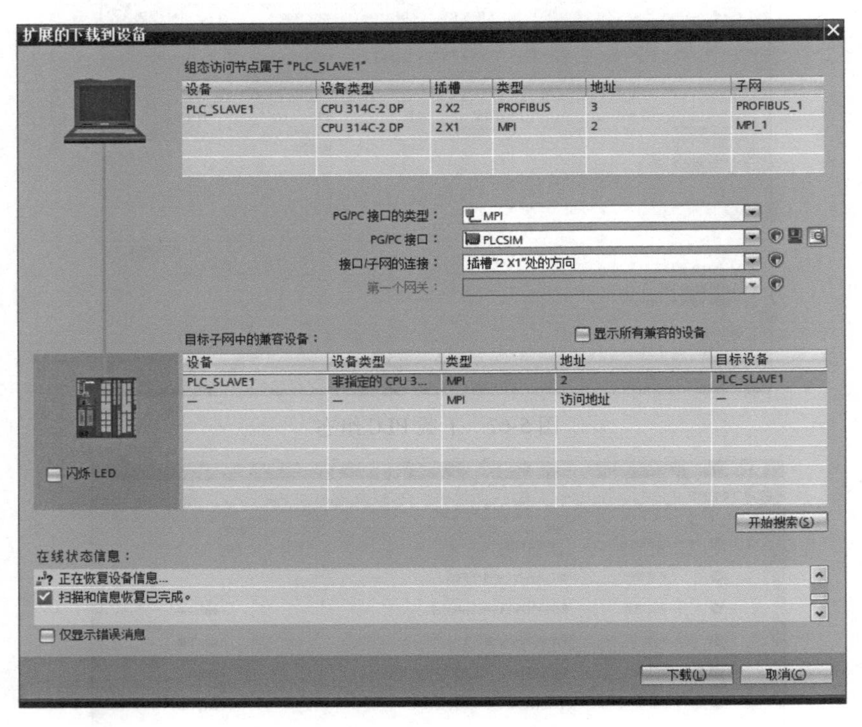

图 5-71　下载 PLC 组态

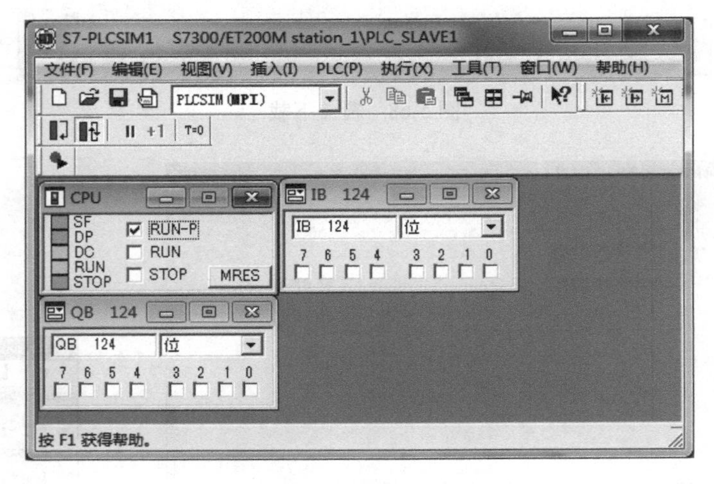

图 5-72　从站虚拟 PLC

5.4.3.3　软件组态

此例仅需将 CPU314C-2DP 模块 DP 应用示例中主站 OB1 程序中的位信号 124. x 替换为 0. x 且在助记符前加前缀%、字节 IB124 替换为%IB0，从站程序保持不变。

5.4.4 CM1242-5 模块 DP 应用

5.4.4.1 设计要求

序号 8 基于 CM1242-5 的 DP 主从通信

以 CP342-5 模块 DP 应用示例为例，从站 1、2 均修改为配置 CM1242-5 模块的 CPU1214C DC/DC/DC，主站配置维持不变。主从站分别采用 STEP7 V5.5、TIA V13 组态软件进行设计。

> 一个人也许很聪明，也许可以拥有许多知识，可如果没有高尚的品德和强烈的社会责任感，他就不仅不能对社会有益，反而可能危害社会。
>
> ——钱伟长

5.4.4.2 网络组态

主从站 I/O 分配见表 5-32～表 5-34。

1. 从站硬件与网络组态

参照 CM1243-5 模块 DP 应用示例创建项目“example_S71200_DP_SLAVE”，选择 CPU1214C DC/DC/DC 控制器并单击“添加”按钮完成 PLC_SLAVE1 站 CPU 组态。通过“添加新设备”组态 PLC_SLAVE1 站的 CM1242-5 模块，选择 CM1242-5 模块 DP 接口“属性”→“PROFIBUS 地址”，添加“PROFIBUS_1”子网，DP 地址设置为 3，如图 5-73 所示。

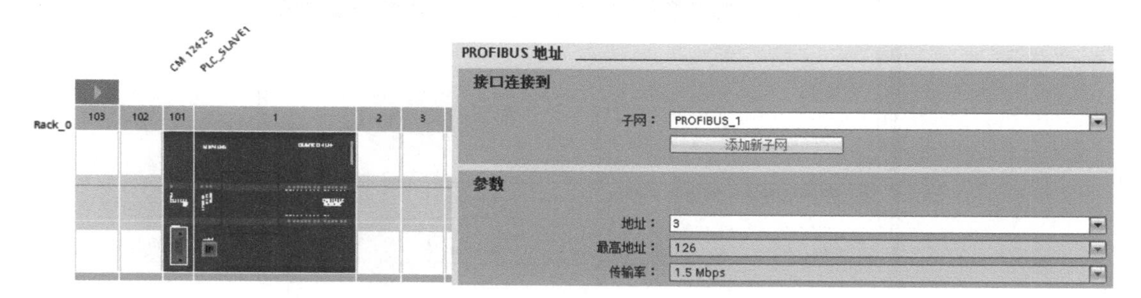

图 5-73 CM1242-5 DP 接口设置

选择 CM1242-5 模块 DP 接口“属性”→“操作模式”，选择“DP 从站”，“分配的 DP 主站”设置为“未分配”，且在“智能从站通信”的传输区域添加“传输区_1”“传输区_2”两个传输区，数据长度为 4B，它必须与主站的输入/输出对应，亦即“传输区_1”为从站 4B 的输出，“传输区_2”为从站 4B 的输入，如图 5-74 所示。

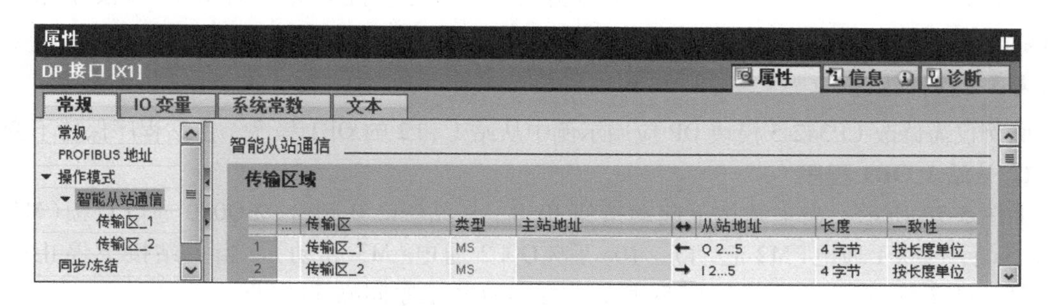

...	传输区	类型	主站地址	↔	从站地址	长度	一致性
1	传输区_1	MS		←	Q 2...5	4 字节	按长度单位
2	传输区_2	MS		→	I 2...5	4 字节	按长度单位

图 5-74 从站 1 传输区域设置

同理，创建 PLC_SLAVE2 站并组态设备，其硬件配置与从站 1 相同。PLC_SLAVE2 站 DP 地址设置为 4，其传输区域设置如图 5-75 所示。

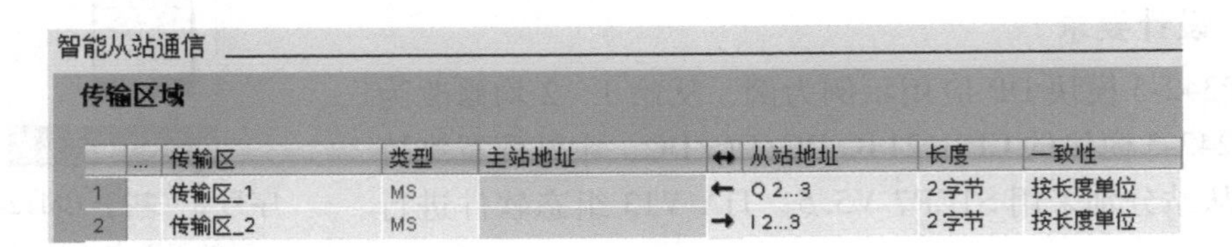

智能从站通信

传输区域

	...	传输区	类型	主站地址	↔	从站地址	长度	一致性
1		传输区_1	MS		←	Q 2...3	2 字节	按长度单位
2		传输区_2	MS		→	I 2...3	2 字节	按长度单位

图 5-75　从站 2 传输区域设置

单击工具栏"编译"按钮可分别编译 PLC_SLAVE1、PLC_SLAVE2，并通过"下载"按钮将配置下载至相应的 PLC。

2. 主站硬件与网络组态

下载并安装 CM1242-5 的 GSD 文件。在软件 STEP7 V5.5 中，通过"Options"进入"Install GSD Files"对话框，在源路径选择 CM1242-5 的 GSD 文件存储路径，选择 GSD 文件，单击"Install"按钮进行安装，如图 5-76 所示。

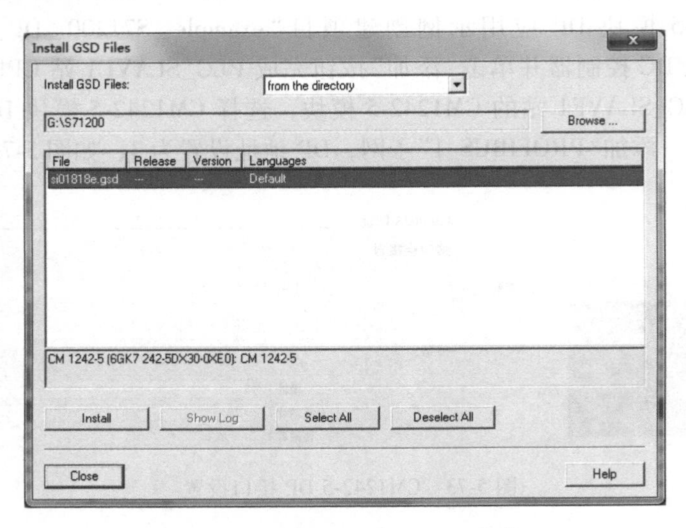

图 5-76　安装 CM1242-5 GSD 文件

新建项目"example_CP342-5_MASTER"，并右击项目名插入一个 S7-300 站点，并将其更名为 MASTER 站点。双击 MASTER 站点的 Hardware，如图 5-77 所示，分别完成主从站的硬件配置，其模块数目、位置、订货号应与实物保持一致。配置完毕后单击按钮保存并编译。

5.4.4.3　软件组态

此例仅需修改 CP342-5 模块 DP 应用示例中从站 1 和 2 的 OB1 程序，主站程序保持不变。

1. 从站 1 OB1 程序

如图 5-78 所示，当主站按下起动按钮 I0.0，从站%I2.0 闭合，%Q0.0 通电自锁（M1 起动），5s 后%Q0.1 通电（M2 起动），10s 后%Q0.2 通电（M3 起动）。当主站按下停止按钮 I0.1 且从站 2 M1 电动机停止运行 5s 后，本站电动机依序间隔 5s 停止。

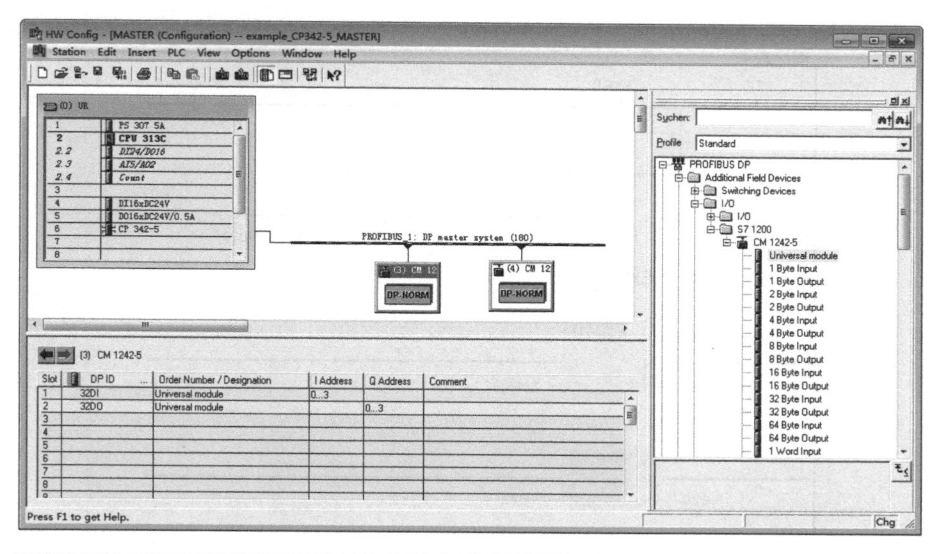

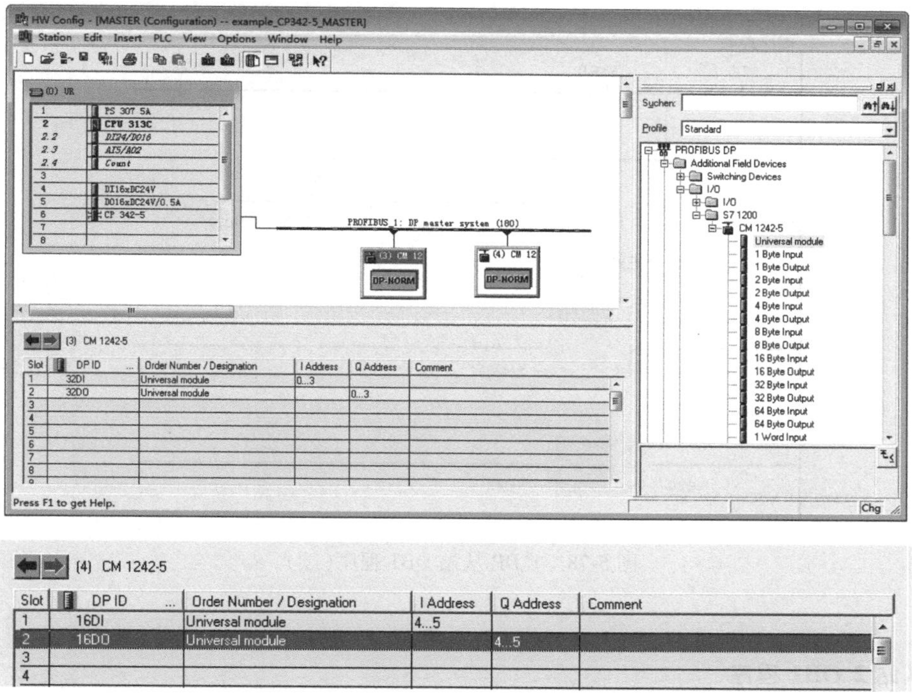

(4) CM 1242-5

Slot	DP ID	Order Number / Designation	I Address	Q Address	Comment
1	16DI	Universal module	4...5		
2	16DO	Universal module		4...5	
3					
4					

图 5-77 网络拓扑结构与主从站数据交互区定义

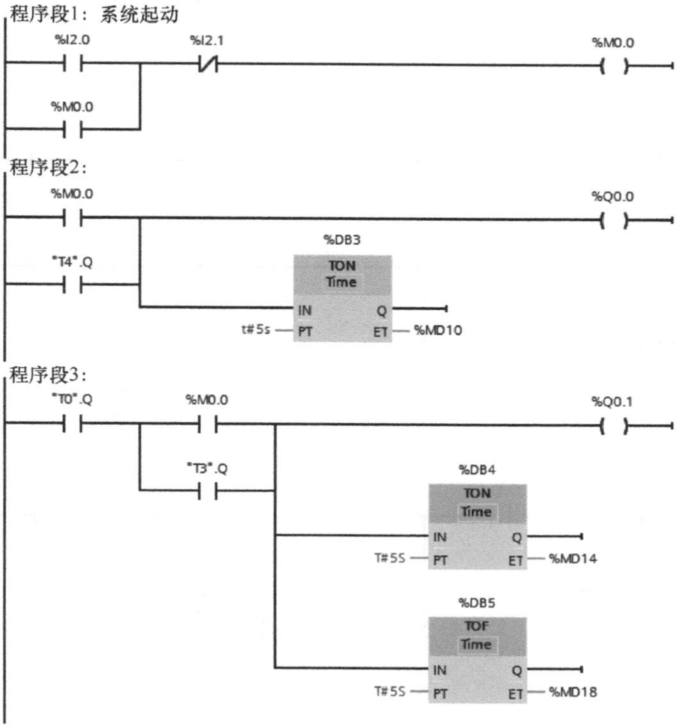

程序段1：系统起动

%I2.0 %I2.1 %M0.0

%M0.0

程序段2:

%M0.0 %Q0.0

"T4".Q

%DB3 TON Time IN Q PT ET t#5s %MD10

程序段3:

"T0".Q %M0.0 %Q0.1

"T3".Q

%DB4 TON Time IN Q PT ET T#5S %MD14

%DB5 TOF Time IN Q PT ET T#5S %MD18

图 5-78 1#DP 从站 OB1 程序

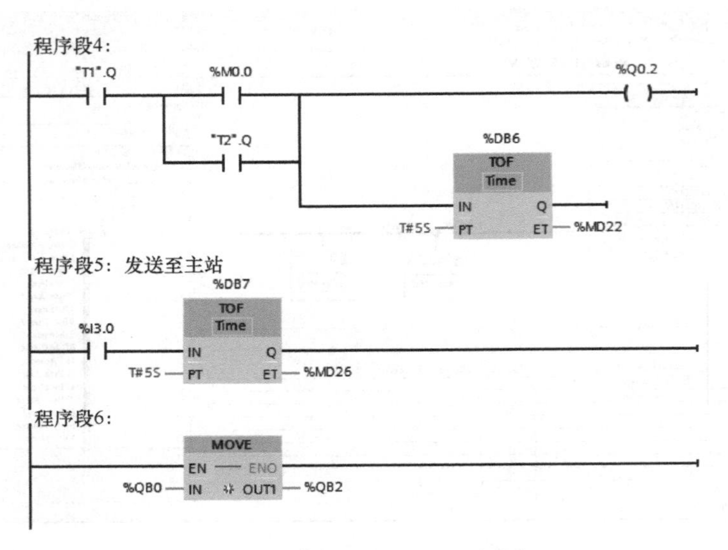

图 5-78 1#DP 从站 OB1 程序(续)

2. 从站 2 OB1 程序

如图 5-79 所示，当从站 1 M3 电动机运行后，从站%I3.2 闭合，5s 后%Q0.0 通电自锁(M1 起动)，10s 后%Q0.1 通电(M2 起动)，15s 后%Q0.2 通电(M3 起动)。当主站按下停止按钮 I0.1，从站%I2.1 有效，M3 电动机停止运行，5s 后%Q0.1 断电(M2 停止)，10s 后%Q0.0 断电(M1 停止)。

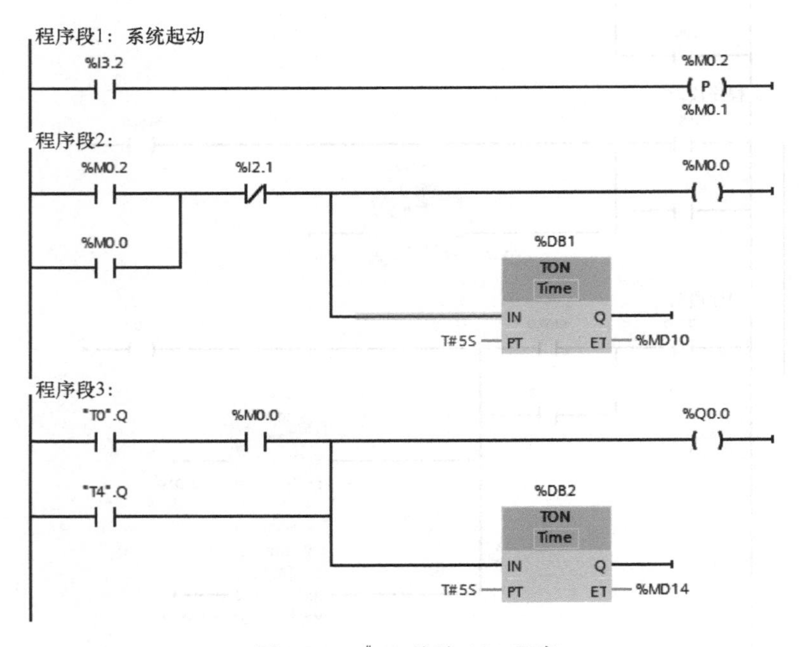

图 5-79 2#DP 从站 OB1 程序

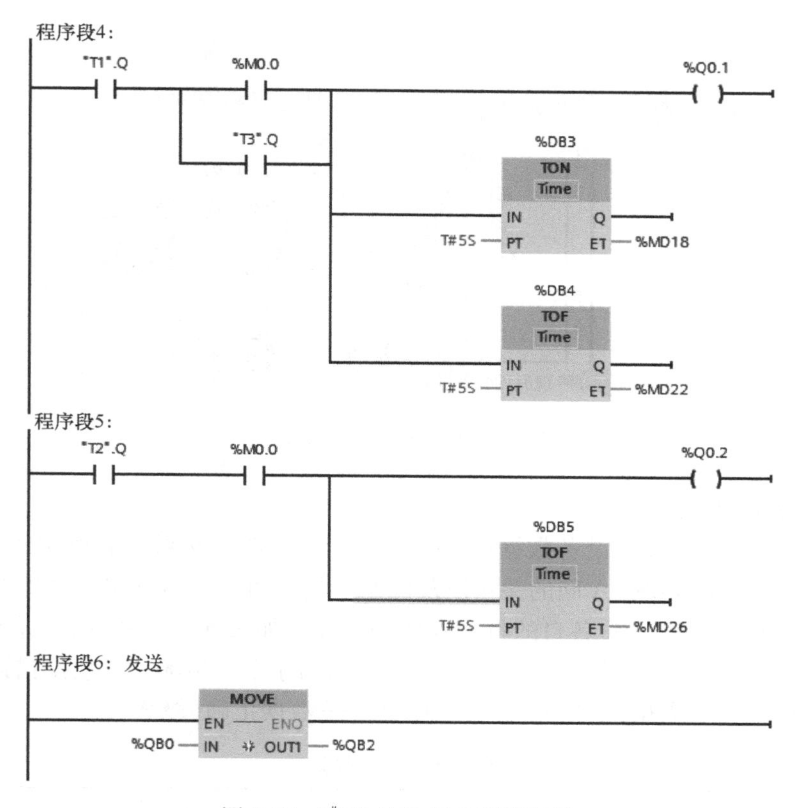

图 5-79　2#DP 从站 OB1 程序(续)

5.5　PROFIBUS-PA

5.5.1　概述

1. PROFIBUS-PA 概念

PROFIBUS-PA(process automation)主要面向过程自动化系统中单元级和现场级通信，是一种将自动化系统和过程控制系统与压力、温度和液位变送器等现场设备连接起来的通信系统，如图 5-80 所示。PROFIBUS-PA 不仅可用于冶金、造纸、烟草、污水处理等一般工业领域，也可用于带有本安防护要求的石化化工爆炸危险区。

PROFIBUS-PA 主要特点如下：

① 基于扩展的 PROFIBUS-DP 协议和 IEC 61158-2 传输技术。

② 适用于替代目前 4~20mA 的模拟技术。

③ 仅使用一根双绞线进行数据通信以及对 PA 总线上的设备、仪表进行供电。

④ 可靠的串行数字传输，通信速率为 32. 15kbit/s。

⑤ 符合 IEC 61158-2 的本安型 PROFIBUS-PA 可用于危险区域。

⑥ 由于 PROFIBUS-PA 行规，保证了不同设备制造商产品的互操作性和互换性。

⑦ 使用 DP/PA 耦合器、连接器可实现 PROFIBUS-DP 和 PROFIBUS-PA 的转换。

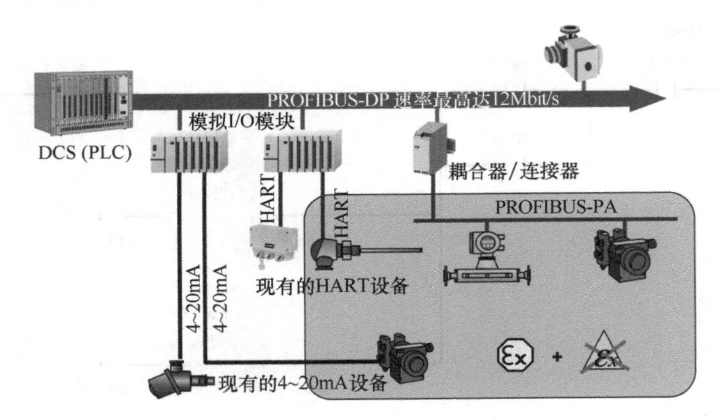

图 5-80　PA 与 4~20mA 连接方式

2. PA 设备标准参数

PA 行规包含一般定义与设备数据单两部分，其中一般定义对所有类型的设备都有效，主要描述设备与 PROFIBUS-PA 间的关系以及操作、起动和再起动方式；设备数据单则定义每个设备类型(如变送器、阀)各自的特定参数和操作，如表 5-36、图 5-81 所示。其中，测量值一般为 32 位浮点数表达的工程量，状态数据则为字节：0x00——数据错误；0x40——数据不确定；0x80——数据正确(非级联)；0xC0——数据正确(级联)。

表 5-36　标准参数

参数	读	写	功能
OUT	●		过程变量的现在测量值和状态
PV_SCALE	●	●	过程变量测量范围的上、下限的刻度、单位及小数点后的数字个数
PV_FTIME	●	●	功能块输出起动时间(以秒为单位)
ALARM_HYS	●	●	报警功能的滞后是测量范围的百分之几
HI_HI_LIM	●	●	报警上限：若超过，则报警和状态位设定为 1
HI_LIM	●	●	警告上限：若超过，则警告和状态位设定为 1
LO_LIM	●	●	警告下限：若过低，则警告和状态位设定为 1
LO_LO_LIM	●	●	报警下限：若过低，则中断和状态位设定为 1
HI_HI_ALM	●		带有时间标记的报警上限的状态
HI_ALM	●		带有时间标记的警告上限的状态
LO_ALM	●		带有时间标记的警告下限的状态
LO_LO_ALM	●		带有时间标记的报警下限的状态

3. 通信方式

根据国际标准，对 PROFIBUS-PA 总线的访问方法有令牌协议(有源主站)或 PROFIBUS-DP 轮询方式(无源从站)两类，现场设备通常作为从站存在，如图 5-82 所示。主站通过标准的 DP 周期性数据交换功能传输测量值和状态，使用扩展 DP 的非周期性读/写功能传输设备参数以及工程工具设备的运行。

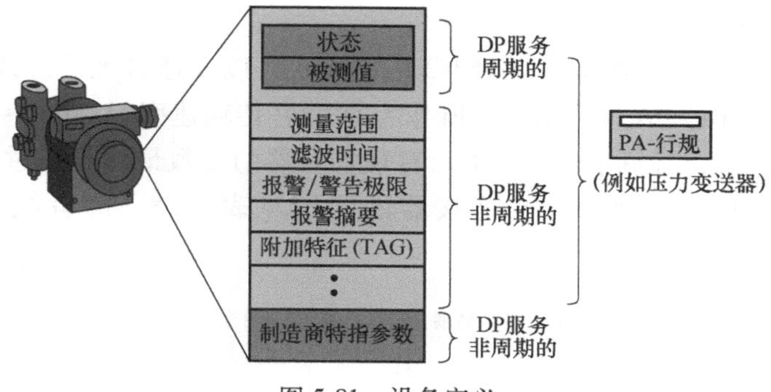

图 5-81　设备定义

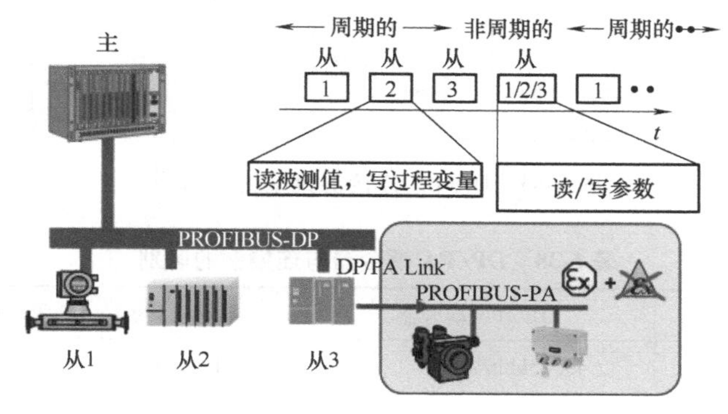

图 5-82　PA 通信方式

5.5.2　网络组件

1. DP/PA 耦合器(DP/PA Coupler)

DP/PA 耦合器是 PROFIBUS-DP 和 PROFIBUS-PA 之间的物理链路。它既作为现场仪表的电源同时将异步不归零编码(11 位/字符)数据格式转换为同步曼彻斯特编码(8 位/字符)，也可将 45.45kbit/s(DP)传输速率转换为 31.25kbit/s(PA)，适用于站点总数小且时间要求低的场合。DP/PA 耦合器有非 Ex 型、Ex 型两类，所谓 Ex 型 DP/PA 耦合器是指其所连 PA 设备可安装于防爆区域 0、1，并非指耦合器本身，非 Ex 型、Ex 型 DP/PA 耦合器均可安装于非防爆区域 2。非 Ex 型馈电电流可驱动 31 台现场仪表，Ex 型馈电电流可驱动 10 台现场仪表，具体见表 5-37。

表 5-37　非 Ex 型与 Ex 型的区别

DP/PA 耦合器类型	非 Ex 型	Ex 型
订货号	6ES7 157-0AC83-0XA0	6ES7 157-0AD82-0XA0
所连 PA 设备的可应用区域	Ex 区域 2	Ex 区域 2、区域 1、区域 0
所连 PA 设备的总电流消耗	≤1A	≤110mA
使用过程电缆	黑色	蓝色
PA 总线长度	1900m	1000m
DP/PA 连接器配置多个 DP/PA 耦合器	支持	支持
配置 PROFIBUS-PA 冗余	支持	不支持

2. DP/PA 连接器(DP/PA-Link)

DP/PA 连接器包含一个或两个 IM153-2 接口模块，以及通过无源总线耦合器或总线模块相互连接的 1~5 个 DP/PA 耦合器。它既作为 DP 网(传输速率<12Mbit/s)的一个从站，又作为各分支总线的主站，且每个连接器上所有现场仪器的总数最多不超过 64 台，其典型配置如图 5-83 所示。DP/PA 耦合器与连接器的区别见表 5-38，两者组态与编址示例如图 5-84 所示。

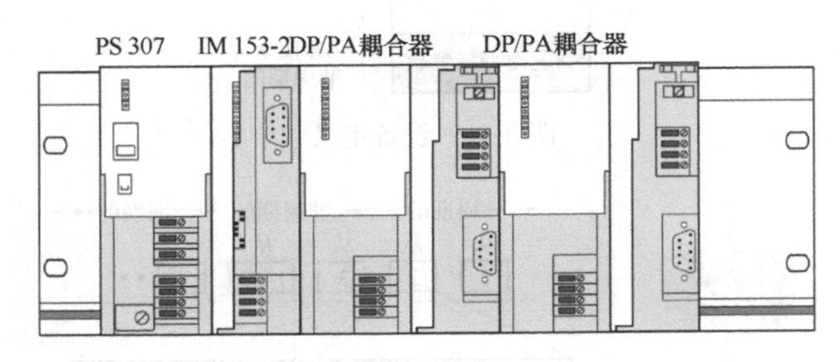

图 5-83　DP/PA 连接器典型组态示例

表 5-38　DP/PA 耦合器与连接器的区别

模块类别	DP/PA 耦合器	DP/PA 连接器
DP 总线通信速率	仅 45.45kbit/s	≤12Mbit/s
所连 PA 设备的地址	所有 PA 设备占用 DP 地址	仅连接器占用一个 DP 地址，PA 设备使用与 DP 网络无关的 PA 地址
所连 PA 设备总字节数	—	≤244B
连接 PA 设备数	≤31(每个 DP/PA 耦合器)	≤64(每个 DP/PA 连接器) ≤31(DP/PA 连接器中的每个耦合器)
与冗余系统连接	不支持	支持
配置 PA 冗余	不支持	支持

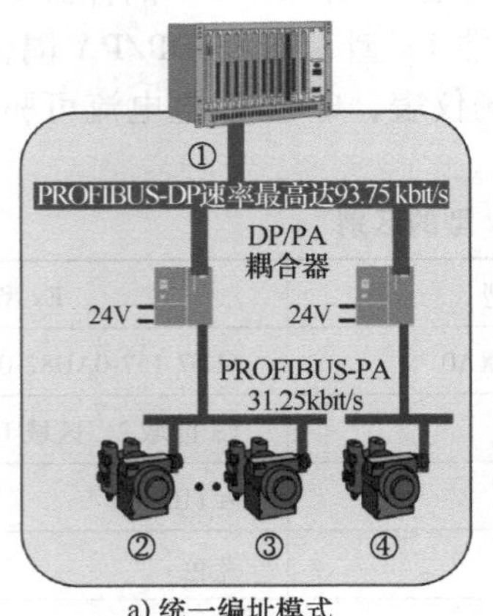

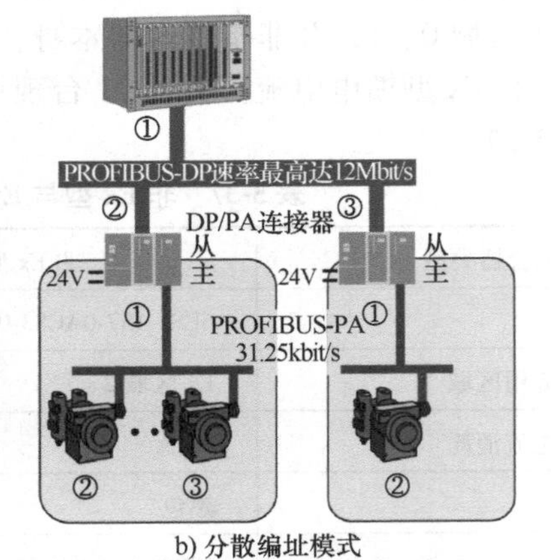

a) 统一编址模式
注：①②③④为同一DP网络中的站点编号。

b) 分散编址模式
注：上层①②③为同一DP网络中的站点编号，其中②号站即左下层①号站，它是下层②③站点的主站；③号即右下层①号站，它是下层②站点的主站。

图 5-84　DP/PA 耦合器、连接器组态与编址示例

3. 有源现场分配器

有源现场分配器通过支线将 PROFIBUS-PA 分配给 PA 现场设备，如测量仪器、传感器和执行器。根据不同版本，有源现场分配器分为 AFS(有源现场分离器)、AFD(有源现场分配器)、AFDiS(有源现场分配器)三类，如图 5-85 所示。

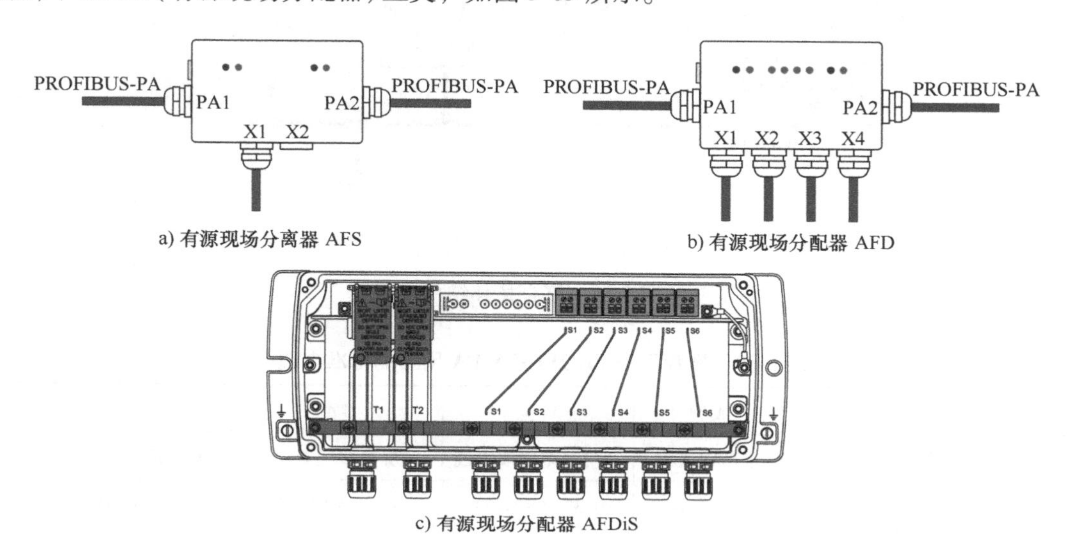

a) 有源现场分离器 AFS　　b) 有源现场分配器 AFD

c) 有源现场分配器 AFDiS

图 5-85　有源现场分配器

（1）AFS

它将 PROFIBUS-PA 总线切换到两个冗余耦合器的活动耦合器上。如果其中一个 PA 耦合器故障或 AFS 的一端总线短路或断路，则不影响整个 PA 总线的正常运行。如果 AFS 下行 PA 总线出现短路或断路或总线终端丢失，则会出现类似非冗余系统的故障。此外，AFS 最多可连接 31 个 PA 设备。

（2）AFD

它可通过防短路分支总线连接，将最多 4 个 PROFIBUS-PA 现场设备集成到一个带有自动总线端接功能的 PROFIBUS-PA 环网中。单独使用 AFD 时，最多可以使用 8 个现场分配器；AFD 和 AFDiS 混合使用时，最多可以使用 5 个现场分配器。

（3）AFDiS

它最多可以连接 6 个 PA 现场设备，可用于危险区域。

5.5.3　网络拓扑结构

PROFIBUS-PA 总线有树形结构、总线型结构和两者的复合结构。其中，树形结构是典型的现场安装技术，它采用双芯电缆替代多芯电缆，并由现场分配器负责连接现场设备与主干总线，树形结构包括主干电缆、分支电缆、连接部件和两个终端电阻。总线型结构提供了沿现场电缆的连接点，现场总线电缆可通过所连接的现场设备组成回路，除主干电缆外，分支电缆也可用于连接一个或多个现场设备。复合拓扑结构如图 5-86 所示。

总网络长度是主电缆长度与分支电缆总长度之和，DIN 61158-2 标准定义了若干标准电缆类型的电气和物理特性，推荐用于 PROFIBUS-PA 网络的标准电缆见表 5-39。每单位电缆长度上允许连接的现场设备数量以及从总线到分支的长度见表 5-40。

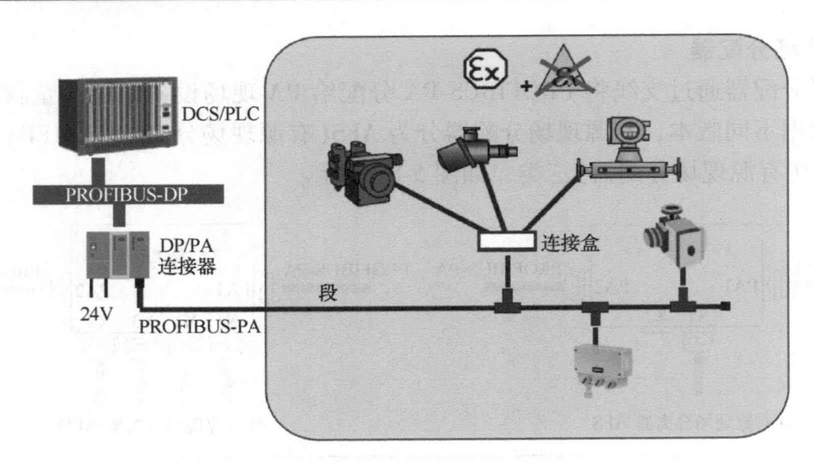

图 5-86　复合拓扑结构

表 5-39　推荐用于 PROFIBUS-PA 网络的标准电缆

类别	A 型	B 型	C 型	D 型
电缆类型	屏蔽双绞线	全屏蔽多股双绞线	非屏蔽多股双绞线	非屏蔽、非多股双绞线
最大截面积/mm^2	0.8(AWG18)	0.32(AWG22)	0.13(AWG26)	1.25(AWG16)
回路电阻(直流)/(Ω/km)	44	112	264	40
浪涌阻抗(31.25kHz)/Ω	100±20%	100±30%	*	*
波衰减(39kHz)/(dB/km)	3	5	8	8
非对称电容/(nF/km)	2	2	*	*
组失真(7.9~39kHz)/(μs/km)	1.7	*	*	*
屏蔽覆盖度	90%	*	—	—
总电缆长度(含连接电缆)/m	1900	1200	400	200

注：*未作规定。

表 5-40　分支电缆长度

连接仪表数量	每个分支电缆长度(本安型)/m	每个分支电缆长度(非本安型)/m
25~32	—	—
19~24	30	30
15~18	30①	60
13~14	30①	90
1~12	30①	120

① FISCO(fieldbus intrinsically safe concept，现场总线本安型概念)模型初始值。

5.5.4　供电电源

连接于总线上的现场设备和仪表需要一个供电电源。供电电压的大小取决于应用的需要。本安型总线的电源可以是带本安输出的电源或带有隔离器的非本安电源，本安型电源可以集成在现场总线器件中，安全所要求的电压/电流取决于电源的保护类型即“ia”或“ib”(防爆等级)。根据欧洲标准，总线电源作为“相关源”必须有认证，且必须符合 FISCO 模型，该模型由 PTB(Physikalisch-Technische Bundesanstalt，德国联邦物理研究院)开发，它提供了一种设计方法，使得在现场总线应用于危险区域时，其本质安全设计、安装和扩展变得相当简单。典型供电回路示例如图 5-87 所示。

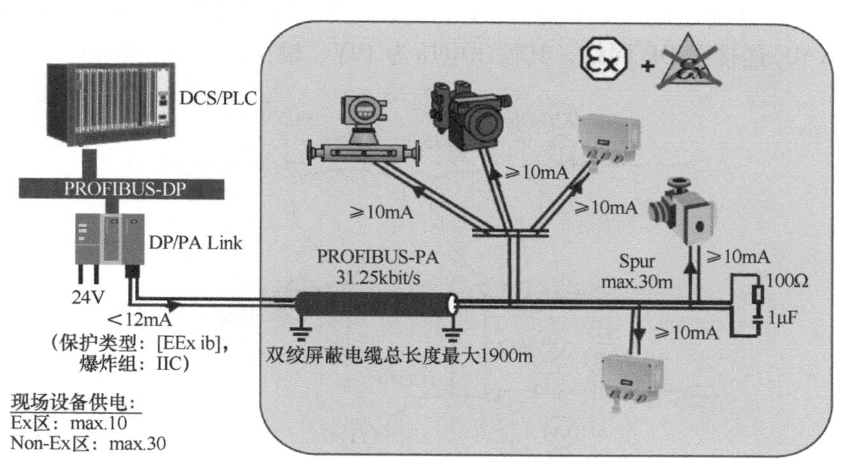

图 5-87 典型供电回路

在复杂的本安网络中，最大供电电压和电流都需限制在很窄的范围内，即使是非本安网络，总线供电设备的功率也是受限的，且传输线电压降将会导致功率损失。因此，可根据式(5-1)、式(5-2)精确计算供电设备与终端的电压降、总电流消耗，以确保总线施加于设备的工作电压至少为 9V，功率满足设计要求。标准电源与相应电缆长度规定见表 5-41。

表 5-41 标准电源与相应电缆长度规定

电源	单位	Ⅰ型	Ⅱ型	Ⅲ型	Ⅳ型
适用区域		Ex ia/ib ⅡC	Ex ib ⅡC	Ex ib ⅡB	非本安区域
电压	V	13.5	13.5	13.5	24
要求总电流	mA	≤110	≤110	≤250	≤500
最大功率	W	1.8	1.8	4.2	12
最大回路电阻	Ω	≤40	≤40	≤18	≤130
通流面积 $q=0.5\text{mm}^2$ 的电缆长度	m	≤500	≤500	≤250	≤1700
通流面积 $q=0.8\text{mm}^2$ 的电缆长度	m	≤900	≤900	≤400	≤1900
通流面积 $q=1.5\text{mm}^2$ 的电缆长度	m	≤1000	≤1500	≤500	≤1900
通流面积 $q=2.5\text{mm}^2$ 的电缆长度	m	≤1000	≤1900	≤1200	≤1900

注：ⅡB、ⅡC 是指爆炸性气体类别。

$$U_{Bn}=U_S-I_{SEG}\times R'\times L_{ges} \tag{5-1}$$

$$I_{SEG}=\sum_{i=1}^{n}I_{Bn}+I_{FDE} \tag{5-2}$$

式中，n 为总线设备数；U_S、I_S 为耦合器输出电压、电流；U_{Bn} 为远端设备电压；I_{Bn} 为设备基本电流，一般不低于10mA；I_{FDE}为总线故障电流，一般不超过9mA，最低3mA；R'为单位长度导线阻抗；L_{ges}为总长度；I_{SEG}为回路总电流，是指现场设备、便携设备、总线耦合器、中继器的阈值电流等基本电流与总线最大故障电流的总和。

例5-8 以图5-88所示工艺结构，设计用于安全区域的PA网络，并校验电压、电流。

根据设备实际分布情况以及工艺结构，PA网络结构如图5-89所示。各设备通过电阻为0.044Ω/m的A型电缆连接至PA网络，PA网络经非防爆型DP/PA耦合器(订货号6ES7 157-0AC81-0XA0)连接至DP网络，其输出电压为19V、输出电流为400mA。

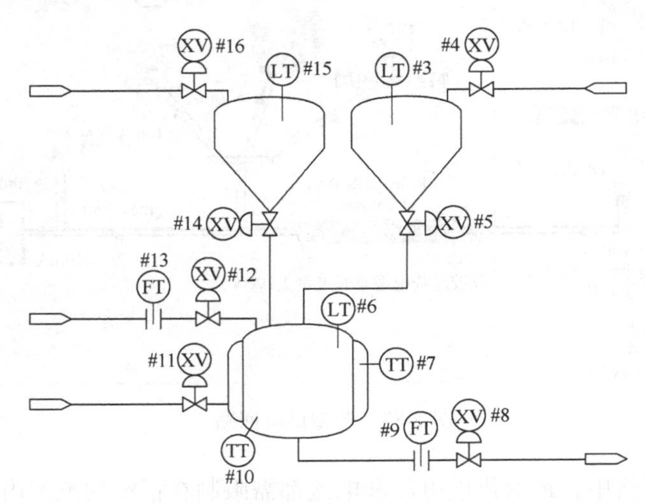

图5-88 工艺结构

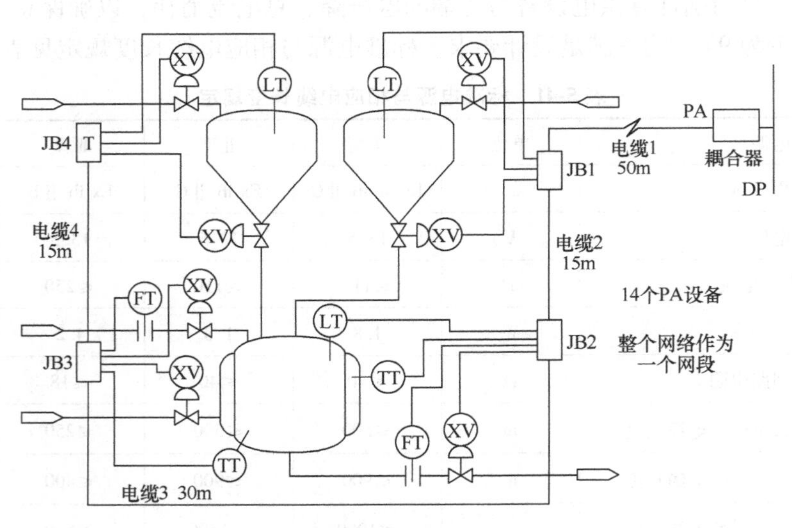

图5-89 PA网络结构

计算网络总体电流消耗，校验DP/PA耦合器输出电流，各设备从PA电缆上消耗的基本电流以及可能的最大故障电流见表5-42。

由表5-42可见，总电流消耗为185mA，小于DP/PA耦合器输出电流400mA，满足要求。

表 5-42　设备消耗的基本电流及故障电流

标签	地址	设备	基本电流/mA	故障电流/mA
LT003	3	超声波物位计	13	0
XV004	4	阀门定位器	13	4
XV005	5	阀门定位器	13	6
LT006	6	超声波物位计	13	0
TT007	7	温度计	13	0
XV008	8	阀门定位器	13	4
FT009	9	质量流量计	12	0
TT010	10	温度计	13	0
XV011	11	阀门定位器	13	4
XV012	12	阀门定位器	13	4
FT013	13	DP 单元与口径	11	0
XV014	14	阀门定位器	13	6
LT015	15	超声波物位计	13	0
XV016	16	阀门定位器	13	4
电流小计			179	
最大故障电流				6
电流总计/mA			185	

计算网络电压差，校验远端设备电压是否满足要求。各设备连接电缆长度、阻值、电压差见表 5-43。

表 5-43　连接电缆长度、阻值、电压差

电缆	长度/m	电阻/Ω	电流/mA	电压差/V	终端电压/V
1	50	2. 2	179	0. 3938	18. 606
LT003	5	0. 22	13	0. 00286	18. 603
XV004	5	0. 22	13	0. 00286	18. 603
XV005	5	0. 22	13	0. 00286	18. 603
2	15	0. 66	140	0. 0924	18. 514
LT006	5	0. 22	13	0. 00286	18. 511
TT007	5	0. 22	13	0. 00286	18. 511
XV008	5	0. 22	13	0. 00286	18. 511

（续）

电缆	长度/m	电阻/Ω	电流/mA	电压差/V	终端电压/V
FT009	5	0.22	12	0.00264	18.511
3	30	1.32	89	0.11748	18.396
XT010	5	0.22	13	0.00286	18.393
XV011	5	0.22	13	0.00286	18.393
XV012	5	0.22	13	0.00286	18.393
FT013	5	0.22	11	0.00242	18.394
4	15	0.66	39	0.02574	18.371
XV014	5	0.22	13	0.00286	18.368
LT015	5	0.22	13	0.00286	18.368
XV016	5	0.22	13	0.00286	18.368
最远端设备供电电压					18.368

由表 5-43 可见，最远端设备供电电压为 18.368V，大于 9V，满足设计要求。

例 5-9 以图 5-88 所示工艺结构，设计用于 Ex 区域 1 的 PA 网络，并校验电压、电流。

PA 网络经 Siemens 的 FISCO 耦合器连接至 DP 网络，耦合器输出电压为 12.5V、输出电流为 100mA。

仍以图 5-88 所示网络结构进行计算，由于其总电流消耗为 185mA，已超过 100mA，显然无法满足设计要求。

重新将网络规划成 2 个网段，如图 5-90 所示，参照前述计算方法校验每个网段。网段 1 总电流消耗为 96mA，最远端设备 FT009 上的供电电压为 12.266V；网段 2 总电流消耗为 95mA，最远处的设备 XV016 上的供电电压为 12.158V，均满足总电流消耗小于 100mA、设备工作电压大于 9V 的要求。

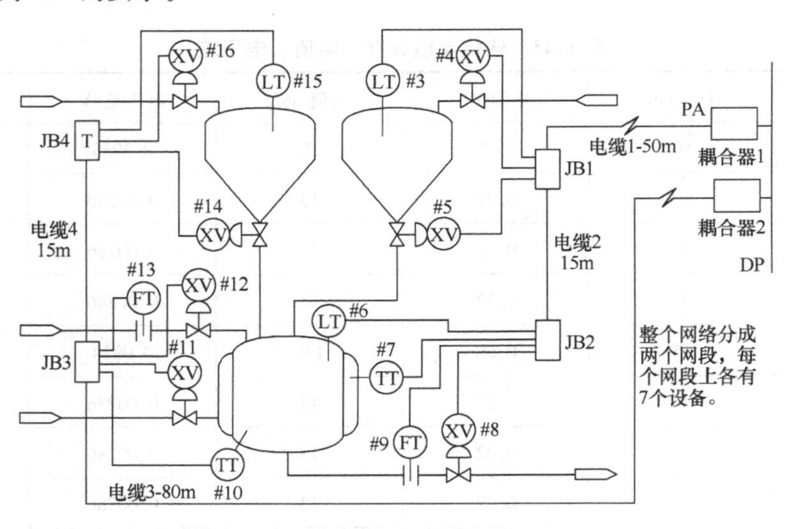

图 5-90 PA 网络

5.6　PROFIBUS-PA 应用案例

序号 9　基于 DP-PA 连接器的 PA 通信

5.6.1　设计要求

基于 CPU314C-2DP、DP/PA LINK 模块构建仪器仪表数据采集总线。具体要求：PA 总线挂接 SITRANS P DIII（压力传感器）、SITRANS T3K（温度传感器）、SITRANS FUS060（超声波流量计）、Prosonic M（超声波物位计）、SITRANS PS2PA（电气阀门定位器）各 1 台，实现四大热工参数的测量及电动调节阀的控制。

> 工程师责任：（1）义务责任，是指工程师遵守甚至超越职业标准的责任，是一种积极的向前的责任概念；（2）过失责任，是指伤害行为的责任，是一种消极的向后的责任概念；（3）角色责任，由于处于一种承担了某种责任的角色中，一个人承担了义务责任，并且也会因为伤害而受到责备，这是积极方面和消极方面的结合。

5.6.2　网络组态

1. DP 主站硬件配置

新建项目"example_pa"，并右击项目名插入一个 S7-300 站点，如图 5-91 所示。选择 SIMATIC 300(1)并双击此站点的 Hardware，如图 5-92 所示完成 DP 主站的硬件配置，其模块数目、位置、订货号应与实物保持一致。配置完毕后单击按钮保存并编译。

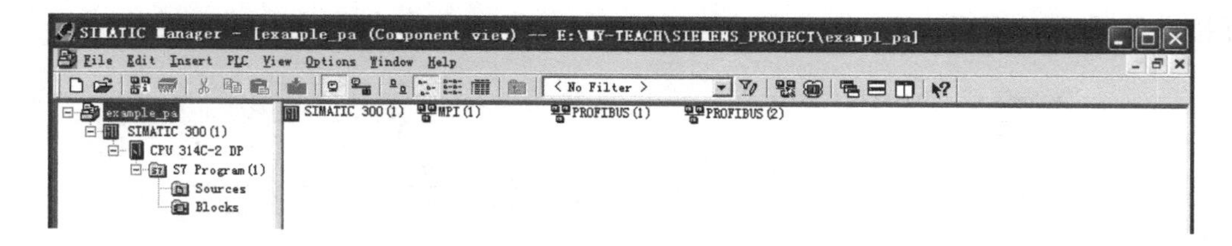

图 5-91　CPU314C-2DP_PA 项目

(0)　UR

S...	Module	Order number	Firmware	MPI...	I address	Q address	Comment
1	PS 307 5A	6ES7 307-1EA00-0AA0					
2	CPU 314C-2 DP	6ES7 314-6CF02-0AB0	V2.0	2			
X2	DP				1023*		
2.2	DI24/DO16				124...126	124...125	
2.3	AI5/AO2				752...761	752...755	
2.4	Count				768...783	768...783	
2.5	Position				784...799	784...799	
3							
4	DI16xDC24V	6ES7 321-1BH02-0AA0			0...1		
5	DO16xDC24V/0.5A	6ES7 322-1BH01-0AA0				4...5	

图 5-92　PLC DP 主站硬件配置

2. PA 网络组态

在主站硬件配置界面中双击 CPU314C-2DP 模块中集成的 DP，并单击"General"选项卡的"Properties"按钮，在弹出的属性界面"Parameters"选项卡中单击"New"按钮，新建一个 PROFIBUS 网络，并在"Network Settings"选项卡中选择通信速率（默认"1.5Mbps"）。

（1）添加 DP/PA LINK

选择“PROFIBUS DP”组件“DP/PA LINK”文件夹中的“IM157”，并按下鼠标左键将其拖放至 DP master system，待指针出现“+”时松开鼠标左键，并将 IM157 设置为 3 号 DP 从站。在随后弹出的对话框(图 5-93)中，选择 PROFIBUS-PA 接口模块。配置完成后的 PA 网络如图 5-94 所示。

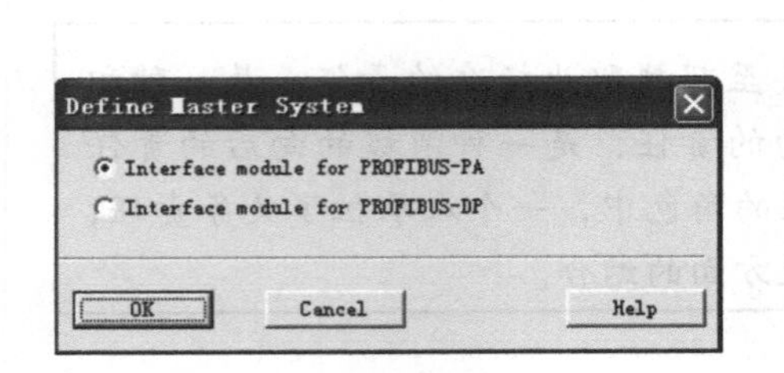

图 5-93　选择 DP/PA 接口

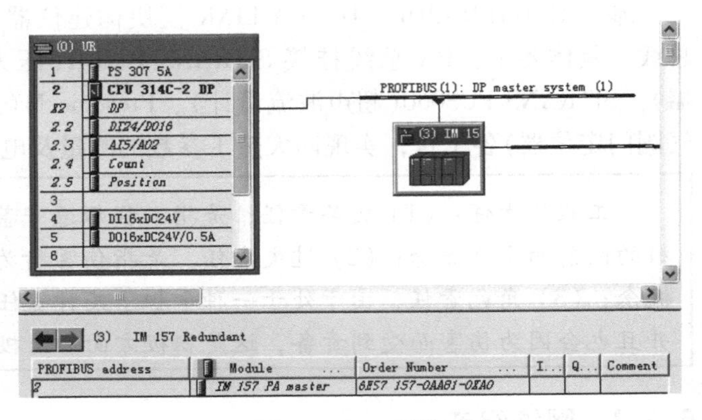

图 5-94　PA 网络

（2）添加 SITRANS P DSIII 压力传感器

选择“PROFIBUS PA”组件“Sensors”文件夹中“Pressure”→“SIEMENS AG”选项中的 SITRANS P DSIII 模块，并按下鼠标左键将其拖放至 PA master system，待指针出现“+”时松开鼠标左键，并将 SITRANS P DSIII 设置为 PROFIBUS(2)的 3 号 DP 从站，配置完成的数据交互接口如图 5-95 所示。

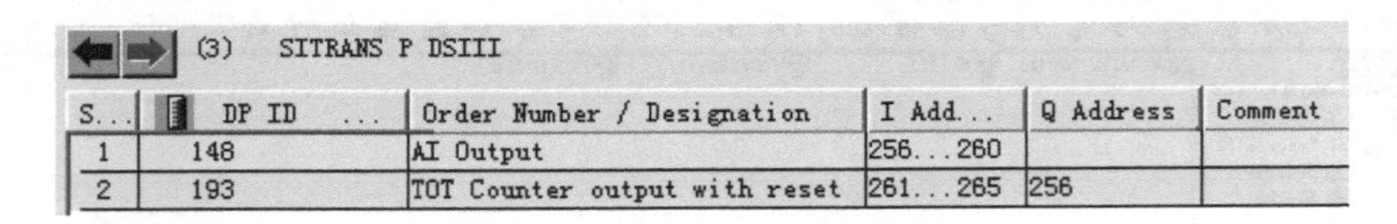
(3)　SITRANS P DSIII

S...	DP ID ...	Order Number / Designation	I Add...	Q Address	Comment
1	148	AI Output	256...260		
2	193	TOT Counter output with reset	261...265	256	

图 5-95　压力传感器数据交互接口

选择图 5-95 中 1、2 号条目右键快捷菜单的“Edit Symbols”项，即可弹出如图 5-96、图 5-97 所示的数据结构，其中压力值存储于 PID256，状态存储于 PIB260，累积量存储于 PID261，状态存储于 PIB265，赋值 PQB256 则发出复位指令。

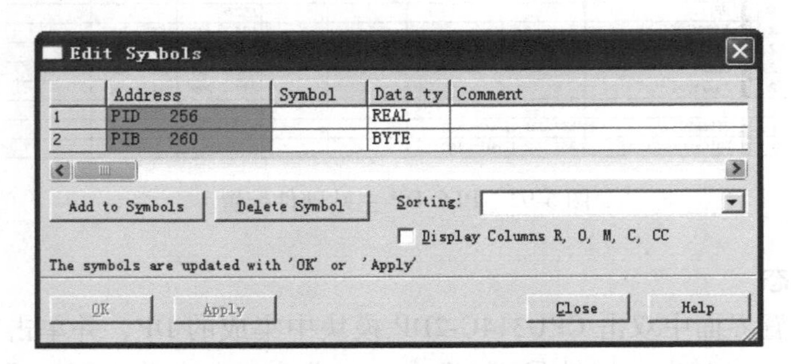

图 5-96　压力表 AI 数据结构

Edit Symbols
Address
Symbol
Data ty
Comment
1 PID 261 REAL
2 PIB 265 BYTE
3 PQB 256 BYTE
Add to Symbols
Delete Symbol
Sorting:
Display Columns R, O, M, C, CC
The symbols are updated with 'OK' or 'Apply'
OK
Apply
Close
Help

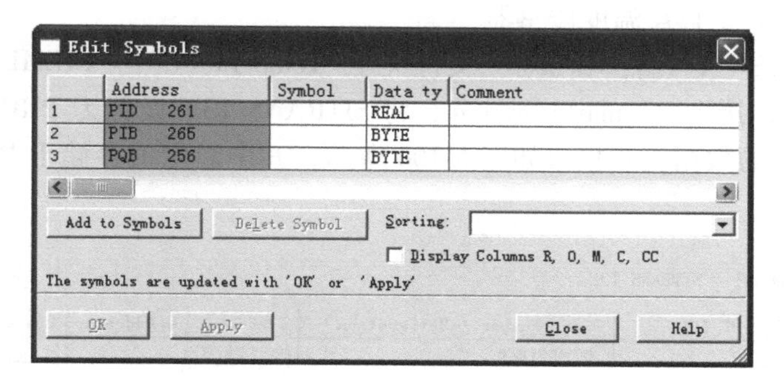

图 5-97 压力表累积数据结构

双击 PA 总线上的 SITRANS P DSIII 模块，即可弹出如图 5-98 所示的界面，单击“Select object”按钮即可弹出如图 5-99 所示的设备规格选择界面。

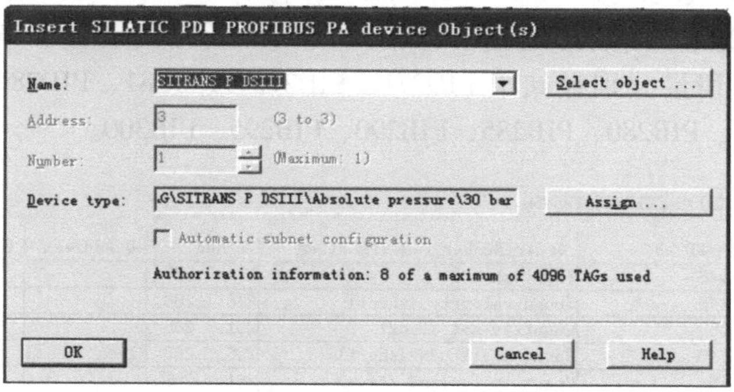

Insert SIMATIC PDM PROFIBUS PA device Object(s)
Name:
SITRANS P DSIII
Select object ...
Address:
3
(3 to 3)
Number:
1
(Maximum: 1)
Device type:
.G\SITRANS P DSIII\Absolute pressure\30 bar
Assign ...
Automatic subnet configuration
Authorization information: 8 of a maximum of 4096 TAGs used
OK
Cancel
Help

图 5-98 SITRANS P DSIII 模块设置

SIMATIC PDM Device Selection TAG
PA-Device Catalog: 52 devices
PROFIBUS PA
Sensors
Pressure
SIEMENS AG
SITRANS P DSIII
Absolute pressure
0,25 bar
1,3 bar
30 bar
5 bar
Absolute pressure from differential pressure
Absolute pressure with flush diaphragm
Absolute pressure, PMC-Style
Differential pressure and flow
Gauge pressure
Gauge pressure with flush diaphragm
Gauge, PMC-Style
Level
OK
Cancel
Help
ice identificat:
levice catalog..
Description:
Order No.:
7MF4234-*H***-****

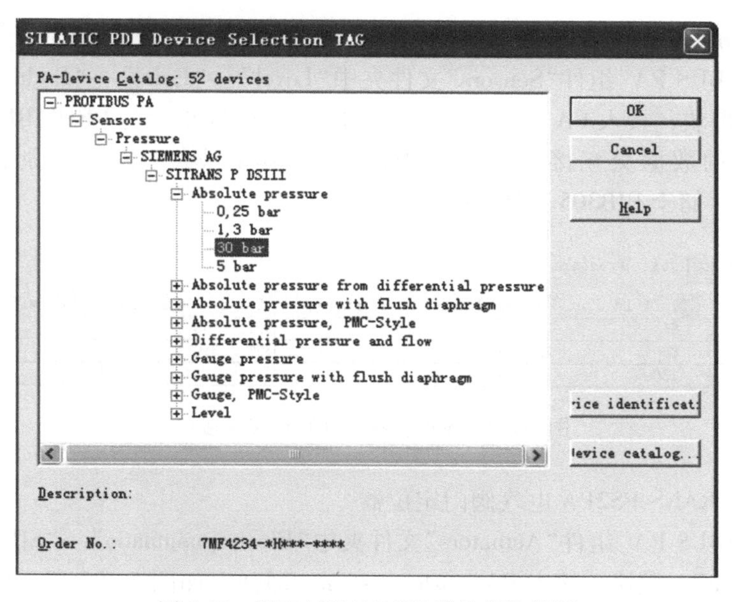

图 5-99 SITRANS P DSIII 模块规格设置

（3）添加 SITRANS T3K 温度传感器

选择“PROFIBUS PA”组件“Sensors”文件夹中“Temperature”→“SIEMENS AG”选项中的 SITRANS T3K 模块，接入 PA master system，将 SITRANS T3K 设置为 PROFIBUS(2)的 4 号 DP 从站，配置完成的数据交互接口如图 5-100 所示，其中温度值存储于 PID266，状态存储于 PIB270。

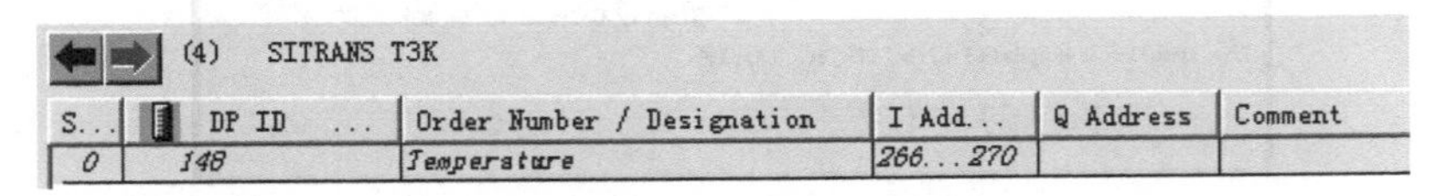

(4) SITRANS T3K

S...	DP ID	Order Number / Designation	I Add...	Q Address	Comment
0	148	Temperature	266...270		

图 5-100　温度传感器数据交互接口

（4）添加 SITRANS FUS060 超声波流量计

选择“PROFIBUS PA”组件“Sensors”文件夹中“Flow”→“Ultransonic”→“SIEMENS AG”选项中的 SITRANS FUS060 模块，接入 PA master system，将 SITRANS FUS060 设置为 PROFIBUS(2)的 5 号 DP 从站，配置完成的数据交互接口如图 5-101 所示，其中流量、声速、累积量、声强、正向累积量、反向累积量分别存储于 PID271、PID276、PID281、PID286、PID291、PID296，各状态存储于 PIB275、PIB280、PIB285、PIB290、PIB295、PIB300。

(5) SITRANS FUS060

S...	DP ID	Order Number / Designation	I Add...	Q Address	Comment
1	148	Flow (short)	271...275		
2	148	Sound velocity (short)	276...280		
3	65	Quantity net (long)	281...285		
4	148	Sound amplitude (short)	286...290		
5	65	Quantity forward (long)	291...295		
6	65	Quantity reverse (long)	296...300		

图 5-101　超声波流量计数据交互接口

（5）添加 Prosonic M 超声波物位计

选择“PROFIBUS PA”组件“Sensors”文件夹中“Level”→“Echo”→“Endress+Hauser”选项中的 Prosonic M 模块，接入 PA master system，将 Prosonic M 设置为 PROFIBUS(2)的 6 号 DP 从站，配置完成的数据交互接口如图 5-102 所示，其中液位、距离分别存储于 PID301、PID306，各状态存储于 PIB305、PIB310。

(6) Prosonic M

S...	DP ID	Order Number / Designation	I Add...	Q Address	Comment
1	66	Main Process Value	301...305		
2	66	2nd Cyclic Value	306...310		
3	130	Display Value		257...261	

图 5-102　超声波物位计数据交互接口

（6）添加 SITRANS PS2PA 电气阀门定位器

选择“PROFIBUS PA”组件“Actuators”文件夹中“Electropneumatic”→“SIEMENS AG”选项中的 SITRANS PS2PA 模块，接入 PA master system，即弹出如图 5-103 所示的预置界面，选择“READBACK+POS_D，SP”选项，并将 SITRANS PS2PA 设置为 PROFIBUS(2)的 7 号 DP 从站，配置完成的数据交互接口、数据结构如图 5-104～图 5-106 所示，其中当前阀门反馈

值存储于 PID311、当前阀门开关状态存储于 PIB316(0：定位器没初始化；1：定位器处于完全关闭状态；2：定位器处于完全打开状态；3：定位器处于完全打开与完全关闭以外的任意位置)，上述参数状态则存储于 PIB315、PIB317。赋值 PQD262 则发出设定阀门位置指令，其状态则存储于 PQB266。

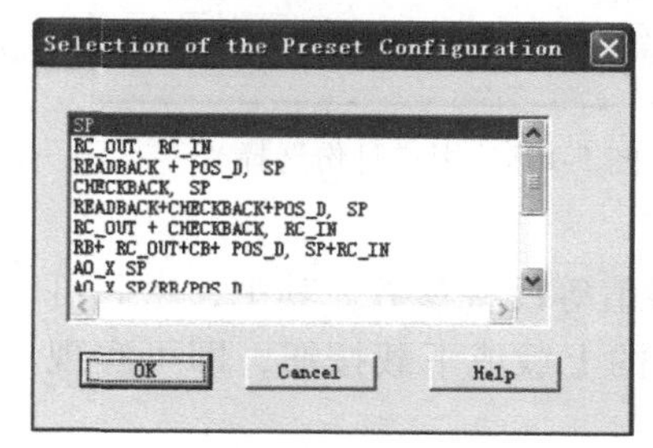

图 5-103　预置界面

(7)　SIPART PS 2

S...	DP ID	...	Order Number / Designation	I Add...	Q Address	Comment
0	150		READBACK + POS_D, SP	311...317		
1	164		READBACK + POS_D, SP		262...266	

图 5-104　电气阀门定位器数据交互接口

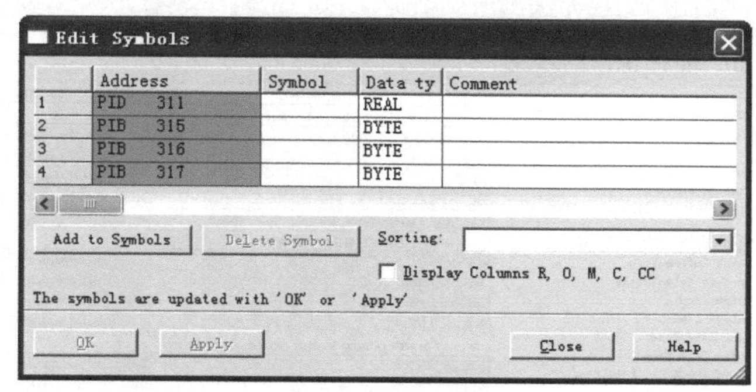

图 5-105　阀门反馈数据结构

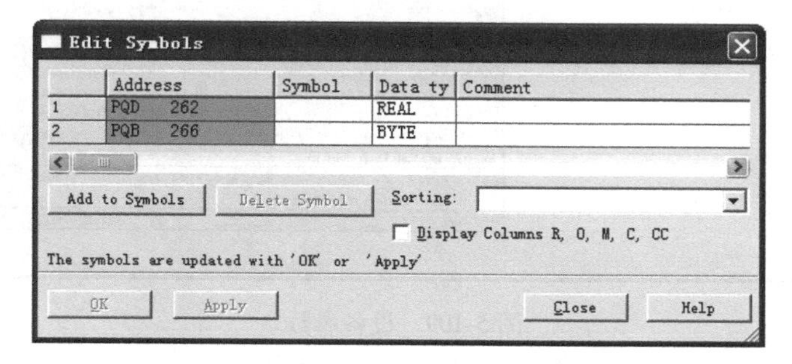

图 5-106　阀门控制数据结构

配置完成后保存并编译，其 DP/PA 网络拓扑如图 5-107 所示。

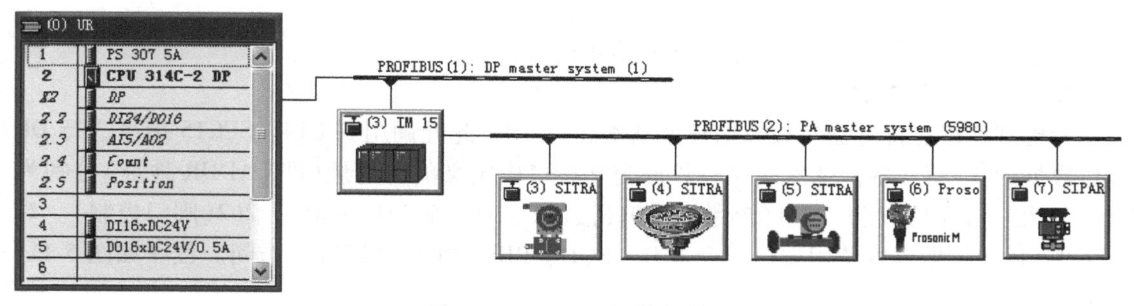

图 5-107　DP/PA 网络拓扑

3. SIMATIC PDM

SIMATIC PDM 是过程设备管理工具，适用于所有的现场设备，如温度变送器、压力变送器、物位计、电动执行机构等智能仪表。以 SITRANS P DSIII 为例，双击挂接的设备，在弹出的如图 5-108 所示的界面中选择用户身份(Maintenance engineer：仅能对仪表的部分参数进行修改，不需要密码登录；Specialist：可修改仪表所有参数，但需要密码登录)后则弹出如图 5-109 所示的过程值、传感器测量范围、上下限值等设备参数。其中，密码可在 PDM 软件的"Options-Setting"选项中设置。单击 PDM 软件的上载或下载按钮，即可实现设备参数的上载或下载。

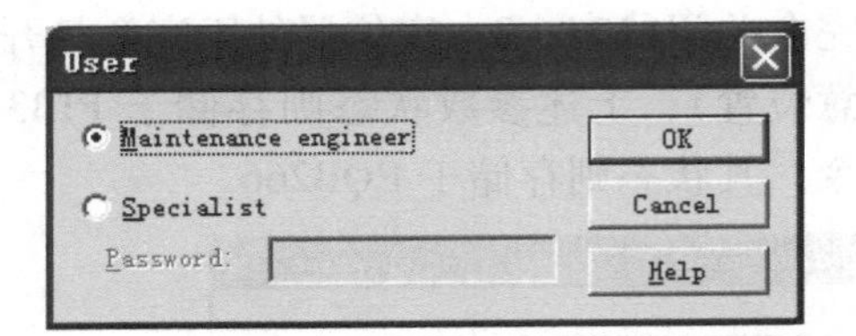

图 5-108　用户身份选择

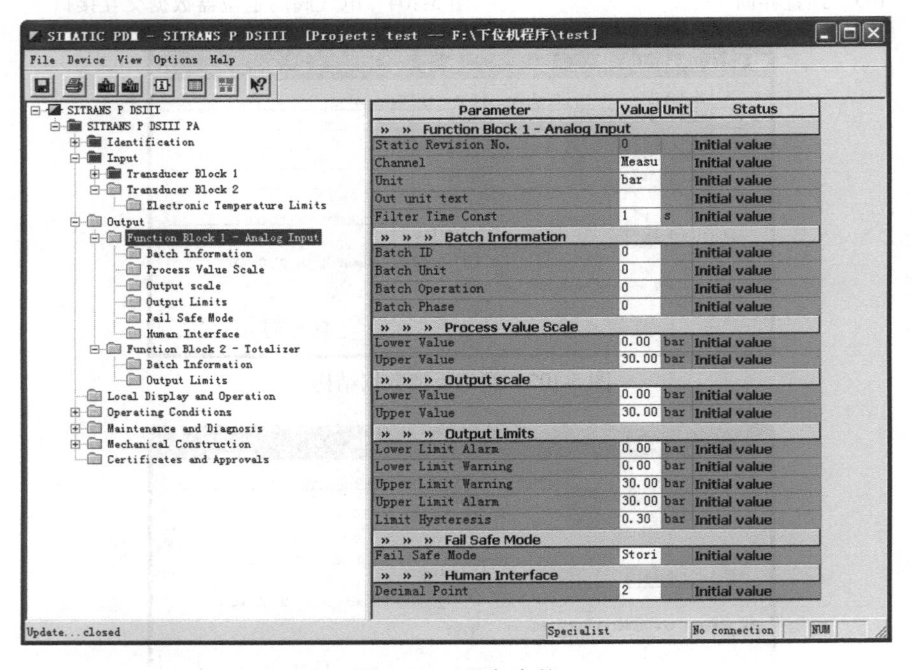

图 5-109　设备参数

5.6.3　软件组态

1. 组态 DB1 数据块

根据各传感器数据，组态如图 5-110 所示的数据块。

2. 获取传感器参数

考虑到所组态传感器参数数据长度基本超过 4B，此处调用 SFC14、SFC15 指令进行 DP 接口数据的读/写，各传感器或仪表数据交互接口中定义的首地址(即 LADDR 地址)分别为 256(压力)、266(温度)、271(流量)、301(液位)、311(阀门反馈值)、262(阀门控制)。对于小于 4B 的数据也可使用端口指令 PID、PQD、PIB、PQB 直接进行访问。程序如图 5-111 所示。

Address	Name	Type	Initial value	Comment
0.0		STRUCT		
+0.0	Pressure	STRUCT		
+0.0	PressureValue	REAL	0.000000e+000	压力值
+4.0	PStatus	BYTE	B#16#0	状态
+6.0	TotalValue	REAL	0.000000e+000	累积量
+10.0	TTStatus	BYTE	B#16#0	状态
+11.0	PCtrl	BYTE	B#16#0	复位控制
=12.0		END_STRUCT		
+12.0	Temperature	STRUCT		
+0.0	TemperatureValue	REAL	0.000000e+000	温度值
+4.0	TStatus	BYTE	B#16#0	状态
=6.0		END_STRUCT		
+18.0	Flow	STRUCT		
+0.0	FlowValue	REAL	0.000000e+000	流量值
+4.0	FStatus	BYTE	B#16#0	状态
+6.0	SoundVelocityValue	REAL	0.000000e+000	声速值
+10.0	SVStatus	BYTE	B#16#0	状态
+12.0	QuantityValue	REAL	0.000000e+000	累积量
+16.0	QStatus	BYTE	B#16#0	状态
+18.0	SoundAmplitudeValue	REAL	0.000000e+000	声强值
+22.0	SAStatus	BYTE	B#16#0	状态
+24.0	PQuantityValue	REAL	0.000000e+000	正向累积量
+28.0	PQStatus	BYTE	B#16#0	状态
+30.0	NQuantityValue	REAL	0.000000e+000	反向累积量
+34.0	NQStatus	BYTE	B#16#0	状态
=36.0		END_STRUCT		
+54.0	Level	STRUCT		
+0.0	LevelValue	REAL	0.000000e+000	液位值
+4.0	LStatus	BYTE	B#16#0	状态
+6.0	DistanceValue	REAL	0.000000e+000	距离值
+10.0	DStatus	BYTE	B#16#0	状态
+12.0	DisplayValue	REAL	0.000000e+000	显示值
+16.0	DVStatus	BYTE	B#16#0	状态
=18.0		END_STRUCT		
+72.0	POS_D	STRUCT		
+0.0	ReadbackValue	REAL	0.000000e+000	阀门位置反馈值
+4.0	RVStatus	BYTE	B#16#0	状态
+5.0	POSStatus	BYTE	B#16#0	阀门开关状态
+6.0	PDStatus	BYTE	B#16#0	状态
+8.0	SPValue	REAL	0.000000e+000	阀门位置设定值
+12.0	SPStatus	BYTE	B#16#0	状态
=14.0		END_STRUCT		
=86.0		END_STRUCT		

图 5-110　DB1 数据块

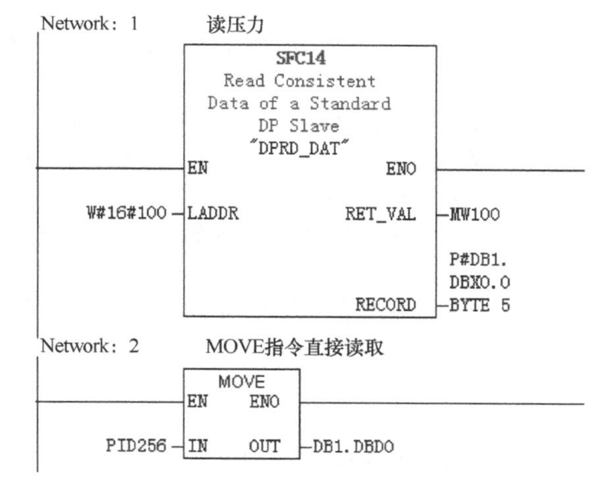

图 5-111　传感器读/写程序

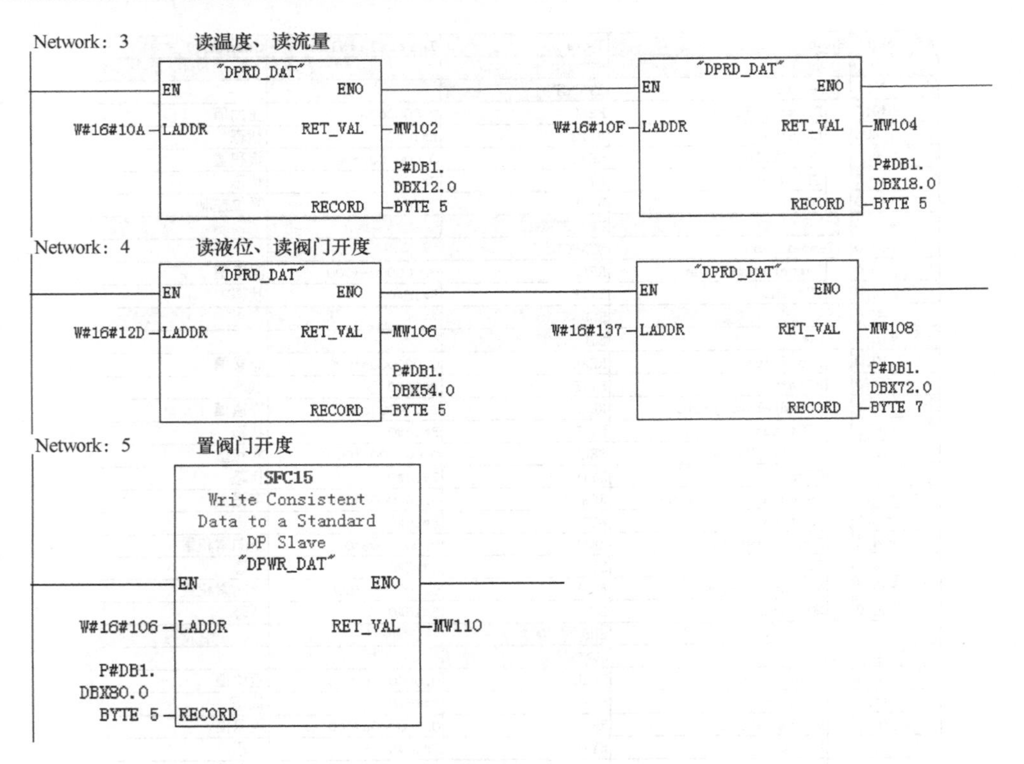

图 5-111　传感器读/写程序(续)

习　　题

5-1　PROFIBUS 有哪几类通信行规？各自有什么特点？

5-2　什么是 PROFI-drive、PROFI-safe 及其各自特点是什么？

5-3　什么是一类 DP 主站、二类主站？

5-4　PROFIBUS 总线存取协议包括哪两种方式？并简述这两种方式。

5-5　为什么一个 PROFIBUS 网络上的设备个数为 126 而不是 127 个？

5-6　在各站组态软件中为何插入 OB82、OB86、OB122 组织块？

5-7　基于 CPU314C-2DP 构造一主(DP 地址为 2)二从(SLAVE1、2 的 DP 地址分别为 3、4)的 PROFIBUS-DP 通信系统，具体要求如下：

(1) 在主站上按下起动按钮(I0.0)，控制从站 1 电动机 1 星三角起动(Q4.0、Q4.1 低速线圈)，从站 1 电动机 1 低速运行 4s 后自动切换到高速运行(Q4.0、Q4.2 高速线圈)，从站 1 电动机 1 高速起动后起动从站 2 电动机 1(Q4.0)，从站 2 电动机 1 运行 4s 后起动从站 2 电动机 2(Q4.1)。

(2) 在主站上按下停止按钮(I0.1)，控制从站 1 电动机、从站 2 电动机 2 立即停止运行，从站 2 电动机 2 停止运行 4s 后从站 2 电动机 1 停止。

(3) 从站 1、2 的电动机运转信息通过 PROFIBUS-DP 网传送到主站，从站 1 电动机点亮主站(低速—Q4.0、高速—Q4.1)，从站 2 电动机点亮主站(电动机 1—Q4.2、电动机 2—Q4.3)。

(4) 要求使用 MS 方式进行设计。

5-8　如何基于 CPU314C-2DP 模块构建多主多从 DP 网络？

5-9　基于 CP342-5 模块构建一主(DP 地址为 2)二从(SLAVE1、2 的 DP 地址分别为 3、4)的 PROFIBUS-DP 通信系统，具体要求如下：

(1) 在主站上按下起动按钮(I0.0)，控制从站 1 电动机 1 旋转(Q4.0)，从站 1 电动机 1 运行 4s 后起动从站 1 电动机 2(Q4. 1)；从站 1 电动机 2 运行 4s 后起动从站 2 电动机 1(Q4. 0)，从站 2 电动机 1 运行 4s 后起动从站 2 电动机 2(Q4. 1)。

(2) 在主站上按下停止按钮(I0. 1)，控制从站 1、2 电动机立即停止运行。

(3) 从站 1、2 的电动机运行信息通过 PROFIBUS-DP 网传送到主站，从站 1 电动机点亮主站(Q4. 0、Q4. 1)，从站 2 电动机点亮主站(Q4. 2、Q4. 3)。

(4) 要求使用 MS 方式进行设计。

5-10 如何基于 CP342-5 模块构建多主多从 DP 网络?

5-11 如何访问从站模拟量数据?

5-12 DP/PA 连接器与耦合器有何差异?

5-13 如何基于 CPU314C-2DP、DP/PA 耦合器构建仪器仪表网络?

5-14 如何修改仪器仪表参数以及 DP 地址?

第6章 工业以太网

教学目的：

本章以物品装箱生产线控制以及CP343-1以太网通信模块为例，从任务分析入手，阐述工业以太网的性能、CP343-1通信模块支持的通信服务以及相关服务的特性参数、以太网组态方法、通信程序的实现，循序渐进，使学生掌握基于CP343-1的以太网组态方法、软硬件的实现以及SEND/RECEIVE接口功能指令的应用，培养学生的工程、安全意识，团队协作、乐业敬业的工作作风，精益、创新的“工匠精神”，以及运用Ethernet解决工业控制问题的能力。

6.1 工业以太网基础

6.1.1 概述

1. 以太网起源

Ethernet最初是由美国Xerox公司于1975年推出的一种局域网，它以无源电缆作为总线来传输数据，并以以太(Ether)命名。1980年9月，DEC、Intel、Xerox公司合作公布了Ethernet物理层和数据链路层的规范即DIX规范。IEEE 802.3是由美国电气电子工程师学会(IEEE)在DIX规范基础上进行了修改而制定的标准，并由此形成了ISO 802.3国际标准。目前IEEE 802.3是国际上最流行的局域网标准之一。

工业以太网是在以太网的基础上，根据工业环境的要求而创建的。它基于IEEE 802.3标准，将以太网高速传输技术引入到工业控制领域，能够将自动化系统连接到办公网络，使得从办公环境就能访问生产数据。它的应用推动了自动化技术与互联网技术的结合，是未来制造业电子商务技术的网络技术雏形，也是自动化技术的发展趋势。

2. 以太网分类

以太网按传输速率可分为标准、快速、千兆、万兆四类以太网。

(1) 10Mbit/s标准以太网

它基于IEEE 802.3，分为10Base-2(直径为0.2in[⊖]、阻抗为50Ω细同轴电缆，总线型拓

⊖ 1in=0.0254m

扑，最大网段长度185m）、10Base-5（直径为0.4in、阻抗为50Ω粗同轴电缆，总线型拓扑，最大网段长度500m）、10Base-T（3或5类非屏蔽双绞线，星形拓扑，最大网段长度100m）、10Base-F（光纤传输）四类子标准。其传输介质为同轴电缆、双绞线或光纤，采用CSMA/CD介质存取技术，基带传输方法，实现10Mbit/s的传输速率。

（2）100Mbit/s快速以太网

1995年3月，IEEE推出了快速以太网标准IEEE 802.3u 100Base-T，它是现有标准IEEE 802.3的扩展，分为100Base-TX、100Base-FX、100Base-T4三类。100Base-TX（2对双绞线），使用5类数据级双绞线以及与10Base-T相同的RJ45连接器，最大网段长度为100m，支持全双工数据传输；100Base-FX光纤（2芯），可使用单模或多模光纤（62.5μm和125μm），多模光纤最大连接距离为550m，单模光纤最大连接距离为3000m。它使用MIC/FDDI、ST或SC连接器，最大网段长度可达10km，支持全双工数据传输，尤其适合电气干扰、较长距离连接或高保密环境下使用；100Base-T4（4对双绞线），使用3、4、5类双绞线以及与10Base-T相同的RJ45连接器，最大网段长度为100m，支持半双工数据传输。

（3）千兆以太网

千兆以太网是以太网规范的扩展，它有IEEE 802.3z、IEEE 802.3ab两类标准。IEEE 802.3z定义了基于光纤和短距离铜缆的1000Base-X标准（全双工链路），它将数据传输速率提高到1000Mbit/s，可细分为1000Base-SX（支持多模光纤，采用直径62.5μm和50μm的多模光纤，传输距离220~550m）、1000Base-LX（支持单模光纤，采用直径9μm和10μm的单模光纤，传输距离5km）、1000Base-CX（150Ω屏蔽双绞线，传输距离25m）、1000Base-TX（铜质5类非屏蔽双绞线，传输距离100m）四类子标准。IEEE 802.3ab定义了基于5类UTP的1000Base-T标准（半双工链路），在5类UTP上以1000Mbit/s速率传输100m，它与100Base-T、10Base-T完全兼容。

（4）万兆以太网

万兆以太网规范包含在IEEE 802.3标准的补充标准IEEE 802.3ae中，扩展了IEEE 802.3协议与MAC规范。其传输介质为光纤，支持10Gbit/s的传输速率。

10GBase-SR和10GBase-SW标准主要支持短波（850nm）多模光纤，光纤距离为2~300m。前者主要用于支持暗光纤（即指没有光传播且不与任何设备连接的光纤），后者主要用于连接SONET设备，它应用于远程数据通信。

10GBase-LR和10GBase-LW标准主要支持长波（1310nm）单模光纤，光纤距离为2m~10km。前者用于支持暗光纤，后者用于连接SONET设备。

10GBase-ER和10GBase-EW标准主要支持超长波（1550nm）单模光纤，光纤距离为2m~40km。前者用于支持暗光纤，后者用于连接SONET设备。

10GBase-LX4标准采用波分复用技术，在单对光缆上以4倍光波长发送信号，系统运行在1310nm的多模（2~300m）或单模（2m~10km）暗光纤方式下。

3. 传统以太网存在的问题

由于以太网是以办公自动化为目标设计的，并不完全符合工业环境和标准的要求，难以将传统的以太网用于工业领域。

（1）通信的确定性与实时性

工业控制网络不同于普通数据网络的最大特点在于它必须满足控制系统对确定性和实时性的要求，工业上对数据传递的实时性要求十分严格，现场数据的更新往往是在数十毫秒内完成的。由于以太网采用CSMA/CD机制，当网络负荷较大时，很容易发生冲突，此时就必须重发数据，且最多可尝试16次之多，很明显这种解决冲突的机制是以付出时间为代价的。而且一旦出现掉线，哪怕是仅仅几秒钟的时间，就有可能导致停产甚至设备、人身安全事故，因此，传统以太网技术难以满足控制系统准确定时通信的实时性要求。

（2）网络的稳定性与可靠性

传统以太网并不是为工业应用而设计的，它没有考虑工业现场环境的适应性需要。面对恶劣的工况、严重的电磁干扰等，都必然会引起其可靠性降低。在工厂环境中，工业网络必须具备较好的可靠性、可恢复性及可维护性。即保证一个网络系统中任何组件发生故障时，不会导致应用程序、操作系统甚至网络系统的崩溃和瘫痪。

（3）网络的安全性

工业系统的网络安全是工业以太网应用必须考虑的另一个安全性问题。工业以太网可以将企业传统的信息管理层、过程监控层、现场设备层集成起来，使数据的传输速率更快、实时性更高，并可与Internet无缝对接，实现数据共享，提高企业的运行效率。但同时也引入了一系列的网络安全问题，工业网络可能会受到包括病毒感染、黑客的非法入侵与非法操作等在内的网络安全威胁。

4. 工业以太网的性能特点

工业以太网具有以下性能特点：

1）工业以太网技术上与IEEE 802.3/802.3u兼容，使用ISO和TCP/IP通信协议。

2）10/100Mbit/s自适应传输速率。

3）冗余DC 24V供电。

4）可方便地构成星形、总线型和环形拓扑结构。

5）高速冗余的安全网络，最大网络重构时间为0.3s。

6）通过带有RJ45技术、工业级的Sub-D连接技术和安装专用屏蔽电缆的Fast Connect连接技术，确保现场电缆安装工作的快速进行。

7）符合SNMP（简单的网络管理协议）。

8）使用基于Web的网络管理。

5. SIMATIC NET

SIMATIC NET符合IEEE 802.3标准并提供10Mbit/s标准以太网、100Mbit/s快速以太网技术（仅支持100Base-TX、100Base-FX），使用同轴电缆、屏蔽双绞线、光纤等传输介质，实现了工业现场设备与多媒体世界的一个无缝连接，网络拓扑如图6-1所示。

6.1.2 工业以太网系统组成

1. 传输介质

SIMATIC NET工业以太网通常使用的物理传输介质是屏蔽双绞线（twisted pair，TP）、工业屏蔽双绞线（industrial twisted pair，ITP）以及光纤。

TP连接常用于端对端的连接。一个数据终端设备（data terminal equipment，DTE）直接连接到网络连接元件端口，而该设备负责将信号进行放大和转发。数据终端设备与连接元件之间通过TP或ITP电缆连接。

ITP（10Base-T）基于IEEE 802.3i（10Base-T）标准，电缆有屏蔽，特征阻抗100Ω。标准RJ45接头和Sub-D接头均可用于连接。

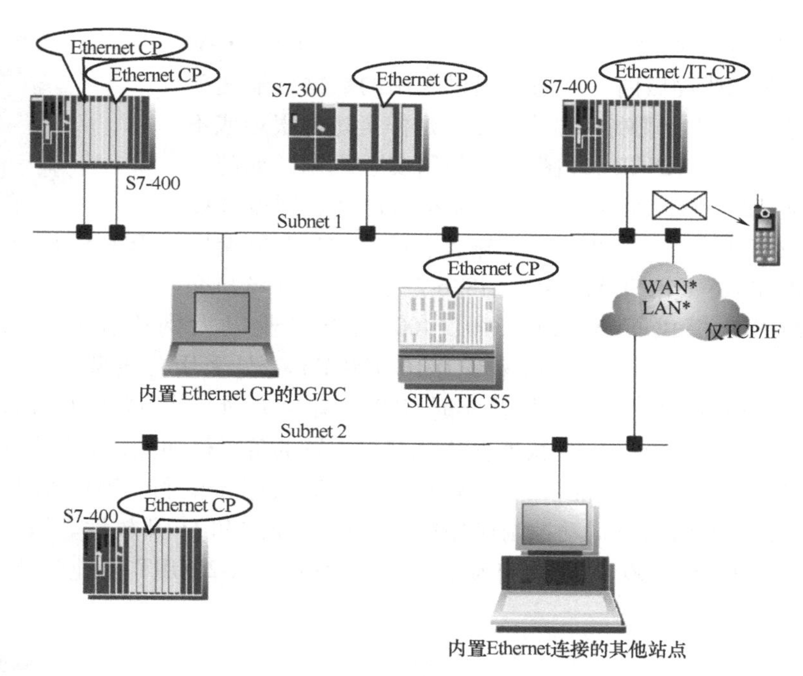

图 6-1 网络拓扑

光纤(10Base-FL)基于 IEEE 802.3i 标准。典型的多模玻璃光纤规格为波长 62.5/125μm 或 50/125μm。光纤连接常用于端对端的连接。一个 DTE 直接连接到网络连接元件端口，而该设备负责将信号进行放大和转发。

2. 通信处理器

常用的工业以太网通信处理器，包括用于 PLC 的 CP243-1 系列、CP343-1 系列、CP443-1 系列以及用于 PC 的网卡如 CP1613，提供了 ITP、RJ45 及 AUI 等以太网接口，以 10/100Mbit/s 传输速率将 PLC 或 PC 连接至工业以太网。其中，S7-300 PLC 的以太网通信处理器按照所支持的协议不同，可分为 CP343-1(图 6-2)、CP343-1 Lean(图 6-3)、CP343-1 Advanced-IT(图 6-4)、CP343-1 ISO、CP343-1 TCP 和 CP343-1 PN。同理，S7-400 PLC 的以太网通信处理器分为 CP443-1、CP443-1 ISO、CP443-1 TCP、CP443-1 Advanced-IT 和 CP443-1 PN。

图 6-2 CP343-1

图 6-3 CP343-1 Lean

图 6-4 CP343-1 Advanced-IT

3. SCALANCE 交换机

SCALANCE 交换机是构建统一网络的最新一代有源网络组件，是针对恶劣的工业环境而设计的，是统一、灵活、安全和高性能网络的关键。

SCALANCE 交换机包括 SCALANCE-S、SCALANCE-W、SCALANCE-M、SCALANCE-X 四类，其中，SCALANCE-S(图 6-5)利用安全机制，如验证、数据编码或权限控制，可保护公

司内部的网络和数据免受侵扰、操作和非法访问；SCALANCE-W(图 6-6)基于工业无线局域网，并通过提供专用的数据传输速率或监控无线电连接，可实现端到端的连接，延伸至过去很难或不可能到达的区域；SCALANCE-M(图 6-7)利用安全机制，如防火墙(状态包检查)和 VPN，允许可编程控制器通过互联网或 2 线或 4 线电缆进行有线通信，并提供数字输入、数字输出和冗余电源，SCALANCE M816-1 和 SCALANCE M826-2 也有一个 4 端口交换机；SCALANCE-X 提供了 X-200、300、400 三类工业以太网交换机，以 SCALANCE X200IRT 为例，通过它可以构建传输速率为 10/100Mbit/s 且采用总线型、星形和环形结构的基于 IEEE 802.3 标准传输方法的同步实时(RT)工业以太网。其内置的快速以太网集成冗余管理器，可构建环网结构，实现快速介质冗余；内置的备用机功能，支持两个环形网络的冗余耦联。基于 PROFINET 标准，通过优化的高性能数据传输将 PROFINET 设备连接到 PROFINET 控制器，同时具有运动控制应用的等时同步模式和 IT 开放性。该设备适合于集成在采用了 SIMATIC S7-300 组件的自动化解决方案中。X-200IRT 工业以太网交换机如图 6-8 所示。

图 6-5　SCALANCE S623

图 6-6　SCALANCE W700

图 6-7　SCALANCE M826

图 6-8　SCALANCE X200

4. 网关

SIEMENS 公司提供了 IE/PB LINK、IE/PB LINK PN IO、IE/WSN-PA LINK、IE/AS-i LINK PN IO 等网关设备。

(1) IE/PB 连接器

它可作为独立组件通过实时通信(RT)在工业以太网和 PROFIBUS 之间形成平滑过渡，并将现有 PROFIBUS 设备连接到 PROFINET 应用中，如图 6-9 所示。此外，通过 IE/PB 连接器 PN IO 可在工业以太网或 PROFIBUS 上的 PG 远程编程所有 S7 站点(S7 路由)，也可借助 S7 OPC 服务器经由工业以太网(如用于 OPC 客户端接口的 HMI 应用程序)访问 PROFIBUS 上 S7 站点的所有数据(数据记录路由)。

图 6-9　IE/PB LINK

(2) IE/WSN-PA LINK

它采用 WirelessHART 网络传输方式，将 WirelessHART 网络连接至 SIMATIC PCS 7、SIMATIC S7 和其他制造商的主机系统，即通过无线电将 Wireless HART 现场设备与工业以太网相连，其最多可连接 100 个 WirelessHART 设备，实现无线诊断、维护和过程监控，如图 6-10 所示。IE/WSN-PA LINK 在无线电侧支持 WirelessHART 标准，在以太网侧则支持 TCP/IP 和 Modbus TCP 通信。其外壳防护等级为 IP65，可在防爆 2 区中安装。集成的网络管理器可简单地配置 WirelessHART 网络并优化网络性能和安全设置。

（3）IE/AS-i LINK PN IO

IE/AS-i LINK PN IO 是 PROFINET/工业以太网和执行器/传感器接口(actuator sensor interface，ASI)之间的网关，如图 6-11 所示。它将 AS-i 设备集成到 PROFINET 应用中，它既是 PROFINET IO 的设备又是 AS-i 的主站，允许从工业以太网对 ASI 进行透明的数据访问。

图 6-10　IE/WSN-PA LINK

图 6-11　IE/AS-i LINK PN IO

5. 其他连接部件

SIMATIC NET 工业以太网网络连接部件有光学链接模块(optical link module，OLM)、电气连接模块(electric link module，ELM)、光学交换机模块(optical switch module，OSM)和电气交换机模块(electric switch module，ESM)。其中 OLM 有三个 ITP 接口和两个 BFOC 接口，ITP 接口可以连接三个终端设备和网段，BFOC 接口可以连接两个光路设备(如 OLM 等)，速率为 10Mbit/s；ELM 有三个 ITP 接口和一个 AUI 接口，通过 AUI 接口可以将网络设备连接到速率为 10Mbit/s 的 LAN 上；在普通 OSM 上，电气接口(TP/ITP)均为 10/100Mbit/s 自适应的且线序自适应，光纤接口为 100Mbit/s 全双工的 BFOC 接口，适用于多模光纤连接。两个 OSM 之间的最远距离为 3km，在同一个网段上最多可以连接 50 个 OSM，则扩展距离为 150km。同时它具有地址学习、地址删除、设置传输波特率(10/100Mbit/s)以及自适应功能，简化了网络配置，增强了网络扩展能力。此外，根据 IEEE 802.1Q 标准，OSM/ESM 还支持 VLAN(虚拟局域网)以及提供数据包的 VLAN 优先权标签。它将数据分配为由低到高(0~7)的优先权级别，对于没有目的地址的数据包则被视为低优先权的数据帧。目前 OSM/ESM 已停产，由 SCALANCE 交换机替代。

6.2　工业以太网协议接口

6.2.1　工业以太网层次结构

工业以太网以 OSI 参考模型的各层为基础，提供若干用户接口，通过接口可实现 S7、SEND/RECEIVE、SNMP、PROFINET IO 等协议的通信服务。其层次结构如图 6-12 所示，协议接口说明见表 6-1。

6.2.2　S7 通信

1. 标准 S7 协议

S7 协议用于与 SIMATIC S7 可编程控制器(PLC)进行通信。它支持 PG/PC 与可编程控制器之间、SIMATIC S7 系统可编程控制器之间的数据交换。

在 PROFIBUS 中，S7 协议基于 FDL 服务；而在以太网中，其使用传输层中的可用服务。两者工作原理相同，详见第 5.1 节。

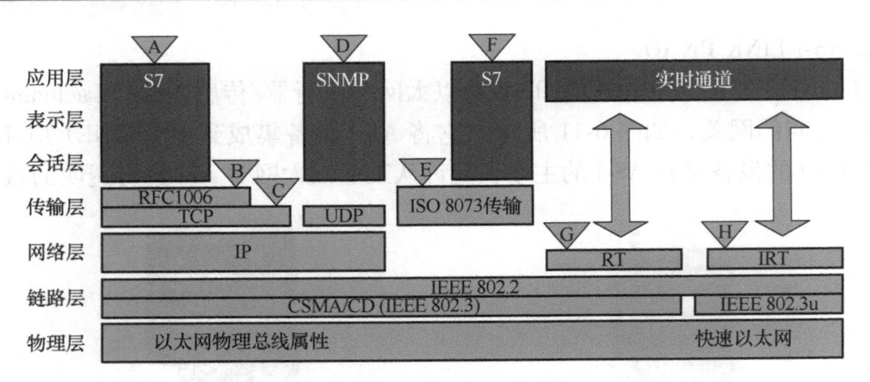

图 6-12 太网层次结构

表 6-1 协议接口说明

符号	协议	说明
A、F	S7 通信	集成和优化的 SIMATIC S7 系统通信功能，适用于各种应用。使用 S7 功能的 TCP/IP(A)和 ISO(F)的统一用户接口
B、E	SEND/RECEIVE	基于 ISO 传输协议的简单通信服务，用于与 S7、S5 和第三方设备交换数据。使用具有 RFC1006 的 TCP/IP(B)和 ISO(E)的 SEND/RECEIVE 用户接口
C	原生 TCP/IP	基于 TCP/IP 传输协议的简单通信服务，用于与支持 TCP/IP 协议的任何设备交换数据
D	SNMP	用于管理网络的开放协议，提供基于 UDP/IP 传输协议的通信服务，可与任何 SNMP 兼容设备交换数据
G	PROFINET IO	基于以太网第二层的实时通信通道 RT，实现过程自动化中 PROFINET 设备间的数据通信
H	PROFINET IO	基于等时实时通信通道 IRT，实现运动控制中 PROFINET 设备间的数据通信

注：1. TCP/IP 即传输控制协议/Internet 协议，提供了数据流通信，但并不将数据封装成消息块，因而用户并不能接收到每一个任务的确认信号。此协议支持基于 TCP/IP 的发送和接收以及大数据量的数据传输(最大 8KB)，数据可通过工业以太网或 TCP/IP 网络(拨号网络或因特网)传输。

2. ISO 传输协议在国际标准 ISO 8073 第 4 类中指定，并为数据或数据分段传输提供服务。它支持基于 ISO 的发送和接收，ISO 数据接收由通信方确认。此协议支持大数据量的数据传输(最大 8KB)。

3. ISO-on-TCP 协议符合具有 RFC1006 的 TCP/IP 标准(传输控制协议/Internet 协议)。由于 TCP 在未对包内数据进行分段的情况下实施数据通信，借此 RFC1006 协议，将 ISO 数据分段映射至 TCP，传输数据和变量长度。

4. UDP 即用户数据报协议，提供了 S5 兼容通信协议，适用于简单的交叉网络数据传输，没有数据确认报文，不检测数据传输的正确性，属于 OSI 参考模型第四层协议。此协议支持基于 UDP 的发送和接收以及较大数据量的数据传输(最大 2KB)，数据可通过工业以太网或 TCP/IP 网络(拨号网络或因特网)传输。

对基于以太网的 S7 协议通信，SIMATIC NET 系列为 SIMATIC S7 系列控制器和 PC 与工作站均提供了通信模块，如面向 SIMATIC S7 的典型通信模块 CP343-1 和 CP443-1，面向 PC 和工作站的模块 CP1623 或 CP1628。

2. 容错 S7 协议

容错 S7 连接仅用于工业以太网，且使用 ISO、ISO-on-TCP 传输协议。它是一些经过组态的特殊 S7 连接，可通过工业以太网将 PC 站连接到容错 S7-400H 自动化系统，但无法将 PC 站连接在一起，如图 6-13 所示。

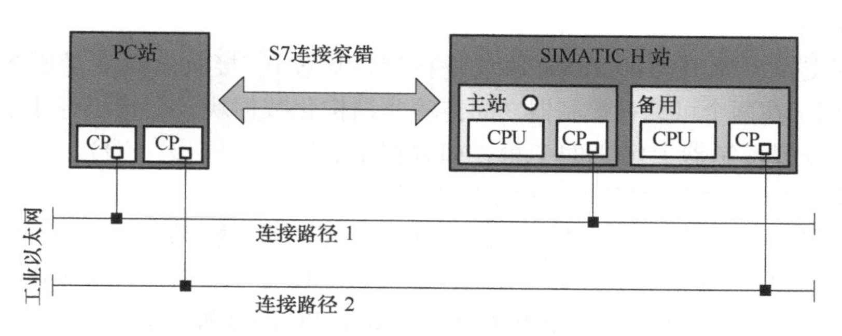

图 6-13　PC 站与 S7-400H 容错 S7 连接

图 6-13 中，PC 站与 S7-400H 自动化系统之间通过冗余通信路径进行通信，其中 PC 站内置 2 个 CP 网卡，如 CP1623；SIMATIC H 站拥有两个机架，且各内置一个 CP 通信模块。

从应用角度看，容错 S7 连接与标准 S7 连接的作用相同，亦即所有 S7 协议的服务均可使用，且现有应用无须修改即可使用。但与标准 S7 连接相比，容错 S7 连接可同时使用两条连接路径（连接路径 1 和备用连接路径 2），最初，路径 1 用于传送用户数据，备用路径 2 则通过周期性传送保持连接包确保其连接状态（此周期比监视时间短）。当连接路径 1 失效，则立即切换到备用连接。仅当在修复路径 1 之前或修复路径 1 后故障恢复期间，备用路径也出现问题时，S7 连接才会中止并需要重新连接。

容错 S7 连接的冗余可通过增加 CP 和网络数量进行扩展，常见的有基于 2 条路径的容错连接、基于 4 条路径的容错连接两类。

6.2.3　SEND/RECEIVE 协议

SEND/RECEIVE 协议是用于通过 PROFIBUS 和工业以太网传输数据的通信协议。借此协议，SIMATIC S5 设备、SIMATIC S7 设备、PC、工作站以及第三方设备之间可以实现简单的数据交换。

在 PROFIBUS 中，SEND/RECEIVE 协议基于 FDL 服务，可传输的数据量限制在 246B 内。而在以太网中，其基于 ISO/OSI 参考模型的传输层，为用户提供传输层的服务，如连接、流控制和数据分段，可传输的最大数据量为 4096B。

1. 组网

对基于以太网的 SEND/RECEIVE 协议通信，SIMATIC NET 系列为 SIMATIC S5、SIMATIC 505 和 SIMATIC S7 系列控制器以及 PC 和工作站提供了通信模块，如适用于 SIMATIC S7 的通信模块 CP343-1 和 CP443-1 以及 PC 和工作站的通信模块 CP1623，组网示例如图 6-14 所示。

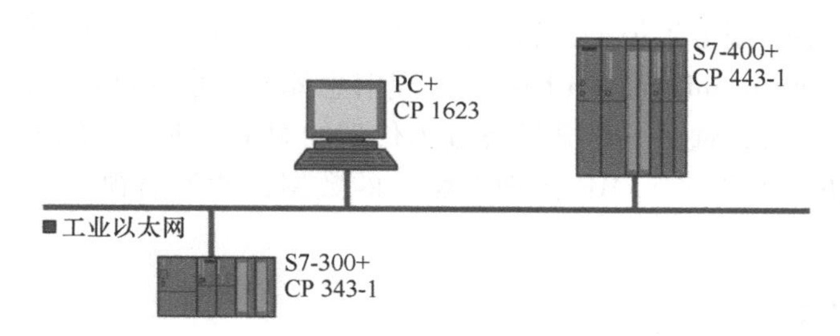

图 6-14　以太网典型系统组态

2. 通信服务

对于数据交换，SEND/RECEIVE 协议提供缓冲区发送/接收以及变量服务。缓冲区发送/接收服务用于在两个可编程控制器之间传输非结构化数据块。变量服务用于传输结构化数据，即在可编程控制器上定义的变量，如数据块、输入和输出(I/O)、位存储器、定时器、计数器和系统区，变量服务仅适用于以太网。

SEND/RECEIVE 协议的变量服务包括 FETCH 和 WRITE 两种通信服务。执行 FETCH 服务时。作业将从 PC 发送到请求特定变量当前值的伙伴设备，而伙伴设备则以包含所要求变量当前值的数据块确认该作业。使用 WRITE 服务时，PC 能够将特定变量的当前值发送到伙伴设备，而伙伴设备则对该信息进行评估并将变量设置为传输的值，同时确认该服务。

基于以太网的 SEND/RECEIVE 协议支持 ISO、ISO-on-TCP、TCP 三种连接类型，通过组态过程中指定的连接名称、通信伙伴的地址、服务访问点(SAP)等参数，可调用发送 FC5 AG_SEND 和接收 FC6 AG_RECV 功能实现数据交互。

6.2.4 SNMP

简单网络管理协议(simple network management protocol，SNMP)是一个用于管理网络的基于 UDP 的开放式协议。它允许对路由器、网桥、集线器、打印机、服务器和工作站等网络组件进行集中管理，旨在降低管理功能的复杂性，使不同网络组件之间的数据或信息交换更加透明。SNMP 支持监视、控制和管理任意的兼容 SNMP 的网络组件。其组态示例如图 6-15 所示。

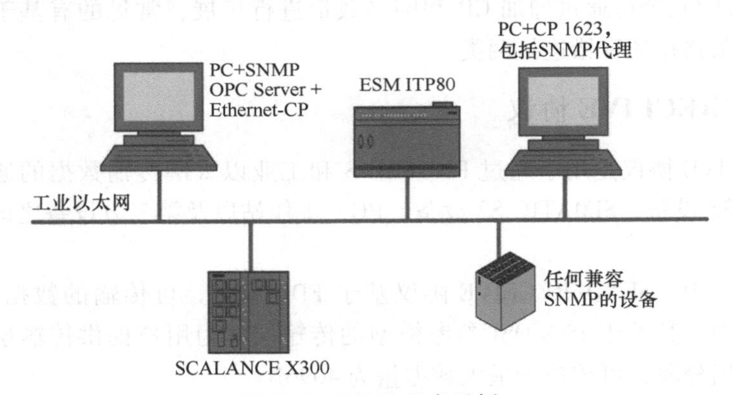

图 6-15　SNMP 组态示例

图 6-15 中，SIMATIC NET 仅包含适用于 PC 和工作站的通信模块，如 CP1623、CP1628 或其他供应商提供的通信模块。其他 SIMATIC NET 的 SNMP 兼容模块仅作为交换机，如 SCALANCE X300 或 SCALANCE X400。此组态可通过任意 SNMP 兼容网络组件进行扩展。

SNMP 根据客户端—服务器模型进行工作。SNMP 代理在受管理的网络组件上充当服务器，管理 MIB(management information base，管理信息库)中可用的数据，并控制网络组件。SNMP 管理器充当客户端，通过 SNMP 服务读出代理的 MIB，进而访问 SNMP 管理器中所需的具体数据，或者访问需要在 SNMP 代理上覆盖的数据，此外监视 SNMP 代理甚至组态该代理。

6.2.5 PROFINET

PROFINET IO 是在工业以太网上实施模块化和分布式应用的一项自动化概念。使用

PROFINET IO，分布式 I/O 和现场设备可集成到以太网通信中。其采用 PROFIBUS-DP 的标准 IO 视图，即现场设备的非时间关键用户数据将按一定的周期传送，或时间关键数据在实时通道内传送到自动化系统的过程映像。

PROFINET IO 描述了一个建立在 PROFIBUS-DP 基础上的设备模型，且其基于插槽和通道(子插槽)。PROFINET IO 的工程组态与 PROFIBUS-DP 相同，分布式现场设备亦即 PROFINET 设备可通过组态分配给可编程控制器。

PROFINET IO 有 IO 控制器、IO 设备、IO 管理器三种设备类型，IO 控制器和 IO 设备间提供了实时通信 RT、等时实时通信 IRT、NRT 通道进行数据交换，其中，RT 基于以太网第二层，以实现过程自动化中 PROFINET 设备间的用户数据通信；基于 IRT 通道实现运动控制中 PROFINET 设备间的用户数据通信；基于 UDP/IP 的标准通道(NRT 通道)实现非周期性读/写数据记录、参数分配和组态以及读取诊断信息。详见第 7 章 PROFINET IO 总线。

6.3　以太网通信模块 CP343-1

6.3.1　概述

1. 应用

CP343-1 通信处理器适用于 SIMATIC S7-300 可编程控制器。CP 中集成了一个带自动协商和自动检测的二端口交换机，能将 S7-300 连接至工业以太网并支持 PROFINET IO，其支持的通信服务见表 6-2。

表 6-2　CP343-1 支持的通信服务

通信服务	功能
PROFINET IO 控制器	通过工业以太网直接访问 IO 设备
PROFINET IO 设备	通过 CP 集成 SIMATIC S7-300 可编程控制器作为智能 PROFINET IO 设备
S7 通信和 PG/OP 通信	PG 功能(包括路由)
	操作员监控功能(HMI)
	客户端和服务器：使用通信块在两端组态的 S7 连接间进行数据交换
	只在 S7 连接一端组态、而在 S7-300/C7-300 站上没有通信块的数据交换服务器
S5 兼容通信	通过 ISO 传输连接、ISO-on-TCP、TCP 和 UDP 连接的 SEND/RECEIVE 接口
	通过 UDP 连接的多点传送，在组态连接时，可通过选择一个合适的 IP 地址实现多点传送模式
	通过 ISO 传输连接、ISO-on-TCP 连接和 TCP 连接的 FETCH/WRITE 服务(服务器，符合 S5 协议)，寻址模式可组态为 S7 或 S5 寻址模式，用于 FETCH/WRITE 访问
	LOCK/UNLOCK(锁定/解锁)FETCH/WRITE 服务

2. 技术指标

各类服务特征参数见表 6-3~表 6-5。

3. 面板指示灯

CP343-1 面板指示灯由 8 个 LED 组成，其中，SF—组错误；BF—总线故障 PROFINET

IO；DCV5—通过背板总线提供 DC 5V 电源（绿色=正常）；RX/TX—非周期性数据交换，例如，发送/接收（与 PROFINET IO 数据无关）；RUN—RUN 模式；STOP—STOP 模式；P1/P2—以太网端口 1/端口 2 的链接状态。CP343-1 模式指示灯、通信指示灯功能说明请参阅【天工讲堂配套资源】。

序号 10　CP343-1 指示灯功能说明

表 6-3　CP 基于工业以太网通信的特征参数

特征	解释/数值
工业以太网上允许同时连接的总连接数目	最大为 32 个 ● S7 连接 16 个 ● ISO-on-TCP 连接 2 个 ● TCP 连接 8 个 ● UDP 连接 6 个 ●用于 Web 诊断的更多 TCP 连接 ●连接至 PROFINET IO 控制器的 PROFINET 连接 1 个或连接至 PROFINET IO 设备的 PROFINET 连接 1 个

表 6-4　CP 用于 S7 通信的特征参数

特征	解释/数值
工业以太网上用于 S7 通信的连接数目： ● 操作员监控功能（HMI） ● 在一端组态的 S7 连接 ● 在两端组态的 S7 连接	最大为 16 个 （数目取决于所使用的 CPU 类型） （数目取决于所使用的 CPU 类型） （数目取决于所使用的 CPU 类型）
LAN 接口-每个协议单元的数据记录长度 ● 发送 ● 接收	 240B/PDU 240B/PDU

表 6-5　CP 用于 SEND/RECEIVE 接口特征参数

特征	解释/数值
ISO 传输连接的总数目+ISO-on-TCP 连接+TCP 连接+UDP 连接	最大为 16 个，注意： ● 在多点传送模式中还支持所有 UDP 连接 ● CP 支持空闲 UDP 连接
块 AG_SEND（V4.0 及更高版本）和 AG_RECV（V4.0 及更高版本）的最大数据长度	AG_SEND 和 AG_RECV 允许传送 1~240B 的数据域 ● ISO 传输、ISO-on-TCP、TCP：1~8192B ● UDP：1~2048B
UDP 限制条件 ● 不确认传送 ●数据域长度 ● 不接收 UDP 广播	不确认传输 UDP 帧，亦即发送块（AG_SEND）不检测或不显示消息丢失 数据域的最大长度为 2048B 为避免因广播负载过高而导致通信过载，CP 不接收 UDP 广播

6.3.2　数据交互

CP343-1 是 S7-300 系列的 Ethernet 通信模块，当执行 AG_SEND 指令时，CPU 将从指定的数据区获取数据并传送至 Ethernet CP 模块发送缓冲区；当执行 AG_RECV 指令时，CPU 将 Ethernet CP 模块接收缓冲区中的数据传送至调用指令指定的存储区，交互过程如图 6-16 所示。Ethernet 站与建立连接的 Ethernet 站间的通信轮询机制示意图如图 6-17 所示。

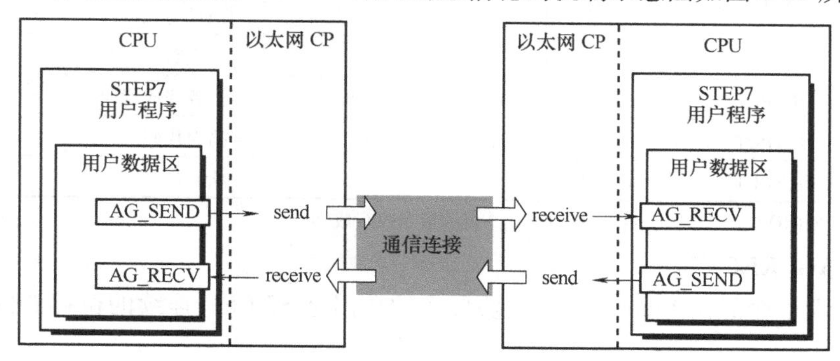

图 6-16　数据读/写交互过程

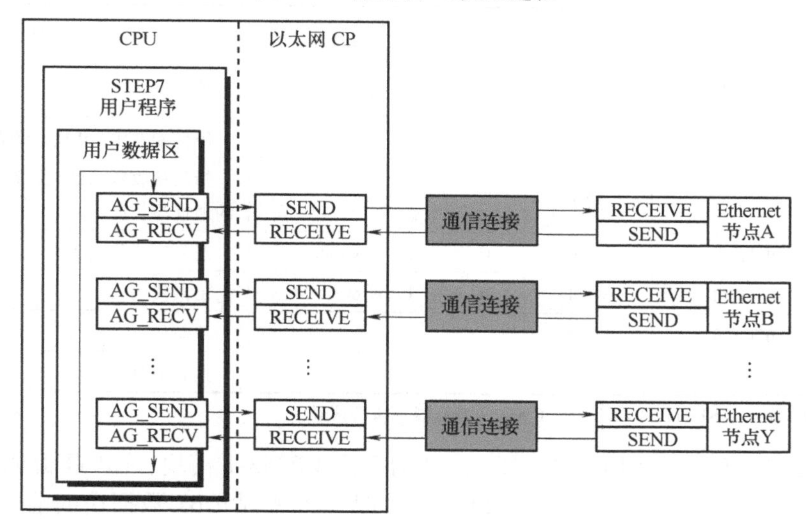

图 6-17　Ethernet 站间的通信轮询机制

6.3.3　指令说明

1. FC5“AG_SEND”

该指令从 S7 CPU 连续的位存储区或数据块向 Ethernet CP 传送输出数据，并经由构建的 Ethernet 连接传送至对方，参数见表 6-6。它与 FC6 成对使用，两者缺一不可。

表 6-6　FC5 参数说明

参数	输入/输出类型	类型	取值	说明
ACT	INPUT	BOOL		ACT=1，则将发送（SEND）发送缓冲区中 LEN 字节数据

（续）

参数	输入/输出类型	类型	取值	说明
ID	INPUT	INT	1，2，…，64(S7-400) 1，2，…，16(S7-300)	连接号
LADDR	INPUT	WORD		硬件配置中CP模块的逻辑起始地址
SEND	INPUT	ANY		指定发送数据区(位存储区或数据块)的地址与长度
LEN	INPUT	INT		发送数据字节数
DONE	OUTPUT	BOOL	0：—；1：new data	任务完成代码
ERROR	OUTPUT	BOOL	0：—；1：error	错误代码
STATUS	OUTPUT	WORD		状态代码

注：(DONE、ERROR、STATUS)=(1、0、0000_H)表示指令执行成功。

2. FC6“AG_RECV”

该指令读取一个经由Ethernet CP模块传送的数据至S7 CPU连续的位存储区或数据块，参数见表6-7。

表6-7 FC6参数说明

参数	输入/输出类型	类型	取值	说明
ID	INPUT	INT	1，2，…，64(S7-400) 1，2，…，16(S7-300)	连接号
LADDR	INPUT	WORD		硬件配置中CP模块的逻辑起始地址
RECV	INPUT	ANY		指定接收数据区(位存储区或数据块)的地址与长度
NDR	OUTPUT	BOOL	0：—；1：new data	任务完成代码
ERROR	OUTPUT	BOOL	0：—；1：error	错误代码
STATUS	OUTPUT	WORD		状态代码
LEN	OUTPUT	INT		接收数据字节数

注：(NDR、ERROR、STATUS)=(1、0、0000_H)表示指令执行成功。

例6-1 设A、B站为CPU314C-2DP，且均采用CP343-1模块，CP逻辑地址均为256。AB站间的TCP连接号为1。当A站M20.0置1时，将A站DB1数据块的前20B发送至B站DB2，试编写通信程序。

A站发送：

```
CALL  "AG_SEND"
  ACT:=M20.0
  ID:=1                                //设置TCP连接号
  LADDR:=W#16#100                      //设置CP模块逻辑地址
  SEND:=P#DB1.DBX0.0 BYTE 240          //设置发送区长度为240B
  LEN:=20                              //设置发送字节数为20B
  DONE:=M1.0
  ERROR:=M1.1
  STATUS:=MW10
```

B站接收：

```
CALL  "AG_RECV"
  ID: =1
  LADDR: =W#16#100
  RECV: =P#DB2.DBX0.0 BYTE 240          //设置接收区长度为240B
  NDR: =M1.0
  ERROR: =M1.1
  STATUS: =MW10
  LEN: =MW12                            //存储实际接收的数据长度，接收
                                        //数据存储于DB2的前20B
```

6.4　物品装箱生产线控制案例

序号11　基于CP343-1的以太网通信

6.4.1　设计要求

基于以太网实现物品包装控制。具体要求：当1#Ethernet站按下起动按钮时，3#Ethernet控制传送带A运行，将空包装纸箱移至SQ1，传送带A停止运行，此时，2#Ethernet控制传送带C运行，将物品装入包装箱(物品由光电开关进行检测)。当包装满20个物品时，则停止传送带C运行，同时，3#Ethernet站控制传送带B、A运行，将包装箱移出，直至新的空包装箱移至SQ1，传送带B、A停止运行，启动新的装箱流程，周而复始。当1#Ethernet站按下停止按钮时，系统停止运行。

> 科学工作行为规范：普遍主义(universalism)；公有主义(communism)；无私利性(祛利性)(disinterestedness)；独创性(originality)；坚持客观性、诚信(integrity)、理性精神、无偏见、尊重事实、不弄虚作假、谦虚、协作精神等。

6.4.2　网络组态

1. Ethernet站I/O分配

根据控制要求，Ethernet各站点I/O分配见表6-8~表6-10。

表6-8　1#Ethernet站I/O分配

地址	元件	说明
I124.0	SB1	起动按钮
I124.1	SB2	停止按钮
Q124.0	HL1	M1：物料传输电动机C运行信号
Q124.1	HL2	M2：包装箱传送带A运行信号
Q124.2	HL3	M3：包装箱传送带B运行信号
Q124.3	HL4	系统运行指示

表 6-9　2#Ethernet 站 I/O 分配

地址	元件	说明
I124.0		物料检测光电开关
I124.1		M1 电动机过载
Q124.0	KM1	M1：物料传送带 C 驱动电动机

表 6-10　3#Ethernet 站 I/O 分配

地址	元件	说明
I124.0		包装箱检测光电开关
I124.1		M2 电动机过载
I124.2		M3 电动机过载
Q124.0	KM2	M2：包装箱传送带 A 驱动电动机
Q124.1	KM3	M3：包装箱传送带 B 驱动电动机

2. 站点硬件配置

新建项目“example_cp343-1”，并右击项目名插入三个 S7-300 站点。为便于辨识，分别将其站点名更改为 ethernet1、ethernet2、ethernet3，如图 6-18 所示。

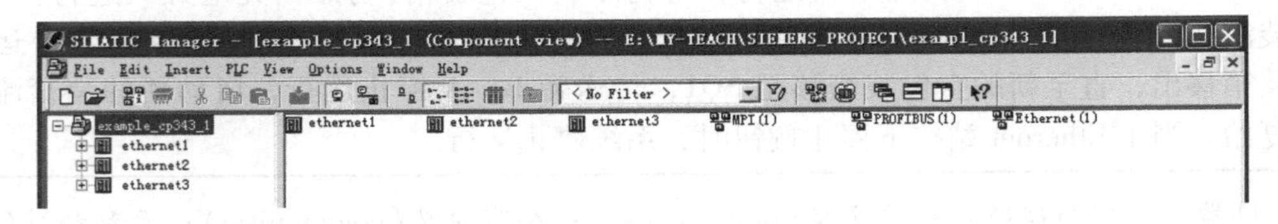

图 6-18　ethernet 通信项目

分别选择 ethernet1、ethernet2、ethernet3 并双击相应站点的 Hardware，如图 6-19 所示，分别完成 ethernet1、ethernet2、ethernet3 的硬件配置，其模块数目、位置、订货号应与实物保持一致。配置完毕后单击按钮保存并编译。

(0)　UR

S...	Module	Order number	Firmware	MPI...	I address	Q address	Comment
1	PS 307 5A	6ES7 307-1EA00-0AA0					
2	CPU 314C-2 DP	6ES7 314-6CH04-0AB0	V3.3	2			
X2	DP				2047*		
2.2	DI24/DO16				124...126	124...125	
2.3	AI5/AO2				752...761	752...755	
2.4	Count				768...783	768...783	
2.5	Position				784...799	784...799	
3							
4	DI16xDC24V	6ES7 321-1BH01-0AA0			0...1		
5	DO16xDC24V/0.5A	6ES7 322-1BH01-0AA0				4...5	
6	CP 343-1	6GK7 343-1EX30-0XE0	V2.0	5	288...303	288...303	

图 6-19　PLC 硬件配置

3. 网络组态

在 ethernet1 硬件配置界面中双击 CP343-1 模块，在弹出的属性界面（图 6-20）中单击“General”选项卡的“Properties”按钮，在“Parameters”选项卡中单击“New”按钮，新建一个

Ethernet 网络，设置 ethernet1 站 MAC 地址为“08-00-06-01-00-00”（标识于模块前面板）或使用默认值、IP 地址为“192. 168. 0. 10”，并将此站接入 Ethernet 网络，如图 6-21 所示。同理，分别设置 ethernet2 站、ethernet3 站 MAC 地址为“08-00-06-01-00-01”和“08-00-06-01-00-02”，IP 地址为“192. 168. 0. 12”和“192. 168. 0. 13”，并将 ethernet2 站、ethernet3 站接入 Ethernet 网络。

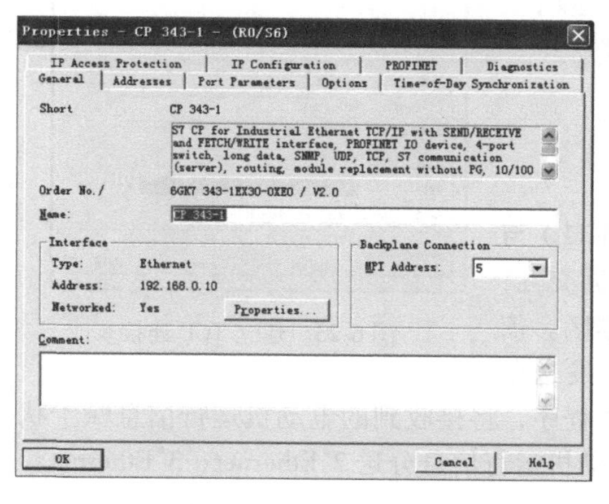

图 6-20　CP343-1 模块属性界面

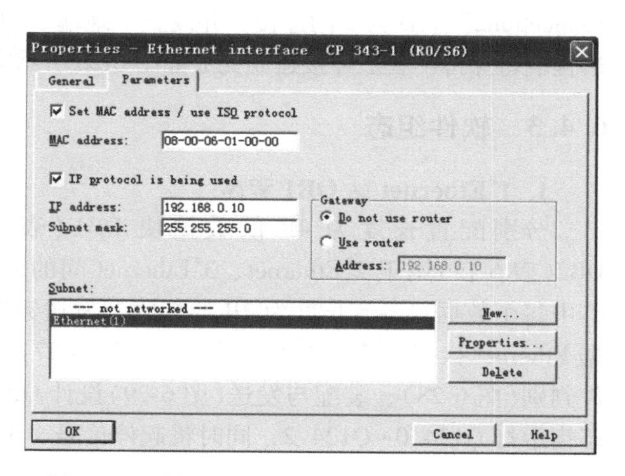

图 6-21　设置 ethernet1 MAC、IP 参数并接入网络

4. 建立 TCP 连接

单击“Network Configuration”，打开网络组态窗口 NetPro，如图 6-22 所示。

选择图 6-22 所示 ethernet1 站 CPU314C-2DP 模块，且选择窗口左下侧“Local ID”字段第一空白行的右键快捷菜单“Insert New Connection”命令，插入一个新的网络连接，即弹出如图 6-23 所示界面。选择图 6-23 中的 ethernet2 站 CPU314C-2DP 模块作为连接伙伴方，并从 ISO-on-TCP connection 或 TCP connection 或 UDP connection 或 ISO Transport connection 等连接类型中选择“TCP connection”。

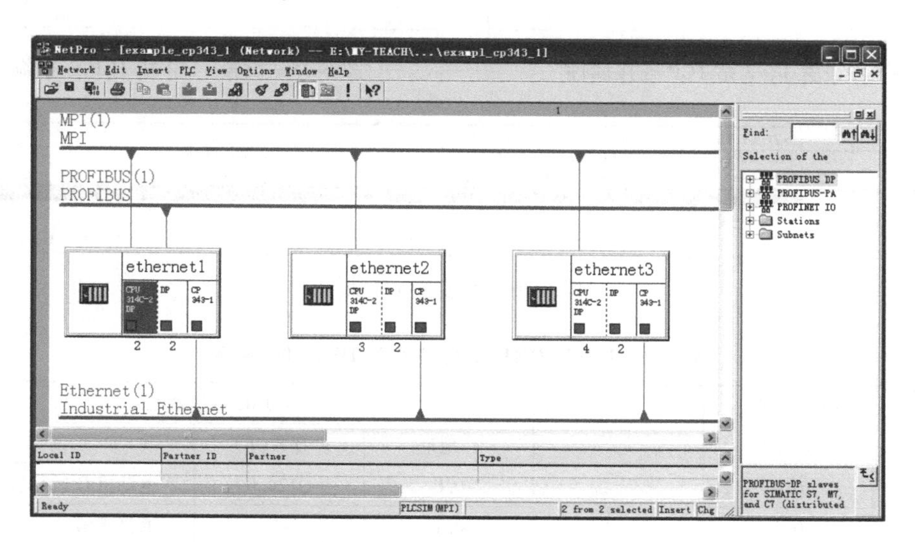

图 6-22　网络组态窗口 NetPro

单击“OK”按钮后，即弹出如图 6-24 所示的连接属性对话框，其中“General Information”选项卡使用默认值，即连接名为“TCP connection1”、ID 为 1，并设置“Addresses”选项卡中连接双方的端口号为“2000”，如图 6-25 所示。同理，建立 ethernet1 站与 ethernet3 站间名为“TCP connection2”、ID 为 2 的连接，并设置本地端口为“2001”，远程端口保持不变。连接建立完成如图 6-26 所示。

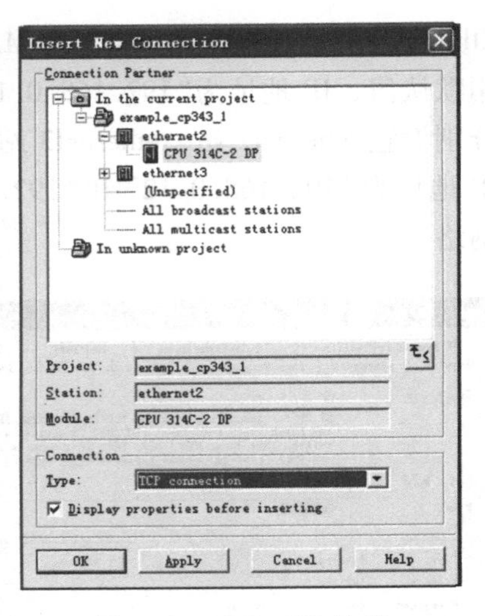

图 6-23　建立 TCP 连接

6.4.3　软件组态

1. 1#Ethernet 站 OB1 程序

分别配置长度为 4B 的数据块 DB1（表 6-11）与 DB2（表 6-12）用于 2#Ethernet、3#Ethernet 间的数据交互，其中每个数据块各有长度为 2B 的接收和发送数据区。依据 Ethernet 接口组态，按接收与处理（图 6-27）、发送条件判别（图 6-28）、装配与发送（图 6-29）设计 OB1 程序，将接收到的电动机运行信息赋予状态指示灯 Q124.0～Q124.2，同时将起停信号、电动机运行信息分送 2#Ethernet、3#Ethernet。

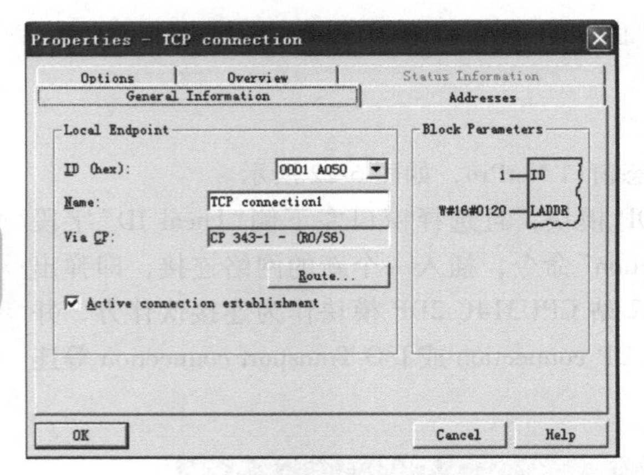

图 6-24　设置 1、2 站 TCP 连接属性

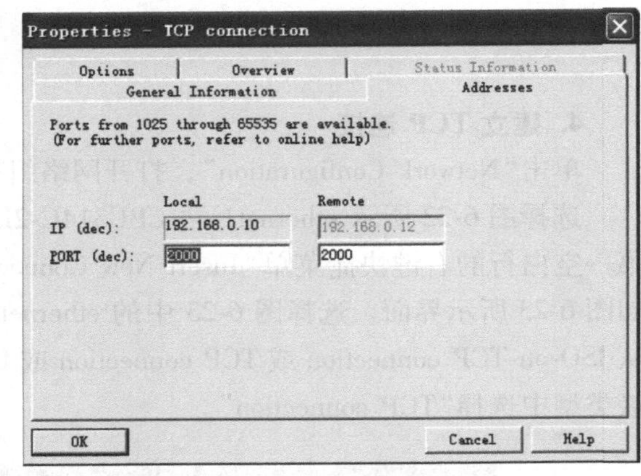

图 6-25　设置 1、2 站 TCP 连接端口

Local ID	Partner ID	Partner	Type
0001 A050	0001 A050	ethernet2 / CPU 314C-2 DP	TCP connection
0002 A050	0001 A050	ethernet3 / CPU 314C-2 DP	TCP connection

PLCSIM (MPI)　X 718　Y 409　Insert

图 6-26　连接建立完成

表 6-11　1 号站 DB1 与 2、3 号站 DB2 对应关系

站号	DB1 数据块	站号	DB2 数据块		
	位地址		位地址	存放值	说明
1#站	0.0	2#站	0.0	Q124.0	电动机 C 运行状态
	0.1		0.1		纸箱满信号
	2.0	3#站	0.0	Q124.0	电动机 A 运行状态

（续）

站号	DB1 数据块	站号	DB2 数据块		
	位地址		位地址	存放值	说明
1#站	2. 1	3#站	0. 1	Q124. 1	电动机 B 运行状态
	2. 2		0. 2		纸箱到位信号
	2. 3		0. 3		3#站运行信号

表 6-12 1 号站 DB2 与 2、3 号站 DB1 对应关系

站号	DB2 数据块			站号	DB1 数据块
	位地址	存放值	说明		位地址
1#站	0. 0	I124. 0	起动信号	2#站	0. 0
	0. 1	I124. 1	停止信号		0. 1
	1. 0	DB1. DBX2. 0	电动机 A 运行状态		1. 0
	1. 1	DB1. DBX2. 1	电动机 B 运行状态		1. 1
	1. 2	DB1. DBX2. 2	纸箱到位信号		1. 2
	1. 3	DB1. DBX2. 3	3#站运行信号		1. 3
	2. 0	I124. 0	起动信号	3#站	0. 0
	2. 1	I124. 1	停止信号		0. 1
	3. 0	DB1. DBX0. 0	电动机 C 运行状态		1. 0
	3. 1	DB1. DBX0. 1	纸箱满信号		1. 1

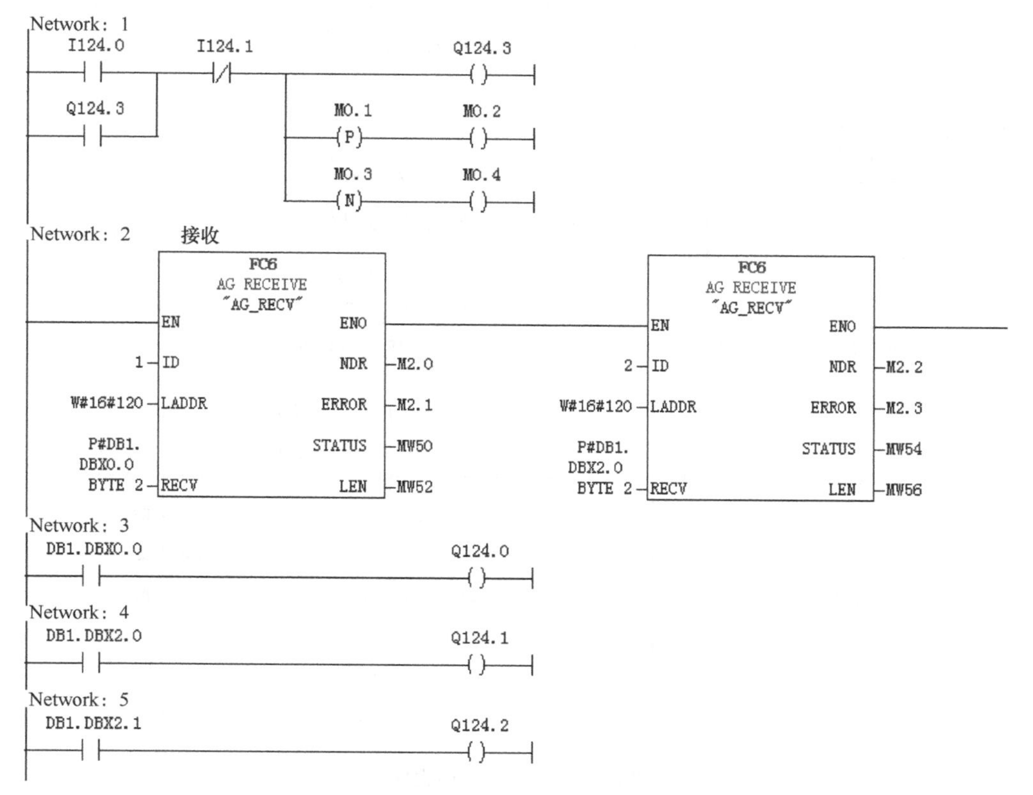

图 6-27 接收与处理程序

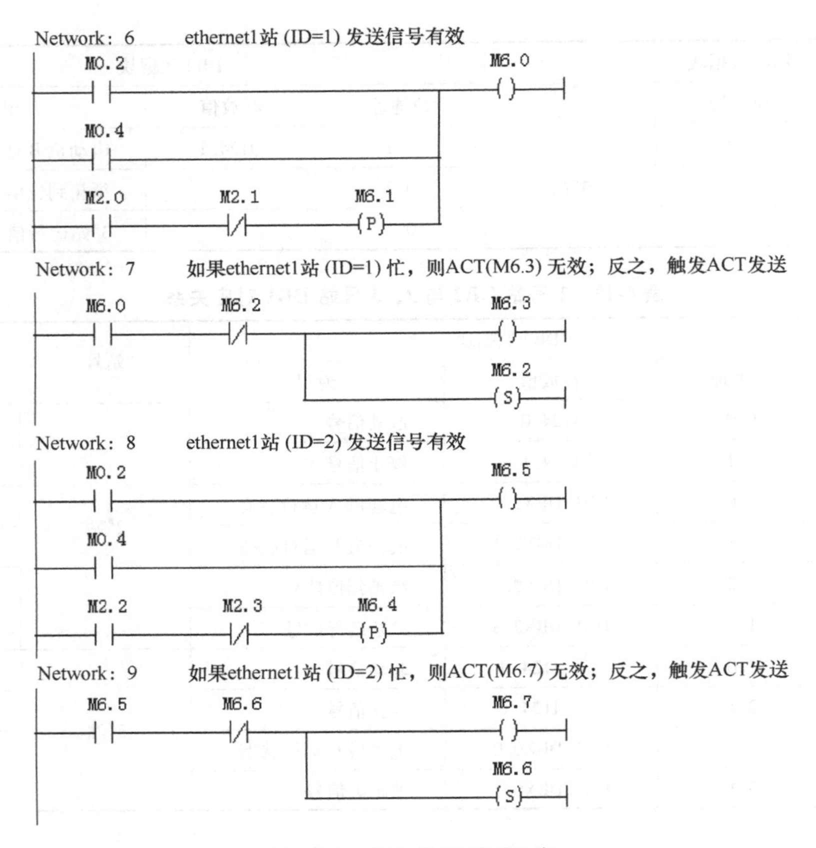

图 6-28　发送条件判别程序

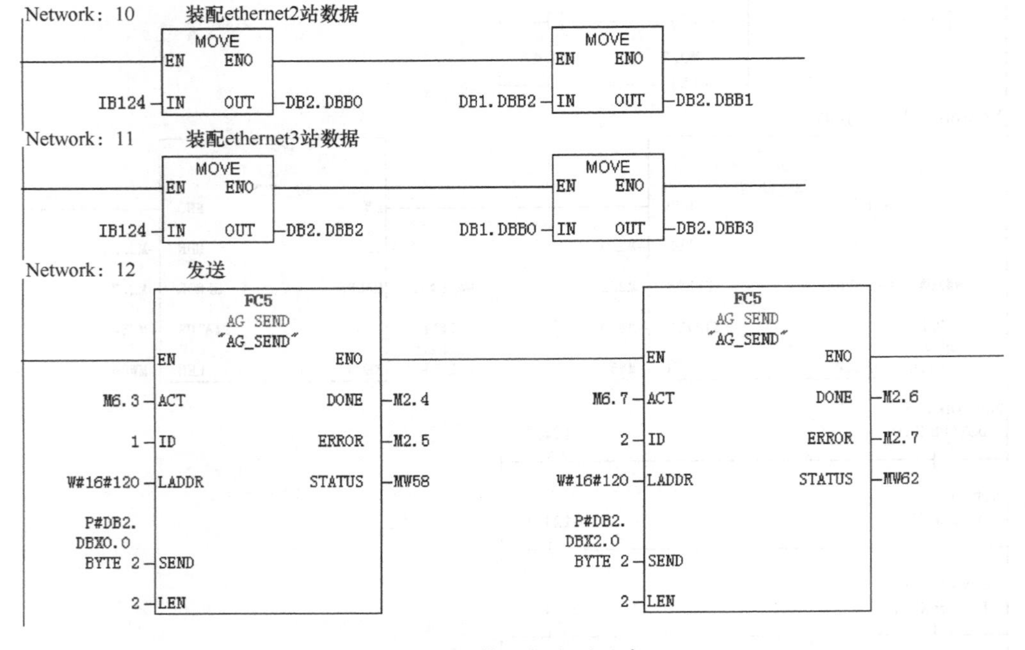

图 6-29　装配与发送程序

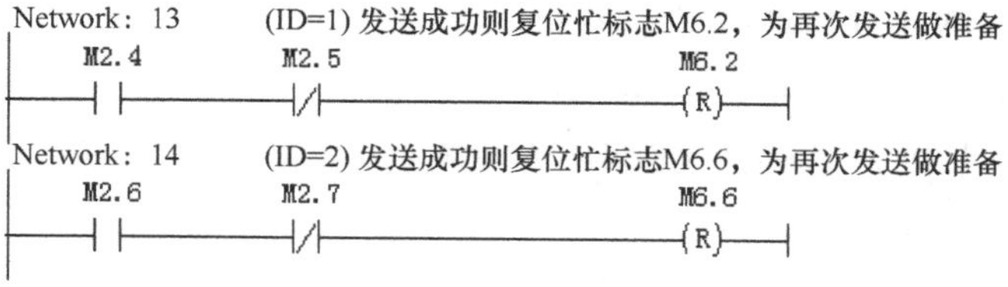

Network：13　(ID=1) 发送成功则复位忙标志M6.2，为再次发送做准备
M2.4
M2.5
M6.2
R
Network：14　(ID=2) 发送成功则复位忙标志M6.6，为再次发送做准备
M2.6
M2.7
M6.6
R

图 6-29　装配与发送程序(续)

2. 2#Ethernet 站 OB1 程序

分别配置长度为 2B 的数据块 DB1 与 DB2 用于存储接收和发送数据(表 6-11、表 6-12)。依据 Ethernet 接口组态，按接收与处理(图 6-30)、物品装箱计数(图 6-31)、发送条件判别与处理(图 6-32)设计 OB1 程序。通过加计数器实现对包装箱内物品的统计，并将传送带 C 电动机运行信息 DB2. DBX0. 0 以及纸箱满信号 DB2. DBX0. 1 发送至 1#Ethernet 站。

Network：1　接收
FC6
AG RECEIVE
"AG_RECV"
EN
ENO
1
ID
NDR
M2.0
W#16#120
LADDR
ERROR
M2.1
P#DB1.
DBX0.0
BYTE 2
RECV
STATUS
MW50
LEN
MW52
Network：2　判断纸箱是否已装满20个物品
CMP ==I
DB2.DBX0.1
MW100
IN1
20
IN2
Network：3　传送带A将空纸箱移至SQ1，则起动C传送带电动机
DB1.DBX1.2
DB1.DBX1.3
I124.1
DB2.DBX0.1
Q124.0
DB2.DBX0.0
M0.1
P
M0.0

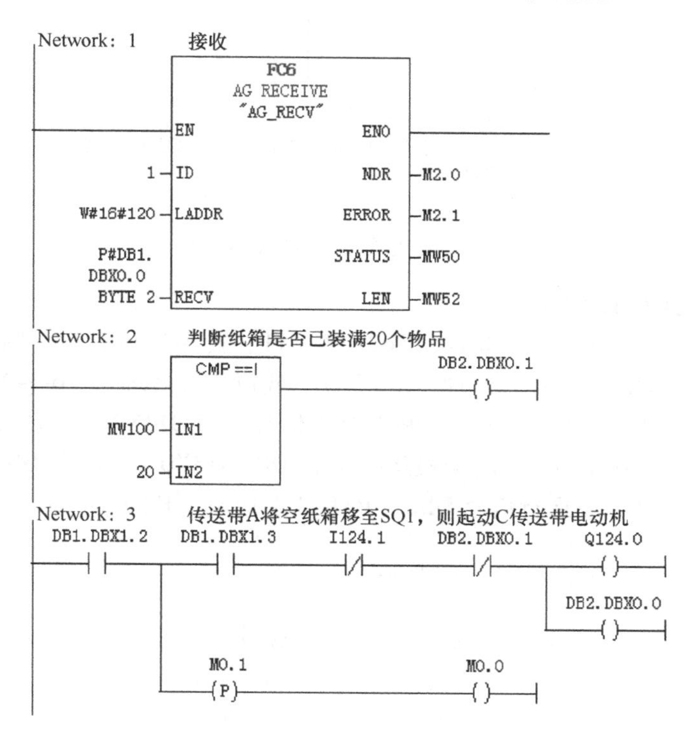

图 6-30　接收与处理程序

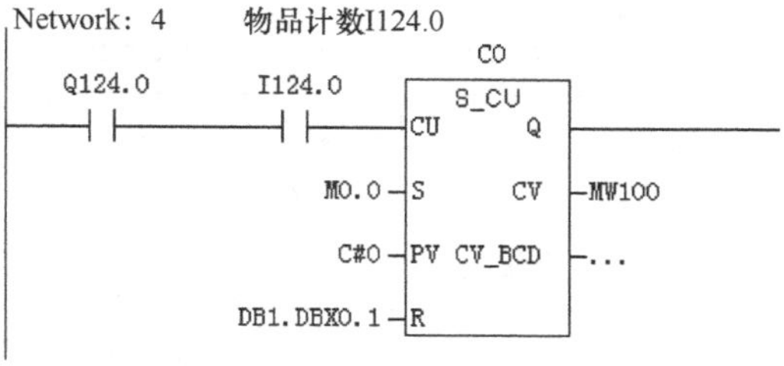

Network：4　物品计数I124.0
C0
Q124.0
I124.0
S_CU
CU
Q
M0.0
S
CV
MW100
C#0
PV
CV_BCD
...
DB1.DBX0.1
R

图 6-31　物品装箱计数程序

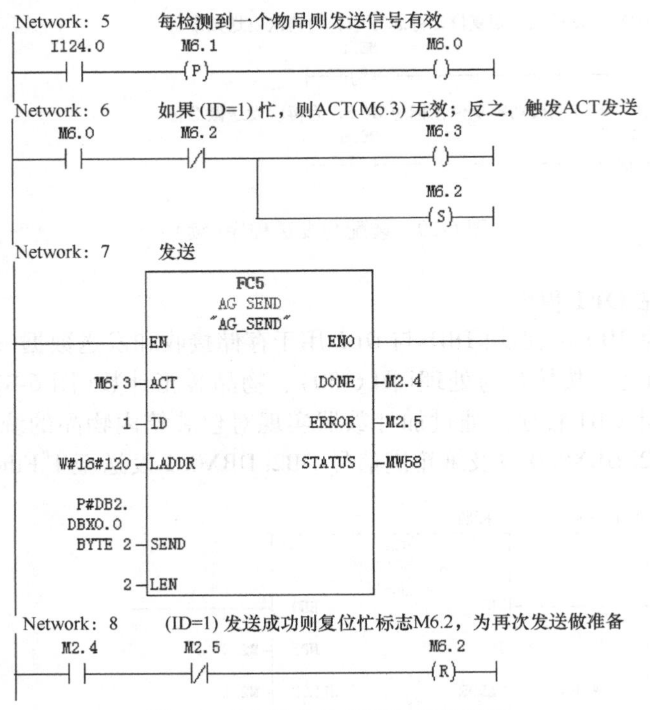

图 6-32 发送条件判别与处理程序

3. 3#Ethernet 站 OB1 程序

分别配置长度为 2B 的数据块 DB1、DB2(表 6-11、表 6-12)用以存储接收和发送数据。依据 Ethernet 接口组态，按接收与处理(图 6-33)、纸箱装满处理(图 6-34)、发送条件判别与处理(图 6-35)设计 OB1 程序。通过判断纸箱满信号 DB1. DBX2. 1 实现传送带 A、B 电动机的重复驱动，并将传送带 A、B 电动机运行信息 DB2. DBX0. 0、DB2. DBX0. 1 以及纸箱到位信号 DB2. DBX0. 2 和系统运行信号 DB2. DBX0. 3 发送至 1#Ethernet 站。

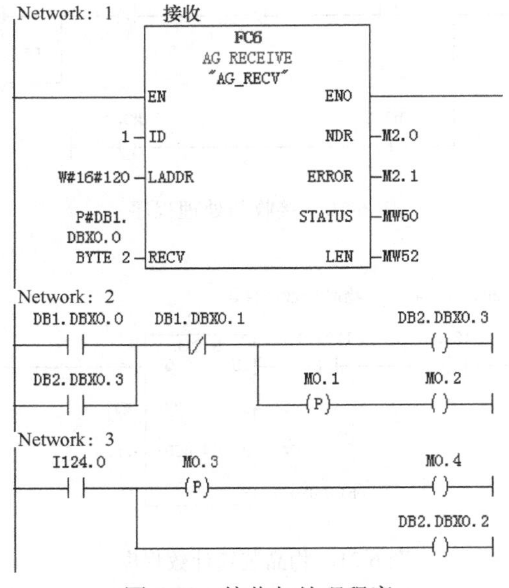

图 6-33 接收与处理程序

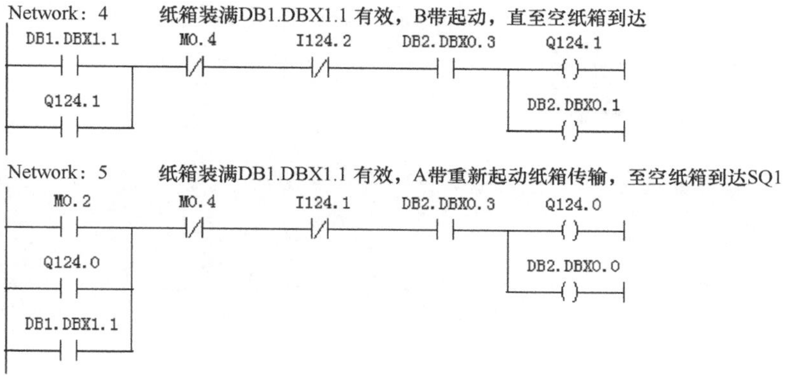

Network：4　　纸箱装满DB1.DBX1.1 有效，B带起动，直至空纸箱到达

DB1.DBX1.1　M0.4　I124.2　DB2.DBX0.3　Q124.1

Q124.1　DB2.DBX0.1

Network：5　　纸箱装满DB1.DBX1.1 有效，A带重新起动纸箱传输，至空纸箱到达SQ1

M0.2　M0.4　I124.1　DB2.DBX0.3　Q124.0

Q124.0　DB2.DBX0.0

DB1.DBX1.1

图 6-34　纸箱装满处理程序

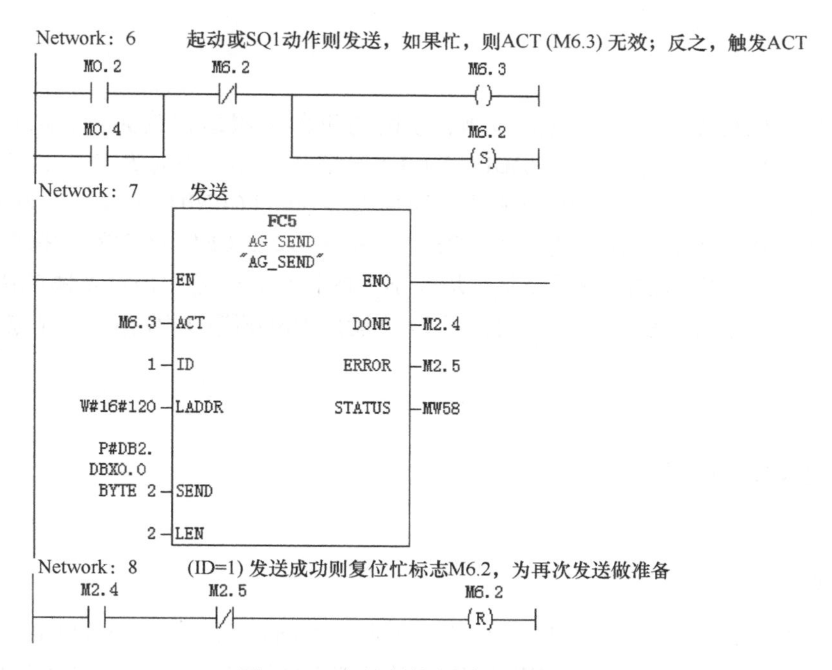

图 6-35　发送条件判别与处理程序

习　　题

6-1　工业以太网具有哪些特点？

6-2　什么是容错 S7 通信？简述其工作原理。

6-3　基于以太网的 SEND/RECEIVE 协议支持哪些连接类型？

6-4　如何编写基于 CP343-1 的 UDP 通信程序？

6-5　如何编写基于 CP343-1 的 ISO-on-TCP 通信程序？

第 7 章 PROFINET IO总线

教学目的：

本章以钢管包装控制以及合格品检测、装配与机器人搬运控制为例，从任务分析入手，阐述 PROFINET 的功能特点、PROFINET IO 通信与数据交互原理以及组态方法、机器人接口设计方法以及 3D 摄像机的配置、通信指令 FC11(PNIO_SEND)、FC12(PNIO_RECV)的应用，循序渐进，使学生掌握 CP343-1 和 S7-1200 CPU 的 PROFINET IO 组态方法以及机器人、视觉传感器的协同控制，培养学生的工程、安全意识以及团队协作、乐业敬业的工作作风，精益、创新的“工匠精神”以及运用 PROFINET IO 解决工业控制问题的能力。

7.1 PROFINET 基础

7.1.1 概述

1999 年，PROFIBUS 国际组织 PI 开始研发工业以太网技术——PROFINET，由于其背后强大的自动化设备制造商的支持和 PROFIBUS 的成功运行，2000 年底，PROFINET 作为第 10 种现场总线被列入 IEC 61158 标准。

PROFINET 是新一代基于工业以太网技术、TCP/IP 和 IT 标准的自动化总线标准，是为制造业和过程自动化领域而设计的集成的、综合的实时工业以太网标准，它的应用从工业网络的底层(现场层)到高层(管理层)，从标准控制到高端的运动控制。PROFINET 无缝地集成了现有的现场总线系统，以及工业安全和网络安全功能。PROFINET 作为全集成自动化(totally integrated automation，TIA)的一部分，它定义了一种跨供应商通信和工程模型，是 PROFIBUS-DP(现场总线)、工业以太网(单元级通信总线)系统的逻辑延伸，可以满足自动化工程的所有需求，为基于 IT 的工业通信网络系统提供各种各样的解决方案。

通过 PROFINET，分布式现场设备(如现场 IO 设备、信号模块)可直接连接到工业以太网，实现与 PLC 等设备通信，且可达到与现场总线相同或更优越的响应时间，其典型的响应时间在 10ms 的数量级。此外，PROFINET 也可使用 IE/PB 模块将现有的现场总线系统(如 PROFIBUS、ASI 等)集成到 PROFINET 中，从而建立由现场总线和基于以太网的子系统组成的混合系统，组态示例如图 7-1 所示。

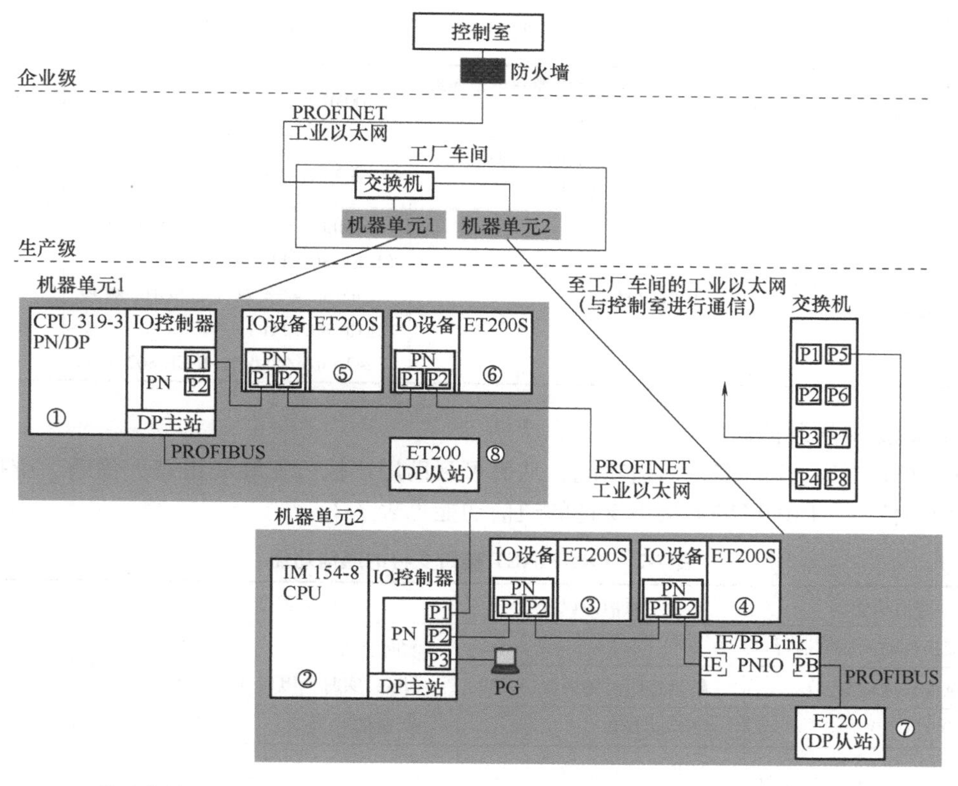

①IO 控制器、DP 主站　②IO 控制器　③④⑤⑥IO 设备　⑦⑧PROFIBUS 从站设备

图 7-1　PROFINET 组态示例

7.1.2　PROFINET 接口技术规范

1. 接口技术规范

内置集成交换机或外部交换机的 PROFINET 接口技术规范见表 7-1。

表 7-1　PROFINET 接口技术规范

物理属性	连接技术	电缆类型/传输介质、标准	传输速率/模式	网段最大长度
电气	RJ45 插头连接器 ISO/IEC 61754-24	100Base-TX 2×2 双绞对称屏蔽铜质电缆 IEC 61158	100Mbit/s/全双工	100m
光纤	SCRJ 45 ISO/IEC 61754-24	100Base-FX POF 光纤电缆（聚合体光纤） ISO/IEC 60793-2	100Mbit/s/全双工	50m
		覆膜玻璃纤维（聚合体覆层纤维，PCF） ISO/IEC 60793-2	100Mbit/s/全双工	100m

（续）

物理属性	连接技术	电缆类型/传输介质、标准	传输速率/模式	网段最大长度
光纤	BFOC（卡口式光纤连接器）ISO/IEC 60874-10	玻璃纤维光纤电缆—单模光纤 ISO/IEC 9314-4	100Mbit/s/全双工	26km
		玻璃纤维光纤电缆—多模光纤 ISO/IEC 9314-4	100Mbit/s/全双工	3000m
无线电	IWLAN RCoax N 连接器	IEEE 802.11	54Mbit/s/半双工，2.4GHz 频段（IEEE 802.11g） 54Mbit/s/半双工，5GHz 频段（IEEE 802.11h） 24Mbit/s/半双工（IEEE 802.11a）	100m

2. 接口支持的通信功能

PROFINET 接口支持多种通信功能，从而可帮助用户执行安装和组态、诊断、维护网络基础架构等任务。PROFINET 接口支持的通信功能见表 7-2。

表 7-2 PROFINET 接口支持的通信功能

通信功能	通信协议	通信类型	应用阶段
监视交换机的无故障运行	—	实时通信（RT：实时；IRT：同步实时）	安装、组态和运行
组态电缆长度检测	精确透明时钟协议（PTCP）		
USEND/URCV	ISO-on-TCP	S7 通信	运行
使用 TSEND FB 进行数据传输	TCP ISO-on-TCP UDP	开放式块通信	运行
将程序下载到控制器	ISO-on-TCP	S7 通信	调试
操作员输入和过程值的监视	ISO-on-TCP	S7 通信	运行
管理网络基础架构	简单网络管理协议（SNMP）	办公通信（NRT：非实时）	诊断
诊断光纤电缆的无故障运行	—		
提供邻近信息	链路层发现协议（LLDP）	实时通信（RT：实时；IRT：同步实时）	

7.1.3 PROFINET 拓扑结构与组件

1. 网络拓扑结构

PROFINET 网络支持星形、树形、总线型、环形和混合型网络拓扑结构（图 7-2），其传输介质与拓扑见表 7-3。

2. 网络组件

（1）PN/DP 连接器（网关）

IE/PB LINK PN IO、IWLAN/PB LINK PN IO（无线）既是 PROFINET IO 的设备又是 PROFIBUS 的主站，通过实时通信（RT）实现工业以太网和 PROFIBUS 之间的无缝切换，以便将现有 PROFIBUS 设备集成到 PROFINET 应用中，如图 7-3 所示。PROFINET IO 控制器处理所有 DP 从站的方法与处理带以太网接口的 IO 设备方法相同。

表 7-3 网络传输介质及拓扑

介质	拓扑	组件	节点数	网络长度
铜缆	星形、总线形、树形	交换机、中继器、PN/PN 耦合器、PN/DP 连接器、SCALANCE X	最多 126 个	最长 5km
光纤	星形、总线型、环形	SCALANCE X	多于 1000 个	最长 150km
无线电	星形	IWLAN/PB LINK PN IO	最多 8 个	最长 1000m

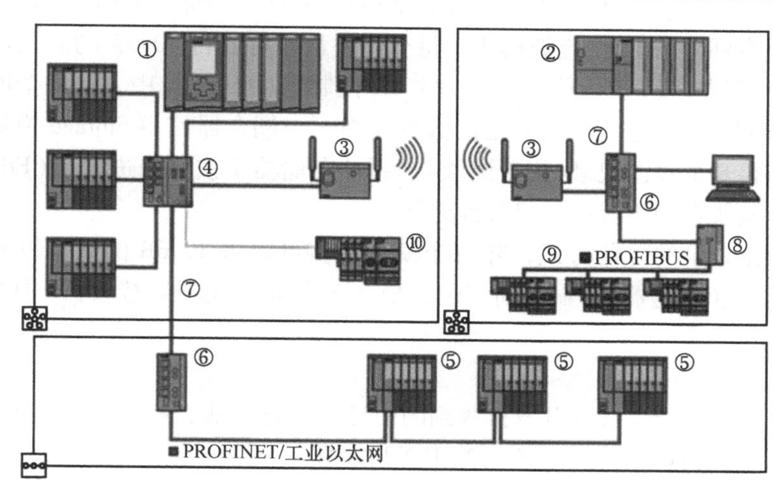

① S7-1500 作为 IO 控制器 ② S7-300 作为 IO 控制器 ③ 带有 SCALANCE W 的工业 WLAN ④ 带有七个电气端口和三个光学端口的 SCALANCE X307-3 ⑤ 带有集成二端口交换机的 ET200SP ⑥ 带有四个电气端口的 SCALANCE X204 ⑦ PROFINET/工业以太网 ⑧ IE/PB-Link PN IO ⑨ PROFIBUS-DP ⑩ 带有两个光学端口的 ET200S

图 7-2 复合(混合)网络示意图

(2) PN/AS-I 连接器(网关)

IE/AS-I LINK PN IO 既是 PROFINET IO 的设备又是 AS-I 的主站，通过实时通信(RT)可实现工业以太网和 AS-I 之间的无缝切换，以便将 AS-I 设备集成到 PROFINET 应用中，如图 7-4 所示。经由此模块，PROFINET IO 控制器可访问标准、模拟量、复合 AS-I 从站的输入/输出，IO 控制器处理所有 AS-I 设备的方法与处理带以太网接口的 IO 设备方法相同。

(3) PN/PN 耦合器

PN/PN 耦合器用来连接两个 PROFINET 子网，并通过虚拟 I/O 模块和数据记录(或本地数据记录)进行数据交换，如图 7-5 所示。

图 7-3 IE/PB LINK PN IO

图 7-4 IE/AS-I LINK PN IO

图 7-5 PN/PN 耦合器

基于虚拟 I/O 模块的数据传输方式，耦合器提供多达 16 个输入/输出虚拟槽位用于虚拟模块交换数据，由组态工具组态每个虚拟插槽中的输入(或输出)，局部 CPU 会读取(或写入)其他子网 CPU 将覆盖(或接收)耦合伙伴中所组态输出(或输入)的值，其循环性传输的 I/O 数据总数最多为 1440B 的输入和 1440B 的输出，且每个网络端最多支持 4 个 PN IO 控制器之间进行快速确定的数据交换。输入和输出数据可按需进行分割。

基于数据记录的传输方式，可在耦合器两端(X1 和 X2)组态虚拟模块，它有 Publisher 模块或 Storage 模块两类，其中，Publisher 模块分为发送“RD WRITE PUB”、接收“RD READ PUB”两种；Storage 模块分为发送“RD WRITE STO”、接收“RD READ STO”两种。耦合器每个接口最多可组态 16 个虚拟模块，每个模块最多可以将 4096B 的数据以非循环性的方式从一个 IO 控制器(发送器)传输到另一个 IO 控制器(接收器)中，且每个网络端最多支持 4 个 PN IO 控制器之间进行快速确定的数据交换。当耦合器使用 Storage 模块类型时，每个插槽最多可缓存 8 个数据记录(用于读取)。缓冲存储器将按照先进先出(FIFO)原则进行操作。Publisher 模块类型不缓存任何数据记录。

基于本地数据记录的传输方式，除每个模块最多可以将 4096B 的数据以非循环性的方式从一个 IO 控制器(发送器)传输到同一侧的最多 3 个 IO 控制器(接收器)中之外，其余同数据记录传输方式。

(4) 交换机

交换机的任务是重新生成并分发接收到的信号。它有外部交换机、集成于 S7 CPU 或基于 S7 CP 模块的交换机两类，如 SCALANCE X200IRT。

7.2 PROFINET IO 和 CBA

PROFINET 支持 PROFINET IO、PROFINET CBA 通信服务和各种配置文件(如 PROFI-drive 和 PROFI-safe)。其中，PROFI-drive 是 PROFINET 和 PROFIBUS 中的控制系统与驱动器之间的功能接口；PROFI-safe 是针对面向安全通信的 PROFINET 和 PROFIBUS 配置文件。

7.2.1 PROFINET IO

1. PROFINET 与 PROFIBUS 的区别

PROFINET IO 是一个基于快速以太网第二层协议的可扩展实时通信系统，主要用于完成制造业自动化中分布式 I/O 系统的控制，亦即是对分散式现场 IO 的控制，它与 PROFIBUS-DP 的工作相似，仅是将设备的 PROFIBUS-DP 接口替换成了 PROFINET 接口，两者的术语、功能及技术比较见表 7-4、表 7-5。带 PROFINET 接口的智能化设备可以直接连接到网络中，而简单的设备和传感器可以集中连接到远程 I/O 模块上，通过 I/O 模块连接到网络中。

表 7-4 PROFINET 与 PROFIBUS 术语比较

序号	PROFINET	PROFIBUS	备注
1	IO system	DP master system	
2	IO controller	DP master	
3	IO supervisor	PG/PC 2 类主站	调试与诊断

（续）

序号	PROFINET	PROFIBUS	备注
4	工业以太网	PROFIBUS	网络结构
5	HMI	HMI	监控与操作
6	IO device	DP slave	分布的现场设备到 IO controller/DP master

表 7-5 PROFINET 与 PROFIBUS 功能及技术比较

类别	PROFINET	PROFIBUS
最大传输速率/(Mbit/s)	100	12
数据传输方式	全双工	半双工
典型拓扑方式	星形	线形
一致性数据范围/B	254	32
用户数据区长度/B	最大 1440	最大 244
网段长度	100m	12Mbit/s 时 100m
诊断功能及实现	有极强大的诊断功能	诊断功能不强
主站个数	网络中可以存在任意数量的控制器，且不影响 IO 的响应时间	DP 网络仅有单个主站，多主站系统将导致循环周期过长
网络位置	由拓扑信息可确定设备网络位置	不能确定设备网络位置

2. PROFINET IO 组成

PROFINET IO 基于实时通信(RT)和等时同步通信(IRT)，控制器(相当于 PROFIBUS 中的主站)和设备(相当于从站)之间可以实现工艺数据、过程数据、报警信息等数据的实时交换，IO 监视器则可以利用 PROFINET 的 TCP/IP 标准通信实现参数组态和网络诊断功能，如图 7-6 所示。总线的数据交换周期在毫秒范围内，在运动控制系统中，其抖动时间可控制在 1μs 之内。

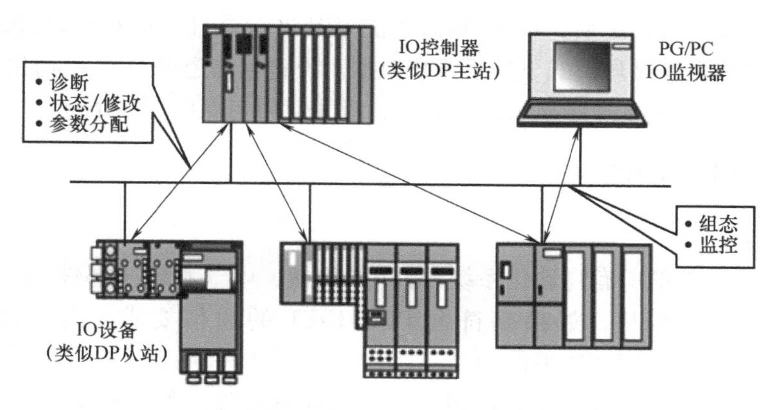

图 7-6 PROFINET IO 网格

(1) PROFINET IO 控制器

IO 控制器一般由 PLC 担任，系统运行时，自动循环执行 PLC 中的用户控制程序。它相当于 PROFIBUS-DP 中的主站，如 IM151-3 PN、CPU314-2 PN/DP、CPU317-2 PN/DP、CPU319-3 PN/DP、CP343-1、CPU41x、CP443-1、S7-1200 V4.0 等。

（2）PROFINET IO 监视器

IO 监视器用于组态、编程和下载组态数据到 IO 控制器，以及对系统的诊断和分析。它相当于 PROFIBUS-DP 中的 2 类主站，如 PG/PC、WinCC。

（3）PROFINET IO 设备

IO 设备是分散于控制现场的各种装置、设备或子系统，它相当于 PROFIBUS-DP 中的从站，如 ET200S PN、CP343-1、CP443-1、S7-1200 V4.0、视觉传感器 VS100、阀终端、变频器等，如图 7-7、图 7-8 所示。

图 7-7　ET200S PN

图 7-8　SINAMICS G120

（4）PROFINET IO 参数服务器

IO 参数服务器是一个服务器站，用于存储和装载 IO 设备的应用组态数据（记录数据元素），它很少使用。

3. IP 地址与设备名称

在 PROFINET 中，所有 PROFINET 设备均基于 TCP/IP，因此 IO 控制器、IO 设备必须设置相应的 IP 地址、MAC 地址、子网掩码，其中，MAC 地址已由 PROFINET 设备制造商在设备出厂前分配了全球唯一的 MAC 地址。上述参数均可由 STEP7 生成，并在 CPU 启动时分配给 IO 设备，且 IO 设备的 IP 地址始终与 IO 控制器的子网掩码相同，并从 IO 控制器的 IP 地址开始按升序进行分配或根据需要手动更改 IP 地址。

设备名称用于 IO 控制器识别 IO 设备，它与赋予设备的唯一 IP 地址相对应，因此，仅当 IO 设备分配了设备名称之后，IO 控制器才能对其进行寻址，如在启动期间传送组态数据（包括 IP 地址）或者在循环模式下交换用户数据。设备名称遵循 DNS 结构化命名惯例，应为小写字母，且从右向左以降序显示其层级，层级间使用句点（“.”）分隔。

7.2.2　PROFINET CBA

1. CBA 组件

属于一个工艺功能的所有自动化系统部件（如机械、电气和电子部件）和关联的控制程序所形成的独立技术模块，如果其符合 PROFINET 的通信要求，则可借此模块创建 PROFINET CBA 组件（图 7-9 中“组件”）。

CBA 将自动化功能封装在一个软件组件中，且拥有清晰的数据接口，可重复使用。其组态通信不依赖于协议和物理网络，可通过图形化的组态方式构建通信，如图 7-9 所示。CBA 组件包含所使用的所有硬件（PLC、I/O、传感器与执行器、机械系统和设备固件）配置数据、模块参数、关联的用户程序以及与其他 CBA 组件进行连接的接口。

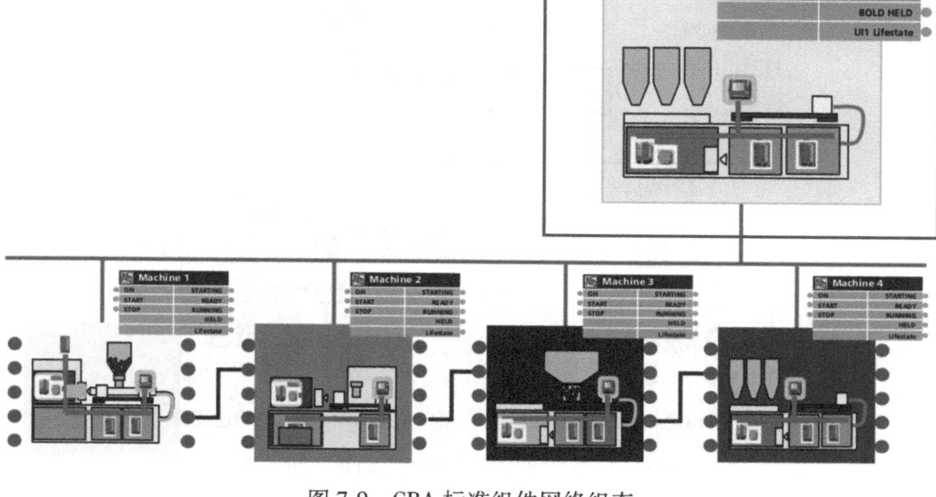

图 7-9　CBA 标准组件网络组态

2. PROFINET CBA 与 PROFINET IO 的区别

PROFINET CBA(component-based automation)适用于基于组件的机器对机器的通信，通过 TCP/IP 和实时通信满足在模块化的设备制造中的实时要求。CBA 技术是一种实现分布式装置、机器模块、局部总线等设备级智能模块自动化应用的概念。CBA(非实时)通信循环周期为 50~100ms。CBA 与 PROFINET IO 不同的是其控制对象是一个整体的装置、智能机器或系统，而不是工业现场分布式 I/O 点，且 I/O 之间的数据交换是在组件内部完成。通过制造商独立的工程工具(如 SIMATIC iMap)，实现智能化的大型模块或组件间的通信，进而组成大型系统。PROFINET CBA 和 PROFINET IO 的区别如图 7-10 所示。

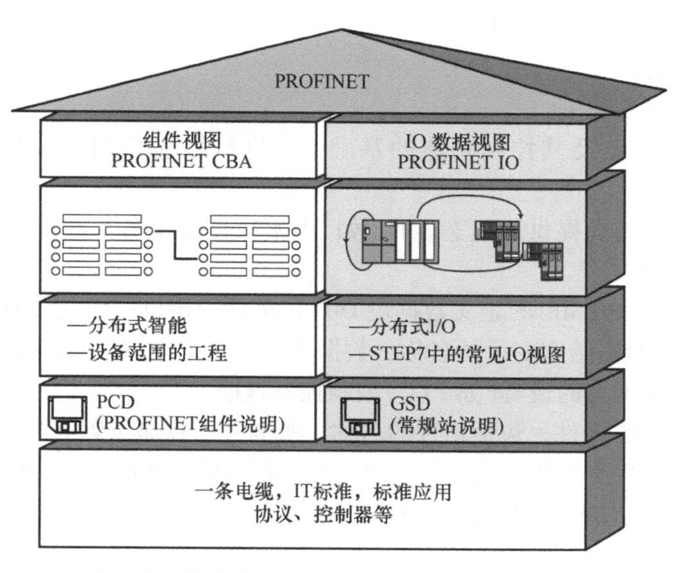

图 7-10　PROFINET CBA 和 PROFINET IO 的区别

基于多组件(通过 PROFINET 进行通信)的分布式自动化解决方案如图 7-11 所示。

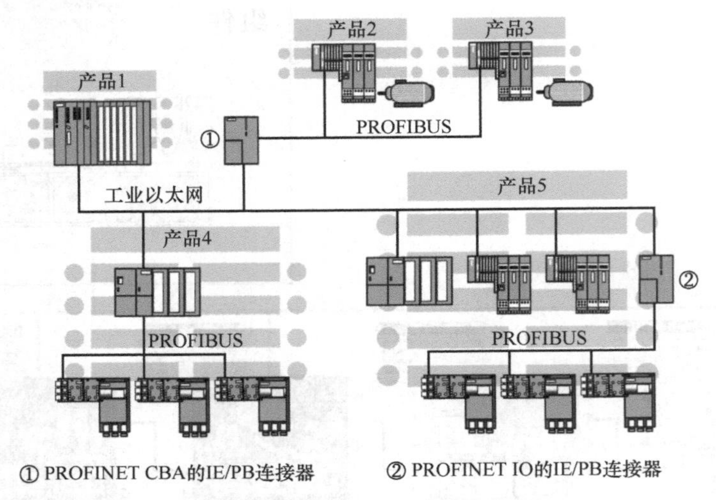

图 7-11　基于多组件的分布式自动化解决方案

其中，产品 1 组件由一个具有中央 IO 的 PROFINET 控制器组成，如 CP443-1 Advanced；产品 2、3 组件均由一个智能 PROFIBUS 设备组成，如 ET200S CPU，两个组件均通过基于组件的自动化的 IE/PB 连接器 1(具有代理功能的 PROFINET 设备)连接到 PROFINET，而 IE/PB 连接器 1 作为 PROFIBUS 节点的代理，其每个连接的 PROFIBUS-DP 从站均作为 PROFINET 上的一个单独组件；产品 4 组件由一个作为 PROFIBUS-DP 主站的 PROFINET 控制器组成，如 CPU314-2 PN/DP；产品 5 组件由一个 PROFINET IO 控制器(如 CPU314-2 PN/DP 或 CP343-1 Advanced)和两个为之分配的 PROFINET IO 设备(直接连接到工业以太网)，以及经由 PROFINET IO 的 IE/PB 连接器 2(具有代理功能的 PROFINET 设备)连接到 PROFINET 的三个 PROFIBUS-DP 从站组成，而 IE/PB 连接器 2 作为 PROFIBUS 节点的代理，其每个连接的 PROFIBUS-DP 从站均作为 PROFINET 上的一个 PROFINET IO 设备。

3. 创建 CBA 组件

创建 CBA 组件步骤如下：

1）在分析控制对象及其控制功能的基础上，进行智能控制器或现场设备(如 PLC、ET200S 等)的选型。

2）使用控制器制造商提供的组态软件(如 STEP7)创建工程、硬件组态和参数化设备，编写控制程序，如 FB。

3）定义组件接口(SIEMENS 定义数据块 DB)，组件的接口一般是以变量的输入/输出形式出现的，定义接口时需给定变量的名称、数据类型、数据方向(IN/OUT)。

4）为具有可编程能力的设备(如 PLC)编制控制程序。

5）生成 PROFINET 组件，包括组件的名称、版本号、存储位置等。

组件通常是以 PCD 文件的形式进行存储，它是用 XML(可扩展的标记语言)编写的，以描述 PROFINET 组件的功能和对象，由后续的通信互连软件(如 SIMATIC iMap)导入并进行连接。PCD 文件一般包括以下内容：

① 库元素的描述，如组件 ID、组件名称等。

② 硬件的描述，包括类型、名称、制造商等。

③ 软件功能的描述，涉及软件和硬件之间的分配，组件的接口、变量的属性(名称、数据类型、传输方向)。

④ 组件方案的存储位置。

7.3 通信原理

7.3.1 通信等级

在工业控制过程中，不同的现场应用对通信系统的实时性有不同的要求。所谓实时性，首先要求响应时间要短；其次要求数据间隔的确定性，而响应时间是系统实时性的一个重要指标。PROFINET 基于以太网通信标准，并对其进行了优化处理，以满足同一系统所有不同级别实时通信的要求。根据响应时间的不同，PROFINET 通信性能等级、实时性与具体应用如图 7-12 所示。

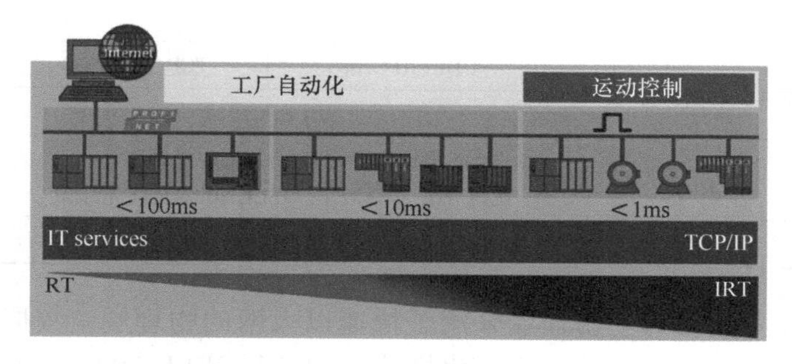

图 7-12 PROFINET 通信性能等级、实时性与具体应用

1. TCP/IP 标准通信

基于工业以太网技术的 PROFINET 符合 TCP/IP 和 IT 标准，其响应时间大约为 100ms，以解决非苛求时间的数据通信，如组态、参数赋值等，其完全能满足工厂控制级的应用。

2. 实时(RT)通信

RT 通信是解决苛求时间的数据通信，如传感器和执行器设备之间以及控制器之间的数据交换。因此 PROFINET 提供了一个优化的、基于以太网数据链路层的实时通信通道，通过该实时通道，极大地减少了数据在通信栈中的处理时间，其典型响应时间为 3~10ms。

RT 通信主要依靠 PROFINET 网络中各设备自身的时钟进行计时，此参数可通过 STEP7 硬件组态软件对 PROFINET 设备 IO 刷新时间进行设定。当达到刷新时间时，提供者会向客户发送数据，实现数据的实时传送。

3. 等时同步实时(IRT)通信

IRT 通信是解决对时间要求严格同步的数据通信，如现场级通信中的运动控制(motion control)，它要求通信网络在 100 个节点下，响应时间要小于 1ms，抖动误差要小于 1μs，以此保证及时的、确定的响应。

在 PROFINET 中，PROFINET CBA 采用 TCP/IP(非实时)和实时(RT)通信，它允许时钟周期由 TCP/IP 的 100ms 量级提升到 RT 的 10ms 量级，从而更适合于 PLC 之间的通信。PROFINET IO 采用 RT 交换数据，其时钟周期达到了 10ms 量级，非常适合于在工厂自动化的分布式 I/O 系统中应用。等时同步实时(IRT)通信能够使时钟周期达到 1ms 量级，所以其适合于运动控制系统使用。

7.3.2 通信通道模型

1. PROFINET 协议栈

PROFINET 通信系统模型和 ISO 的 OSI 模型的对比，见表 7-6。

表 7-6 PROFINET 通信系统模型和 OSI 模型的比较

ISO/OSI	PROFINET			
应用层 B	PROFINET IO 服务(IEC 61784) PROFINET IO 协议(IEC 61158)		PROFINET CBA (IEC 61158)	
应用层 A		无连接 RPC	DCOM 面向连接的 RPC	
表示层				
会话层				
传输层		UDP(RFC768)	TCP(RFC793)	
网络层		IP(RFC791)		
数据链路层	根据 IEC 617842 的实时增强型 IEEE 802.3 全双工、IEEE 802.1P 优先标识			
物理层	IEEE 802.3 100BASE-TX、100BASE-FX			

由表 7-6 可见，PROFINET 物理层采用了快速以太网的物理层，数据链路层则在遵循 IEEE 802.3 标准的同时，采取了一些优化措施，如遵循 IEEE 802.1P 的标准，结合网络第二层硬件的支持，即西门子等时同步实时 ASIC 芯片，将 PROFINET 上传输的数据次序按优先级进行区分，实时数据具有较高的优先级，保证数据的实时性。

网络层和传输层采用 IP/TCP/UDP，OSI 模型中的第 5 层、第 6 层未使用，并根据分布式系统中 PROFINET 控制对象的不同，应用层又分为无连接(PROFINET IO)和有连接(PROFINET CBA)两种。

2. 通信通道模型

PROFINET 通信通道模型如图 7-13 所示。

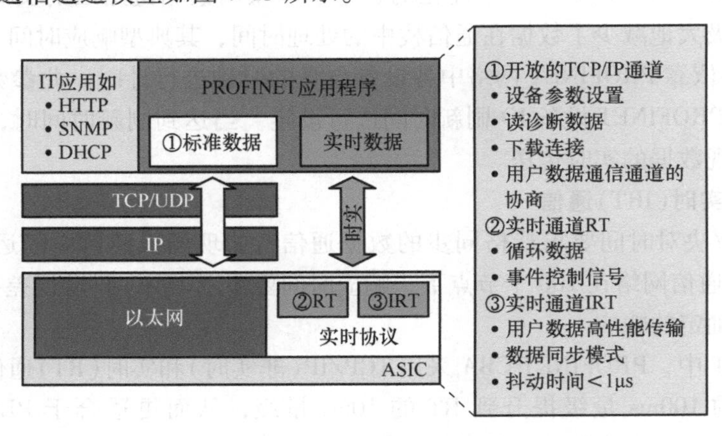

图 7-13 PROFINET 通信通道模型

PROFINET 实时协议保证了周期数据和控制消息(报警)的高性能传输。标准 IT 的应用层协议用于 PROFINET 和 MES、ERP 等高层网络的数据交换，标准 TCP/UDP/IP 通道用于设备的参数化、组态、诊断数据读取及 HMI 访问等非周期的数据交换。PROFINET 的实时功能分为 RT 和 IRT，它抛弃了 TCP/IP 部分，而采用 IEEE 802.3 优化的第二层协议，由硬件和软件实现相应的协议栈，从而使数据帧的长度大大减少，以最大限度地缩短通信栈的循环时间，其中，RT 用于高性能的数据通信，如循环数据传输和事件控制信号等，利用标准的网络设备作为基础架构部件即可实现，具有实时(RT)通信功能的 PROFINET IO 是集成 I/O 系统的最优解决方案。

等时同步实时通道 IRT 用于抖动时间小于 1μs 的等时模式，适用于实现高性能的控制任务和运动控制任务，它需要特殊的硬件支持，如 SCALANCE X200IRT 等。

7.3.3 等时同步实时通信

PROFINET 使用等时同步实时(isochronous real time，IRT)技术以满足苛刻的响应时间，在每个循环周期内，IRT 通道时间是确定的，为了保证高质量的等时通信，网络上所有站点必须实现很好的同步，才能确保数据在精确相等的时间间隔内被传送到目的地。PROFINET 在快速以太网的第二层协议上定义了基于时间间隔控制的传输方法 IRT，从每个循环的开始即实现非常精确的时间同步，其同步精度可达微秒级，如图 7-14 所示。在 IRT 循环周期中，传输时间分为时间确定的等时通信(IRT)和开放的标准通信两部分，对时间要求苛刻的实时数据在 IRT 通道传输，而对时间要求不高的数据在开放性通道中传输。

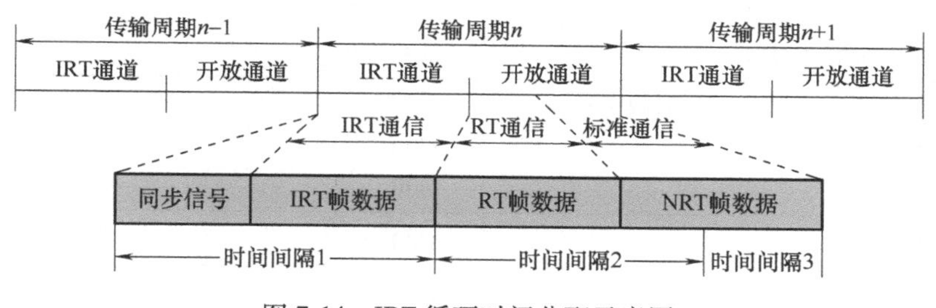

图 7-14 IRT 循环时间分配示意图

图 7-14 中，时间间隔 1 是用于传输 IRT 帧的时间间隔，它由站点数和周期数确定；时间间隔 2 是用于传输 RT 帧以及遵循 IEEE 802.1P 且分配了优先级的非实时帧(NRT 帧)的时间间隔，其中具有优先级的 NRT 帧传输时间不能延续至时间间隔 3；时间间隔 3 是用于传输 NRT 帧的时间间隔，其传输任务必须在传输周期结束前终止。该时间间隔应确保至少一个具有最大长度的以太网数据帧能够完整地传输。

7.4 CP 模块与 IE/PB LINK PN IO

7.4.1 CP343-1 模块

1. PROFINET 特征参数

CP343-1 通信处理器适用于 SIMATIC S7-300 可编程控制器。它集成了一个带自动协商和自动检测的 2 端口交换机，能将 S7-300 连接至工业以太网并支持 PROFINET IO，作为

PROFINET IO 控制器或智能 PROFINET IO 设备，其相应的特征参数见表 7-7、表 7-8。

表 7-7　CP 作为 PROFINET IO 控制器

特征	解释/数值
可能的 PROFINET IO 设备数目	32 如果在 CPU 上存储数据，则可操作的 PROFINET IO 设备数目可能小于 32。这取决于所使用的 CPU 类型上组态存储器的空闲容量
所有 PROFINET IO 设备的输入区大小	最大 1024B
所有 PROFINET IO 设备的输出区大小	最大 1024B
IO 设备中每个模块的子模块的 IO 数据区大小 • 输入 • 输出	 240B 240B
子模块的一致性区域大小	240B
S7-300 站中可作为 PROFINET IO 控制器操作的 CP 343-1 模块的数目	1

表 7-8　CP 作为 PROFINET IO 设备

特征	解释/数值
PROFINET IO 设备的输入区大小	最大 512B
PROFINET IO 设备的输出区大小	最大 512B
PROFINET IO 设备中每个子模块的 IO 数据区大小 • 输入 • 输出	 240B 240B
子模块的一致性区域大小	240B
子模块的最大数目	32

2. 数据交互原理

（1）PROFINET IO 控制器侧

由 PROFINET IO 控制器启动数据交换，它将输出数据写入已组态的输出区（O 地址），并从已组态的输入区（I 地址）获取数据。其点对点读/写过程如图 7-15 所示，多 PROFINET IO 设备轮询方式同 PROFIBUS-DP。

（2）PROFINET IO 设备侧

由 PROFINET IO 设备上的 CP 通过连接至 PROFINET IO 控制器的接口来处理数据。在设备的 CPU 中，用于输入数据和输出数据的 IO 数据区作为一个完整区域传送至数据区（DB，位存储器）或从数据区以完整区域传送，包括任何间隙。

3. 数据交互指令

（1）FC11“PNIO_SEND”

PNIO_SEND 用于在 CP 的 PROFINET IO 控制器模式或 PROFINET IO 设备模式下传送数据，经预处理的过程数据存储于数据块 DB 或位存储区，其参数见表 7-9。它与 FC12 成对使

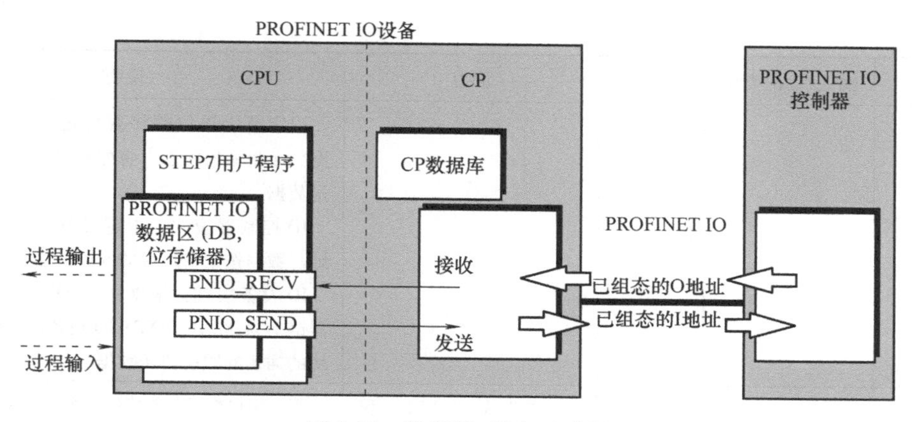

图 7-15 数据读/写交互过程

用，两者缺一不可，库函数可在“Library”→“SIMATIC_NET_CP”→“CP 300”列表中进行检索。

① PROFINET IO 控制器。PNIO_SEND 将指定输出区的过程数据传送至 CP 以转发到 PROFINET IO 设备，并以状态代码形式返回 PROFINET IO 设备输出的 IO 使用者状态（IOCS）。

② PROFINET IO 设备。PNIO_SEND 读取 PROFINET IO 设备上 CPU 的预处理过程输入，并将它们传送至 PROFINET IO 控制器（已组态的 I 地址），且以状态代码形式返回 PROFINET IO 控制器的 IO 使用者状态（IOCS）。

表 7-9 FC11 参数说明

参数	输入/输出类型	类型	取值	说明
CPLADDR	INPUT	WORD		硬件配置中 CP 模块的逻辑起始地址
MODE	INPUT	BYTE	XY（十六进制）	Y：选择 IO 控制器 IO 设备模式；X：选择在 CHECK_IOCS 中仅传送组消息还是同时在 IOCS 中传送状态位 X0H：—IO 控制器模式 —仅作 IO 设备模式 X1H：两模式并存时作 IO 设备模式 0YH：在 IOCS 中传送状态位 8YH：限制 CHECK_IOCS 中的组消息 IOCS 中无状态位
SEND	IN_OUT	ANY	（作为 VARTYPE，仅允许 BYTE）	指定发送数据区（位存储区或数据块）的地址与长度 IO 控制器模式：长度应与所组态的分布式 I/O 的总长度相匹配（含地址间隙） IO 设备模式：数据结构是根据在 PROFINET IO 控制器链上为此 PROFINET IO 设备组态的输入模块的插槽的顺序获得的，并且它们的长度没有地址间隙。地址间隙不传输。注意：无论如何组态地址，将始终从地址 0 开始传送数据

（续）

参数	输入/输出类型	类型	取值	说明
LEN	INPUT	INT		以字节为单位的将要传送的数据区的长度。无论如何组态，将始终从地址 0 开始传送数据 IO 控制器模式：指定设备的最高组态地址。数据按逻辑地址的顺序传输 IO 设备模式：根据在 PROFINET IO 控制器链上为此 PROFINET IO 设备组态的输入模块的插槽的顺序传送数据
IOCS	OUTPUT	ANY	（作为 VARTYPE，仅允许 BYTE）	每一用户数据字节传送一个状态位。LEN 参数中的长度(每字节一位)=(长度 LEN+7/8)
DONE	OUTPUT	BOOL	0：—；1：new data	任务完成代码
ERROR	OUTPUT	BOOL	0：—；1：error	错误代码
STATUS	OUTPUT	WORD		状态代码
CHECK_IOCS	OUTPUT	BOOL	0：所有 IOCS 均设置为 GOOD 1：至少一个 IOCS 设置为 BAD	指示是否需要对 IOCS 状态区进行评估的组消息

注：1. (DONE、ERROR、STATUS)=(1、0、0000_H)表示指令执行成功。

2. FC V1.0 版本无 MODE 参数，当 MODE=0 时，FC V2.0 及以上版本的特性与 FC V1.0 版本相同。

（2）FC12“PNIO_RECV”

PNIO_RECV 用于在 CP 的 PROFINET IO 控制器模式或 PROFINET IO 设备模式下接收数据，经预处理的过程数据存储于数据块 DB 或位存储区，其参数见表 7-10。

① PROFINET IO 控制器。PNIO_RECV 接收来自 PROFINET IO 设备的过程数据(控制器输入)以及来自指定输入区域内的 PROFINET IO 设备的 IO 提供者状态(IOPS)。

② PROFINET IO 设备。PNIO_RECV 接收通过 PROFINET IO 控制器传送的数据(已组态的 IO 地址)和 PROFINET IO 控制器的 IO 提供者状态(IOPS)，并将其写入到 PROFINET IO 设备的 CPU 上为过程输出保留的数据区内。

表 7-10　FC12 参数说明

参数	输入/输出类型	类型	取值	说明
CPLADDR	INPUT	WORD		硬件配置中 CP 模块的逻辑起始地址
MODE	INPUT	BYTE	XY(十六进制)	Y：选择 IO 控制器 IO 设备模式；X：选择在 CHECK_IOPS 中仅传送组消息还是同时在 IOPS 中传送状态位 X0H：—IO 控制器模式 —仅作 IO 设备模式 X1H：两模式并存时作 IO 设备模式 0YH：在 IOPS 中传送状态位 8YH：限制 CHECK_IOPS 中的组消息；IOPS 中无状态位

（续）

参数	输入/输出类型	类型	取值	说明
RECV	IN_OUT	ANY	（作为 VARTYPE，仅允许 BYTE）	指定接收数据区（位存储区或数据块）的地址与长度 IO 控制器模式：长度应与所组态的分布式 I/O 的总长度相匹配（含地址间隙） IO 设备模式：数据结构是根据在 PROFINET IO 控制器链上为此 IO 设备组态的输出模块的插槽的顺序获得的，且它们的长度不含地址间隙。地址间隙不传输。注意：无论如何组态地址，将始终从地址 0 开始传送数据
LEN	INPUT	INT		以字节为单位的将要传送的数据区的长度。无论如何组态，将始终从地址 0 开始传送数据 IO 控制器模式：指定设备的最高组态地址。数据按逻辑地址的顺序传输 IO 设备模式：根据在 PROFINET IO 控制器链上为此 PROFINET IO 设备组态的输入模块的插槽的顺序传送数据
NDR	OUTPUT	BOOL	0：—；1：new data	任务完成代码
ERROR	OUTPUT	BOOL	0：—；1：error	错误代码
STATUS	OUTPUT	WORD		状态代码
CHECK_IOPS	OUTPUT	BOOL	0：所有 IOPS 均设置为 GOOD 1：至少一个 IOPS 设置为 BAD	指示是否需要对 IOPS 状态区进行评估的组消息
IOPS	OUTPUT	ANY	（作为 VARTYPE，仅允许 BYTE）	每一用户数据字节传送一个状态位。LEN 参数中的长度（每字节一位）=（长度 LEN+7/8）
ADD_INFO	OUTPUT	WORD		附加诊断信息 控制器模式 0：无报警 >0：未决报警的数目 设备模式：参数始终为 0

注：1.（NDR、ERROR、STATUS）=（1、0、0000_H）表示指令执行成功。
2. FC V1.0 版本无 MODE 参数，当 MODE=0 时，FC V2.0 及以上版本的特性与 FC V1.0 版本相同，ADD_INFO 始终为 0。

例 7-1 设 PROFINET IO 控制器与 IO 设备 PLC 均选用 CPU314C-2DP 且 CP343-1 模块安置于 4 号槽，其通信接口组态见表 7-11。IO 控制器将数据存储于 MB10～MB17（读）、MB30～MB35（写）中，IO 设备将数据存储于 MB10～MB13（读）、MB30～MB33（写）中。

（1）IO 控制器侧

当 CP343-1 作为 IO 控制器时，其所传输的地址是从 0 开始的。地址对应排列关系以逻辑地址大小为序。如果接口组态始于非 0 地址，则接收/发送数据区长度由从 0 地址至接口组态首地址的字节数、实际组态数据长度两部分组成。未组态的地址间隙 IB0～IB3 对应的 MB10～MB13 以及 QB0、QB1 对应的 MB30、MB31 也将被传输。

表 7-11　通信接口组态

槽号	模块	订货号	I 地址	Q 地址
0	CP-343-1-1	6GK7 343-1EX30-0XE0		
1	4 byte DI		4..7	
2	4 byte DO			2..5

接收数据：

```
CALL  "PNIO_RECV"
  CPLADDR:=W#16#100              //CP 逻辑基地址
  MODE:=W#16#0                   //控制器模式且传送状态位
  LEN:=8
  IOPS:=MB20
  NDR:=M1.0
  ERROR:=M1.1
  STATUS:=MW22
  CHECK_IOPS:=M1.2
  ADD_INFO:=MW24
  RECV:=P#M10.0 BYTE 8
```

发送数据：

```
CALL  "PNIO_SEND"
  CPLADDR:=W#16#100              //CP 逻辑基地址
  MODE:=W#16#0                   //控制器模式且传送状态位
  LEN:=6
  IOCS:=MB40
  DONE:=M1.3
  ERROR:=M1.4
  STATUS:=MW42
  CHECK_IOCS:=M1.5
  SEND:=P#M30.0 BYTE 6
```

（2）IO 设备侧

当 CP343-1 作为 IO 设备时，其所传输的地址是从 0 开始的，而与组态的最低地址无关。地址对应排列关系以在 IO 控制器中组态的插槽为序，而不是以组态的地址大小为序，且未组态的地址则不会被传输。

接收数据：

```
CALL  "PNIO_RECV"
  CPLADDR:=W#16#100          //CP 逻辑基地址
  MODE:=W#16#0               //设备模式且传送状态位
  LEN:=4
  IOPS:=MB20
  NDR:=M1.0
  ERROR:=M1.1
  STATUS:=MW22
  CHECK_IOPS:=M1.2
  ADD_INFO:=MW24
  RECV:=P#M10.0 BYTE 4
```

发送数据：

```
CALL  "PNIO_SEND"
  CPLADDR:=W#16#100          //CP 逻辑基地址
  MODE:=W#16#0               //设备模式且传送状态位
  LEN:=4
  IOCS:=MB40
  DONE:=M1.3
  ERROR:=M1.4
  STATUS:=MW42
  CHECK_IOCS:=M1.5
  SEND:=P#M30.0 BYTE 4
```

（3）执行结果（表 7-12）

表 7-12　IO 控制器与 IO 设备接收/发送区对应关系

IO 控制器		IO 设备	IO 控制器		IO 设备
I 地址	数据接收区	数据发送区	Q 地址	数据发送区	数据接收区
4..7	MB14~MB17	MB30~MB33	2..5	MB32~MB35	MB10~MB13

例 7-2　设 PROFINET IO 控制器与 IO 设备 PLC 均选用 CPU314C-2DP 且 CP343-1 模块安置于 4 号槽，其通信接口组态见表 7-13。IO 控制器将数据存储于 MB10~MB23（读）、MB30~MB39（写）中，IO 设备将数据存储于 MB10~MB17（读）、MB30~MB41（写）中。

表 7-13　通信接口组态

槽号	模块	订货号	I 地址	Q 地址
0	CP-343-1-1	6GK7 343-1EX30-0XE0		
1	4 byte DI		4..7	
2	4 byte DI		0..3	

（续）

槽号	模块	订货号	I 地址	Q 地址
3	4 byte DI		10..13	
4	4 byte DO			0..3
5	4 byte DO			6..9

（1）IO 控制器侧

未组态的地址间隙 IB8、IB9 对应的 MB18、MB19 以及 QB4、QB5 对应的 MB34、MB35 也将被传输。发送长度应与所组态的分布式 I/O 的总长度相匹配且包含未组态的地址间隙。

接收数据：

```
CALL  "PNIO_RECV"
  CPLADDR:=W#16#100
  MODE:=W#16#0
  LEN:=14
  IOPS:=MW24
  NDR:=M1.0
  ERROR:=M1.1
  STATUS:=MW26
  CHECK_IOPS:=M1.2
  ADD_INFO:=MW28
  RECV:=P#M10.0 BYTE 14
```

发送数据：

```
CALL  "PNIO_SEND"
  CPLADDR:=W#16#100
  MODE:=W#16#0
  LEN:=10
  IOCS:=MW40
  DONE:=M1.3
  ERROR:=M1.4
  STATUS:=MW42
  CHECK_IOCS:=M1.5
  SEND:=P#M30.0 BYTE 10
```

（2）IO 设备侧

接收数据：

```
CALL  "PNIO_RECV"
  CPLADDR:=W#16#100
  MODE:=W#16#0
  LEN:=8
```

```
    IOPS:=MB20
    NDR:=M1.0
    ERROR:=M1.1
    STATUS:=MW22
    CHECK_IOPS:=M1.2
    ADD_INFO:=MW24
    RECV:=P#M10.0 BYTE 8
```

发送数据：

```
  CALL  "PNIO_SEND"
    CPLADDR:=W#16#100
    MODE:=W#16#0
    LEN:=12
    IOCS:=MW42
    DONE:=M1.3
    ERROR:=M1.4
    STATUS:=MW44
    CHECK_IOCS:=M1.5
    SEND:=P#M30.0 BYTE 12
```

（3）执行结果(表 7-14)

表 7-14　IO 控制器与 IO 设备接收发送区对应关系

IO 控制器		IO 设备	IO 控制器		IO 设备
I 地址	数据接收区	数据发送区	Q 地址	数据发送区	数据接收区
4..7	MB14～MB17	MB30～MB33	0..3	MB30～MB33	MB10～MB13
0..3	MB10～MB13	MB34～MB37	6..9	MB36～MB39	MB14～MB17
10..13	MB20～MB23	MB38～MB41			

7.4.2　IE/PB LINK PN IO 模块

1. 组网应用

IE/PB LINK PN IO(6GK5411-5AB00)是一个网络转换模块，它可作为工业以太网和 PROFIBUS 网的网关模块，并能作为独立组件通过实时(RT)通信在工业以太网和 PROFIBUS 之间形成平滑过渡，将现有 PROFIBUS 设备连接到 PROFINET 应用中。IO 控制器处理所有 DP 从站的方法与处理带以太网接口的 IO 设备方法相同。

通过 IE/PB LINK PN IO 可在工业以太网或 PROFIBUS 上的 PG 远程编程所有 S7 站点(S7 路由功能)，此外，可借助 S7 OPC 服务器从工业以太网上(如用于 OPC 客户端接口的 HMI 应用程序)访问 PROFIBUS 上 S7 站点的所有数据。例如，可通过 IE/PB LINK PN IO 用 SIMATIC PDM(PC 上)对一台 PROFIBUS 现场设备进行参数化和诊断(数据记录路由)。

IE/PB LINK PN IO 亦可作为 PROFIBUS-DP 主站下挂 PROFIBUS-DP 从站，最多可以支

持 32 个从站及每个从站可以进行高达 240B 数据传送，且 V2. 0 及以上固件版本支持 DPV0 和 DPV1 标准。

2. 技术数据

IE/PB LINK PN IO 模块技术数据见表 7-15。

表 7-15　技术数据

类型	特性	数值
S7 连接/HMI 连接特性	最大连接数量	32
数据记录路由功能特性	最大连接 DP 从站数量	32
	每个 DP 从站所能扩展的最大数据记录容量	240B
S7 连接/HMI 连接/数据记录路由连接特性	最大连接数量	48
PROFINET IO 通信特性	作为 PN IO 设备下所能连接的最大 DP 从站数量	64
	DP 从站输入的最大数据长度	2048B
	DP 从站输出的最大数据长度	2048B

3. IE/PB LINK PN IO 工作模式

（1）作为 PROFINET IO 标准网关

IE/PB LINK PN IO 支持 PG/OP 通信、分配参数到现场设备(数据记录路由)、作为固定时间扫描模式下的 DP 主站系统网关及用于与 HMI 建立 S7 连接通信，如图 7-16 所示。

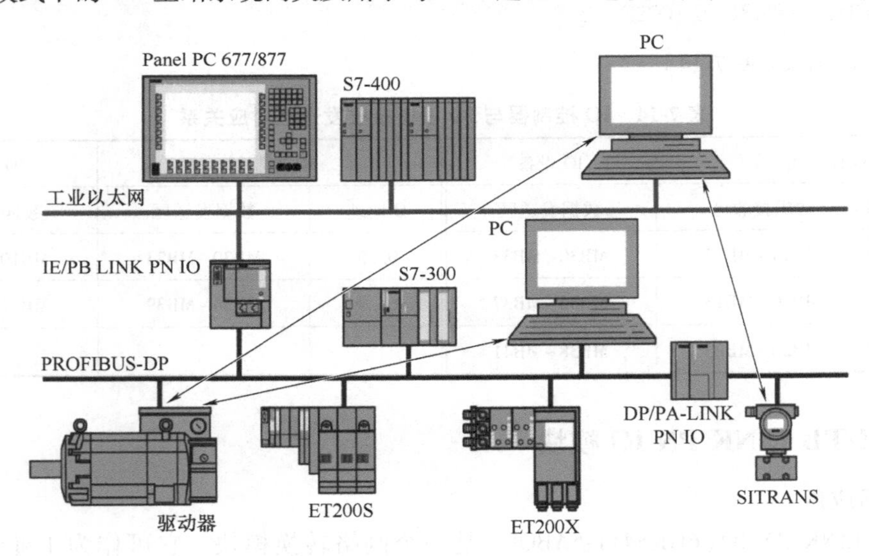

图 7-16　PROFINET IO 标准网关

（2）作为 PROFINET IO 代理网关

LINK 用作连接到 PROFIBUS 的 DP 从站的代理，通过 IE/PB LINK PN IO 可以将工业以太网上的 PROFIBUS-DP 从站无缝地集成到 PROFINET IO 控制器中，并将这些从站视为 PROFINET IO 设备。对于 PROFINET IO 控制器，访问工业以太网上的 PROFINET IO 设备和访问 PROFIBUS 上的 DP 从站没有任何区别，如图 7-17 所示。

当 IE/PB LINK PN IO 模块在 PN IO 代理及仅作为网关模式切换时，应在模块属性的

“Diagnostics”选项中单击“Run”按钮，进入 IE/PB LINK PN IO 模块的特别诊断界面，进行出厂复位设置。

4. IE/PB LINK PN IO 模块面板

在 IE/PB LINK PN IO 的前控制面板上，可以获取关于 IE/PB LINK PN IO 的所有连接、状态显示信息，如图 7-18 所示。

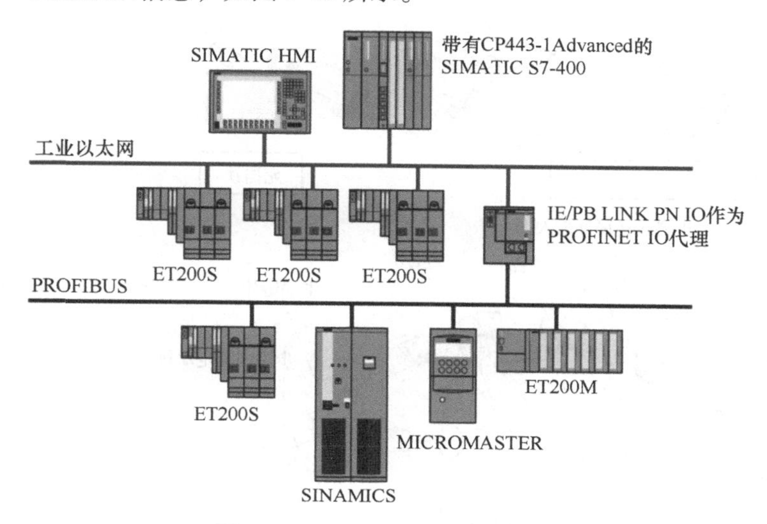

图 7-17　PROFINET IO 代理网关

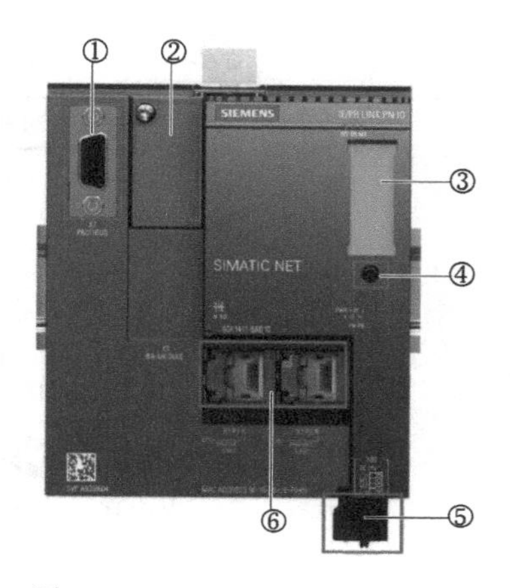

图 7-18　IE/PB LINK PN IO 面板

（1）IE/PB LINK PN IO 的连接部分

① X2，PROFIBUS 接口，9 针 D 型母连接器。

② X3，ET200SP 总线适配器接口。

③ X50，C-PLUG 插槽。

④ 按钮，用于切换到维护模式、重启、复位为出厂设置。

⑤ X80，冗余电源的连接器。

⑥ X1，PROFINET 接口，2 个具备 X1P1R/X1P2R 环网端口的 RJ45 插孔，LINK 的连接器。

（2）IE/PB LINK PN IO 的显示

IE/PB LINK PN IO 模块指示灯的功能说明请参阅【天工讲堂配套资源】。

序号 12　IE/PB LINK PN IO 指示灯说明

7.5　PROFINET IO 应用案例

7.5.1　CP343-1 模块应用

7.5.1.1　设计要求

序号 13　基于 CP343-1 的 Profinet-IO 通信

基于 CP343-1 模块构建 PROFINET IO 网络，实现钢管包装控制。控制要求如下：

1. 起动与停止

当 Profinet_Ctr 站按下起动按钮，Profinet1 站、Profinet2 站钢管包装机构工作。当

Profinet_Ctr 站按下停止按钮，系统停止运行。同时，运行状态在 Profinet_Ctr 站显示。

2. 进料

辊道电动机 M1 起动，钢管纵向进入辊道，当钢管到达行程开关 SQ1 时，M1 慢速运行，待到达行程开关 SQ2 时，M1 停止运行，钢管以惯性继续向前滑行，直至钢管前端与挡块相撞位置。进料动作流程如图 7-19 所示。

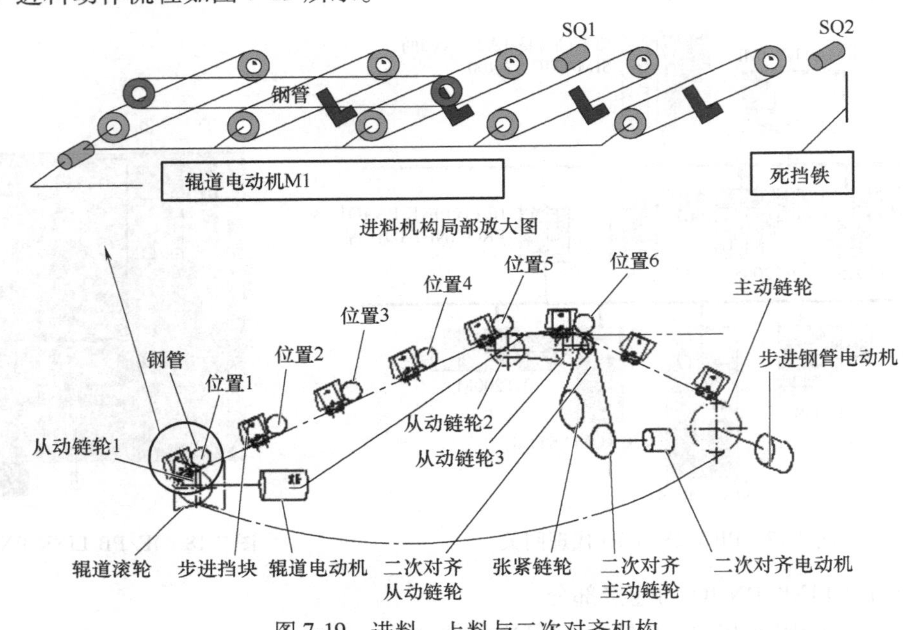

图 7-19　进料、上料与二次对齐机构

3. 上料与二次对齐

步进钢管电动机 M5 起动，新进辊道及 2～6 辊道的钢管依次由位置 1 循环步进移管一次；当钢管到达位置 5 时，二次对齐辊道电动机 M2 起动，钢管轴向移动一段距离停止（延时控制）；原位置 6 的钢管则进入储料台架，上述动作循环执行。上料、二次对齐动作流程如图 7-19 所示。

4. 计数储料

当储料台架上的钢管数量达到设定值 N 时，输送排管的滚子链电动机 M3、等待接收排管电动机 M4 起动，处于右端的挡块随滚子链移动脱离阻挡钢管的位置，凸轮机构使储料台向下摆动，钢管依次从输送排管滚子链进入等待机构滚子链，移动总长 1/3 后（延时控制），电动机 M3、M4 停止，储料台架复位。储料台架如图 7-20 所示。

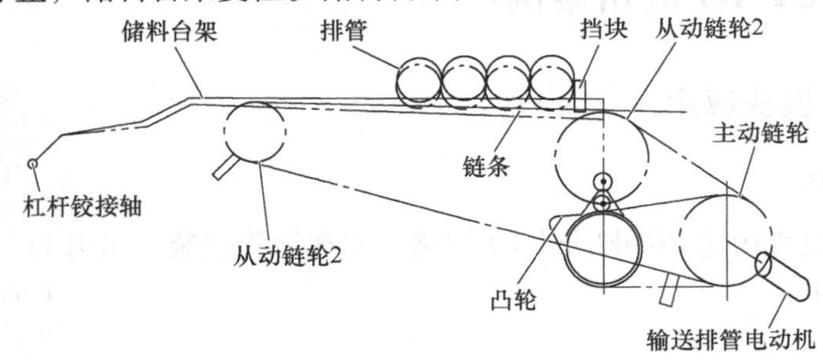

图 7-20　储料台架

5. 钢管三次对齐

电动机 M3、M4 停止后，推管气缸 1 通电，SQ3 动作，横向推动钢管，消除钢管间隙。抬管气缸 2 通电，SQ4 动作，对齐气缸 3 通电，进行三次对齐，SQ5 动作，气缸 1～3 失电。等待电磁吊机移走。钢管三次对齐过程如图 7-21 所示。

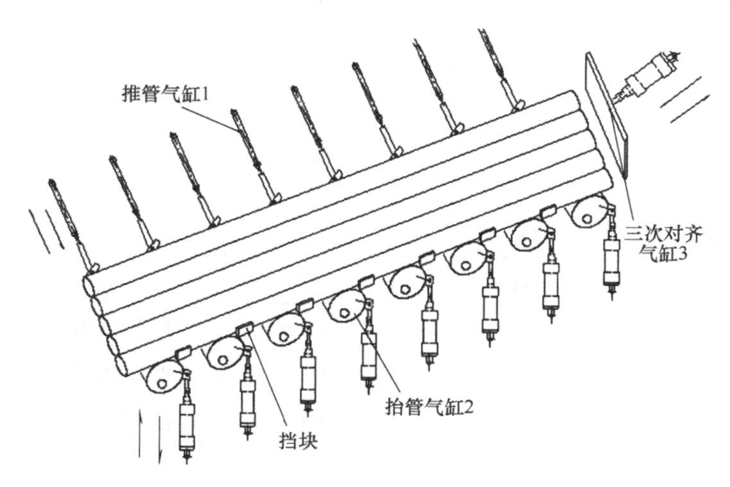

图 7-21 钢管三次对齐机构

> 发展科学技术应当遵循的八大原则：第一，有利认同原则；第二，整体优先原则；第三，牺牲补偿原则；第四，伦理监督原则；第五，公平正义原则；第六，知情同意原则；第七，以人为本原则；第八，调适坚守原则。

7.5.1.2 PROFINET IO 网络组态

1. I/O 分配

根据系统控制要求，Profinet_Ctr 站、Profinet1 站、Profinet2 站 I/O 分配见表 7-16、表 7-17。

表 7-16 Profinet_Ctr 站 I/O 分配表

地址	说明	地址	说明
I0.0	起动按钮	Q4.5	1#M5 运行信号
I0.1	停止按钮	Q4.6	2#M1 运行信号
I0.2	1#已抓取	Q4.7	2#M2 运行信号
I0.3	2#已抓取	Q5.0	2#M3 运行信号
Q4.0	系统运行信号	Q5.1	2#M4 运行信号
Q4.1	1#M1 运行信号	Q5.2	2#M5 运行信号
Q4.2	1#M2 运行信号	Q5.3	1#站打包就位
Q4.3	1#M3 运行信号	Q5.4	2#站打包就位
Q4.4	1#M4 运行信号		

表 7-17　Profinet1 站、Profinet2 站 I/O 分配表

地址	说明	地址	说明
I0. 0	SQ1：位置 1 减速开关	I1. 0	SQ6：位置 5 行程开关(计数)
I0. 1	SQ2：位置 1 到位开关	I1. 1	M1 过载
I0. 2	SQ31：推管气缸伸出到位	I1. 2	M2 过载
I0. 3	SQ32：推管气缸收缩到位	I1. 3	M3 过载
I0. 4	SQ41：抬管气缸伸出到位	I1. 4	M4 过载
I0. 5	SQ42：抬管气缸收缩到位	I1. 5	M5 过载
I0. 6	SQ51：对齐气缸伸出到位		
I0. 7	SQ52：对齐气缸收缩到位		
Q4. 0	系统运行标志	Q5. 0	推管气缸伸出
Q4. 1	M1：辊道电动机 1	Q5. 1	推管气缸收缩
Q4. 2		Q5. 2	抬管气缸伸出
Q4. 3		Q5. 3	抬管气缸收缩
Q4. 4	M2：辊道电动机 2	Q5. 4	对齐气缸伸出
Q4. 5	M3：输送排管的滚子链电动机	Q5. 5	对齐气缸收缩
Q4. 6	M4：等待接收排管电动机		
Q4. 7	M5：步进钢管电动机		

2. 站点硬件配置

新建项目“example_cp343_profinet”，并右击项目名插入三个 S7-300 站点。为便于辨识，分别将其站点名更改为 profinet_ctr、profinet1、profinet2，如图 7-22 所示。

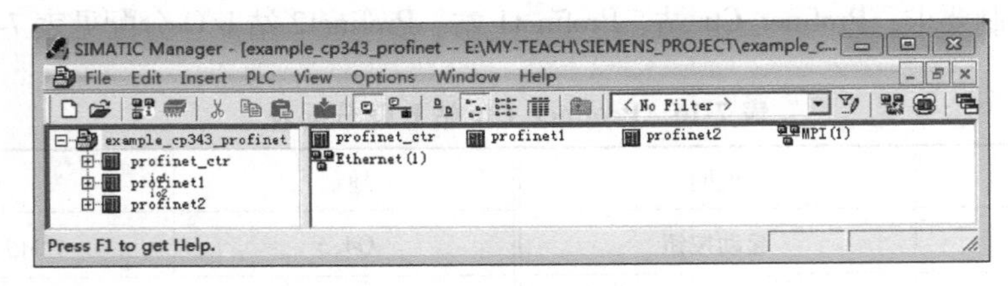

图 7-22　profinet 通信项目

分别选择 profinet_ctr、profinet1、profinet2 并双击相应站点的 Hardware，如图 7-23 所示分别完成 profinet_ctr、profinet1、profinet2 的硬件配置，其模块数目、位置、订货号应与实物保持一致。配置完毕后单击 按钮保存并编译。

3. 网络组态

在 profinet_ctr 硬件配置窗口中双击 CP343-1 模块，在弹出的属性对话框(图 7-24)中单击“General”选项卡的“Properties”按钮，在“Parameters”标签项中单击“New”按钮，新建一个 Ethernet 网络。设置 profinet_ctr 站 MAC 地址为“08-00-06-01-00-00”(标识在模块前面板)或默认值、IP 地址为“192. 168. 0. 11”，并将此站接入 Ethernet 网络(IP 地址、子网掩码必须与

(0)　UR

S...	Module	Order number	Firmware	MPI ...	I address	Q address	Comment
1	PS 307 5A	6ES7 307-1EA00-0AA0					
2	CPU 314C-2 DP	6ES7 314-6CF02-0AB0	V2.0	2			
X2	DP				1023*		
2.2	DI24/DO16				124...126	124...125	
2.3	AI5/AO2				752...761	752...755	
2.4	Count				768...783	768...783	
2.5	Position				784...799	784...799	
3							
4	DI16xDC24V	6ES7 321-1BH02-0AA0			0...1		
5	DO16xDC24V/0.5A	6ES7 322-1BH01-0AA0				4...5	
6	CP 343-1	6GK7 343-1EX30-0XE0	V2.0	3	288...303	288...303	

图 7-23　PLC 硬件配置

路由器侧相一致)，如图 7-25 所示。选择图 7-24 所示属性对话框中的“PROFINET”选项卡，设置设备名为“CP-343-ctr”并将操作模式勾选为“PROFINET IO controller”，如图 7-26 所示，至此，PROFINET-IO-System 配置完成，如图 7-27 所示。同理，分别设置 profinet1 站、profinet2 站 MAC 地址为“08-00-06-01-00-01”和“08-00-06-01-00-02”、IP 地址为“192. 168. 0. 12”和“192. 168. 0. 13”，并分别将 profinet1 站、profinet2 站接入 Ethernet 网络，且设置设备名为“CP-343-1-1”和“CP-343-1-2”，将操作模式勾选为“Enable PROFINET IO device operation”，如图 7-28、图 7-29 所示。

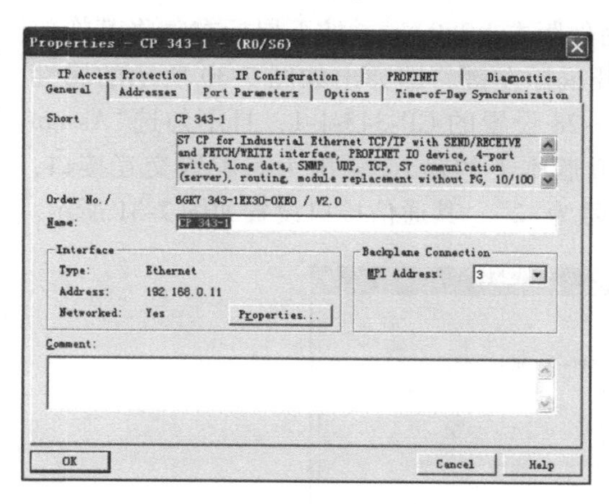

图 7-24　CP343-1 模块属性对话框

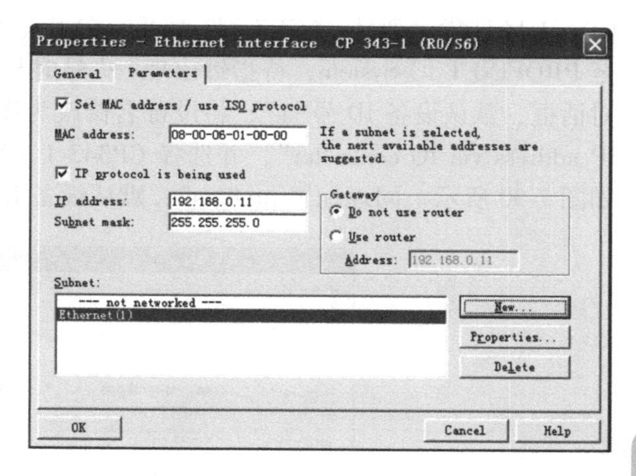

图 7-25　设置 profinet_ctr MAC、IP 参数并接入网络

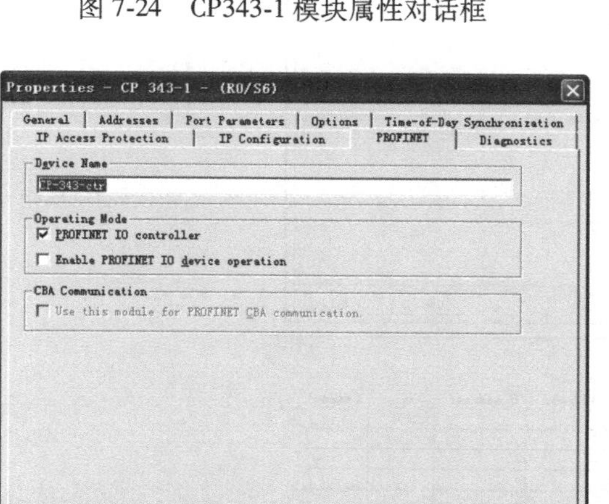

图 7-26　设置 PROFINET IO 控制器

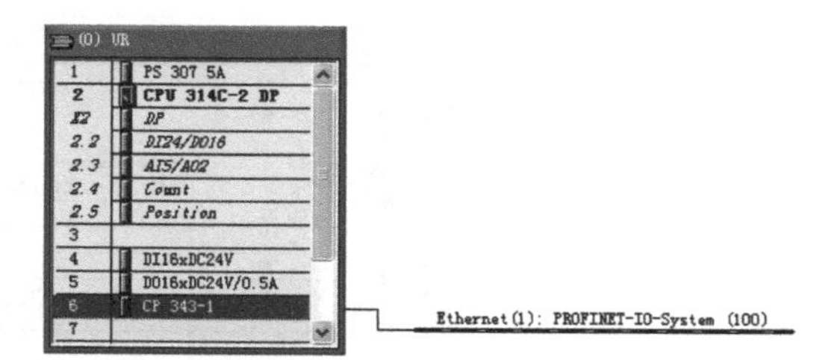

图 7-27　配置 PROFINET-IO-System

图 7-28　设置 PROFINET IO 设备

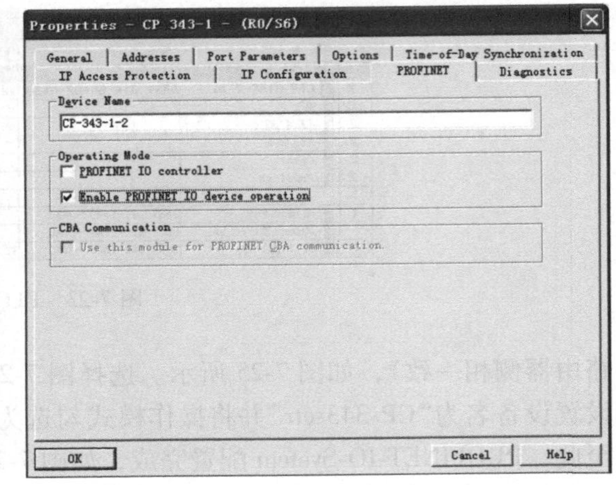

图 7-29　设置 PROFINET IO 设备

4. 组态通信接口

选择硬件配置界面右侧“PROFINET IO”组件“IO”文件夹中 SIMATIC S7-300 CP 项下的 CP343-1(订货序列号：6GK7 343-1EX30-0XE0、固件版本 V2. 0)，并按下鼠标左键将其拖放至 PROFINET-IO-System，待指针出现“+”号时松开鼠标左键，即弹出如图 7-30 所示的属性对话框，默认设备 ID 号“1”，将设备名修改为图 7-28 设置的 CP-343-1-1，且不勾选“Assign IP address via IO controller”，并选择 CP343-1 V2. 0 版本下的输入/输出为其配置交互接口，如图 7-30 所示。同理配置 profinet2，默认设备 ID 号为“2”，其通信接口设置如图 7-31 所示。

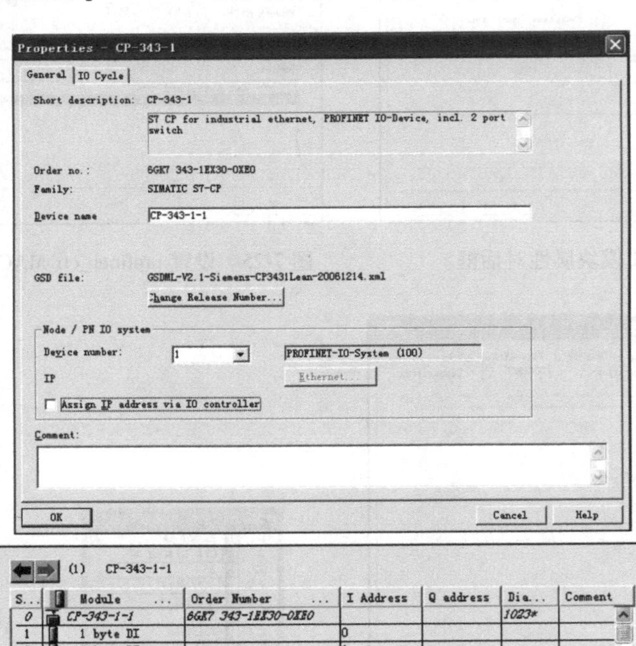

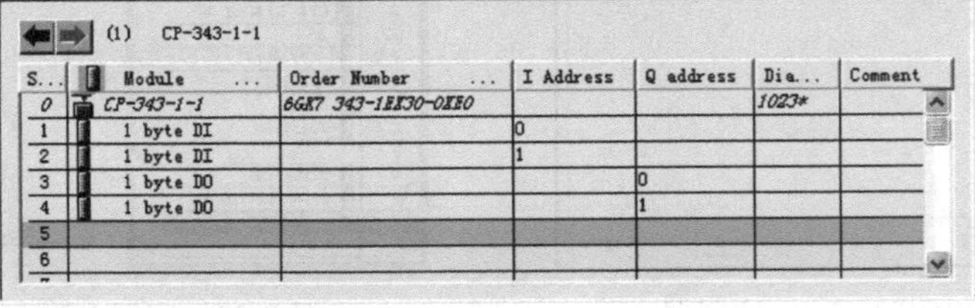

S...	Module	Order Number	I Address	Q address	Dia...	Comment
0	CP-343-1-1	6GK7 343-1EX30-0XE0			1023*	
1	1 byte DI		0			
2	1 byte DI		1			
3	1 byte DO			0		
4	1 byte DO			1		
5						
6						

图 7-30　组态 profinet1 通信对话框

S...	Module	Order Number	I Add...	Q address	Dia...	C...
0	CP-343-1-2	6GK7 343-1EX30-0XE0			1022*	
1	1 byte DI		2			
2	1 byte DI		3			
3	1 byte DO			2		
4	1 byte DO			3		
5						

图 7-31　组态 profinet2 通信对话框

配置完成的 PROFINET-IO-System 以及网络拓扑结构如图 7-32、图 7-33 所示。

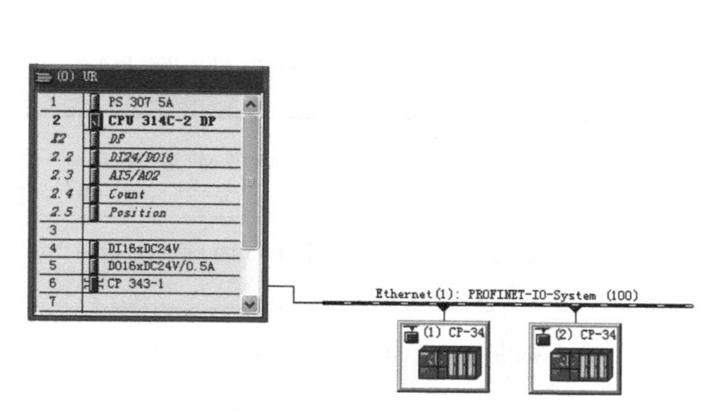

图 7-32　配置完成的 PROFINET-IO-System

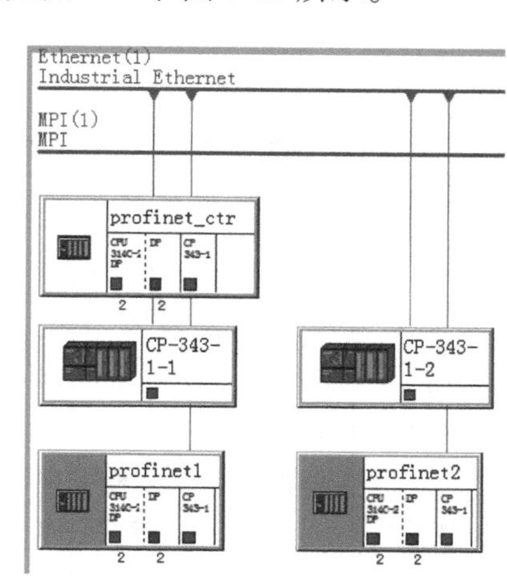

图 7-33　网络拓扑结构

7.5.1.3　软件组态

1. Profinet_ctr 站 OB1 程序

分别配置长度为 4B 的存储区 MD20、MD40 用于 1#Profinet、2#Profinet 站间的数据交互，见表 7-18。根据设计的 PROFINET IO 接口组态，按接收(图 7-34)、显示处理(图 7-35)、装配与发送(图 7-36)设计 OB1 程序，将接收到的电动机运行信息赋予状态指示灯 Q4.1～Q5.2，同时将起停信号分送 1#Profinet、2#Profinet。

表 7-18　配置存储区

站号	字节地址	传输类型	站号	字节地址
ctr 站	MW20	接收	1#站	MW40
	MW22		2#站	MW40
	MW40	发送	1#站	MW20
	MW42		2#站	MW20

2. Profinet1 OB1 站程序

分别配置长度为 2B 的存储区 MW20、MW40 用以存储接收和发送数据。根据 1#Profinet 站 PROFINET IO 接口组态，按接收与处理(图 7-37)、计数处理(图 7-38)、三次对齐与发送(图 7-39)设计 OB1 程序。通过加计数器 C0 实现储料平台计数，并将 M1～M5 电动机运行信息存储于 M40.1~M40.5、钢管准备好标志存储于 M41.0，发送至 Profinet_Ctr 站。

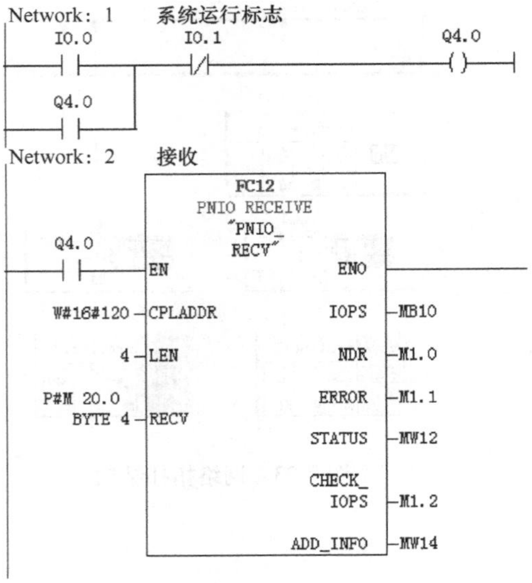

Network: 1 系统运行标志
I0.0
I0.1
Q4.0
Q4.0
Network: 2 接收
FC12
PNIO RECEIVE
"PNIO_RECV"
Q4.0
EN
ENO
W#16#120
CPLADDR
IOPS
MB10
4
LEN
NDR
M1.0
P#M 20.0 BYTE 4
RECV
ERROR
M1.1
STATUS
MW12
CHECK_IOPS
M1.2
ADD_INFO
MW14

图 7-34　接收程序

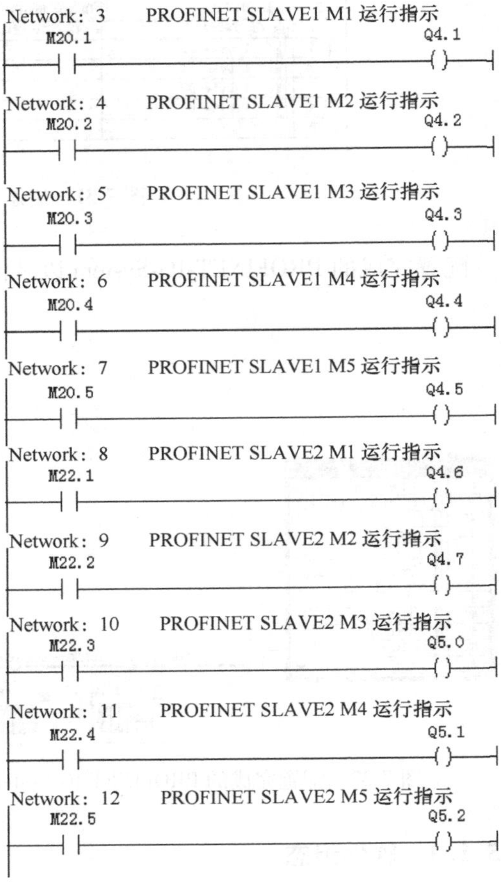

Network: 3 PROFINET SLAVE1 M1 运行指示
M20.1
Q4.1
Network: 4 PROFINET SLAVE1 M2 运行指示
M20.2
Q4.2
Network: 5 PROFINET SLAVE1 M3 运行指示
M20.3
Q4.3
Network: 6 PROFINET SLAVE1 M4 运行指示
M20.4
Q4.4
Network: 7 PROFINET SLAVE1 M5 运行指示
M20.5
Q4.5
Network: 8 PROFINET SLAVE2 M1 运行指示
M22.1
Q4.6
Network: 9 PROFINET SLAVE2 M2 运行指示
M22.2
Q4.7
Network: 10 PROFINET SLAVE2 M3 运行指示
M22.3
Q5.0
Network: 11 PROFINET SLAVE2 M4 运行指示
M22.4
Q5.1
Network: 12 PROFINET SLAVE2 M5 运行指示
M22.5
Q5.2

图 7-35　显示处理程序

Network: 13
MOVE
EN
ENO
IB0
IN
OUT
MB40
MOVE
EN
ENO
IB0
IN
OUT
MB42
Network: 14 发送程序
FC11
PNIO SEND
"PNIO_SEND"
Q4.0
EN
ENO
W#16#120
CPLADDR
IOCS
MB16
4
LEN
DONE
M1.3
P#M 40.0 BYTE 4
SEND
ERROR
M1.4
STATUS
MW18
CHECK_IOCS
M1.5

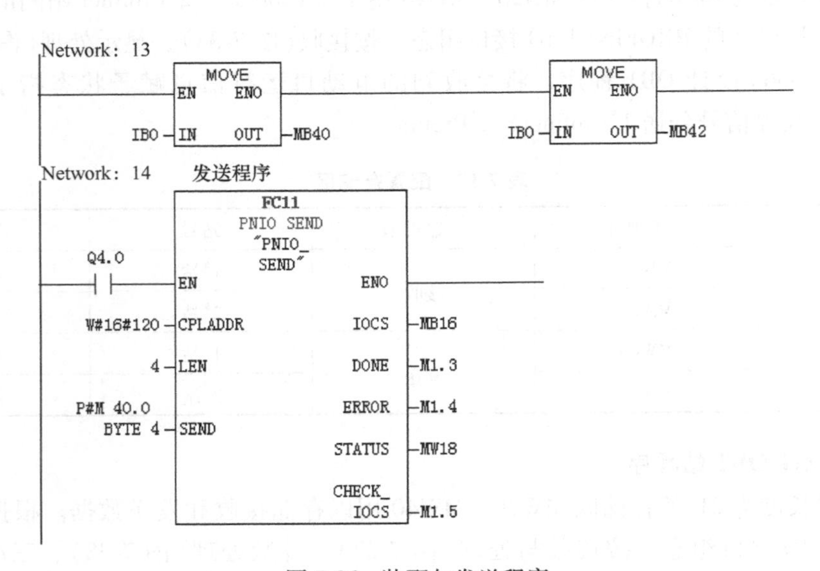

图 7-36　装配与发送程序

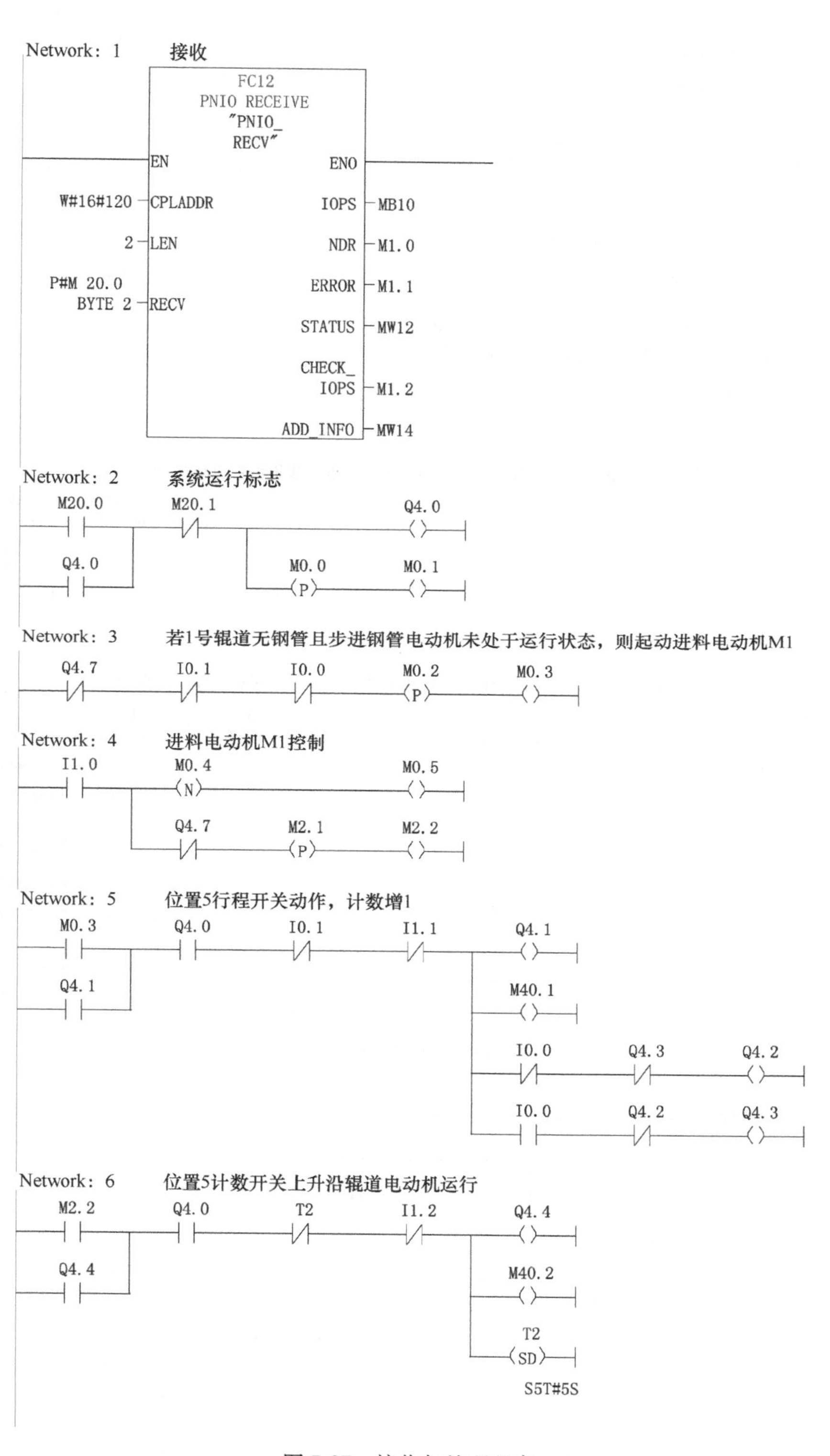

图 7-37　接收与处理程序

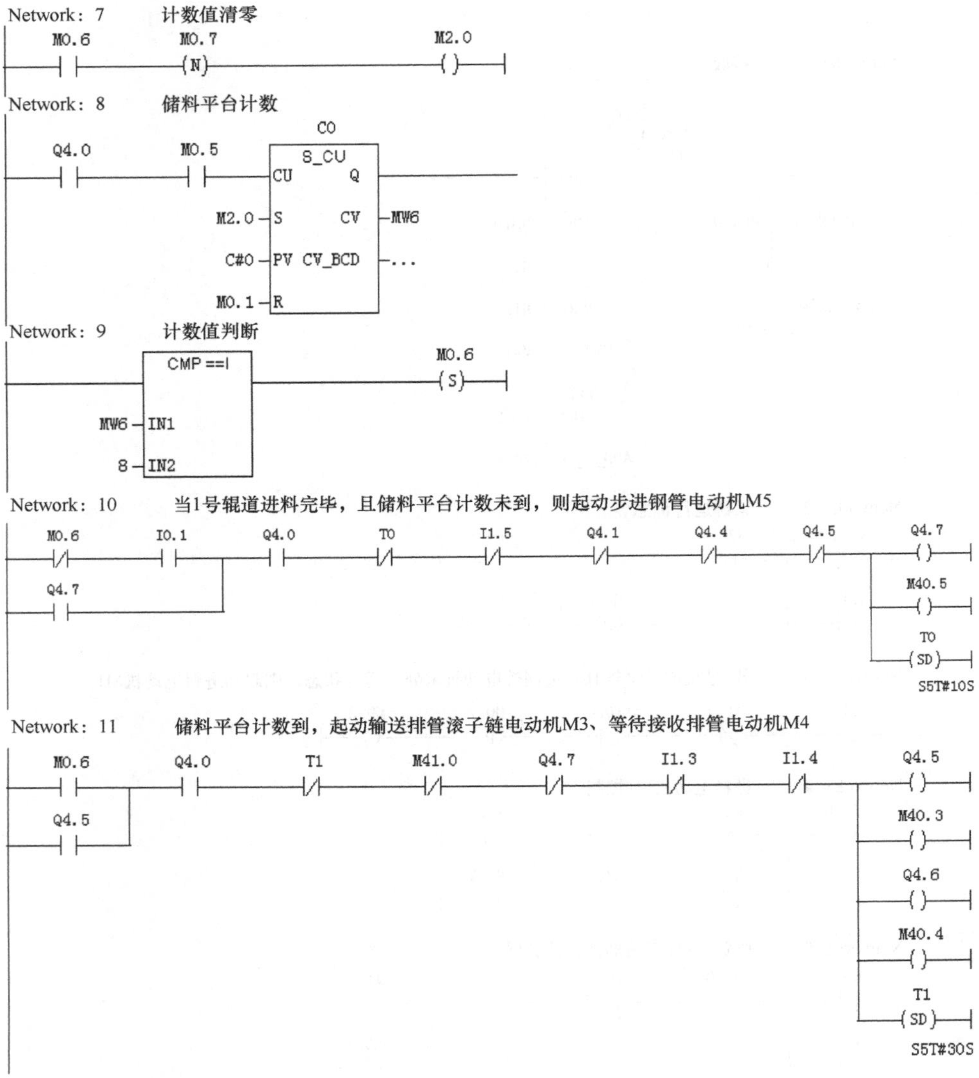

Network：7　计数值清零

M0.6　M0.7 (N)　M2.0 ( )

Network：8　储料平台计数

C0 S_CU: Q4.0, M0.5 → CU; M2.0 → S; C#0 → PV; M0.1 → R; Q; CV → MW6; CV_BCD → ...

Network：9　计数值判断

CMP ==I: MW6 → IN1; 8 → IN2; M0.6 (S)

Network：10　当1号辊道进料完毕，且储料平台计数未到，则起动步进钢管电动机M5

M0.6 (/), I0.1 (Q4.7 parallel), Q4.0, T0 (/), I1.5 (/), Q4.1 (/), Q4.4 (/), Q4.5 (/) → Q4.7 ( ), M40.5 ( ), T0 (SD) S5T#10S

Network：11　储料平台计数到，起动输送排管滚子链电动机M3、等待接收排管电动机M4

M0.6 (Q4.5 parallel), Q4.0, T1 (/), M41.0 (/), Q4.7 (/), I1.3 (/), I1.4 (/) → Q4.5 ( ), M40.3 ( ), Q4.6 ( ), M40.4 ( ), T1 (SD) S5T#30S

图 7-38　计数处理程序

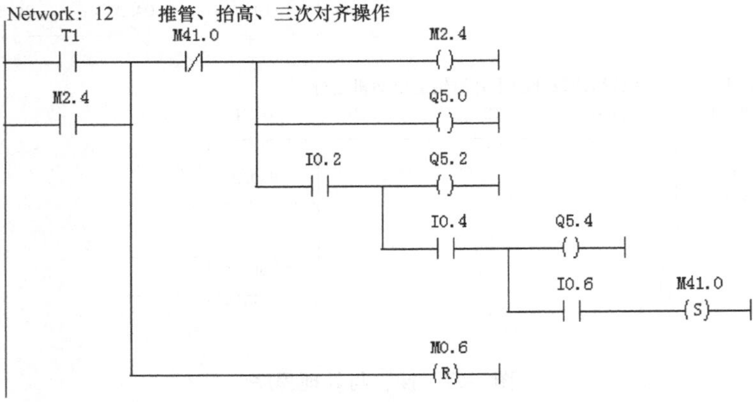

Network：12　推管、抬高、三次对齐操作

T1 (M2.4 parallel), M41.0 (/) → M2.4 ( ), Q5.0 ( ); I0.2 → Q5.2 ( ); I0.4 → Q5.4 ( ); I0.6 → M41.0 (S); M0.6 (R)

图 7-39　三次对齐与发送程序

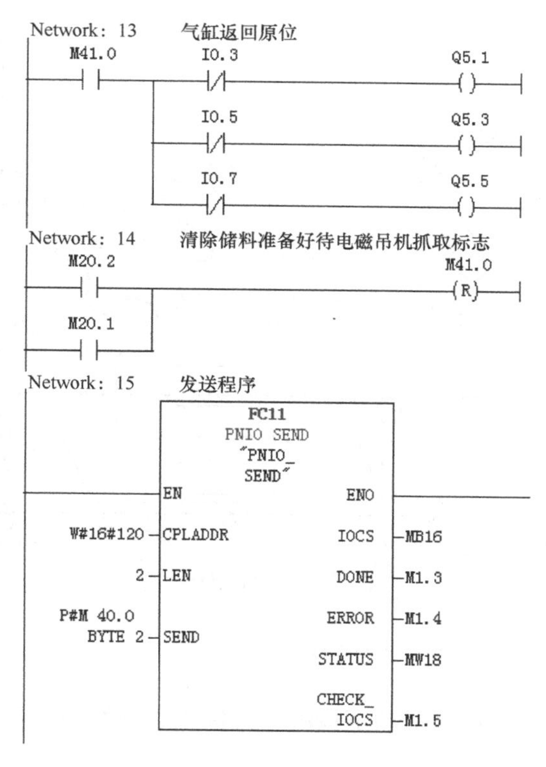

图 7-39 三次对齐与发送程序(续)

3. Profinet2 站 OB1 程序

Profinet2 站 OB1 程序与 Profinet1 站 OB1 程序相同。

7.5.2 S7-1200 PLC 应用

7.5.2.1 设计要求

序号 14 基于 S71200 的 Profinet-IO 通信

基于 CP343-1 模块、S7-1200 CPU1214C DC/DC/DC 构建 PROFINET IO 网络，实现合格品检测、装配与机器人搬运控制，如图 7-40 所示。其中 CP343-1 模块作为 IO 控制器，S7-1200 PLC 作为智能 IO 设备。示例采用 TIA Portal V13 组态软件设计。

Profinet_ctr 站动作要求：

1）当 Profinet_ctr 站按下起动按钮，Profinet_io1、Profinet_io2 站直线带输送电动机运行，等待托盘。

2）当 Profinet_ctr 站按下停止按钮，Profinet_io1、Profinet_io2 站停止运行。

3）当 Profinet_ctr 站按下机器人起动、停止、复位按钮，Profinet_io1 站机器人执行相应动作。

4）Profinet_io1、Profinet_io2 站运行状态在 Profinet_ctr 站显示。

Profinet_io1 站动作要求：

1）如果 Profinet_io1 站检测到托盘就位，SQ11 动作，直线带输送电动机 M11 停止运行。如果工件检测传感器 SQ12 动作，则通知机器人执行工件完整性检测。如果检测区(SQ13)无

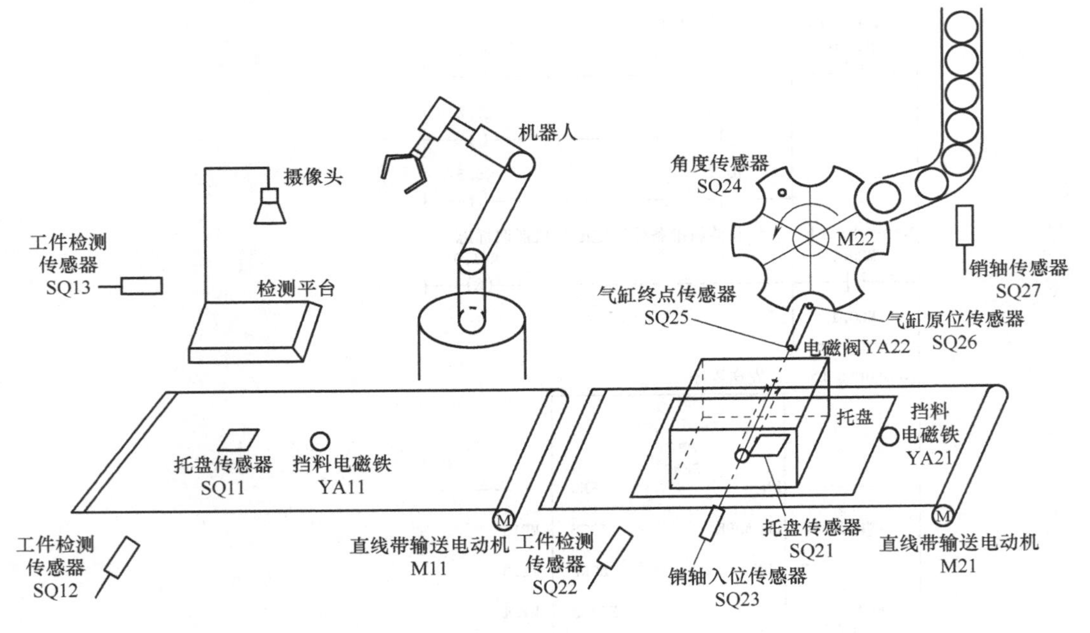

图 7-40　系统组成

工件，则机器人抓取工件并放置于检测区后运动至检测等待位置，触发 3D 摄像机对工件拍照检测。

2）如果是合格品(有盖工件)，则机器人将合格品重新放置于输送带的托盘上，反之，将不合格品(无盖工件)放置于废料盒中。机器人完成操作后，返回等待位置进入等待托盘状态。同时将检测结果反馈给 Profinet_io1 站 PLC。

3）如果是合格品或空托盘，同时 Profinet_io2 站无工件处理且处于运行状态，则 Profinet_io1 站 PLC 控制挡料电磁铁 YA11 吸合，输送电动机 M11 运行，将合格品或空托盘输送至 Profinet_io2 站。

Profinet_io2 站动作要求：

1）如果 Profinet_io2 站检测到托盘就位，SQ21 动作，直线带输送电动机 M21 停止运行。如果工件检测传感器 SQ22 动作，且工件无销轴(SQ23 未动作)，则销轴转盘电动机 M22 旋转一个固定角度，SQ24 动作，销轴入位则推销电磁阀 YA22 得电，气缸伸出，将转盘下方的销轴推至工件和工件盖的固定孔中。

2）加销动作完成 SQ25 动作，推销气缸回位，SQ26 动作，挡料电磁铁 YA21 吸合，直线带输送电动机 M21 运行，将合格品输送至下一单元。

3）如果未检测到工件，则直接将空托盘输送至下一单元。

> 工程项目实施所产生的影响是全方位的，不仅有社会的、政治的、经济的、科技的，也有社会文化道德的。这就要求工程师对自然、社会、公众、顾客和雇主都要切实负起伦理义务，在达成其专业任务时，应将公众安全、健康、福祉放在至高无上的位置。特别是科学技术的高速发展，给工程项目的实施提出了许多新的工程伦理问题。作为工程活动主体的工程师，必须认真应对这些问题，遵照人道主义、生态主义安全无害和无私利性的原则，做到既尊重自然、敬畏自然，同时也尊重后代人的生存权和发展权。

7.5.2.2　网络组态

1. I/O 分配

根据系统控制要求，Profinet_ctr 站 I/O、Profinet_io1 站 I/O、机器人交互接口、Profinet_io2 站 I/O 分配见表 7-19～表 7-22。

表 7-19　Profinet_ctr 站 I/O 分配表

地址	说明	地址	说明
I0.0	系统起动按钮	Q4.0～4.5	对应 1 号站 Q0.0～Q0.5
I0.1	系统停止按钮	Q5.0～5.5	对应 2 号站 Q0.0～Q0.5
I1.0	机器人起动	Q124.0	1#系统运行标志
I1.1	机器人停止	Q124.1	2#系统运行标志
I1.2	机器人复位	Q124.2	系统运行标志

表 7-20　Profinet_io1 站 I/O 分配表

地址	说明	地址	说明
I0.0	SQ11：输送带托盘检测	Q0.0	挡料电磁铁 YA11
I0.1	SQ12：输送带工件检测	Q0.1	直线带输送电动机 M11
I0.2	机器人复位完成	Q0.2	警示红灯 HL11
I0.3	机器人检测合格	Q0.3	机器人运行
I0.4	机器人检测不合格	Q0.4	机器人停止
		Q0.5	机器人复位
		Q0.6	起动机器人检测
		Q1.0	系统运行标志 HL12

表 7-21　机器人与 Profinet_io1 站 PLC I/O 接口定义

机器人 16 点输入			机器人 16 点输出		
机器人侧	PLC 或元件侧	功能	机器人侧	PLC 或元件侧	功能
DI10_1	Q0.3	机器人运行	DO10_1	I0.2	机器人复位完成
DI10_2	Q0.4	机器人停止	DO10_2	I0.3	合格品
DI10_3	Q0.5	机器人复位	DO10_3	I0.4	不合格品
DI10_4	Q0.6	起动机器人检测	DO10_4	备用	
DI10_5	备用		DO10_5	备用	
DI10_6	备用		DO10_6	备用	
DI10_7	备用		DO10_7	备用	
DI10_8	备用		DO10_8	备用	
DI10_9	SQ14	气爪夹紧检测	DO10_9	YA12	夹紧电磁阀

（续）

机器人16点输入			机器人16点输出		
机器人侧	PLC或元件侧	功能	机器人侧	PLC或元件侧	功能
DI10_10	O3D引脚4	视觉开关输出1	DO10_10	O3D引脚2	触发视觉识别
DI10_11	O3D引脚6	视觉开关输出2	DO10_11	备用	
DI10_12	O3D引脚5	视觉开关输出3	DO10_12	备用	
DI10_13	SQ13	检测区工件检测	DO10_13	备用	
DI10_14	备用		DO10_14	备用	
DI10_15	备用		DO10_15	备用	
DI10_16	备用		DO10_16	备用	

表7-22 Profinet_io2站I/O分配表

地址	说明	地址	说明
I0.0	SQ21：输送带托盘检测	Q0.0	挡料电磁铁YA21
I0.1	SQ22：输送带工件检测	Q0.1	直线带输送电动机M21
I0.2	SQ23：销轴入位检测	Q0.2	转盘电动机M22
I0.3	SQ24：销轴转盘角度检测	Q0.3	推销电磁阀YA22
I0.4	SQ25：推销气缸伸出到位	Q0.4	警示红灯HL21
I0.5	SQ26：推销气缸收缩到位	Q0.5	已准备好
I0.6	SQ27：销轴库检测	Q1.0	系统运行标志HL22

2. Profinet IO控制器

使用STEP7 V13创建“example_S71200_PROFINET_IO”项目，并通过“添加新设备”组态S7-300站Profinet_ctr，选择CPU314C-2DP、SM321、SM322、CP343-1等模块，具体参数配置见图7-23；选择CP343-1模块以太网接口属性“常规”选项卡中的“以太网地址”选项，单击“添加新子网”按钮，添加PNIE_1子网，设置IP地址(如192.168.0.11或根据实际网络自定)，并确认设备名称，如图7-41、图7-42所示。

选择“常规”选项卡中的“操作模式”选项，设置为“IO控制器”，如图7-43所示。

3. Profinet IO设备

在example_S71200_PROFINET_IO项目树的“设备”选项卡中，单击“添加新设备”组态S7-1200站Profinet_io1，选择CPU1214C DC/DC/DC V4.0。选择CPU模块以太网接口属性“常规”选项卡中的“以太网地址”选项，选择PNIE_1子网，设置IP地址(如192.168.0.12或根据实际网络自定)，并确认设备名称，如图7-44所示。

选择“常规”选项卡中的“操作模式”选项，设置为“IO设备”，并将已创建的IO控制器“Profinet_ctr.CP343-1_1.PROFINET接口_1”分配给IO设备，并创建两个数据传输区，如图7-45所示。同理，组态IP地址为192.168.0.13的S7-1200站Profinet_io2，其数据传输区设置如图7-46所示。

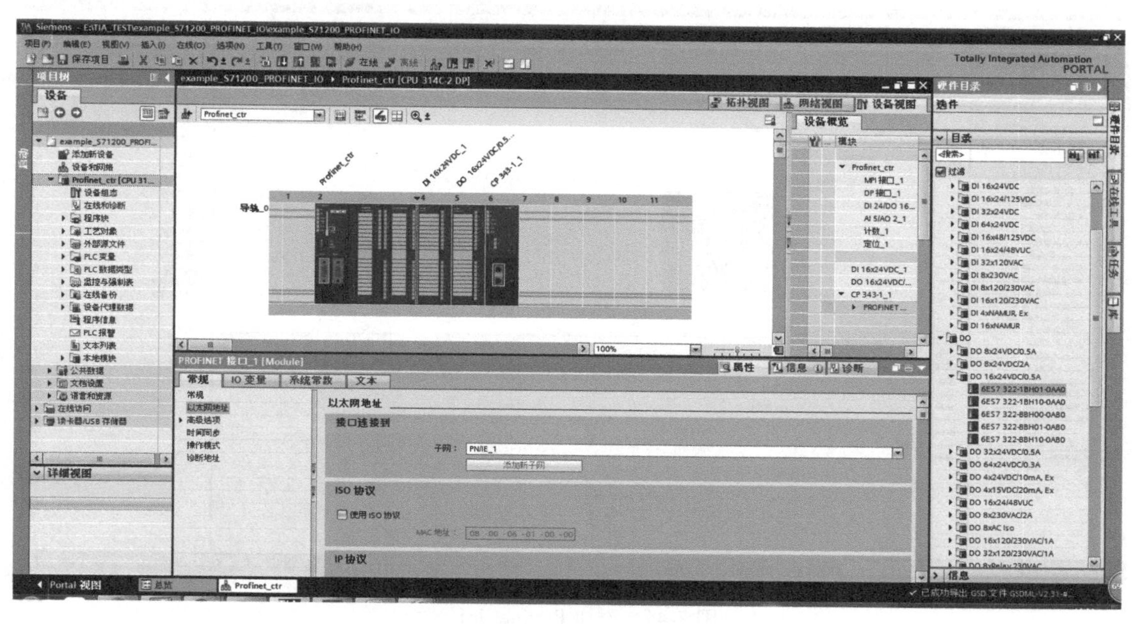

图 7-41　新建 example_S71200_PROFINET_IO 项目

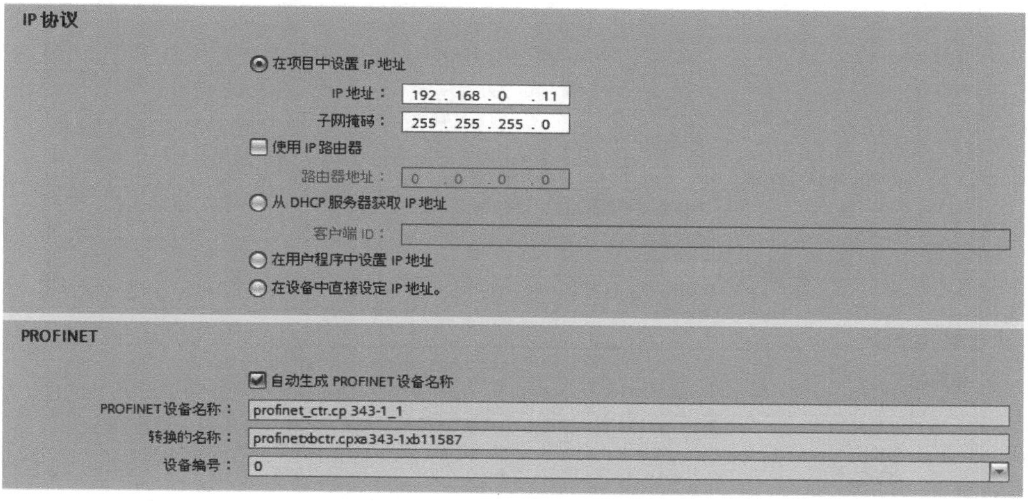

IP 协议

在项目中设置 IP 地址

IP 地址：192 . 168 . 0 . 11

子网掩码：255 . 255 . 255 . 0

使用 IP 路由器

路由器地址：0 . 0 . 0 . 0

从 DHCP 服务器获取 IP 地址

客户端 ID：

在用户程序中设置 IP 地址

在设备中直接设定 IP 地址。

PROFINET

自动生成 PROFINET 设备名称

PROFINET 设备名称：profinet_ctr.cp 343-1_1

转换的名称：profinetxbctr.cpxa343-1xb11587

设备编号：0

图 7-42　设置 IP 地址、设备名称

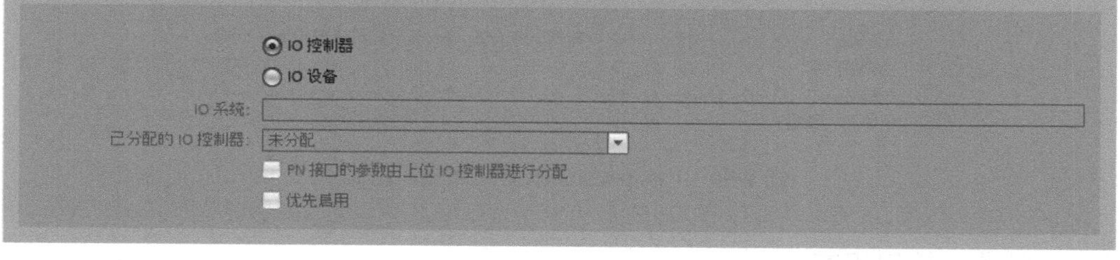

IO 控制器

IO 设备

IO 系统：

已分配的 IO 控制器：未分配

PN 接口的参数由上位 IO 控制器进行分配

优先启用

图 7-43　选择操作模式

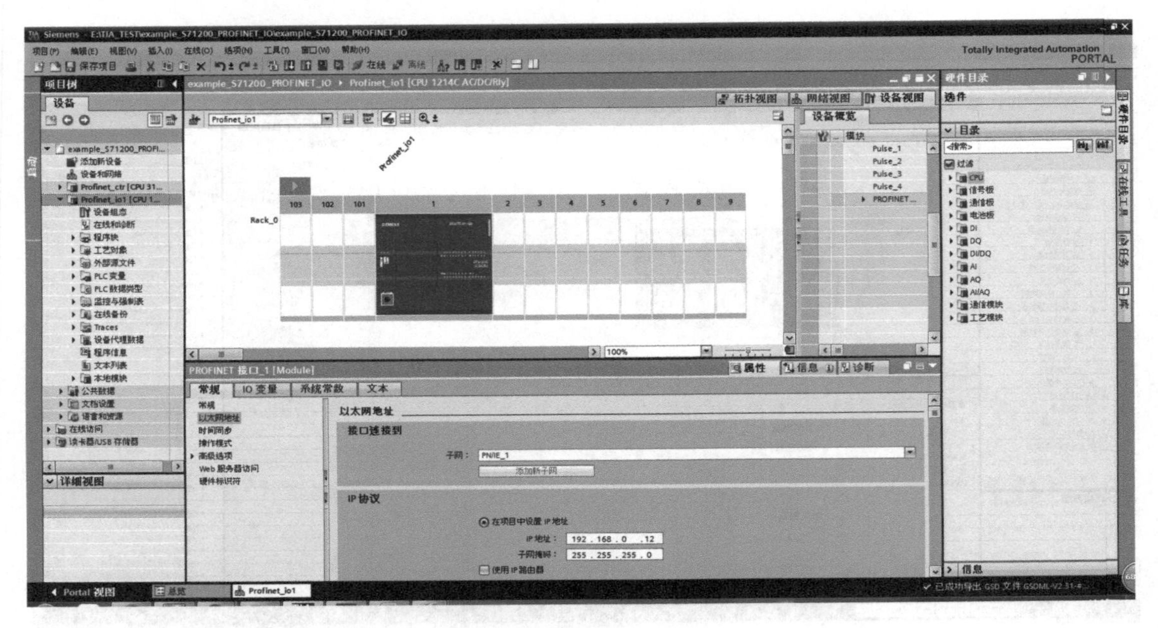

图 7-44　添加 Profinet io1 站

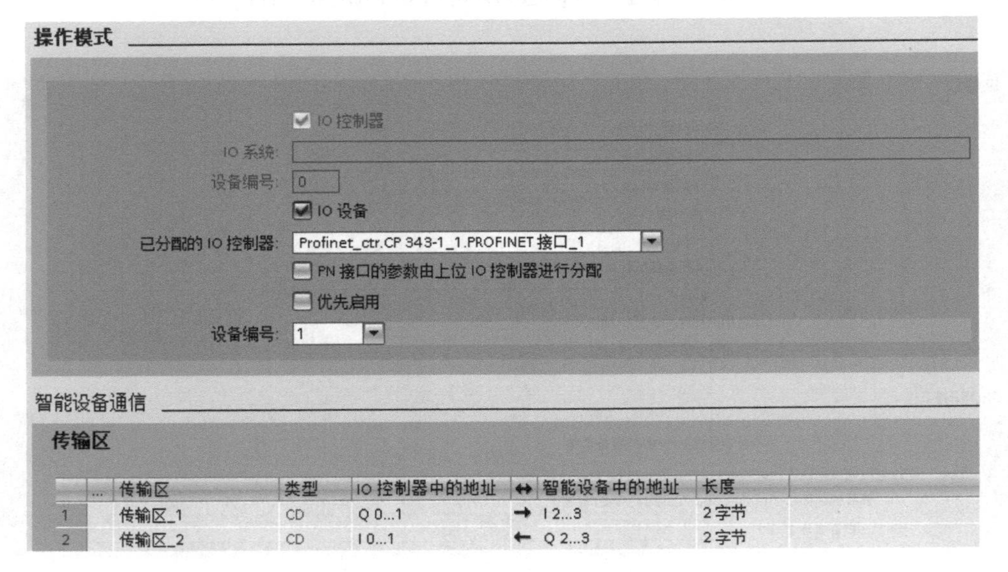

图 7-45　Profinet_io1 数据交互接口组态

传输区

	...	传输区	类型	IO 控制器中的地址	↔	智能设备中的地址	长度
1		传输区_1	CD	Q 2...3	→	I 2...3	2 字节
2		传输区_2	CD	I 2...3	←	Q 2...3	2 字节
3		<新增>					

图 7-46　Profinet_io2 数据交互接口组态

7.5.2.3　机器人接口组态

本例机器人选用 ABB IRB120 六自由度工业机器人系统。IRC5 控制器内部，仅可使用具有光电隔离的16点输入/16点输出装置DSQC 652。手动模式下，单击机器人示教器左上角“ABB”按钮→“控制面板”→“配置”→“I/O”→“Unit”，单击添加DSQC 652模块，弹出如图7-47所示界面，输入“Name：BOARD10；Type of Unit：d652_Lean；Connected to Bus：DeviceNet_Lean；DeviceNet Lean Address：10”确定即可。返回上级窗口，选择“I/O”→“Signal”，编辑16点输入/16点输出信号，如图7-48所示，其功能定义以及与PLC互连接口见表7-21，除机器人起动、停止、复位对应机器人系统输入Start、Stop、System Reset之外，其余均为机器人自定义输入/输出信号。系统输入/输出请参阅【天工讲堂配套资源】。

序号15　ABB机器人系统输入输出

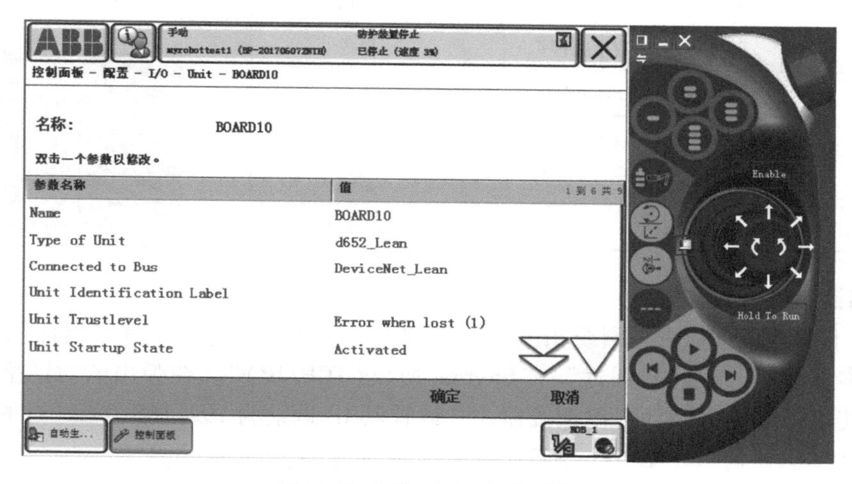

图7-47　添加输入/输出模块

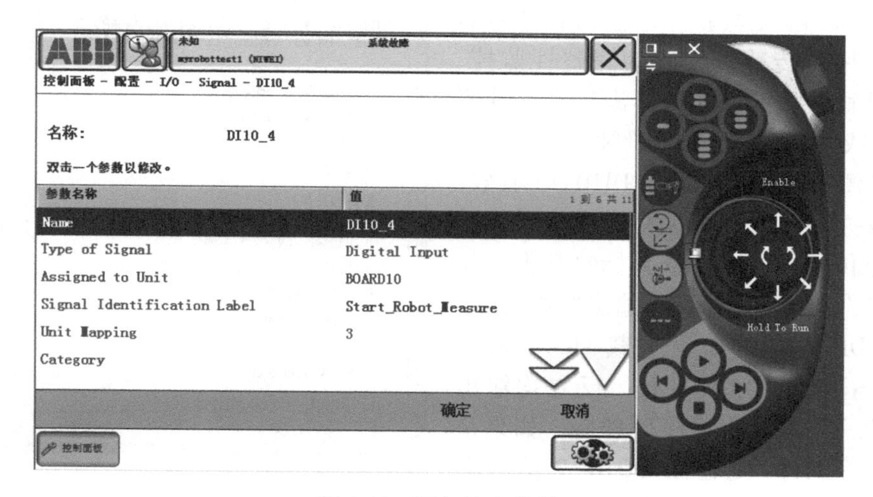

图7-48　添加输入信号

7.5.2.4　3D摄像机接口组态

1. O3D302传感器

O3D302传感器利用光飞时间（即光的飞行时间）测量原理，通过内部红外光源照亮场景，逐点测量摄像头与最近表面之间的距离，以获取目标物三维场景数据，并与设定的场景数据进行比较，输出相应的信号。它有 1 路触发信号、2 路开关输入、3 路输出控制，对应的引脚排列见表 7-23。其工作距离、目标尺寸、分辨率分别为 300～8000mm、200mm×200mm、176×132 像素，适用于完整性监控、矩形物尺寸监控、料位监控等。使用时，其安装位置与距离应确保被测目标在视场范围内，且分辨率足够识别被测目标场景。

表 7-23　O3D302 引脚排列

引脚	功能定义	颜色	引脚排列图
1	24V	棕色	2 1 8 3 7 4 6 5
2	触发脉冲输入	白色	
3	0V	蓝色	
4	开关输出 1(数字或模拟)	黑色	24 V Trigger GND OUT 1 Ready OUT 2 IN1 IN2
5	开关输出 3　Ready	灰色	
6	开关输出 2(数字)	粉红色	
7	开关输入 1	紫色	
8	开关输入 2	橘黄色	

2. 传感器参数设置

将 O3D 传感器与 PC 采用网线相连，右击 PC“网上邻居”图标，选择“属性”，在弹出的窗口右击“本地连接”，选择“属性”→“Internet 协议(TCP/IP)”。在弹出的对话框(图 7-49)中，单击“使用下面的 IP 地址”单选按钮，并设置其 IP 地址为 192.168.0.xx(xx 可设置为除 69 之外 1～254 的任何一个数字)，O3D 传感器出厂默认 IP 地址为 192.168.0.69。使用 ifm Vision Assistant 工具软件设置 O3D 传感器参数。本应用将传感器设置为完整性监控、信号上升沿触发拍照，如果不满足完整性要求则 OUT1 或 OUT2 输出数字量脉冲，即当被测目标进入测量区域，机器人 DI10_13 有效，待目标物放置平稳后，机器人 DO10_10 输出触发信号至传感器，以获取目标物数据。如果装载不足，则传感器 OUT1 输出“ON”信号至机器人 DI10_10；如果超载 OUT2 输出“ON”信号至机器人 DI10_11，反之均输出“OFF”信号。经机器人程序处理后，如果是合格品(有盖工件)则输出 DO10_2 信号至 PLC，反之，则输出 DO10_3 信号。

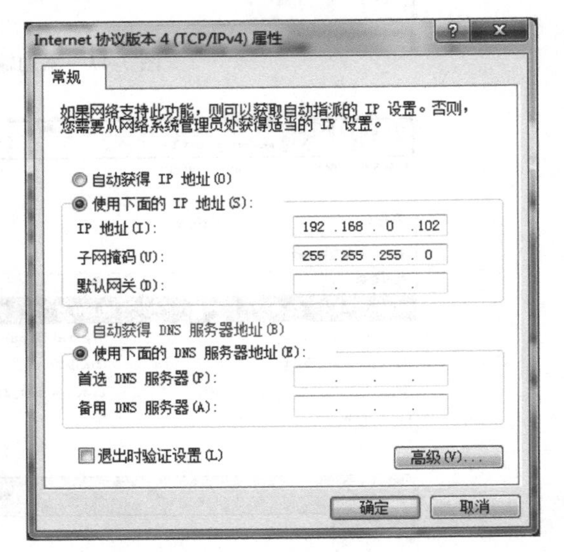

图 7-49　PC IP 地址设置

7.5.2.5　软件组态

1. Profinet_ctr 站 OB1 程序

根据图 7-45、图 7-46 所示 Profinet_ctr 站 PROFINET IO 接口组态，按接收与处理

(图 7-50)、装配与发送(图 7-51)设计 OB1 程序，由于本例主站使用 CP343-1 作为 Profinet IO 控制器，且通信接口组态始于 0 地址，则接收指令 PNIO_RECV、发送指令 PNIO_SEND 数据区长度与实际组态数据长度一致，为 4B，其中 MD100、MD104 分别作为主站接收、发送数据存储区，MW100、MW104 对应 Profinet_io1 站，MW102、MW106 对应 Profinet_io2 站，见表 7-24。

表 7-24　IO 控制器与设备收发数据区对应关系

站号	字节地址	传输类型	站号	字节地址
ctr 站	MW100	接收	io1#站	QW2
	MW102		io2#站	QW2
	MW104	发送	io1#站	IW2
	MW106		io2#站	IW2

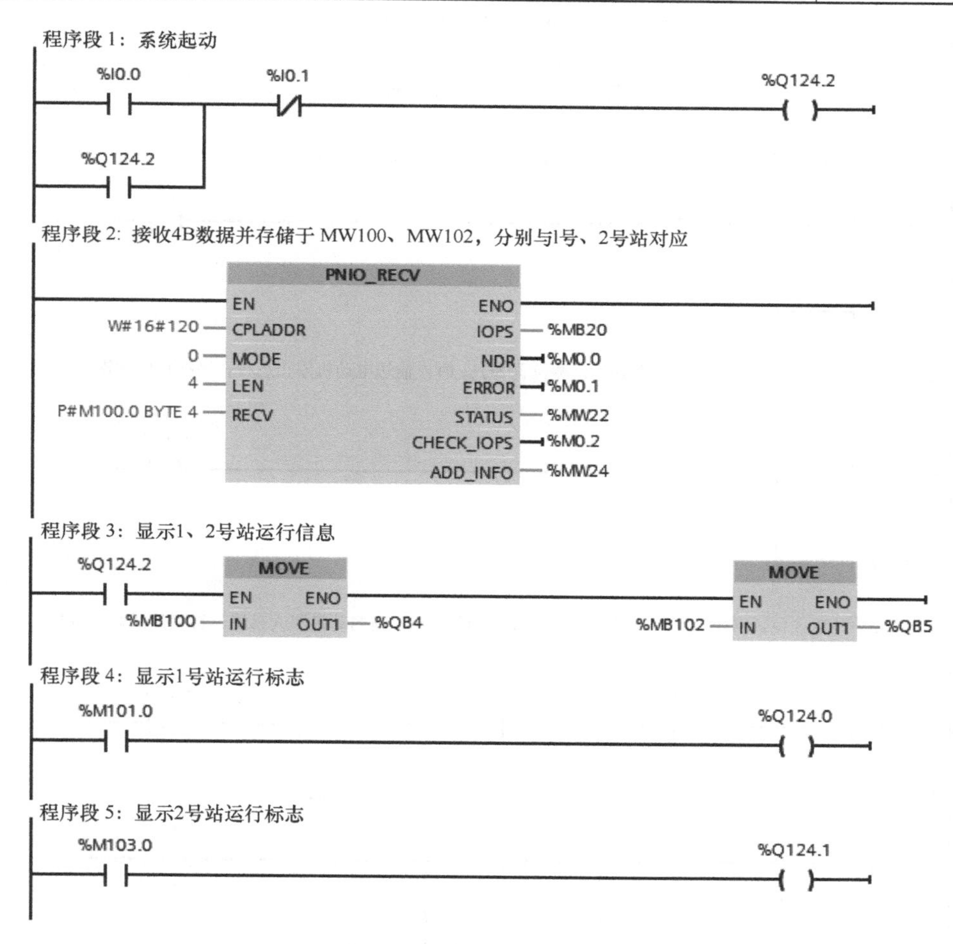

图 7-50　接收与处理程序

2. Profinet_io1 站 OB1 程序

根据图 7-45 所示 Profinet_io1 站 PROFINET IO 接口组态，按接收与处理(图 7-52)、机器人驱动与发送(图 7-53)设计 OB1 程序。

程序段 6：主站控制信息存储于1号、2号站相应发送单元 MW104、MW106

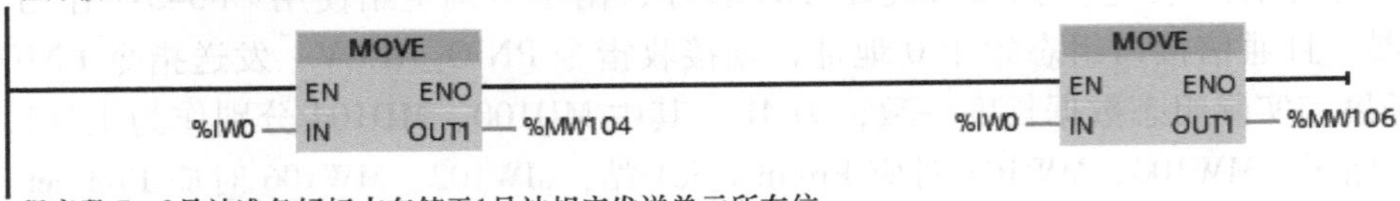

程序段 7：2号站准备好标志存储于1号站相应发送单元所在位

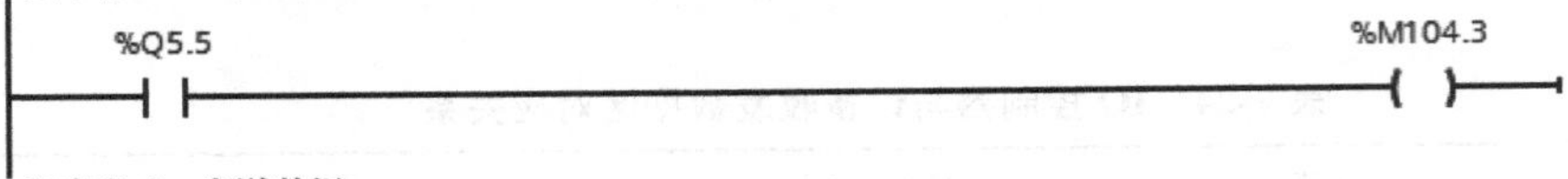

程序段 8：发送数据

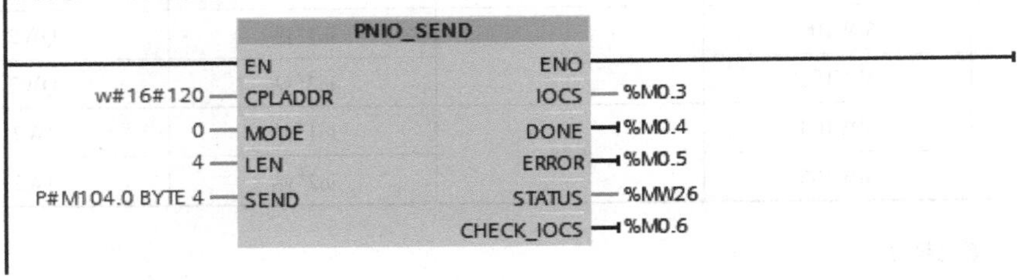

图 7-51 装配与发送程序

程序段 1：按收主站起停指令，起停1号站系统，并置复位运行标志 Q1. 0

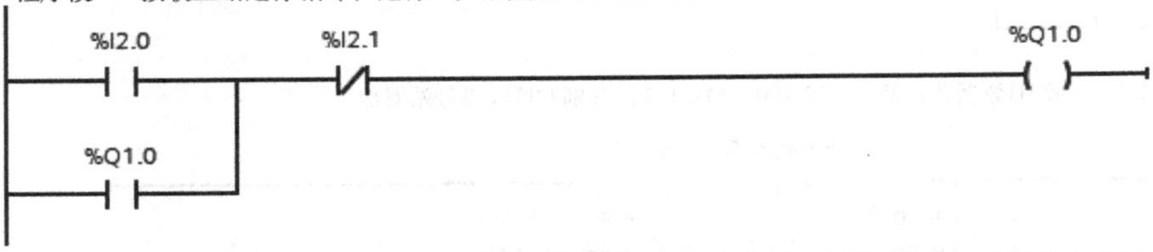

程序段 2：起动输送电动机，当托盘到达检测位置 SQ11 时，输送电动机停止运行；当挡料电磁铁 YA11 动作时，再次起动输送电动机 M11

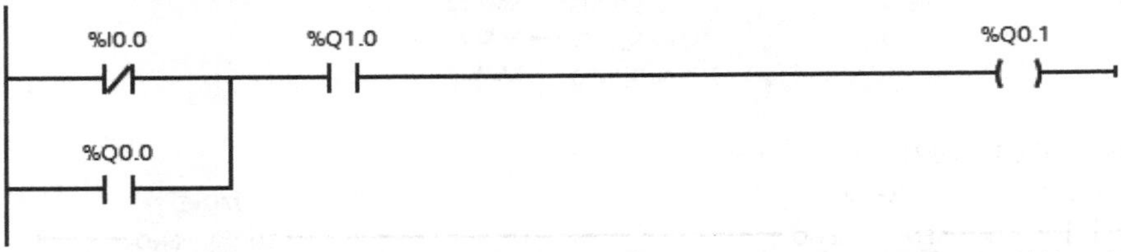

程序段 3：托盘入位，SQ11 动作，且检测到工件，SQ12 动作，则起动机器人系统，将工件抓取至检测区

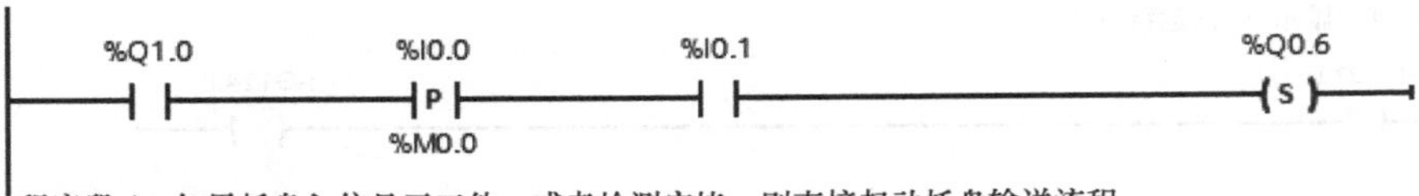

程序段 4：如果托盘入位且无工件，或者检测完毕，则直接起动托盘输送流程

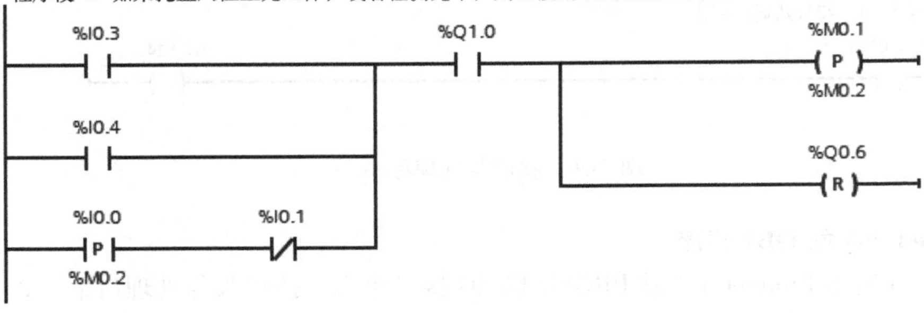

图 7-52 接收与处理程序

程序段 5：工件检测完毕且后续工序准备好，则挡料电磁阀 YA11 动作，5s后挡料电磁阀复位

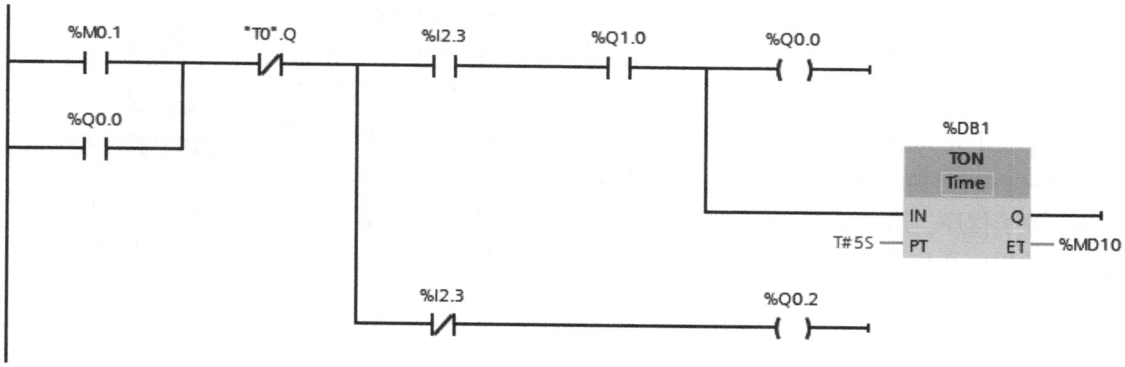

%M0.1　"T0".Q　%I2.3　%Q1.0　%Q0.0
%Q0.0
%DB1
TON
Time
IN　Q
T#5S　PT　ET　%MD10
%I2.3　%Q0.2

图 7-52　接收与处理程序(续)

程序段 6：接收主站机器人起动指令，则生成2s的脉冲信号驱动机器人执行起动操作

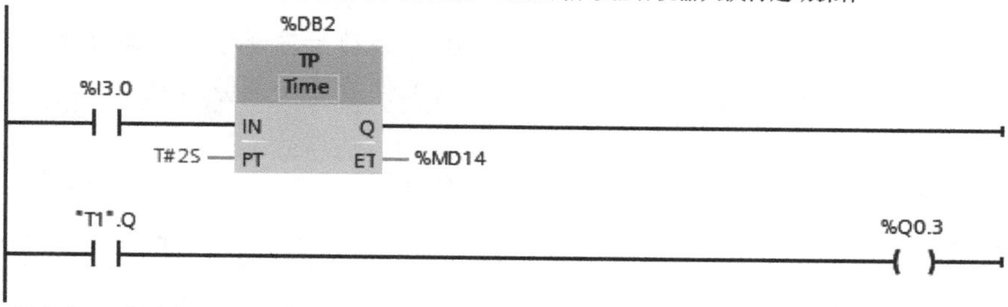

%DB2
TP
Time
%I3.0
IN　Q
T#2S　PT　ET　%MD14
"T1".Q　%Q0.3

程序段 7：接收主站机器人停止指令，则生成2s的脉冲信号驱动机器人执行停止操作

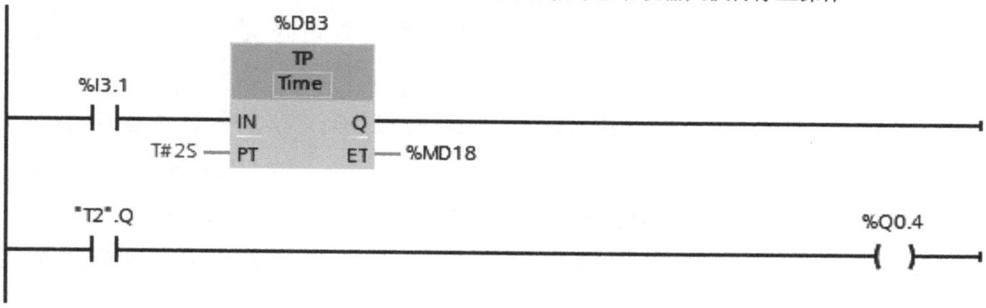

%DB3
TP
Time
%I3.1
IN　Q
T#2S　PT　ET　%MD18
"T2".Q　%Q0.4

程序段 8：接收主站机器人复位或紧急停止指令，则生成2s的脉冲信号驱动机器人执行复位操作

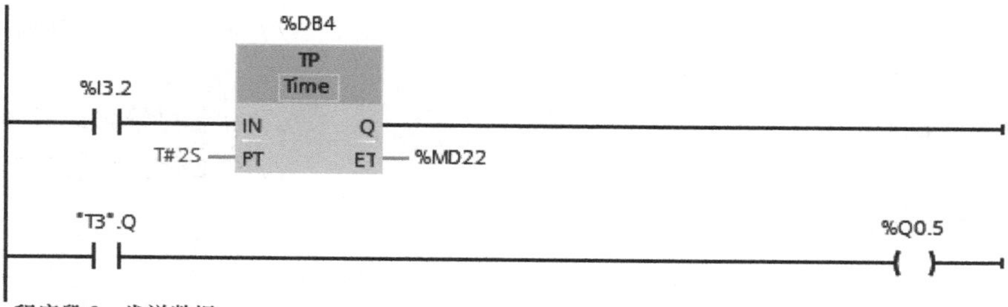

%DB4
TP
Time
%I3.2
IN　Q
T#2S　PT　ET　%MD22
"T3".Q　%Q0.5

程序段 9：发送数据

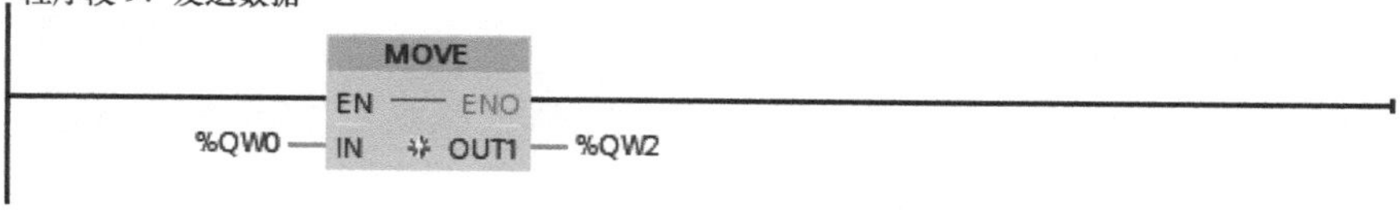

MOVE
EN　ENO
%QW0　IN　OUT1　%QW2

图 7-53　机器人驱动与发送程序

3. 机器人程序

序号 16　机器人程序及指令说明

机器人程序由目标位置、变量声明、主程序 main 及初始化 InitAll、机器人移动至输送线 Get_conveyor、检测结束将被测工件放置于托盘 Put_conveyor、机器人移动至检测平台 Get_measureArea、机器人将工件放置于检测平台 Put_measureArea、工件完整性检测 Measure、将工件移至废品箱 Discard、等待 Wait、夹紧检测 ClampDetection、松开检测 LoosenDetection 等子程序。限于篇幅，仅给出 main、InitAll 及 Measure 程序。机器人完整程序及相关指令说明请参阅【天工讲堂配套资源】。

```
PROC main()
    AccSet 100,30;
      InitAll;
      WHILE true DO
        WaitDI DI10_4,1;              //等待检测信号有效
        Get_conveyor;                 //将机器人移动至输送线并抓取工件
        Put_measureArea;              //将被测工件放置于测量区域
        Wait;
        Measure;                      //工件测量
      ENDWHILE
ENDPROC
PROC InitAll()
      pCurrentRobPos:=CRobT();  //获取机器人当前位置
      pRobSafePos:=pCurrentRobPos;
      pRobSafePos.trans.z:=pHome.trans.z+100;  //修正过渡点 Z 向坐标为正
                                               //偏离原点 Z 向坐标 100mm
      MoveJ pRobSafePos,V100,Z50,TOOL0;        //移动至过渡点
      MoveAbsJ jpOrigin,V100,Z50,TOOL0;        //所有轴回机械原点
      IF DI10_9=1 THEN
        Discard;                               //如果初始起动时机器人
                                               //持有工件,则放回废品箱
      ELSEIF DI10_13=1 THEN
        Get_measureArea;                       //如果初始起动时检测区
                                               //有工件,则放回废品箱
        Discard;
      ELSE
        reset DO10_1;
        reset DO10_2;
        reset DO10_3;
        reset DO10_9;
        reset DO10_10;
```

```
        MoveAbsJ jpOrigin \NoEOffs,v100,z50,tool0;
        PulseDO \PLength:=3,DO10_1;          //初始化完成输出3s脉冲信号
    ENDIF
ENDPROC
PROC Measure()
        PulseDO \PLength:=2,DO10_10;         //输出2s触发信号,起动拍照
        waittime 1;
        IF DI10_10=0 THEN
            Get_measureArea;                 //调用机器手返回检测区程序
            Put_conveyor;                    //调用合格品放回托盘程序
            PulseDO \PLength:=2,DO10_2;      //设置2s合格品标志
        ELSEIF DI10_10=1 THEN
            Get_measureArea;                 //调用机器手返回检测区程序
            Discard;                         //不合格品放回废料箱
            PulseDO \PLength:=2,DO10_3;      //设置2s不合格品标志
    ENDIF
ENDPROC
```

4. Profinet_io2 站 OB1 程序

根据图 7-46 所示 Profinet_io2 站 PROFINET IO 接口组态，按接收与装销处理(图 7-54)、装销完成与发送(图 7-55)设计 OB1 程序。

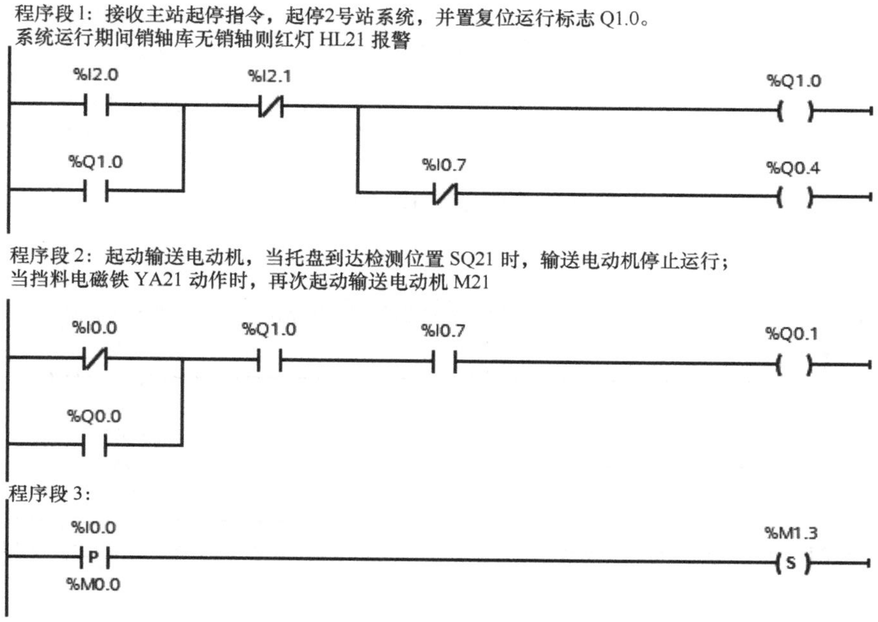

程序段 1：接收主站起停指令，起停2号站系统，并置复位运行标志 Q1.0。
系统运行期间销轴库无销轴则红灯 HL21 报警

%I2.0　%I2.1　%Q1.0
%Q1.0　%I0.7　%Q0.4

程序段 2：起动输送电动机，当托盘到达检测位置 SQ21 时，输送电动机停止运行；
当挡料电磁铁 YA21 动作时，再次起动输送电动机 M21

%I0.0　%Q1.0　%I0.7　%Q0.1
%Q0.0

程序段 3：

%I0.0　P　%M1.3　S
%M0.0

图 7-54　接收与装销处理程序

程序段 4：如果销轴未入位则使用 SQ21 或 SQ26 信号上升沿 MO.1 起动转盘电动机

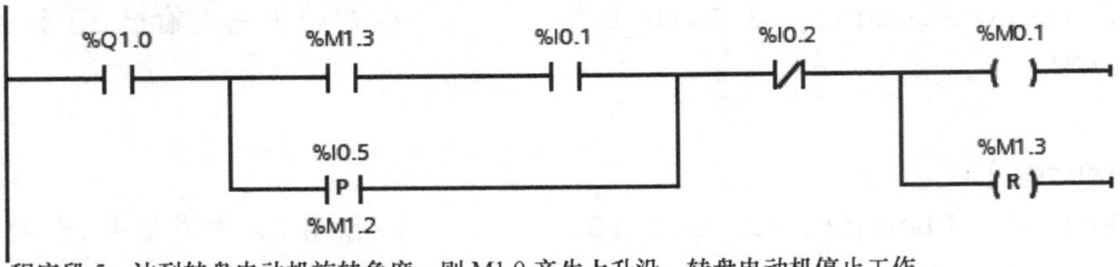

%Q1.0 %M1.3 %I0.1 %I0.2 %M0.1
%I0.5 P %M1.2 %M1.3 R

程序段 5：达到转盘电动机旋转角度，则 M1.0 产生上升沿，转盘电动机停止工作

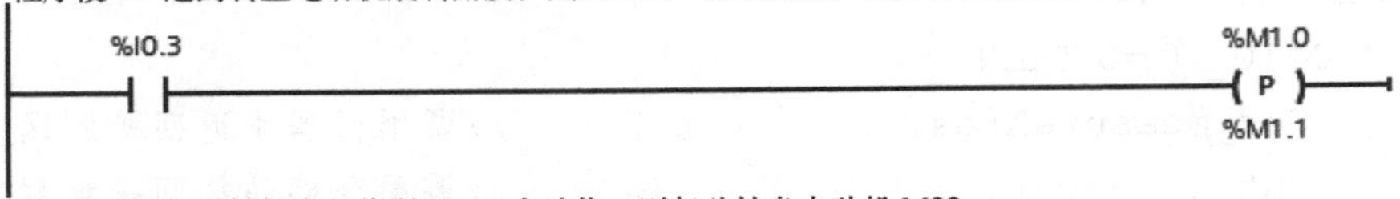

%I0.3 %M1.0 P %M1.1

程序段 6：如果销轴未入位即 SQ23 未动作，则起动转盘电动机 M22

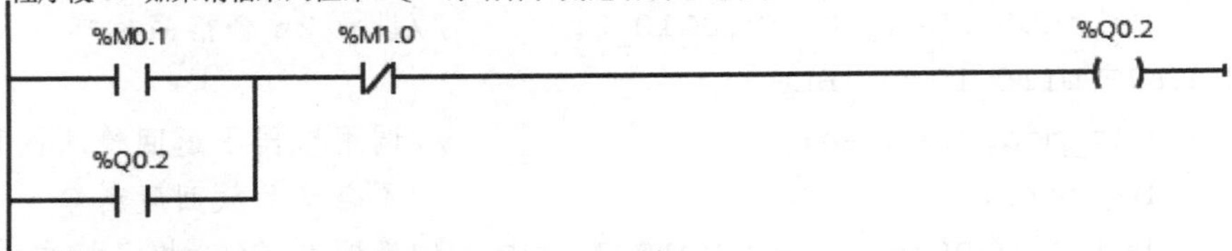

%M0.1 %M1.0 %Q0.2
%Q0.2

程序段 7：如果销轴未入位，推销气缸伸出，安装销轴

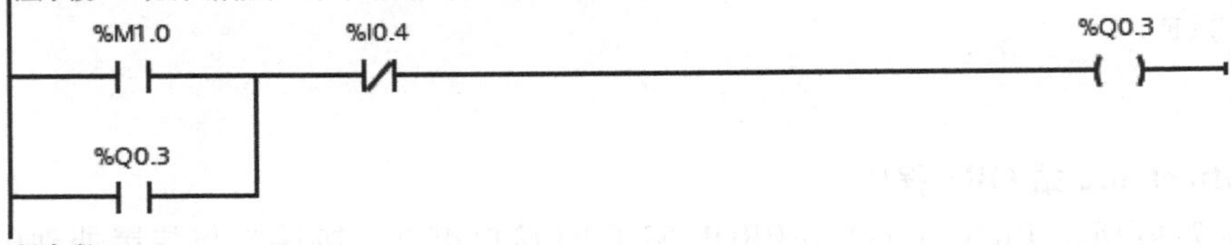

%M1.0 %I0.4 %Q0.3
%Q0.3

程序段 8：

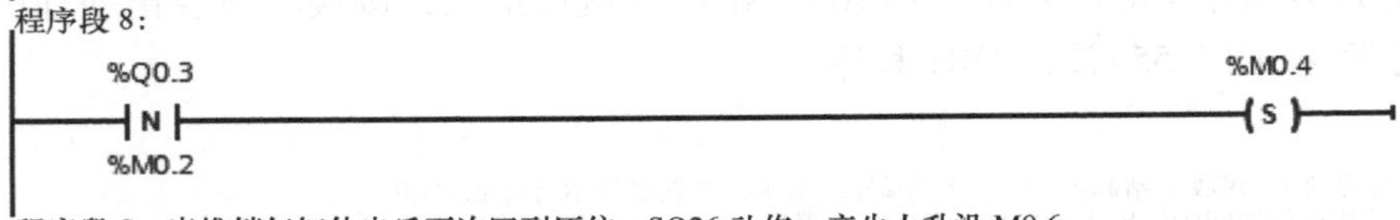

%Q0.3 N %M0.2 %M0.4 S

程序段 9：当推销气缸伸出后再次回到原位，SQ26 动作，产生上升沿 M0.6

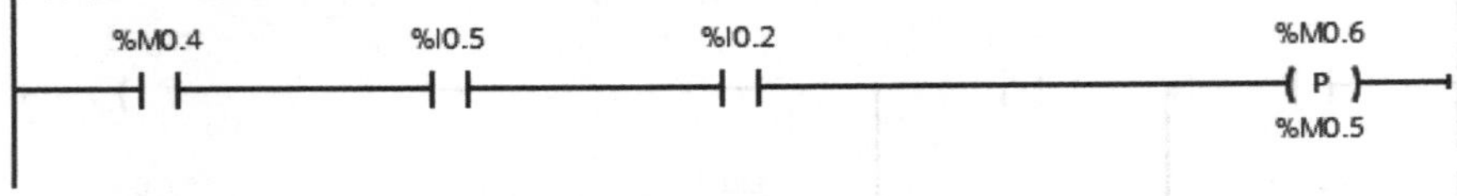

%M0.4 %I0.5 %I0.2 %M0.6 P %M0.5

图 7-54　接收与装销处理程序（续）

程序段 10：销轴安装完毕，或托盘入位且无工件，挡料电磁阀 YA21 动作，5s后挡料电磁阀复位

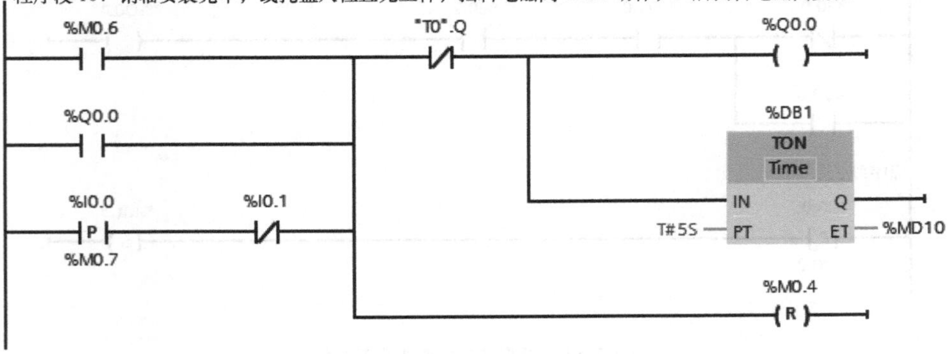

%M0.6 "T0".Q %Q0.0
%Q0.0
%I0.0 P %M0.7 %I0.1
%DB1 TON Time IN Q T#5S PT ET %MD10
%M0.4 R

图 7-55　装销完成与发送程序

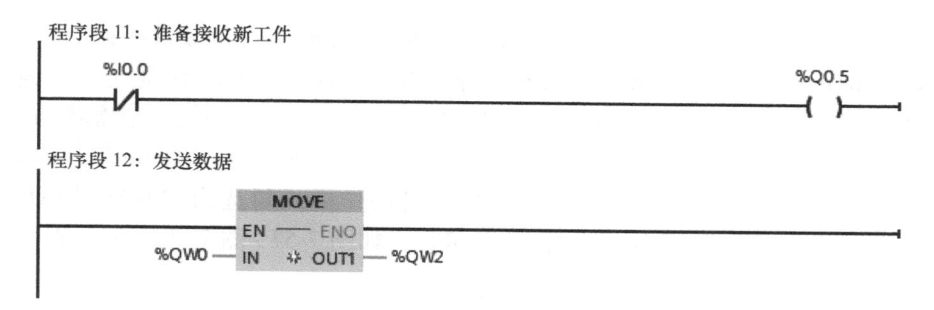

图 7-55　装销完成与发送程序(续)

7.6　多总线混合编程案例

7.6.1　设计要求

序号 17　基于 Profinet-IO 与 Profibus-DP 的混合总线编程

基于以太网 CP343-1、IE/PB LINK PN IO 网关模块构建一主多从混合系统，实现数据交互。具体要求：Profinet_ctr 站、Profinet1 站、Profinet2 站经由 CP343-1 模块构建一主二从 PROFINET IO 通信系统。同时 Profinet_ctr 站、Slave1 站、Slave2 站经由 IE/PB LINK PN IO 网关模块构建一主二从 PROFIBUS-DP 通信系统。主站与各从站间实现 2B 的数据交互，从站间无数据交互。

> 科学的灵感，决不是坐等可以等来的。如果说，科学上的发现有什么偶然的机遇的话，那么这种偶然的机遇只能给那些学有素养的人，给那些善于独立思考的人，给那些具有锲而不舍精神的人，而不会给懒汉。
>
> ——华罗庚

7.6.2　网络组态

1. 站点硬件配置

新建项目“example_cp343_netandbus”，并右击项目名插入五个 S7-300 站点。为便于辨识，分别将其站点名更改为 profinet_ctr、profinet1、profinet2、slave1、slave2，如图 7-56 所示。

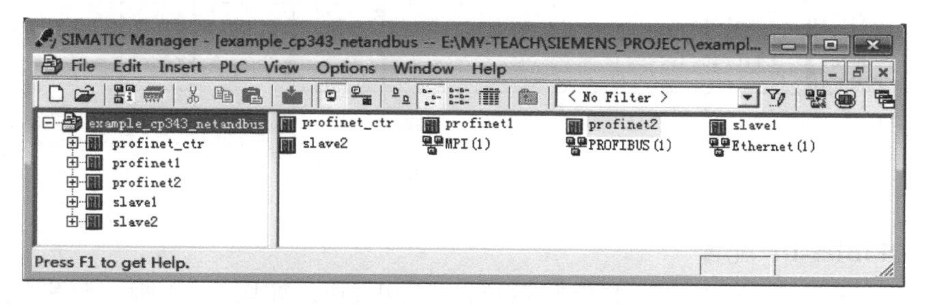

图 7-56　profinet and profibus 混合通信项目

(1) PROFINET IO 配置及网络组态

根据第 7.5 节案例分别选择 profinet_ctr、profinet1、profinet2 并双击相应站点的

Hardware，参照图 7-23 所示分别完成 profinet_ctr、profinet1、profinet2 的硬件配置。构建 Ethernet 网络，设置 profinet_ctr、profinet1、profinet2 站 CP343-1 模块 MAC、IP 地址，IP 地址分别为“192. 168. 0. 11”“192. 168. 0. 12”“192. 168. 0. 13”并接入 Ethernet 网络。依次将 profinet_ctr 设置成名为 CP-343-ctr 设备且将操作模式勾选为“PROFINET IO controller”，profinet1、profinet2 设置成名为 CP-343-1-1、CP-343-1-2 设备且将操作模式勾选为“Enable PROFINET IO device operation”，分别配置 2B 输入/输出交互接口，如图 7-57～图 7-59 所示，配置完毕后单击按钮保存并编译。

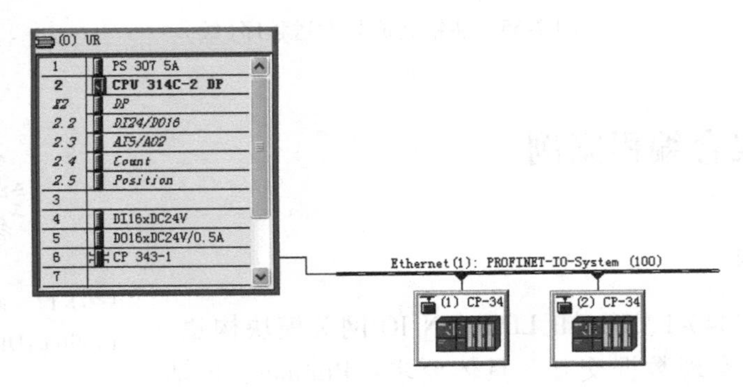

图 7-57　Profinet-IO-System 组态

(1)　CP-343-1-1

S...	Module	Order Number	I Address	Q address	Dia...	Comment
0	CP-343-1-1	6GK7 343-1EX30-0XE0			1023*	
1	1 byte DI		0			
2	1 byte DI		1			
3	1 byte DO			0		
4	1 byte DO			1		
5						
6						

图 7-58　组态 profinet1 通信窗口

(2)　CP-343-1-2

S...	Module	Order Number	I Add...	Q address	Dia...	C...
0	CP-343-1-2	6GK7 343-1EX30-0XE0			1022*	
1	1 byte DI		2			
2	1 byte DI		3			
3	1 byte DO			2		
4	1 byte DO			3		
5						

图 7-59　组态 profinet2 通信窗口

（2）PROFIBUS-DP 配置

分别选择 slave1、slave2 并双击相应站点的 Hardware，如图 7-60 所示分别完成 slave1、slave2 的硬件配置，并将 slave1、slave2 站 CPU314C-2DP 模块集成的 DP Operating Mod 设置为 DP slave，DP 站地址分别设置为 3、4，且接入后续由 IE/PB LINK IO 模块建立的 PROFIBUS(1)网络。

(0) UR

S...	Module	Order number	Firmware	MPI...	I add...	Q address	Comment
1	PS 307 5A	6ES7 307-1EA00-0AA0					
2	CPU 314C-2 DP	6ES7 314-6CF02-0AB0	V2.0	2			
X2	DP				1023*		
2.2	DI24/DO16				124...126	124...125	
2.3	AI5/AO2				752...761	752...755	
2.4	Count				768...783	768...783	
2.5	Position				784...799	784...799	

图 7-60　slave1、slave2 PLC 硬件配置

2. PROFIBUS-DP 网络组态

在图 7-57 所示的 PROFINET-IO-System 配置后的硬件组态界面中，选择“PROFINET IO”组件“Gateway”文件夹中“IE/PB LINK PN IO”项下的 6GK1 411-5AB00（固件版本 V2.0），并按下鼠标左键将其拖放至 PROFINET-IO-System，待指针出现“+”时松开鼠标左键，挂接完成后，新建 PROFIBUS-DP master system，将 IE/PB LINK PN IO 的 DP 站地址设置为 2。

双击 IE/PB LINK PN IO 模块，弹出如图 7-61 所示的属性界面，设置 IE/PB LINK PN IO 模块的设备名、设备号（默认为最高设备号 32）以及 IP 地址。本例中分别为“IEXPBXLink”“32”及“192. 168. 0. 14”。组态完毕如图 7-62 所示。

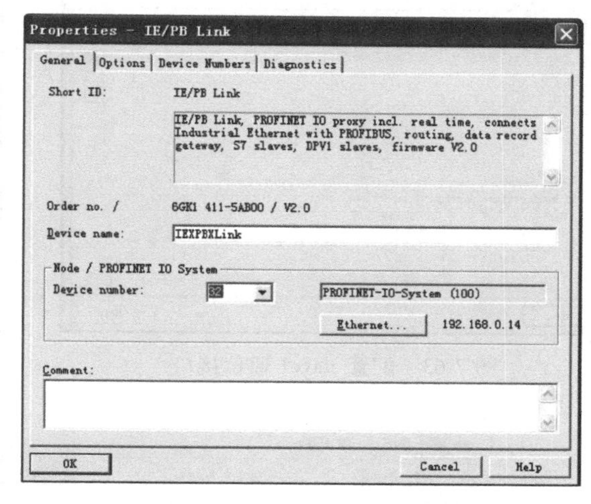

图 7-61　IE/PB Link 属性界面

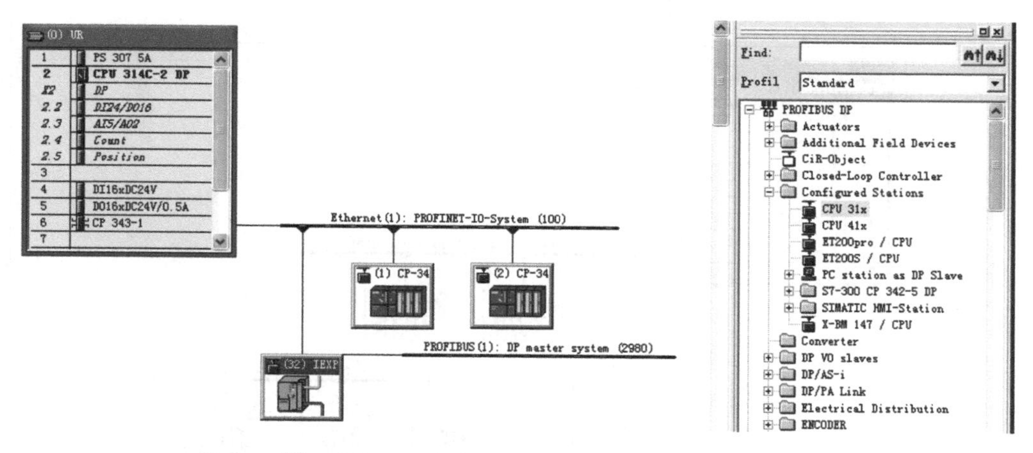

图 7-62　PROFINET-IO-System 组态完毕拓扑

3. 组态 DP 通信接口

在图 7-62 中分别选择“PROFIBUS-DP”组件“Configured Stations”文件夹中的“CPU31x”，并按下鼠标左键将其拖放至 DP Master system，待指针出现“+”时松开鼠标左键，在弹出的 DP slave 属性界面中选择 slave1 从站，并单击“Connect”按钮，建立 IE/PB LINK 与 slave1 的

主从关系，配置通信交互接口，如图 7-63 所示。同理，建立 IE/PB LINK 与 slave2 的主从关系，配置通信交互接口，其地址必须紧邻 PROFINET IO 交互接口地址，如图 7-64 所示。在此基础上，选择“PROFIBUS-DP”组件“ET200M”文件夹中的“IM153”（订货号：6ES7 153-1AA00-0XB0），并按下鼠标左键将其拖放至 DP Master system，待指针出现“+”时松开鼠标左键，设置其 DP 地址为 5，配置通信交互接口如图 7-65 所示。配置完成的网络拓扑、PROFINET IO 拓扑如图 7-66 所示。

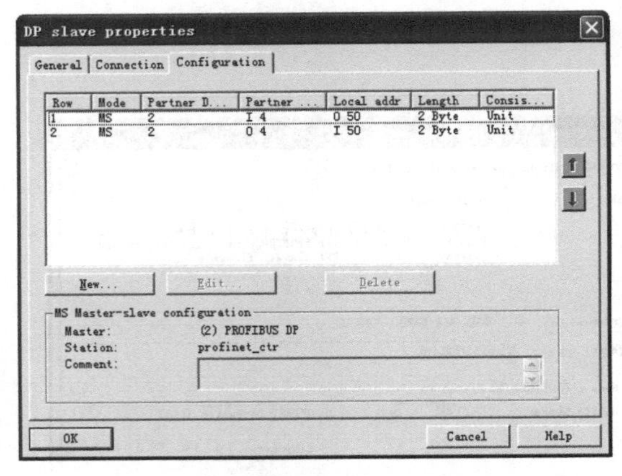

图 7-63 配置 slave1 通信接口

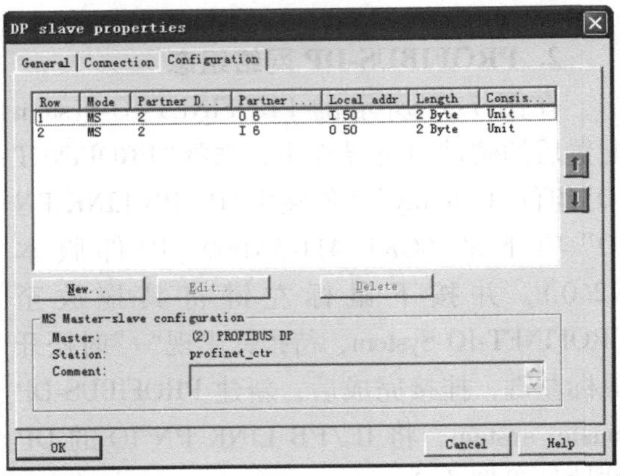

图 7-64 配置 slave2 通信接口

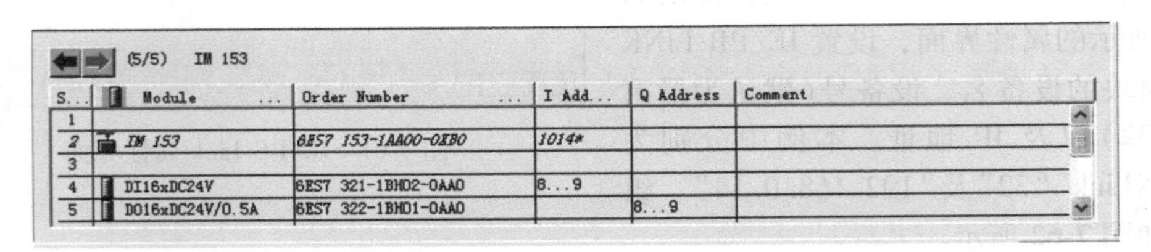

图 7-65 IM153 模块通信接口

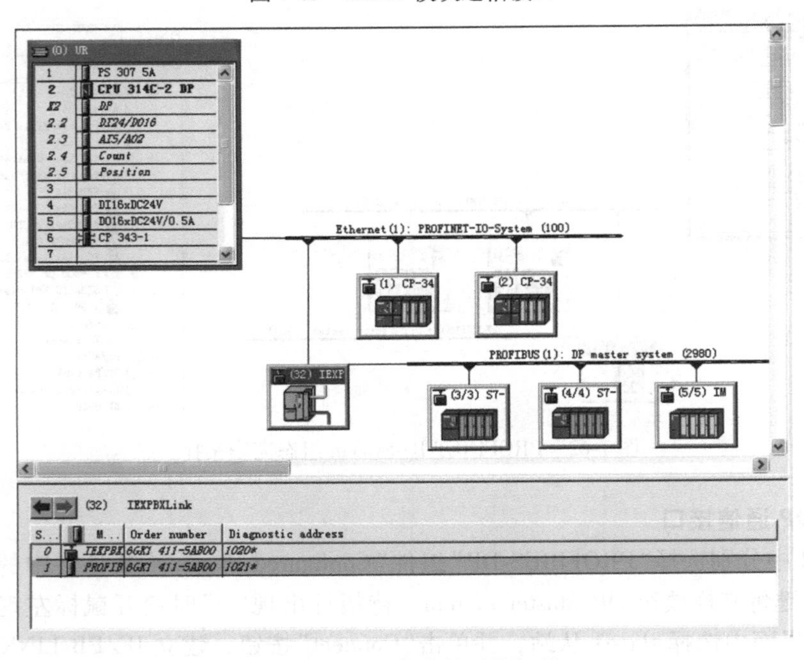

图 7-66 配置完成的网络拓扑

4. 设置 IE/PB LINK PN IO 读/写周期

双击图 7-66 中 PROFINET-IO-System，弹出如图 7-67 所示的属性界面，选择“Update Time”选项卡，设置 IE/PB LINK PN IO 模块、PROFIBUS-DP 从站的 IO 刷新时间，此时间决定了 IO 控制器发送数据到所有 IO 设备和 IO 设备发送最新数据到 IO 控制器的循环周期，可根据项目实际需要进行设置，本例设置为 128ms、1ms，如图 7-67 所示。

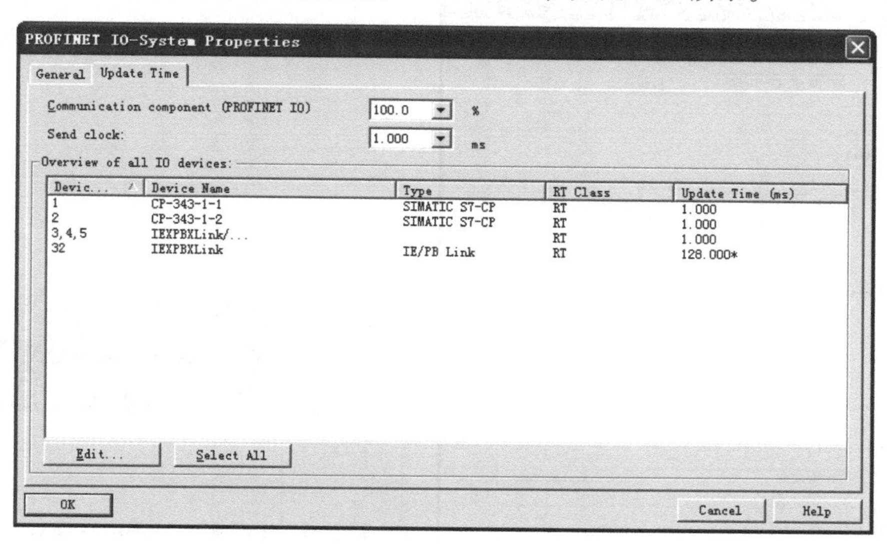

图 7-67　设置 IE/PB LINK PN IO 以及 DP 从站读/写周期

5. IP 地址写入 IE/PB LINK PN IO 模块

单击“Step7 Manage Options”菜单项下的“Set PG/PC Interface”，弹出如图 7-68 所示的编程接口设置界面，将 S7ONLINE(STEP7)应用程序访问点选择为 TCP/IP，以便 STEP 硬件组态软件能通过以太网访问 IE/PB LINK PN IO 模块，为 IE/PB LINK PN IO 分配 IP 地址以及设备名。

在 STEP7 硬件组态中，单击菜单项 PLC 下的 Ethernet 子项“Edit Ethernet Node”，在弹出的界面中单击“Browse”按钮，搜索 Ethernet 网中的节点，如图 7-69 所示。选择“IE/PB Link”设备并确定，其 MAC 地址即出现于图 7-70 中，联机配置其相应的 IP 地址、子网掩码、设

图 7-68　设置编程接口

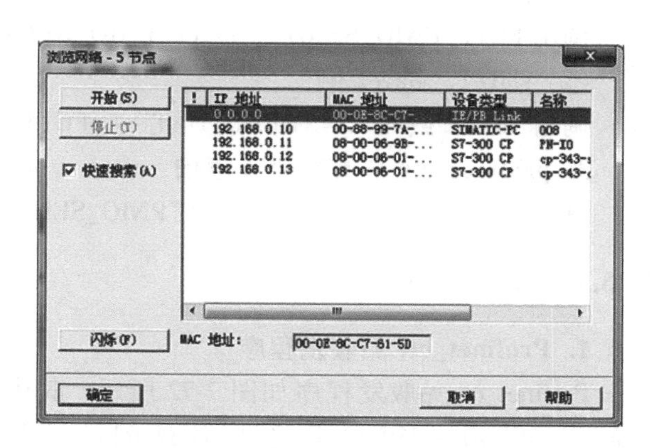

图 7-69　网络节点搜索界面

备名，其 IP 地址、子网掩码、设备名必须与硬件组态时完全一致，否则将造成通信故障。单击“分配 IP 组态”“分配名称”按钮，将其写入 IE/PB LINK PN IO 模块，成功写入后将弹出成功分配 IP 地址的对话框，或通过单击菜单项 PLC 下的 Ethernet 子项“Verify Device Name”来验证是否分配成功。网络节点再次搜索结果如图 7-71 所示。

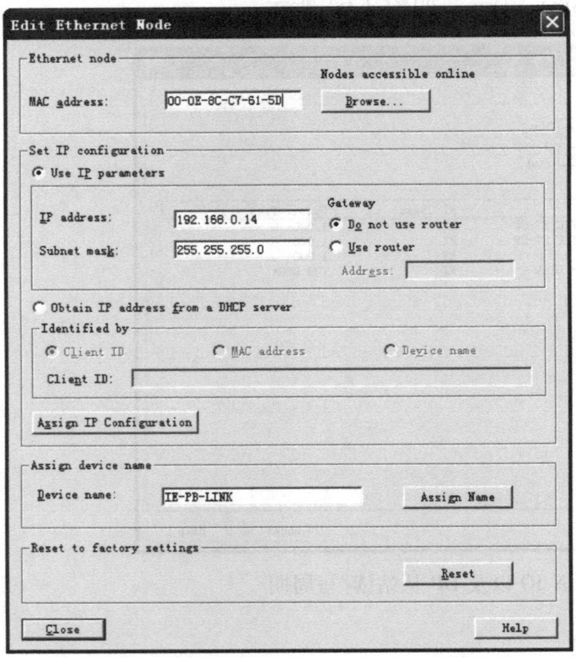

图 7-70　配置 IE/PB LINK PN IO 组态参数

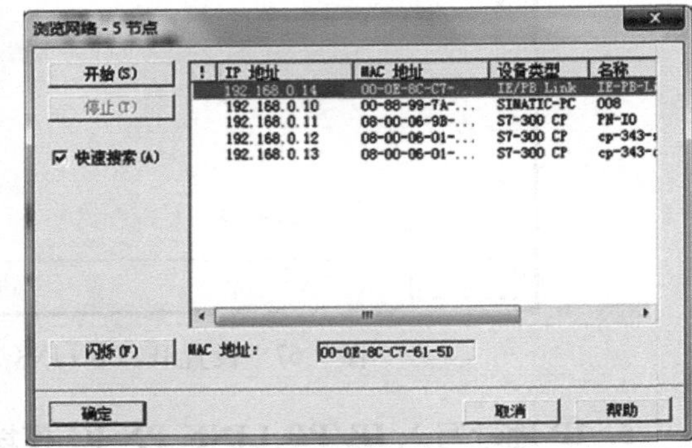

图 7-71　配置成功界面

7.6.3　指令说明

1. profinet_ctr 与 profinet1、profinet2 通信

通信双方调用 FC11“PNIO_SEND”、FC12“PNIO_RECV”指令进行数据传递。

2. profinet_ctr 与 slave1、slave2 通信

（1）profinet_ctr 侧

调用 FC11“PNIO_SEND”、FC12“PNIO_RECV”指令进行数据传递。

（2）slave1、slave2 侧

调用 MOVE 或 SFC14“DPRD_DAT”、SFC15“DPWR_DAT”指令进行数据传递。

3. profinet_ctr 与 ET200M 通信

直接由 profinet_ctr 站调用 FC11“PNIO_SEND”、FC12“PNIO_RECV”指令进行数据传递。

7.6.4　软件组态

1. Profinet_ctr 站收发程序

Profinet_ctr 站收发程序如图 7-72 所示。其中，配置长度为 10B 的数据缓冲区 MW20 ~ MW28、MW40 ~ MW48 用于与各站间的数据交互，见表 7-25。配置长度为 2B 的 MW30、MW50 用于存储与收发指令相应的 IOPS、IOCS。

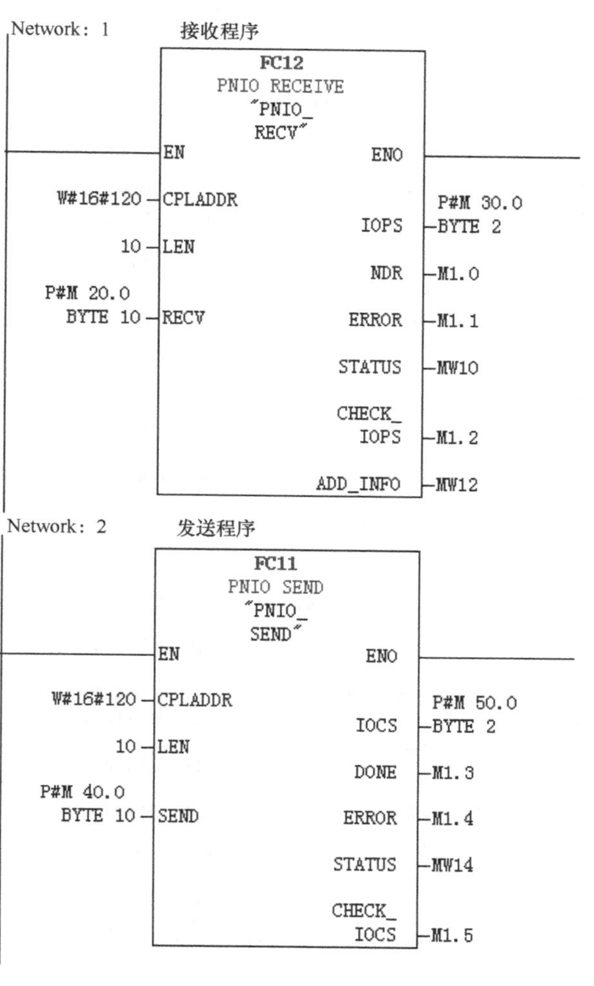

图 7-72 Profinet_ctr 站收发程序

表 7-25 IO 控制器收发数据缓冲区定义

站名	输入	字节	接收定位	输出	字节	发送定位
Profinet1	2DI	0~1	MW20	2DO	0~1	MW40
Profinet2	2DI	2~3	MW22	2DO	2~3	MW42
Slave1	2DI	4~5	MW24	2DO	4~5	MW44
Slave2	2DI	6~7	MW26	2DO	6~7	MW46
ET200M	2DI	8~9	MW28	2DO	8~9	MW48

2. Profinet1、2 站收发程序

Profinet1、2 站收发程序如图 7-73 所示。其中，配置长度为 2B 的数据存储字 MW20、MW40 用于存储接收和发送数据，以及长度为 1B 的 MB22、MB42 用于存储与收发指令相应的 IOPS、IOCS。

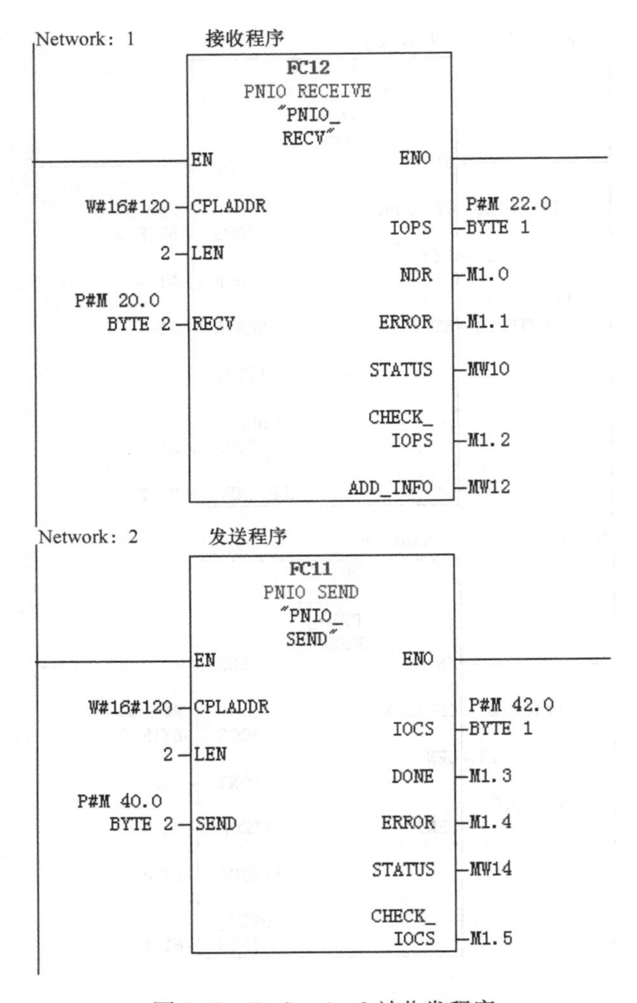

图 7-73　Profinet1、2 站收发程序

3. Slave1、2 站收发程序

Slave1、2 站收发程序如图 7-74 所示。其中，配置长度为 2B 的数据存储字 MW20、MW22 用于存储接收和发送数据。

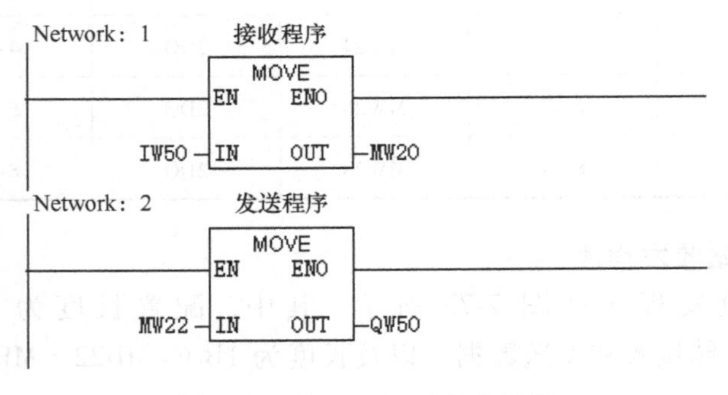

图 7-74　Slave1、2 站收发程序

习　　题

7-1　PROFINET IO 和 PROFIBUS-DP 的主要区别体现在哪些方面?

7-2　PROFINET IO 的主要设备类型有哪些?

7-3　如何使用 IE/PB 实现 PROFINET IO 与 PROFIBUS-DP 的协议转换?

7-4　如何基于 CP343-1 模块实现与 ET200M、ET200S 的 PROFINET IO 通信?

7-5　PROFINET-IO-System 主机如何访问由 ET200M 构建的远程 IO 站的 I/O 数据?

7-6　第 7.6 节混合系统案例中，IE/PB LINK PN IO 模块扮演什么角色? 起什么作用?

7-7　CPU314-2DP 通过 CP343-1 ADVANCED 模块作为 IO 控制器，与 2 个内置 PN 接口的 ET200S 构建 PROFINET IO 通信系统。同时 CPU319-3PN/DP 作为 IO 控制器，安装于 CPU314-2DP 的 CP343-1 ADVANCED 模块作为 IO 设备，两者实现 PN IO 通信。各站间实现 2B 的数据交互，试组态网络以及设计相应的程序。

第8章 AS-I总线

教学目的：

本章主要阐述AS-I概念、技术指标与特点、系统组成、拓扑结构等知识点，并以传输线控制为例，基于DP/AS-I LINK模块介绍AS-I总线的配置以及网络组态方法、从站数据的访问方式以及通信程序的实现，循序渐进，使学生掌握基于DP/AS-I LINK模块的AS-I总线的网络组态方法、软硬件的实现以及SFC58/SFC59功能指令的应用，培养学生的工程、安全意识以及团队协作的工作作风，精益、创新的“工匠精神”以及运用DP/AS-I LINK解决工业现场实际问题的能力。

8.1 概述

8.1.1 AS-I基础

AS-I(actuator sensor interface)是执行器/传感器接口的英文缩写，是一种用来在控制器(主站)和执行器/传感器(从站)之间进行双向信息交换的总线网络。它是由11个德国公司联合资助和规划开发的，并得到了德国科技工业部的支持。AS-I总线技术由德国公司研制成功后，在欧洲得到了广泛推广和应用，并于2000年6月被IEC正式制定为国际标准，编号为IEC 62026-1，成为12种国际标准的现场总线之一。SC17B中国国家委员会挂靠单位——上海电器科学研究所已制定出中国国家标准草案“低压开关设备和控制设备控制器——设备接口(CDI)”，其中第2部分为“执行器传感器接口”，已由国家技术监督局作为国家标准(GB/T 18858.2—2012)正式推出。

AS-I被公认为是一种简单且成本低的底层现场总线，它通过高柔性和高可靠性的单电缆将现场具有通信能力的传感器(如温度、压力、流量、液位、位置接近开关)和执行器方便地连接起来，组成AS-I网络。它取代了传统自控系统中烦琐的底层接线，实现了形成设备信号的数字化和故障诊断的现场化、智能化，大大提高了整个系统的可靠性，节约了系统安装、调试成本。它可通过连接单元即主站中的网关连接到各种现场总线或通信系统中，如PROFIBUS、CAN、Interbus、FF、FIP、LON、RS485和RS232等，如图8-1所示。

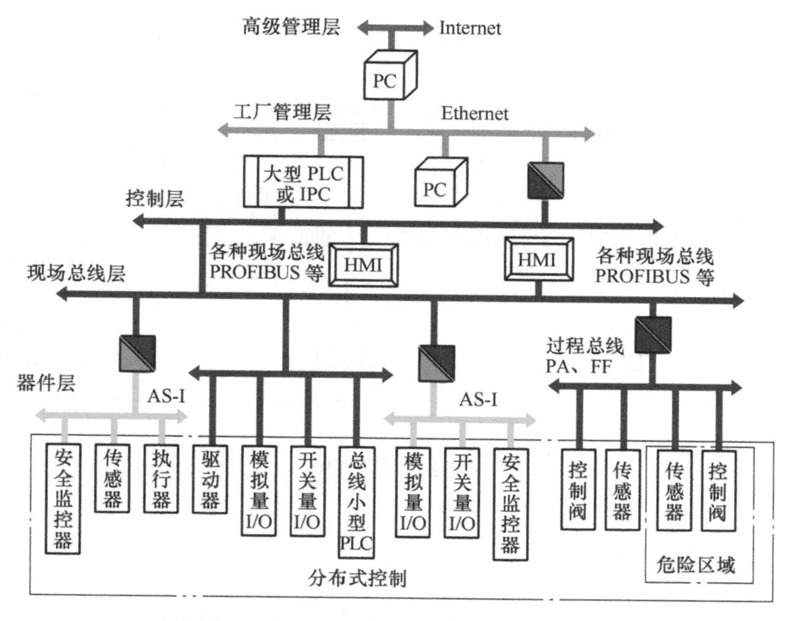

图 8-1　AS-I 在工业自动化网络中的位置

8.1.2　AS-I 主要技术指标与特点

AS-I 主要技术指标与特点如下：

1）AS-I 数据帧格式和长度是固定的，在一个周期内，每个从站与主站的数据交换长度为 4 个数字量输入和 4 个数字量输出。

2）AS-I 网络中只有 1 个主站，标准 AS-I 系统（2.0 版）可挂载 31 个从站，总线最多可有 124 个数字量输入和 124 个数字量输出；扩展 AS-I 系统（2.1 版）可挂载 62 个从站（分为 A/B 从站），最多可有 248 个数字量输入和 186 个数字量输出；扩展 AS-I 系统（3.0 版）可挂载 62 个从站（分为 A/B 从站），最多可有 496 个数字量输入和 496 个数字量输出。

3）网络连接电缆为双芯、非屏蔽、1.5mm^2 的黄色异形电缆或圆形电缆。

4）标准网络长度为 100m，可使用中继器来延伸网络电缆的距离，每个中继器可扩展 100m 网段，但最多只能使用 2 个中继器，如图 8-2 所示。使用中继器并不增加最大允许连接的从站数量，亦即每个网段最多连接 31 个从站。

5）信号传送和从站设备的供电（DC 30V）使用同一根电缆，所有从站所能得到的最大供电容量为 8A。

6）传输速率达 167kbit/s。

7）标准 AS-I 系统最大的循环周期为 5ms；扩展 AS-I 系统（2.1 版）为 5ms（31 从站）/10ms（62 从站）；扩展 AS-I 系统（3.0 版）为 20ms（4DI/4DO）/40ms（8DI/8DO）。

8）采用标准的电子机械式接口，使用快速的隔离刺入技术进行总线连接。

9）低功耗的专用集成电路（application specific integrated circuit，ASIC）可以安置到主站或从站中，也可以集成到传感器、执行器和远程 I/O 模块中。

10）AS-I 网络采用总线型、星形、树形拓扑结构，且不需要屏蔽和终端电阻，即使在恶劣的环境中也能保证通信的可靠性。

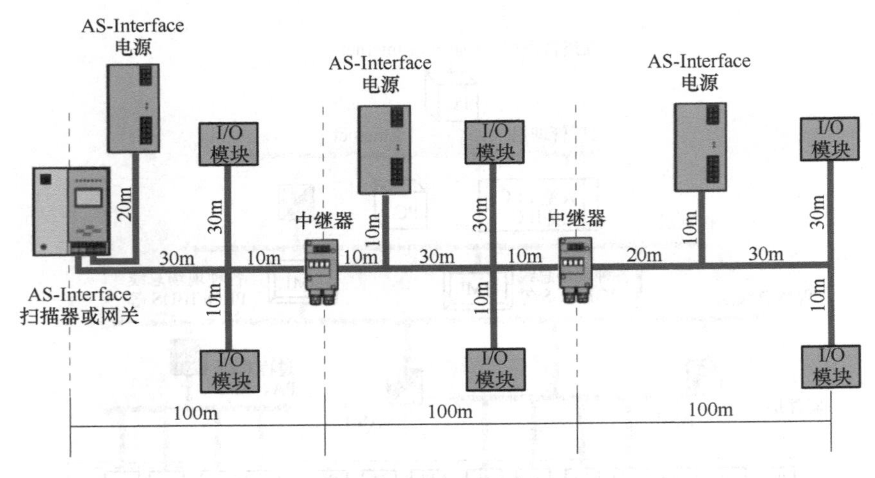

图 8-2　网络长度

8.1.3　AS-I 的应用领域

自 1994 年 AS-I 问世以来，过程控制信号就可以二进制的形式连接到控制系统。AS-I 是高层控制系统与简单的数字化传感器和执行器之间的通信接口。

AS-I 总线可应用于大型制造业的各种自动生产和装配线上，如自动汽车装配线、自动轧钢生产线等，此类生产线均装有成百上千只传感器和执行机构，由 AS-I 总线连接，在计算机统一管理下进行连续的加工和生产。比如沈阳金杯汽车制造厂，总装车间的悬挂运输线就采用德国 P+F 公司的 AS-I 总线系统进行监控。AS-I 总线在立体仓库和机场行李以及邮件分拣运输系统中也有大量的应用，比如上海浦东机场的旅客行李分拣和运输系统就采用了德国 Siemens 公司的 AS-I 系统。AS-I 总线也可应用于过程自动化系统中，它一般处于现场总线三层网络的底层，中层为 PROFIBUS-DP 或 PA，上层为以太网，如图 8-1 所示，由 AS-I 总线完成信息的采集和控制动作的执行，它是整个过程自动化监控系统的基础。

此外，AS-I 技术还可应用于楼宇自动化中，实现家用电器控制、防盗、防灾等。除了自动化领域外，在低压电气领域 AS-I 总线也得到了广泛的应用。目前国外先进生产厂商的低压电器产品，如继电器接触器、各种开关、指示灯和报警器均带有 AS-I 总线标准接口，通过 AS-I 总线方式将此类低压电器连接起来，即可实现各种显示、报警和操作功能。

8.2　AS-I 系统组成

AS-I 是一种用来在控制器(主站)和传感器/执行器(从站)之间进行双向信息交换的总线网络。它由主站、从站、传输系统组成，而传输系统由两芯电缆、AS-I 电源及数据解耦电路组成，如图 8-3 所示。

8.2.1　主站

AS-I 是单主站系统，它由自身的 ASIC 和 CPU 在精确的时间间隔内自动地完成和从站的通信任务，并提供系统管理、数据交换、设置参数和所需要的诊断信息等一系列的简单功能。

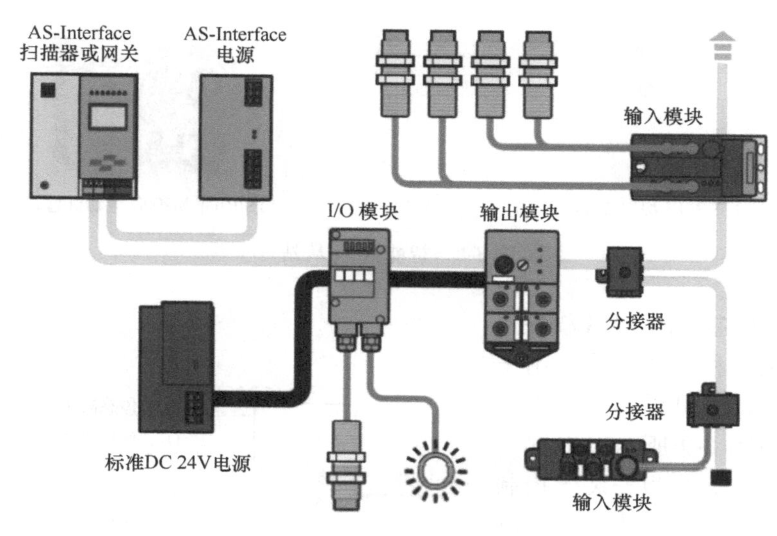

图 8-3 系统组成

主站可以是 PLCs（CP342-2、CP343-2）、PCs（CP2413）或各种网关（如 DP/AS-I LINK Advanced、IE/AS-I LINK PN IO），如图 8-4～图 8-6 所示，其中网关最为常用，它可将 AS-I 连接到更高层的网络中（如 PROFIBUS、CAN、DeviceNet、Modbus），并由其他总线控制 AS-I 系统，此时，网关既是 AS-I 的主站，又是高层总线的从站。

图 8-4 CP343-2

图 8-5 DP/AS-I LINK Advanced

图 8-6 IE/AS-I LINK PN IO

8.2.2 从站

AS-I 从站的作用是连接现场的 I/O，并由自身的 ASIC 完成和主站的通信任务，同时 ASIC 中的 EEPROM 可以存储从站地址和 ID 等信息。每个标准 AS-I 从站模块最多可连接 4 个数字化的传感器/执行器。AS-I 从站可以是数字量、模拟量或气动模块，也可以是智能节点。

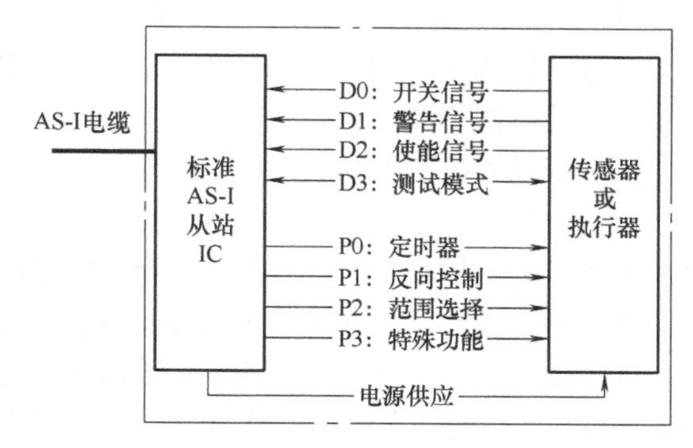

图 8-7 智能 AS-I 从站结构

1. 智能从站

智能从站即集成了 ASIC 芯片的传感器或执行器，如图 8-7 所示。它们可以直接接入 AS-I 总线，自身具有诊断等功能，如按钮、指示灯、信号灯柱、传感器、电动机起动器，如图 8-8 所示。

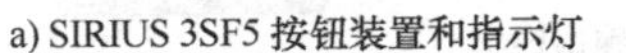

a) SIRIUS 3SF5 按钮装置和指示灯　b) 信号灯柱　c) SIRIUS M200D 电动机起动器

图 8-8　智能 AS-I 从站

2. 集成 ASIC 芯片的 AS-I 模块

此模块提供远程 I/O 功能，用于连接现场的输入/输出设备（未集成 ASIC 芯片），如图 8-9 所示。根据不同的应用场合，它又分为安装于控制柜中具有 IP20 防护等级和安装于现场具有 IP65/IP67 防护等级的 AS-I 模块（I/O 模块），如图 8-10 所示。

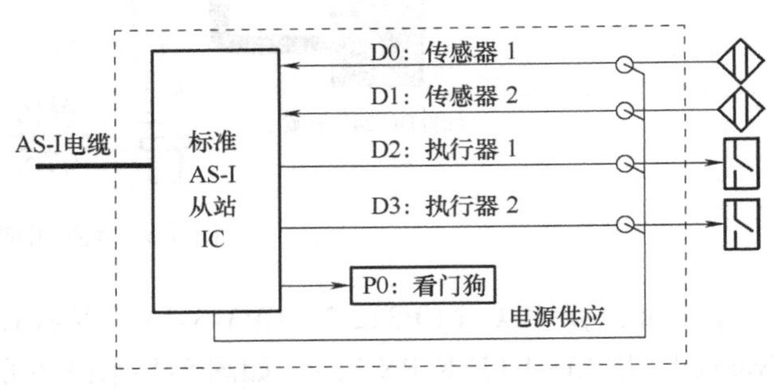

图 8-9　集成 ASIC 芯片的 AS-I 模块结构

（1）控制柜型 I/O 模块

安装在控制柜中的 AS-I 的 I/O 模块有多个系列，如线条型模块（S22.5、S45、F90）和负荷馈电型模块。此类模块可以直接安装在标准导轨上或用螺钉固定在控制柜的背板上，可以通过接线端子直接连接到接口电缆上，用手持单元编址器通过集成的编址插孔可以为已安装好的设备分配地址。

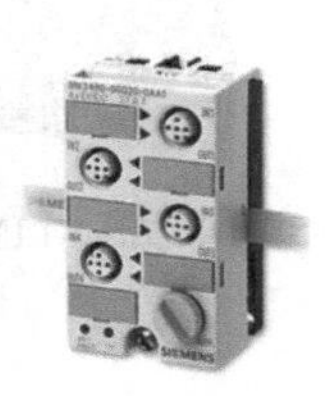
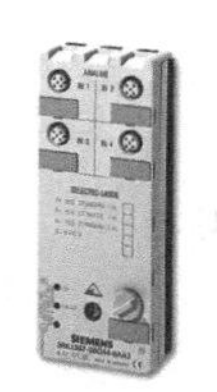

a) S22.5、S45 模块　b) F90 模块　c) 紧凑数字模块 K45　d) 紧凑模拟模块 K60

图 8-10　AS-I I/O 模块

目前 AS-I 负荷馈电模块有直接起动器、可逆起动器、双直接起动器以及用于极性切换的组合起动器四种类型，断路器和接触器的反馈信号都可通过输入模块读出，输出模块用于直接控制接触器线圈。

（2）现场安装型 I/O 模块

此模块用于直接安装在恶劣的工业现场。结构紧凑型模块包括数字、模拟、气动和 24V 直流电动机起动器模块。模块具有 K45 和 K60 两种尺寸规格，如图 8-10 所示。它可以通过手持单元编址器和集成在模块上的编址插孔对已经安装的模块编址。

如果用一个可选的保护罩将编址插孔密封起来，其保护等级将达到 IP67。LED 显示装置可以进行即时诊断，在模拟量模块中，每个模拟量模块有两个通道，分成电流型传感器输入模块、电压型传感器输入模块、热电阻型传感器输入模块、电流型执行器输出模块和电压型执行器输出模块五种类型。所有模块都可以通过 SIMATIC S7 系列的可编程控制器预置参数。

8.2.3 电缆

AS-I 总线推荐使用的网络连接电缆为双芯、非屏蔽、1.5mm² 的专用扁平电缆，有黄色和黑色两种，防护等级为 IP67。黄色扁平电缆作为 AS-I 通信的传输电缆可以向传感器同时传送数据和提供辅助电源(DC 30V)。由于执行器必须另加辅助电源供电(如 DC 24V 辅助电压)，则可由黑色扁平电缆为执行器提供 DC 24V 辅助电源。

如图 8-11 所示为 AS-I 规范电缆所用的绝缘穿刺技术。绝缘穿刺技术使规范电缆可以在任何一个位置上安全容易地连接至从站接口装置上。其工作原理是：触点插针会穿透电缆的绝缘层并与铜导线紧紧地接触。如果移走从站，抽出插针时，电缆的自愈特性可以保证完全绝缘。由于电缆的特殊几何形状能有效避免反极性接线，而且不必考虑屏蔽的问题。

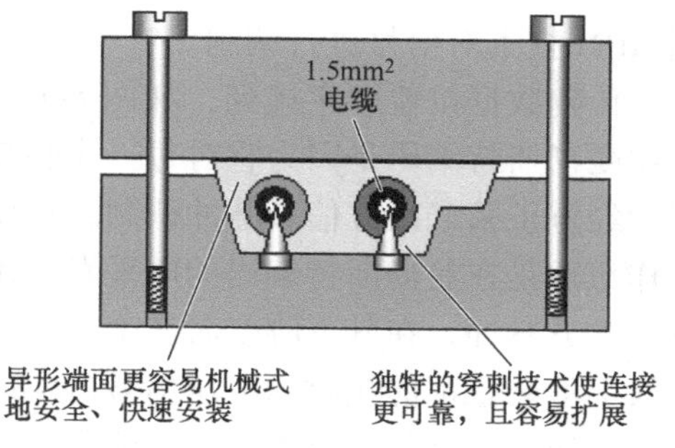

图 8-11 电缆绝缘穿刺技术

8.2.4 电源模块

AS-I 系统的数据通信和从站供电使用同一根电缆，电源规格为直流 29.5~31.6V。因此，AS-I 系统必须配备独立的能同时满足数据解耦和主从站供电的电源，且符合国际电工委员会对安全隔离低电压的技术要求，以及可靠的短路过载保护。一般来说，每个从站消耗 100mA 左右的电流，通过 AS-I 电缆所能提供的最大电流为 8A，若从站所驱动的执行机构功率较大，则需外接辅助电源或采用内置电源的中继器。

8.2.5 数据解耦电路

由于 AS-I 电源模块集成有数据解耦电路，可以通过一根电缆同时传送数据和电源。AS-I 电源和数据解耦电路如图 8-12 所示。

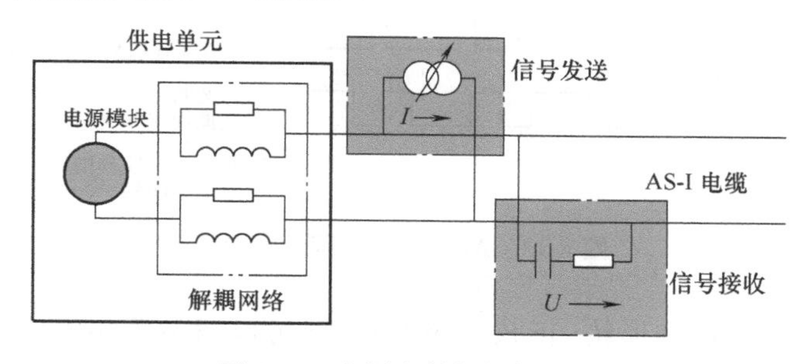

图 8-12 电源和数据解耦电路

图 8-12 中，平衡的直流电源提供给 AS-I 电缆，数据解耦电路由并联的电感(50μH)和电阻(39Ω)组成，通过电感，可将传输信号的电流脉冲转变为电压脉冲，同时电感还具有防止数据传输频率信号经过电源而造成短路的作用。由发送装置对数据进行 MBP 编码，传输装置则通过交替相位调制(alternating phase modulating，APM)快速地对电流信号进行调制，而解耦装置则将变化的电流信号转化为电压信号供接收装置接收。

8.3 AS-I 通信原理

8.3.1 信号传输

AS-I 的信号传输和电源输送使用同一根电缆，它对信号的调制和传输有独特的要求。首先，信号必须叠加在电源上；其次，信号频率不能太高，因为高频时会使信号扩散；再次，就所使用的非屏蔽电缆而言，它仅能在低电磁兼容性(EMC)区域使用。因此，AS-I 使用 APM 技术对信号进行调制。

传输数据按位顺序排列，如图 8-13a 所示，首先它被转换成曼彻斯特编码(图 8-13b)，使用曼彻斯特编码是因为它对每一个传输位都能提供同步信号，而且整个序列的直流为 0。然后经过正弦二次方信号脉冲调制，传输信号将被平滑调制成电流信号(图 8-13c)，APM 的工作机理是在曼彻斯特编码的电平发生跳变时才产生脉冲，即在其上跳变时产生一个正的正弦二次方脉冲，在其下跳变时产生一个负正弦二次方脉冲。最后解耦装置将电流信号转化成总线上的装置都能接收的电压信号(图 8-13d)，当传输电流通过解耦装置中的电感元件时会产生电压突变，每一个增加的电流会产生一个负电压脉冲，每一个减少的电流会产生一个正电压脉冲。接收装置则使用相反的过程将接收到的电压信号转换成原始的数据。

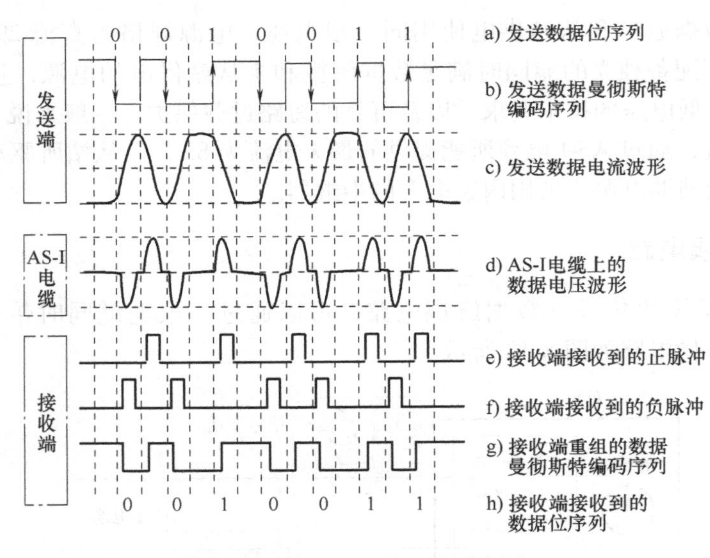

图 8-13 APM 工作过程示意图

将电流信号调制成平滑的形状(正弦二次方)，既可以满足低频的要求，又可以避免产生干扰或减少被干扰的可能，从而满足 AS-I 信号传输的要求。

8.3.2 AS-I 报文

在 AS-I 网络中，主站通过轮询的方式和从站之间进行数据通信，而通信中所有的数据交换都是通过报文的形式来实现的。每次主站向一个从站发出请求报文，报文中包含从站地址，接收到请求报文的从站在规定的时间内向主站发出响应报文，主站收到该响应报文后，再向下一个从站发出轮询请求，循环往复，直至所有从站轮询完毕。一般访问方式有两种：一种是带有令牌传递的多主机访问方式，另一种是CSMA/CD方式，它带有优先级选择和帧传输过程。

AS-I总线的总传输速率为167kbit/s，一个AS-I报文传送周期由主站请求、主站暂停、从站应答和从站暂停四个环节组成，若包括所有功能上必要的暂停，AS-I允许的网络传输速率为53.3kbit/s，同其他现场总线系统相比，有较高的传输效率。但在电磁干扰的环境下，应采取相应的措施，以保证数据传输的可靠性。

1. AS-I主站请求报文

AS-I主站的请求报文包括14位，见表8-1。

表8-1 AS-I主站请求报文格式

SB	CB	A4	A3	A2	A1	A0	D4	D3	D2	D1	D0	PB	EB
0	0	1	0	1	0	1	0	0	1	1	0	1	1

表8-1中各数据位的含义如下：

SB：起始位，总为0。

CB：控制位，用于区别报文的不同功能。该位为0时，表示该报文为数据、参数或地址报文；该位为1时，表示该报文为控制命令报文。

A0~A4：从站地址位。

D0~D4：信息或数据位。报文种类不同，它们所代表的含义也不同。

PB：奇偶校验位。

EB：结束位，总为1。

AS-I主站请求报文主要类型见表8-2，由表8-2可知，表8-1所示报文为数据交换请求报文，其从站地址为21，参数为6。

表8-2 AS-I主站请求报文主要类型

报文名称	SB	CB	5位地址					5位参数					PB	EB
数据交换	0	0	A4	A3	A2	A1	A0	0	D3	D2	D1	D0	PB	1
写参数	0	0	A4	A3	A2	A1	A0	1	D3	D2	D1	D0	PB	1
设置地址	0	0	0	0	0	0	0	A4	A3	A2	A1	A0	PB	1
复位	0	1	A4	A3	A2	A1	A0	1	1	1	0	0	PB	1
删除地址	0	1	A4	A3	A2	A1	A0	0	0	0	0	0	PB	1
读I/O组态	0	1	A4	A3	A2	A1	A0	1	0	0	0	0	PB	1
读ID码	0	1	A4	A3	A2	A1	A0	1	0	0	0	1	PB	1
写扩展ID码1	0	1	0	0	0	0	0	0	ID3	ID2	ID1	ID0	PB	1
读扩展ID码1	0	1	A4	A3	A2	A1	A0	1	0	0	1	0	PB	1
读扩展ID码2	0	1	A4	A3	A2	A1	A0	1	0	0	1	1	PB	1
读状态	0	1	A4	A3	A2	A1	A0	1	1	1	1	0	PB	1
广播(复位)	0	1	1	1	1	1	1	1	0	1	0	1	PB	1

(1) 数据交换报文

此报文是最主要和使用最多的报文。数据口有多种用途，既可用作输出，也可用作输入或兼具两者。就从站而言，它的数据口是由 I/O 组态决定的。此报文不适用地址为 0 的从站。

(2) 参数设定报文

参数设定报文即写参数报文。使用此报文可以设置从站传感器或执行器的功能，如测量范围、激活定时器、测量方式等。此报文不适用地址为 0 的从站。

(3) 设置地址报文

此报文仅适用地址为 0 的从站，为其设置一个新的永久地址，从站接收请求后将以 06H 应答，并将地址存储于从站的 EEPROM 中。此时，主站才恢复和该从站的数据交换。此方式允许主站为替代丢失或损坏的从站设置原有地址。

(4) 复位 AS-I 从站报文

此报文可以使从站恢复初始状态。从站接收该报文后，将以 06H 应答。

(5) 删除地址报文

此报文一般与设置地址报文一起使用。要变更一个从站的地址，必须先发送删除地址报文，清除其原地址，使其为“0”，而后使用设置地址报文将其变更为新地址。

(6) 读 I/O 组态报文

使用此报文，主站可以获得从站数据口的信息，即该数据口是输入，还是输出，或者是输入/输出。此报文与读 ID 码报文一起使用，以便获得确定的从站信息。

(7) 读 ID 码报文

ID 码是 AS-I 从站身份的另一半组成部分，用于说明从站的性质，比如“Ah”指的是具有扩展地址的从站，“Bh”指的是关于安全工作方面的从站。此报文与读 I/O 组态报文一起使用，以便获得确定的从站信息。

(8) 读、写 ID 码 1 报文

此为 AS-I 新版增加的 2 个报文，对于标准从站 ID 码 1 为 4 位，扩展地址的从站为 3 位。此报文用于定义一些具有相同性质而在使用上又略有不同的从站，以方便操作和更换。如一组电动机起动器，其性质相同，但其过载能力可以不同，则可以定义 ID 码 1 予以区分。

(9) 读 ID 码 2 报文

此为 AS-I 新版增加的报文，它用于获得具有扩展地址的从站的更详细的信息。对于具有扩展地址的从站，I/O 组态、ID 码和 ID 码 2 一起才能确定该从站完整的性质描述。

(10) 读状态报文

此报文可以读取相应从站状态寄存器的内容。从站的状态寄存器有 4 个标志位，其含义如下：

① S0：地址易失标志。当永久保存从站地址的内部路径出现问题时，置位此标志。

② S1：外围错误标志。当从站检测到其外围存在问题时，置位此标志。

③ S2：保留。

④ S3：读存储单元错误标志。当读取某些存储单元内容发生错误时，置位此标志。

(11) 广播报文

此为 AS-I 新版增加的报文，它对所有从站有效，且无须应答，目前仅对全局从站的复位报文作了定义。

2. AS-I 从站响应报文

从站的响应报文由 7 位组成，见表 8-3。

表 8-3　AS-I 从站响应报文格式

SB	D3	D2	D1	D0	PB	EB
0	0	1	0	1	1	1

表 8-3 中各数据位的含义与主站请求报文基本相同，其中数据位根据请求报文种类的不同而不同，它既可以是从站的输入状态、ID 号和 I/O 码，也可以是从站的状态。

8.3.3　AS-I 通信协议

AS-I 通信协议将主机的通信过程分为传输物理层、传输控制层、执行控制层、主机接口层四层结构，它分别与 OSI 参考模型中的物理层、数据链路层、网络层和应用层相对应。

1. 传输物理层

传输物理层描述的是主机与电缆的电气连接特性，其作用是监控收发脉冲的状况和保护电缆上的传输信号不受各种干扰的影响。传输物理层由发送器、比较电路和接收器三个基本功能模块组成，如图 8-14 所示。

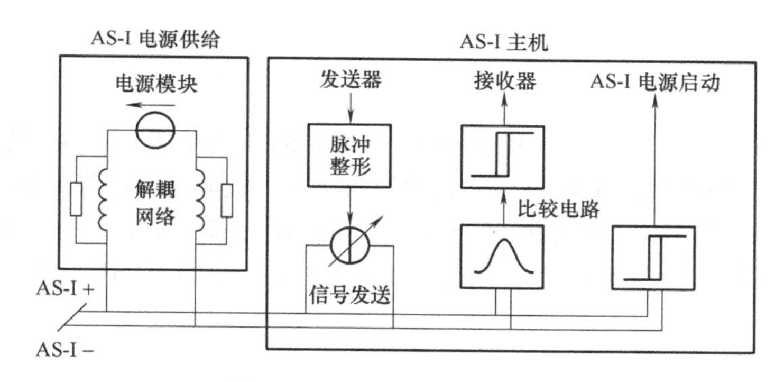

图 8-14　AS-I 传输物理层模块

2. 传输控制层

传输控制层负责主机与从机交换报文的管理工作，通过接收指令完成数据交换，同时完成来自执行控制层大量原始数据的传输。主站请求的报文结构见表 8-2。传输控制层的工作过程如图 8-15 所示。

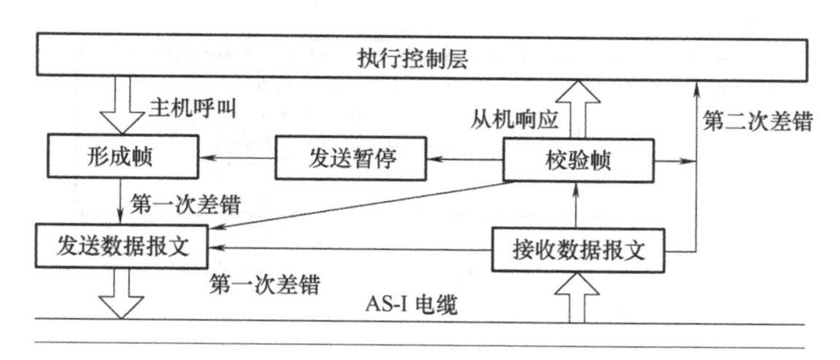

图 8-15　AS-I 传输控制层的工作过程

在传输控制层中，主站呼叫信号首先进行曼彻斯特编码，并加入起始位、校验位和停止位形成帧，然后发送至传输物理层(AS-I 电缆)。从站在接收到主站的呼叫信号后，向主站发送从站应答信号。主站接收从站应答后，将对其进行解码。如果在接收数据报文和校验时发现错误(第一次错误)，则主站将重复发送数据报文。如果主站接收到的数据报文仍存在错误(第二次错误)，则该错误将被直接提交给执行控制层，并由其对错误进行处理。

3. 执行控制层

执行控制层位于传输控制层之上，执行相应的指令以实现其他层与该层间的数据交换，并由其控制 AS-I 报文序列。此外，它还完成通过主机接口层传来的操作指令。如果 AS-I 从站发生故障必须更换时，执行控制层将自动设定传感器/执行器的操作地址，以替换发生故障的从站。执行控制层中还有许多系统数据域和列表，用于支持系统的运行。

4. 主机接口层

主机接口层是用户和执行控制层之间命令传输的接口。

8.4 AS-I 主站模块 CP343-2P

8.4.1 概述

1. 适用范围

CP343-2P 是 S7-300 以及 ET200M 分布式 I/O 设备的 AS-I 主站模块(符合 EN50295 和 IEC 62026-2 标准的 AS-I 规范 3.0)，可将该模块直接卡入机架，通过背板总线和 CPU 相连。用 AS-I 扁平电缆将 CP343-2P 主站和各 AS-I 从站串联在一起，如果从站为执行器，则需接入 24V 附加辅助电源，如图 8-16 所示。它支持标准从站、A/B 从站以及符合 7.3/7.4 规范的模拟量从站。

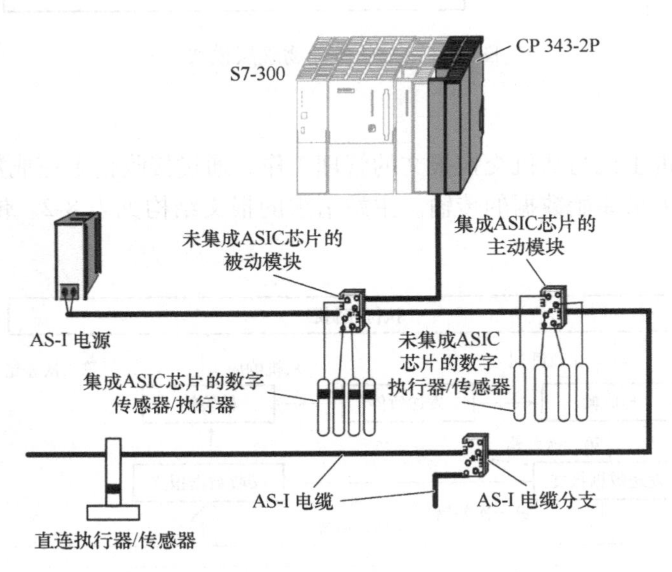

图 8-16 CP343-2P 用于 S7-300 系统

2. 技术指标

CP343-2P 模块技术指标见表 8-4。

表 8-4　CP343-2P 模块技术指标

特性	功能说明
总线周期	31 个从站 5ms；62 个从站（支持 B 从站）10ms
设置	使用前面板的 SET 按钮或 STEP7 或 FC“ASI-343-2”功能块
支持的 AS-I 主站协议	M4
AS-I 电缆的连接	通过 S7-300 的前连接器（20-pin）的 17（或 19）与 AS-I（+）电缆相连，18（或 20）与 AS-I（-）电缆相连。能提供的最大电流负载为 4A
地址区域	在 S7-300 中连续的 16 个输入（I）字节和 16 个输出（Q）字节模拟量数据区
消耗背板总线的电流	最大 200 mA
背板总线电压	DC 5V
消耗 AS-I 电缆的电流	最大 100mA
AS-I 电缆提供的电压	DC 29.5~31.6 V

3. CP343-2P 面板指示灯

在 CPU 处于 STOP 的状态下，用编址器可设置各 AS-I 从站地址，范围为 1~31（如果支持 B 模式，还可设置 1B~31B 从站），且从站地址唯一，不能重叠。

通过黄色 AS-I 规范电缆将 CP343-2P 主站、AS-I 电源模块及已编址的从站组成 AS-I 系统，则可通过 CP343-2P 模块的前显示面板 LED 灯监控 AS-I 主站的状态以及从站的运行就绪状况。

1）CP343-2P 主站模块的前显示面板如图 8-17 所示，其指示灯的功能说明请参阅【天工讲堂配套资源】。

2）CP343-2P 模块可以检测 AS-I 电缆上各有效从站地址。如果 CP343-2P 处于配置模式，其 LED 指示灯将显示所有检测到的 AS-I 从站地址，如图 8-18 所示；如果处于保护模式，LED 指示灯将常亮显示所有激活的 AS-I 从站地址，闪烁显示有故障或尚未配置的从站地址。

天工讲堂配套资源

序号 18　CP343-2P 指示灯功能说明

8.4.2　CP343-2P 模块从站数据访问

1. CP343-2P 基址

在 S7 可编程控制器中为 AS-I 系统从站提供了连续的 16 个输入字节（IB）和 16 个输出字节（QB）的数据存储区，为系统中的 31 个从站而设。该存储区的基址由 CP343-2P 模块所处的机架号和槽号决定，它与模拟量模块的编址方法完全相同，见表 8-5。

表 8-5　CP 所在槽号对应的基址

槽号	4	5	6	7	8	9	10	11
0#框架基址	256	272	288	304	320	336	352	368
1#框架基址	384	400	416	432	448	464	480	496

（续）

槽号	4	5	6	7	8	9	10	11
2#框架基址	512	528	544	560	576	592	608	624
3#框架基址	640	656	672	688	704	720	736	752

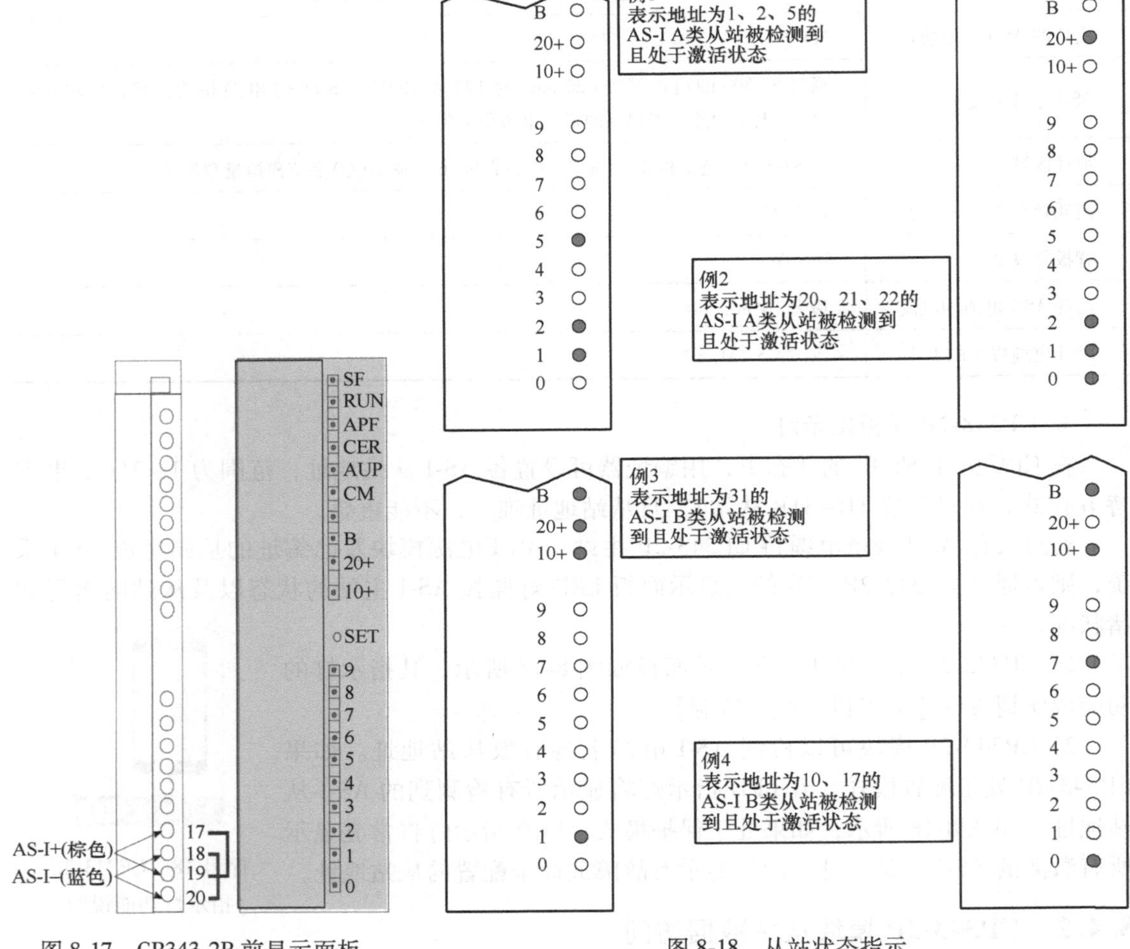

图 8-17　CP343-2P 前显示面板　　　　图 8-18　从站状态指示

2. 标准或 A 类从站数字量访问

每个 AS-I 系统均有一个基地址，它由 CP343-2P 模块的安装槽号确定，PLC 系统默认分配的 AS-I 基地址均大于 128，见表 8-5，对从站无法直接以位格式进行访问，仅能以字节、字、双字格式进行外设存储区访问，如图 8-19 所示。如访问 0#框架 4 号槽位 CP343-2P 模块 1 号从站数据，则可通过 PIB256、PIW256、PID256 进行访问，其中 0~3 位数据与 1 号从站 I/O 相对应。

为了编程方便，可在 CP343-2P 属性对话框中选择“Addresses”选项卡，将 AS-I 系统的输入/输出起始地址即基址设置于 128 内，如图 8-20 所示，且注意其地址不能与其他输入/输出模块地址重叠，则对应 4DI/4DO 从站模块的 I/O 即可通过 I100. 0 ~ I100. 3/Q100. 0 ~

Q100.3 进行访问。

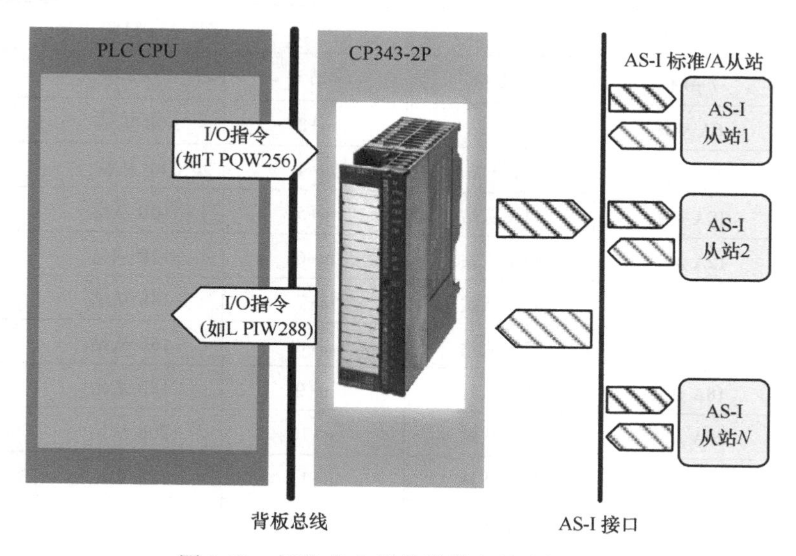

图 8-19 标准或 A 类从站数字量访问过程

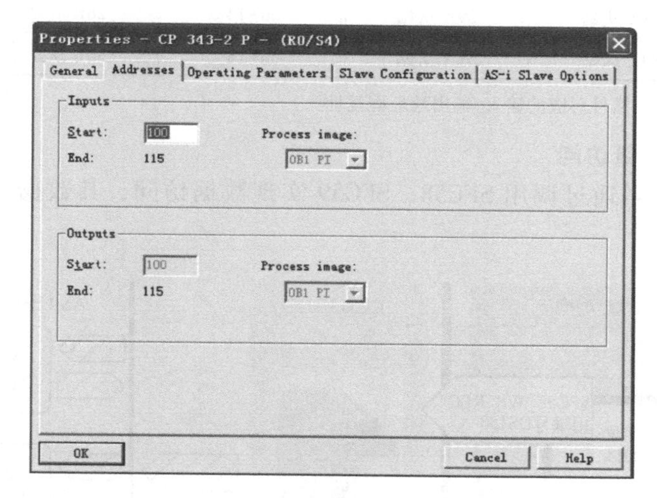

图 8-20 设置 AS-I 输入/输出起始地址

由于 CP343-2P 模块的接口缓冲区输入/输出均为 16B，I/O 指令仅能访问 AS-I 标准或 A 类从站的数字量，B 类从站数字量则需通过调用 SFC58、SFC59 存取记录号 DS150，其地址映射关系见表 8-6。

表 8-6 CP343-2P 地址映射

I/O 存储区			DS150		
字节号	7~4 位	3~0 位	字节号	7~4 位	3~0 位
m+0	保留位	1A 从站	m+0	保留位	1B 从站
m+1	2A 从站	3A 从站	m+1	2B 从站	3B 从站
m+2	4A 从站	5A 从站	m+2	4B 从站	5B 从站

（续）

I/O 存储区			DS150		
字节号	7~4 位	3~0 位	字节号	7~4 位	3~0 位
m+3	6A 从站	7A 从站	m+3	6B 从站	7B 从站
m+4	8A 从站	9A 从站	m+4	8B 从站	9B 从站
m+5	10A 从站	11A 从站	m+5	10B 从站	11B 从站
m+6	12A 从站	13A 从站	m+6	12B 从站	13B 从站
m+7	14A 从站	15A 从站	m+7	14B 从站	15B 从站
m+8	16A 从站	17A 从站	m+8	16B 从站	17B 从站
m+9	18A 从站	19A 从站	m+9	18B 从站	19B 从站
m+10	20A 从站	21A 从站	m+10	20B 从站	21B 从站
m+11	22A 从站	23A 从站	m+11	22B 从站	23B 从站
m+12	24A 从站	25A 从站	m+12	24B 从站	25B 从站
m+13	26A 从站	27A 从站	m+13	26B 从站	27B 从站
m+14	28A 从站	29A 从站	m+14	28B 从站	29B 从站
m+15	30A 从站	31A 从站	m+15	30B 从站	31B 从站

注：m 为 CP343-2P 模块槽号对应的输入/输出地址即基址。

3. B 类从站数字量访问

B 类从站数字量需通过调用 SFC58、SFC59 实现数据访问，其数据交互过程如图 8-21 所示。

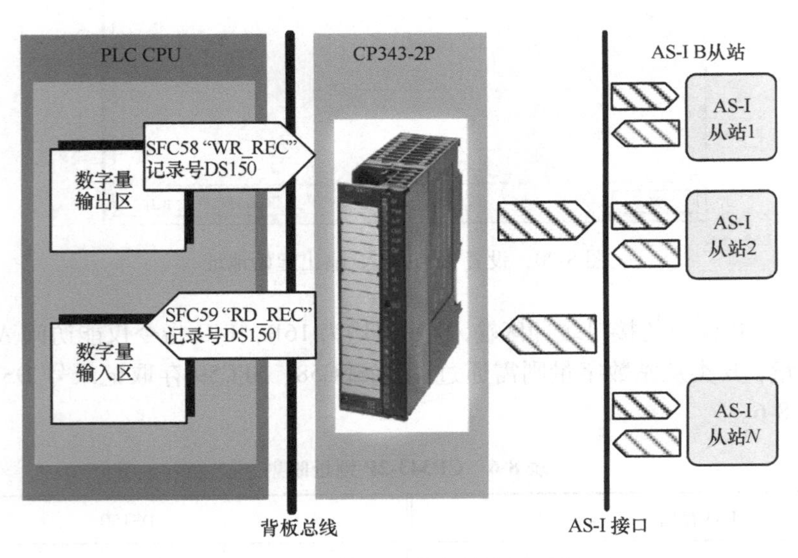

图 8-21　B 类从站数字量访问过程

（1）SFC58“WR_REC”

通过调用 SFC58，用户可将指定数据存储区中的数据写入到指定的数据记录中。它由参数 REQ 赋 1 开始启动写操作，参数 BUSY 输出 0 表示写操作完成，具体参数见表 8-7。

表 8-7 SFC58 参数说明

参数	输入/输出类型	类型	存储区域	说明
REQ	INPUT	BOOL	I、Q、M、D、L、常量	REQ=1，写请求
IOID	INPUT	BYTE	I、Q、M、D、L、常量	PI=B#16#54、PQ=B#16#55 混合模块：使用 B#16#54
LADDR	INPUT	WORD	I、Q、M、D、L、常量	模块的逻辑起始地址
RECNUM	INPUT	BYTE	I、Q、M、D、L、常量	数据记录号 2~240 模拟量 DS140~147，B 从站 DS150
RECORD	INPUT	ANY	I、Q、M、D、L	数据记录(以字节为单位)
RET_VAL	OUTPUT	INT	I、Q、M、D、L	错误代码
BUSY	OUTPUT	BOOL	I、Q、M、D、L	BUSY=1，写操作未完成

（2）SFC59“RD_REC”

通过调用 SFC59，用户可将指定数据记录号中的数据读入指定的数据存储区。它由参数 REQ 赋 1 开始启动读操作，参数 BUSY 输出 0 表示读操作完成，具体参数见表 8-8。

表 8-8 SFC59 参数说明

参数	输入/输出类型	类型	存储区域	说明
REQ	INPUT	BOOL	I、Q、M、D、L、常量	REQ=1，读请求
IOID	INPUT	BYTE	I、Q、M、D、L、常量	PI=B#16#54、PQ=B#16#55 混合模块：使用 B#16#54
LADDR	INPUT	WORD	I、Q、M、D、L、常量	模块的逻辑起始地址
RECNUM	INPUT	BYTE	I、Q、M、D、L、常量	数据记录号 0~240 模拟量 DS140~147，B 从站 DS150
RET_VAL	OUTPUT	INT	I、Q、M、D、L	错误代码或实际传送数据字节数
BUSY	OUTPUT	BOOL	I、Q、M、D、L	BUSY=1，读操作未完成
RECORD	INPUT	ANY	I、Q、M、D、L	数据记录(以字节为单位)

例 8-1 设 CP 模块安置于 4 号槽，要求将 B 类 2、3 号从站(4DI)数据传送给 B 类 6、7 号从站(4DO)。

读入 2、3 号从站数据

```
CALL SFC 59
  REQ:=TRUE
  IOID:=B#16#54
  LADDR:=W#16#100                    //CP 处于 0#框架 4 号槽
  RECNUM:=B#16#96                    //DS150 记录
  RET_VAL:=MW10
  BUSY:=M1.0
  RECORD:=P#DB1.DBX0.0 BYTE 16       //将 1B~31B 从站的数字量存储于
                                     //DB1 前 16B 中
```

将2、3号从站数据写入6、7号从站

```
L DB1.DBB1
T DB1.DBB3
CALL SFC 58
  REQ:=TRUE
  IOID:=W#16#55
  LADDR:=W#16#100
  RECNUM:=B#16#96
  RECORD:=P#DB1.DBX0.0 BYTE 16
  RET_VAL:=MW10
  BUSY:=M1.0
```

4. 模拟量访问

模拟量从站访问与B类从站类似，需通过调用SFC58、SFC59实现数据访问，其数据交互过程如图8-22所示，模拟量从站与数据记录的对应关系见表8-9。

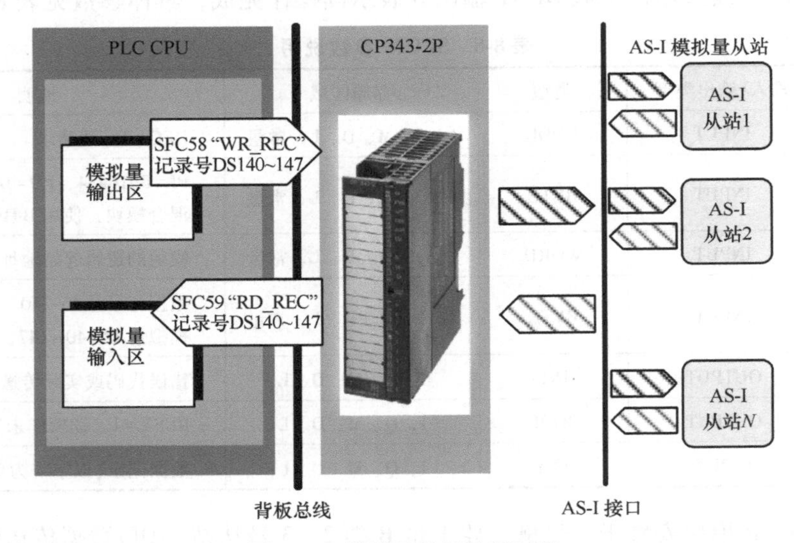

图8-22　模拟量从站访问过程

表8-9　CP343-2P模块模拟量从站与数据记录的对应关系

从站地址	数据记录中模拟量的起始地址							
	DS140	DS141	DS142	DS143	DS144	DS145	DS146	DS147
1	0							
2	8							
3	16							
4	24							
5	32	0						
6	40	8						
7	48	16						

（续）

从站地址	数据记录中模拟量的起始地址							
	DS140	DS141	DS142	DS143	DS144	DS145	DS146	DS147
8	56	24						
9	64	32	0					
10	72	40	8					
11	80	48	16					
12	88	56	24					
13	96	64	32	0				
14	104	72	40	8				
15	112	80	48	16				
16	120	88	56	24				
17		96	64	32	0			
18		104	72	40	8			
19		112	80	48	16			
20		120	88	56	24			
21			96	64	32	0		
22			104	72	40	8		
23			112	80	48	16		
24			120	88	56	24		
25				96	64	32	0	
26				104	72	40	8	
27				112	80	48	16	
28				120	88	56	24	
29					96	64	32	0
30					104	72	40	8
31					112	80	48	16

注意：

① 当 AS-I 模拟量从站地址处于 1~6 时，可选用记录号 DS140，并定义 48B 作为数据记录长度。

② 如果 AS-I 系统中仅有 7 号从站是模拟量，可使用记录号 DS141，并定义 24B 作为数据记录长度。

③ 当 AS-I 系统的 31 个从站均为模拟量时，需使用记录号 DS140 和 DS144，并将两个数据记录长度均定义为 128B，亦即由记录号 DS140 覆盖 1~16 号从站，记录号 DS144 覆盖 17~31 号从站。

④ 当 AS-I 模拟量从站地址处于 29~31 时，可使用记录号 DS147，并定义 24B 作为数据记录长度。

每个模拟量从站最多包含 4 个通道（标准型）/2 个通道（A/B 型），占 8B 数据，具体分配见表 8-10。

表 8-10　模拟量从站通道

字节	模拟量通道	类型	字节	模拟量通道	类型
起始地址+0	通道 1 高字节	A 类	起始地址+4	通道 3 高字节	B 类
起始地址+1	通道 1 低字节		起始地址+5	通道 3 低字节	
起始地址+2	通道 2 高字节		起始地址+6	通道 4 高字节	
起始地址+3	通道 2 低字节		起始地址+7	通道 4 低字节	

例 8-2　将模拟量 2 号从站 2#通道 A/D 数据传送给 4 号从站 1#通道 D/A，设 CP343-2P 安装于 0#框架 6 号槽。

读入 2 号从站 2#通道的 A/D 值

```
CALL SFC 59
    REQ:=TRUE
    IOID:=B#16#54
    LADDR:=W#16#120                    //CP343-2P 逻辑地址
    RECNUM:=B#16#8C                    //DS140 记录
    RET_VAL:=MW10
    BUSY:=M1.0
    RECORD:=P#DB1.DBX0.0 BYTE 32       //读入 2 号从站 2#通道数据存储于
                                       //DB1.DBW10
```

将 2 号从站 2#通道的读入值写入 4 号从站 1#通道

```
L DB1.DBW10
T DB1.DBW24                            //2 号从站通道 2 数据存入从站 4 通道 1
CALL SFC 58
    REQ:=TRUE
    IOID:=W#16#55
    LADDR:=W#16#120                    //CP343-2P 逻辑地址
    RECNUM:=B#16#8C                    //DS140 记录
    RECORD:=P#DB1.DBX0.0 BYTE 32       //输出 4 号从站 1#通道模拟量
    RET_VAL:=MW10
    BUSY:=M1.0
```


8.5　网关 DP/AS-I LINK Advanced

8.5.1　概述

1. DP/AS-I LINK Advanced 组态应用

DP/AS-I LINK Advanced 既是一个 PROFIBUS-DPV1-从站（符合 EN50170 标准），又是 AS-I 主站（符合 EN50295 和 IEC 62026-2 标准的 AS-I 规范 3.0），它允许从 PROFIBUS-DP 上

的 AS-Interface 透明访问数据，如图 8-23 所示。

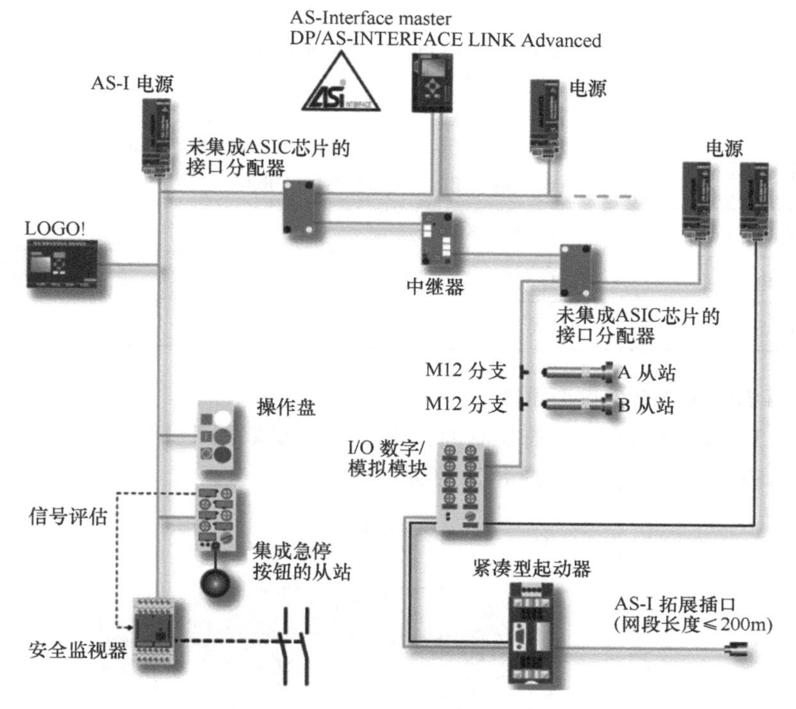

图 8-23 DP/AS-I LINK Advanced 组态 AS-I 系统的应用

通过 DP/AS-I LINK Advanced 模块，DPV0 或 DPV1 模式主站可循环访问 AS-I 从站的输入/输出数据(存储于循环 I/O 数据区)，此外，具有非循环读/写服务的 DPV1 模式主站可通过调用 SFC58/SFC59 访问 AS-I 模拟量从站。DP/AS-I LINK Advanced 有单(6GK1414-2BA10)/双(6GK1414-2BA20)主站版本，每个主站提供 32B 的 I/O 数据区来访问最多 62 个 AS-I 从站。

2. DP/AS-I LINK Advanced 技术指标

DP/AS-I LINK Advanced 的技术指标见表 8-11。

表 8-11 DP/AS-I LINK Advanced 的技术指标

特性	功能说明
总线周期	31 个从站 5ms；62 个从站(支持 B 从站)10ms；遵循 S-7. A. 7 规约的输入 10ms；遵循 S-7. A. 7 规约的输出 20ms；遵循 S-7. A. A 规约的输入/输出 40ms；遵循 S-7. A. 8 和 S-7. A. 9 规约的快速模拟量 20ms；遵循 S-6. 0. X 规约的超速模拟量 5ms
AS-I 接口的设置	使用键盘、STEP7、Web 管理页、命令接口(FC ASI_3422)
支持的 AS-I 主站协议	M1-M4
AS-I 电缆的连接	通过 4 针的连接器(1、3 或 2、4)，允许的最大电流负载为 3A
LAN 连接器	RJ45(10/100Mbit/s)
连接到 PROFIBUS 的方式	9 针 D 型插头

（续）

特性	功能说明
PROFIBUS 地址设定	地址范围：1~126，通过 SET 和 DISPLAY 按钮设置
消耗直流 5V PROFIBUS 的负载	最大 70mA
PROFIBUS 支持的传输速率	9.6kbit/s；19.2kbit/s；45.45kbit/s；93.75kbit/s；187.5kbit/s；500kbit/s；1.5Mbit/s；3Mbit/s；6Mbit/s；12Mbit/s
AS-I 电缆提供的电压	DC 29.5~31.6V
消耗 AS-I 电缆的电流	DC 30V 时最大 250mA
消耗 AS-I 电缆的功率	最大 7.5W

3. DP/AS-I LINK Advanced 面板

在 DP/AS-I LINK Advanced 的前控制面板上，可以获取关于 DP/AS-I LINK Advanced 的所有连接、显示和控制的信息，如图 8-24 所示。

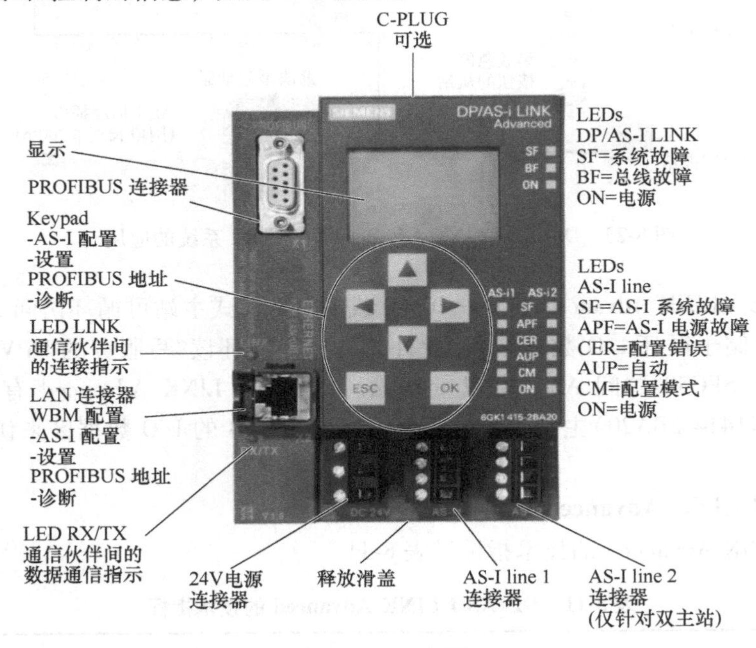

图 8-24　面板图

（1）DP/AS-I LINK Advanced 的连接部分

① 两组连接 AS-I 电缆的连接器（双主站版本）。

② 24V 电源连接器（可选）和保护接地端子。

③ 为连接到 PROFIBUS 而设的 PROFIBUS-DP 口（9 针 D 型连接）。

④ RJ45 LAN 连接器。

（2）DP/AS-I LINK Advanced 的显示

DP/AS-I LINK Advanced 指示灯及 AS-I 线路指示灯功能说明请参阅【天工讲堂配套资源】。

序号 19　DP/AS-I LINK 指示灯功能说明

（3）DP/AS-I LINK Advanced 的参数设置与显示

通过 DP/AS-I LINK Advanced 前面板的键盘或 Web 管理页可显示和编辑以太网 IP、子网掩码、网关、MAC 地址；显示 PROFIBUS-DP 主站地址、运行状态（SYNC、FREEZE、CLEAR）、传输速率，设置 DP/AS-I LINK Advanced 模块的 DP 地址；显示 AS-I 总线上所有监测到的从站地址、配置以及当前状态（激活、丢失、故障），编辑所选择的从站地址。具体请参阅【天工讲堂配套资源】。

序号 20　基于 Web 管理页的 DP/AS-I LINK 参数设置

8.5.2　DP/AS-I LINK Advanced 从站数据访问

1. 数字量访问

由于 DP/AS-I LINK Advanced 的接口缓冲区输入/输出均为 32B，且其 AS-I 从站数字量映射方式分为 CLASSIC（系统默认）、LINEAR、PACK 三类。当选择 CLASSIC 模式时，0~15B 依次存储标准或 A 类从站地址数据，16~31B 依次存储 B 类从站地址数据，见表 8-12。当选择 LINEAR 模式时，首字节 7~4 位存储状态，3~0 位保留，1~31B 依次存储 1B（1A）~31B（31A）从站数据，其中，每个字节 7~4 位存储 B 类从站数据，3~0 位存储标准或 A 类从站数据。

表 8-12　CLASSIC 地址映射

字节号	7~4 位	3~0 位	字节号	7~4 位	3~0 位
m+0	状态位	1A 从站	m+16	保留位	1B 从站
m+1	2A 从站	3A 从站	m+17	2B 从站	3B 从站
m+2	4A 从站	5A 从站	m+18	4B 从站	5B 从站
m+3	6A 从站	7A 从站	m+19	6B 从站	7B 从站
m+4	8A 从站	9A 从站	m+20	8B 从站	9B 从站
m+5	10A 从站	11A 从站	m+21	10B 从站	11B 从站
m+6	12A 从站	13A 从站	m+22	12B 从站	13B 从站
m+7	14A 从站	15A 从站	m+23	14B 从站	15B 从站
m+8	16A 从站	17A 从站	m+24	16B 从站	17B 从站
m+9	18A 从站	19A 从站	m+25	18B 从站	19B 从站
m+10	20A 从站	21A 从站	m+26	20B 从站	21B 从站
m+11	22A 从站	23A 从站	m+27	22B 从站	23B 从站
m+12	24A 从站	25A 从站	m+28	24B 从站	25B 从站
m+13	26A 从站	27A 从站	m+29	26B 从站	27B 从站
m+14	28A 从站	29A 从站	m+30	28B 从站	29B 从站
m+15	30A 从站	31A 从站	m+31	30B 从站	31B 从站

注：m 为 DP/AS-I LINK Advanced 的输入/输出数据的起始地址。

此外，由于 AS-I 数字量输入/输出从站的数据被映射到 DP 主站连续的 I/O 存储区，且系统分配的地址一般均小于 128，或硬件组态时，将 DP/AS-I LINK Advanced 访问的从站地址设置于 128 范围内，则访问 AS-I 数字量从站输入/输出信号如同 PLC 主机架上的输入/输出信号，可进行位、字节、字、双字访问。如当 m 为 0 时，1 号从站 4 输入为 I0.0~I0.3、输出为 Q0.0~Q0.3。其数字量交互方式如图 8-25 所示。

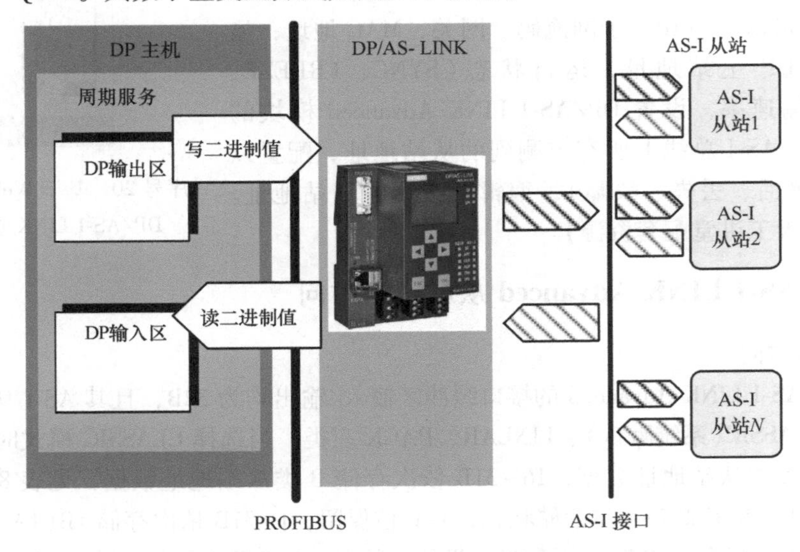

图 8-25　DP/AS-I LINK Advanced 数字量交互方式

2. 模拟量访问

由于 DP/AS-I LINK Advanced 支持 DP 主站采用循环和非循环模式访问 AS-I 模拟量从站，如图 8-26 所示。AS-I 系统默认采用循环访问模式，当将 AS-I 模拟量输入/输出模块循环访问的从站地址设置在 256~768 范围内时，其从站的模拟量数据将被映射到 DP 主站的外设 I/O 存储区，则主站即可采用循环方式访问 AS-I 模拟量从站的输入/输出信号，如同 PLC 主机架上的输入/输出信号。如 1 号从站通道 2 输入为 PIW258、2 号从站通道 1 输出为 PQW272。

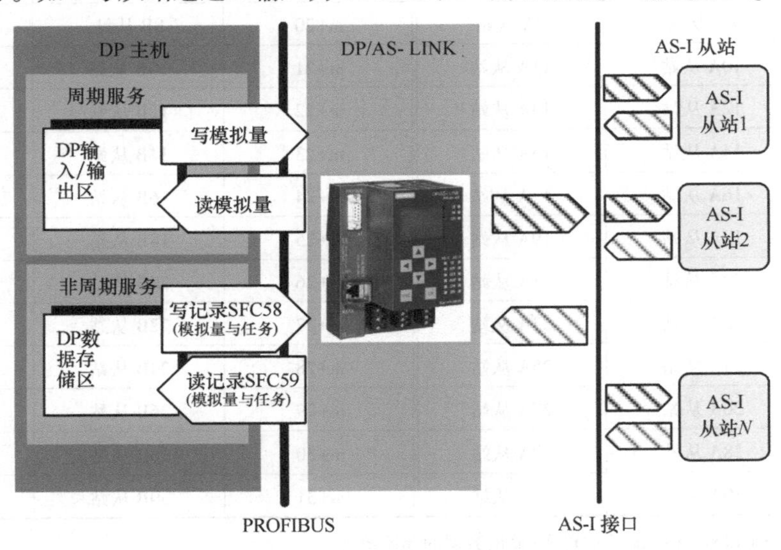

图 8-26　DP/AS-I LINK Advanced 模拟量交互方式

如果未勾选循环模拟数据，则可采用非循环服务获取模拟量数据，程序通过调用 SFC58、SFC59 访问存储于 DP/AS-I LINK 数据记录区中的从站模拟量数据，从站与数据记录区的对应关系见表 8-13。模拟量数据访问方式参见 CP343-2P 模拟量访问。

表 8-13 DP/AS-I LINK Advanced 模块从站与数据记录区的对应关系

从站地址	数据记录区中模拟量的起始地址							
	DS140	DS141	DS142	DS143	DS144	DS145	DS146	DS147
1	0							
2	8							
3	16							
4	24							
5	32	0						
6	40	8						
7	48	16						
8	56	24						
9	64	32	0					
10	72	40	8					
11	80	48	16					
12	88	56	24					
13	96	64	32	0				
14	104	72	40	8				
15	112	80	48	16				
16	120	88	56	24				
17	128	96	64	32	0			
18	136	104	72	40	8			
19	144	112	80	48	16			
20	152	120	88	56	24			
21	160	128	96	64	32	0		
22	168	136	104	72	40	8		
23	176	144	112	80	48	16		
24	184	152	120	88	56	24		
25	192	160	128	96	64	32	0	
26	200	168	136	104	72	40	8	
27	208	176	144	112	80	48	16	
28	216	184	152	120	88	56	24	
29	224	192	160	128	96	64	32	0
30	232	200	168	136	104	72	40	8
31		208	176	144	112	80	48	16

注意：

① 当 AS-I 模拟量从站地址处于 1~6 时，可选用记录号 DS140，并定义 48B 作为数据记录长度。

② 如果 AS-I 系统中仅有 7 号从站是模拟量，可使用记录号 DS141，并定义 24B 作为数

据记录长度。

③ 当 AS-I 系统的 31 个从站均为模拟量时，需使用记录号 DS140 和 DS147，并将两个数据记录长度分别定义为 224B、24B，亦即由记录号 DS140 覆盖 1~28 号从站，记录号 DS147 覆盖 29~31 号从站。

④ 当 AS-I 模拟量从站地址处于 29~31 时，可使用记录号 DS147，并定义 24B 作为数据记录长度。

⑤ 当需用 I/O 指令访问 1~12 号从站并同时使用记录号访问 13~31 号从站时，可使用记录号 DS143。

8.6 传送带控制案例

8.6.1 设计要求

基于 AS-I 总线实现传送带控制，如图 8-27 所示。具体要求：

1）1A 侧抓取动作：当 1A 接近开关 SQ15 首次感应到模板时（模板外侧两端嵌有金属），相应的挡块阀 YV17 得电，挡块伸出，第二次感应到模板时，定位阀 YV18 动作，同时传送带停止运行。1 号机械手 YV14 得电，由 B 运行至 A，SQ12 动作，气阀 YV11 得电，上下行气缸运行至下极限 SQ11，气阀 YV15 得电，夹紧塑料销子，气阀 YV13 得电，上下行气缸运行至上极限 SQ13，挡块阀 YV17、定位阀 YV18 失电，挡块与定位机构复位，重启传送带，同时气阀 YV12 得电，1 号机械手由 A 运行至 B，SQ14 动作，等待将塑料销子安装至模板。

2）1B 侧安装动作：当 1B 接近开关 SQ16 首次感应到模板时，相应的挡块阀 YV19 得电，挡块伸出，第二次感应到模板时，定位阀 YV10 动作，同时传送带停止运行。1 号机械手气阀 YV11 得电，上下行气缸运行至下极限 SQ11，气阀 YV16 得电，松开塑料销子，气阀 YV13 得电，上下行气缸运行至上极限 SQ13，等待再次抓取塑料销子。同时定位阀 YV10、挡块阀 YV19 失电，挡块与定位机构复位，重启传送带。

3）2A 侧抓取动作同 1)，仅元件编号以 2 为前缀。

4）2B 侧安装动作同 2)，仅元件编号以 2 为前缀。

> 工程师在完成其职业任务时，应该：①把公众的安全、健康和福利放在首位；②只在自己的能力范围内工作；③只以客观和真实的方式发表公开陈述；④为之工作的雇主和客户应是可靠的机构和受托人；⑤避免欺骗行为；⑥个人行为要正直、负责、合乎伦理和法律，以增进职业的道义、名誉和用途。
>
> ——摘自美国全国职业工程师协会的基本伦理规范

8.6.2 DP 网络组态

8.6.2.1 基于 DP/AS-I LINK Advanced 模块的设计

序号 21　基于 AS-I LINK 的 ASI 通信

新建项目“example_ASi”，右击项目名插入一个 S7-300 站点并更名为“Master_ASi”，如图 8-28 所示。选择“Master_ASi”并双击此站点的 Hardware，如图 8-29 所示，完成 DP 主站的硬件配置，其模块数目、位置、订

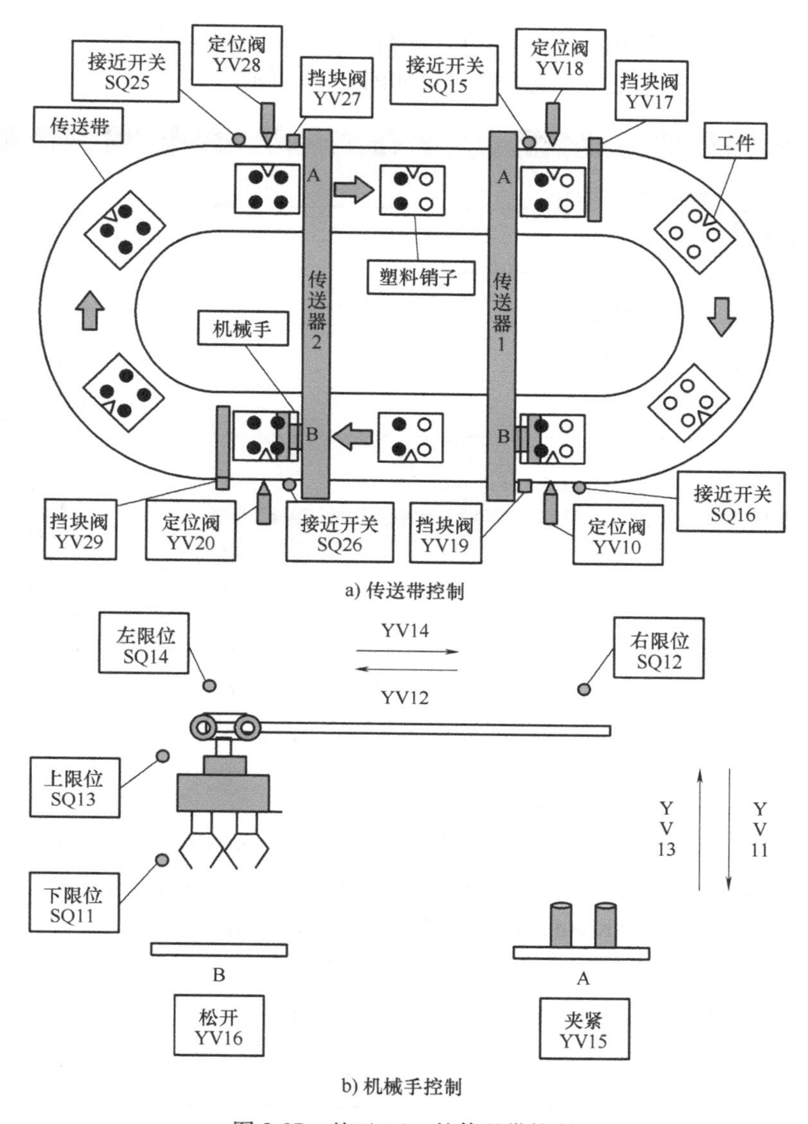

a) 传送带控制

b) 机械手控制

图 8-27 基于 AS-I 的传送带控制

货号应与实物保持一致。配置完毕后单击按钮保存并编译。

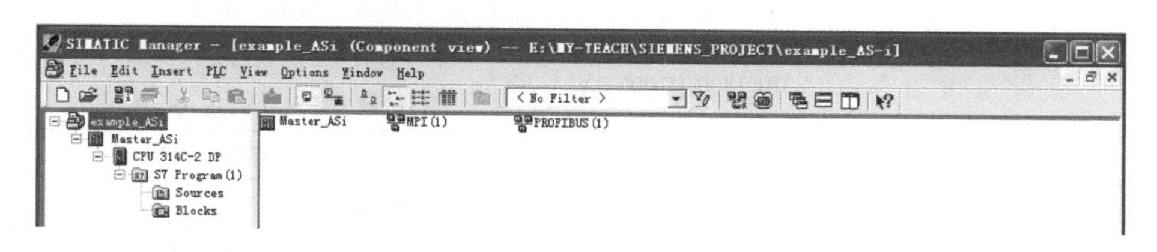

图 8-28 example_ASi 项目

1. 创建 PROFIBUS 网络

在主站硬件配置界面中双击 CPU314C-2DP 模块中集成的 DP(CPU314C-2DP 系统默认为主站)并单击“General”选项卡的“Properties”按钮，在弹出的属性对话框下的“Parameters”选项卡中单击“New”按钮，新建一个 PROFIBUS 网络，并在“Network Settings”中选择通信速率(默认“1.5Mbps”)，主站建立完成后的窗口如图 8-29 所示。

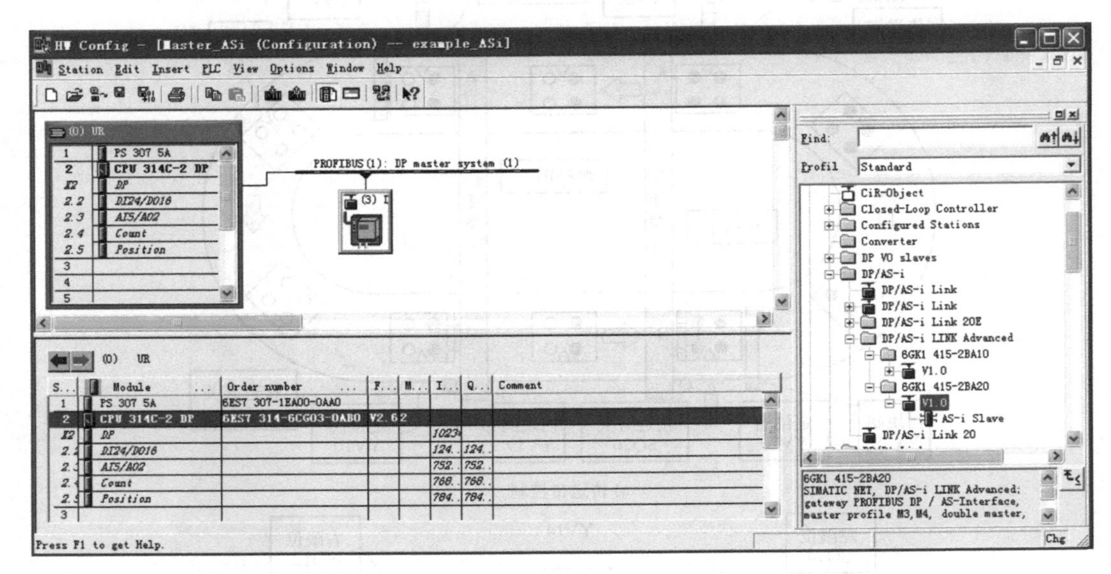

图 8-29　PLC DP 主站、DP/AS-I LINK Advanced 硬件配置

2. AS-I 网络组态

(1) 添加 DP/ASI LINK Advanced

图 8-29 中，选择“PROFIBUS-DP”组件 DP/AS-I LINK Advanced 文件夹中 6GK1415-2BA20 的 V1.0 模块，并按下鼠标左键将其拖放至 DP Master system，待指针出现“+”时松开鼠标左键，且将 DP/AS-I LINK Advanced 设置为 3 号 DP 从站。

(2) 添加从站

根据工艺要求，将其分为八个从站，具体配置、功能与 I/O 分配见表 8-14。

表 8-14　AS-I 从站配置

从站	I/O 配置	模块型号	功能
1	4DI	3RK1400-1DQ00-0AA3	1A 接近开关 SQ15：I0.0
			1B 接近开关 SQ16：I0.1
			上位置开关 SQ13：I0.2
			下位置开关 SQ11：I0.3
	4DO		1 号机械手上行 YV13：Q0.0
			1 号机械手下行 YV11：Q0.1
			1 号机械手夹紧 YV15：Q0.2
			1 号机械手松开 YV16：Q0.3
2	2DI	3RK1400-1BQ00-0AA3	1 号机械手左位置开关 SQ14：I1.0
			1 号机械手右位置开关 SQ12：I1.1
	2DO		1 号机械手左行 YV12：Q1.0
			1 号机械手右行 YV14：Q1.1

（续）

从站	I/O 配置	模块型号	功能
3	4DO	3RK1100-1CQ00-0AA3	1A 气动挡块 YV17：Q1. 2
			1B 气动挡块 YV19：Q1. 3
			1A 定位夹紧 YV18：Q1. 4
			1B 定位夹紧 YV10：Q1. 5
4	4DI	3RK1400-1DQ00-0AA3	2A 接近开关 SQ25：I1. 2
			2B 接近开关 SQ26：I1. 3
			上位置开关 SQ23：I1. 4
			下位置开关 SQ21：I1. 5
	4DO		2 号机械手上行 YV23：Q2. 0
			2 号机械手下行 YV21：Q2. 1
			2 号机械手夹紧 YV25：Q2. 2
			2 号机械手松开 YV26：Q2. 3
5	2DI	3RK1400-1BQ00-0AA3	2 号机械手左位置开关 SQ24：I1. 6
			2 号机械手右位置开关 SQ22：I1. 7
	2DO		2 号机械手左行 YV22：Q1. 6
			2 号机械手右行 YV24：Q1. 7
6	4DO	3RK1100-1CQ00-0AA3	2A 气动挡块 YV27：Q2. 4
			2B 气动挡块 YV29：Q2. 5
			2A 定位夹紧 YV28：Q2. 6
			2B 定位夹紧 YV20：Q2. 7
7	2AI 电流	3RK1207-1BQ40-0AA3	模拟量输入
8	2AO 电压	3RK1107-2BQ40-0AA3	模拟量输出

选中图 8-29 右侧“6GK1 415-2BA20”的“V1. 0”模块下的“AS-i Slave”，并将其拖放至图 8-30 的 1A 中，双击此模块。在弹出的模块属性对话框中选择“Configuration”选项卡。

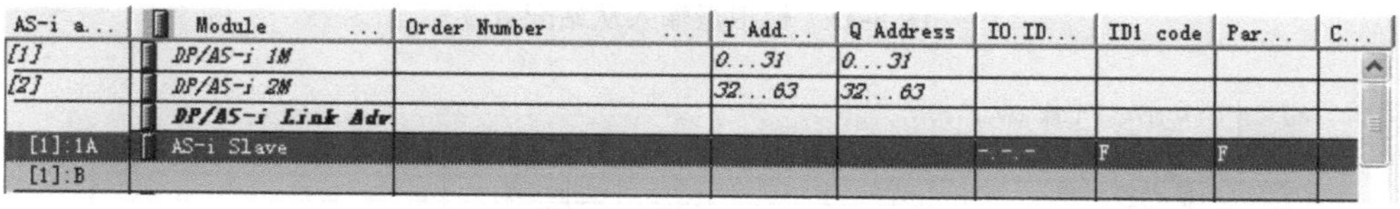

AS-i a...	Module ...	Order Number ...	I Add...	Q Address	IO. ID...	ID1 code	Par...	C...
[1]	DP/AS-i 1M		0...31	0...31				
[2]	DP/AS-i 2M		32...63	32...63				
	DP/AS-i Link Adv							
[1]:1A	AS-i Slave				-.-.-	F	F	
[1]:B								

图 8-30　添加 AS-I 从站模块

单击图 8-31 中的“Selection”按钮，即弹出如图 8-32 所示的模块选择对话框，根据表 8-14 选择 1 号从站所需 4DI/4DO 模块“3RK1 400-1DQ00-0AA3”并单击“Apply”按钮，完成 1 号从站的配置，系统将自动分配 IO、ID 编码即参数。并根据表 8-14 依次插入 2~6 号从站。

模拟量从站与数字量从站配置略有不同，在选择电流型、电压型输入/输出模块后，除分配 IO、ID 编码和参数外，可在弹出的如图 8-33 所示的对话框中设置模拟信号测量或输出范围。配置完成的 AS-I 网络如图 8-34 所示。

图 8-31　1 号从站模块配置

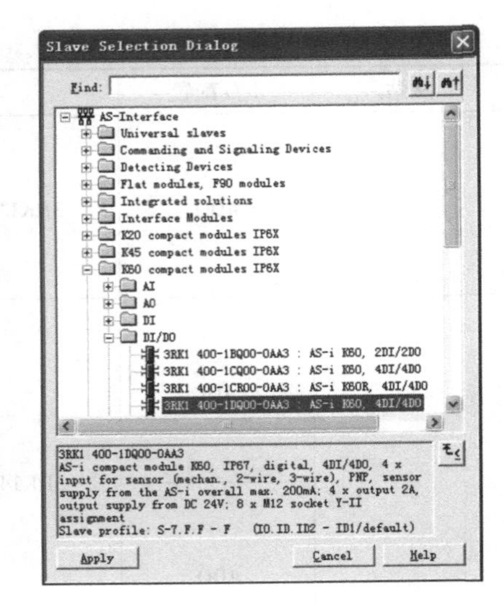

图 8-32　模块选择

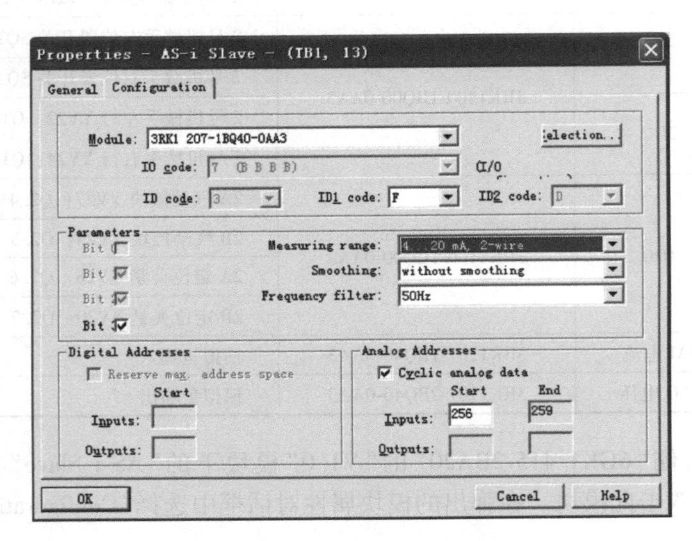

图 8-33　模拟量输入从站配置

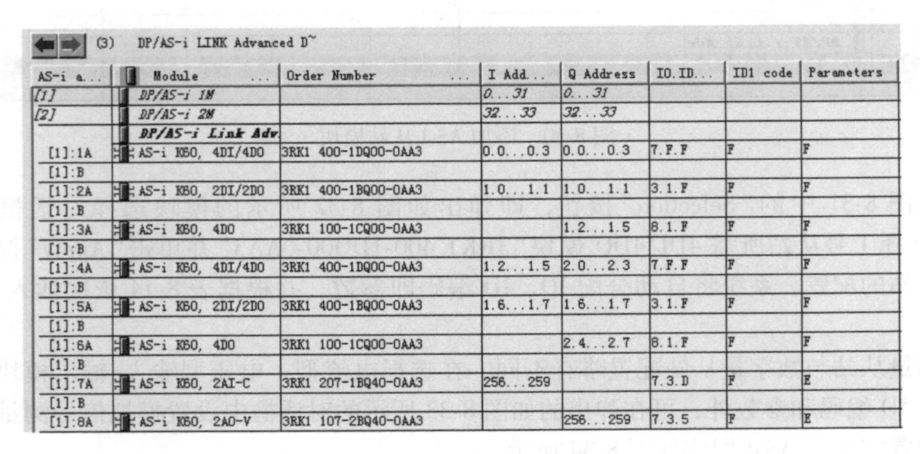
(3)　DP/AS-i LINK Advanced D~

AS-i a...	Module ...	Order Number ...	I Add...	Q Address	IO.ID...	ID1 code	Parameters
[1]	DP/AS-i 1M		0...31	0...31			
[2]	DP/AS-i 2M		32...33	32...33			
	DP/AS-i Link Adv.						
[1]:1A	AS-i K60, 4DI/4DO	3RK1 400-1DQ00-0AA3	0.0...0.3	0.0...0.3	7.F.F	F	F
[1]:B							
[1]:2A	AS-i K60, 2DI/2DO	3RK1 400-1BQ00-0AA3	1.0...1.1	1.0...1.1	3.1.F	F	F
[1]:B							
[1]:3A	AS-i K60, 4DO	3RK1 100-1CQ00-0AA3		1.2...1.5	8.1.F	F	F
[1]:B							
[1]:4A	AS-i K60, 4DI/4DO	3RK1 400-1DQ00-0AA3	1.2...1.5	2.0...2.3	7.F.F	F	F
[1]:B							
[1]:5A	AS-i K60, 2DI/2DO	3RK1 400-1BQ00-0AA3	1.6...1.7	1.6...1.7	3.1.F	F	F
[1]:B							
[1]:6A	AS-i K60, 4DO	3RK1 100-1CQ00-0AA3		2.4...2.7	8.1.F	F	F
[1]:B							
[1]:7A	AS-i K60, 2AI-C	3RK1 207-1BQ40-0AA3	256...259		7.3.D	F	E
[1]:B							
[1]:8A	AS-i K60, 2AO-V	3RK1 107-2BQ40-0AA3		256...259	7.3.5	F	E

图 8-34　AS-I 网络配置

8.6.2.2 基于 CP343-2P 模块的设计

新建“example_cp343-2p”项目，完成如图 8-35 所示的硬件组态，双击 CP343-2P 模块，弹出如图 8-36 所示的属性编辑对话框，选择“Slave Configuration”选项卡，依据表 8-14 所示组态各从站，如图 8-37 所示，组态方法同 DP/AS-I LINK Advanced。

(0) UR

Slot	Module	Order number	F...	M...	I add...	Q address	Comment
1	PS 307 5A	6ES7 307-1EA00-0AA0					
2	CPU 314C-2 DP	6ES7 314-6CG03-0AB0	V2.6	2			
X2	DP				1023*		
2.2	DI24/DO16				124...126	124...125	
2.3	AI5/AO2				752...761	752...755	
2.4	Count				768...783	768...783	
2.5	Position				784...799	784...799	
3							
4	CP 343-2 P	6GK7 343-2AH10-0XA0			256...271	256...271	

图 8-35 硬件组态

序号 22 基于 CP343-2P 的 ASI 通信

Properties - CP 343-2 P - (R0/S4)

General | Addresses | Operating Parameters | Slave Configuration | AS-i Slave Options

Inputs — Start: 256 Process image: --- End: 271

Outputs — Start: 256 Process image: --- End: 271

OK Cancel Help

图 8-36 设置 CP343-2P 输入/输出起始地址

8.6.3 软件组态

限于篇幅，仅介绍基于 DP/AS-I LINK Advanced 模块的软件设计。

1. OB1 程序

OB1 程序如图 8-38 所示。其中，I124.0、I124.1 为系统起停信号，Q124.0 为传送带驱动信号，M50.0 为系统运行标志。

2. 功能块 FC1

功能块 FC1 由 1A 侧移位控制（图 8-39）、机械手驱动（图 8-40）、1B 侧移位控制（图 8-41）三部分组成。

（1）1A 侧移位控制

MW10 为 1 号机械手 1A 侧动作控制移位寄存器，实现 1A 侧塑料销子的抓取。

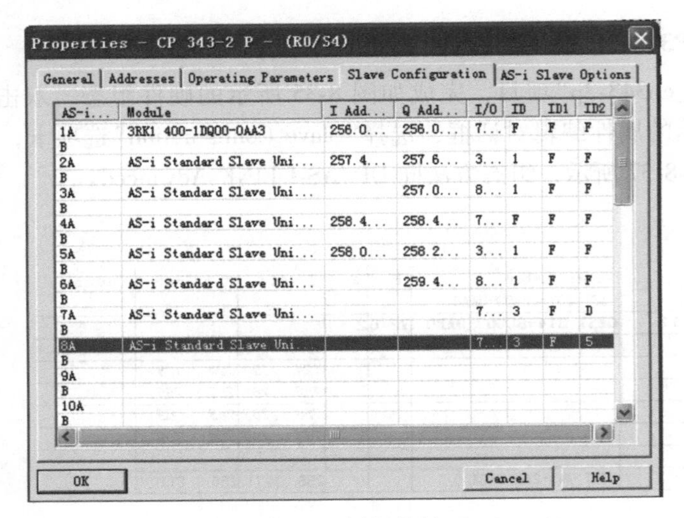

图 8-37　添加从站

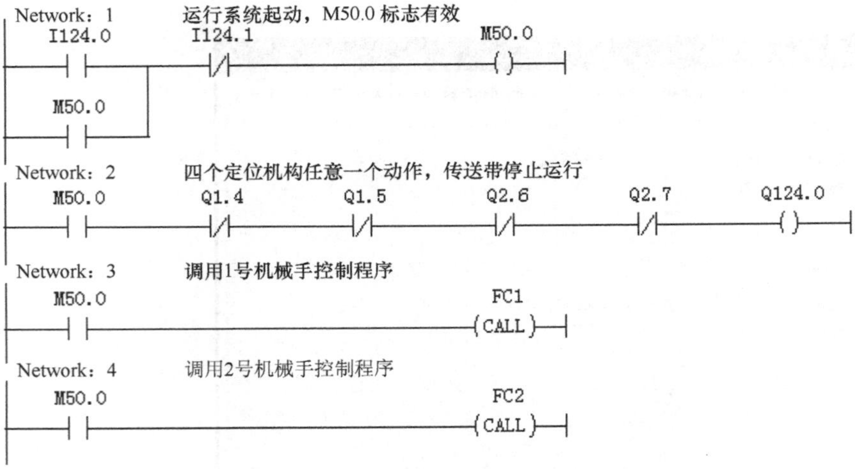

Network：1　　运行系统起动，M50.0 标志有效

I124.0　I124.1　M50.0

M50.0

Network：2　　四个定位机构任意一个动作，传送带停止运行

M50.0　Q1.4　Q1.5　Q2.6　Q2.7　Q124.0

Network：3　　调用1号机械手控制程序

M50.0　FC1 (CALL)

Network：4　　调用2号机械手控制程序

M50.0　FC2 (CALL)

图 8-38　OB1 程序

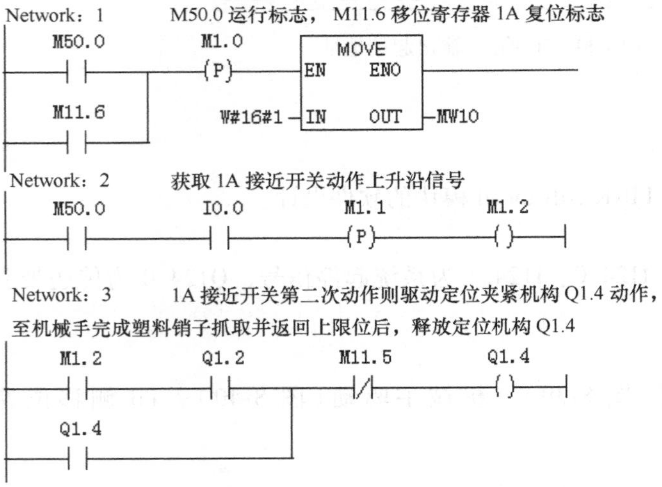

Network：1　　M50.0 运行标志，M11.6 移位寄存器 1A 复位标志

M50.0　M1.0 (P)　MOVE EN ENO

M11.6　W#16#1 - IN OUT - MW10

Network：2　　获取 1A 接近开关动作上升沿信号

M50.0　I0.0　M1.1 (P)　M1.2

Network：3　　1A 接近开关第二次动作则驱动定位夹紧机构 Q1.4 动作，至机械手完成塑料销子抓取并返回上限位后，释放定位机构 Q1.4

M1.2　Q1.2　M11.5　Q1.4

Q1.4

图 8-39　1A 侧移位控制

Network：4　　1A接近开关首次动作则驱动挡铁动作Q1.2，至机械手完成塑料销子抓取并返回上限位后，释放挡块Q1.2

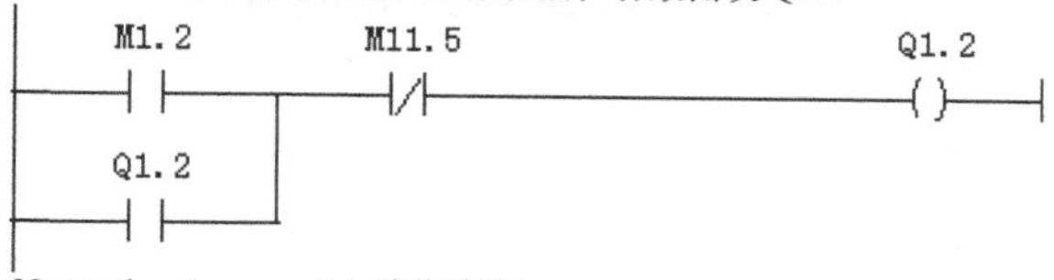

M1.2　M11.5　Q1.2
Q1.2

Network：5　　1A移位控制

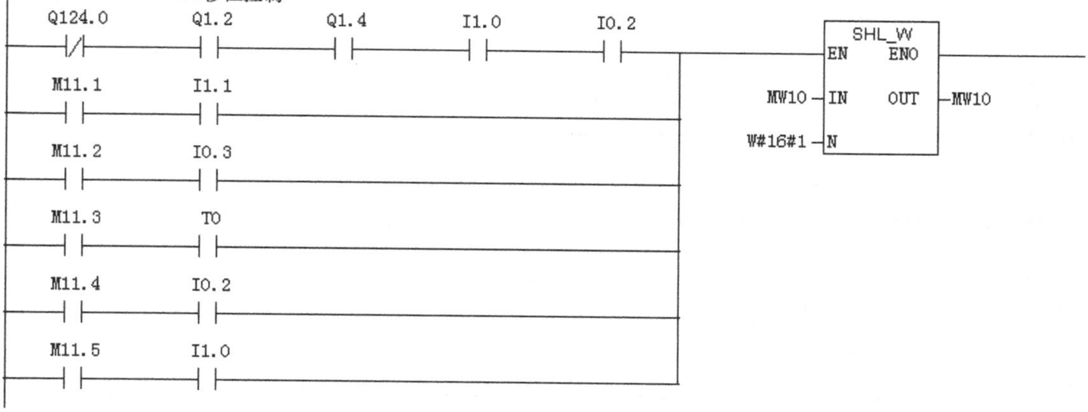

Q124.0　Q1.2　Q1.4　I1.0　I0.2
M11.1　I1.1
M11.2　I0.3
M11.3　T0
M11.4　I0.2
M11.5　I1.0

SHL_W
EN　ENO
MW10 — IN　OUT — MW10
W#16#1 — N

图8-39　1A侧移位控制(续)

（2）机械手驱动

Network：6　　驱动机械手右移，Q1.1动作

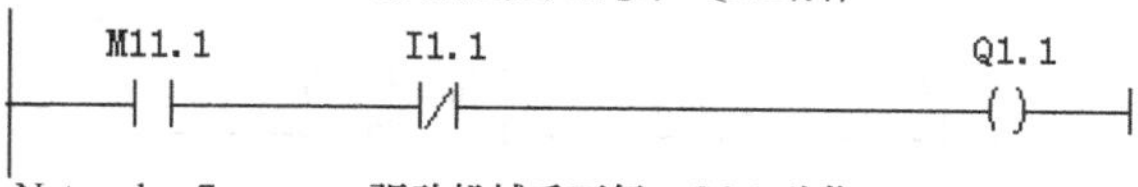

M11.1　I1.1　Q1.1

Network：7　　驱动机械手下行，Q0.1动作

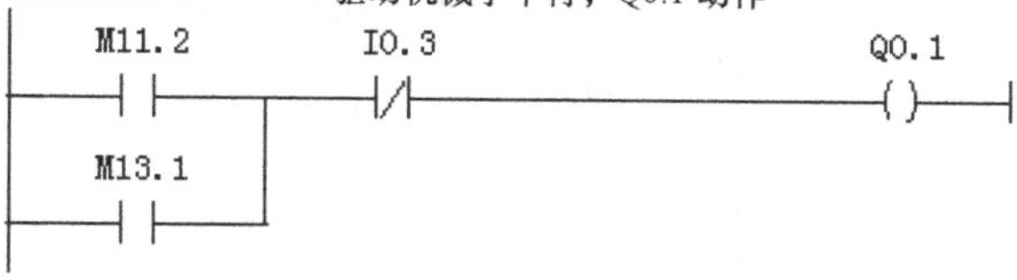

M11.2　I0.3　Q0.1
M13.1

Network：8　　驱动机械手夹紧，Q0.2动作，抓取销子

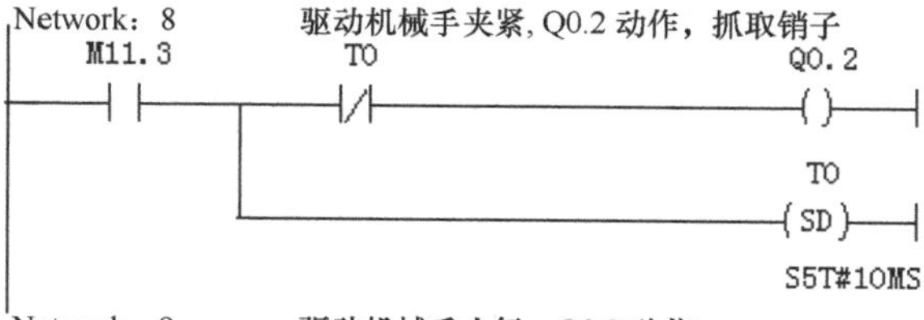

M11.3　T0　Q0.2
T0
SD
S5T#10MS

Network：9　　驱动机械手上行，Q0.0动作

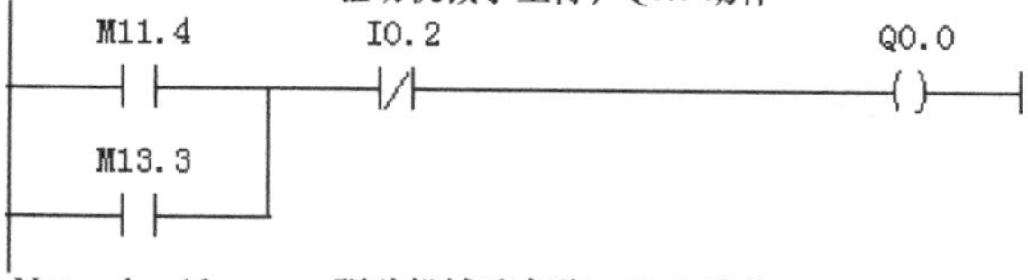

M11.4　I0.2　Q0.0
M13.3

Network：10　　驱动机械手左移，Q1.0动作

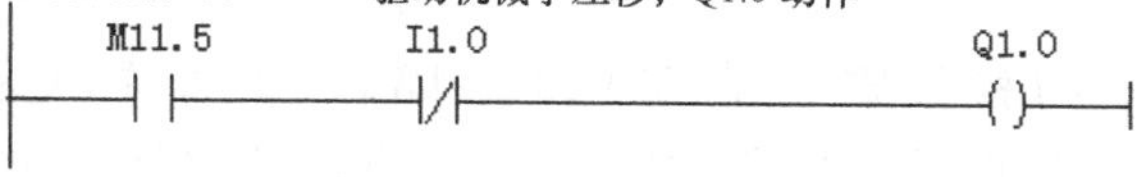

M11.5　I1.0　Q1.0

图8-40　机械手驱动

（3）1B 侧移位控制

MW12 为 1 号机械手 1B 侧动作控制移位寄存器，实现 1B 侧塑料销子的安装。

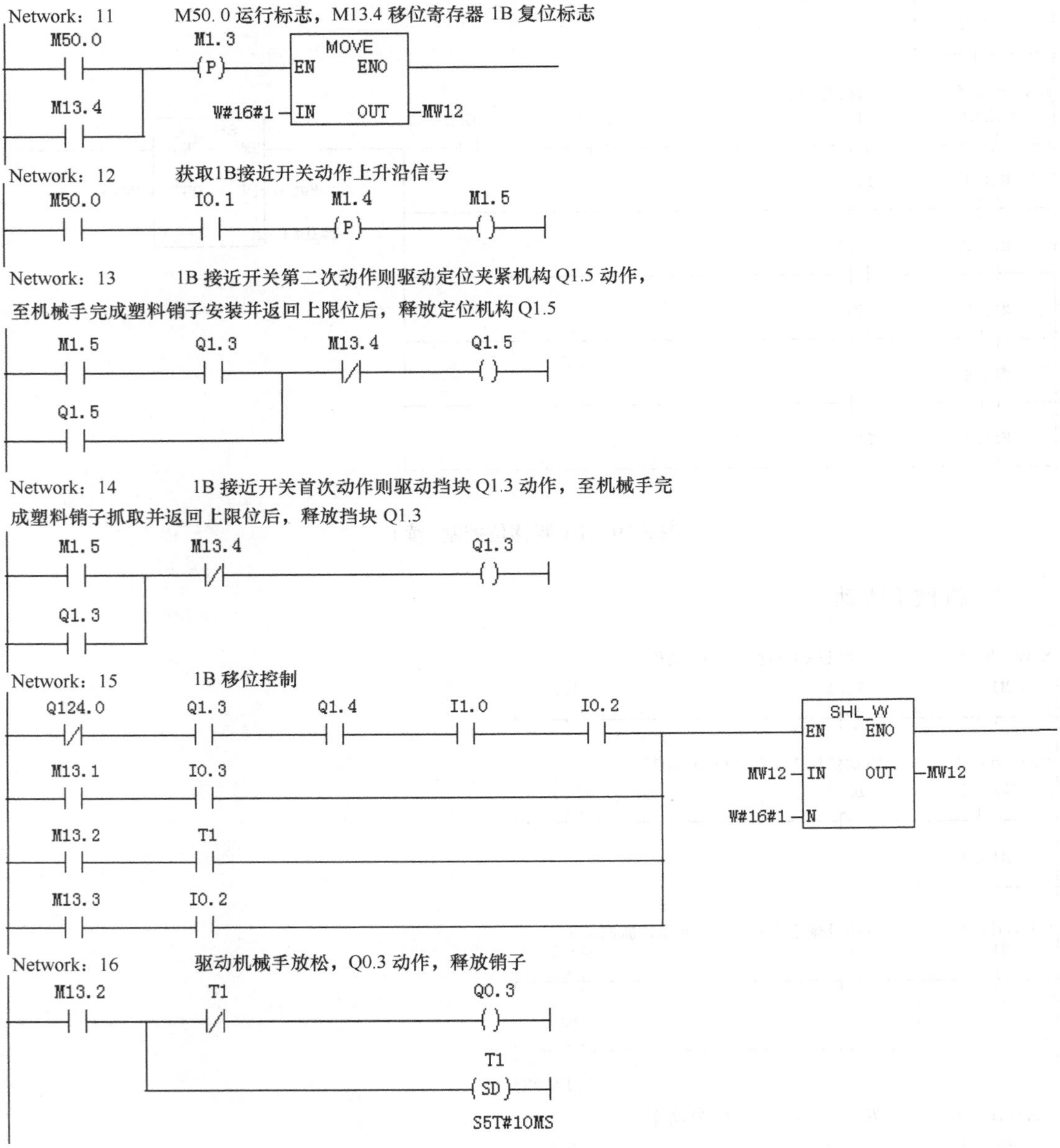

Network：11　　M50.0 运行标志，M13.4 移位寄存器 1B 复位标志

M50.0　M1.3　MOVE　EN　ENO

M13.4　W#16#1　IN　OUT　MW12

Network：12　　获取1B接近开关动作上升沿信号

M50.0　I0.1　M1.4　M1.5

Network：13　　1B 接近开关第二次动作则驱动定位夹紧机构 Q1.5 动作，至机械手完成塑料销子安装并返回上限位后，释放定位机构 Q1.5

M1.5　Q1.3　M13.4　Q1.5

Q1.5

Network：14　　1B 接近开关首次动作则驱动挡块 Q1.3 动作，至机械手完成塑料销子抓取并返回上限位后，释放挡块 Q1.3

M1.5　M13.4　Q1.3

Q1.3

Network：15　　1B 移位控制

Q124.0　Q1.3　Q1.4　I1.0　I0.2　SHL_W　EN　ENO

M13.1　I0.3　MW12　IN　OUT　MW12

M13.2　T1　W#16#1　N

M13.3　I0.2

Network：16　　驱动机械手放松，Q0.3 动作，释放销子

M13.2　T1　Q0.3

T1　SD

S5T#10MS

图 8-41　1B 侧移位控制

3. 功能块 FC2 编程

FC2 与 FC1 编程相似，仅需将 FC1 中的移位寄存器 MW10、MW12 分别替换为 MW20、MW22，MB1（按位寻址）替换为 MB2，定时器 T0、T1 替换为 T2、T3，以及相关的输入/输出信号替换为 2 号机械手的信号即可，在此不再赘述。

习　题

8-1　由 CP343-2P 模块组建的 AS-I 系统，CP343-2P 模块位于主机架的 6 号槽位，系统选择 AS-I 从站数据访问地址，则对应的起始地址应为多少？并用 2 号从站的 2DI 信号作为 10 号从站 4DO 的起、停控制信号。

8-2　由 CP343-2P 模块和 DP/AS-I LINK 模块组建的 AS-I 系统，对于 B 类从站的数据访问各有什么不同？在两种不同主站情况下，用梯形图或语句表分别实现将 10 号 B 类从站 4DI 信号存储于 MW10 的低 4 位。

8-3　如图 8-42 所示为多个传送带起动和停止示意图。各输入/输出信号均接入 AS-I 从站，SQ1～SQ4 接入从站 5(4I)的 Bit0、Bit1、Bit2 和 Bit3，SQ5、SQ6 接入从站 6(4I)的 Bit2 和 Bit3；电动机 MI、M2、M3 的各自接触器线圈分别由从站 12(4O)的 Bit0、Bit1 和 Bit2 控制。初始状态为各电动机都处于停止状态，按下起动按钮(I0.0)后，电动机 MI 通电运行，行程开关 SQ1 有效后，电动机 M2 通电运行，行程开关 SQ2 有效后，MI 断电停止，其他传送带动作类推。整个系统循环工作。按下停止按钮(I0.1)后，系统把目前的工作进行完后停止在初始状态。写出对应的 I/O 地址及控制程序。

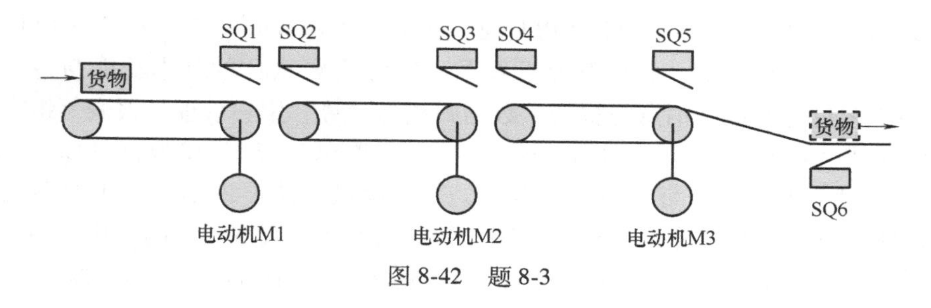

图 8-42　题 8-3

8-4　有一窑温控制系统，窑温的设定值为 100℃，当检测温度低于设定值的 50%时，则进气阀门打开的占空比为 100%；当检测温度高于设定值的 50%且低于设定值的 80%时，则进气阀门打开的占空比为 70%；当检测温度高于设定值的 80%，且低于设定值的 90%时，则进气阀门打开的占空比为 50%；当检测温度高于设定值的 100%且低于设定值的 102%时，则进气阀门打开的占空比为 10%；当检测温度高于设定值的 102%时，则进气阀门打开的占空比为 0%。设控制周期为 10s，炉窑的温度由 Pt100 热敏电阻检测，接入 AS-I 模拟量从站 15，进气阀由 AS-I 数字量从站 12 的 Bit0 控制，AS-I 系统的起始地址为 256，请编程实现。

第9章 WinCC组态软件

教学目的：

本章以 WinCC 与 S7-300/S7-1200 PLC 常规通信、TIA WinCC 与 S7-1200 PLC 以太网通信以及 OPC UA 通信为例，从任务分析入手，介绍了 WinCC 的基本功能与特点，以及图形界面与工艺过程监控、消息与报警、数据归档与趋势、用户管理、报表等组态与调试方法，WinCC 与 S7-300/S7-1200 间的常规通信、TIA WinCC 与 S7-1200 间的以太网通信以及 WinCC OPC UA 通信组态与虚拟仿真方法，循序渐进，使学生掌握基于通信连接通道的 WinCC(TIA WinCC)监控组态方法、动态化处理的方法及脚本指令的应用，培养学生的工程、安全意识以及团队协作的工作作风，精益、创新的“工匠精神”以及运用 WinCC(TIA WinCC)解决工业控制问题的能力。

说明：本章节中的案例和相关介绍均基于 WinCC V7. 3、TIA Portal WinCC Advanced V13 版本。此外，为区别于经典 WinCC，TIA Portal WinCC 简写为 TIA WinCC。

9.1 WinCC 概述

WinCC(windows control center)即视窗控制中心，是西门子全集成自动化(totally integrated automation，TIA)架构中基于 PC 的 HMI/SCADA 软件系统。其中，HMI(human machine interface)称之为人机接口，广义而言，HMI 泛指操作人员与计算机交换信息的设备，在控制领域，HMI 一般特指用于操作人员与控制系统之间进行对话和相互作用的专用设备，以实现人与机器之间从操作到动作全过程的可视化；SCADA(supervisory control and data acquisition)称之为监视控制与数据采集，SCADA 系统则是以计算机为基础的生产过程控制与调度自动化系统，它可以对现场的运行设备进行监视和控制，以实现数据采集、设备控制、测量、参数调节以及各类信号报警等功能。

9.1.1 WinCC 版本

WinCC 分为 WinCC 经典版(版本号为 7. x)和 WinCC 博图版(TIA Portal WinCC)两种版本。其中，WinCC 经典版是一种复杂的 SCADA 系统，能高效控制自动化过程，其功能多于 TIA WinCC。它基于 Windows 平台，可实现完美的过程可视化，能为各种工业领域提供完备的操作和监视功能，涵盖从简单的单用户系统到采用冗余服务器和远程 Web 客户端解决方案的分布式多用户系统。SIMATIC WinCC 系统典型架构(客户机/服务器+客户机/浏览器)如图 9-1 所示。

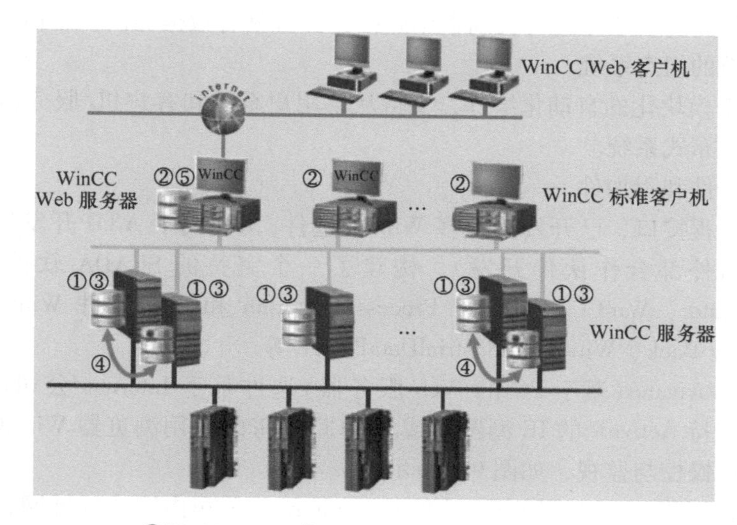

①WinCC Basic ②WinCC RT128 ③WinCC/Server
④WinCC/Redundancy ⑤WinCC/Web Navigator

图 9-1 SIMATIC WinCC 系统典型架构

TIA WinCC 是使用 WinCC Runtime Advanced 或 SCADA 系统 WinCC Runtime Professional 可视化软件组态 SIMATIC 面板、SIMATIC 工业 PC 以及标准 PC 的工程组态软件。它有 WinCC Basic、WinCC Comfort、WinCC Advanced、WinCC Professional 四种版本，具体使用取决于可组态的操作员控制系统。

1) WinCC Basic，用于组态精简系列面板，如 KP300、KTP400~KTP1200、TP1500 Basic。

2) WinCC Comfort，用于组态所有面板(包括精简面板、精智面板、移动面板、x77 面板和多功能面板)，如 KTP400、TP700~TP2200 精智面板，KTP700、KTP900 移动面板，170s 系列~370s 系列多功能面板。

3) WinCC Advanced，用于组态所有面板和基于 Windows7/8/10 操作系统的 PC。WinCC Runtime Advanced 是一种基于 PC 单站系统的可视化软件，它不适用于组态 C/S、B/S 架构的 SCADA 项目。

4) WinCC Professional，除前三款软件的功能外，可用于组态 C/S、B/S 架构的 SCADA 项目。WinCC Runtime Professional 是一种用于构建组态范围从单站系统或多站系统(包括标准客户端或 Web 客户端)的 SCADA 系统。

9.1.2 WinCC 性能特点

WinCC 性能特点如下：

(1) 创新软件技术的使用

WinCC 基于最新发展的软件技术，与 Microsoft 的密切合作保证用户能获得不断创新的技术。WinCC V7 支持 Windows XP SP3、Windows Vista、Windows 2003 Server SP2 等操作系统平台。

(2) 包括所有 SCADA 功能在内的客户机/服务器系统

即使最基本的 WinCC 系统仍能够提供生成复杂可视化任务的组件和函数，生成画面、脚本、报警、趋势和报表的编辑器由最基本的 WinCC 系统组件建立。其中，基本系统中的历史数据归档以较高的压缩比进行长期数据归档，并且具有数据导出和备份功能。

(3) 便捷高效的组态系统

WinCC 是一个模块化的自动化组件，支持从单用户系统和客户机/服务器系统到具有多台服务器的冗余分布式系统。

(4) 全新的选件和附加件

基于开放式编程接口，已开发出众多 WinCC 选件(由西门子 A&D 开发)和 WinCC 附加件(由西门子协同外部合作伙伴开发)，构建了一个完整的 SCADA 软件生态系统，如 WinCC/Web Navigator、WinCC/WebUX、Process Historian 和智能组件 WinCC/DataMonitor、WinCC/Connectivity Pack、WinCC/IndustrialDataBridge 等。

WinCC/Web Navigator(基于 PC 的 Web 服务器)选件基于 Internet/公司内网或局域网，Web 客户端通过支持 ActiveX 的 IE 浏览器或 WinCC 自带的专用浏览器 WinCC Viewer RT 可以对工厂运行进行操控与监视，如图 9-1 所示。

WinCC/WebUX(移动 Web 服务器)选件基于 Internet/公司内网或局域网，用户可通过智能移动设备(如手机)和浏览器对工厂运行进行操控与监视。

Process Historian(中央实时归档数据库)是一款功能强大的长期实时归档服务器解决方案，用于在一个中央数据库中实时存储 WinCC 过程值和消息。它可连接任意多个单站、服务器或冗余服务器对。

WinCC/DataMonitor(过程可视化以及数据的分析和发布)是 SIMATIC WinCC 智能组件，在远程办公室计算机上，可通过各种应用标准工具(如 Microsoft Internet Explorer 或 Excel)对当前的过程状态和历史数据进行显示与分析。在 DataMonitor 客户端上，可以显示和评估 DataMonitor 服务器上的当前/历史过程数据和报警。

WinCC/Connectivity Pack(连通包)中包含有 OPC XML DA、OPC HDA(历史数据访问)、OPC UA(统一架构)、OPC A&E(报警与事件)以及一个 WinCC OLE-DB 接口。基于此类功能，远程计算机无须安装 WinCC 即可直接访问 WinCC 归档和报警数据，为上位机信息管理系统(如制造执行系统(MES)、企业资源计划(ERP)或 Excel、Access 等办公软件包)提供相应的预处理生产数据。

WinCC/IndustrialDataBridge(工业数据桥)选件使用标准接口连接自动化系统与 IT 系统，并确保信息双向传输。使用 SIMATIC WinCC/IndustrialDataBridge，只需简单组态即可构建不同数据源和数据目标之间的通信连接。典型的接口如 OPC 和 IT 系统的 SQL 数据库，其中，SIMATIC WinCC 及其 OPC DA 服务器接口一般作为数据源，外部数据库则作为数据目标。

(5) 集成 ODBC/SQL 实时数据库

WinCC V7 使用 Microsoft SQL Server 2005 作为组态数据和归档数据的存储数据库，可以使用 ODBC、DAO、OLE-DB 和 ADO 方便地访问归档数据。WinCC V7 可用 Excel 打开已保存的归档数据。

(6) 强大的标准接口

WinCC 提供了 OLE、DDE、ActiveX、OPC 服务器和客户机等接口或控件，可以方便地与其他应用程序交换数据。

（7）丰富的脚本语言

WinCC 可编写 ANSI-C 和 Visual Basic 脚本程序。

（8）开放 API 编程接口

开放 API 编程接口可以访问 WinCC 的模块。所有的 WinCC 模块都有一个开放的 C 编程接口（C-API），亦即可以在用户程序中集成 WinCC 的部分功能。

（9）基于向导的在线组态

WinCC 提供了大量的向导来简化组态工作，如画面模块、系统函数、标准动态、画面功能、导入功能等。在调试阶段还可进行在线修改。

（10）可选择语言的组态软件

WinCC 软件是基于多语言设计的，它可以在英语、德语、法语以及其他众多的亚洲语言之间进行选择，也可以在系统运行时选择所需要的语言。

（11）提供与 PLC 系统、TDC 系统的通信通道

作为标准，WinCC 支持所有连接 SIMATIC S5/S7/505 控制器的通信通道，并且包括 PROFIBUS-DP、DDE 和 OPC 等非特定控制器的通信通道。此外，由选件和附加件可以提供更广泛的通信通道。

（12）提供与 SIMATIC WinAC 的连接接口

软/插槽式 PLC 和操作、监控系统在一台 PC 上相结合无疑是一个面向未来的概念。在此基础上，基于 PC 的 WinCC 和 WinAC 实现了西门子公司强大的自动化解决方案。

（13）全集成自动化的部件

TIA 集成了包括 WinCC 在内的西门子公司的各种产品。WinCC 可与属于 SIMATIC 产品家族的自动化系统十分协调地进行工作，同时也支持第三方制造商生产的自动化系统。TIA 保证了在组态、编程、数据存储和通信等方面的一致性。

（14）SIMATIC PCS7 过程控制系统中的 SCADA 部件

SIMATIC PCS7 是 TIA 中的过程控制系统。PCS7 是结合了基于控制器的制造业自动化优点和基于 PC 的过程工业自动化优点的过程处理系统（PCS）。基于控制器的 PCS7 使用标准的 SIMATIC 部件实现过程可视化。WinCC 是 PCS7 的操作员站。

（15）可集成到 MES 和 ERP

基于标准接口，SIMATIC WinCC 可与其他 IT 解决方案交换数据。它超越了自动控制过程，将范围拓展到了工厂监控级，为公司管理制造执行系统（MES）和企业资源计划（ERP）提供管理数据。

9.1.3 WinCC 基本功能

WinCC 是世界上性能最全面、技术最先进、系统最开放的 SCADA 系统之一，具备 SCADA 系统的八大子系统：图形系统、通信与变量管理、消息/报警系统、变量归档系统、报表系统、用户管理系统、脚本/编程系统、语言/文本库。

（1）图形系统

WinCC 的图形系统可在运行时处理画面上的所有对象，通过 WinCC 图形编辑器完成系统设备的可视化图形设计与操作。WinCC 图形编辑器提供了标准、智能、窗口、管等对象，ActiveX 控件和丰富的图形库，以及面板技术、多语言、多画面层次、画中画功能。可由组态工程师根据生产工艺高效生成企业的过程控制画面，实现画面对象的动态控制，继而可视

化动态控制生产工艺及设备。

（2）通信与变量管理

WinCC 变量管理器为用户提供了多种类型的通信通道，以实现 WinCC 与自动化系统(automation system，AS)之间的数据交换，它分为内部变量与外部变量两类。其中，内部变量并不连接到 AS，仅能由 WinCC 设备进行访问，用于内部计算或程序处理；外部变量是 AS 中所定义的存储单元的映像，其值随 AS 程序的执行而发生改变，WinCC 设备和 AS 两者均能进行访问。

（3）消息/报警系统

SIMATIC WinCC 报警可以通过外部变量各位的触发而产生(最多 32 位)，也可以直接由自动化系统的时间消息帧或者是超出限定值(上极限值或下极限值)时由模拟量报警而引发，抑或是由于某个操作而导致报警(操作消息)。根据每个报警块内容的不同，可按优先级、故障位置或时间顺序对报警进行筛选和分类。

（4）变量归档系统

WinCC 集成了高性能的 MS SQL Server 数据库，用于归档存储历史数值/值序列，以及报警和用户数据。过程值归档的目的是采集、处理和归档工业现场的过程数据。它有周期性连续、周期性选择、非周期性三种过程值归档方式，用户能自由设置归档的数据格式及采集和归档时间。过程值归档可通过组态 WinCC Online Trend(WinCC 在线趋势)和 WinCC Online Table(WinCC 在线表格)控件以显示过程值，并可通过内置的统计功能对过程状态进行综合分析。WinCC 基本系统支持 512 个变量归档。

（5）报表系统

WinCC 通过报表设计器提供集成化的报表系统，可对组态数据、运行数据、历史数据和外部数据生成用户自定义布局的报表或项目文档。既可按时间或事件驱动打印报表(如按小时、日、星期及月报表的形式循环输出)，也可将报表存储为文件，以供预览。

（6）用户管理系统

使用 WinCC User Administrator(用户管理器)，可分配和控制用户组态和运行时的软件访问权限。最多可分配 128 个用户组，每组最多包含 128 个不同用户。可以随时为用户分配相应的 WinCC 功能访问权限，最多可划分 999 种不同授权。

（7）脚本/编程系统

WinCC 支持 VBScript、VBA 或 ANSI-C 编程。VB 脚本和 C 脚本可以访问所有 WinCC 图形对象的属性和方法，以及 ActiveX 控件和其他制造商应用软件的对象模型，从而使用户能控制对象的动态特性。此外，VB 脚本还能与其他制造商应用软件建立连接(如 Office 应用和 SQL 数据库)；C 脚本可通过 API 函数操作 Windows 功能，访问 WinCC 的组态和运行系统等。VBA 则提供了对 WinCC 软件功能扩展的能力。图形编辑器中集成的 VBA 功能，不仅能访问 WinCC 对象，也同时能访问其他具有 COM 组件的应用，可对画面、变量、归档、消息、文本列表等实现编程组态自动化。

（8）语言/文本库

WinCC 允许以多种语言组态项目，默认有中文(简体)、英语、德语、法语、意大利语、西班牙语、韩语、日语八种语言可供选择。使用文本编辑器，可以编辑和管理在运行系统中使用的语言及相应的文本。

9.1.4 通信通道

1. 通道类型

(1) SIMATIC S7 Protocol Suite 通道

该通道支持 WinCC 站与 SIMATIC S7-300 和 S7-400 自动化系统之间的通信。此协议集支持多种网络协议和类型。

① MPI：通过编程设备(如 PG760/PCRI45)的外部 MPI 端口、MPI 通信处理器或通信模块(如 CP5511、CP5613)进行通信。

② 命名连接：通过符号连接与 STEP7 进行通信。

③ PROFIBUS 和 PROFIBUS(II)：基于 SIMATIC NET 通信处理器(如 CP5613)进行 PROFIBUS 通信。

④ Slot-PLC：与插槽 PLC(如 WinAC Pro)进行通信，它是安装在 WinCC 计算机上的 PC 卡。

⑤ Soft-PLC：与软 PLC(如 WinAC Basis)进行通信，它是安装在 WinCC 计算机上的程序。

⑥ TCP/IP：使用 TCP/IP 与网络进行通信。

⑦ 工业以太网和工业以太网(II)：基于 SIMATIC NET 通信处理器(如 CP 1612、CP1613)进行工业以太网通信。

(2) 连接 SIMATIC S5 的通信类型

① SIMATIC S5 Programmers Port AS511 通道：用于通过 TTY 接口与 SIMATIC S5 自动化系统进行串行连接。

② SIMATIC S5 Serial 3964R 通道：用于串行连接 SIMATIC S5 自动化系统，实现 3964R 或 3964 协议的串行通信。

③ SIMATIC S5 Ethernet Layer 4 通道：基于 SIMATIC NET 通信处理器(如 CP1612、CP1613 或 CP1623)连接 SIMATIC S5-115U/H、SIMATIC S5-135U/H 和 SIMATIC S5-155U/H 等自动化系统，实现两者间的 ISO 传输协议或 TCP/IP 通信，WinCC 可配置 3 个模块，每个模块最多与 30 个 SIMATIC S5 站进行通信。

④ SIMATIC S5 Profibus FDL 通道：基于 FDL(CP5412/A2-1)通道单元连接 SIMATIC S5 自动化系统，最多可支持 24 个连接，采用网络类型 PROFIBUS(过程现场总线)和协议 FDL(现场数据链接层)。

(3) 连接 SIMATIC S505 的通信类型

① SIMATIC TI Serial 通道：基于 505 Serial Unit #1 通道单元串行连接 SIMATIC TI505 自动化设备，实现两者间的 TBP 协议或 NITP 协议的串行通信。

② SIMATIC TI Ethernet Layer 4 通道：基于工业以太网连接 SIMATIC TI505 自动化系统，实现两者间的 ISO 传输协议通信。

③ SIMATIC S505 TCP/IP 通道：基于通信处理器 CP2572 连接 SIMATIC TI505 自动化系统，实现两者间的 TCP/IP 通信。

(4) 与第三方连接的通信类型

① Allen Bradley-Ethernet IP 通道：用于连接 Allen-Bradley 自动化系统。支持 E/IP PLC5、E/IP SLC50x、E/IP ControlLogix 等通道单元的连接，且使用 Ethernet IP 进行通信。

② Mitsubishi 以太网通道：用于连接 FX3U 和 Q 系列 Mitsubishi 控制器，且使用 MELSEC 协议(MC 协议)进行通信。

③ Modbus TCP/IP 通道：用于连接支持 Modbus 的 PLC，且使用 Modbus TCP/IP 进行通信。

(5) 其他通信类型

① SIMATIC S7-1200，S7-1500 Channel 通道：基于 OMS+通道单元以及通信处理器(如 CP1612 A2、CP1613 A2、CP1623、CP1628)连接 S7-1200 和 S7-1500 自动化系统，实现两者间的 TCP/IP 通信。

② PROFIBUS FMS 通道：基于 PROFIBUS 通信模块 CP5613 连接自动化系统(如 S5 或 S7)，实现两者间的 FMS 协议通信。

③ PROFIBUS-DP 通道：基于 PROFIBUS 通信模块 CP5412(A2)与所有 PLC 以及可作为 DP 从站操作的现场设备进行通信，WinCC 作为主站且最多可配置四个 CP5412(A2)模块，每个模块可与 62 个 DP 从站进行通信。

④ SIMOTION 通道：基于工业以太网连接 SIMOTION 自动化系统，实现两者间的 TCP/IP 通信。

⑤ WinCC OPC 通道：OPC 是由 OPC 基金会定义的独立于制造商的开放式接口标准，目的是以标准化的接口在办公室与生产部门间、不同制造商的设备和应用程序间实现数据传送。WinCC 可用作 OPC 服务器和 OPC 客户端。OPC 通道是 WinCC 的 OPC 客户端应用程序。OPC 通信驱动程序可用作 OPC DA 客户端、OPC XML 客户端和 OPC UA 客户端。

⑥ System Info 通道：用于解释系统信息，如时间、日期、磁盘容量，并提供定时器和计数器等功能。

2. 通道及其连接诊断

WinCC 支持通道及其连接的诊断有“状态-逻辑连接”功能、WinCC 通道诊断两类。

(1) “状态-逻辑连接”功能

激活 WinCC 运行系统后，通过单击 WinCC 项目管理器“工具”菜单项中的“驱动程序连接的状态”选项，即可打开如图 9-2 所示的“状态-逻辑连接”对话框。组态的连接及相应连接的状态将分别显示在“名称”与“状态”列中。

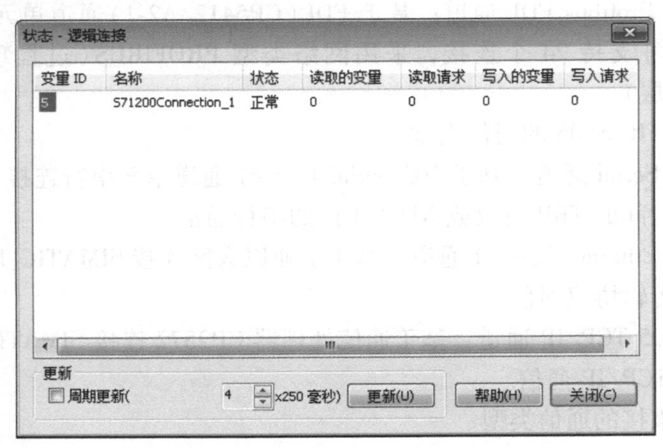

图 9-2 “状态-逻辑连接”对话框

（2）WinCC 通道诊断

通信时使用“SIMATIC \ WinCC \ Tools”组中的“WinCC Channel Diagnosis”通道诊断应用程序或集成在 WinCC 运行时的“WinCC Channel Diagnosis Control” ActiveX 控件，可以为 WinCC 用户提供快速浏览激活连接的状态和诊断信息的方法，以便用户快速排除通信中的故障。后者还可用作组态诊断输出的用户界面。

WinCC 运行系统激活后，通道的状态信息将出现在通道诊断应用程序对话框的“Channels/Connections（通道/连接）”选项卡中，如图 9-3 所示。

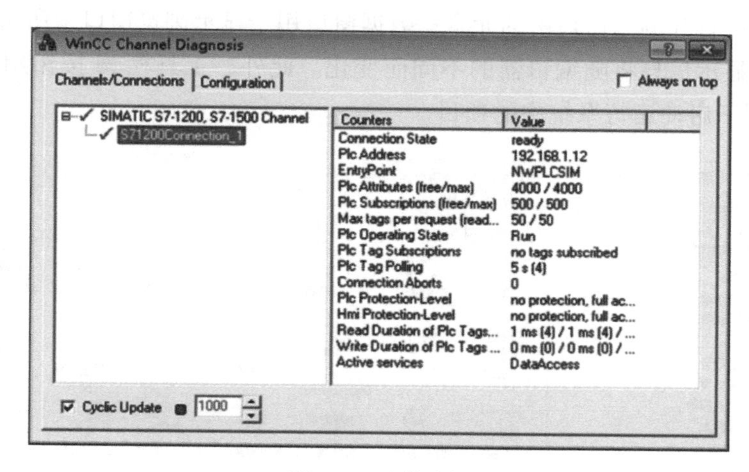

图 9-3　通道诊断

通道诊断为每个组态的 WinCC 通道创建一个名为<通道名称 . log>的记录册文件，它包含许多信息，如启动和结束消息、版本信息以及有关通信错误的信息，确切的文本内容取决于通道。

此外，通过单击图 9-3 中的“Configuration”选项卡，可以创建名为<通道名称 . trc>的跟踪文件。选择期望的通道并激活“Flags（标记）”部分要记录在跟踪文件内的状态和错误消息，勾选“TraceFile（跟踪文件）”部分的“Enable”复选框，以设置跟踪文件的最大数目、单个跟踪文件的最大大小以及文件数目和文件大小达到最大后是否覆盖通道现有的跟踪文件（从最早的开始），如图 9-4 所示。两个文件均存储于 WinCC 目录结构的“Diagnostics”目录下。

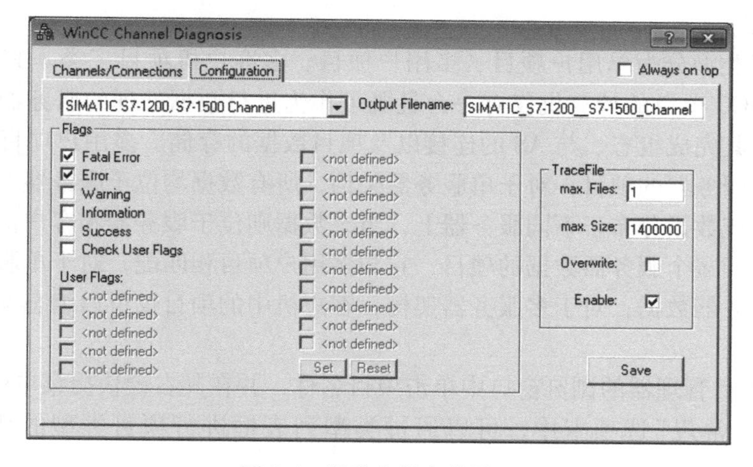

图 9-4　跟踪文件参数设置

9.2 WinCC 编程基础

9.2.1 WinCC 项目管理器

WinCC 项目管理器由菜单栏、工具栏、状态栏、浏览窗口、数据窗口等组成，如图 9-5 所示。其中，浏览窗口显示 WinCC 项目管理器中的编辑器和功能的列表。通过双击元素或使用快捷菜单，可打开浏览窗口中的元素；数据窗口用于显示浏览窗口中所选编辑器或文件夹所属的元素，显示信息将随编辑器的不同而变化。此外，工具栏■按钮用于退出运行系统，■按钮则用于启动运行系统中的项目。

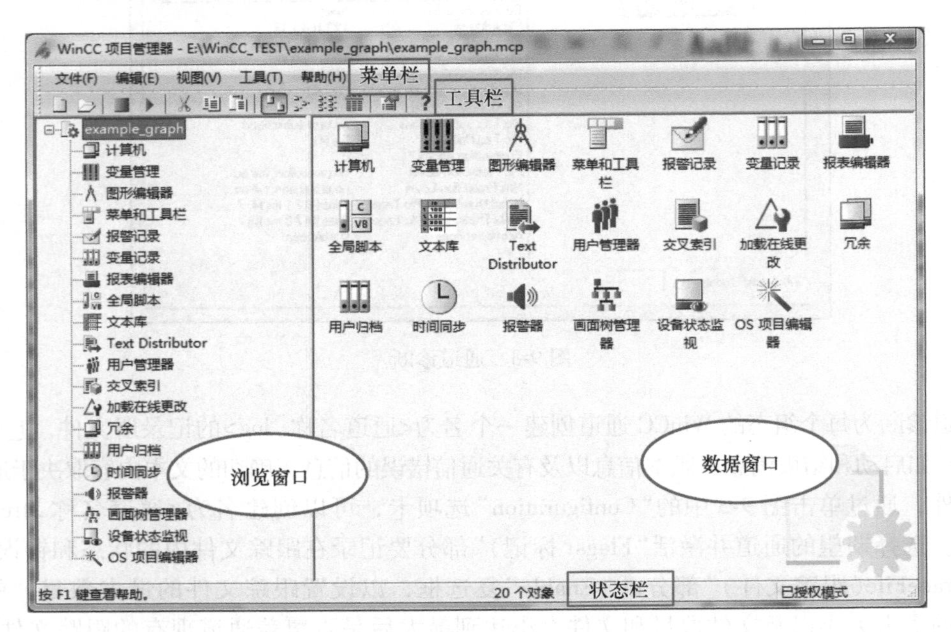

图 9-5　WinCC 项目管理器

1. 项目类型

WinCC 项目类型分为单用户项目、多用户项目、多客户机项目三类。其中，单用户项目是指运行 WinCC 项目的计算机仅有一台且既可作为进行数据处理的服务器，也可作为操作员输入站，由其完成组态、与 AS 的连接以及项目数据的存储。多用户项目是指同一项目使用一台或多台服务器的项目，对于单服务器架构，所有数据均位于服务器上；对于多服务器架构，运行系统数据分布于不同服务器上，组态数据则位于服务器和客户机上。多客户机项目是指能够访问多个服务器数据的项目，它与多用户项目相匹配，对于单服务器架构，客户机仅能引用服务器数据；对于多服务器架构，客户机中的项目仅可以组态本机的画面、脚本和变量数据。

在 WinCC 项目管理器的浏览窗口中单击项目名称，并在其右键快捷菜单中选择“属性”。在弹出的对话框“常规”选项卡中，可以通过类型列表框进行项目类型的切换，如图 9-6 所示。

2. 全局设计

全局设计是指项目在运行系统中的显示方式，它包含颜色、图案和其他光学效果，可以在项目属性中予以确定。WinCC 为项目提供了 WinCC 经典、WinCC 简单、WinCC 玻璃、WinCC 3D、WinCC 暗黑五类全局设计供用户选择，如图 9-7 所示。用户也可自定义全局设计方案。

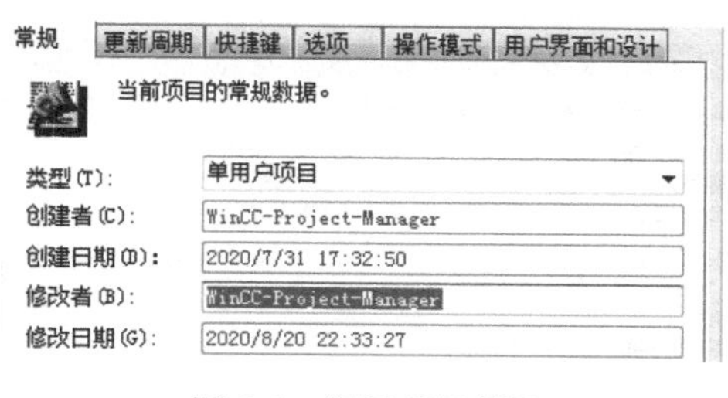

图 9-6　设置项目属性

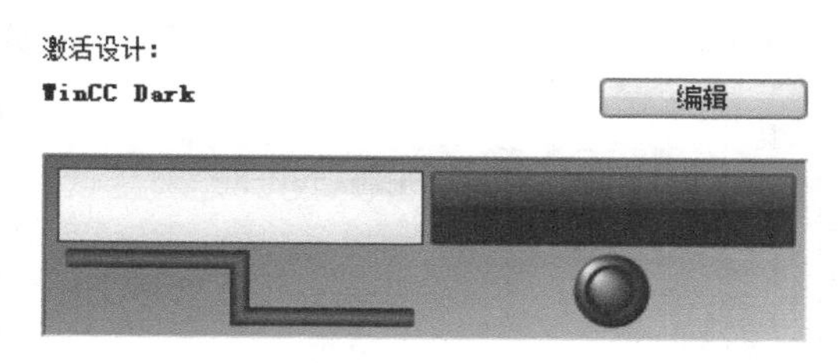

图 9-7　全局设计

3. 计算机属性

创建项目时，必须调整将在其上激活项目的计算机的属性。在多用户系统中，必须单独为每台创建的计算机调整属性。单击 WinCC 项目管理器浏览窗口中的“计算机”选项，并在其右键快捷菜单中选择“属性”。在弹出对话框的“常规”选项卡中输入正确的计算机名称，或单击“使用本地计算机名称”将计算机名称更改为本地计算机名称。仅当关闭并重新打开 WinCC 项目后，WinCC 才会接受修改后的计算机名称。

4. 运行系统设置

WinCC 采用默认的运行系统设置。其中，“启动”选项卡用于设置运行系统需装载的应用程序以及附加任务，如图 9-8 所示；“参数”选项卡用于设置运行系统语言、默认语言、禁止键、WinCC 的时间基准、PLC 的有效时间、时间和日期格式等，WinCC 默认使用当地时区，如图 9-9 所示；“图形运行系统”选项卡用于设置当前项目文件的存储路径和文件名称、起始画面、菜单和工具栏的起始组态、窗口属性、关闭、光标控制特征、热键等，如图 9-10 所示；“运行系统”选项卡用于设置 VBS 调试选项(图形/全局脚本)、设计选项、运行系统选项、画面缓存临时存储路径以及画面中的鼠标指针等，如图 9-11 所示。

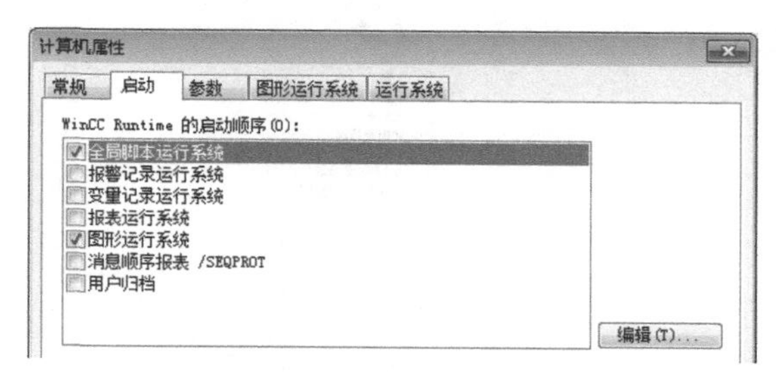

图 9-8　设置计算机属性

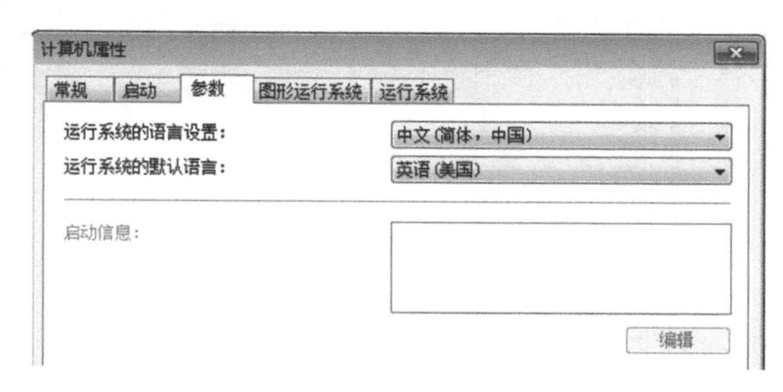

图 9-9　设置运行语言

9.2.2　WinCC Configuration Studio

WinCC Configuration Studio 为 WinCC 项目批量数据组态提供了一种简单且高效的方法。它划分为导航区、数据区(又称表格区)、属性区，如图 9-12 所示。其中，导航区用于以树形视图的形式显示所选编辑器或所选功能的对象，包括数据区中显示的所有元素；数据区由一个类似于电子表格程序的表格视图组成，用于组态所选编辑器或所选功能的数据记录；属性区用于编辑所选编辑器或所选功能的数据记录。单击导航区下方的变量管理、变量记录、报警记录、文本库、用户管理器、报警器、用户归档等按钮即可切换至相应的编辑器。

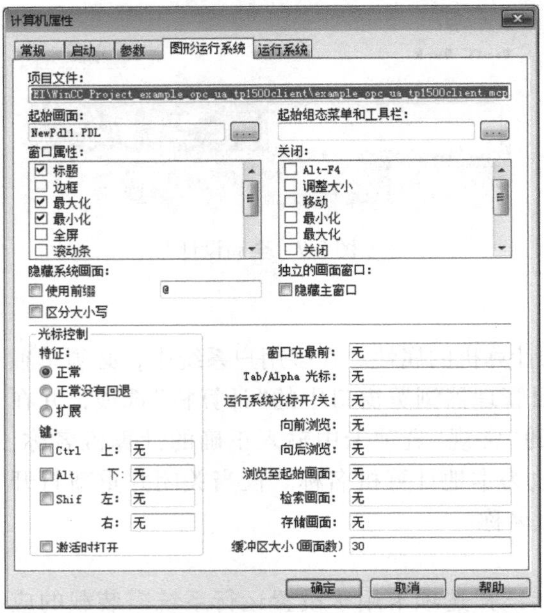

图 9-10　设置图形系统属性

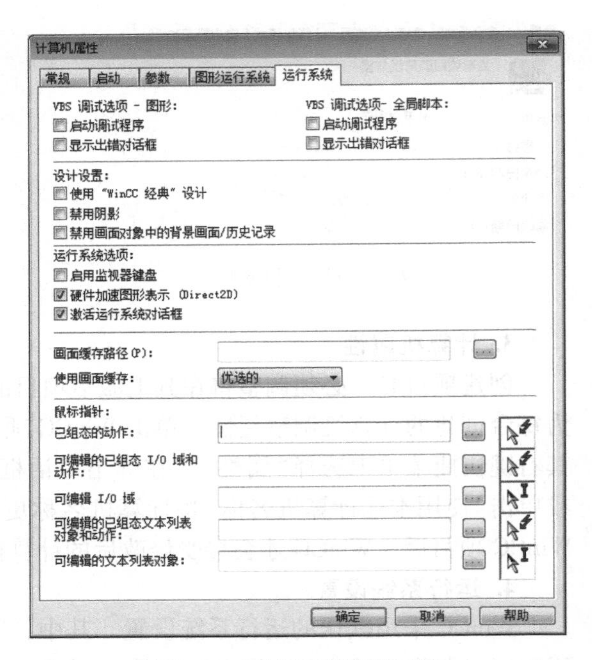

图 9-11　设置运行系统属性

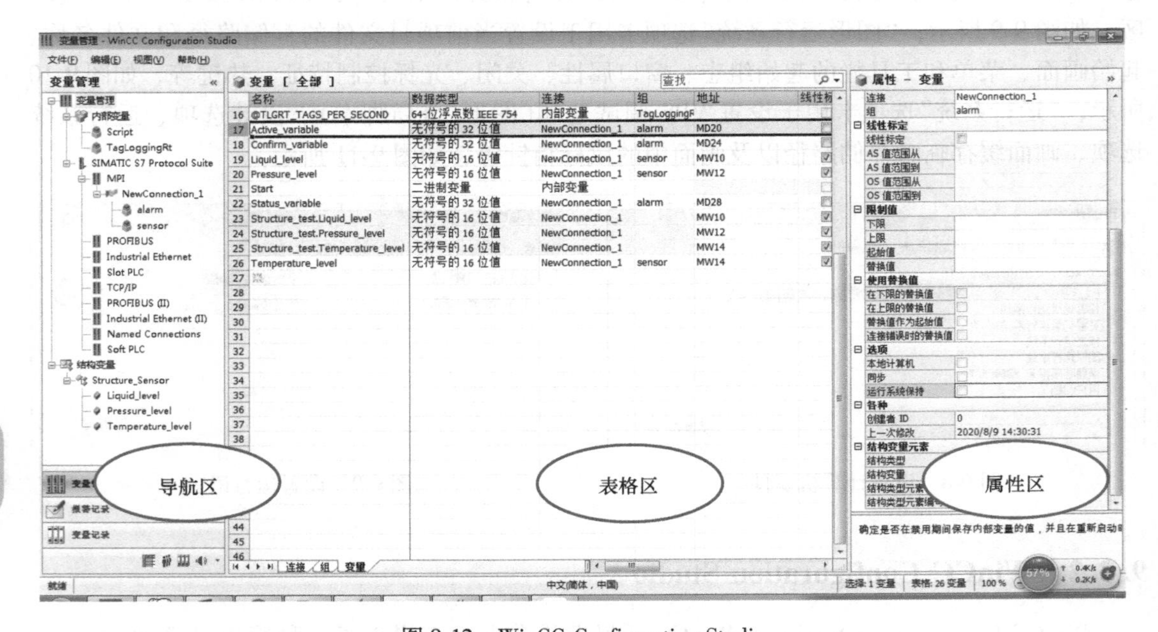

图 9-12　WinCC Configuration Studio

9.2.3　图形编辑器

1. 图形编辑器

通过 WinCC 图形编辑器，组态工程师可以根据生产工艺高效地生成过程控制画面，实现画面对象的动态控制、生产过程的运行状态和工艺的实时显示、关键工艺控制参数的设置、被控参数的动态跟踪等，继而可视化动态控制生产工艺及设备。

双击 WinCC 编辑器中的“图形编辑器”文件夹，即弹出如图 9-13 所示的图形编辑器，它由工作区、菜单栏、选项板、控件选择区、状态栏五部分组成。其中，工作区用于编辑过程画面，画面之间可通过工作区选项卡进行切换；选项板由对齐选项板(使用<SHIFT>键+鼠标左键选择对象，则以第一个选定对象作为参考进行对齐、调整宽度和高度)、图层选项板(32 个图层)、调色板、对象选项板、字体选项板、默认选项板、缩放选项板等组成；控件选择区由标准(标准、智能、窗口、管等对象)、控件、样式、过程画面以及丰富的图形库组成，如图 9-14 所示。

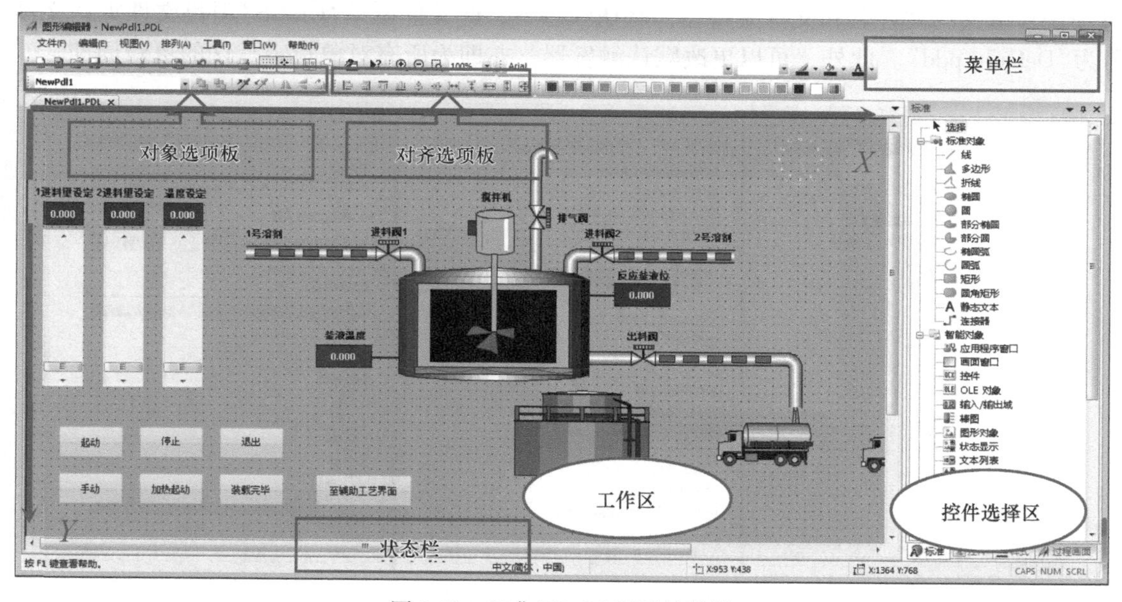

图 9-13　经典 WinCC 图形编辑器

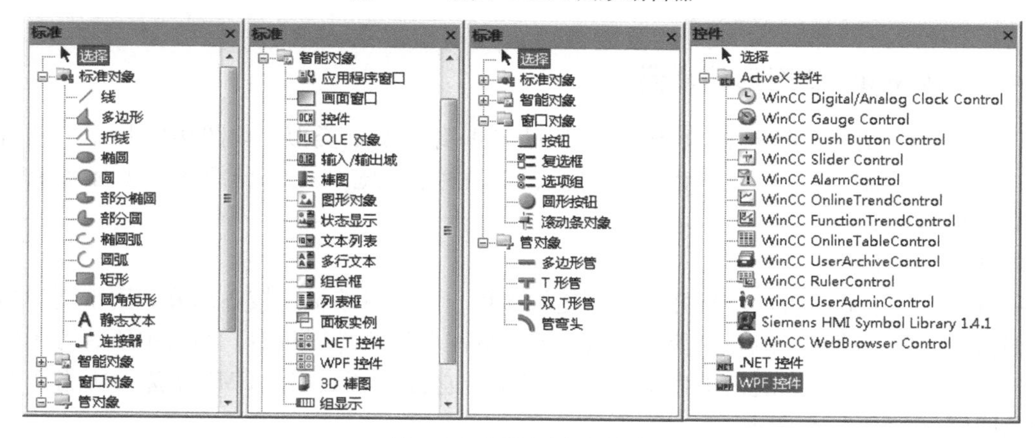

图 9-14　图形对象与控件

2. 坐标系统

在图形编辑器中，设置位置和指定大小的基础是二维坐标系统，它分为画面、对象两类坐标系统。其中画面坐标系统以画面左上角为坐标原点($X=0/Y=0$)，水平从左向右为 X 轴正方向，垂直从上向下为 Y 轴正方向，坐标以像素为单位，如图 9-13 所示。对象坐标系统分为二维、三维两类，水平从左向右为 X 轴正方向，垂直从下向上为 Y 轴正方向，指向画面水平面向里为 Z 轴正方向。

3. 基本设置

在图 9-13 的“工具”菜单中选择“设置”命令，将弹出如图 9-15 所示的图形编辑器基本设置对话框。

其中，“网格”选项卡用于设置网格宽度、高度以及显示和对齐网格；“选项”选项卡用于设置退出时是否保存设置、显示性能警告、禁止所有 VBA 事件、使用组态对话框、显示提示和技巧、更改面板类型时显示信息等选项；“可见层”“显示/隐藏层”选项卡用于设置单个图层的可见性和缩放因子；“缺省对象设置”选项卡用于设置存储对象类型默认设置信息的“PDD”格式的文件名和文件夹路径，默认状态下，此文件位于“GraCS”项目文件夹，文件名为“Default. pdd”。此外，可以更改默认触发器，亦即为所有对象指定默认的更新周期。

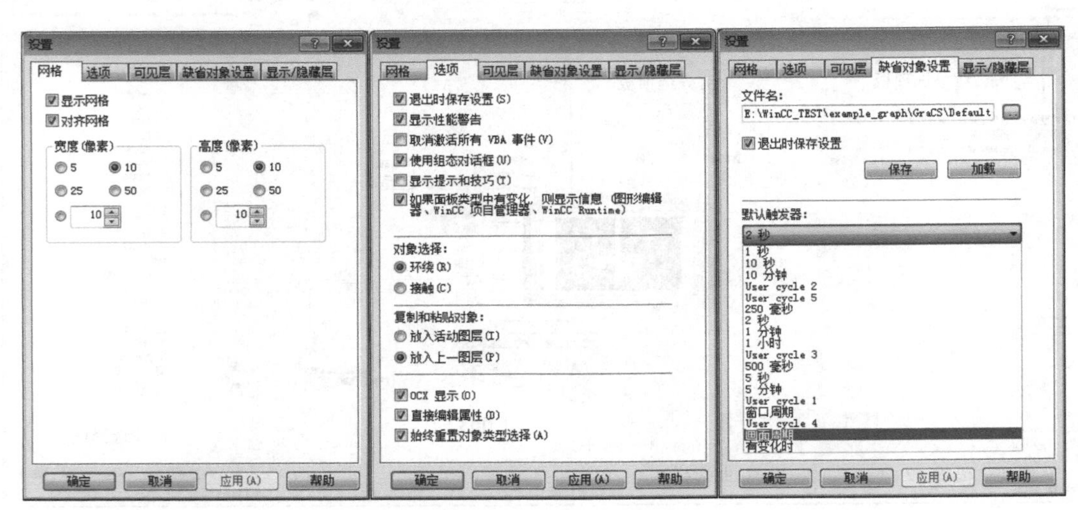

图 9-15　图形编辑器基本设置

9. 2. 4　TIA WinCC 图形编辑器

TIA WinCC 的图形编辑器与经典 WinCC Flexible 组态界面类似，如图 9-16 所示，它由导航区、工作区、属性区、工具区以及菜单栏、工具栏、状态栏七部分组成。坐标系统参见 WinCC 图形编辑器。

1. 项目导航区

项目导航区中显示当前已打开或已新建的项目，是项目编辑的核心部分，用于创建和打开要编辑的对象。项目导航区的使用方法与 Windows 资源管理器相似。项目中所有可用的组成部分和编辑器在项目导航区中以树形结构显示，它分为项目名、HMI 设备、功能文件夹和对象四层，如图 9-16 所示。

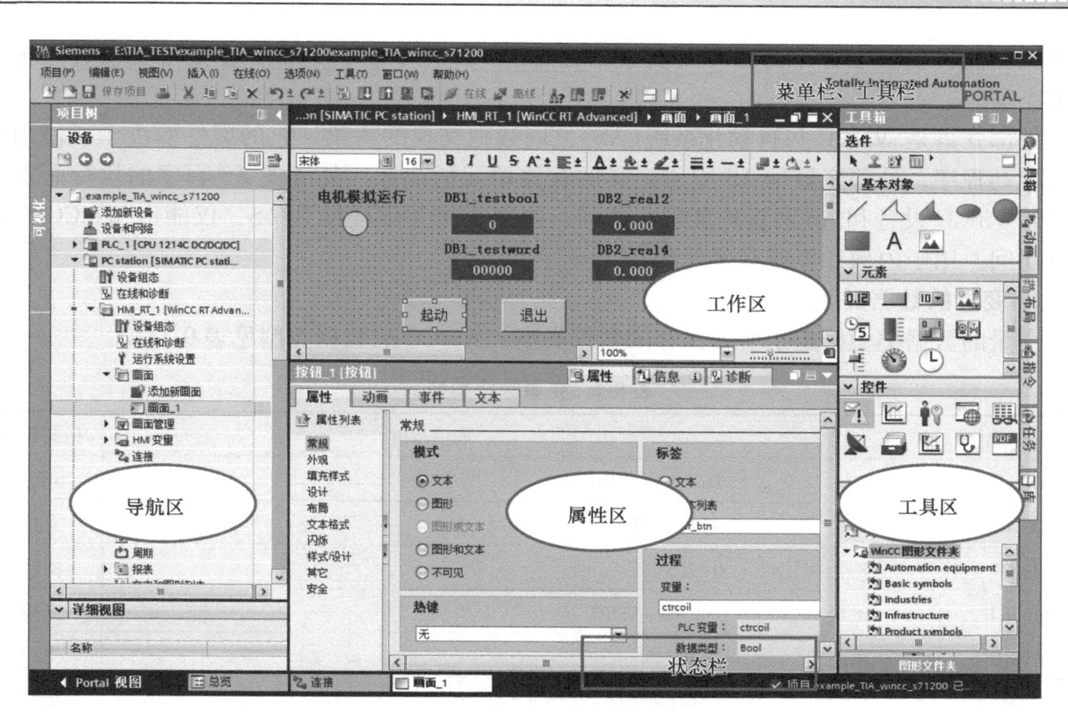

图 9-16　TIA WinCC 图形编辑器

2. 工作区窗口

工作区窗口用于编辑表格格式的项目数据（如变量）或图形格式的项目数据（如过程画面），如图 9-16 所示。当在工作区选定 1 个对象时，属性区窗口将显示此对象的相应属性供编辑。单击工作区右上角的▣按钮，则对应的编辑器将浮于窗口之上；单击▣按钮，则对应的编辑器将嵌入窗口中。

3. 属性区窗口

属性区窗口用于编辑在工作区中选择的对象属性，它按类别组织，如图 9-16 所示为起动按钮属性项、动画项、事件项、文本项等。图中为起动按钮“常规”属性组“文本”属性设置文本列表。

4. 工具区窗口

工具区窗口中包含编辑用户监控界面所需的基本对象、元素、控件、图形和库五类，如图 9-16 所示。库又分为全局库和项目库，其中，全局库用于所有项目，它并不存放在项目数据库中，而是以文件形式保存在 WinCC 的安装目录下；项目库则随项目数据存储在数据库中，它仅用于创建该项目库的项目。

9.3　变量组态

9.3.1　变量基本概念

1. 变量的分类

在 WinCC 中，变量分为外部变量（又称过程变量）和内部变量，每个变量有 1 个符号名和数据类型。变量名称不得以@开头且不能超过128个字符，WinCC在处理变量名称时区分大小写。

外部变量是WinCC与自动化系统(AS)之间数据交换的桥梁，它的属性取决于所使用的通信驱动程序，外部变量是AS中所定义的存储单元的映像，其值随AS程序的执行而发生改变，WinCC设备和AS两者均能进行访问；内部变量并不连接到AS，仅能由WinCC设备进行访问，用于内部计算或程序处理。

2. 变量的数据类型

变量的数据类型确定了所要保存的数据类型，WinCC的数据类型见表9-1。

表9-1 变量数据类型

数据类型	宽度	取值范围	格式转换
BOOL	1位	True(1)、False(0)	不支持
CHAR	8位	-128~127	支持
BYTE	8位	0~255	支持
SHORT	16位	-32768~32767	支持
WORD	16位	0~65535	支持
LONG	32位	-2147483648~2147483647	支持
DWORD	32位	0~4294967295	支持
FLOAT	32位	±1.175494e-38~±3.402823e+38	支持
DOUBLE	64位	±2.2250738585072014e-308~±1.79769313486231e+308	支持
原始数据变量			不支持
文本变量	8位	ASCII字符集	不支持
文本变量	16位	Unicode字符集	不支持
文本参考	仅用于内部变量	WinCC文本库中的条目	不支持
日期/时间(Double)	64位	±1.79769313486231e+308 整数部分为1899年12月30日午夜前或午夜后的天数，小数部分为这一天的时间除以24。如1900年1月1日早上6点表示为2.25	支持

9.3.2 通信连接

1. 创建项目

在SIMATIC Manager中新建项目，从项目右键快捷菜单中选择“Insert New Object”→“Station”→“SIMATIC 300 Station”，进行CPU314C-2DP PLC基本组态，并设置其MPI地址为2。同理插入OS，双击OS或直接运行WinCC应用程序进入WinCC编辑器。

2. 建立S7连接

以创建MPI连接为例，在变量管理编辑器中选择导航区域的“变量管理”文件夹，从右键快捷菜单中选择“添加新的驱动程序”→“SIMATIC S7 Protocol Suite”，如图9-17所示。

在导航区域中选择MPI通道单元，从右键快捷菜单中分别选择“系统参数”“新建连接”选项(图9-18)，设置MPI通道逻辑设备名称为“MPI”(图9-19)，亦即应用程序访问点为PLCSIM.MPI.1参数。创建NewConnection_1连接，从连接的右键快捷菜单中选择“连接参数”

选项，设置连接参数，本例中 S7 网络地址设置为 2(MPI 地址)，CPU 处于 0 号框架 2 号槽位，如图 9-20 所示。不同的通信驱动程序其系统参数、连接参数也略有差异，如 PROFIBUS、工业以太网的逻辑设备名称分别为 CP_L2_1、CP_H1_1，S7 网络地址分别对应 DP、IP 地址。

图 9-17　添加连接驱动程序

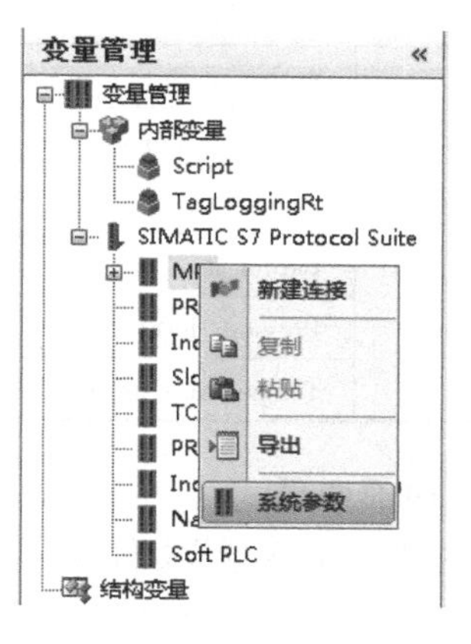

图 9-18　添加连接

图 9-19　设置 MPI 系统参数

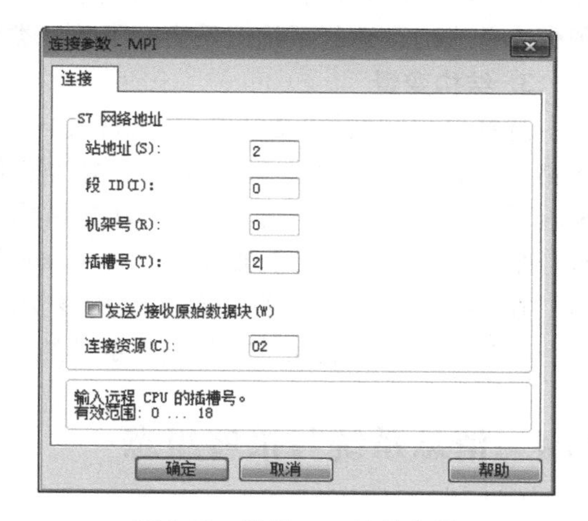

图 9-20　设置 MPI 连接参数

9.3.3　变量组态

序号 23　WinCC 变量组态

1. 外部变量

选择导航区域的“NewConnection_1”连接，单击表格区下方的“组”选项卡，在“名称”列第一个空行内输入变量组的名称，如 Alarm 变量组，见表 9-2。选择 Alarm 变量组或单击表格区下方的“变量”选项卡，在“名称”列第一个空行内输入变量的名称，如 Active_alarm。并根据实际情况，在表格区或“属性”区域中编辑变量的属性，如数据类型、限制值、起始值、替换值以及线性标定等。其中，如果设置了替换值，则可以选择具体应用于越限、连接错误或作为起始值；如果设置了线性标定，WinCC

可以将AS(如PLC)外部变量的数值映射到OS(HMI)项目的特定数值范围。假设AS经12位模拟量输入模块将0~200L反应釜液位转换为0~27648的数值，为了在WinCC工艺界面中动态显示反应釜液位(实际工程量)，启用Liquid_level的线性转换功能，将AS和OS数值范围分别设置为27648~0和200~0即可。

表9-2　变量及属性设置

变量组名称	变量名称	数据类型	AS地址	上限	下限	AS下	AS上	OS下	OS上
Alarm	Active_alarm	DWORD	MD20						
	Confirm_alarm	DWORD	MD24						
	Status_alarm	DWORD	MD28						
Sensor	Liquid_level	WORD	MW10	200	0	0	27648	0	200
	Pressure_level	WORD	MW12	100	0	0	27648	0	100
	Temperature_level	WORD	MW14	100	0	0	27648	0	100

2. 内部变量

选择“内部变量”文件夹，单击表格区下方的“变量”选项卡。在“名称”列第一个空行内输入变量的名称，并根据实际情况，设置数据类型、限制值、起始值和替换值。如果激活了变量的“运行系统保持”选项，则在运行系统关闭时仍保留内部变量的值，而所组态的起始值仅在首次启动运行系统以及更改了数据类型后使用。

3. 结构变量

选择导航区域的“结构变量”文件夹，从右键快捷菜单中选择“新建结构类型”选项，在表格区“名称”列第一空行中输入结构类型名Structure_Sensor。选择导航区域的“Structure_Sensor”，从右键快捷菜单中选择“新建结构类型元素”选项，在“结构类型元素”表格区“名称”列第一空行中依次添加表9-2中Sensor组的变量。选择表格区下方的“结构变量”选项卡，在“名称”列第一空行中输入结构变量名Structure_test，并选择Structure_Sensor数据类型。这样，便可生成在结构类型中定义的变量。

9.4　消息系统与报警组态

9.4.1　消息系统基础

消息系统处理由在自动化级别以及在WinCC系统中监控过程动作的函数所产生的结果。它通过图像和声音的方式指示所检测的报警事件，并进行电子归档和书面归档。

1. 消息类别

消息类别由多种消息类型组成。在报警记录中，系统预组态了“错误”“系统，需要确认”和“系统，无确认”三种标准消息类别，如图9-21所示。WinCC最多可定义16个消息类别。在报警记录导航区域中，右击“消息”文件夹，并在快捷菜单中选择“新建消息等级”选项，单击表格区下方的“消息等级”选项卡或右侧属性(图9-22)添加新的消息类别。

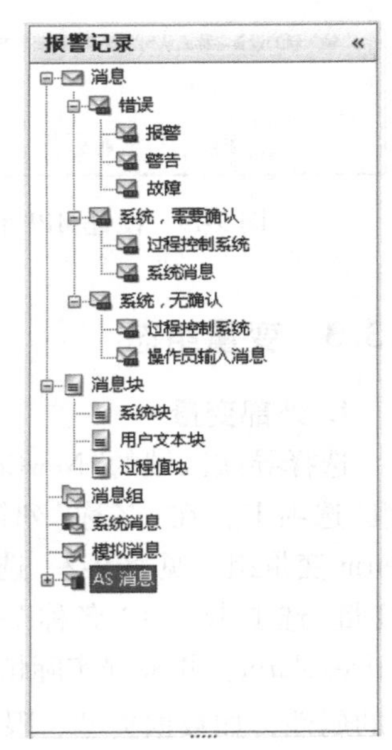

图9-21　消息类别

2. 消息类型

消息类型将具有相同确认原则和显示颜色的消息组合在一起。每个消息类别最多可创建16个消息类型，每个消息类型可组态多个消息，也可以将消息组合到组中。自 WinCC V7.3起，消息类型可采用消息类别的所有属性。WinCC 默认为新项目“错误消息类别”提供报警、警告和故障以及为“系统消息类别”提供过程控制系统、系统消息和操作员输入消息等消息类型，如图9-21所示。

系统消息类别的消息类型无法删除且无法组态任何附加的消息类型。在报警记录导航区域中，选择消息类别对应文件夹(如“错误”)的右键快捷菜单中的“新建消息类型”选项，单击表格区下方的“消息类型”选项卡或右侧属性(图9-23)添加新的消息类型，并组态相应的确认方法、状态文本及字体颜色。

⊟ 选择	
对象类型	消息等级
对象名称	消息测试类别
⊟ 常规	
名称	消息测试类别
等级 (ID)	2
作者	0
⊟ 变量	
状态变量	
状态位	0
锁定变量:	
锁定位:	0
确认变量	
确认位	0
⊟ 翻译“名称”	
名称 (ID)	91
名称 (ENU)	空文本
名称 (CHS)	消息测试类别

名称

图9-22　类别属性

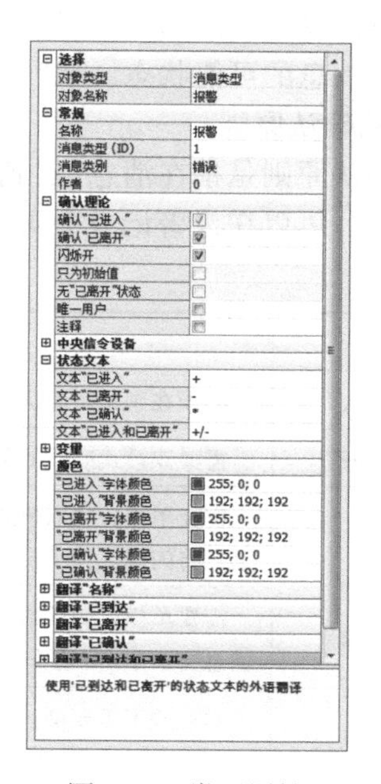

图9-23　类型属性

3. 消息块

消息的内容由消息块组成。WinCC 提供了系统、用户文本、过程值三组消息块。其中，系统块(图9-24)规定了预定义且不能随意使用的系统信息，如日期、时间、消息编号和状态等；用户文本块(图9-25)用于将消息与可自由定义的不同文本进行关联，如错误原因、出错位置等，每条消息最多关联10个文本，其最大长度为255个字符，用户文本块的消息文本可以显示过程值并定义其输出格式；过程值块(图9-26)用于将消息与过程值(过程变量)进行关联，如罐体液位、压力、温度等，每条消息最多关联10个变量，其输出格式用户不能自由定义。在运行系统中，每个消息块条目对应消息窗口中表格显示区的某一列。

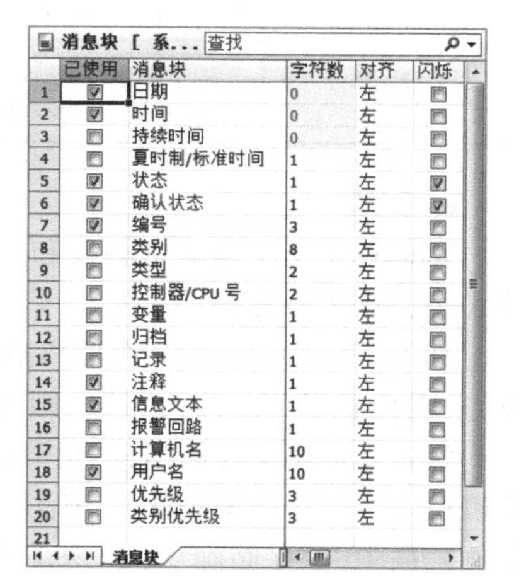

图9-24　系统块

	已使用	消息块	字符数	对齐
1	☑	消息文本	10	左
2	☑	错误点	10	左
3	☐	块: 3	10	左
4	☐	块: 4	10	左
5	☐	块: 5	10	左
6	☐	块: 6	10	左
7	☐	块: 7	10	左
8	☐	块: 8	10	左
9	☐	块: 9	10	左
10	☐	块: 10	10	左
11				
12				

图 9-25　用户文本块

图 9-26　过程值块

4. 消息事件与状态

消息事件是指消息的“到达”“离开”和“确认”。所有消息事件都存储在消息归档中。消息状态是指消息的可能状态，如“已到达”“已离开”和“已确认”。

5. 消息确认原则

消息确认原则是指在消息“已到达”到消息“已离开”的时间范围内，对消息进行显示和处理的方法。可以在报警记录中实施不同的确认原则，如图 9-23 所示。具体说明见表 9-3。

表 9-3　消息确认

选项	描述
确认“已进入”	必须在到达时确认的单个消息选择此选项
确认“已离开”	需要双模式确认的单个消息选择此选项
闪烁开	需要单模式或双模式确认的新值消息选择此选项。当其显示在消息窗口中时，该消息类别的消息将闪烁。为了使消息的消息块在运行系统中闪烁，则必须同步启用相关消息块的闪烁属性
只为初始值	需要单模式确认的初始值消息选择此选项，亦即只有此消息类型的第一个消息会闪烁显示在消息窗口中。必须同步选择“闪烁开”
无“已离开”状态	需要或不需要确认的无“离开”状态的消息选择此选项。消息类型不需要确认且不具有“已离开”状态的消息将不会显示在消息窗口中，仅对消息进行归档
唯一用户	如果选择此选项，消息窗口中的注释将分配给已登录的用户。在“用户名”系统块中输入用户。如果至今没有输入任何注释，则任何用户都可输入第一个注释。在输入第一个注释之后，所有其他用户仅能对注释进行读访问
注释	如果选择此选项，进入消息的注释总是与动态组件“@ 100%s@ ”“@ 101%s@ ”“@ 102%s@ ”和“@ 103%s@ ”一起显示在用户文本块中。随后的显示则取决于消息列表中消息的状态

6. 变量

WinCC 定义了与消息触发和确认相关的消息变量、状态变量、确认变量，它必须是字节、字、双字型无符号变量。

其中，消息变量用于存储离散量报警中消息发生的触发信号(触发位，默认为上升沿触发)。对应触发位的值为“1”，则表示该消息已触发，反之，表示消息未触发或“已离开”。

状态变量用于存储消息“已到达/已离开”状态(状态位)和确认状态(确认位，指是否需要确认以及是否尚未确认)。确认位的位置取决于状态变量的数据类型，以 32 位状态变量为例，高 16 位存储确认位(未确认为“1”/已确认为“0”)，低 16 位存储状态位(已到达为“1”/已离开为“0”)，两者一一对应，亦即每个消息在状态变量中占用 2 位，最多可以将 16

条消息记录存储于状态变量中。

确认变量用于存储触发消息的确认及显示状态。确认变量中某位值为“1”，则表示与此位相对应的消息已由操作员或 PLC 程序予以确认，反之，表示消息尚未确认。

以 32 位变量 D0 位消息触发与确认为例，当消息变量 D0 位接收到需要确认的消息且尚未确认时，状态变量中的状态位 D0、确认位 D16 即变为“1”。确认了需要确认的消息后即确认变量 D0 位为“1”，则确认位 D16 即变为“0”，状态位 D0 保持不变，如图 9-27 所示。

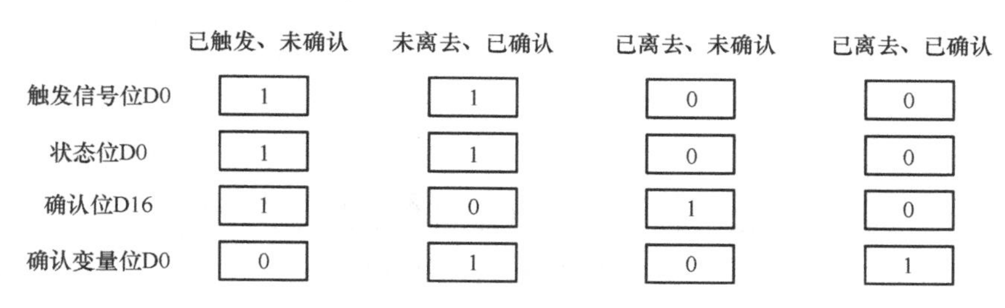

已触发、未确认
未离去、已确认
已离去、未确认
已离去、已确认
触发信号位D0
1 1 0 0
状态位D0
1 1 0 0
确认位D16
1 0 1 0
确认变量位D0
0 1 0 1

图 9-27　触发与确认示例

7. 消息归档

借助 WinCC 中的归档管理功能，当消息产生或消息状态改变时将对消息进行归档，与消息关联的所有数据（包括组态数据）均存储于消息归档中。WinCC 消息归档由多个单独的分段组成，其可以处理的实际消息数取决于所使用的服务器配置，以及每秒连续信息装载量、每秒的消息流量等。

（1）计算存储空间

归档大小取决于可用的存储器空间。因此，消息归档时，应首先根据平均每秒到达的消息数量来计算存储空间。假设 WinCC 每条消息约占 4000B，则可以按以下规则计算存储空间：

$$存储空间=消息数/s\times4000B\times60s/min\times60min/h\times24h/d\times30d/m\times月数$$

假设速率为 1 条消息/s，则两个月内所有分段的最大大小约为 20GB，每天单个分段的大小约为 340MB，考虑消息骤增时也能实现适当的日存储量，可将限制值设置为更大值，如 500MB/分段。

（2）组态消息归档

WinCC 使用可组态大小的短期归档来归档消息，打开“报警记录”编辑器，在表格区选择要归档的消息，设置消息的被归档属性。选择图 9-28 中的属性，按图 9-29 所示设置所有分段的时间范围、最大尺寸，单个分段的时间范围、最大尺寸以及更改分段的开始日期与时间。

图 9-28　归档属性选择

由图 9-29 可知，分段的切换取决于归档大小及更改时间。以图 9-30 所示的数据库分段为例，如果归档存储容量超出 30GB，则覆盖 ES1 分段；如果分段存储容量超出 500MB，假设当前分段为 ES2，则将创建新的分段 ES3。此外，分段首次更改的时间是 2020 年 7 月 31 日 08：00，由于单个分段周期设置为“1 天”，因此，

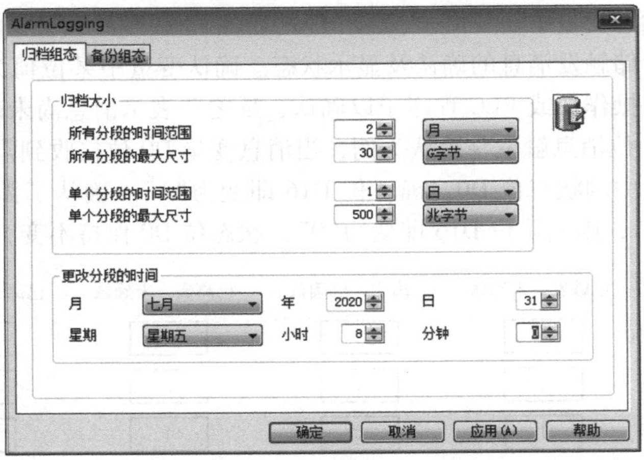

图 9-29　设置归档组态属性

下一个与时间有关的分段切换则是 8 月 1 日 08：00。

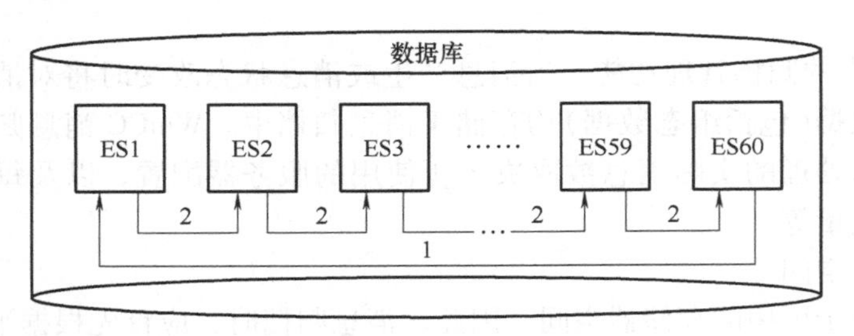

图 9-30　分段归档原理

9.4.2　报警组态

1. 报警的分类

(1) 自定义报警

自定义报警是用户根据项目要求进行组态的报警，用于在 HMI 设备上显示过程状态或分析评判从 AS 接收到的过程数据。它分为离散量报警和模拟量报警两类：其中，离散量亦即开关量，用 PLC 中某位的置位或复位进行表示，如电动机故障信号出现(置 1，则触发 HMI 报警)或消失(置 0，则取消 HMI 报警)；模拟量报警是指当模拟量变量值超出组态设定的限制值时触发的 HMI 报警。

(2) 系统报警

系统报警用于显示 HMI 设备或 AS 特定的系统状态，它由 HMI 设备预先定义，内容涵盖了从注意事项到严重错误。例如，当 HMI 设备或 HMI 设备与 AS 间出现通信问题或错误时，HMI 设备或 AS 将触发系统报警。

2. 位消息(离散量)报警

离散量报警使用消息变量的某一位进行触发。在本例中，定义 32 位消息变量、确认变量、状态变量分别是 Active_alarm、Confirm_alarm、Status_alarm，它们与 MD20、MD24、MD28 相关联。以溶剂罐进料阀开启故障为例，在报警记录导航区域中，单击“报警”文件夹，选择表格区“消息”选项卡编号列第一空行或右侧属性，分配消息号 1，设置消息变量、状态变量、确认变量为 D0 位，编辑消息文本、错误点及信息文本，是否归档等，如图 9-31 所示。同理，设置阀门关闭故障、搅拌机故障等报警消息。如果消息触发时需要触发相应动作，可通过设置消息“触发动作”属性以触发默认函数“GMsgFunction”；设置“报警回路”属性，可以在输出消息时启动一个 WinCC 函数，默认函数为 OpenPicture。

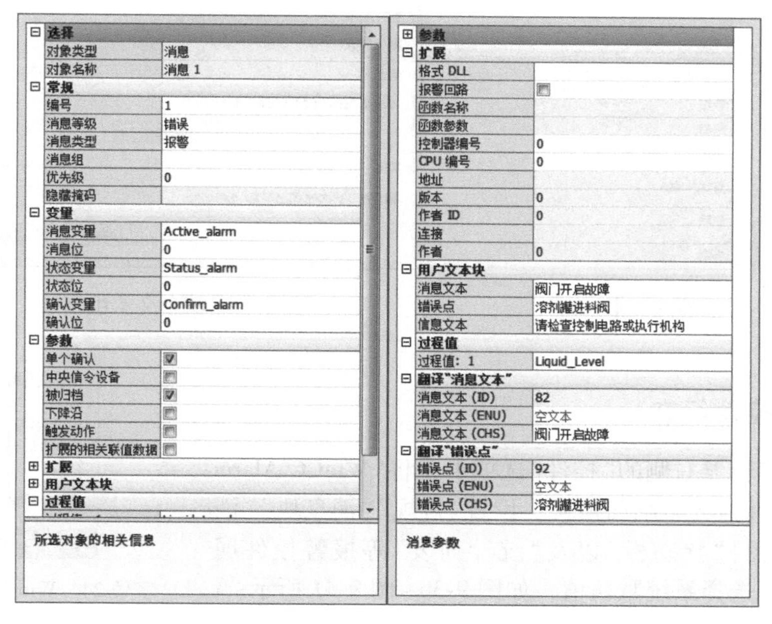

图 9-31 离散量报警

3. 模拟量报警

模拟量报警组态与离散量报警组态相似，它利用过程值的变化来触发报警系统。以 Liquid_Level 液位过高报警为例，在报警记录导航区域中，单击“模拟消息”文件夹，而后在表格区选择“限制值”选项卡，选择变量列的第一空行或右侧属性，添加模拟量 Liquid_Level 报警变量，并为其分配消息号 6，设置越上限报警，其限制值为 200L。为了防止因触发报警的物理量的微小振荡而导致多次报警，可设置“延迟时间”(250ms~24h)或激活“滞后”功能，如设置到达后滞后 5%，则实际运行时仅当液位超过 210L 才触发“液位过高”报警，如图 9-32 所示。

图 9-32 模拟量限制值设置

除触发变量无须设置外，按图 9-33 所示右击“消息文本”并选择“编辑”，在弹出的对话框(图 9-34)中设置过程值，其余同离散量报警消息，组态完成 Liquid_Level 液位过高报警如图 9-35 所示。同理，设置液位过低和压力越极限报警消息。

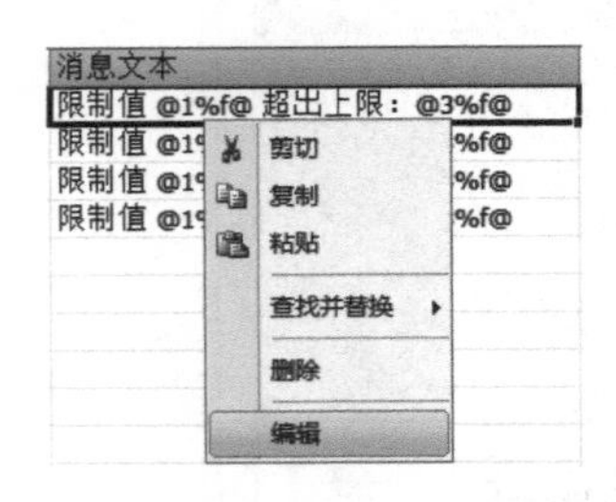

图 9-33　消息文本

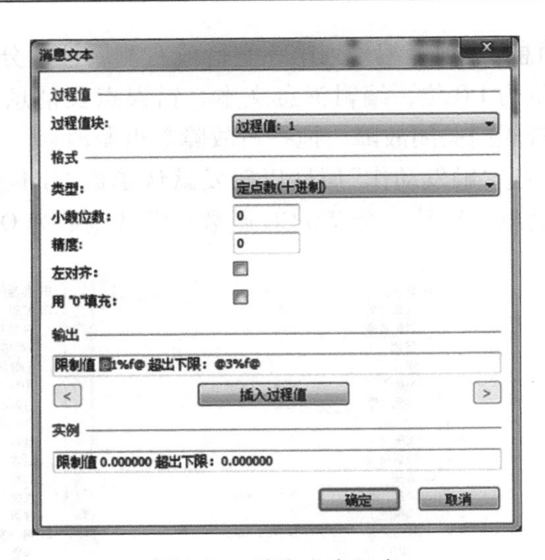

图 9-34　消息文本组态

9.4.3　报警控件组态

选择图形编辑器右侧的“控件”选项卡，将“WinCC Alarm Control”报警控件拖放至画面模块。设置“常规”“消息块”“消息列表”“工具栏”“状态栏”以及“统计列表”等报警控件属性，其余属性可选择系统默认值，如图 9-36～图 9-41 所示。

序号 24　WinCC 报警组态

属性 － 消息

属性	值
选择	
对象类型	消息
对象名称	消息 6
常规	
编号	6
消息等级	错误
消息类型	报警
消息组	
优先级	0
隐藏掩码	
变量	
消息变量	
消息位	0
状态变量	Status_alarm
状态位	5
确认变量	Confirm_alarm
确认位	5
参数	
扩展	
用户文本块	
消息文本	限制值 @1%f@ 超出上限：@3%f@
错误点	溶剂罐液位检测
信息文本	请检查液位传感器
过程值	
过程值：1	
翻译“消息文本”	
翻译“错误点”	

图 9-35　模拟量报警

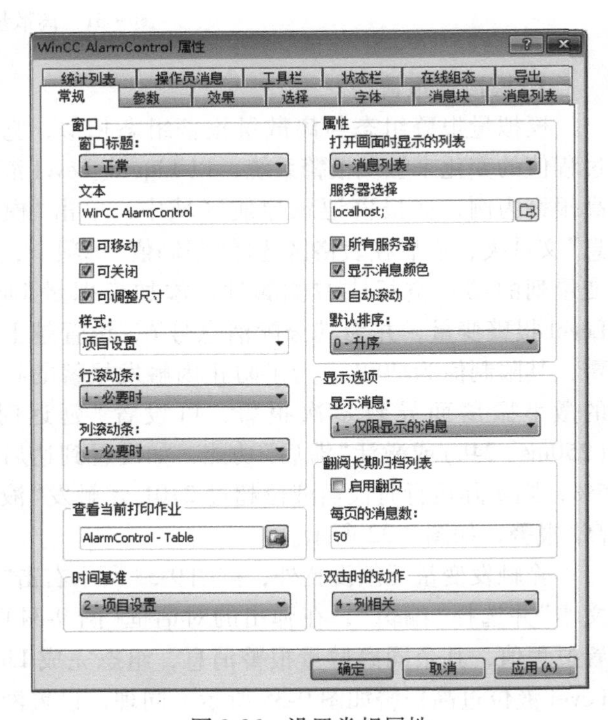

图 9-36　设置常规属性

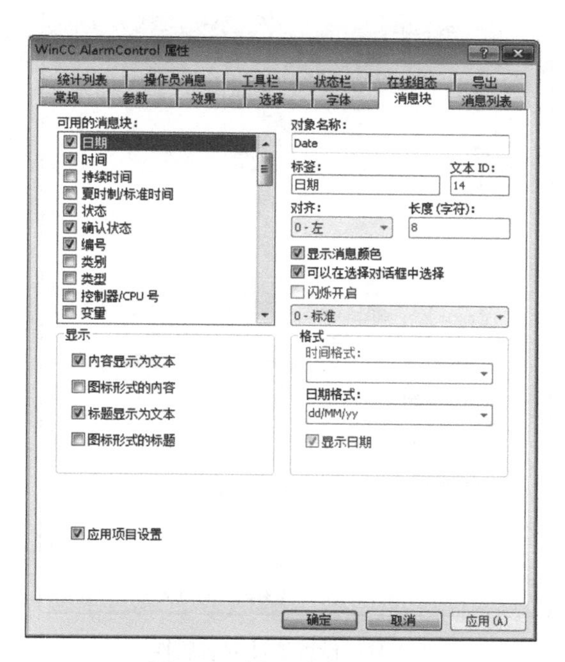

图 9-37　设置消息块属性

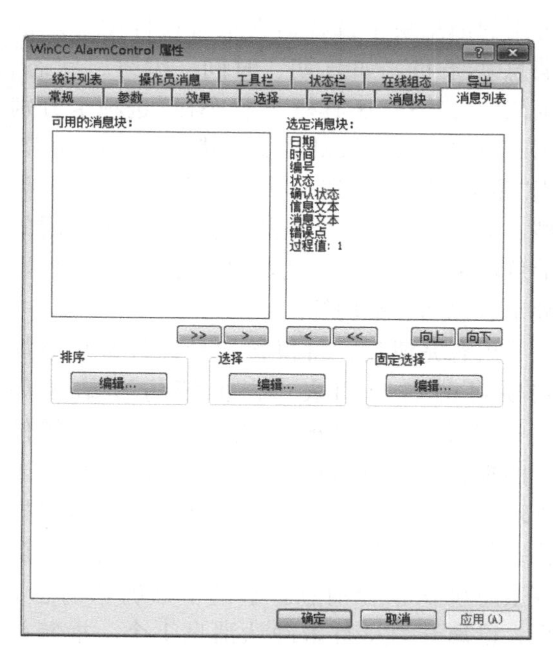

图 9-38　设置消息列表属性

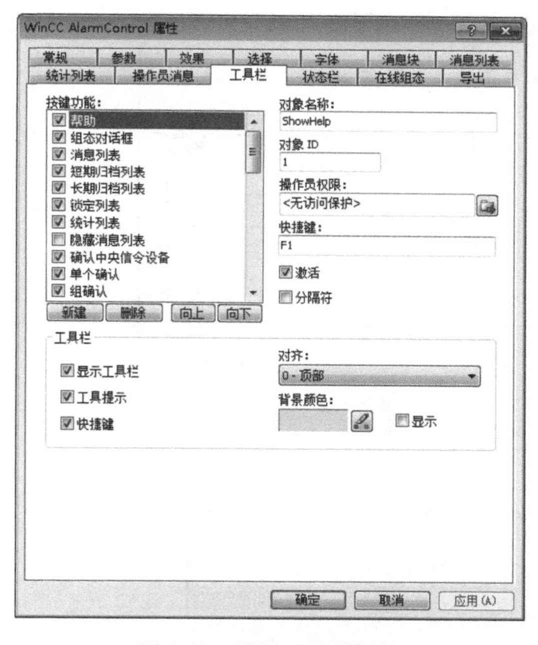

图 9-39　设置工具栏属性

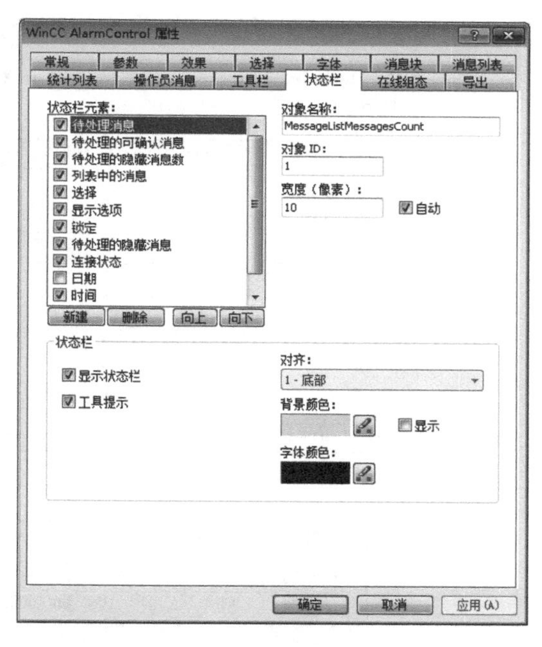

图 9-40　设置状态栏属性

其中，“常规”选项卡用于选择报警的显示列表类型（如消息列表、短期归档列表、长期归档列表、锁定列表、统计列表、隐藏消息列表）、显示消息方式（如所有消息、仅限显示的消息、仅限隐藏的消息）；“消息块”选项卡显示消息组态时定义的系统块、用户文本块、过程值块，如需增加条目，必须在消息组态时重新定义消息块；“消息列表”选项卡用于从可用的消息块中选择需在报警控件中显示的消息块条目，如日期、时间、编号、状态、确认状态等；“工具栏”“状态栏”选项卡分别用于设置工具栏按键功能、状态栏显示元素；当“常规”选项卡选择了“统计列表”显示类型，则需选择“统计列表”选项卡，从可用的消息块中选择需显示的消息块条目，如编号、频率、总和、平均等。

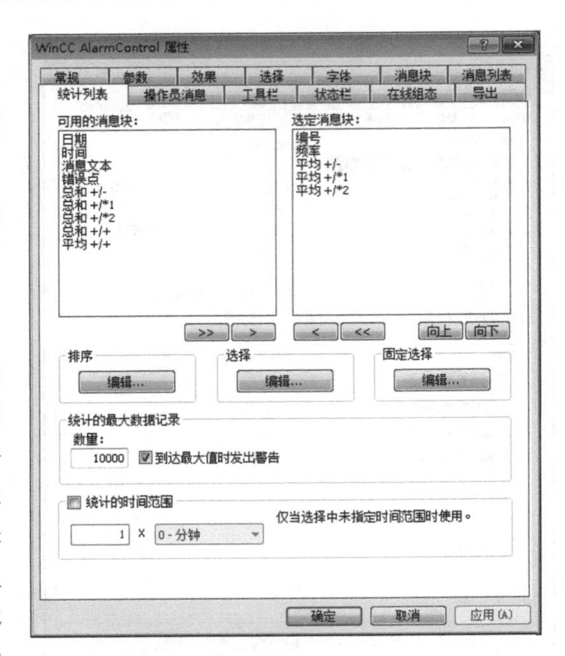

图 9-41　设置统计列表属性

组态完成后，将报警记录运行系统添加到项目的启动列表中，报警仿真结果如图 9-42所示。一旦报警到达，画面报警控件中的报警消息将闪烁且在状态栏同时显示未处理、未确认、未隐藏的报警数。通过选择报警信息，操作员可以单个确认、成组确认或紧急确认报警消息。本例中已确认消息 2 个，已离开消息且未确认消息 1 个，报警待确认消息 1 个。

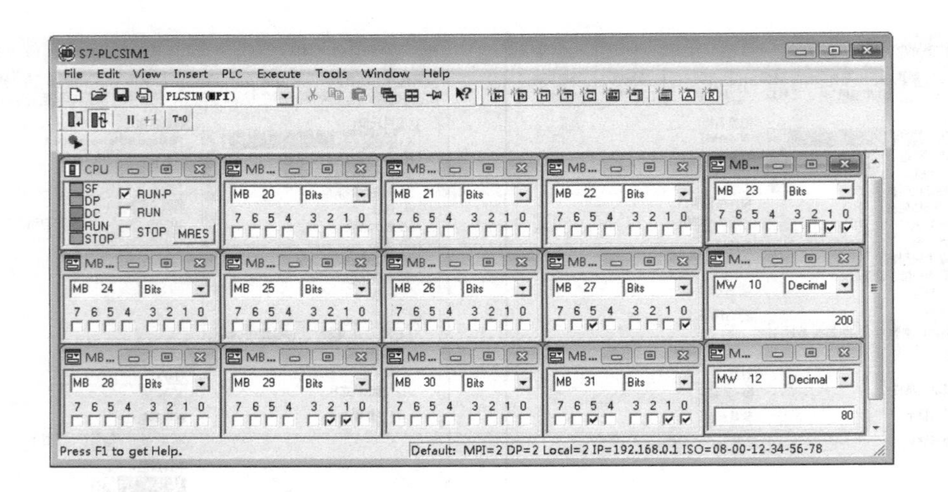

图 9-42　报警仿真结果

9.5 变量归档与趋势组态

9.5.1 变量归档基础

1. 变量记录

WinCC 中变量记录用于存储运行时外部变量或内部变量的值，它受周期和事件控制。其中，外部变量用于采集过程值并访问所连接自动化系统相对应的内存位置；内部变量则不与任何过程相连，仅能由各自对应的 HMI 设备使用。

2. 变量记录编辑器

变量记录编辑器可对归档、需归档的过程值以及采集时间和归档周期进行组态。双击 WinCC 编辑器中的“变量记录”文件夹，或通过单击 WinCC Configuration Studio 导航区域左下方的按钮打开如图 9-43 所示的变量记录编辑器。

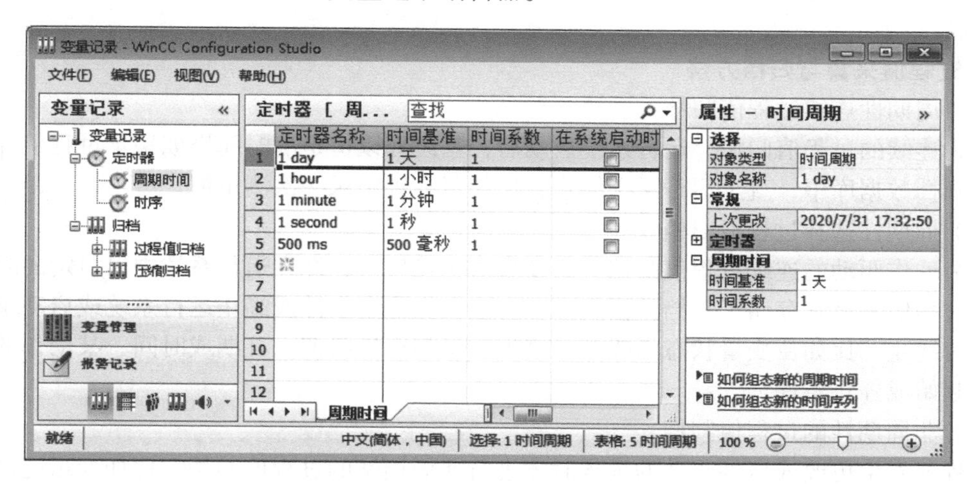

图 9-43　变量记录编辑器

3. 定时器

WinCC 默认创建基于周期时间和时间序列的两类定时器，用于过程值采集和归档。其中，前者将在组态的时间启动后周而复始，其时间基准默认为 1d、1h、1min、1s、500ms，基于周期时间新的定时器必须以时间基准的整数倍进行计算，如图 9-43 所示。后者则在组态的日期时间启动后，可以具体指定相应的采集间隔和归档时间，其时序基准为每天、每周、每月或每年，基于时间序列新的定时器计算示例见表 9-4。

表 9-4　基于时间序列新的定时器计算示例

时序基准	天数、周、月	星期	日	月	功能说明
每日	9	/	/	/	每隔 9 天执行一次归档
每周的	1	—	/	/	每周一执行一次归档
每月的	3	/	7	/	每隔 2 个月第 3 个月的 7 号执行一次归档
每年的	/	/	5	2	每年的 2 月 5 日执行一次归档

4. 周期与事件

过程值归档由周期和事件进行控制，既可单独使用周期或事件，也可组合使用，如使用周期控制过程值采集，而由二进制事件触发归档。

（1）采集周期

采集周期确定读取过程变量过程值的时间间隔。最小值为500ms，其他周期值则是此值的整数倍。由WinCC运行系统的启动时间确定采集周期的起始点。

（2）归档周期

归档周期确定何时将过程值保存到归档数据库中。归档周期是采集周期的整数倍。对于基于周期时间的定时器，归档周期的起始点取决于WinCC Runtime的启动时间或所使用定时器的起始点。对于基于时间序列的定时器，起始点在时序组态中设置。

（3）启动/停止事件和动作

在WinCC中，可以通过二进制动作（如电动机运行）、限制值事件（如液位波动超过2%）、时间控制事件启动和停止过程值归档，触发事件的条件可以与变量或脚本（C、VBS）进行关联。

5. 过程值采集与归档方法

（1）周期性连续过程值归档

此为连续的过程值归档。运行系统启动后，系统即以恒定的时间周期采集过程值并将其存储于归档数据库中，直至运行系统终止，比如每秒钟记录一次测量值。

（2）周期性选择过程值归档

此为动作驱动的连续过程值归档。启动事件一旦发生，即在运行系统中以恒定的时间周期采集过程值并将其存储于归档数据库中，直至发生停止事件或终止运行系统或启动事件不复存在时终止。比如位变量状态的改变、模拟变量超出极限值、日期或时间、某动作的结果引发的起始或停止事件。

（3）非周期性的过程值归档

过程值发生更改或事件驱动的采集时才进行非周期性的过程值归档。比如变量超出临界限值或被监控的测量值超出了预定的允许误差时，对当前过程值进行归档。

6. 归档变量与类型

归档变量分为模拟量、二进制、过程控制三类变量，其中过程控制变量存储以帧形式发送到归档系统的过程值，比如多个测量中的过程值。

按归档组态方式分，归档有快速变量记录、慢速变量记录两类，其中，快速变量记录用于归档周期小于1min的所有归档变量；慢速变量记录用于归档周期大于1min的所有归档变量。按归档压缩方式分，归档有过程值归档、压缩归档两类，其中，过程值归档用于存储归档变量中的过程值；压缩归档用于压缩来自过程值归档的归档变量。

7. 存储空间

归档的过程值存储于归档数据库的两个独立的循环归档A和B中。其存储空间与平均每秒记录的归档变量数有关，一般按以下规则计算存储空间：

存储空间=归档过程值数/s×B×60s/min×60min/h×24h/d×30d/m×月数

以快速变量记录为例，假设快速变量记录的平均速率为750个归档过程值/s，每个过程值占用16B，则两个月内所有分段的最大存储空间约为60GB，每天单个分段的存储空间约为1GB。

与消息归档相似，各短期归档均由数目可组态的数据缓冲区（分段）组成，并遵循相同的分段切换原理。其中，短期归档 A 存储快速变量记录，采集的过程值最初保存并压缩在一个二进制文件中，仅当二进制文件达到特定大小时，才将其存储到短期归档中。短期归档 B 存储慢速变量记录，采集的过程值将立即存储于短期归档且不进行压缩。

9.5.2　归档组态

1. 快速变量记录

在变量记录编辑器的导航区域，选择“归档”文件夹右键快捷菜单中的“属性”项（图 9-44），在弹出的对话框中选择“归档内容”选项卡，选择与归档变量进行归档相对应的选项，设置输入周期和压缩测量值的归档周期上限，如图 9-45 所示。其中“归档组态”“备份组态”选项卡设置参见消息归档，在此不再赘述。慢速变量记录则无“归档内容”选项卡。

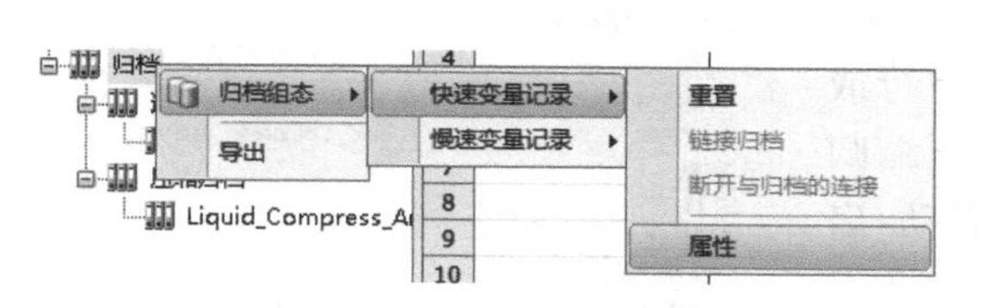

图 9-44　选择快速变量记录属性

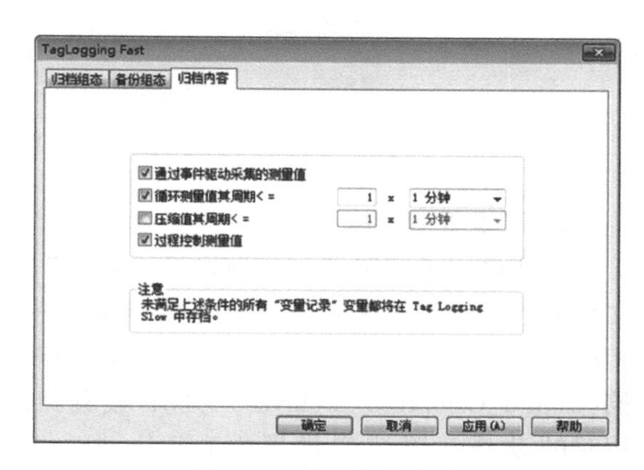

图 9-45　设置归档内容

2. 创建过程值归档

在变量记录编辑器的导航区域，选择“过程值归档”文件夹。单击表格区域“归档名称”列的第一个空行或相应“属性”区域输入归档名称，归档名称不能包含 ä ö ü-Ä Ö Ü #<空格>等字符。以反应釜液位归档（Liquid_Archives）为例，设置归档启动/启用时的动作、存储位置（硬盘/主内存）、数据记录大小等属性，如图 9-46 所示。如果选择“主内存”作为存储位置，则必须设置数据缓冲区的“数据记录的大小”。

图 9-46　设置过程值归档属性

3. 创建归档变量

在变量记录编辑器的导航区域，选择“Liquid_Archives”文件夹。在表格区域选择“变量”选项卡，单击表格区域“过程变量”列的第一个空行，添加二进制或模拟量变量。根据实际情况，如图 9-47 所示，设置采集类型、采集周期、归档周期，并依据采集类型设置相应的归档起始/终止事件、起始/停止变量等属性。本例中，设置周期-连续采集类型，每 500ms 采集 1 次过程值，每 1s 归档 1 次。

属性 - 变量	
⊟ 选择	
对象类型	变量
对象名称	Liquid_level
⊞ 常规	
⊟ 常规归档属性	
归档名称	Liquid_Archives
⊟ 常规变量属性	
过程变量	Liquid_level
变量类型	模拟量
变量名称	Liquid_level
变量提供	系统
也在变量中	
⊟ 归档	
采集类型	周期 - 连续
采集周期	500 ms
归档周期系数	2
归档/显示周期	500 ms
数值头数量	0
数值尾数量	0
起始事件	
终止事件	
起始变量	
停止变量	
区段变化后归档	☐
滞后	0
滞后类型	绝对值

属性 - 变量	
⊟ 选择	
对象类型	变量
对象名称	Liquid_level
⊞ 常规	
⊞ 常规归档属性	
⊞ 常规变量属性	
⊞ 归档	
⊟ 参数	
归档于	
正在处理	当前值
单元	
处理动作	
错误时储存	上一个值
⊟ 显示	
标定变量下限	0
标定变量上限	0
⊟ 压缩	
压缩已激活	☐
Tmin (毫秒)	0
Tmax (毫秒)	1
绝对偏差 / 百分比值	绝对值
偏差值	0
下限	0
上限	0

图 9-47 设置归档变量属性

4. 创建压缩归档

在变量记录编辑器的导航区域，选择“压缩归档”文件夹。单击表格区域“归档名称”列的第一个空行或相应“属性”区域输入归档名称。以反应釜液位压缩归档(Liquid_Compress_Archives)为例，设置归档启动/启用时的动作、压缩变量属性(每分钟、每小时、每日)、质量代码的权重等，如图 9-48 所示。

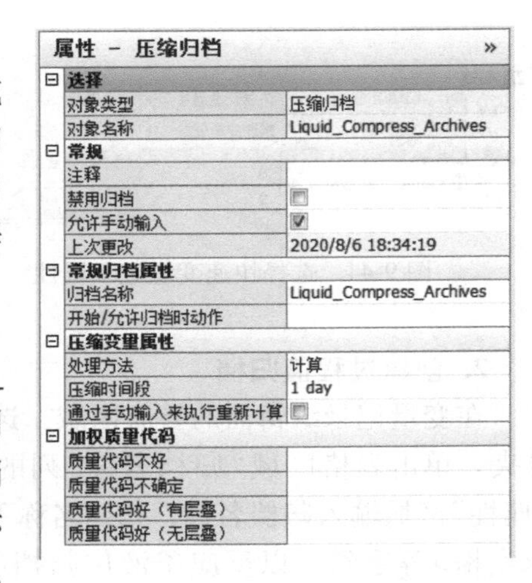

属性 - 压缩归档	
⊟ 选择	
对象类型	压缩归档
对象名称	Liquid_Compress_Archives
⊟ 常规	
注释	
禁用归档	☐
允许手动输入	☑
上次更改	2020/8/6 18:34:19
⊟ 常规归档属性	
归档名称	Liquid_Compress_Archives
开始/允许归档时动作	
⊟ 压缩变量属性	
处理方法	计算
压缩时间段	1 day
通过手动输入来执行重新计算	☐
⊟ 加权质量代码	
质量代码不好	
质量代码不确定	
质量代码好（有层叠）	
质量代码好（无层叠）	

图 9-48 设置压缩归档属性

5. 创建压缩变量

在变量记录编辑器的导航区域，选择“Liquid_Compress_Archives”文件夹。单击表格区域“源变量”列的第一个空行，在弹出的变量选择对话框中添加归档变量。压缩变量名称与源变量的名称相同。根据实际情况，设置平均值、总和、最小值、最大值、差值、加权平均值处理方法，如图 9-49 所示。

9.5.3 趋势控件组态

创建的过程值归档及在线变量可以通过以曲线形式表达数据的 WinCC 在线趋势控制(WinCC Online Trend Control)和以表格形式表达数据的 WinCC 在线表控制(WinCC Online Table Control)的控件进行显示，趋势控件与 WinCC 标尺控制(WinCC Ruler Control)控件配合，可实现标尺所在位置趋势值的显示。在 WinCC 在线趋势控件中，可在一个或多个趋势窗口中显示任意数目的趋势，但建议不宜超过 8 个趋势。本例以一个趋势窗口显示反应釜液位、釜液温度过程值归档为例说明其组态过程，两者使用相同的时间坐标轴、不同的数值轴，其中，定义反应釜液位数值范围为 0~200、黑色曲线，釜液温度数值范围为 0~100、红色曲线。

选择图形编辑器右侧的“控件”选项卡，将“WinCC Online Trend Control”趋势控件拖放至画面模块。在弹出的对话框中选择“常规”选项卡，设置趋势值的写入方向、控件的时间基准、显示标尺等控件基本属性，如图9-50所示。

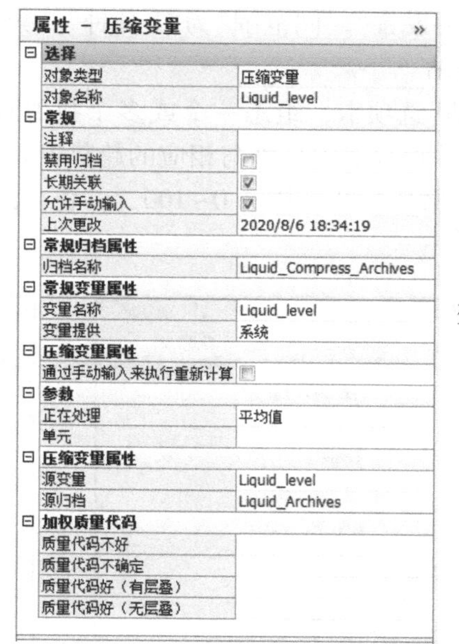

图9-49　设置压缩变量属性

序号25 WinCC变量归档与趋势

1. 定义趋势窗口

选择“趋势窗口”选项卡，根据实际需要可创建一个或多个趋势窗口，并为每个趋势窗口设置相应的属性，如窗口名称、标尺类型以及每个趋势窗口占控件窗口的比例等。本例仅使用一个趋势窗口、简单标尺，如图9-51所示。

2. 组态时间轴

选择“时间轴”选项卡，组态一个或多个时间轴，设置时间范围、时间轴颜色等属性，并将时间轴分别与相应的趋势窗口进行关联。趋势控件中，定义了“时间范围”“开始到结束的时间”“测量点数量”三个选项，其中，“时间范围”定义了趋势显示的开始的日期和时间，时间段则由时间系数和时间基准确定，如1乘以“1分钟”即为1min；“开始到结束的时间”定义了趋势显示的开始时间和结束时间间隔；“测量点数量”定义了趋势显示的开始时间以及测量数，如从开始时间起的120个测量值。当动态显示时，结束时间与当前系统时间相对应，显示内容

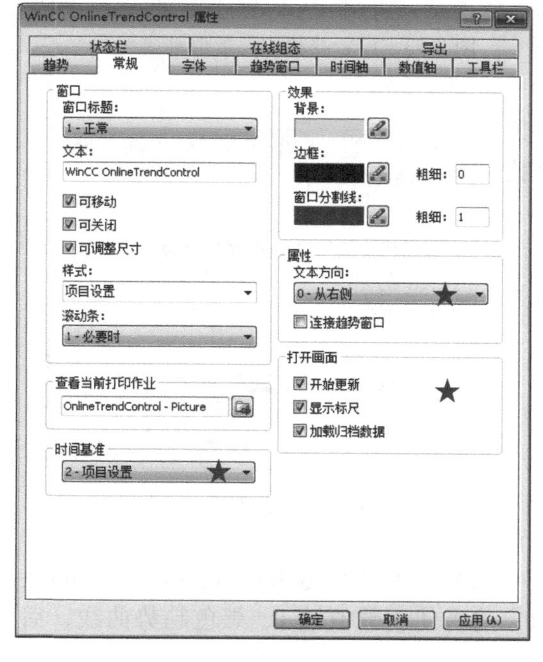

图9-50　设置趋势控件常规属性

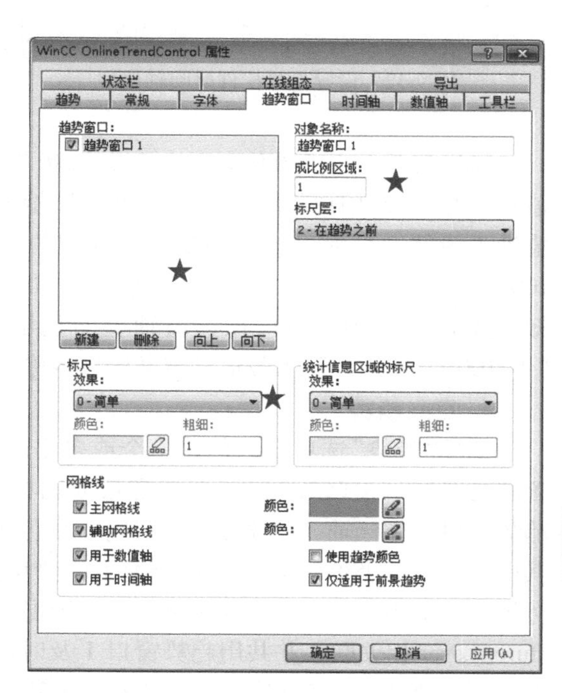

图9-51　设置趋势控件趋势窗口属性

由此倒推。本例中设置“时间范围”为“1 分钟”，黑色时间轴，如图 9-52 所示。

3. 组态数值轴

选择“数值轴”选项卡，组态一个或多个数值轴，设置数值范围、颜色、自定义刻度以及区域名称等，并将数值轴分别与相应的趋势窗口进行关联。本例中，数值轴 1 范围为 0~200，黑色曲线，数值轴 2 范围为 0~100，红色曲线，两者均与趋势窗口 1 关联，如图 9-53 所示。

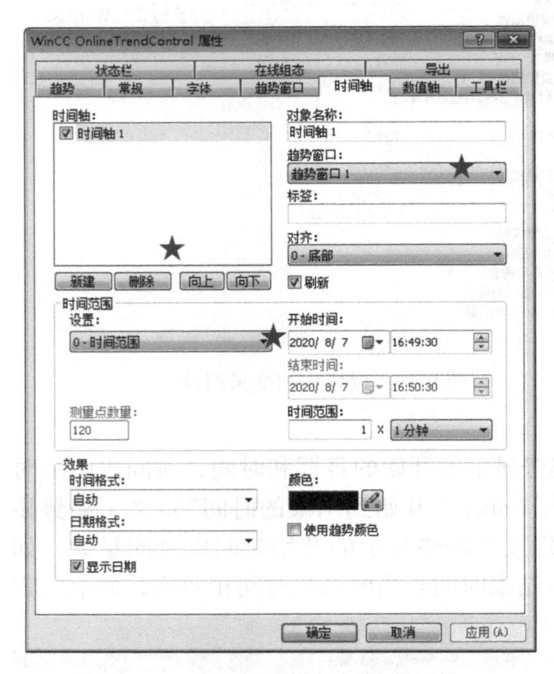

图 9-52　设置趋势控件时间轴属性

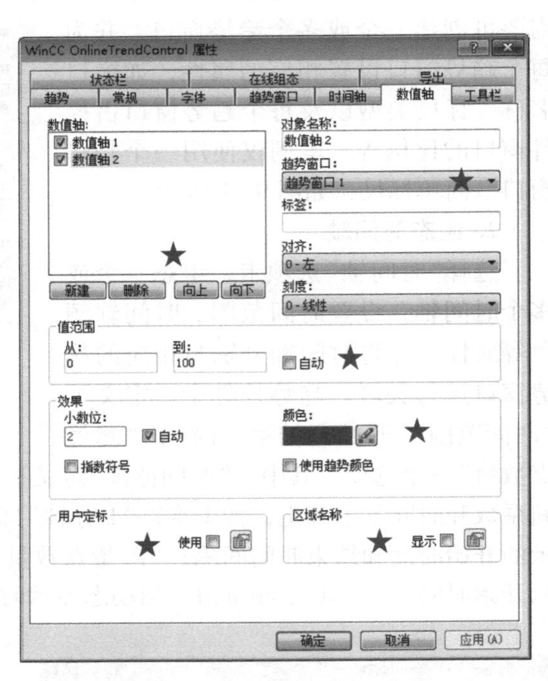

图 9-53　设置趋势控件数值轴属性

如果需要自定义数值轴的刻度，选择相应的数值轴，并激活“用户刻度”域中的“使用”选项。以数值轴 1 为例，在弹出的对话框中，为数值范围 0~200 组态无间隔区段，如图 9-54 所示。由图 9-54 可知，数值范围“0~200”在数值轴上的显示范围为“0~100”。同理，可为数值轴定义区域名称。

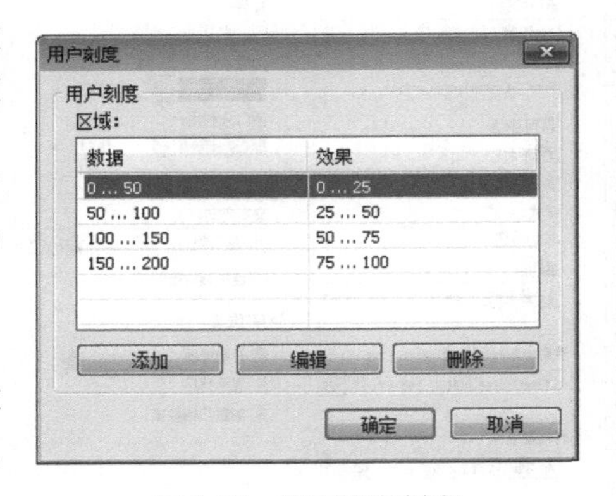

图 9-54　设置用户刻度

4. 定义趋势

选择“趋势”选项卡，创建一个或多个趋势，设置趋势名称、关联数据源（在线变量或归档变量）、趋势窗口、坐标轴、曲线颜色、限制值颜色等属性。其中，趋势的坐标轴只能是已分配了趋势窗口的坐标轴。本例中，创建了反应釜液位、釜液温度趋势，分别与归档变量 Liquid_Level、Temperature_Level 相关联，并共用趋势窗口 1 及时间轴 1。前者使用数值轴 1、黑色趋势曲线，后者使用数值轴 2、红色趋势曲线，如图 9-55 所示。

如需设置趋势组态限制值，以反应釜液位趋势为例，单击“限制值”按钮，在弹出的对话框中激活需要标识的限制值，并定义每个已激活选项的颜色，如图 9-56 所示。

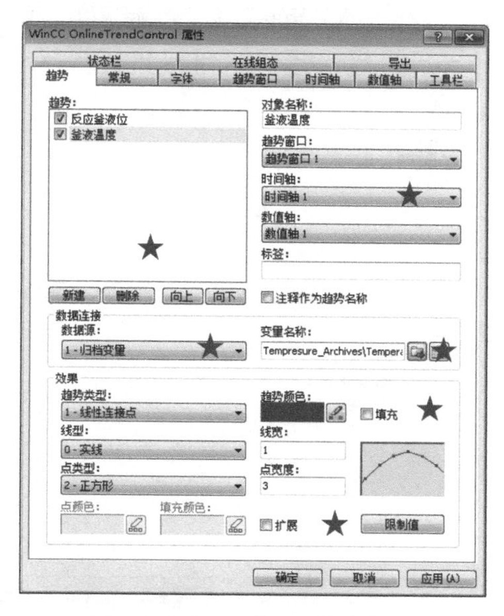

图 9-55　设置趋势控件趋势属性

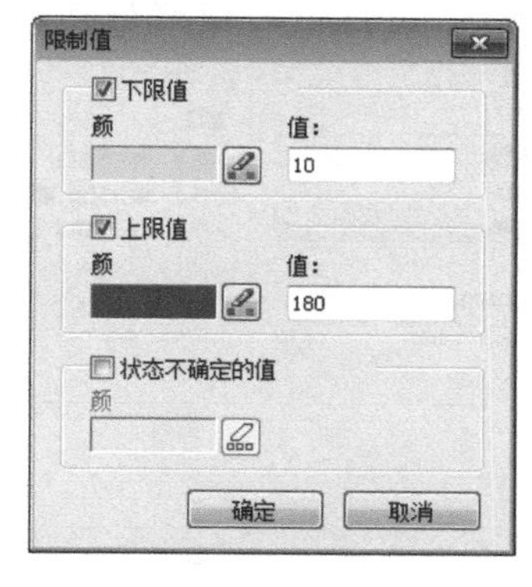

图 9-56　设置限制值

5. 工具栏和状态栏组态

在运行期间，可以使用工具栏按钮对 WinCC 控件进行操作，使用状态栏显示 WinCC 控件当前状态的信息。本例中，工具栏和状态栏均采用系统默认选项。组态完成后，将变量记录、全局脚本运行系统添加到项目的启动列表中，趋势仿真结果如图 9-57 所示。

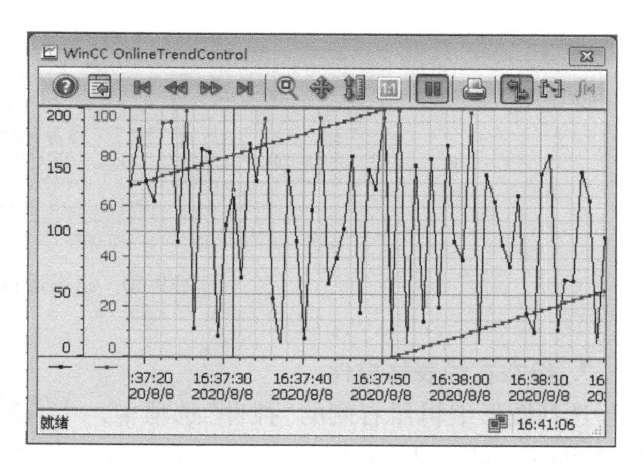

图 9-57　趋势仿真结果

6. 组态标尺控件

根据数据评估，可使用“标尺”窗口、“统计区域”窗口或“统计”窗口三种不同类型的窗口来显示坐标值或统计值。其中，“标尺”窗口用于显示与标尺位置对应的趋势坐标值；“统计区域”窗口用于显示两个标尺之间趋势的下限值和上限值或表格中选定区域的值；“统计”窗口用于显示两个标尺间的趋势统计评估或表格中选定区域值的统计评估。

选择图形编辑器右侧的“控件”选项卡，将“WinCC Ruler Control”控件拖放至画面模块。在弹出的对话框中选择“常规”选项卡，设置相关联的在线趋势控件以及窗口类型。选择“列”选项卡，设置需要显示的列条目。本例中，设置标尺控件与“反应釜趋势”关联，采用标尺窗口显示名称、Y 值、X 值，如图 9-58、图 9-59 所示。组态运行结果如图 9-60 所示。

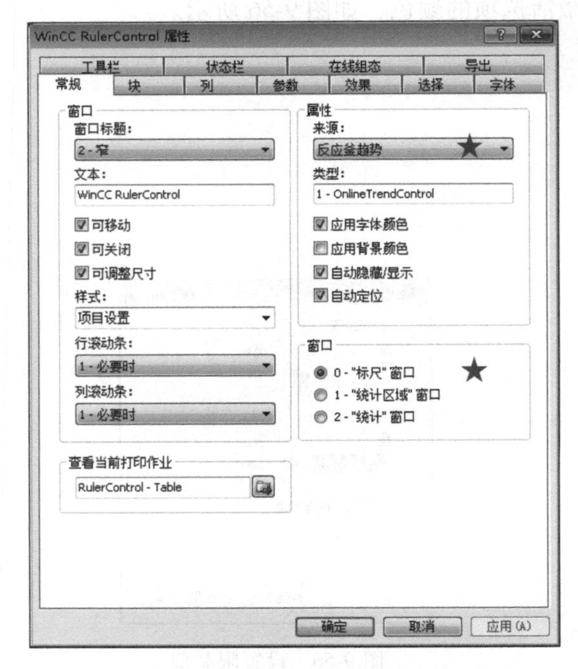

图 9-58　设置标尺控件常规属性

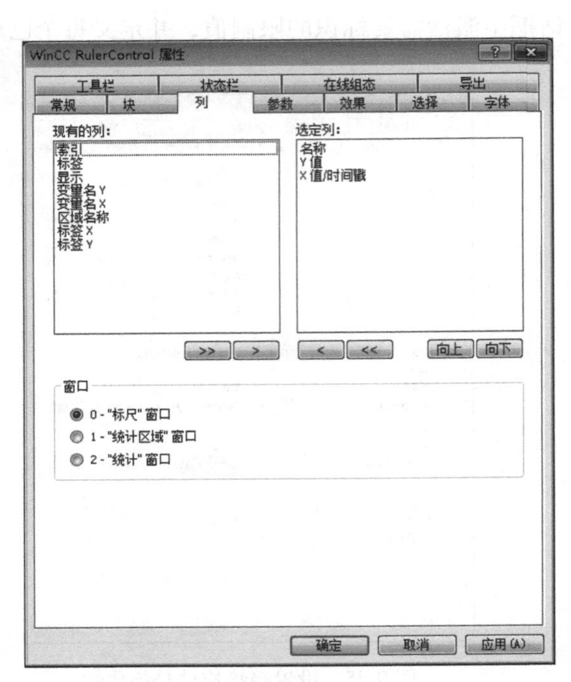

图 9-59　设置标尺控件列属性

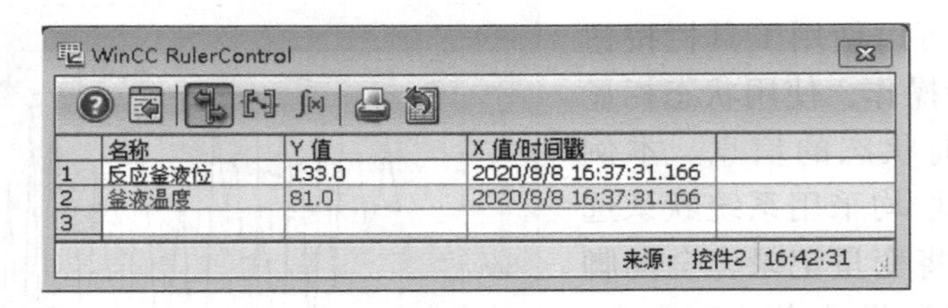

	名称	Y 值	X 值/时间戳
1	反应釜液位	133.0	2020/8/8 16:37:31.166
2	釜液温度	81.0	2020/8/8 16:37:31.166
3			

图 9-60　组态运行结果

7. 组态在线表格控件

选择图形编辑器右侧的“控件”选项卡，将“WinCC Online Table Control”控件拖放至画面模块。在弹出的对话框中选择“常规”选项卡，组态在线表格控件的基本属性。在“时间列”“数值列”选项卡，分别为表格组态一个或多个具有时间范围的时间列、一个或多个数值列，按在线趋势控件中时间轴、数值轴的参数组态方式设置参数，并组态两者的关联。所组态的每个“数值列”均必须与在线变量或归档变量相连接。组态运行结果如图 9-61 所示。

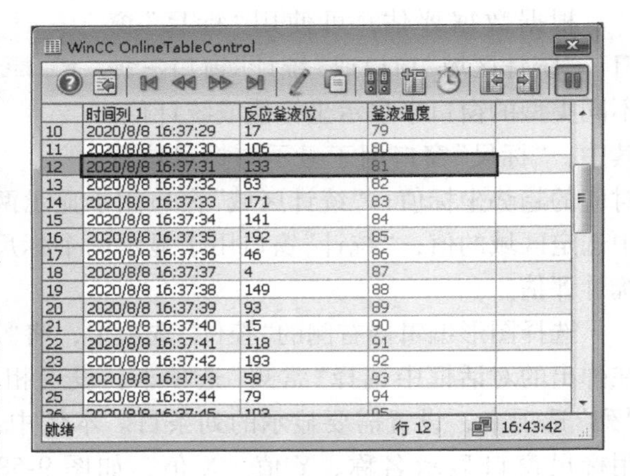

	时间列 1	反应釜液位	釜液温度
10	2020/8/8 16:37:29	17	79
11	2020/8/8 16:37:30	106	80
12	2020/8/8 16:37:31	133	81
13	2020/8/8 16:37:32	63	82
14	2020/8/8 16:37:33	171	83
15	2020/8/8 16:37:34	141	84
16	2020/8/8 16:37:35	192	85
17	2020/8/8 16:37:36	46	86
18	2020/8/8 16:37:37	4	87
19	2020/8/8 16:37:38	149	88
20	2020/8/8 16:37:39	93	89
21	2020/8/8 16:37:40	15	90
22	2020/8/8 16:37:41	118	91
23	2020/8/8 16:37:42	193	92
24	2020/8/8 16:37:43	58	93
25	2020/8/8 16:37:44	79	94

图 9-61　组态运行结果

9.6　用户管理

9.6.1　用户管理基本概念

1. 用户管理的定义

为保证系统的访问安全，防止未经授权的操作，WinCC 设置了用户管理器，用于分配和管理运行系统中操作的访问权限以及组态系统中组态的访问权限，并支持集成到 Windows 中的通过 SIMATIC Logon 实现的集中式用户管理。它分为用户的管理和用户组的管理，当系统运行时，如果用户访问设有访问保护的 WinCC 对象，用户管理器会自动检查该用户是否具有所需的操作员权限。例如，“管理员”组在运行时可拥有完全的和不受限制的权限，而“用户”组仅拥有特定的有限权限。

2. 用户管理原则

用户管理器预定义了默认授权和系统授权，可根据需要添加或移除授权，最多可定义 999 个授权。

WinCC 在用户管理器中，可最多创建 128 个用户组和 128 个用户，并为同一用户组中的用户分配公共授权或者独立授权，也可在运行时分配授权。

9.6.2　用户管理组态

1. 用户组组态

双击 WinCC 编辑器中的“用户管理器”文件夹，或通过选择 WinCC Configuration Studio 导航区域左下方的编辑器按钮，打开如图 9-62 所示的用户管理器，其中“Administrator-Group(管理员组)”和“Administrator(用户)”为系统自动创建的默认用户组及用户。系统所有默认权限如图 9-63 所示。

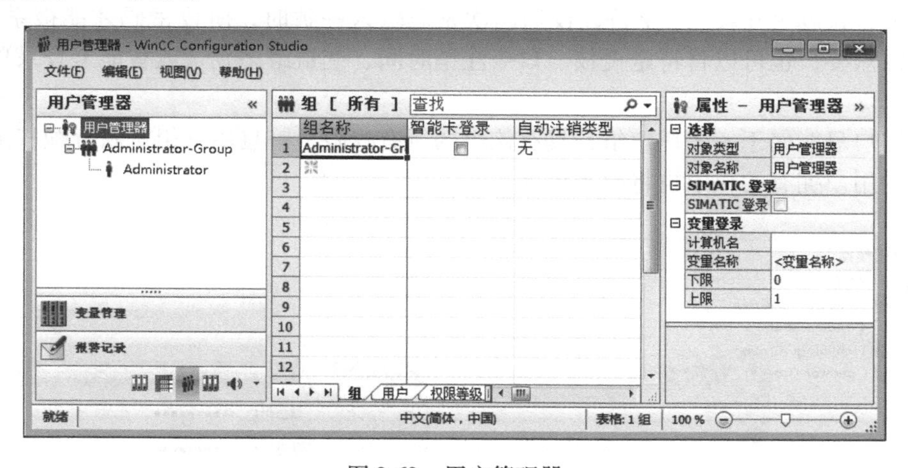

图 9-62　用户管理器

在图 9-62 中选择“用户管理器”文件夹，从右键快捷菜单中选择“添加新组”(图 9-64)或选择表格区下方“组”选项卡，在“组名称”列第一空行输入“Technology-Group(技术员)”名称，并从“无”“绝对”“取消激活”中选择该组口令“自动注销类型”。其中“绝对”是指用户登录操作超过设定时间后，系统自动注销已登录用户；“取消激活”是指用户登录操作后在设定时间内没有访问操作，系统将自动注销已登录用户。本例中设置“取消激活”，时段 5min，如图 9-65 所示。选择“Technology-Group”组，选择表格区下方“权限”选项卡，勾选右侧组权限复选框，为该组分配组权限，如过程控制、画面编辑、消息编辑、归档编辑、动作编辑等权限。同理，添加“Operator-Group(操作员)”组并分配组权限。

权限等级 [所有]

	ID	名称
1	1	用户管理
2	2	数值输入
3	3	过程控制
4	4	画面编辑
5	5	改变画面
6	6	窗口选择
7	7	硬拷贝
8	8	确认报警
9	9	锁定报警
10	10	解除报警
11	11	消息编辑
12	12	开始归档
13	13	停止归档
14	14	编辑归档值
15	15	归档编辑
16	16	动作编辑
17	17	项目管理器
18	1000	远程激活
19	1001	远程组态
20	1002	Web 访问 - 仅监视

图 9-63　权限等级

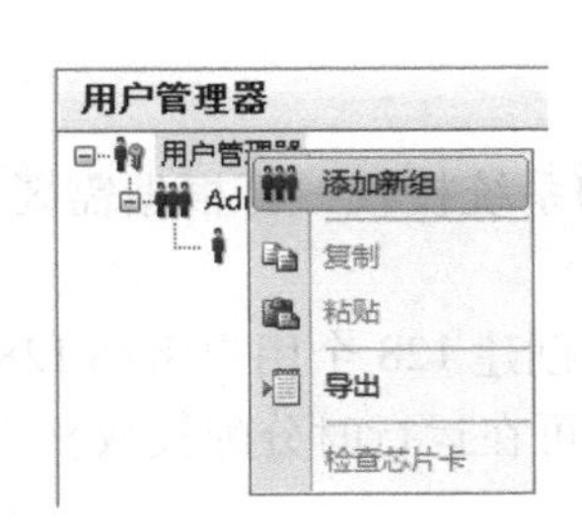

图 9-64　添加新组

图 9-65　设置组属性

2. 用户组态

选择“Technology-Group”组，从右键快捷菜单中选择“添加新用户”(图 9-66)或选择表格区下方“用户”选项卡，在“用户名”列第一空行输入用户名称(不超过 24 个字符)，则相应的组权限及属性将自动分配给该用户，并设置或更改用户口令，如图 9-67 所示。口令由数字和字母组成，长度为 6~24 个字符，仅当两次密码输入一致时，所设密码才能被系统接受。如果有特殊需要，也可以将特定授权、口令注销时间、变量组态登录或智能卡登录单独分配给单个用户。

一个用户只能属于一个用户组且具有该组的所有权限，一旦用户组重新分配权限，所属该用户组的用户拥有的权限也将同步更新。

图 9-66　添加新用户

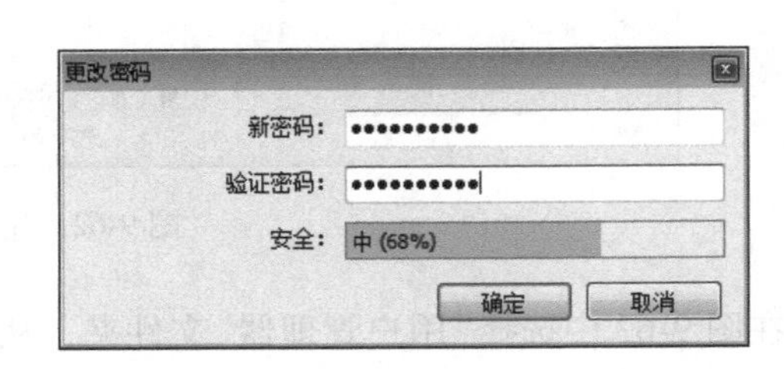

图 9-67　编辑用户口令

3. 授权操作

选择画面对象右键快捷菜单的属性项，在弹出的如图 9-68 所示的对话框中选择“其它”属性，将“过程控制”权限分配给授权项，亦即该对象仅具有“过程控制”权限的用户才能操作，如图 9-69 所示。

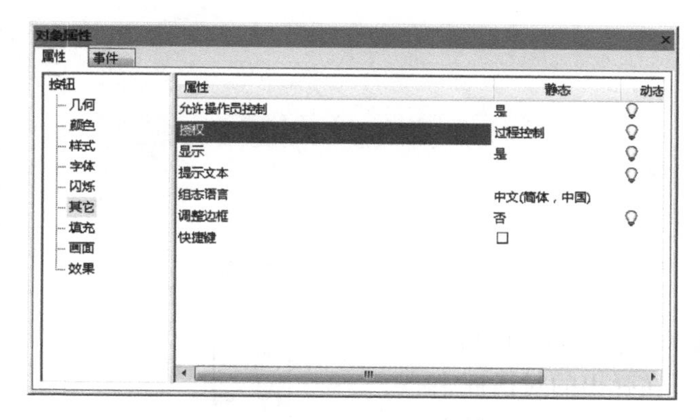

图 9-68　设置对象操作权限

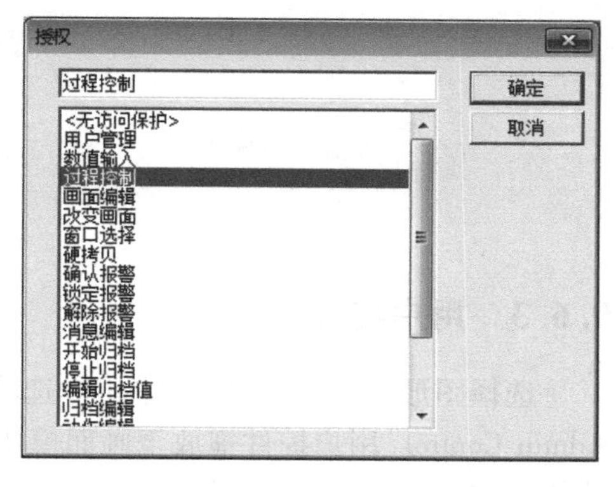

图 9-69　设置权限

此时，用户可通过按钮单击事件 C 动作执行 PWRTLogin( ) 函数以调用 WinCC 系统登录对话框，执行完毕，调用 PWRTLogout( ) 函数注销用户或超时自动注销。也可通过 PWRTSilentLogin( ) 函数调用自定义登录对话框，实现登录或退出。

（1）调用 WinCC 登录对话框

```
#pragma code("UseAdmin.DLL")
#include"pwrt_api.h"
#pragma code()
PWRTLogin(1);                                    //调用 WinCC 自带的登录窗口
```

（2）注销账户

```
#pragma code("UseAdmin.DLL")
#include"pwrt_api.h"
#pragma code()
PWRTLogout();
```

（3）调用自定义登录对话框

```
#pragma code("UseAdmin.DLL")
#include"pwrt_api.h"
#pragma code()
char szUserName[255];
char szPassword[255];
strcpy(szUserName,GetTagCharWait("USERA"));//文本变量 USERA 与 I/O
                                           //域关联
strcpy(szPassword,GetTagCharWait("USERB"));//文本变量 USERB 与 I/O
                                           //域关联
```

```
if(PWRTSilentLogin(szUserName,szPassword))//调用自定义登录窗口
{
    //合法用户处理
}
Else
{
    //非法用户处理
}
```

9.6.3 用户控件组态

序号 26 WinCC 用户管理

选择图形编辑器右侧的“控件”选项卡，将“WinCC User Admin Control”用户控件拖放至画面模块。在弹出的对话框中选择“用户列表”“组列表”选项卡，设置需要显示在用户控件窗口中的内容，如图 9-70、图 9-71 所示。其余均使用控件默认参数，即可在系统运行时实现用户的添加、删除、修改以及相应口令与权限的修改等。仅当以管理员身份登录系统时，所有用户信息会同时显示在用户控件窗口中，管理员可不受限制地对用户进行编辑，如图 9-72 所示。否则，仅显示登录用户信息。

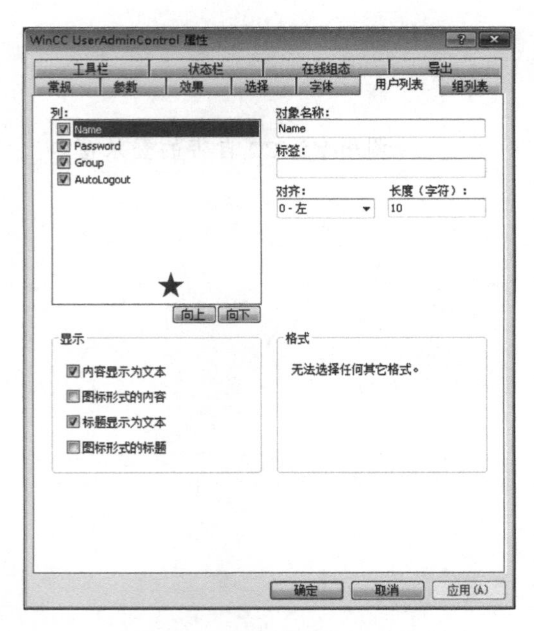

图 9-70 设置用户控件用户列表属性

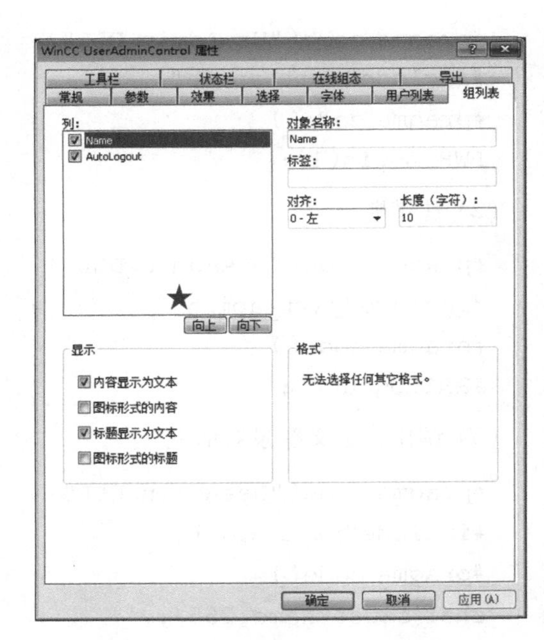

图 9-71 设置用户控件组列表属性

单击图 9-72 工具栏按钮，即弹出登录对话框（图 9-73），使用具有用户管理权限的“administrator”账号登录成功后，所有用户信息即显示于表格区。

双击图 9-72 表格区空行或单击工具栏按钮，即弹出如图 9-74 所示的新用户对话框，

添加“Ouser_2”用户，并设置口令注销时间为绝对时间 5min。新增用户完成后的界面如图 9-75 所示。编辑结束单击工具栏按钮注销口令。

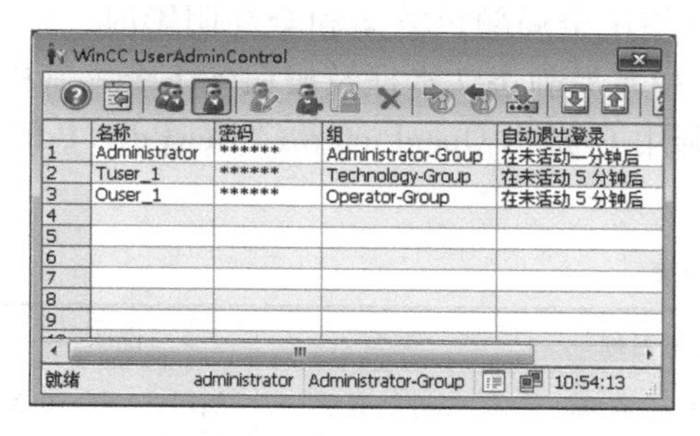

图 9-72　用户编辑

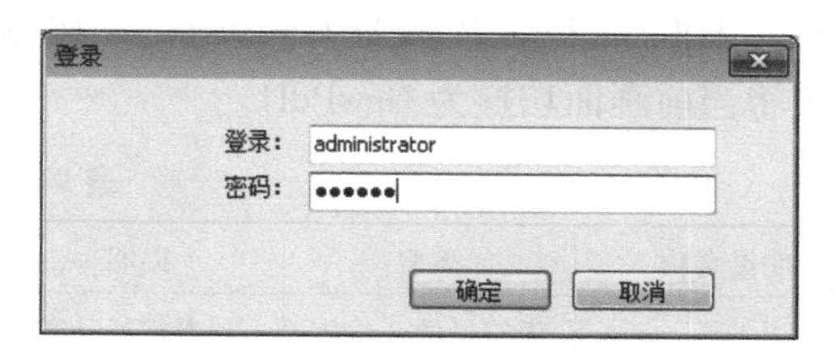

图 9-73　登录对话框

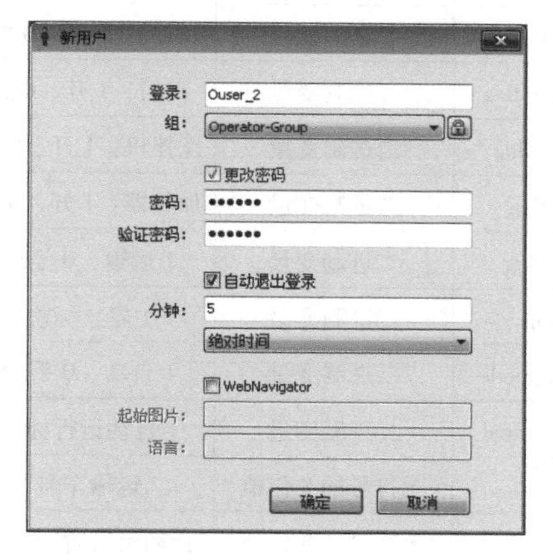

图 9-74　新增用户

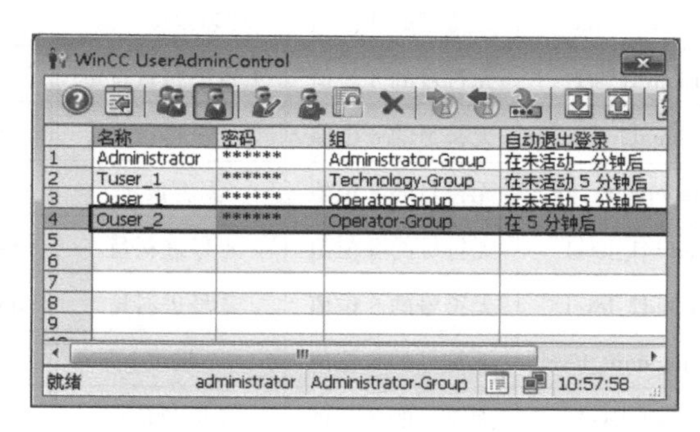

图 9-75　添加用户完成

9.7　画面组态

序号 27　WinCC 画面组态

9.7.1　过程画面组态

以反应釜控制、WinCC 仿真为例，系统如图 9-13 所示，分为手动和自动运行两种模式。自动运行模式控制要求如下：在设置 1、2 号进料量以及温度参数后，单击起动按钮，反应釜开启 1、2 号进料阀，达到设定液位后，关闭 1、2 号进料阀；起动搅拌电动机并加热，待温度达到设定值，搅拌电动机与加热均停止运行；开启 4 号出料阀，将反应釜中的溶剂装入槽车；待反应釜出料完毕，则关闭 4 号阀，载货槽车运行，将溶剂运送至罐区。此时，待货槽车同步运行至装载位。系统周而复始，循环运行。运行中如果单击停止按钮，系统则在完成所有工序后停止运行。手自动运行模式间应实现互锁。此外，要求系统画面显示“反应釜控制系统”标题，并设置自定义菜单栏和工具栏，用于画面 NewPdl1. pdl 与 NewPdl2. pdl 之间的切换，以及退出 WinCC 运行系统。

1. 对象布局

按表 9-5 创建内部变量，并在画面 NewPdl1 中按表 9-6、图 9-13 依次布局对象，其中，除反应釜、罐区、槽车需要从全局库中选取(选择图形编辑器“视图”菜单中的“工具栏”→“库”命令即可弹出库元件选择窗口),其余均可以从控件选择区选取。此外,如果已在项目中选择全局设计,则仅当对象“效果”属性中设置不使用全局颜色方案和全局阴影时,才能使“颜色”属性组的某些特性生效。在画面 NewPdl2 中布局静态文本框及按钮各 1 个,其中,静态文本框用于显示“辅助工艺画面”,按钮用于调用 C 脚本 OpenPicture(“NewPdl1. Pdl”)函数将当前画面切换为 NewPdl1。

表 9-5　变量列表

变量名称	类型	说明	变量名称	类型	说明
valve1_loop_count	无符号的 8 位值	动态模拟计数	valve1_open_flag	二进制变量	阀门:1 开、0 关
valve2_loop_count	无符号的 8 位值	动态模拟计数	valve2_open_flag	二进制变量	阀门:1 开、0 关
valve3_loop_count	无符号的 8 位值	动态模拟计数	valve3_open_flag	二进制变量	阀门:1 开、0 关
valve4_loop_count	无符号的 8 位值	动态模拟计数	valve4_open_flag	二进制变量	阀门:1 开、0 关
motor_count	无符号的 8 位值	动态模拟计数	motor_run_flag	二进制变量	搅拌机:1 开、0 关
Liquid1_set	无符号的 8 位值	1 号进料量设定	heating_flag	二进制变量	加热器:1 开、0 关
Liquid2_set	无符号的 8 位值	2 号进料量设定	Car_run_flag	二进制变量	1 运输、0 停运
Temperature_set	无符号的 8 位值	温度设定	Stop_flag	二进制变量	1 停止标志
Liquid1_level	无符号的 8 位值	1 号进料量	system_run_mode	二进制变量	1 自动、0 手动
Liquid2_level	无符号的 8 位值	2 号进料量	run_auto_manual	二进制变量	1 自动运行标志
Temperature_level	无符号的 8 位值	温度	Car_no	无符号的 8 位值	运输车号
Tank_level	无符号的 8 位值	反应釜液位	Process_no	无符号的 8 位值	自动运行阶段控制

表 9-6　对象列表

对象名称	数量	说明	对象名称	数量	说明
静态文本	13		按钮	12	
棒图	1	反应釜液位显示	I/O 域	5	参数显示或输入
滚动条	3	设定控制量	阀	4	方形指示,“红”关“绿”开
管	11		搅拌电动机	1	搅拌动态模拟,“红”关“绿”开
矩形	15	进出料动态模拟	槽车	2	模拟运输
反应釜	1		罐塔	1	模拟罐区

2. I/O 域

(1) I/O 域分类

输入域与输出域统称为 I/O 域,它分为输入域、输出域和输入/输出域三种模式。其中,输入域用于操作员输入数字、字母或符号,并将其存储于关联的变量中;输出域用于显示变量的数值;输入/输出域则兼具输入和输出的功能,既能修改变量的数值,又能显示修改后的数值。

（2）I/O 域组态

以进料量 1 的设定为例，在工作区窗口选择 I/O 域，并选择其右键快捷菜单中“属性”项，在弹出的对话框中，设置“颜色”→“背景颜色”为蓝色、字体颜色为黄色。选择“输出/输入”→“输出值”动态右键快捷菜单中“变量”项，将其与 1 号进料量设定变量 Liquid1_set 相关联，并设置“更新周期”为画面周期，如图 9-76 所示。此外，根据组态需要，可以设置样式、字体、闪烁、其它（安全）、限制以及 I/O 域事件。如果在“其它”属性的授权中设置了访问权限，则仅拥有操作权限或更高权限的用户才能操作 I/O 域。同理，用类似方法将 Liquid2_set、Temperature_set、Tank_level、Temperature_level 与其余 I/O 域关联。

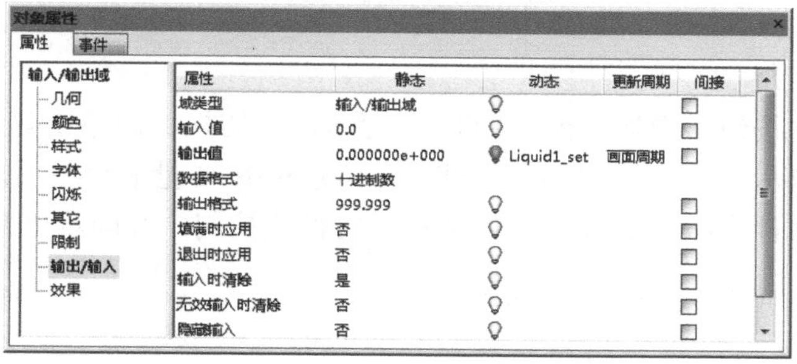
对象属性
属性
事件
输入/输出域
几何
颜色
样式
字体
闪烁
其它
限制
输出/输入
效果
属性
静态
动态
更新周期
间接
域类型
输入/输出域
输入值
0.0
输出值
0.000000e+000
Liquid1_set
画面周期
数据格式
十进制数
输出格式
999.999
填满时应用
否
退出时应用
否
输入时清除
是
无效输入时清除
否
隐藏输入
否

图 9-76　I/O 域参数设置

3. 滚动条

以进料量 1 的设定为例，选择“其它”属性组，设置静态最大值、最小值，并选择动态“过程驱动器连接”右键快捷菜单中“变量”项，将其与 1 号进料量设定变量 Liquid1_set 相关联，并设置“更新周期”为画面周期，如图 9-77 所示。如此，Liquid1_set 可以通过 I/O 域或滚动条进行设定。同理，用类似方法将 Liquid2_set、Temperature_set 与其余滚动条关联。

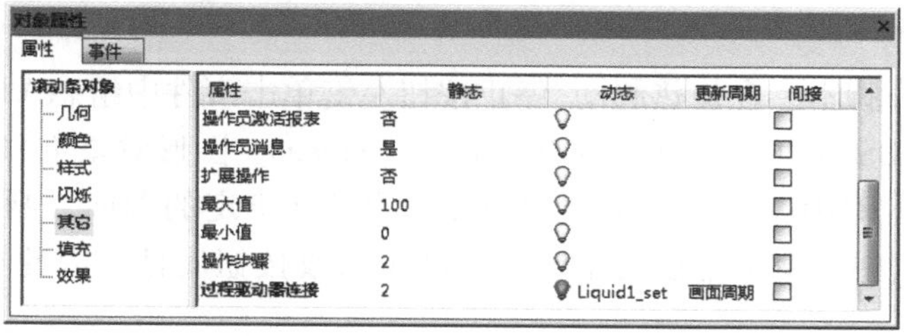
对象属性
属性
事件
滚动条对象
几何
颜色
样式
闪烁
其它
填充
效果
属性
静态
动态
更新周期
间接
操作员激活报表
否
操作员消息
是
扩展操作
否
最大值
100
最小值
0
操作步骤
2
过程驱动器连接
2
Liquid1_set
画面周期

图 9-77　滚动条参数设置

4. 棒图

棒图主要用于以带刻度的棒图形式显示过程值或用于直观地显示填充量的动态值等，根据组态需要，设置棒图“其它”→静态“最大值”为 200、“最小值”为 0 以及动态“过程驱动器连接”，即将棒图过程值与 Tank_level 变量关联，如图 9-78 所示。并将“轴”属性组的范围设置为“否”亦即不显示刻度。本例中，由反应釜与棒图的组合件来模拟反应釜液位的动态变化过程，实际应用中，可将液位数据与液位传感器 A/D 转换后的工程值相关联。

5. 按钮

按钮的功能是指单击它时，执行已组态的系统函数或自定义脚本，实现预定的各项任务。

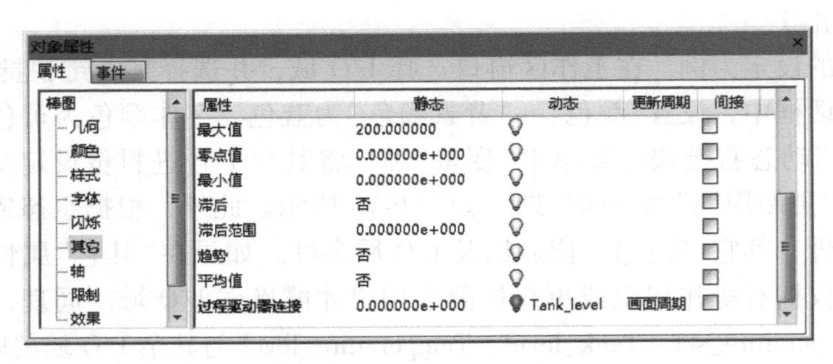

图 9-78　棒图参数设置

（1）运行模式控制

本例中通过独立按钮实现运行模式（自动、手动）的切换，即单击显示文本为“手动”的按钮时，按钮文本显示为“自动”且运行模式 sys_run_mode 变量取反，反之，亦然。在手动/自动按钮左键单击事件中组态 C 动作，以实现运行模式控制，并同步更新按钮文本。

```
if(GetTagBit("sys_run_mode"))
{
    SetTagBit("sys_run_mode",FALSE);
    SetText("NewPdl1.PDL","Run_mode","手动");     //设置按钮文本
}
else
{
    SetTagBit("sys_run_mode",TRUE);
    SetText("NewPdl1.PDL","Run_mode","自动");     //设置按钮文本
}
```

为了区别 C 动作脚本，在加热起动/停止按钮左键单击事件中组态 VBS 动作脚本，实现同样的按钮功能。VBS 提供了画面集 HMIRuntime. Screens、图形对象集 HMIRuntime. ScreenItems、Item、变量集 HMIRuntime. Tags，以方便用户访问指定的画面、画面中的对象、当前的对象、变量。本例中，由于是在按钮单击事件中修改按钮属性，因此可使用 Item 访问按钮属性。

```
Sub OnClick(ByVal Item)
Dim objtag                                            '声明对象
Set objtag=HMIRuntime.Tags("heating_flag")            '获取变量实例
objtag.Read                                           '读变量值
If objtag.value Then
    objtag.value=False
    item.Text="加热起动"
Else
    objtag.value=True
    item.Text="加热停止"
```

```
End If
objtag.Write,1                              '写变量值
End Sub
```

如果需要在其他对象动作脚本中修改此按钮文本，则应创建对象引用以访问图形对象集 HMIRuntime.ScreenItems 中的图形对象并修改其相应属性。

```
Dim objbutton                                              '声明对象
Set objbutton=HMIRuntime.ScreenItems("heating_btn")    '获取对象
objbutton.Text="加热起动"                                 '修改按钮文本
```

（2）操作控制

为了实现手自动模式间的互锁，本例中，以加热起动/停止按钮为例，将其"其它"属性组中动态"允许操作员控制"与变量 system_run_mode 进行关联，动态对话框设置如图 9-79 所示，亦即只有在手动模式时，加热起动按钮才可操作（图 9-80）。同理，设置装载完毕、四个阀门透明按钮动态允许操作员控制属性。起动、停止按钮则相反设置。

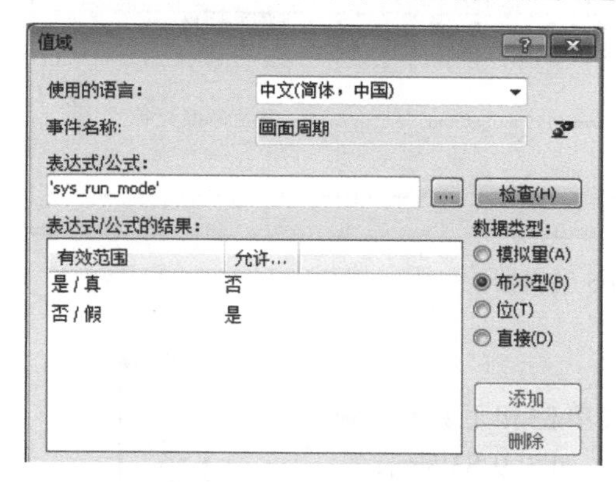

图 9-79　操作控制

图 9-80　操作控制仿真结果

（3）退出按钮

退出按钮单击事件可调用内部函数 DeactivateRTProject()以终止 WinCC 运行系统，或调用 ExitWinCC()内部函数终止 WinCC。本例中，调用 DeactivateRTProject()函数。

6. 静态文本

静态文本域是封闭对象，可以填充颜色或图案。它用于标签，可输入任意大小的文本。以温度设定为例，在"字体"属性组中设置"温度设定"文本，并将"颜色"属性组中的边框颜色、背景颜色设置为透明（图 9-81）。

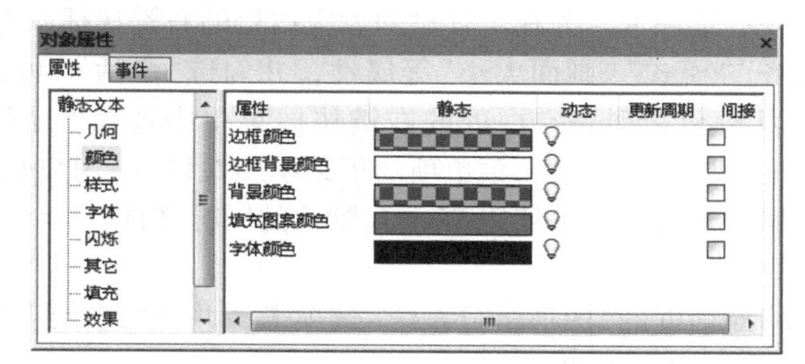

图 9-81　透明化设置

7. 时钟控件

时钟控件用于显示系统当前的日期和时间，可设置不透明、边框透明、透明三种背景风格。

8. 菜单栏与工具栏

WinCC 可以自定义菜单栏和工具栏，方便用户使用其切换画面或实现其他功能。

（1）脚本定义

由于 WinCC 自定义菜单栏和工具栏仅支持 VBS 脚本。本例中，在 WinCC 项目管理器浏览窗口双击打开“VBS-Editor”编辑器，选择工作区“项目模块”选项卡，创建项目模块 mymenutool. bmo。在其右键快捷菜单中选择“添加新过程”选项，创建画面切换 PictureChangeCmd 以及退出 ExitWinccRuntime 过程，如图 9-82 所示。

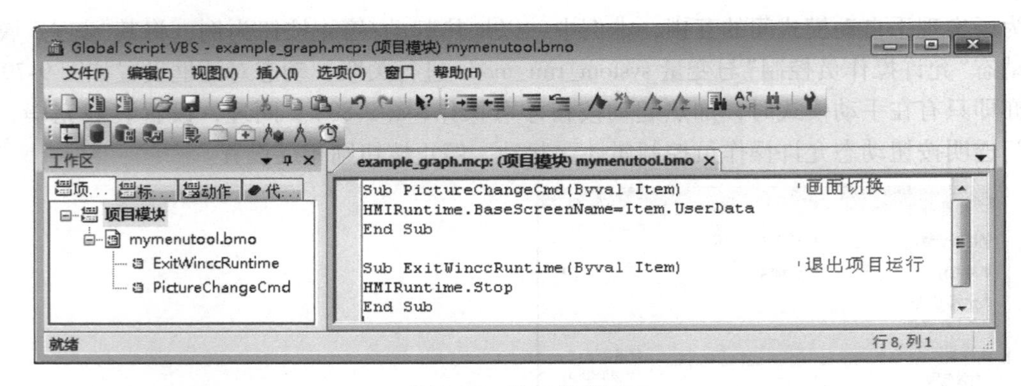

图 9-82 VBS 编辑器

（2）菜单栏和工具栏组态

在 WinCC 项目管理器浏览窗口双击打开“菜单栏和工具栏”编辑器，创建菜单栏和工具栏文件 mymenutool. mtl，如图 9-83 所示。

序号 28 WinCC 工具栏与菜单栏

选择编辑器“菜单栏”选项卡，并在导航区选择需添加子菜单的条目，在该条目右键快捷菜单中选择“插入菜单条目”，分别插入画面切换、辅助功能两个一级菜单。以画面切换菜单为例，插入工艺主界面、辅助工艺界面、分隔符、退出四个子菜单项，其中，工艺主界面菜单项属性的用户数据设置为画面名称 NewPdl1（不能有扩展名）亦即脚本程序中的 UserData。单击脚本右侧按钮，在弹出的对话框中选择“项目模块”中的 PictureChangeCmd（图 9-84），并勾选“激活”和“可见”复选框，如图 9-83 所示。分隔符需勾选“分隔符”选项。退出菜单项属性仅需设置脚本为 ExitWinccRuntime。

选择编辑器“工具栏”选项卡，并在工具栏列表空白处的右键快捷菜单中选择“插入工具栏”，设置工具栏“对齐”“模式”“画面大小”等属性，并勾选“激活”“可见”“固定的”选项，如图 9-85 所示。在工具栏元素列表空白处的右键快捷菜单中选择“插入工具栏条目”，插入四个工具栏条目，并参照“画面切换”菜单项的子菜单属性设置“用户数据”“脚本”“画面”等属性。如果“画面”属性未设置，则使用 WinCC 默认的图标文件。

（3）起始组态菜单和工具栏

选择“计算机属性”对话框的“图形运行系统”选项卡，并将“起始组态菜单和工具栏”设置为 mymenutool. mtl 文件，如图 9-86 所示。

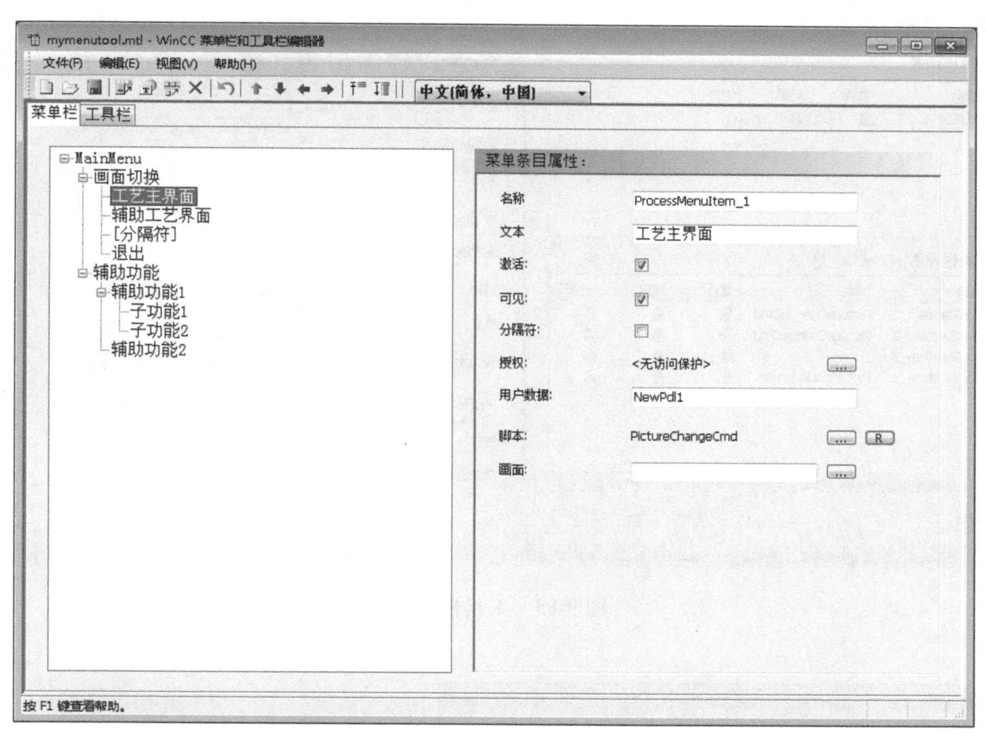

图 9-83　菜单栏编辑

9. 动态化组态

动态化处理有直接连接(属性连接用图标指示，事件连接用图标指示)、动态对话框(用图标指示)、VBS 动作(用图标指示)、C 动作(用图标指示)四种方法。在 WinCC 中，对象的动态化组态涵盖对象外观、可见性、可操作性、闪烁、移动(对角线、水平、垂直)、填充等，可分别通过动态对话框(模拟量、布尔型、位、直接)、C 动作、VBS 动作、变量实现。其中可操作性已在按钮中介绍，因此，此处仅以外观、可见性、闪烁、填充、水平移动五类为例介绍动态化组态。

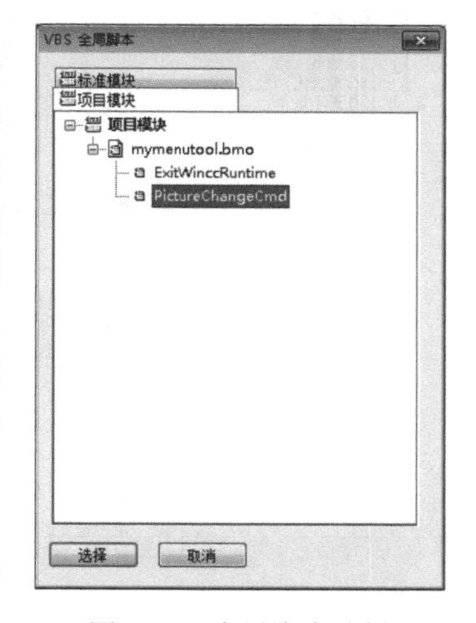

图 9-84　全局脚本选择

(1) 管道动态显示

以 1 号进料管道动态显示(图 9-87)为例，从标准对象中将矩形插入画面，创建“矩形 2”~“矩形 6”五个矩形对象，将其组合成 V1_LOOP 组，并将其“其它”→动态“显示”属性与 valve1_open_flag 变量直接关联(图 9-88)，以及使用动态对话框将“矩形 2”颜色→动态“背景颜色”与 valve1_open_count 变量进行关联，如图 9-89 所示。从而使该矩形对象在阀门开启后可见并随着 valve1_open_count 变量数值的变化而实时更新其背景色，亦即当 valve1_open_count 值为 1 时，该矩形对象显示绿色，其他值则显示灰色。依此类推，设置“矩形 3”~“矩形 6”的动态背景颜色。本例中，valve1_open_count 是 0~5 的循环计数器变量，其受周期性(250ms)全局 C 动作脚本控制。同理，组态 V2_LOOP、V4_LOOP 以及搅拌电动机扇叶控制。

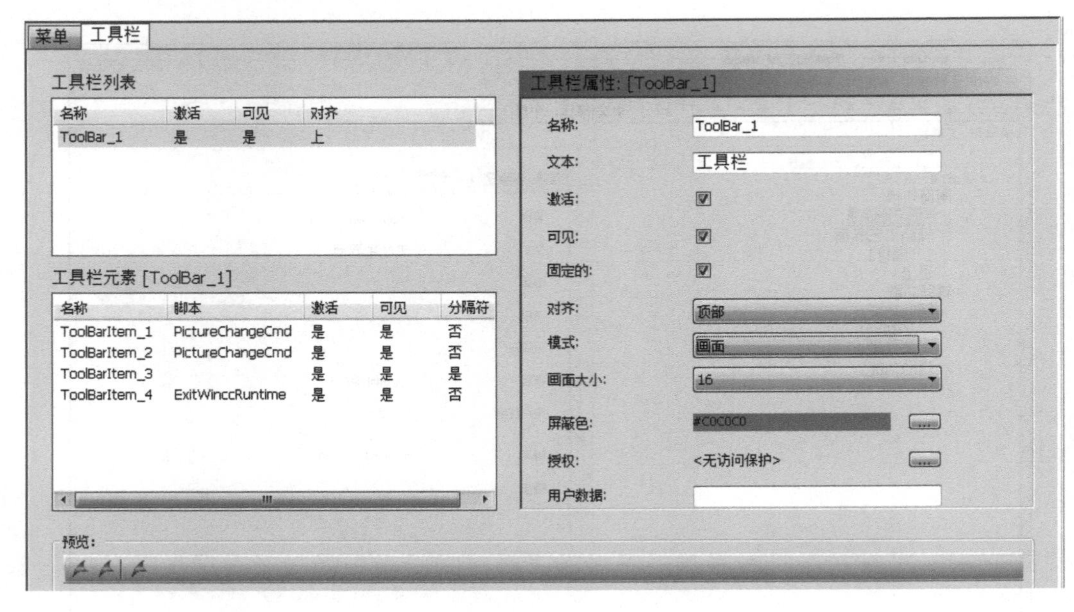

图 9-85　工具栏编辑

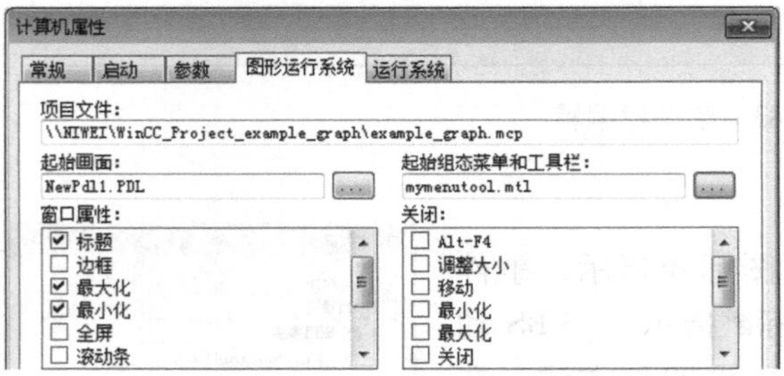

图 9-86　工具栏设置

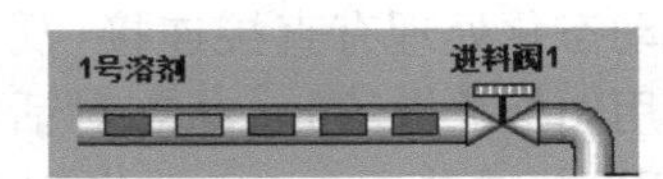

图 9-87　仿真结果

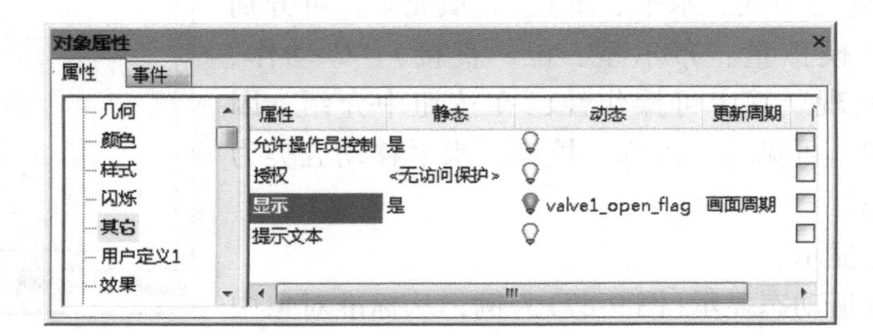

图 9-88　可见性设置


```
BYTE v1count;
v1count=GetTagByte("valve1_loop_count");
if(GetTagBit("valve1_open_flag"))
{
    if(v1count>=5)
```

```
        v1count=1;
    else
        v1count++;
}
else
    v1count=0;
SetTagByte("valve1_loop_count",v1count);
```

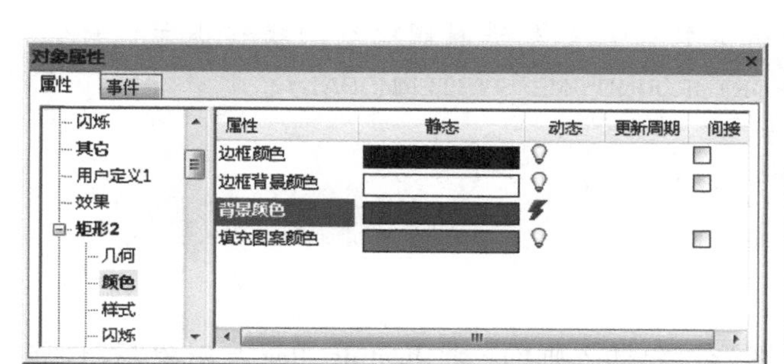

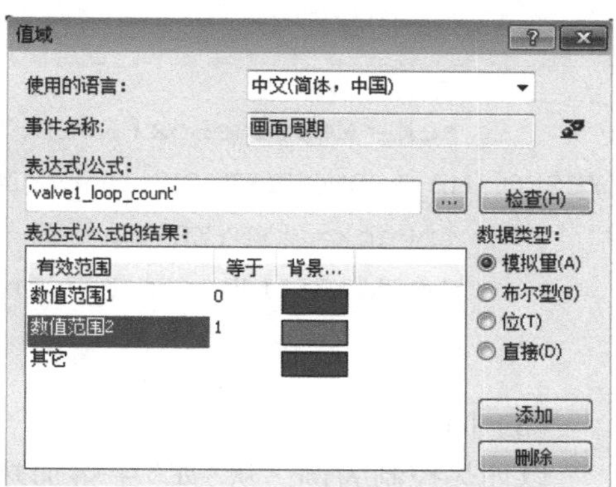

图 9-89　矩形 2 背景颜色设置

（2）阀门运行控制

以 1 号进料阀控制为例，从窗口对象中将按钮以及“库”中将阀门图形对象插入画面，将按钮对象置于阀门对象的上层，并参照前述方法将按钮进行透明化处理。将 system_run_mode 与按钮“其它”→动态“允许操作员控制”相关联，valve1_open_flag 与阀门矩形“颜色”→“背景颜色”相关联(图 9-90)，并组态按钮单击 C 动作脚本。在手动模式下，操作员控制阀门开关时，将调用 MessageBox 函数，弹出对话框要求操作员确认命令，仅当操作员确认后才执行命令。阀门打开显示绿色(图 9-87)，关闭显示红色。实际应用中，可将 valve1_open_flag 设置为无符号 8 位值，实现 0 关、1 开、2 故障闪烁。

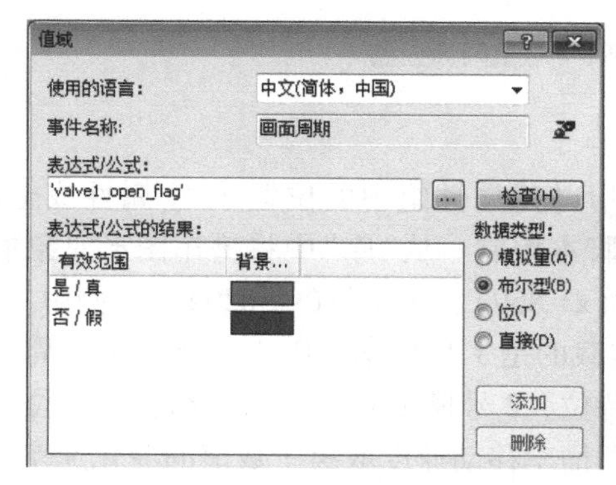

图 9-90　阀门状态切换与确认对话框

```
    int ack;
    if(GetTagBit("valve1_open_flag"))
    {
        ack=MessageBox(NULL,"确定要关闭1号进料阀吗?","操作提示",MB_YESNO|
MB_ICONQUESTION|MB_SETFOREGROUND|MB_SYSTEMMODAL);
        if(ack==IDYES)
        SetTagBit("valve1_open_flag",FALSE);
    }
    else
    {
        ack=MessageBox(NULL,"确定要开启1号进料阀吗?","操作提示",MB_
YESNO|MB_ICONQUESTION|MB_SETFOREGROUND|MB_SYSTEMMODAL);
        if(ack==IDYES)
        SetTagBit("valve1_open_flag",TRUE);
    }
```

（3）闪烁控制

以加热控制为例，从“库”中将加热图形对象插入画面，将 heating_flag 与对象“控件属性”→动态“闪烁样式”相关联，如图 9-91 所示。当 heating_flag 取值为 1 时，加热控件闪烁，模拟加热状态。

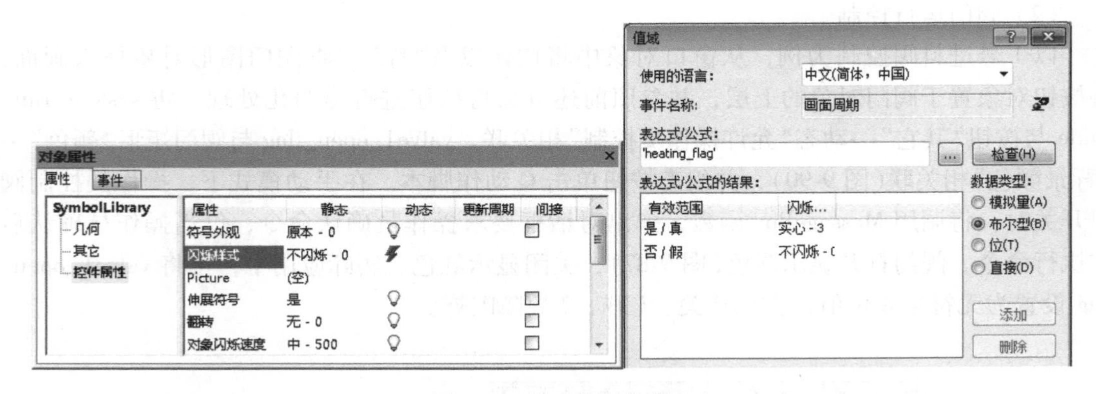

图 9-91 对象闪烁控制

（4）槽车移动控制

对象移动控制可以通过周期性修改“几何”属性组中的位置 x、y 属性或全局脚本实现。本例中，槽车移动控制采用全局 C 动作脚本控制。从“库”中将槽车图形对象插入画面，并分别规划槽车等待位（x=1040）、装载位（x=859）、入库位（x=620）。本例中，当装载完毕，运行标志 Car_run_flag 有效，如果当前装载的是 1 号槽车，则 1 号槽车按每周递减 2 个像素速度向左移动至入库位，最终移动至等待位，2 号槽车同步同速移动至装载位。如果当前装载的是 2 号槽车，则槽车移动轨迹互换。槽车移动速度取决于数值的变化速率、变量采样周期、画面刷新周期等。

```
BOOL carrun;
BYTE carno;
SHORT Car1x,Car2x;
carno=GetTagByte("Car_no");                    //获取当前装车号
carrun=GetTagBit("Car_run_flag");              //获取装车标志
Car1x=GetLeft("NewPdl1.PDL","Car1");           //获取 1 号槽车左坐标
Car2x=GetLeft("NewPdl1.PDL","Car2");           //获取 2 号槽车左坐标
if(carrun &&(carno==1))
{
    if(Car1x>620)
        Car1x=Car1x-2;
    else
    {
        SetTagBit("Car_run_flag",FALSE);
        Car1x=1040;
    }
    SetLeft("NewPdl1.PDL","Car1",Car1x);
    if(Car2x>859)
        Car2x=Car2x-2;
    else
        Car2x=859;
    SetLeft("NewPdl1.PDL","Car2",Car2x);
}
```

（5）设置画面标题

由于 WinCC 没有提供用户设置画面标题的属性，因此，本例中，通过在全局脚本中编写如下代码以设置画面标题。其中，hWnd 为窗口句柄变量。

```
HWND hWnd=NULL;
hWnd=FindWindow(NULL,"WinCC-运行系统-");
SetWindowText(hWnd,"反应釜控制系统");
```

10. 模拟运行

组态完毕，单击工具栏▶按钮，启动仿真运行，运行仿真结果如图 9-92 所示。

9.7.2　面板组态

在实际应用中，经常出现多种设备使用相同的控制画面进行操控，所不同的仅仅是参数设置不同，比如电机控制、PID 调节等。在 WinCC 中，可通过面板予以实现。WinCC 面板是用户在项目中作为类型而集中创建的标准化画面对象，且以 FPT 文件进行保存。项目通过向过程画面中插入面板以创建该面板类型的实例，而由该面板类型创建的所有实例都将使用相同的脚本或相同的变量，唯一区别是需根据

序号 29　面板设计

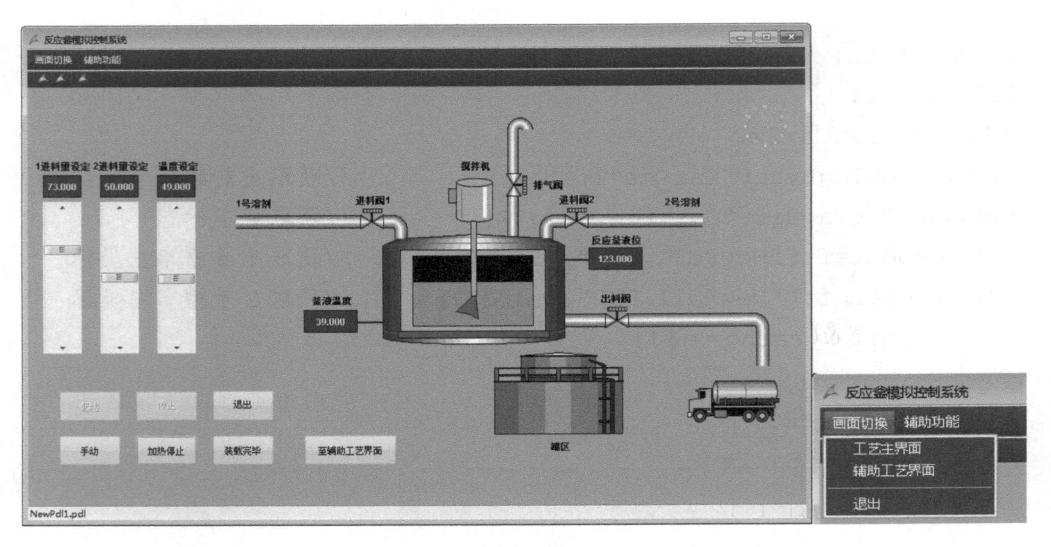

图 9-92　仿真结果

组态要求设置面板实例的属性和事件。具体以电机控制面板 Motor_Ctl 为例介绍面板的设计方法。

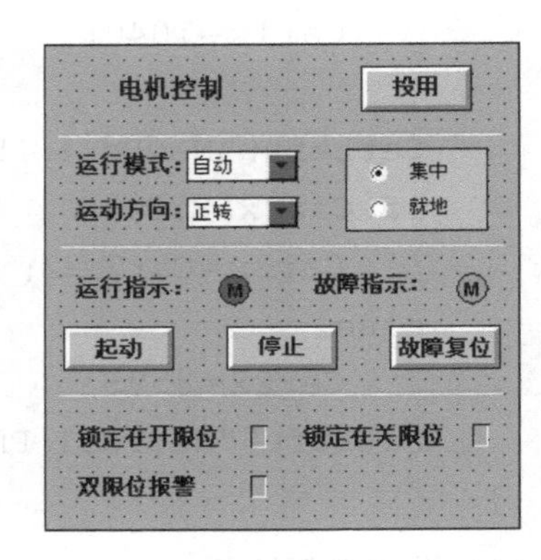

图 9-93　面板布局

1. 创建面板

在图形编辑器文件菜单项中选择新建面板类型，并根据实际要求设置对象属性中的画面尺寸，在画面中按表 9-7、图 9-93 依次布局对象，除组合框、选项组之外均参照前述方法设置相关属性。设置手自动组合框“几何”属性组“行数”为 2，“字体”属性组对应“索引”，“文本”依次输入“1”“自动”和“2”“手动”选择项，“其它”属性组“选定框”输入默认选项 1。同理，设置方向组合框、控制选项组，所不同的是控制选项组的默认选项设置在“输出/输入”属性组中。

表 9-7　对象列表

对象名称	数量	备注	对象名称	数量	备注
静态文本	10		按钮	4	
组合框	2		按钮	3	矩形指示灯
选项组	1		圆	2	圆形指示灯
线	6	区域分割			

面板类型仅能使用图形编辑器“标准”选择窗口中的对象，无法使用“连接器”“自定义对象”“应用程序窗口”“画面窗口”“OLE 对象”“面板实例”、HMISymbol 库图标以及所有控件等。

2. 创建面板变量

在面板类型中，当使用变量连接实现对象动态化时，它不能使用 WinCC 变量管理的变量，仅能使用面板变量。在图形编辑器“编辑”菜单项中选择“编辑面板变量”，并在弹出的面板变量对话框（图 9-94）中创建或编辑变量，且变量仅在此面板类型中有效。本例声明了四个二进制变量，初始值为 FALSE。

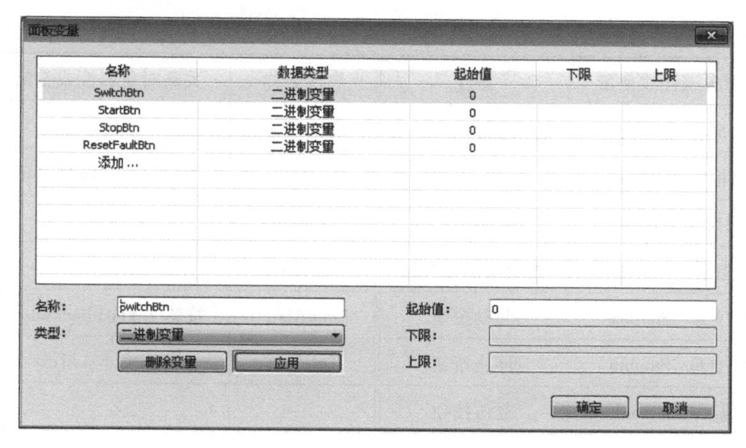

图 9-94　面板变量对话框

3. 创建面板属性和事件

在图形编辑器编辑菜单项中选择组态面板类型，并在弹出的组态面板类型对话框(图 9-95)中指定需要在面板实例中组态的属性、面板变量和事件，且仅有已定义的属性节点及事件的名称会显示在面板实例的对象属性和事件中。

图 9-95　面板属性事件编辑对话框

选择“属性”选项卡，单击“添加属性”按钮依次添加实例特定的属性节点(表 9-8)，选择“对象”区域中的对象及“对象属性”区域中的属性或变量，并将其拖放至“所选属性”区域中的相应属性节点下，即完成属性节点的关联，如图 9-95 中 runmode 属性节点与组合框 1. SelIndex 属性。每个节点均能与多个对象属性或面板变量相连接，也可以是一个未与对象/面板变量属性连接的“空”属性节点。如对某一属性节点值进行更改，则所有在运行期间与此属性节点连接的对象/面板变量属性都将更改。如在运行期间更改对象/面板变量属性值，则实例的属性也将更改。同理，可添加实例特定的事件，本例未使用事件方法。

表 9-8 面板属性

属性名称	关联对象属性或变量	备注	属性名称	关联对象属性或变量	备注
runmode	组合框 1. SelIndex	运行模式	RunFlag	空	运行指示灯
rundirection	组合框 2. SelIndex	运行方向	FaultFlag	圆 1. FlashBackColor	故障指示灯
controlmode	选项组 1. Process	控制模式	OpenLimit	空	开限位指示灯
Switch	面板变量 . Switchbtn	投用或切出按钮	CloseLimit	空	关限位指示灯
Start	面板变量 . Startbtn	起动按钮	LimitAlarm	按钮 7. FlashBackColor	限位报警
Stop	面板变量 . Stopbtn	停止按钮	TitleText	静态文本 1. Text	面板窗口标题
ResetFault	面板变量 . ResetFaultbtn	复位按钮			

4. 面板类型动态化

面板类型中仅能使用 VBS 脚本、面板变量实现动态化处理。在 VBS 脚本中，通过 ScreenItems 方式可访问面板中所属对象的属性，通过 SmartTags 方式可访问面板变量和面板的属性节点(含“空”属性节点)，但不能使用 VBS 脚本访问面板类型以外的数据，且所有 HMIRuntime 的功能均不可用。本例面板类型的动态化处理涉及按钮控制及背景颜色控制。

(1) 按钮控制

以投用/切出按钮为例，编写按钮“单击鼠标”事件脚本(仅能使用 VBS 语言)，实现按钮标题的切换以及控制信号的传送。脚本中的 SmartTags(“Properties \ Switch”)也可用 SmartTags(“Switchbtn”)替代。

```
Sub OnClick(Byval Item)
If SmartTags("Properties\Switch")Then
    Item.Text="投用"                                    'Item 指投用/切出按钮对象
    SmartTags("Properties\Switch")=False
Else
    SmartTags("Properties\Switch")=True
    Item.Text="切出"
End If
End Sub
```

以起动按钮为例，编写按钮“按左键”及“释放左键”事件脚本，实现控制信号的传送。同理，处理停止按钮、故障复位按钮“按左键”及“释放左键”事件脚本。

```
Sub OnLButtonUp(ByVal Item,ByVal Flags,ByVal x,ByVal y)
SmartTags("Properties\Start")=False
End Sub
Sub OnLButtonDown(ByVal Item,ByVal Flags,ByVal x,ByVal y)
SmartTags("Properties\Start")=True
End Sub
```

（2）对象背景颜色控制

以运行标志 RunFlag 属性节点为例，编写圆 2 对象“背景颜色”属性动态化处理脚本，运行显示绿色，停止显示红色。同理，处理开、关限位指示灯脚本。

```
Function BackColor_Trigger(ByVal Item)
If SmartTags("Properties \RunFlag") Then
    Item.BackColor=vbGREEN                        'Item 指圆 2 对象
Else
    Item.BackColor=vbRED
End If
End Function
```

（3）对象可操作性控制

以起动按钮为例，编写起动按钮“允许操作员控制”脚本，实现当电机处于手动运行模式且电机未起动的情况下，起动按钮才有效。同理，处理停止按钮允许操作员控制属性。

```
Function Enabled_Trigger(ByVal Item)
If SmartTags("Properties \runmode") = 1 Or SmartTags("Properties \
Start") Then
    Item.Enabled=FALSE                          'Item 指起动按钮对象
Else
    Item.Enabled=TRUE
End If
End Function
```

5. 面板实例

新建过程画面 NewPdl1，通过双击将智能对象中的“面板实例”对象插入到画面中。在打开的对话框中选择 Motor_Ctr 面板类型，设置面板实例“其它”→“缩放比例”为 1：1，以及“用户定义 2”属性组中特定的属性和事件，如图 9-96 所示。对应连接变量声明见表 9-9。同理，创建过程画面 NewPdl2。

表 9-9 电机控制面板实例连接变量一览

变量名称	类型	地址	变量名称	类型	地址
mrunmode_1	BYTE	DB1. DBB0	mfaultreset_1	BOOL	DB1. DBX3. 3
mrundirection_1	BYTE	DB1. DBB1	mrunflag_1	BOOL	DB1. DBX3. 4
mcontrolmode_1	BYTE	DB1. DBB2	mfaultflag_1	BOOL	DB1. DBX3. 5
mswitch_1	BOOL	DB1. DBX3. 0	mopenlimit_1	BOOL	DB1. DBX3. 6
mstart_1	BOOL	DB1. DBX3. 1	mcloselimit_1	BOOL	DB1. DBX3. 7
mstop_1	BOOL	DB1. DBX3. 2	mlimitalarm_1	BOOL	DB1. DBX4. 0

创建过程画面 NewPdl3，将智能对象中的“画面窗口”，窗口对象中的“按钮”“复选

框”，“库”中的“料斗”“输送机”，标准对象中的“静态文本”“圆”对象插入到画面中，如图 9-97 所示布局图形对象。设置画面窗口 1“其它”属性组中的“边框”“标题”“可关闭”“调整大小”属性为“是”，“画面名称”为 NewPdl1. PDL，“缩放因子”为 100。设置输送机 1 对象单击事件，将常数 1 赋予画面窗口 1 的显示属性(图 9-98)，亦即当单击此对象时，将弹出画面窗口 1。同理，设置画面窗口 2 的属性以及输送机 2 的事件。面板仿真结果如图 9-99 所示。

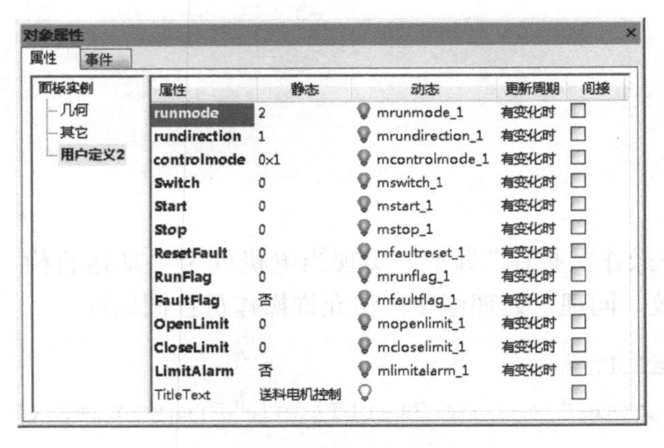

图 9-96　组态面板实例属性和事件

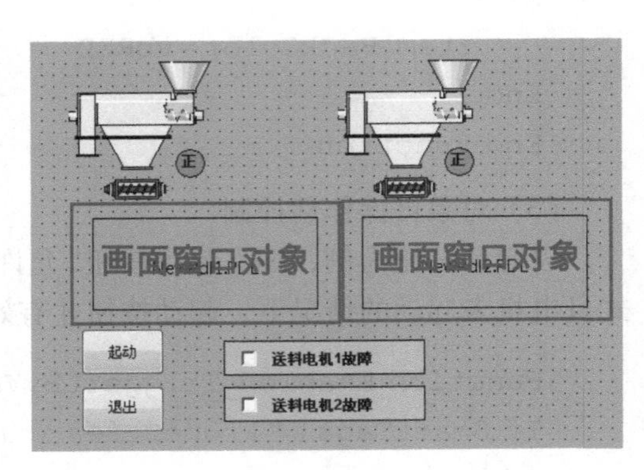

图 9-97　过程画面布局

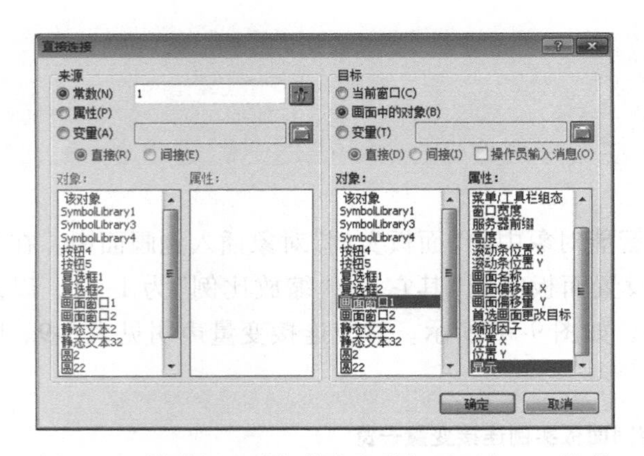

图 9-98　输送机 1 对象单击事件与画面窗口 1 关联

图 9-99　面板仿真结果

9.8　报表组态

9.8.1　报表编辑器基础

1. 报表编辑器

报表编辑器提供了用来输出报表和日志的打印作业，它分为页面布局编辑器和行布局编辑器两类。页面布局编辑器用于创建和动态化报表输出的页面布局。它由菜单栏、工具栏、调色板、对齐选项板、缩放选项板、工作区、对象选择区、样式选择区、状态栏等组成，如

图 9-100 所示。

对象选择区有标准对象、运行系统文档、COM 服务器、项目文档四个类别，其中，项目文档或组态数据文档(图 9-101)用于在报表中输出 WinCC 项目的组态数据。对于多语言项目，则针对每种运行系统语言分别输出报表。运行系统文档或运行系统数据文档(图 9-102)用于在运行系统的日志中输出过程数据。对于多语言项目，日志以当前设定的运行系统语言输出。报表编辑器使用与图形编辑器相同的坐标系统以及类似的对象组态方法。此外，可通过选择菜单栏“工具”→“设置”选项，设置对象选择方法、菜单栏/工具栏显示方式以及工作区网格大小、单位等，如图 9-103 所示。

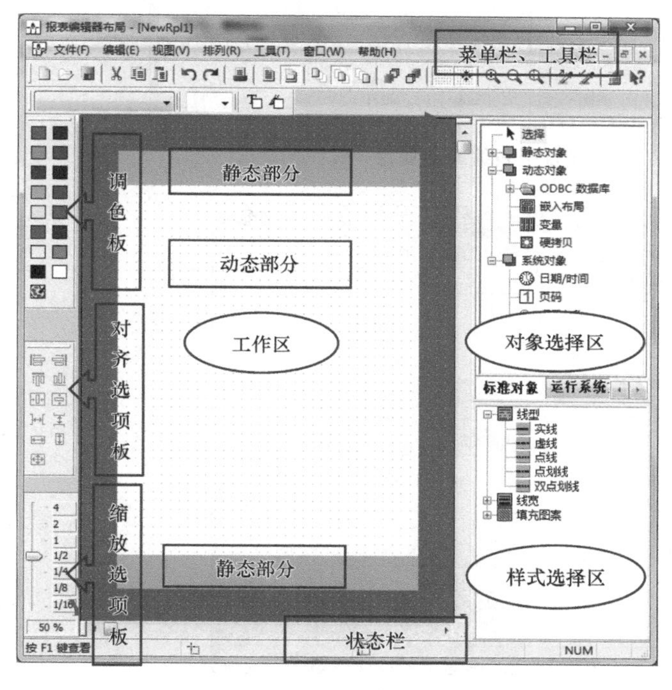

图 9-100　报表编辑器

图 9-101　项目文档

行布局编辑器用于创建行布局并使之动态化，以用于消息顺序报表的输出，如图 9-104 所示。它和页面布局仅能用于已在 WinCC 项目管理器中打开的当前项目。

2. 报表和日志

报表和日志可以按页面布局或行布局格式输出到打印机、文件、屏幕等介质。报表和日志布局包括静态和动态两部分，如图 9-100 所示。静态部分包括布局的页眉和页脚，仅能插入静态对象和系统对象，可用于输出公司名称、公司标志、项目名称、布局名称、页码、时间等。动态部分包括输出组态和运行系统数据的动态对象，可插入静态对象和动态对象，且动态对象可根据需要进行动态扩展，如当动态表中的对象被提供数据时，可扩展该表以允许输出表中的所有数据。如果在布局的动态部分中还存在其他对象，则对其进行相应移动。因此，具

图 9-102　运行系统文档

有固定位置的对象必须插入到布局的静态部分中。

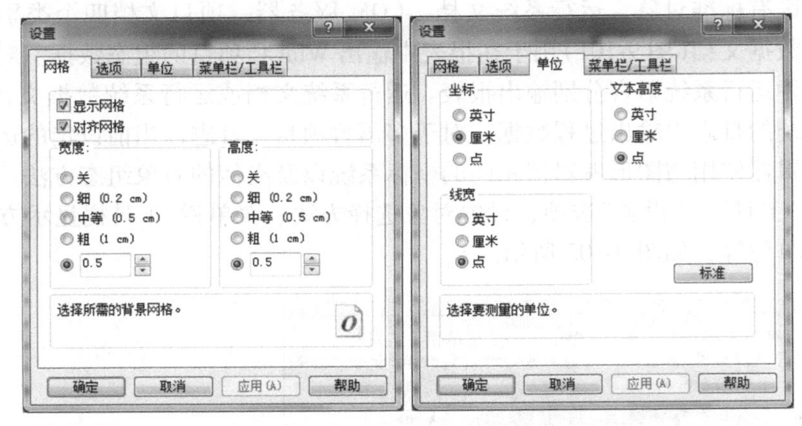

图 9-103　设置报表编辑器属性

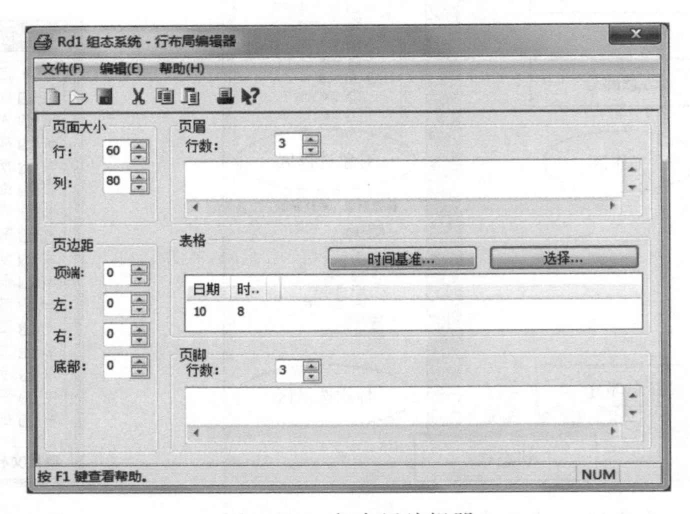

图 9-104　行布局编辑器

3. 布局

布局用于组态输出的外观和数据源，它包括页面布局和行布局两类。页面布局又可分为与语言无关(命名方式“<布局名称>. rpl”)和与语言有关(命名方式“<布局名称>XXX. rpl”，“XXX”代表布局文件的语言代码)的两种布局。而行布局则不包含与语言有关的文本，亦即不需要与语言有关的布局文件。

每个页面布局由封面、报表内容、封底三个页面组成，其中，封面、封底是页面布局的固定组件。封面和封底的创建和输出都是可选的，默认状态下，将输出封面，而不输出封底。如果要输出封底，可以通过页面布局编辑器进行设置；报表内容定义了报表输出时的结构和内容，它具有静态组件和动态组件(组态层)。

每个行布局由页眉、日志内容(表格)、页脚三个区域组成，如图 9-104 所示。其中，页眉、页脚是行布局的固定组件，将随每一页面而输出。行布局中的页眉、页脚最多可由十行组成且不能插入图形。它们的创建和输出是可选的，默认状态下，页眉和页脚每次均输出三行；日志内容(表格)定义了日志输出时的结构和内容。行布局适用于消息顺序报表。它只有一个有效的打印作业，并已按照固定的标准集成在 WinCC 中。为了输出，必须在执行记录的计算机的启动列表中激活消息顺序报表。

4. 打印作业

WinCC 中的打印作业对于项目和运行系统文档的输出极为重要。其用于组态输出介质、打印数量、开始打印的时间以及其他输出参数。

每个布局必须与打印作业相关联，以便进行输出。WinCC 中提供了各种不同的打印作业，用于项目文档。此类系统打印作业均已经与相应的 WinCC 应用程序相关联。因此，系统打印作业不能删除。如果用户需要输出自定义的页面布局，可以在 WinCC 项目管理器中创建新的打印作业，但不能为行布局创建新的打印作业。

9.8.2 布局组态

序号 30 WinCC 报表组态

下面以打印 Microsoft Access 2016 自带数据库 DBSAMPLE. mdb 的数据为例，介绍包含静态文本、OLE 对象、ODBC 数据库表、嵌入布局、系统对象以及 WinCC 在线趋势控件(经典)、WinCC 项目管理器—变量等在内的页面布局的组态方法。行布局组态相对简单，可参照第 9.4 节报警控件组态方法进行组态，在此不再赘述。

1. 创建数据源

进入 PC 控制面板→管理工具→数据源(ODBC)，在弹出对话框的“用户 DSN”选项卡中单击“添加”按钮，进而在“创建新数据源”对话框(图 9-105)中选择相应的驱动程序，如本例中选择“Microsoft Access Driver(*. mdb)”，单击“完成”按钮。

在驱动程序安装对话框(图 9-106)中输入数据源名称“DBSample”，并单击数据库“选择”按钮，选择相应的数据库 DBSAMPLE. mdb。单击“高级”按钮，设置数据源访问用户授权，如图 9-107 所示。数据源配置完成后如图 9-108 所示。

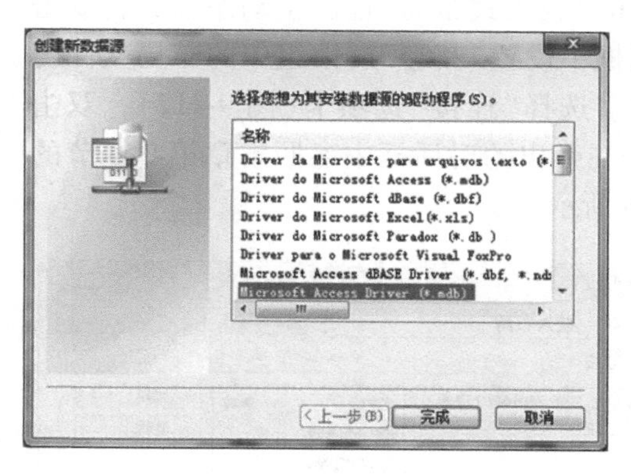

图 9-105 创建新数据源

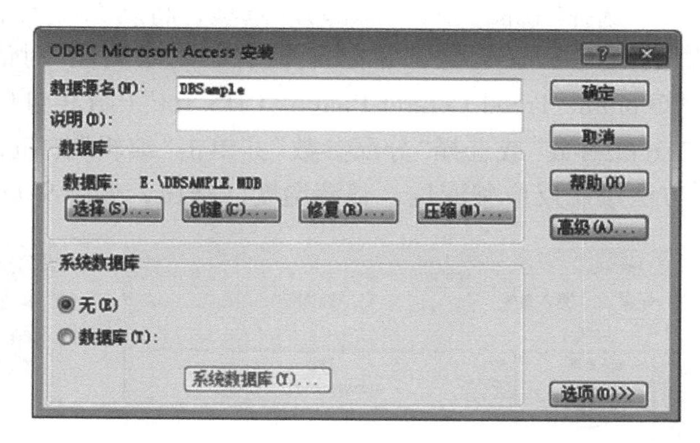

图 9-106 关联数据库

2. 创建页面布局

从 WinCC 项目管理器的浏览窗口或数据窗口均可调用页面布局编辑器。选择“报表编辑器”→“布局”→“中文(简体，中国)”选项，从右键快捷菜单中选择“新建页面布局”或“打开页面布局编辑器”，并将文件保存为“example_CHS. rpl”。

（1）静态部分

选择菜单栏“视图”→“报表内容”选项，随后选择“视图”→“静态部分”选项，在页眉处放置静态文本及 OLE 对象(图 9-109)，并使用“样式选项板”设置静态文本的线宽为不可见、填充图案为透明。页脚处放置项目名称、布局名称、系统时间、页码等系统对象，如图 9-110 所示。

图 9-107　设置授权

图 9-108　数据源创建完成

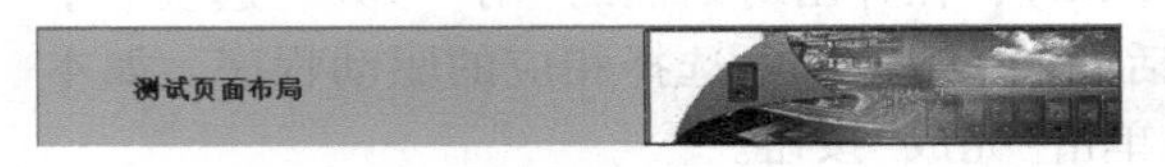

图 9-109　页眉布局

图 9-110　页脚布局

（2）动态部分——嵌入式布局

选择“视图”→“动态部分”选项，将动态对象中的“嵌入式布局”拖放至动态部分，双击“嵌入式布局”对象，并在其弹出的“对象属性”对话框中设置“其它”属性组中的布局文件为“@ online Trend Control-Picture_CHS. rpl”(图 9-111)。选择“连接”选项卡(图 9-112)，双击“分配参数”或选择“分配参数”并单击“编辑”按钮，在弹出的对话框中参照本章第 9.5 节的方法组态反应釜液位、釜液温度、釜压，如图 9-113 所示。

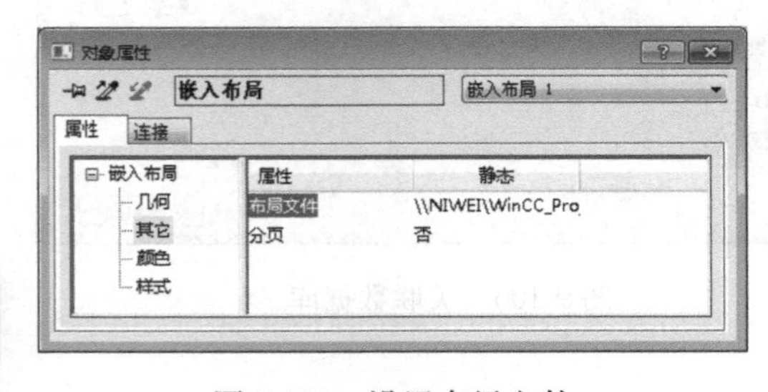

图 9-111　设置布局文件

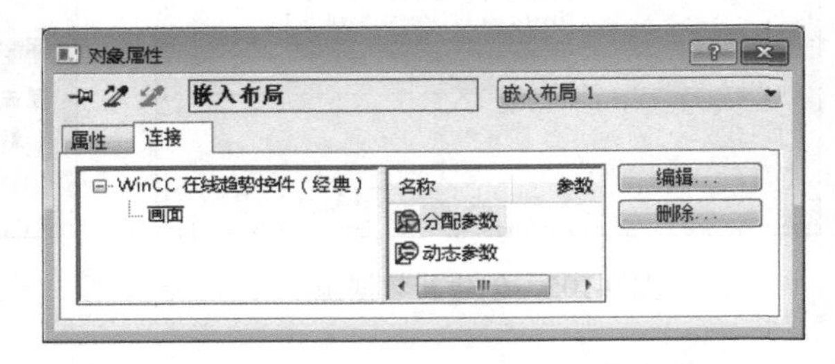

图 9-112　设置布局参数

（3）动态部分——WinCC 项目管理器

在“对象选择区”选择“项目文档”选项卡中的“WinCC 项目管理器”→“连接”项，将其拖放至动态部分并设置相应的变量列表选项，如图 9-114 所示。

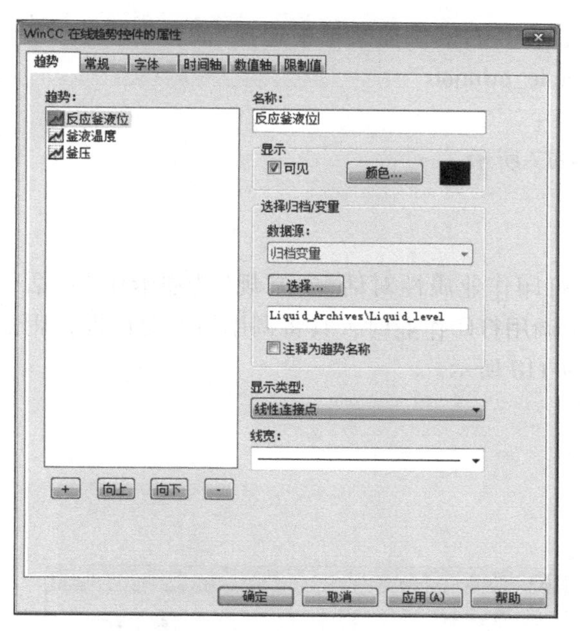

图 9-113　关联趋势

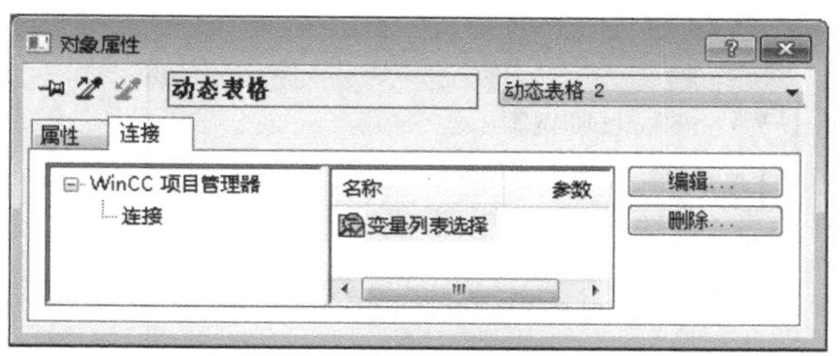

图 9-114　关联变量

（4）动态部分——ODBC 数据库表

将动态对象中的“ODBC 数据库表”拖放至动态部分，双击并设置其对象“连接”选项卡“数据库链接”属性(图 9-115)。在弹出的“数据连接”对话框中，设置数据源名称、用户名、密码、SQL 语句，本例中，设置数据源名称为 DBSample，其余参数分别与文本变量 user、password、select_sentence 关联，如图 9-116 所示。

图 9-115　关联数据库

图 9-116　设置数据连接属性

9.8.3　打印作业组态

选择“报表编辑器”→“打印作业”选项，从右键快捷菜单中选择“新建打印作业”。在

WinCC 编辑器数据窗口中选择新建的打印作业，在其右键快捷菜单中选择“属性”选项，在其“常规”选项卡中将打印作业名称修改为“example_printjob”。

1. 设置布局文件

选择 example_CHS. RPL 布局文件，如图 9-117 所示。

2. 设置对话框

（1）组态对话框选项

为了使运行系统文档输出更灵活，可以将打印作业属性对话框“常规”选项卡中“对话框”域设置为“组态对话框”选项。在运行系统中调用打印作业时，其将调用组态对话框，用于更改运行系统中的输出参数或打印机，如图 9-118 所示。

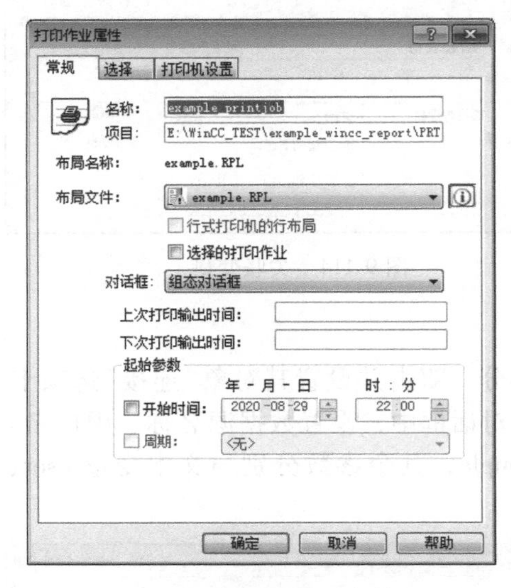

图 9-117　设置布局文件

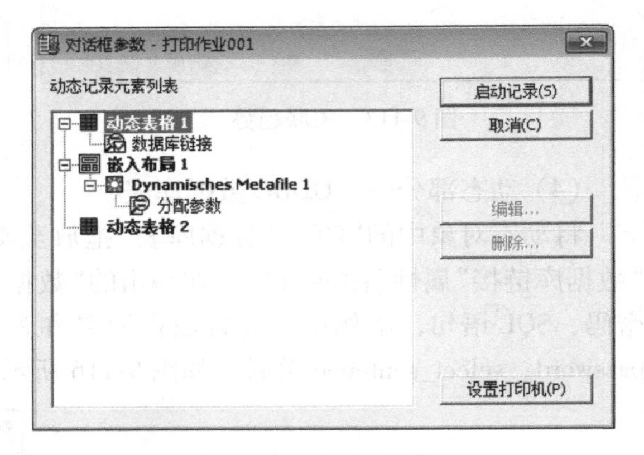

图 9-118　组态对话框

（2）打印机设置选项

为使用页面布局输出日志，并在运行系统中更改打印机，可将“对话框”域设置为“打印机设置”选项。在运行系统中调用打印作业时，将调用打印机选择对话框。

3. 设置启动参数

在“起始参数”区中，可设置运行系统文档的开始时间和输出周期。该设置主要用于定期输出运行系统文档中的日志。

4. 设置页面范围

在“选择”选项卡的“页面范围”区域中，可以指定输出打印范围，既可输出单个页面，也可输出页面范围或所有的页面，如图 9-119 所示。

5. 设置数据的时间范围

时间范围可使用“相对”或“绝对”选项进行设置。其中，“相对”选项用于指定输出的相对时间范围(从打印启动时间开始)，如所有、年、月、星期、日和小时。“绝对”选项用于指定输出数据的绝对的时间范围，如图 9-119 所示。

6. 设置打印机优先级

选择“打印机设置”选项卡，在“打印机优先级”区域可以设置打印机的使用次序，亦即报表和日志均输出到“1.)”所设置的打印机。如果该打印机出现故障，则将自动输出到“2.)”所设置的打印机。对于第三台打印机也采用相同的操作步骤，如图9-120所示。如果查找不到满足条件的任何打印机，则打印数据将保存至硬盘上的某个文件中，此文件均存储于项目目录的“PRT_OUT”文件夹中。

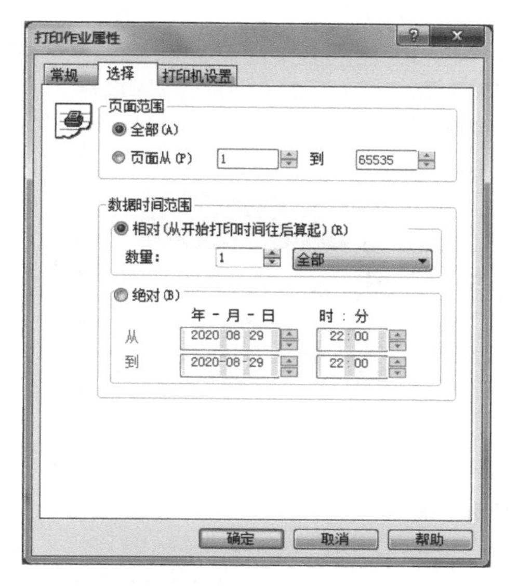

图9-119　设置选择属性

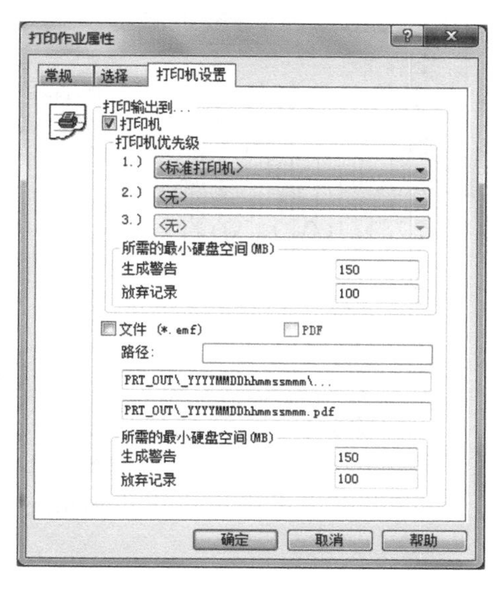

图9-120　设置打印机设置属性

9.8.4　预览打印作业

在第9.5节的基础上，添加内部变量user、password、select_sentence，数据类型均为“文本变量8位字符集”，并在画面中各添加三个静态文本以及智能对象中的多行文本，多行文本“字体”属性组中的文本分别与user、password、select_sentence关联。将报表运行系统添加到项目的启动列表中，并激活NewPdl1.PDL。在三个多行文本中分别输入设置的用户名、密码以及SELECT查询语句，如图9-121所示。

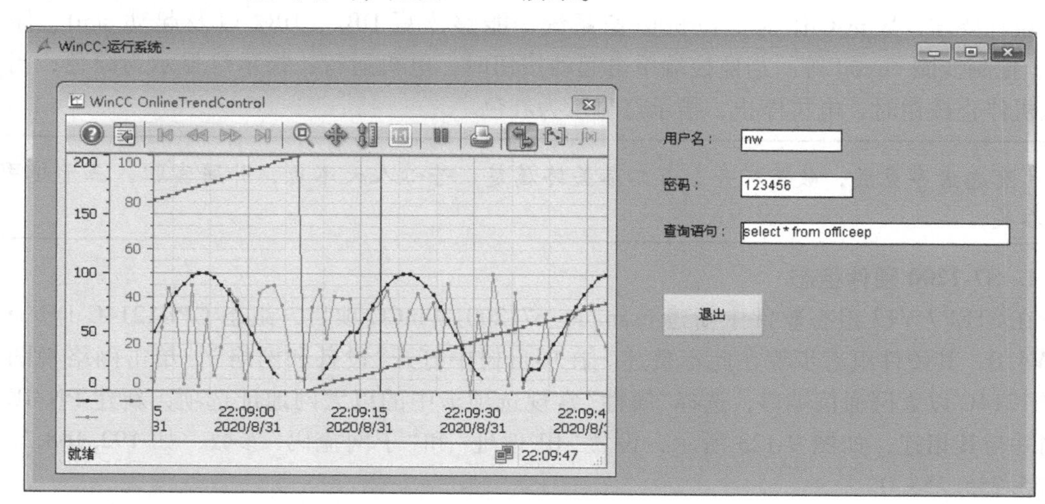

图9-121　画面仿真结果

在 WinCC 编辑器数据窗口中选择打印作业“example_printjob”，在其右键快捷菜单中选择“预览打印作业”选项，在弹出的对话框中(图 9-118)单击“启动记录”按钮，即可预览打印作业，报表第二、三页内容如图 9-122 所示。

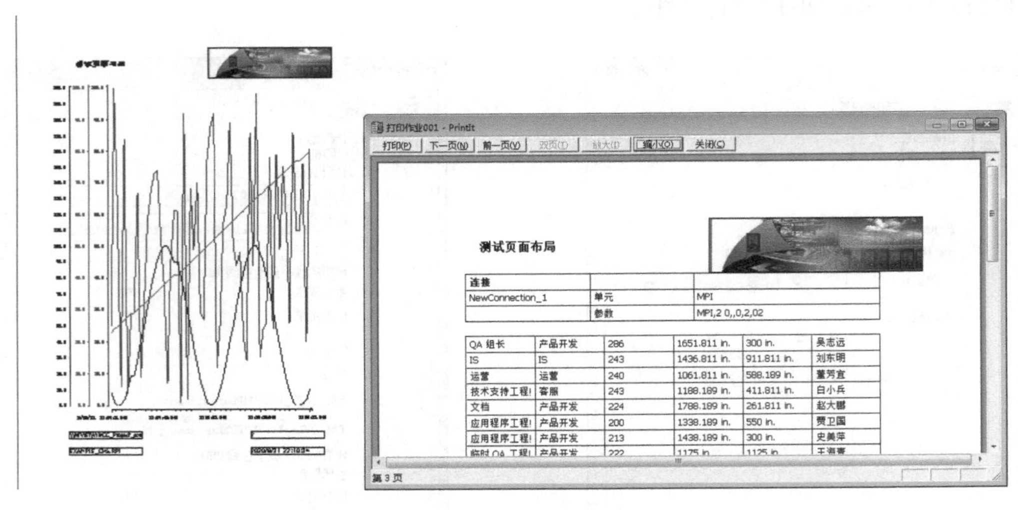

图 9-122　打印作业仿真结果

9.9　WinCC 应用案例

序号 31　WinCC 与 S7-1200 的通信

9.9.1　WinCC 与 S7-1200 以太网通信

自 WinCC V7.2 版本起，软件新增加了“SIMATIC S7-1200，S7-1500 Channel”，用于 WinCC 与 S7-1200/S7-1500 PLC 之间基于 TCP/IP 的通信。通道支持除表 9-1 中的原始数据变量、文本参考数据类型之外的所有数据类型。

设计要求：WinCC 作为上位机监控系统，能够读写 DB1、DB2 以及起动 start、停止 stop、控制线圈 ctrcoil 等。当监控端单击起动按钮时，电机运行，指示灯显示为绿色；当单击电机停止按钮时，电机停止，指示灯显示为红色。

> 有志者事竟成，破釜沉舟，百二秦关终属楚。苦心人天不负，卧薪尝胆，三千越甲可吞吴。

1. S7-1200 硬件组态

在 STEP7 V13 组态软件中新建 example_S71200_WinCC 项目，组态 CPU1214C DC/DC/DC V4.0，其硬件组态步骤在此不赘述。在项目树中打开“设备和网络”，单击网络视图中 CPU 1214C 以太网通信端口，选择“属性”常规选项卡中的以太网地址选项，新建 PN/IE_1 子网并与其相连，如图 9-123 所示，设置“IP 地址”和“子网掩码”参数，如 192.168.1.12 和 255.255.255.0。

此外，对于固件 V4.0 以上版本的 S7-1200/S7-1500，应设置 CPU 1214C“属性”下“常

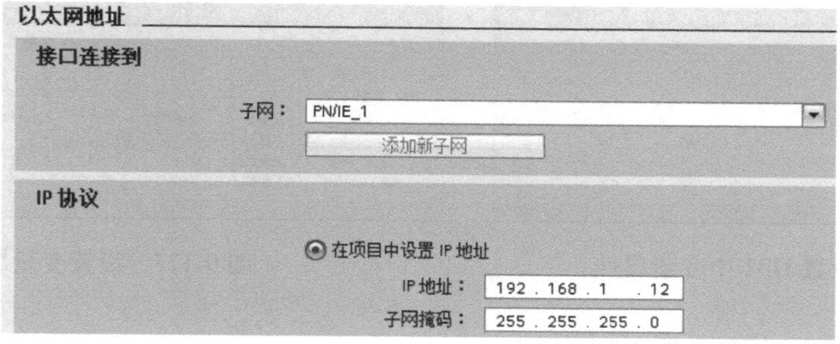

图 9-123　创建以太网

规”选项卡中的“保护”选项，允许从远程伙伴使用 PUT/GET 通信访问，如图 9-124 所示。

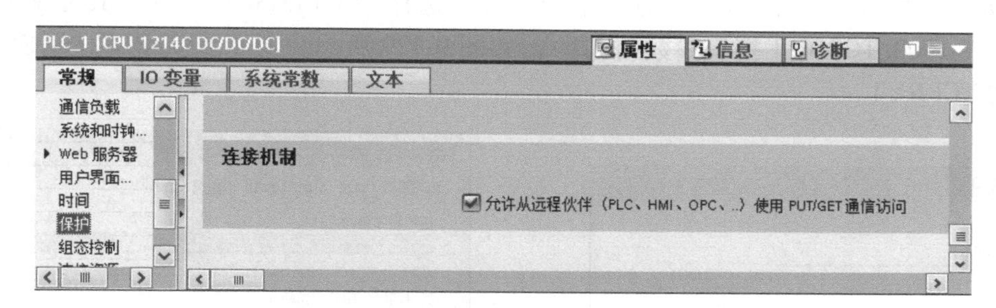

图 9-124　设置允许远程访问属性

2. S7-1200 软件组态

新建 DB1、DB2 数据块，在 DB1 右键快捷菜单中选择“属性”选项，取消勾选“优化的块访问”复选框，亦即使用绝对地址访问，如图 9-125 所示。按图 9-126 在 DB1 块中插入相应变量，且不勾选第二、四变量的“可从 HMI 访问”“在 HMI 中可见”复选框，同理，在 DB2 中插入四个 real 变量，并做类似处理。按图 9-127 创建 PLC 变量。PLC 组态完成，单击按钮进行编译。单击按钮将组态经以太网接口下载（PLCSIM S7-1200/S7-1500. TCPIP. 1）到 CPU 并启动仿真运行。

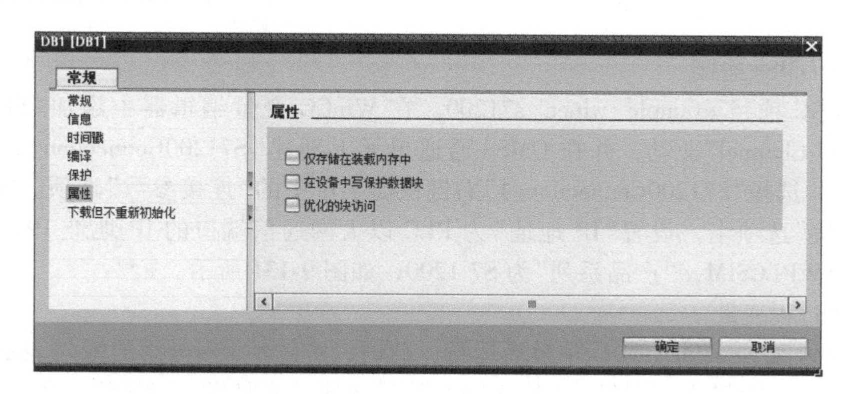

图 9-125　设置非优化块访问

3. WinCC 组态

设置 WinCC 应用软件所在 PC 的 IP 地址，其 IP 地址应与 PN/IE_1 属同一网段，如 192. 168. 1. 105。

...mple_S71200_WINCC ▸ PLC_1 [CPU 1214C DC/DC/DC] ▸ 程序块 ▸ DB1 [DB1]

DB1

	名称	数据类型	偏移量	启动值	保持性	可从 HMI 访问	在 HMI 中可见	设置值
1	▾ Static							
2	testbool	Bool	0.0	false	☐	☑	☑	☐
3	testbyte	Byte	1.0	16#0	☐	☐	☐	☐
4	testword	Word	2.0	16#0	☐	☑	☑	☐
5	testdword	DWord	4.0	16#0	☐	☐	☐	☐

图 9-126　设置 DB1 中变量属性

example_S71200_WINCC ▸ PLC_1 [CPU 1214C DC/DC/DC] ▸ PLC 变量

变量　用户常量　系统常量

PLC 变量

	名称	变量表	数据类型	地址	保持	在 HMI 可见	可从 HMI 访问
1	start	变量...	Bool	%M0.0	☐	☑	☑
2	stop	变量表_1	Bool	%M0.1	☐	☑	☑
3	ctrcoil	变量表_1	Bool	%Q0.0	☐	☑	☑

图 9-127　设置变量属性

（1）设置 PG/PC 接口

选择 PC 控制面板，单击“设置 PG/PC 接口”选项，在弹出的对话框中单击“应用程序访问点”下拉列表中的添加访问点。新建 NWPLCSIM 访问点，如图 9-128 所示。在“设置 PG/PC 接口”对话框“应用程序访问点”下拉列表中选择“NWPLCSIM”，并为其分配 PLCSIM S7-1200/S7-1500. TCPIP. 1 接口参数(仿真)，如图 9-129 所示。对于真实 PLC，则应分配实际网卡的 TCPIP. 1。

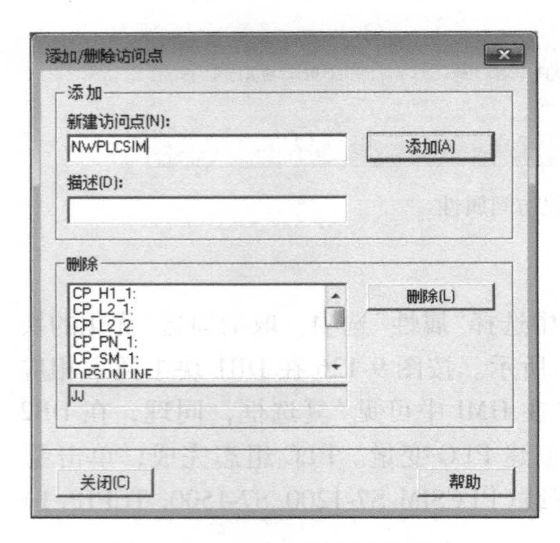

图 9-128　新建应用程序访问点

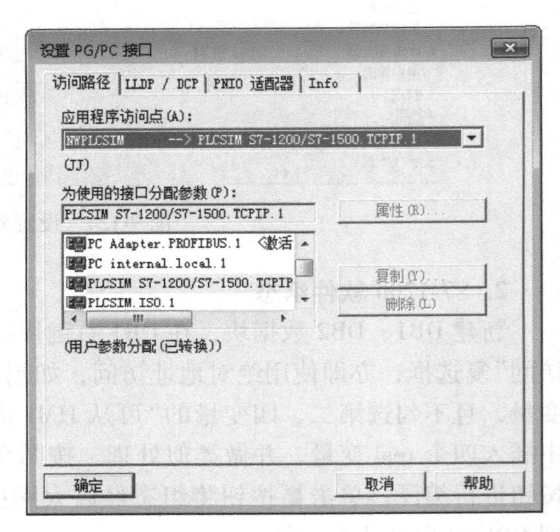

图 9-129　设置 PG/PC 接口

（2）建立 OMS+连接

新建 WinCC 项目 example_wincc_s71200。在 WinCC 变量编辑器中添加“SIMATIC S7-1200，S7-1500 Channel”驱动，并在 OMS+通道单元上新建“S71200Connection_1”连接，如图 9-130 所示。选择“S71200Connection_1”右键快捷菜单中的“连接参数”选项。在弹出的对话框选择“连接”选项卡，设置“IP 地址”为 PLC 以太网通信端口的 IP 地址 192. 168. 1. 12，“访问点”为 NWPLCSIM，“产品系列”为 S7 1200，如图 9-131 所示。

（3）创建过程变量

新建过程画面 NewPdl1. PDL 并激活运行，此时，S71200Connection_1 的绿勾表示通信已建立。单击图 9-130 中的“AS 符号”→“从 AS 中读取”选项，读取 S7-1200/S7-1500 可从 HMI 访问和显示的符号变量(含优化和非优化的数据块)，如图 9-132 所示。勾选右侧“访问”列下的复选框，将变量自动转为 WinCC 过程变量。

取消激活后按图 9-133 所示组态过程画面，其中圆形对象“背景颜色”动态属性与符号变量 ctrcoil 关联，四个 I/O 域的“输出值”动态属性分别与符号变量 DB1_testbool、DB1_ testword、DB2_real2、DB2_real4 关联，起动与停止按钮的左键单击、左键释放分别与符号变量 start、stop 关联，以产生起动和停止脉冲信号。退出按钮单击事件则调用 DeactivateRT-Project( ) 函数。

图 9-130　添加 OMS+连接

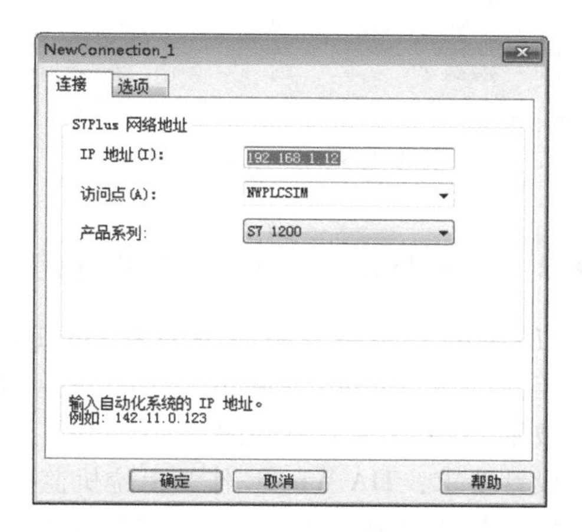

图 9-131　设置连接参数

AS 符号 [S71200Connection_1]

	访问	名字	AS 数据类型	数据区域	变量	数据类型	长度	格式调整
1	☑	ctrcoil	Bool	输出	ctrcoil	二进制变量	1	
2	☑	start	Bool	位内存	start	二进制变量	1	
3	☑	stop	Bool	位内存	stop	二进制变量	1	
4	☑	testbool	Bool	DB1	DB1_testbool	二进制变量	1	
5	☑	testword	UShort	DB1	DB1_testword	无符号的 16 位值	2	WordToUnsignedWord
6	☑	real2	Real	DB2	DB2_real2	32-位浮点数 IEEE 754	4	FloatToFloat
7	☑	real4	Real	DB2	DB2_real4	32-位浮点数 IEEE 754	4	FloatToFloat

图 9-132　导入 HMI 变量

4. 仿真调试

单击博图软件工具栏的 在线 按钮或从项目树中选择 PLC_1 右键快捷菜单中的“在线”选项，并激活 WinCC，单击图 9-133 中的“起动”按钮，输入相应数值。分别打开 PLC 变量表、DB1、DB2 在线监控，此时，PLC 相应符号变量值已按 WinCC 的输入值发生了变更，如图 9-134～图 9-136 所示。

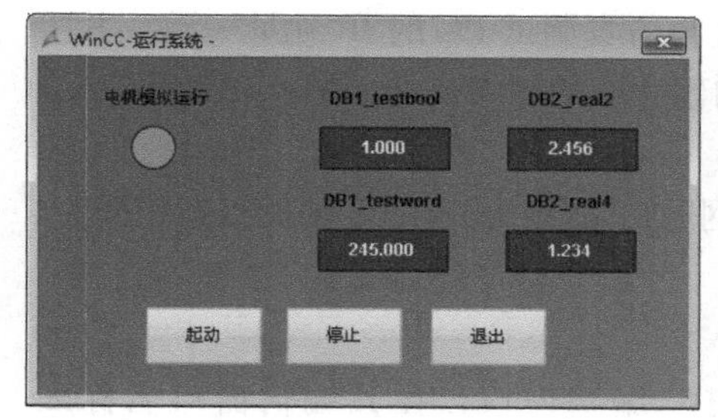

图 9-133　画面运行结果

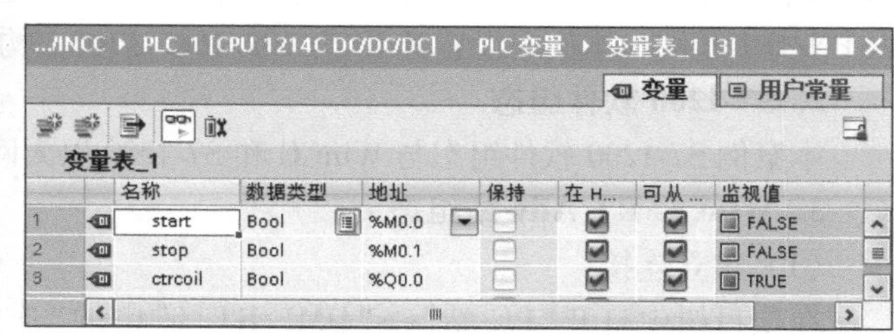

图 9-134　变量仿真调试

... PLC_1 [CPU 1214C DC/DC/DC] ▸ 程序块 ▸ DB1 [DB1]

DB1

	名称	数据类型	偏移量	启动值	监视值
1	▼ Static				
2	testbool	Bool	0.0	false	TRUE
3	testbyte	Byte	1.0	16#0	16#00
4	testword	Word	2.0	16#0	16#00F5
5	testdword	DWord	4.0	16#0	16#0000_0000

图 9-135　DB1 仿真调试

...PU 1214C DC/DC/DC] ▸ 程序块 ▸ DB2 [DB2]

DB2

	名称	数据类型	启动值	监视值	保...
1	▼ Static				
2	real1	Real	0.0	0.0	
3	real2	Real	0.0	2.456	
4	real3	Real	0.0	0.0	
5	real4	Real	0.0	1.234	

图 9-136　DB2 仿真调试

9.9.2　TIA WinCC 与 S7-1200 通信

TIA WinCC 组态方法与 WinCC Flexible、WinCC 组态软件有许多相似之处，WinCC Flexible 组态方法可参考作者编写的《电气控制技术与 PLC》第 6 章的内容。

序号 32　博图 WinCC 与 S7-1200 的通信

设计要求：TIA WinCC 作为上位机监控系统，能够读写 DB1、DB2 以及起动 start、停止 stop、控制线圈 ctrcoil 等。当监控端单击起动按钮时，电机运行，指示灯显示为绿色，按钮文本切换为停止；单击停止按钮则电机停止，指示灯显示为红色，按钮文本切换为起动。

> 任何个人和团体都不能超越于“善恶至上”，应遵循四项规则：①珍重生命——致力于非暴力与敬重生命的文化；②正直公平——致力于团结与公平的经济秩序；③言行诚实——致力于宽容的文化与诚实的生活；④相敬互爱——致力于男女平等与伙伴关系的文化。
>
> ——摘自《走向全球伦理宣言》

1. 硬件与网络组态

在 STEP7 V13 组态软件中新建 example_TIA_wincc_S71200 项目，组态 CPU1214C DC/DC/DC V4.0。参考前述方法新建 PN/IE_1 子网并与其相连，设置 CPU 1214C 以太网通信端口的“IP 地址”和“子网掩码”参数，如 192.168.1.12 和 255.255.255.0。同理，组态 WinCC RT Adv 站，从硬件目录 PC 系统→SIMATIC HMI 应用软件中选择 WinCC RT Advanced 拖放至设备视图，并将通信模块→Profinet/Ethernet 中的常规 IE 拖放至 WinCC RT Adv 站，设置 IE 模块以太网 IP 地址与 S7-1200 IP 地址属同一网段，且与仿真调试 PC 的 IP 地址一致，并接入 PN/IE1 子网，本例中设置其 IP 为 192.168.1.105。构建完成的网络拓扑如图 9-137 所示。

2. S7-1200 软件组态

本案例 S7-1200 软件组态与 WinCC 和 S7-1200 以太网通信案例中 S7-1200 软件组态相同。

3. WinCC RT Adv 站组态

（1）建立连接

在项目树中打开“PC 站”→“HMI_RT_1”中的“连接”编辑窗口，在其编辑窗口名称列第一空白行双击，添加连接，或在“网络视图”中选择创建新连接(图 9-137 星号标注)，并选择 HMI 连接，如图 9-138 所示。

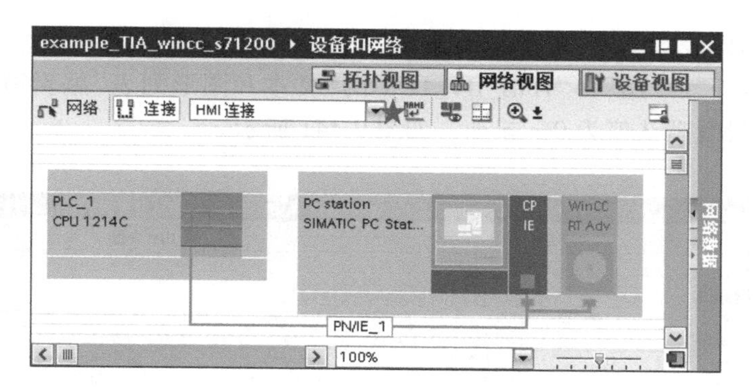

图 9-137　以太网拓扑

example_TIA_wincc_s71200 ▸ PC station [SIMATIC PC station] ▸ HMI_RT_1 [WinCC RT Advanced] ▸ 连接

在"设备和网络"中连接到 S7 PLC

连接

名称	通信驱动程序	HMI时间同步模式	工作站	伙伴站	节点	在线
HMI_连接_1	SIMATIC S7 1200	None	S7-1200 station_1	PLC_1	CPU 1214C DC/DC/DC, PROFINET 接口 ...	☑
<添加>						

参数　**区域指针**

激活	显示名称	PLC 变量	访问模式	地址	长度	采集模式	采集周期
☑	协调	<未定义>	<绝对访问>	%DB3.DBW24	1	循环连续	<未定义>
☐	日期/时间	<未定义>	<绝对访问>		6	循环连续	<未定义>
☑	作业信箱	<未定义>	<绝对访问>	%DB3.DBW38	4	循环连续	1 s
☑	数据记录	<未定义>	<绝对访问>	%DB3.DBW46	5	循环连续	<未定义>

HMI 设备的全局区域指针

连接	显示名称	PLC 变量	访问模式	地址	长度	采集模式	采集周期
HMI_连接_1	项目 ID	<未定义>	<绝对访问>	%DB3.DBW0	1	循环连续	<未定义>
HMI_连接_1	画面号	<未定义>	<绝对访问>	%DB3.DBW2	5	循环连续	<未定义>
HMI_连接_1	日期/时间 PLC	<未定义>	<绝对访问>	%DB3.DBW12	6	循环连续	1 min

图 9-138　创建 HMI 连接

区域指针是 TIA WinCC 在运行系统中使用的参数字段，用于交换 PLC 特定用户数据区的数据。其中，“项目 ID”区域指针用于运行系统启动时，判断 HMI 设备是否已与正确的 PLC 进行了连接，亦即比较 HMI 设备组态数据中的项目 ID 与 PLC 中所存储的值是否一致；“画面号”区域指针用于将 HMI 设备当前画面编号传送至 PLC；“日期/时间 PLC”区域指针是指用 PLC 时间同步 HMI 设备；“协调”区域指针用于在控制程序中检测 HMI 设备的启动状态、当前操作模式、通信连接状态；“日期/时间”区域指针是指用 HMI 设备时间同步 PLC；“作业信箱”区域指针用于将作业传送到 HMI 设备，以在 HMI 设备上实现画面切换、以 BCD 码格式设置日期时间、用户登录与退出、数据记录读/写等操作；“数据记录”区域指针用于在 HMI 设备和 PLC 之间同步或异步传送数据记录，详细内容请参见作者编写的《电气控制技术与 PLC》第 6 章。

（2）创建变量

在项目树中打开“PC 站”→“HMI_RT_1”→“HMI 变量”中的“默认变量表”编辑窗口，在其编辑器窗口名称列第一空白行双击，添加过程变量，输入变量名、数据类型，关联 PLC 变量，如图 9-139、图 9-140 所示。

（3）创建文本列表

在项目树中打开“PC 站”→“HMI_RT_1”中的“文本和图形列表”编辑窗口，新建 motor_btn 文本列表，并设置默认值为 0—起动，如图 9-141 所示。

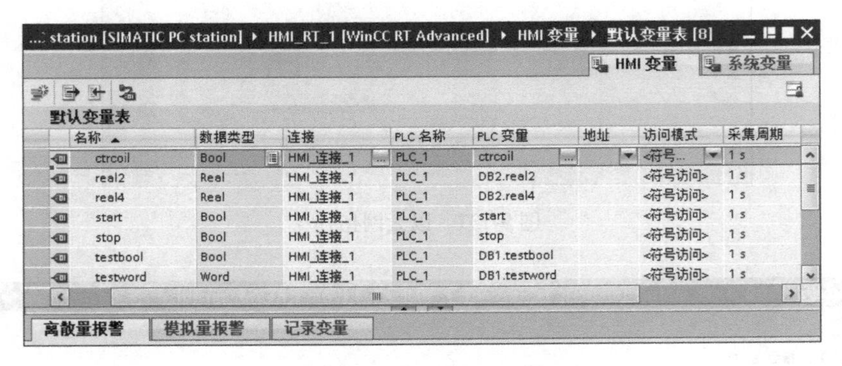

图 9-139 创建 HMI 变量

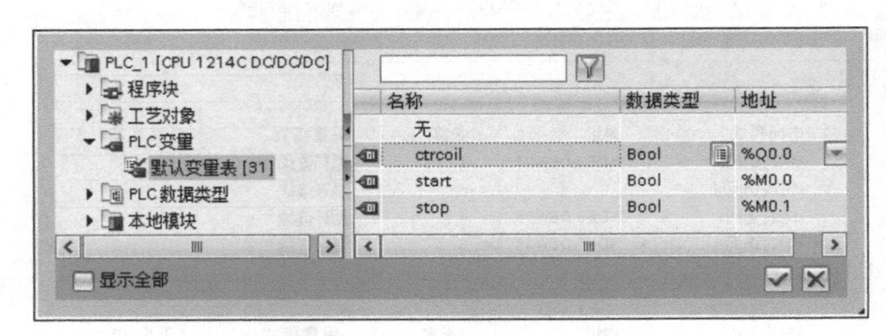

图 9-140 关联 PLC 变量

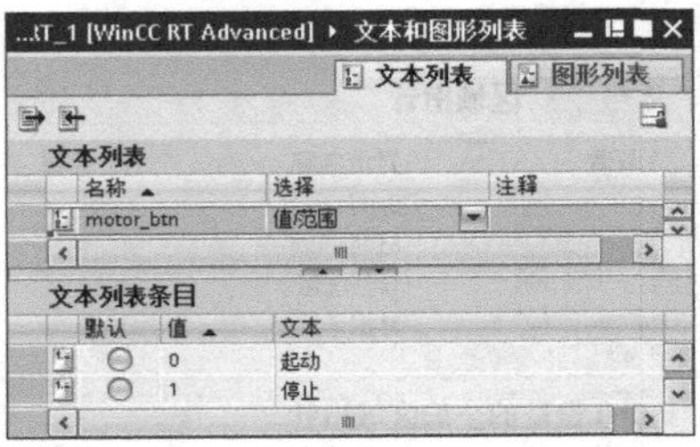

图 9-141 创建文本列表

（4）创建脚本

在项目树中单击“PC 站”→“HMI_RT_1”→“脚本”→“VB 脚本”中的“添加新 VB 函数”，如 start_or_stop 函数。双击函数名，打开脚本编辑窗口。为了演示文本列表的应用，起动/停止共用同一按钮，编写如图 9-142 所示的脚本。

（5）画面组态

在项目树中单击“PC 站”→“HMI_RT_1”→“画面”中的“添加新画面”，如画面_1。打开“画面_1”编辑窗口，在画面中插入 I/O 域、圆形对象、文本域、按钮，如图 9-143 所示。其中，I/O 域分别与过程值 testbool、testword、real2、real4 相关联。以 testword 为例，如图 9-144、图 9-145 所示。I/O 域、文本域的其他设置与 WinCC 类似。圆形对象与 ctrcoil 相关联，并按图 9-146 所示进行设置。起动/停止按钮“常规”属性组“模式”设置为文本，并按图 9-147 关联文本列表及变量，且组态其单击事件调用 start_or_stop 函数。退出按钮则调用“停止运行系统”函数，如图 9-148 所示。

4. 仿真调试

组态完成后，选择项目树中 PLC_1，进行编译、下载、在线仿真运行。同时，选择 PC 站并启动仿真运行，单击图 9-143 中的起动按钮，此时，电机运行指示灯切换为绿色，按钮文本显示停止。在 I/O 域中输入相应数值，PLC 相应符号变量值也同时进行了更新，如图 9-134 ~ 图 9-136 所示。

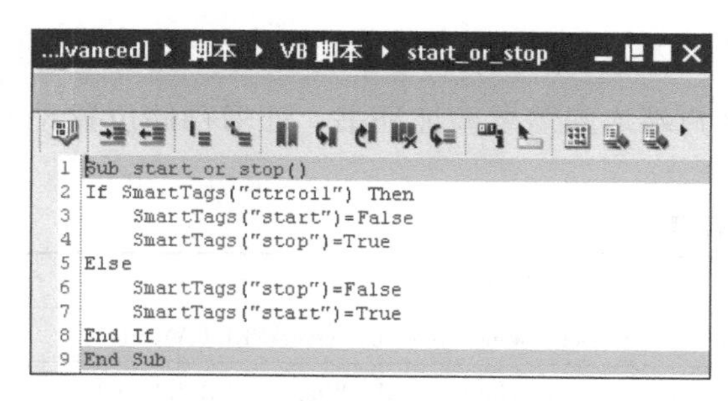

图 9-142　创建脚本

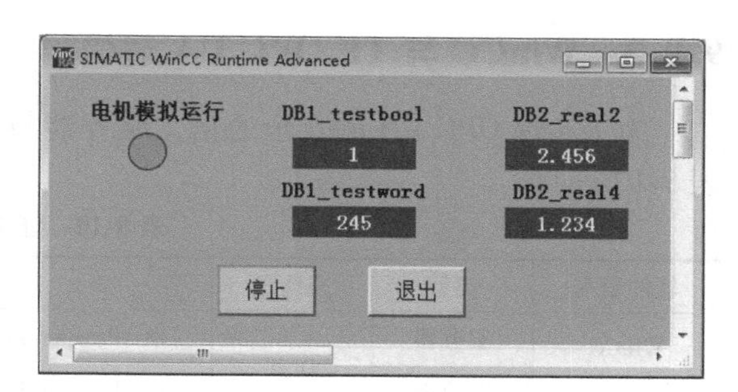

图 9-143　画面组态

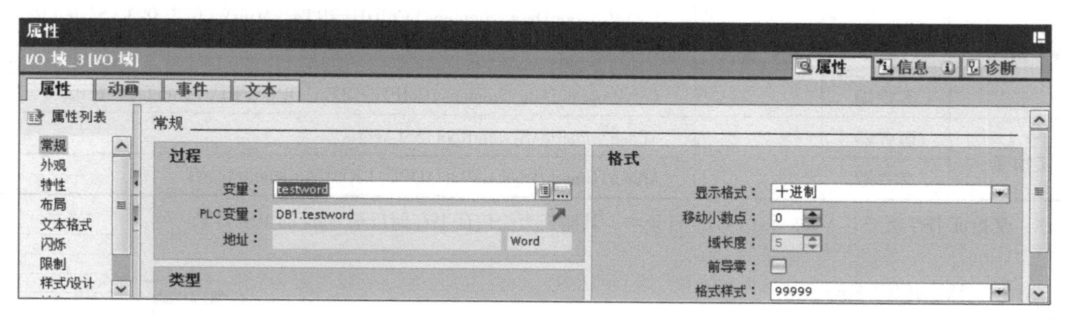

图 9-144　I/O 域与变量关联

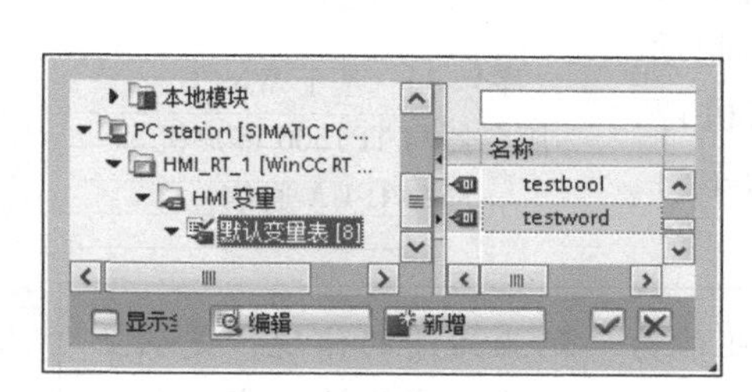

图 9-145　变量选择

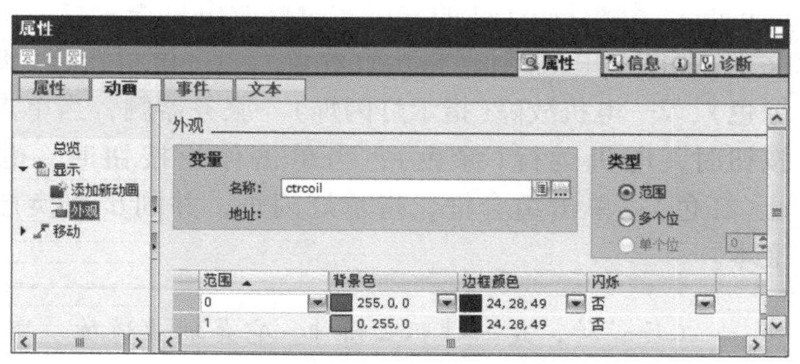

图 9-146　设置圆形对象外观动画属性

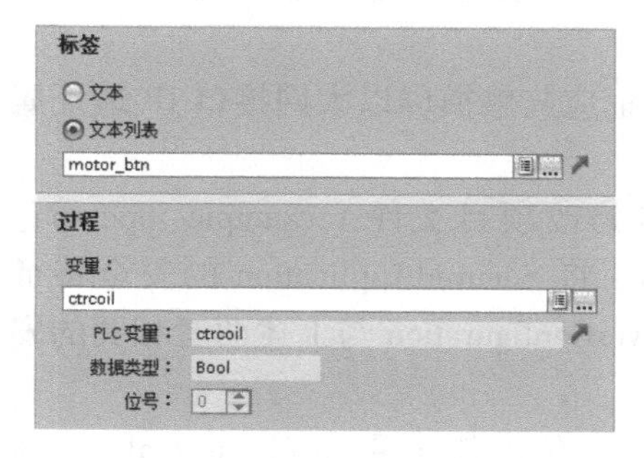

图 9-147　起停按钮与文本列

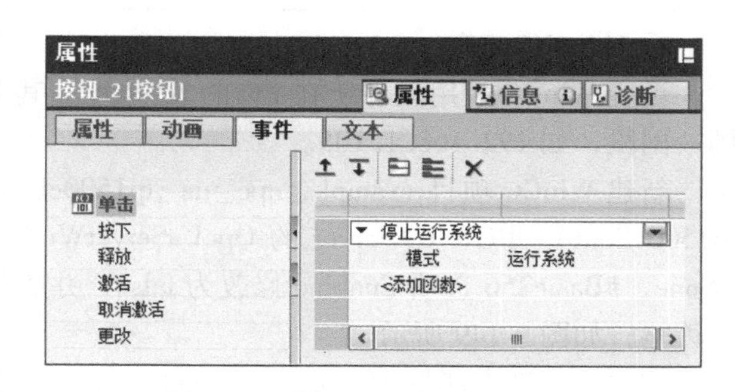

图 9-148　设置退出按钮单击事件

9.9.3 WinCC 与 TP OPC UA 通信

为了实现 OPC UA 的安全通信，服务器与客户端之间需要验证证书。证书存储位置见表 9-10。

表 9-10 证书存储位置

软件版本	类型	安装盘	证书存储目录
WinCC V7.3~V7.4	服务器	D 盘	D:\Program Files(x86)\Siemens\WinCC\opc\UAServer\PKI\CA\certs
	客户端		D:\Program Files(x86)\Siemens\WinCC\opc\UAWrapper\PKI\CA\certs
WinCC V7.4 SP1 及以上	服务器	D 盘	D:\Program Files(x86)\Siemens\WinCC\opc\UAServer\PKI\OPCUA\certs
	客户端		D:\Program Files(x86)\Siemens\WinCC\opc\UAClient\PKI\OPCUA\certs
TIA V13 仿真	服务器	C 盘	C:\ProgramData\Siemens\CoRtHmiRTm\MiniWeb13.0.1\SystemRoot\SSL\certs
	客户端		C:\ProgramData\Siemens\CoRtHmiRTm\OPC\PKI\CA\default\certs
实物屏	服务器		\flash\simatic\SystemRoot\SSL\certs
	客户端		\flash\simatic\SystemRoot\OPC\PKI\CA\default\certs

注：受拒证书存储于..\rejected\certs 目录中，其路径为受信证书存储目录 certs 的上级目录。

9.9.3.1 WinCC Server

设计要求：假设 WinCC 为 OPC UA 服务器，TP1500 为 OPC UA 客户端。客户端能够实时访问服务器变量 txtsel、testvalue，并根据 txtsel 的取值实时修改电机指示灯、文本域文本。如 0—电机停止（指示灯红色）、1—电机运行（指示灯绿色）、2—电机故障（指示灯闪烁）。服务器侧，当单击起动按钮时，电机运行（绿色）；当单击停止按钮时，电机停止（红色）；单击组合框，指示灯闪烁，并同步切换指示灯文本。

序号 33 基于 WinCC 服务器与 TP1500 客户机的 OPC UA 通信

> 工匠精神，是一种职业精神，它是职业道德、职业能力、职业品质的体现，是从业者的一种职业价值取向和行为表现。青年读者应从怀匠心、铸匠魂、守匠情、践匠行四个方面涵养工匠精神。
>
> ——编者

1. WinCC 组态

设置 WinCC 应用软件所在 PC 的 IP 地址，其 IP 地址应与触摸屏以太网接口 IP 地址属同一网段，如 192.168.1.105。

新建 WinCC 项目 example_opc_ua_tp1500client，且修改项目文件\example_opc_ua_tp1500client\OPC\UAServer 的 OpcUaServerWinCC.xml，将 SecuredApplication 的安全特征 #None、#Basic256 选项 Enabled 修改为 false，并删除 ServerConfiguration 与上述两者相关的安全策略，如图 9-149 所示。

创建二进制内部变量 motorrun、motorfault，八位、十六位内部变量 txtsel、testvalue。新建过程画面 NewPdl1.PDL，在画面中按表 9-11、图 9-150 依次布局对象，其中，双击文本列

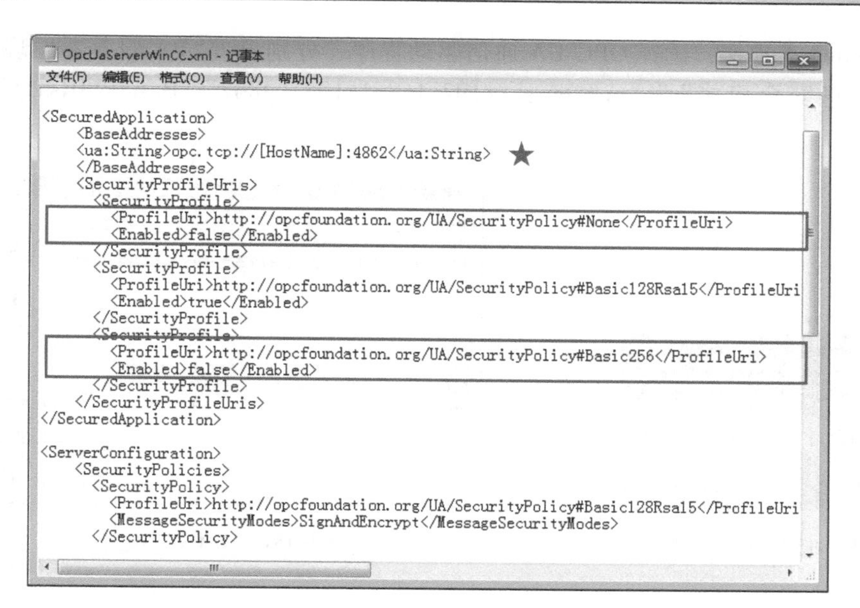

图 9-149　OpcUaServerWinCC. xml

表“输出/输入”属性组中的“分配”静态属性，在弹出的对话框(图 9-151)中依次输入“0—电机停止、1—电机运行、2—电机故障”，并将动态“输出值”属性与 txtsel 相关联。选择文本列表“颜色”属性组，设置背景颜色、边框颜色为透明。组态周期性(画面周期)动作，依据电机运行状态修改 txtsel 值；组合框的动态“选择框”属性与 motorfault 相关联；I/O 域的动态“输出值”属性与 testvalue 相关联；圆形对象的动态“背景颜色”属性与表达式 'motorrun' &&！'motorfault' 相关联，动态“闪烁背景激活”属性与 motorfault 相关联；起动、停止按钮分别置位或复位 motorrun 变量。组态完成后，将全局脚本运行系统添加到项目的启动列表中，激活 NewPdl1. PDL。

表 9-11　对象列表

对象名称	数量	备注	对象名称	数量	备注
静态文本	1		按钮	3	
组合框	1	电机故障设置	I/O 域	1	测试值显示
文本列表	1	电机状态说明	圆	1	电机运行指示

2. TP1500 组态

(1) 组态 IP 地址

在 STEP7 V13 组态软件中新建 example_ua_wincc_tp1500client 项目，组态精智面板 TP1500 6AV2 124-0QC02-0AX0，参考前述方法新建 PN/IE_1 子网并与其相连，设置 TP1500 以太网通信端口[X3]的“IP 地址”和“子网掩码”参数，如 192. 168. 1. 12 和 255. 255. 255. 0。

(2) 运行系统设置

在项目树中打开“HMI_1”中的运行系统设置，如图 9-152 所示。在弹出的对话框中，选择“OPC 设置”选项，将端口号设置为服务器端口号(图 9-137 中★标注)，即 4862。

(3) 建立连接

在项目树中打开“HMI_1”中的“连接”编辑窗口，如图 9-153 所示。在弹出的对话框中，添加 Connection_1 连接，选择 OPC UA 通信驱动程序，分别设置“UA 服务器发现 URL”“安全策略”“消息安全模式”为“opc.tcp：//192.168.1.105：4862”“Basic128Rsa15”“签名和加密”。

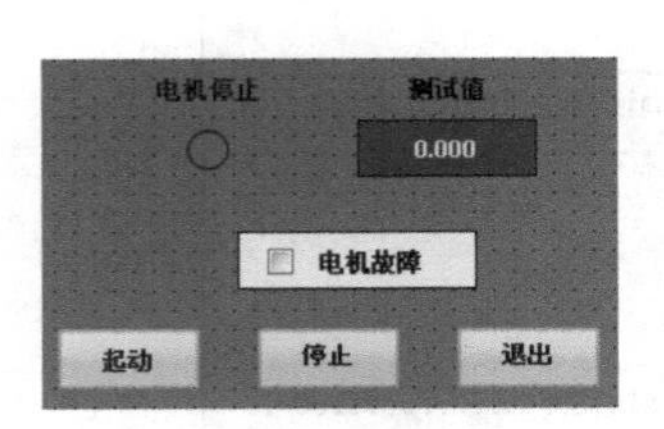

图 9-150　画面组态

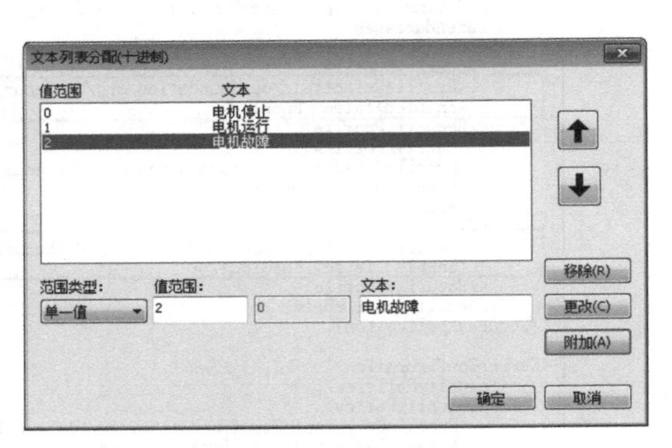

图 9-151　文本列表组态

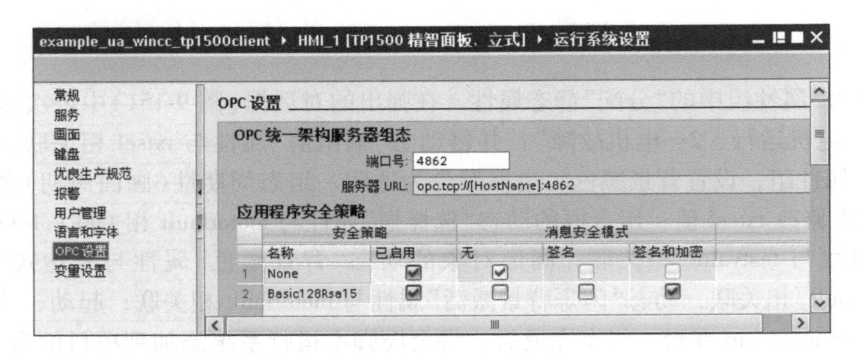

图 9-152　设置 TP1500 OPC UA 属性

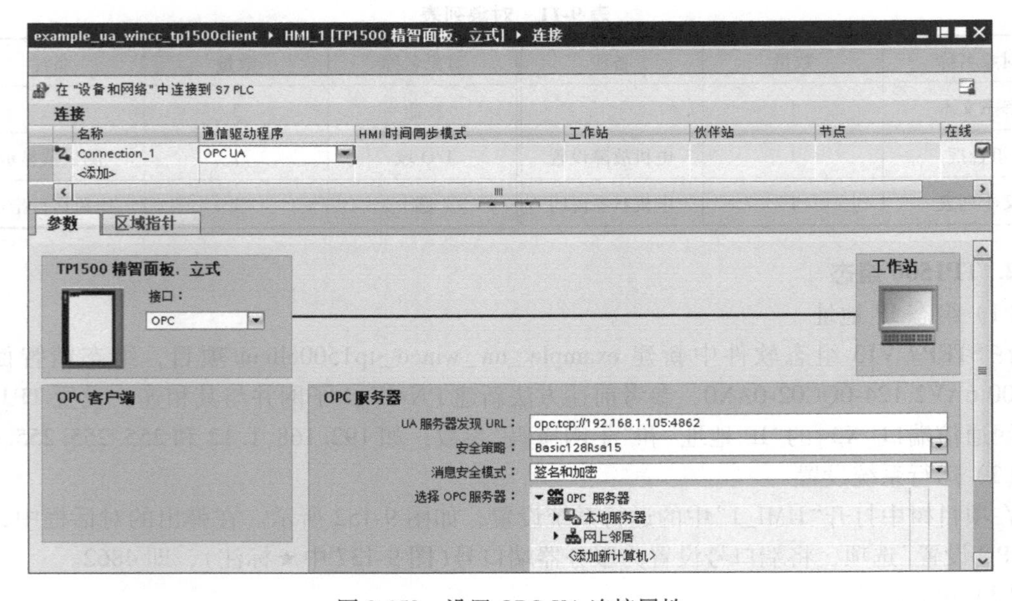

图 9-153　设置 OPC UA 连接属性

（4）创建变量

在项目树中打开“HMI_1”中的“HMI 变量”→“默认变量表”编辑窗口，如图 9-154 所示。基于 Connection_1，创建 txtsel、testvalue 变量，选择 txtsel“地址”下拉列表按钮，由于 TP1500 客户端证书尚未通过服务器验证，因此无法与 WinCC 服务器建立连接。此时，需要将系统自动生成的如“Siemens OPC UA Client for WinCC[5D7F700BBEEA23D91BD79A652E773A40AB6BC45C].der”的证书从 WinCC 服务器的受拒文件夹复制到受信文件夹以完成验证。验证通过后即可按图 9-155 所示将 txtsel、testvalue 变量分别与 WinCC 服务器变量 txtsel、testvalue 相关联。

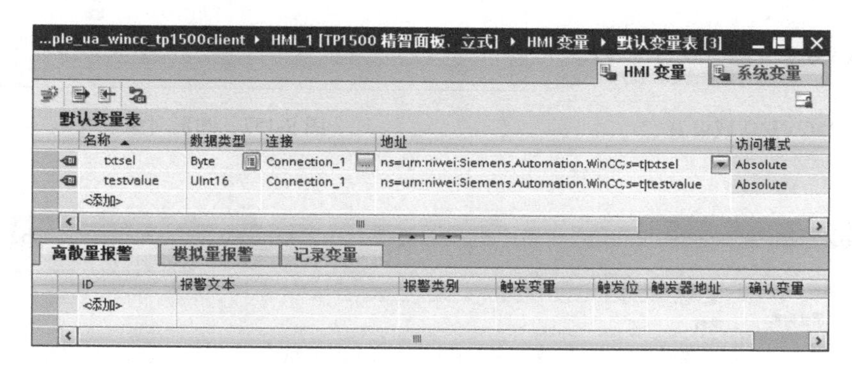

图 9-154　创建过程变量

图 9-155　关联 WinCC 变量

（5）创建文本列表

参照前述方法为“HMI_1”创建“0—电机停止、1—电机运行、2—电机故障”的 motor_run 文本列表，并设置默认值为 0—电机停止。

（6）画面组态

在项目树中单击“HMI_1”中的“画面”→“添加新画面”并打开“画面_1”编辑窗口，在画面中各插入一个 I/O 域、符号 I/O 域、圆形对象、文本域。其中，I/O 域与过程值 testvalue 相关联，如图 9-156 所示，I/O 域、文本域的其他设置与 WinCC 类似。圆形对象、符号 I/O 域均与 txtsel 相关联，并分别按图 9-157、图 9-158 所示进行设置。组态完成后编译并单击 按钮仿真运行。

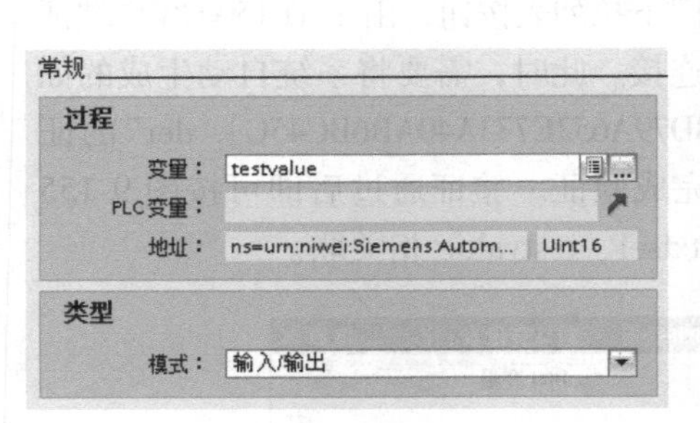

图 9-156 I/O 域设置

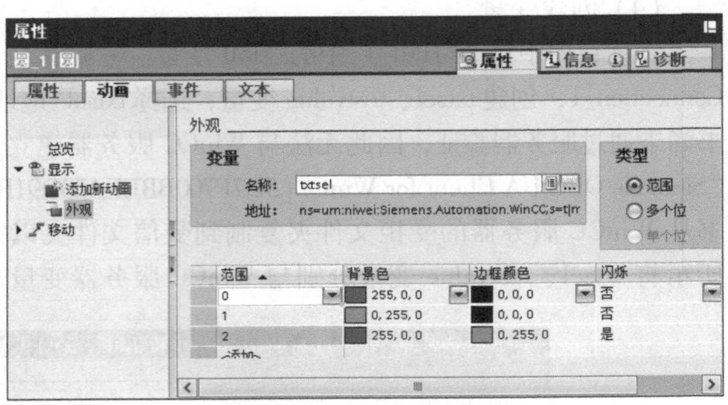

图 9-157 圆形对象设置

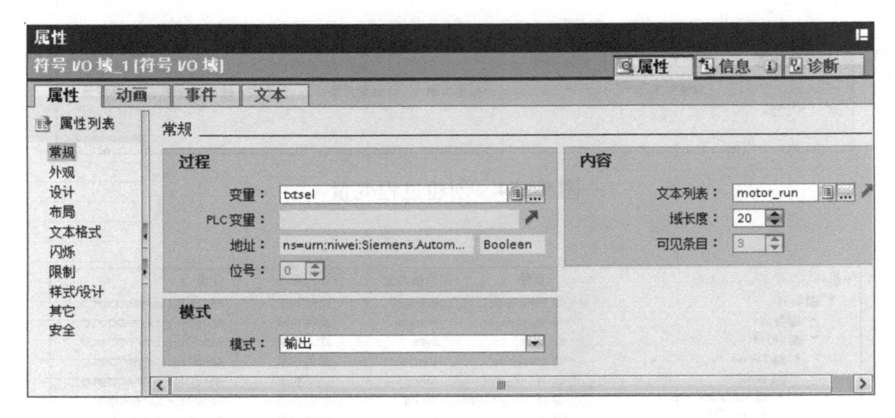

图 9-158 符号 I/O 域设置

3. 仿真调试

TP1500 仿真运行后，由于服务器证书尚未通过客户端验证，此时窗口 I/O 域显示#####，关闭 TP1500 仿真。将系统自动生成的如“919DC3DD8EFD427F370CBCC6B4EF54A1E61883DB. der”的证书从虚拟仿真客户端的受拒文件夹复制到受信文件夹以完成验证。再次运行 TP1500 仿真，此时窗口 I/O 域仍显示#####，将系统自动生成的如“WinCC_RT_Advanced@ niwei [5F28867AA3F7951F8CD871F804D822CD8B28AE8A]. der”的证书从 WinCC 服务器的受拒文件夹复制到受信文件夹。此时，通信连接建立成功，如图 9-159、图 9-160 所示。

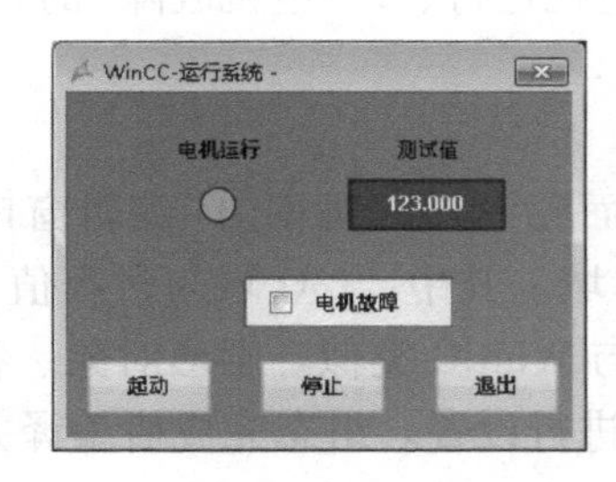

图 9-159 WinCC 仿真结果

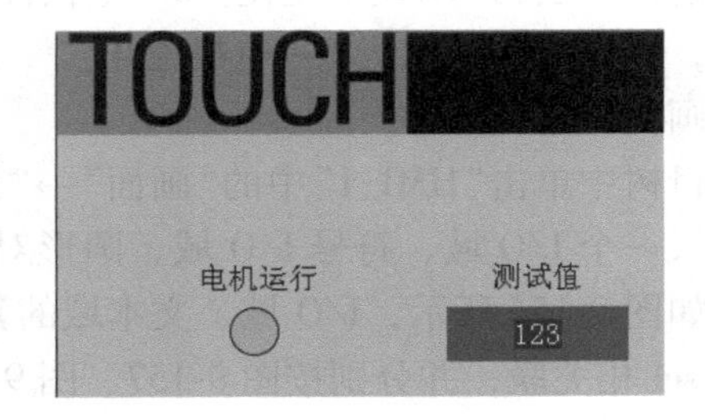

图 9-160 TP1500 仿真结果

9.9.3.2　WinCC Client

设计要求：TP1500 作为 OPC UA 服务器，WinCC 作为 OPC UA 客户端。客户端能够实时访问服务器变量 txtsel、testvalue。限于篇幅，本例程完整设计请参阅【天工讲堂配套资源】。

序号 34　基于 TP1500 服务器与 WinCC 客户机的 OPC UA 通信

习　题

9-1　WinCC 动态对话框有几种操作数据类型？

9-2　试用 C 语言实现如下功能：当单击标题为 Start 的 Button1 按钮时，指示灯对象 Led1 变绿，同时 Button1 的标题切换为 Stop；当再次单击 Button1 按钮时，指示灯对象 Led1 变红，同时按钮标题切换为 Start。

9-3　试分别用 C、VBS 脚本将变量 NewTag 1 的值修改为 20。

9-4　试用 C 语言实现如下功能：当位变量 RAISE 为"1"时，控制 NewPDL1 图中对象 Object1 缓慢垂直向上移动；反之，垂直向下移动，其每次位移量为 6 个像素。对象 Object1 的有效活动范围为 100～400 像素。

9-5　试用菜单栏和工具栏以及智能对象中的画面窗口（1 个）实现多画面切换。（提示：使用 HMIRuntime. Screens（"画面名称"）. ScreenItems（"画面窗口"）获取画面窗口对象，并设置其 PictureName 属性）

9-6　试模拟图 9-161 所示四级带式运输机控制系统，控制要求如下：

（1）每条四级带式运输机控制系统分别用四台电动机驱动；

（2）起动时先起动最末一级带式机即 M4，经设定的延时间隔后，再依次起动其他带式机。停止时应先停止最前一级带式机 M1，待料运送完毕后再依次停止其他带式机；

（3）当某级带式机发生故障或有重物时，该带式机及其前面的带式机立即停止并报警，而该带式机以后的带式机经设定的延时间隔后相继停止；

（4）模拟监控界面采用 WinCC 软件开发，带式运输机工作模式（手动和自动）、运行控制与动态效果、设备运行指示、间隔参数设置等均由 WinCC 界面实现。

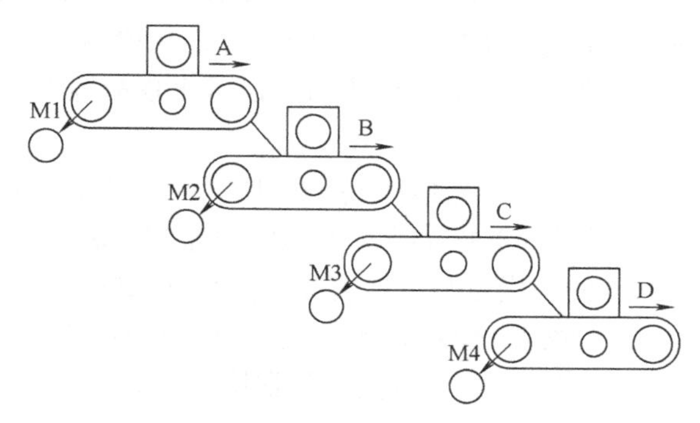

图 9-161　题 9-6

第10章

SIEMENS软冗余控制

教学目的：

本章以隧道控制为例，阐述软冗余的系统组成、拓扑结构、工作原理等概念，并从任务入手，基于CPU314C-2DP、CP342-5、ET200M模块介绍了软冗余系统的配置、网络组态方法、主备站的切换、数据交互方式以及通信程序的实现，循序渐进，使学生掌握基于CPU314C-2DP、CP342-5、ET200M模块的软冗余系统的实现方法，培养学生的工程、安全、环保意识以及团队协作、乐业敬业的工作作风，精益、创新的“工匠精神”以及运用软冗余技术解决工业现场实际问题的能力。

10.1 概述

10.1.1 软冗余概念

1. 冗余的定义

冗余，指重复配置系统的一些部件，当系统发生故障时，冗余配置的部件介入并承担故障部件的工作，由此减少系统的故障时间。冗余的概念，从严格意义而言，“冗余”定义的是：“一个具有相同设备功能的备用设备系统。”当主设备出现故障时，冗余设备可以立刻替代主设备。

依据冗余部件可分为处理器冗余、通信冗余、I/O冗余。其中，处理器冗余是指一用一备或一用多备，在主处理器（称热机）失效时，备用处理器（称备用机）自动投入运行，接管控制，又因切换的机制和速度的快慢可分为冷冗余（冷备用）和热冗余（热备用）；通信冗余最常见的是双通道通信电缆，如双缆PROFIBUS通信或双缆ControlNet通信，可分为单模块双电缆方式或两套单模块单电缆双工方式；I/O冗余最常见的是1∶1，或其他方式如1∶1∶1表决系统等。

依据冗余切换方式可分为软冗余、硬冗余。其中，软冗余一般指代处理器的冷备用，一个使用，一个备用，主处理器失效时，通过软件的方式切换至备用处理器，其处理速度慢，成本低；硬冗余一般指代处理器的热备用，热备系统采用硬件方式切换，除了成双使用的处理器外，一般另有一套热备模块即双机单元，热备模块负责检测处理器，一旦发现主处理器失效，立刻将系统控制权切换至备用处理器，其工作更稳定、更安全，但成本较高。

2. SIEMENS 软冗余

SIEMENS 软冗余是西门子实现主机架电源、背板总线、PLC 处理器、PROFIBUS 网络、接口模块 IM153-2 等冗余功能的一种解决方案，可应用于对主备设备切换时间要求不高的控制系统中。系统由 A 和 B 两套 PLC 控制系统以及主系统与从站通信链路(PROFIBUS 1)、备用系统与从站通信链路(PROFIBUS 2)、主系统与备用系统的数据同步通信链路(MPI 或 PROFIBUS 或 Ethernet)三条通信链路、若干 ET200M 从站(每个从站包括 2 个 IM153-2 接口模块和若干个 I/O 模块)组成。软冗余系统拓扑结构及最小系统如图 10-1 所示。

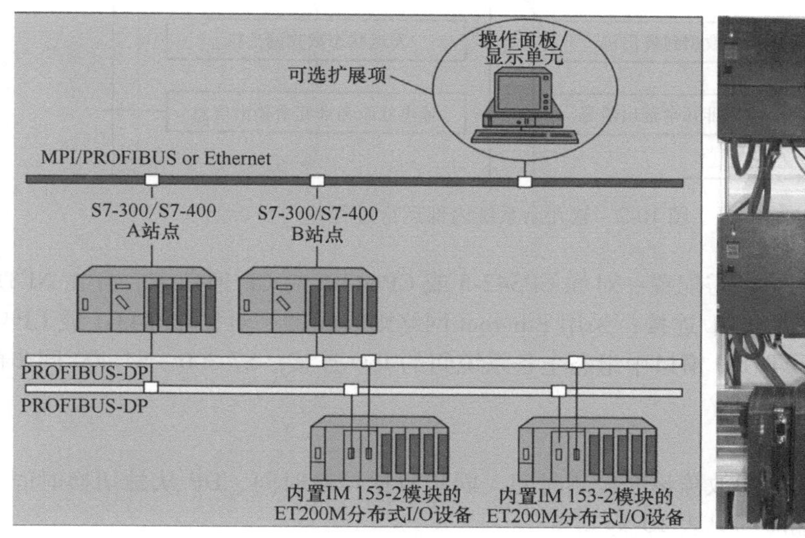

图 10-1 软冗余系统拓扑结构与最小系统

3. 系统工作原理

软冗余系统启动时，A 系统为主，B 系统为备用，主、备控制系统(处理器、通信、I/O)独立运行，主系统 PLC 享有 ET200 从站的 I/O 控制权，主备系统间通过软冗余专用程序实现数据同步。主、备系统中的 PLC 程序由非冗余(non-duplicated)用户程序段和冗余(redundant backup)用户程序段组成，其中冗余用户程序组件包括过程映像、IEC 定时器区、IEC 计数器区、位存储器地址区和数据块区。主系统 PLC 执行全部的用户程序，备用系统 PLC 通过判断冗余状态确定是否跳过冗余用户程序段，仅执行非冗余用户程序段。当主系统 A 中的任何一个组件出错或操作人员发出手动切换指令时，系统自动将电源、CPU、通信电缆和 IM153 接口模块等硬件以及控制任务切换至备用系统 B。此时，B 系统为主，A 系统为备用。软冗余系统内部运行过程如图 10-2 所示。

10.1.2 数据同步

1. 数据同步网络

软冗余系统中主系统和备用系统之间可采用 MPI、PROFIBUS、Ethernet 网络实现数据同步(redundant-backup link)，其所需时间取决于同步数据量的大小和同步所采用的网络方式，见表 10-1。此外，除 MPI 网络无须进行连接组态、直接使用 PLC 编程口进行数据同步

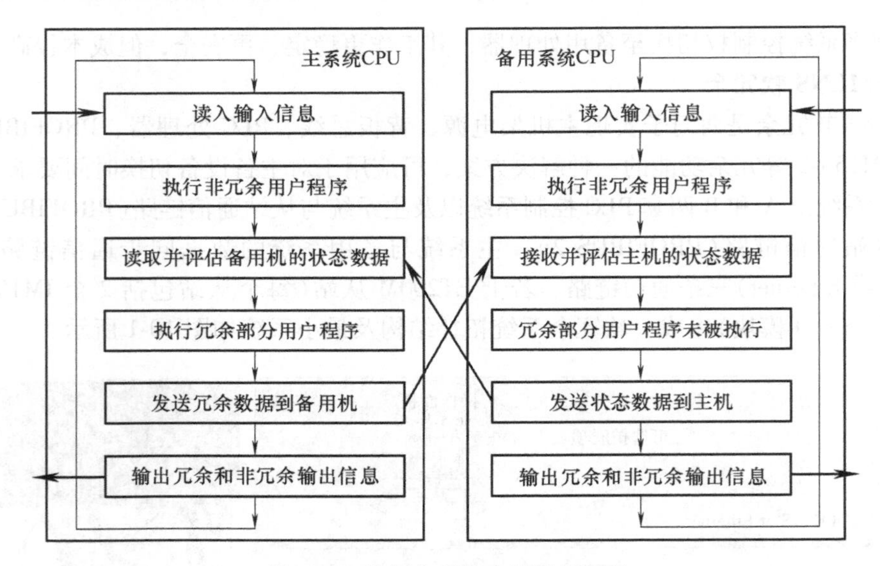

图 10-2　软冗余系统内部运行过程

外，采用 PROFIBUS 网络则需配置一对如 CP342-5 或 CP443-5 的 CP 通信卡，且在 NETPRO 窗口中组态主备系统间的 FDL 连接；采用 Ethernet 网络则需配置一对如 CP343-1 或 CP443-1 的 CP 通信卡，且在 NETPRO 窗口中组态主备系统间的 ISO 连接。S7-300、S7-400 同步的最大数据量分别为 8KB、64KB。

2. 主备系统切换时间

主备系统的切换时间由故障诊断检测时间、同步数据传输时间、DP 从站切换时间三部分组成，同步数据传输时间见表 10-1。

表 10-1　同步数据传输时间

PROFIBUS 网络 1. 5MBaud	Ethernet 以太网 10MBaud	MPI 网络 187. 5kBaud
每 60ms 传送 240B 数据	每 48ms 传送 240B 数据	每 152ms 传送 76B 数据

3. 故障切换过程

为了避免在主机故障时必须“从零开始”启动待机站，则应将容错程序组件全部的 PIO 传送到待机站，以应对紧急/切换情况。

下面以完成整个过程映像的传输需要 2 个周期、故障恢复需要 5 个周期的情况为例，图示说明切换过程，如图 10-3 所示。主机站将第二个(即每隔一个)PIO 从主机站传送到待机站。在正常运行期间，所有冗余 DP 从站接口模块都分配给主机站，并输出由主机站 DP 主站传送的数据。

待机站(或更准确的表达是待机站的 DP 主站)始终输出最新的 PIO，它将完整地经由待机站传送至信号模块。由于所有从站均已分配给主 CPU 的 DP 主站，此数据将会被待机站 DP 从站接口模块忽略。

在由命令触发进行显式切换，或由故障引起的主站到待机站隐式失效转移期间，从站间也会进行切换，或者 DP 从站接口模块自动进行失效转移。如当在 DP 主站或 DP 主站的 DP 总线上检测到故障时，则 DP 从站自动进行失效转移。

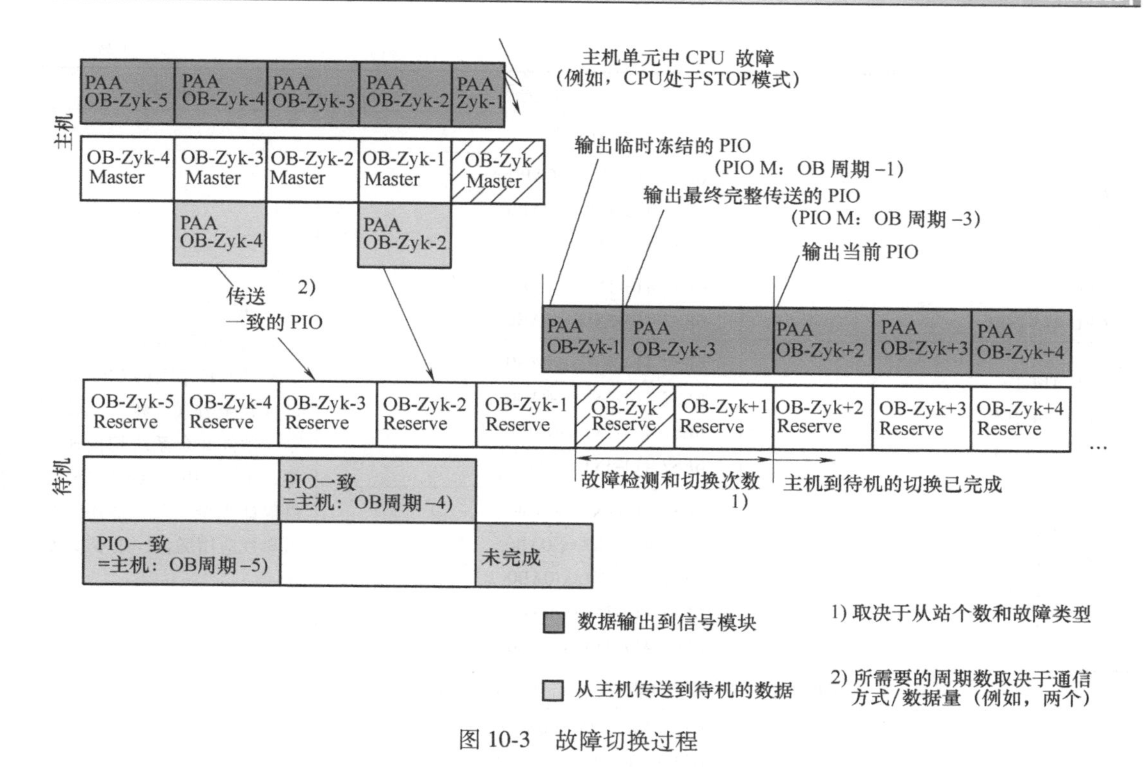

图 10-3　故障切换过程

在 DP 从站切换期间，DP 从站首先冻结最近输出的 PIO 数值。如果 DP 从站已经自动失效转移到先前待机站的 DP 主站，并且如果该站点还没有完成其从主机模式到待机模式的失效转移，则将先前完整传送到待机站的最新 PIO 输出至信号模块。一旦完成主机到待机的切换，便会输出由新主机确定的 PIO（图 10-3）。切换也可能在单个周期内即完成，这需要最佳通信环境、较小的数据量以及类似于“CPU 处于 STOP 模式”（在 S7-400 中）的故障。

10.2　软冗余系统组成

10.2.1　软冗余硬件组件

1. 硬件组件

S7-300、S7-400 系列 PLC 支持软冗余功能的相关硬件组件见表 10-2。

表 10-2　硬件组件

名称	订货号	说明
CPU 系列		
CPU314C-2DP	6ES7 314-6CF00-0AB0	S7-300 系列仅能实现软件冗余，无硬件冗余功能
CPU313C-2DP	6ES7 313-6CE00-0AB0	
CPU 31x-2DP	6ES7 314-2AFxx-0AB0 6ES7 314-2AG10-0AB0 6ES7 316-2AGxx-0AB0 6ES7 318-2AJxx-0AB0	

（续）

名称	订货号	说明
CPU 系列		
CPU 412-1 CPU 412-2	6ES7 412-1XFxx-0AB0 6ES7 412-1FK03-0AB0 6ES7 412-2XGxx-0AB0	S7-400 全系列的 CPU 均可以应用于软冗余系统 S7-400 H 系列的 CPU 属于硬件冗余方式，相对于软冗余，硬件冗余系统切换速度快，主备 CPU 中的数据和事件保证完全一致，适用于高可靠性应用场合，成本较高
CPU 413-1 CPU 413-2DP	6ES7 413-1XGxx-0AB0 6ES7 413-2XGxx-0AB0	
CPU 414-1 CPU 414-2DP CPU 414-3DP	6ES7 414-1XGxx-0AB0 6ES7 414-2XGxx-0AB0 6ES7 414-2XJxx-0AB0 6ES7 414-3XJxx-0AB0	
CPU 416-1 CPU 416-2DP CPU 416-3DP CPU 417-4	6ES7 416-1XJxx-0AB0 6ES7 416-2XKxx-0AB0 6ES7 416-2XLxx-0AB0 6ES7 416-3XLxx-0AB0 6ES7 417-4XLxx-0AB0	
CP 通信处理器系列（数据同步 Redundant-backup link）		
CP 342-5　PROFIBUS 通信模块	6ES7 342-5DA00-0XE0 6GK7 342-5DA02-0XE0	
CP 343-1 Ethernet 通信模块	6GK7 343-1BA00-0XE0 6GK7 343-1EX11-0XE0	
CP 443-5 Extended PROFIBUS 通信模块	6EK7 443-5DXxx-0XE0	
CP 443-1 ISO Ethernet 通信模块	6EK7 443-1BXxx-0XE0	
ET200 系列		
2x DP slave interface IM 153-2	6ES7 153-2AA02-0XB0 6ES7 153-2AB01-0XB0	
适用于 ET200M 的所有数字量、模拟量 I/O 模块	参照 S7-300 选型样本和 STEP7 硬件组态窗口中 ET200 文件夹相应的 I/O 模块	
CP 341	6ES7 341-1XH01-0AE0	串口通信模块
FM 350	6ES7 350-1AH0x-0AE0	计数器功能模块

2. 硬件配置规则

带有冗余 DP 从站接口模块的 ET200M 分布式 I/O 设备在两个站上的组态必须相同，且应将连续区域用于软冗余，如输出 0~20、位存储器地址区 50~100。此外，对于冗余 DP 从站接口模块，软冗余仅支持 187.5kBaud~12MBaud 间的波特率。

10.2.2　软冗余软件组件

1. 软冗余软件包

安装可选软件包之后，可以通过 SIMATIC Manager 菜单命令文件→打开→库访问 SWR_LIB 库，它包含五个块数据包，见表 10-3。在这些数据包中，两个用于 S7-300，三个用于 S7-400，通常设置其中一个数据包，以满足两站互连所需连接类型和网络的要求。

表 10-3　软冗余软件包

PLC 类型	数据包	网络类型	连接类型	说明
S7-300	XSEND_300	MPI	未组态的连接	与 CPU 上 MPI 接口的网络连接
	AG_SEND_300	PROFIBUS	FDL 连接	通过 CP342-5 进行网络连接
		工业以太网	ISO 连接	通过 CP343-1 进行网络连接
S7-400	XSEND_400	MPI	未组态的连接	与 CPU 上 MPI 接口的网络连接
	AG_SEND_400	PROFIBUS	FDL 连接	通过 CP443-5 进行网络连接
		工业以太网	ISO 连接	通过 CP443-1 进行网络连接
	BSEND_400	MPI	S7 连接	与 CPU 上 MPI 接口的网络连接
		PROFIBUS		通过 CP443-5 进行网络连接
		工业以太网		通过 CP443-1 进行网络连接

2. 用户程序规则

（1）用户程序结构

如果两个站中的用户程序只是部分冗余，原则上 OB1 中调用设备的非冗余部分，在 OB35 中调用设备的冗余部分，并将冗余用户程序包含在 FB101“SWR_ZYK”的两个块调用中，其中，第一次以参数 CALL_POSITION = TRUE 调用 FB101“SWR_ZYK”，而第二次则以参数 CALL_POSITION = FALSE 调用。

（2）通信

如果使用 S7 连接进行冗余链接和其他通信任务，则用于软冗余的 S7 连接作业号 R_ID 必须是 1 或者 2。

如果主备站基于 MPI 网络交互信息，且使用 FB103“SWR_SFCCOM”进行通信时，软冗余将使用作业号 R_ID>8000 0000H 的通信块 SFC65“X_SEND”和 SFC 66“X_RCV”。如果主备站基于 PROFIBUS 或以太网交互信息，且使用 FB104“SWR_AG_COM”进行通信时，软冗余将使用作业号 R_ID>8000 0000H 的通信块 FC5“AG_SEND”和 FC6“AG_RCV”。

对于 S7-400 系列 PLC 实现软冗余，且使用 FB 105“SWR_SFBCOM”(BSEND、BRCV)进行通信时，则应在连接组态中将“Send operating status messages”设置为“Yes”，以便尽早检测到所有通信故障。

10.3　软冗余功能块

在软冗余软件包安装后，软冗余软件功能程序块即可出现在 STEP7 Libraries→SWR_LIB_V12 中，冗余功能块说明见表 10-4。

表 10-4　冗余功能块说明

名称	描述
FC 100“SWR_START”	初始化程序块，在 OB100 中调用，定义系统运行的参数
FB 101“SWR_ZYK”	数据同步功能块，一般在 OB1、OB35 中调用，同步主备系统冗余数据
FC 102“SWR_DIAG”	诊断功能块，在 OB86 中调用，将得到的诊断数据提供给 FB101 使用

（续）

名称	描述
FB 103“SWR_SFCCOM”	在该块内部调用 SFC65“X_SEND”和 SFC66“X_RCV”功能块，基于 MPI 网络实现数据同步
FB 104“SWR_AG_COM”	在该块内部调用 FC5“AG_SEND”和 FC6“AG_RCV”功能块，基于 PROFIBUS 或 Ethernet 网络实现数据同步
FB 105“SWR_SFBCOM”	在该块内部调用 SFB 12“BSEND”和 SFB 13“BRCV”功能块，基于 MPI 或 PROFIBUS 或 Ethernet 网络实现数据同步，仅用于 S7-400
DB_WORK_NO	软冗余的工作数据块 DB
DB_SEND_NO	用于主系统发送同步数据到备用系统的发送数据区（包括了主系统的 DB、MB、PIO 和 DI 等区域的数据）
DB_RCV_NO	用于备用系统接收来自主系统的同步数据的接收数据区
DB_A_B_NO	将非冗余数据从 A 站传送到 B 站的收发数据块 DB
DB_B_A_NO	将非冗余数据从 B 站传送到 A 站的收发数据块 DB
DB_COM_NO	FB101 的背景数据块，包括了数据同步链路的状态、控制等信息，DBW8 为状态字，DBW10 为控制字
FC 5‘AG_SEND’	如果冗余链接使用了 FDL 连接，则需要此块
FC 6‘AG_RCV’	如果冗余链接使用了 FDL 连接，则需要此块

表 10-4 中 FB 103“SWR_SFCCOM”、FB 104“SWR_AG_COM”、FB 105“SWR_SFBCOM”均由 FB 101“SWR_ZYK”内部调用。

10.3.1 FC 100“SWR_START”

FC 100“SWR_START”用于冗余站的初始化，主要用于指定冗余用户程序所用的 I/O 区域、位存储器地址区、数据块区、数据块、IEC 计数器/定时器的背景数据块区域，以及软冗余存储内部数据所需的数据块，且每个区域必须分配一个连续范围。在设置 FC 100 参数时，同时对 DB_WORK_NO、DB_SEND_NO、DB_RCV_NO 数据块进行定义，如果更改 FC 100 参数，则应删除旧数据块，以便在 OB 100 中调用 FC 100 模块时生成指定长度的新数据块。同理，也必须对 DB_A_B_NO、DB_B_A_NO 数据块以及 DB_A_B_NO_LEN、DB_B_A_NO_LEN 长度进行定义，如果未使用 DB_A_B_NO、DB_B_A_NO 数据块，则长度设置为 0，具体参数见表 10-5，执行返回值 RETURN_VAL、EXT_INFO 请参阅【天工讲堂配套资源】。

序号 35　软冗余功能块 FC 100 故障代码

表 10-5　FC 100“SWR_START”参数说明

参数	输入/输出类型	类型	描述
AS_ID	INPUT	CHAR	站 ID：站 A 为‘A’；站 B 为‘B’
DB_WORK_NO	INPUT	DB	软冗余的工作 DB，仅包含内部数据

（续）

参数	输入/输出类型	类型	描述
DB_SEND_NO	INPUT	DB	存储需发送到通信伙伴的数据的 DB，仅包含内部数据
DB_RCV_NO	INPUT	DB	存储从通信伙伴接收到的数据的 DB，仅包含内部数据
MPI_ADR	INPUT	INT	通信伙伴的 MPI 地址(仅适用 MPI 同步)
LADDR	INPUT	INT	CP 通信处理器的逻辑基地址(仅适用 PROFIBUS、Ethernet 同步)
VERB_ID	INPUT	INT	连接 ID 冗余链接的连接数(在硬件配置中指定)
DP_MASTER_SYS_ID	INPUT	INT	DP 主站系统 ID：ET200M 从站所连接 DP 主站系统的 ID
DB_COM_NO	INPUT	DB	FB 101“SWR_ZYK”的背景数据块
DP_KOMMUN	INPUT	INT	DP 主站的 ID 号：1（如果 DP 主站带有集成 DP 接口的 CPU）；2（如果 DP 主站是 CP）
ADR_MODE	INPUT	INT	增加矩阵的大小，在此矩阵中 CPU 将分配 I/O 地址：1(对于基地址 0、1、2、3…)；4(对于基地址 0、4、8、12…)
PIO_FIRST	INPUT	INT	带有冗余 IM 153 的 ET200M 使用的第一个输出字节编号
PIO_LAST	INPUT	INT	带有冗余 IM 153 的 ET200M 使用的最后一个输出字节编号。在范围 PIO_FIRST 到 PIO_LAST 内的输出字节必须构成一个连续范围，并且仅用于带有冗余 IM 153 的 ET200M。可以将所使用的每个冗余 DP 从站组态为最多 32B 的输出
MB_NO	INPUT	INT	冗余用户程序中第一个位存储器字节的编号
MB_LEN	INPUT	INT	冗余用户程序中位存储器字节的总数，位存储器字节必须是连续分配的
IEC_NO	INPUT	INT	冗余用户程序中 IEC 计数器/定时器的第一个背景数据块的编号
IEC_LEN	INPUT	INT	冗余用户程序中 IEC 计数器/定时器的背景数据块的总数，背景数据块必须是连续分配的
DB_NO	INPUT	INT	冗余用户程序中第一个数据块的编号
DB_NO_LEN	INPUT	INT	冗余用户程序中数据块的总数，数据块必须是连续分配的
SLAVE_NO	INPUT	INT	带有冗余 IM 153-2 的 ET200M DP 从站的最低 PROFIBUS 地址
SLAVE_LEN	INPUT	INT	ET200M DP 从站的总数。PROFIBUS 地址必须是连续分配的
SLAVE_DISTANCE	INPUT	INT	IM 153-2 的 PROFIBUS 地址设置的标识符：1(两个接口的 PROFIBUS 地址相同)；2(两个接口的 PROFIBUS 地址为 n 和 n+1)
DB_A_B_NO	INPUT	DB	将非冗余数据从 A 站传送到 B 站的发送 DB

（续）

参数	输入/输出类型	类型	描述
DB_A_B_NO_LEN	INPUT	WORD	DB_A_B_NO 中所用的数据字数
DB_B_A_NO	INPUT	DB	将非冗余数据从 B 站传送到 A 站的发送 DB
DB_B_A_NO_LEN	INPUT	INT	DB_B_A_NO 中使用的数据字数
RETURN_VAL	OUTPUT	WORD	块返回值
EXT_INFO	OUTPUT	WORD	子块的返回值

例 10-1 设同步网络采用 PROFIBUS-DP 总线，且 CP342-5 模块的逻辑地址为 256，AB 两站 ET-200M 均配置 2B 输出模块，冗余数据则使用以 MB20 为首地址且长度为 30 的存储字节、数据块 DB6~DB7，非冗余数据均存储于 DB11、DB12 中且将 A 站 DB11 中的 4 字长数据发送至 B 站 DB11，同理，将 B 站 DB12 中的 4 字长数据发送至 A 站 DB12。

OB100 调用冗余初始化程序如下：

```
CALL  "SWR_START"
AS_ID:='  A'
DB_WORK_NO:=DB1
DB_SEND_NO:=DB2
DB_RCV_NO:=DB3
MPI_ADR:=3                 //通信伙伴的 MPI 地址,但本例采用 DP 同步,
                           //此参数无意义
LADDR:=256                 //用于同步的 DP 基地址(256)
VERB_ID:=1
DP_MASTER_SYS_ID:=1
DB_COM_NO:=DB5
DP_KOMMUN:=1
ADR_MODE:=1
PIO_FIRST:=0
PIO_LAST:=2                //ET200M 仅配置 2B 输出模块
MB_NO:=20
MB_LEN:=30                 //冗余程序仅能使用 MB20~MB49
IEC_NO:=0
IEC_LEN:=0
DB_NO:=DB6
DB_NO_LEN:=2               //DB6、DB7 为冗余数据块
SLAVE_NO:=3
SLAVE_LEN:=1
SLAVE_DISTANCE:=1          //两块 IM153-2 使用相同的 DP 地址
DB_A_B_NO:=DB11
```

```
DB_A_B_NO_LEN:=W#16#4   //将 A 站 DB11.DBW0~DBW6 复制到
                        //B 站 DB11.DBW0~DBW6
DB_B_A_NO:=DB12
DB_B_A_NO_LEN:=W#16#4   //将 B 站 DB12.DBW0~DBW6 复制到
                        //A 站 DB12.DBW0~DBW6
RETURN_VAL:=MW2
EXT_INFO:=MW4
```

10.3.2　FB 101“SWR_ZYK”

FB 101“SWR_ZYK”用于启动主设备到备用设备的数据传送，它必须在执行冗余用户程序之前和之后调用，其参数见表 10-6，执行返回值 RETURN_VAL、EXT_INFO 请参阅【天工讲堂配套资源】。FB 101“SWR_ZYK”将在后台调用数据传输所需要的功能/功能块。

序号 36　软冗余功能块 FB 101 故障代码

表 10-6　FB 101“SWR_ZYK”参数说明

参数	输入/输出类型	类型	描述
DB_WORK_NO	INPUT	DB	工作 DB。其参数设置必须与 FC 100“SWR_START”的参数 DB_WORK_NO 相同
CALL_POSITION		BOOL	此参数定义了用户程序中调用 FB 101“SWR_ZYK”的位置。TRUE：在冗余用户程序对其调用之前先进行调用；FALSE：在冗余用户程序对其调用之后再进行调用
RETURN_VAL	OUTPUT	WORD	块返回值
EXT_INFO	OUTPUT	WORD	子块的返回值

通过读位于 FB 101“SWR_ZYK”背景数据块(如 DBW 8)中的状态字，见表 10-7，即可掌握系统的运行情况以及主备系统；写位于 FB 101“SWR_ZYK”背景数据块(如 DBW10)中的控制字的相应位，见表 10-8，可启停主备系统间的冗余通信、手动切换主备系统等。

表 10-7　状态字

DBB8		DBB9	
位号	说明	位号	说明
0	无意义位	0	1：本站为主系统
1	无意义位	1	1：本站为备用系统
2	1：正在进行主备系统切换	2	1：标识符 A，本站为 A 子站
3	无意义位	3	1：标识符 B，本站为 B 子站
4	1：主备系统切换进行中	4	0：激活冗余功能；1：禁用冗余功能
5	1：与任何 DP 从站通信失败	5	0：冗余同步连接正常；1：冗余同步连接失败
6	1：与部分 DP 从站通信失败	6	无意义位
7	1：与任何 DP 从站通信正常	7	1：运行状态

表 10-8 控制字

DBB10		DBB11	
位号	说明	位号	说明
0	1：激活主备系统切换	0	1：禁用主备系统切换功能
1	无意义位	1	1：启用主备系统切换功能
2	无意义位	2	无意义位
3	无意义位	3	无意义位
4	无意义位	4	保留位
5	无意义位	5	无意义位
6	无意义位	6	无意义位
7	无意义位	7	无意义位

例 10-2 以例 10-1 为例，设计冗余数据同步程序。

OB35 调用冗余数据同步程序如下：

```
      CALL  "SWR_ZYK",DB5                //启动系统冗余数据同步
      DB_WORK_NO:=DB1
      CALL_POSITION:=TRUE
      RETURN_VAL:=MW6
      EXT_INFO:=MW8
      A     DB5.DBX     9.1              //判断状态字,本站若为备用站,
                                         //则跳过冗余程序段
      JC    OVER
      冗余程序段
OVER:NOP  0
      CALL  "SWR_ZYK",DB5                //停止系统冗余数据同步
      DB_WORK_NO:=DB1
      CALL_POSITION:=FALSE
      RETURN_VAL:=MW10
      EXT_INFO:=MW12
```

10.3.3 FC 102“SWR_DIAG”

FC 102“SWR_DIAG”用于触发执行主备系统的自动切换，参数见表 10-9。执行返回值 RETURN_VAL 请参阅【天工讲堂配套资源】。它在 DP 从站发生故障之后由诊断 OB86 调用。

序号 37 软冗余功能块 FC 102 故障代码

表 10-9 FC 102“SWR_DIAG”参数说明

参数	输入/输出类型	类型	描述
DB_WORK	INPUT	DB	软冗余的工作 DB 编号。此编号必须与 FC 100“SWR_START”的参数 DB_WORK_NO 相同。DB 仅包含内部数据
OB 86_EV_CLASS	INPUT	INT	诊断 OB86 的启动信息。从 OB86 的声明表中复制变量
OB 86_FLT_ID	INPUT	INT	诊断 OB86 的启动信息。从 OB86 的声明表中复制变量
RETURN_VAL	OUTPUT	WORD	块返回值

10.4 隧道冗余控制案例

序号 38 隧道冗余控制

10.4.1 设计要求

基于 S7-300 PLC 实现隧道通风软冗余控制，如图 10-4 所示。具体要求：

1）隧道风机转速由隧道中所测量的空气污染物浓度确定，当平均浓度达到 2 级以上时，2 台风机高速运行，反之，低速运行。

2）当平均浓度达到 6 级以上时，两侧交通信号灯切换为红色，隧道禁行；当平均浓度大于 4 级小于 6 级时，两侧交通信号灯切换为黄色，隧道缓行；当平均浓度小于 4 级时，两侧交通信号灯切换为绿色，隧道正常通行，污染物浓度则由分布于两处的模拟量传感器进行检测。

3）由于风机及交通信号灯是隧道控制的关键组件，采用冗余控制。

4）隧道两端设置道路传感器检测车辆的驶入与驶出情况，用于统计隧道内车辆总数，受 A 站控制。

5）B 站控制隧道四路照明，并由四个二进制传感器监测照明，任何一路照明发生故障，输出相应的二进制信号进行报警。

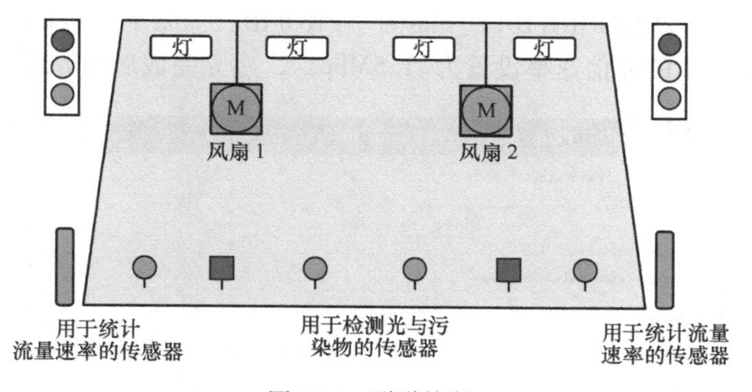

图 10-4 隧道控制

承担使自己的工程决策符合公众的安全、健康和福祉的责任，并及时公开可能会危及公众或环境的因素。

——摘自电气电子工程师学会(IEEE)章程准则 1

10.4.2 网络组态

1. DP 主系统硬件配置

新建项目“example_redundancy”，并右击项目名插入一个 S7-300 站点并更名为 Master，如图 10-5 所示。选择 Master 并双击此站点的 Hardware，如图 10-6 所示完成 DP 主站的硬件配置，其模块数目、位置、订货号应与实物保持一致。配置完毕后单击 按钮保存并编译。

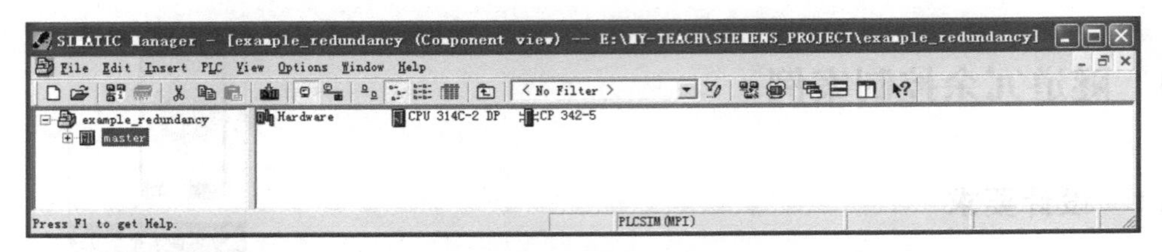

图 10-5 example_redundancy 项目

(0) UR

S...	Module	Order number	F...	M...	I add...	Q address	Comment
1	PS 307 5A	6ES7 307-1EA00-0AA0					
2	CPU 314C-2 DP	6ES7 314-6CG03-0AB0	V2.6	2			
X2	DP				1023*		
2.2	DI24/DO16				124...126	124...125	
2.3	AI5/AO2				752...761	752...755	
2.4	Count				768...783	768...783	
2.5	Position				784...799	784...799	
3							
4	CP 342-5	6GK7 342-5DA02-0XE0	V5.0	5	256...271	256...271	

图 10-6 主系统硬件配置

（1）创建 PROFIBUS 网络

在主站硬件配置界面中双击 CPU314C-2DP 模块集成的 DP(CPU314C-2DP 系统默认为主站)并单击“General”选项卡的“Properties”按钮，在弹出的属性界面中，在“Parameters”选项卡中单击“New”按钮，新建 PROFIBUS_Master、PROFIBUS_Slave、Sychronization 三个网络，并将 Network Settings 中的通信速率设置为“1.5Mbps”，建立完成后的界面如图 10-7 所示。

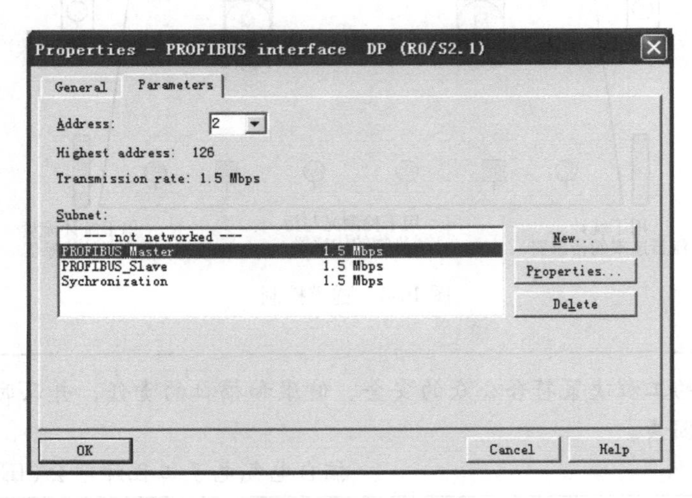

图 10-7 创建 DP 网络

（2）配置主系统 DP 从站

将主系统集成 DP 接入 PROFIBUS_Master，并将其 DP 地址设置为 2。选择“PROFIBUS DP”组件“ET200M”文件夹中 6ES7 153-2AA02-0XB0 模块，并按下鼠标左键将其拖放至 PROFIBUS_Master，待指针出现“+”时松开鼠标左键，在弹出的 PROFIBUS 接口属性设置界面中将 ET200M 的 DP 地址设置为 3，如图 10-8 所示。单击 IM153-2 模块，按图 10-9 配置 ET200M 相应的输入/输出模块。输入/输出分配见表 10-10。

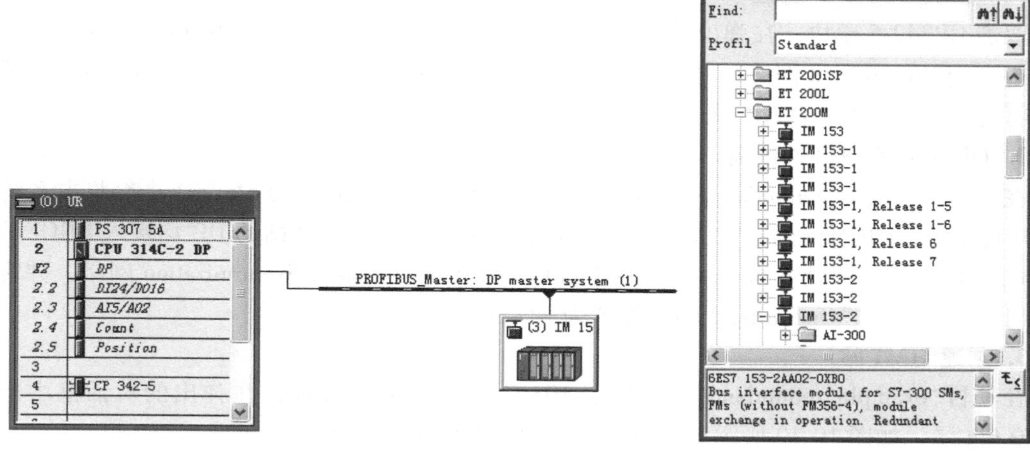

图 10-8　PLC DP 主系统硬件配置

(3)　IM 153-2, Redundant

S...	Module	Order Number	I Add...	Q Address	Comment
1					
2	IM 153-2	6ES7 153-2AA02-0XB0	1021*		
3					
4	DI16xDC24V	6ES7 321-1BH01-0AA0	0...1		
5	DO16xDC24V/0.5A	6ES7 322-1BH01-0AA0		0...1	
6	AI2x12Bit	6ES7 331-7KB82-0AB0	272...275		

图 10-9　从站硬件配置

表 10-10　各站 I/O 分配

站	I/O 配置	功能	站	I/O 配置	功能
A 站	I124.0	主系统启动	B 站	I124.4	3 号灯故障
	I124.1	主系统停止		I124.5	4 号灯故障
	I124.2	左侧车入信号		Q124.0	备用系统运行指示
	I124.3	左侧车出信号		Q124.1	1 号灯
	I124.4	右侧车入信号		Q124.2	2 号灯
	I124.5	右侧车出信号		Q124.3	3 号灯
	Q124.0	主系统运行指示		Q124.4	4 号灯
B 站	I124.0	备用系统启动	ET200M 站	PIW272	模拟量浓度输入 1
	I124.1	备用系统停止		PIW274	模拟量浓度输入 2
	I124.2	1 号灯故障		Q0.0	左红色信号灯
	I124.3	2 号灯故障		Q0.1	左黄色信号灯

（续）

站	I/O 配置	功能	站	I/O 配置	功能
ET200M 站	Q0.2	左绿色信号灯	ET200M 站	Q0.6	风机 1 低速
	Q0.3	右红色信号灯		Q0.7	风机 1 高速
	Q0.4	右黄色信号灯		Q1.0	风机 2 低速
	Q0.5	右绿色信号灯		Q1.1	风机 2 高速

（3）设置 CP342-5 属性

双击 CP342-5 模块，在弹出的属性界面“General”选项卡中单击“Properties”按钮，将此模块接入 Sychronization 网络，并将其 DP 地址设置为 4。其次，选择“Operating Mode”选项卡，将此模块设置为 NO DP 模式。

2. DP 备用系统硬件配置

在项目“example_redundancy”中插入一个 S7-300 站点并更名为 Slave，并参照主系统完成 DP 备用系统的硬件配置，其集成 DP 通信接口以及 ET200M 从站的 DP 均接入 PROFIBUS_Slave，DP 地址分别设置为 2 和 3。外置的 CP342-5 模块则接入 Sychronization 网络，并将其 DP 地址设置为 5，“Operating Mode”设置为 NO DP 模式。

3. 创建 HMI 站

在项目“example_redundancy”中插入一个 Siemens HMI Station，在弹出的对话框中选择 TP270 6in 屏，如图 10-10 所示。创建完成的项目如图 10-11 所示。

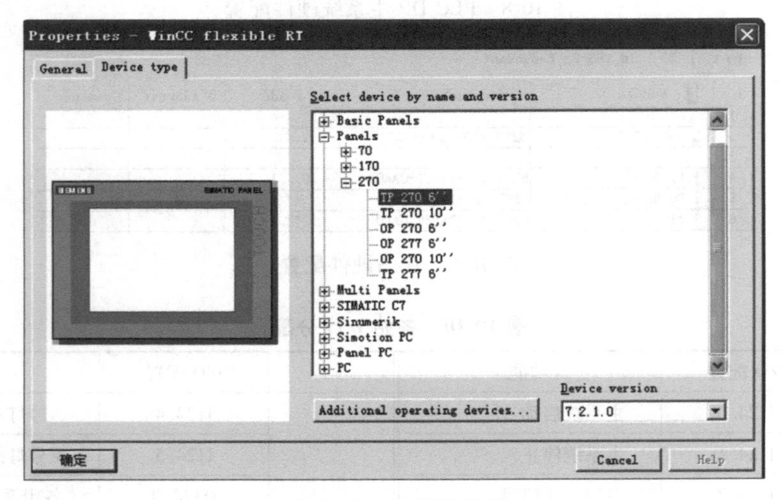

图 10-10　触摸屏选择

4. 创建 FDL 连接(数据同步)

单击 STEP7 工具栏按钮，进入网络组态窗口 NetPro，如图 10-12 所示。单击 master 站的 CPU，且选择左下侧 Local ID 字段第一个空白处右键快捷菜单“Insert New Connection”命令，插入一个新的链接，在弹出的创建 FDL 连接对话框(图 10-13)中选择“FDL connection”，单击“Apply”按钮，弹出如图 10-14 所示的链接属性对话框，记录链接的 ID，并选择“Addresses”选项卡，分别设定 LSAP 为 6、5，如图 10-15 所示，存盘编译网络组态，配置完成的网络拓扑如图 10-16 所示。

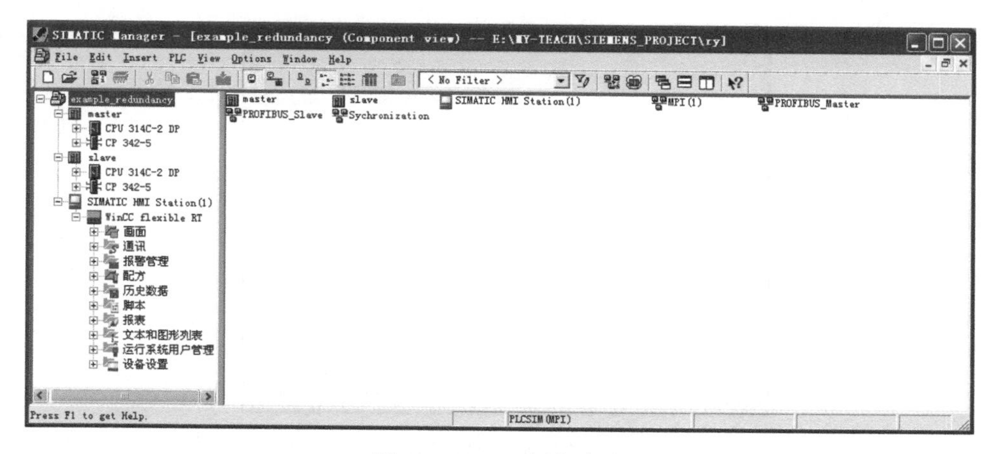

图 10-11 HMI 添加完成

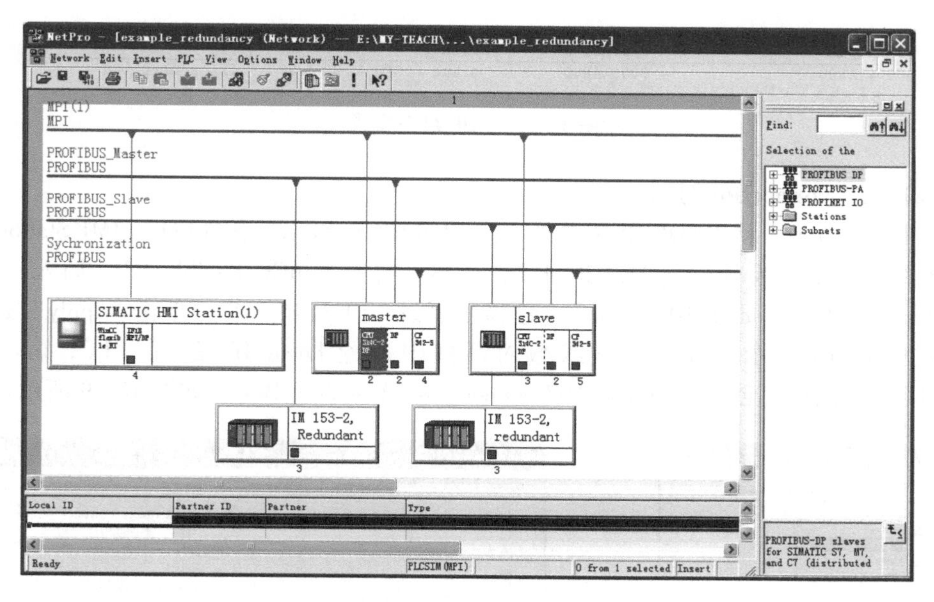

图 10-12 网络拓扑

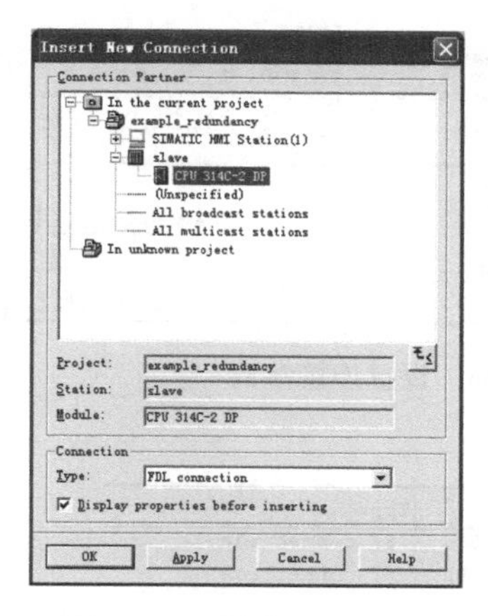

图 10-13 创建 FDL 连接

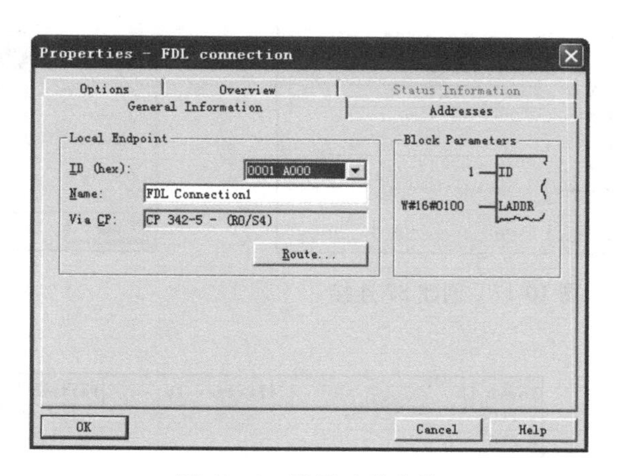

图 10-14 设置连接参数

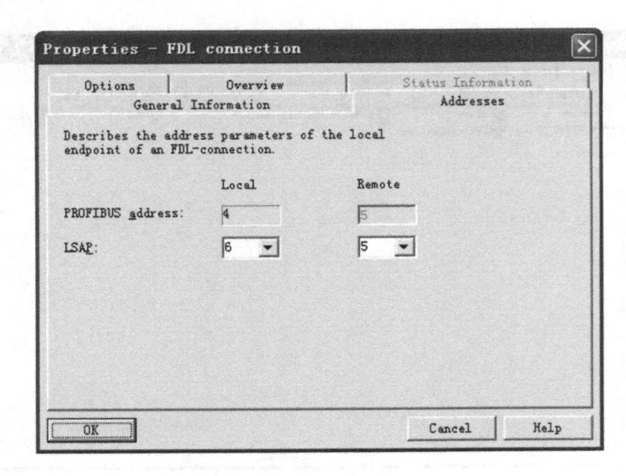

图 10-15　设置端口

Local ID	Partner ID	Partner	Type
0001 A000	0001 A000	slave / CPU 314C-2 DP	FDL connection

图 10-16　FDL 组态完成

5. 创建“S7 connection”连接

如图 10-12 所示，将 PROFIBUS_Master、PROFIBUS_Slave、SIMATIC HMI Station(1)接入 MPI 网络，并分别为其分配 MPI 地址 2、3、4。右击 WinCC flexible RT，插入一个新的“S7 connection”连接，如图 10-17 所示，选择主系统 CPU314C-2DP，单击“Apply”按钮，在弹出的如图 10-18 所示的设置连接参数对话框中设置 Local ID 为 M_PLC，Interface 为 IF1B MPI/DP。同理，创建与备用站“S7 connection”连接的 S_PLC，如图 10-19 所示。

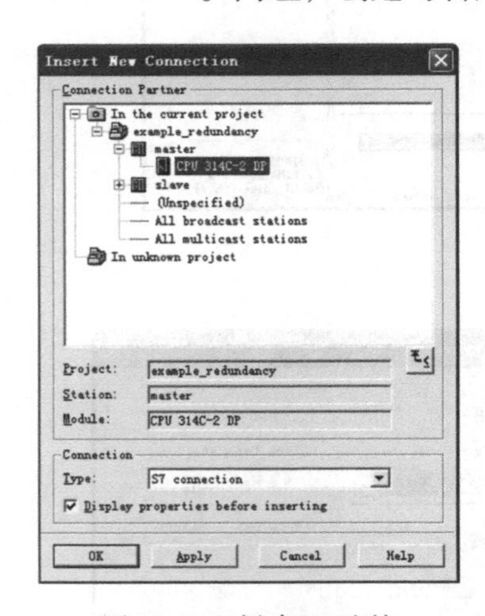

图 10-17　创建 S7 连接

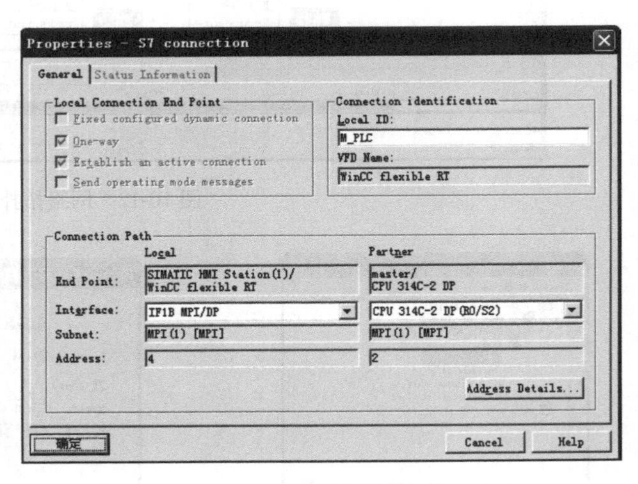

图 10-18　设置连接参数

Local ID	Partner ID	Partner	Type
S_PLC		slave / CPU 314C-2 DP	S7 connection
M_PLC		master / CPU 314C-2 DP	S7 connection

图 10-19　S7 连接组态完成

10.4.3 软件组态

1. 主设备编程

在主设备（A 站）的 Block 中插入 OB1（主循环程序块）、OB35（定时中断组织块）、OB100（暖启动调用程序块）、OB80（在主系统与备用系统切换时间超时时，调用该块）、OB82（DP-Slave ET200 站上的 IM153-2 模块出错报警，调用该功能块）、OB83（DP 从站的接口模块与主站链接断开或链接重新建立时调用该块）、OB85（程序运行出错或 DP 从站连接失败调用该块）、OB86（主从站通信出错调用该块）、OB87（通信失败调用该块）、OB122（外围设备访问出错调用该块）、OB121 等组织块，并对其中的 OB100、OB35、OB86 进行编程。

（1）主设备 OB100

OB100 调用 FC 100“SWR_START”进行软冗余的初始化，其中，LADDR 为 CP342-5 模块的逻辑地址，本例为 256，VERB_ID 为 FDL 链路的 ID 号，本例为 1。由于冗余数据段未使用数据块，因此 DB_NO、DB_NO_LEN、DB_A_B_NO_LEN、DB_B_A_NO_LEN 均设置为 0。

```
CALL  "SWR_START"
AS_ID:='  A'
DB_WORK_NO:=DB1
DB_SEND_NO:=DB2
DB_RCV_NO:=DB3
MPI_ADR:=3
LADDR:=256
VERB_ID:=1
DP_MASTER_SYS_ID:=1
DB_COM_NO:=DB5
DP_KOMMUN:=1
ADR_MODE:=1
PIO_FIRST:=0
PIO_LAST:=2
MB_NO:=20
MB_LEN:=10                         //冗余程序仅使用 MB20~MB30
IEC_NO:=0
IEC_LEN:=0
DB_NO:=0
DB_NO_LEN:=0
SLAVE_NO:=3
SLAVE_LEN:=1
SLAVE_DISTANCE:=1
DB_A_B_NO:=DB11
DB_A_B_NO_LEN:=W#16#0
DB_B_A_NO:=DB12
```

```
DB_B_A_NO_LEN:=W#16#0
RETURN_VAL:=MW2
EXT_INFO:=MW4
```

（2）主设备 OB1

主设备 OB1 程序如图 10-20 所示。设左车道车辆数、右车道车辆数、隧道总车辆数分别存储于 MW40、MW42、MW44。

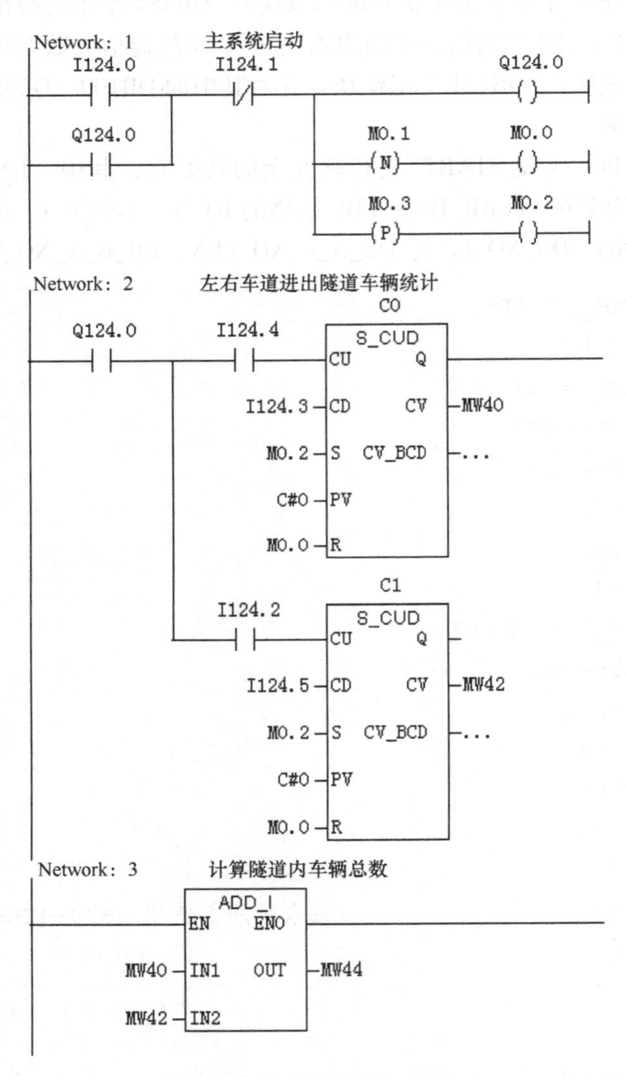

图 10-20　主设备 OB1 程序

（3）主设备 OB35

主设备 OB35 由启动系统冗余数据同步、冗余程序（图 10-21）、停止系统冗余数据同步三部分组成。设隧道空气污染物浓度存储于 MW22，2、4、6 级报警阈值存储于 MW24、MW26、MW28。

1）启动系统冗余数据同步。

```
CALL  "SWR_ZYK",DB5
  DB_WORK_NO:=DB1
  CALL_POSITION:=TRUE
  RETURN_VAL:=MW6
  EXT_INFO:=MW8
```

2）冗余程序。

Network：2

DB5.DBX9.1

over

JMP

Network：3　　MW24 存储2级浓度阈值、MW26存储4级浓度阈值、MW28存储6级浓度阈值，均值存储于MW22中

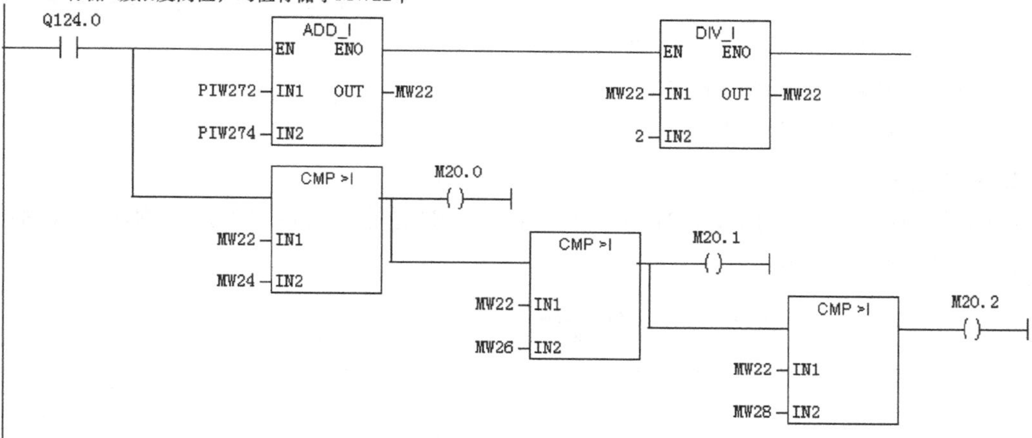

Network：4　Q0.0、Q0.3左右红灯，Q0.1、Q0.4左右黄灯，Q0.2、Q0.5左右绿灯

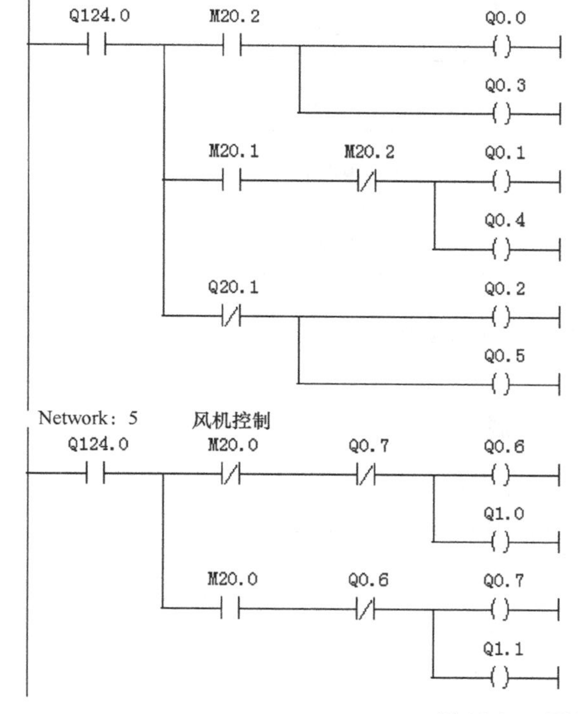

图 10-21　冗余程序

3）停止系统冗余数据同步。

```
OVER:NOP  0
    CALL  "SWR_ZYK",DB5
    DB_WORK_NO:=DB1
    CALL_POSITION:=FALSE
    RETURN_VAL:=MW10
    EXT_INFO:=MW12
```

（4）主设备 OB86

```
CALL  "SWR_DIAG"                      //冗余诊断
  DB_WORK:=1
  OB 86_EV_CLASS:=OB86_EV_CLASS
  OB 86_FLT_ID:=OB86_FLT_ID
  RETURN_VAL:=MW14
```

2. 备用设备编程

备用系统程序除 OB1 以及 OB100 中 AS_ID：='B'之外，其余同主设备程序。备用系统 OB1 程序如图 10-22 所示。

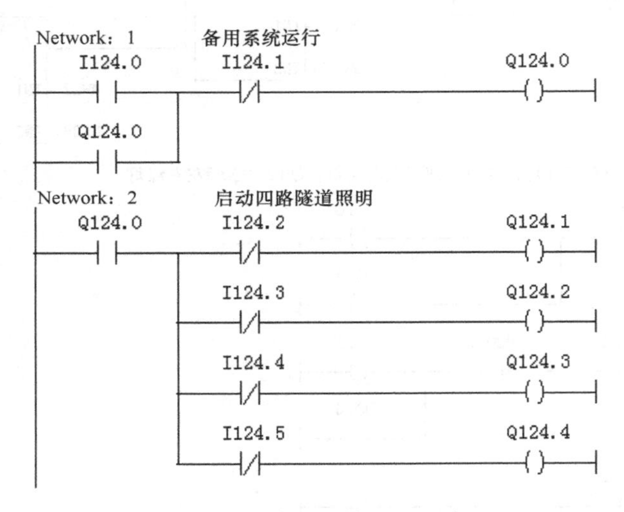

图 10-22　备用系统 OB1 程序

习　　题

10-1　什么是软冗余？简述 S7-300 PLC 软冗余的工作原理。

10-2　软冗余与硬冗余有什么区别？S7-300 PLC 能实现硬冗余吗？为什么？

10-3　软冗余系统中实现数据同步的网络有哪些？

10-4　如何构建基于以太网同步的软冗余系统？

10-5　如何实现 HMI 与 S7-300 冗余 PLC 间的数据同步？

参 考 文 献

[1] 西门子(中国)有限公司. SIMATIC S7-1200 可编程控制器系统手册[Z]. 2016.

[2] 西门子(中国)有限公司. SIMATIC S7-300 模块数据手册[Z]. 2005.

[3] 广州周立功单片机发展有限公司. SJA1000 独立 CAN 控制器[Z].

[4] 广州周立功单片机发展有限公司. CAN—bus 规范 V2.0 版本[Z].

[5] 广州周立功单片机发展有限公司. PCA82C250 CAN 控制器接口[Z].

[6] 西门子(中国)有限公司. SIMATIC NET PROFIBUS Networks 手册[Z]. 1999.

[7] 西门子(中国)有限公司. SIMATIC ET 200M 分布式 I/O 站操作指导[Z]. 2008.

[8] 西门子(中国)有限公司. SIMATIC ET 200S 分布式 I/O IM151-1 STANDARD 接口模块设备手册[Z]. 2015.

[9] 西门子(中国)有限公司. SIMATIC NET S7-300-PROFIBUS CP 342-5/CP 342-5 FO 设备手册[Z]. 2017.

[10] 西门子(中国)有限公司. SIMATIC NET S7-1200-PROFIBUS CM 1243-5 操作说明[Z]. 2017.

[11] 西门子(中国)有限公司. SIMATIC NET S7-1200-PROFIBUS CM 1242-5 操作说明[Z]. 2017.

[12] 西门子(中国)有限公司. 用于 S7-300/400 系统和标准函数的系统软件参考手册[Z]. 2010.

[13] 西门子(中国)有限公司. PROFIBUS PA 应用技术手册[Z]. 2006.

[14] 西门子(中国)有限公司. 过程控制系统 PCS7 SIMATIC PDM8.0 操作手册[Z]. 2011.

[15] 西门子(中国)有限公司. SIMATIC NET 用于工业以太网的 S7-CP[Z]. 2007.

[16] 西门子(中国)有限公司. SIMATIC PROFINET 系统手册[Z]. 2012.

[17] 西门子(中国)有限公司. SIMATIC NET Industrial Ethernet/PROFIBUS IE/PB LINK PN IO 操作说明[Z]. 2019.

[18] 西门子(中国)有限公司. SIMATIC NET DP/AS-INTERFACE LINK Advanced Manual[Z]. 2008.

[19] 西门子(中国)有限公司. SIMATIC NET CP343-2/CP343-2P AS-Interface Master Manual[Z]. 2008.

[20] 西门子(中国)有限公司. SIMATIC HMI WinCC V7.3 通信系统手册[Z]. 2014.

[21] 西门子(中国)有限公司. SIMATIC HMI WinCC V7.3 使用系统手册[Z]. 2014.

[22] 西门子(中国)有限公司. STEP 7 和 WinCC Engineering V15.1 系统手册[Z]. 2018.

[23] 西门子(中国)有限公司. SIMATIC S7-300/S7-400 SIMATIC S7 软冗余功能手册[Z]. 2010.

[24] 阳宪惠. 工业数据通信与控制网络[M]. 北京：清华大学出版社，2003.

[25] 倪伟，等. 电气控制技术与 PLC[M]. 南京：南京大学出版社，2017.

[26] 冯冬芹，等. 工业自动化网络[M]. 北京：中国电力出版社，2011.

[27] 王永华. 现场总线技术及其应用教程[M]. 北京：机械工业出版社，2018.